Die
Ankerwicklungen
und
Ankerkonstruktionen
der
Gleichstrom-Dynamomaschinen.

Von

E. Arnold,
o. Professor und Direktor des Elektrotechnischen Instituts an der Großherzoglichen Technischen Hochschule in Karlsruhe.

Dritte Auflage.

Mit 418 Figuren im Text und 12 Tafeln.

Berlin. Julius Springer.

1899.

München. R. Oldenbourg.

Druck von R. Oldenbourg in München.

Vorwort zur dritten Auflage.

Die dritte Auflage der »Ankerwicklungen« hat gegenüber der zweiten Auflage wesentliche Umarbeitungen und Erweiterungen erfahren.

Die ersten Kapitel, welche die Erzeugung eines Gleichstromes und die Ableitung der mehrpoligen Schemata aus den zweipoligen, sowie die Aufstellung der allgemeinen Schaltungsregel enthalten, sind vollständig umgearbeitet worden und geben, wie ich hoffe, nun einen klaren Einblick in die Entstehung der verschiedenen Schaltungen.

Eine ausführlichere Behandlung hat ferner die Reihenparallel. schaltung des Verfassers erhalten, welche für den Bau mehrpoliger Maschinen eine grofse praktische Bedeutung erlangt hat und welche die gewöhnliche Parallelschaltung nahezu ganz verdrängen wird.

Um den Einflufs der Selbstinduktion und die Bedeutung der Wicklungen von J. Swinburne, S. G. Brown und W. Sayers erläutern zu können, habe ich ein Kapitel, welches die Ausführung der geschlossenen Ankerwicklungen mit Rücksicht auf die Funkenbildung und die Ankerrückwirkung behandelt, eingeschoben. Die Erscheinungen, welche mit dem Kurzschlufs der Spulen verbunden sind, sind in diesem Kapitel eingehend mathematisch behandelt. Diese Untersuchung hat namentlich bezüglich der Energiewandlungen der Kurzschlufsperiode interessante Ergebnisse geliefert.

Dem zweiten Theile des Buches, der »Die Ankerkonstruktionen« behandelt, sind mehrere neuere Konstruktionen hinzugefügt worden, und für alle Anker sind die Hauptabmessungen, die Wicklungsangaben und die Bohrung des dazu gehörigen Magnetfeldes beigegeben, so dafs eine Nachrechnung der elektrischen und magnetischen Beanspruchung des Ankers möglich ist. Aufserdem sind alle Angaben und die Ergebnisse der Nachrechnung am Schlusse des Buches in einer Tabelle zusammengestellt.

Bei der Behandlung der Ankerkonstruktionen hat mich hauptsächlich der Gedanke geleitet, den Studirenden Material für die Konstruktionsübungen an die Hand zu geben.

In dem Studienplane für Elektrotechniker soll an den technischen Hochschulen den Konstruktionsübungen dieselbe Bedeutung beigemessen werden, wie den Uebungen im Laboratorium. Während die letzteren unbedingt erforderlich sind, um die Studirenden rasch und sicher in einen Kreis von neuen Anschauungen und Begriffen einzuführen und sie mit den Mefsmethoden vertraut zu machen, soll in den Konstruktionsübungen das Berechnen und Entwerfen von Maschinen, Apparaten und ganzen Anlagen gelehrt und gelernt werden.

Ein erfolgreicher Unterricht im Konstruiren ist jedoch nur möglich, wenn dem Studirenden ein gutes Skizzenmaterial zur Verfügung gestellt werden kann, denn er ist im allgemeinen nicht dazu befähigt, die konstruktiven Details zu erfinden, sondern er soll sich an praktisch bewährte Vorbilder anlehnen und lernen, dieselben unter der Leitung des Lehrers auf bestimmte Fälle anzuwenden.

Viele Figuren im Text und die 12 Tafeln sind nach Werkstattszeichnungen zusammengestellt worden und es ist denselben ein Mafsstab beigegeben. Dieselben sind von drei- bis vierfach gröfseren Originalen photographisch verkleinert worden und sie dürfen daher in allen Einzelheiten auf grofse Genauigkeit Anspruch machen. Ich hoffe dafs auch der in der Praxis stehende Konstrukteur Neues und Wissenswerthes in diesem Buche finden wird.

Für die freundliche Ueberlassung von Konstruktionszeichnungen und Photographien spreche ich an dieser Stelle allen Firmen, die in diesem Buche vertreten sind, meinen besten Dank aus.

Bei der Herstellung der Zeichnungen und der Tafeln sind mir die Herren Ing. R. Gundel, Ing. H. Roggen und Stud. A. Pfeiffer behilflich gewesen, und Herr R. Gundel hat mich aufserdem durch das Lesen der Korrekturen wesentlich unterstützt. Ich möchte all diesen Herren auch an dieser Stelle meinen Dank aussprechen.

Karlsruhe, December 1898.

Der Verfasser.

Inhaltsverzeichniss.

I. Theil.

Die Ankerwicklungen.

Einleitung.

Die Trommelankerwicklungen.

B. Die Ausführung der geschlossenen Ankerwicklungen mit Rücksicht auf die Funkenbildung und die Ankerrückwirkung

II. Theil.

Die Ankerkonstruktionen.

Berichtigungen:

1. Auf Seite 21 Absatz 3 Zeile 1 soll es heifsen: »den Anfang« anstatt »das Ende«.
2. Auf Seite 33 soll Gleichung (15 lauten:

$$(n-1)\, y_1 \mp n\, y_2.$$

3. Auf Seite 36, Zeile 7 von oben soll es heifsen

$y = \pm n$ anstatt $y = \pm 2n$.

4. Auf Seite 179, Zeile 4 von oben sind die Worte »die Zeitkonstante« zu streichen.

I. Theil.

Die Ankerwicklungen.

EINLEITUNG.

Die Verbindungsarten von inducirten Leitern für die Erzeugung von Gleichströmen.

Wird ein Leiter in einem magnetischen Felde derart bewegt, dafs er Kraftlinien schneidet, so wird in ihm eine elektromotorische Kraft inducirt. Gehört der Leiter einem geschlossenen Stromkreise an und erfolgt die Bewegung mit konstanter Geschwindigkeit und, bei gleichbleibender Lage des Leiters bezüglich der Richtung der Kraftlinien, durch ein gleichförmiges magnetisches Feld, so wird eine konstante elektromotorische Kraft und ein Strom von konstanter Stärke erzeugt. Die elektromotorische Kraft wirkt im Sinne der **Fig. 1** senkrecht zur Richtung der Bewegung und senkrecht zur Richtung der Kraftlinien.[1])

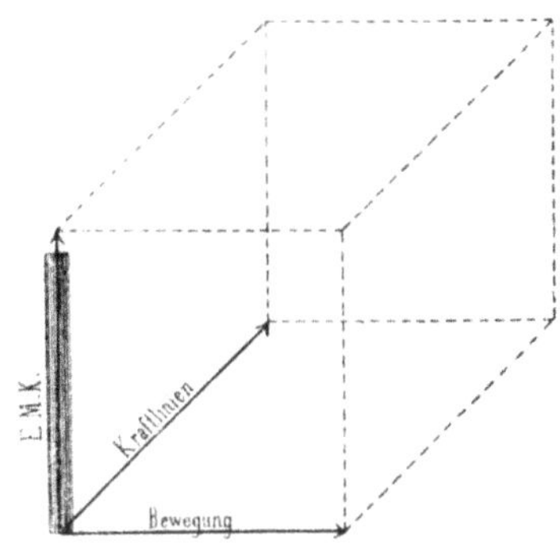

Fig. 1.

Es sei in **Fig. 2** ein magnetisches Feld durch zwei gegenüberstehende ungleichnamige Pole gegeben. Der Nordpol stehe über der Papierebene, so dafs die Kraftlinien in dieselbe eintreten, von Nord nach Süd positiv verlaufend. Bewegt sich nun ein Leiter in der Lage *a b* und in der Richtung des Doppelpfeiles

[1]) Zur Bestimmung der Richtung der *E. M. K.* kann man sich der von Faraday angegebenen Regel bedienen, welche lautet: Denkt man sich im magnetischen Felde befindlich, so dafs die Kraftlinien bei den Füfsen ein- und durch den Kopf austreten, blickt man ferner nach der Richtung, in welcher der Leiter bewegt wird, so wirkt die inducirte elektromotorische Kraft nach rechts.

durch das gegebene Feld, so wird in demselben eine in der Pfeilrichtung positiv verlaufende elektromotorische Kraft inducirt. Um einen geschlossenen Stromkreis herzustellen, ist vorausgesetzt, dafs der Leiter *a b* bei seiner Bewegung auf zwei festen Schienen *A B* und *C D* gleite, deren Endpunkte durch die Leiter *A m C* und *B n D* verbunden sind; es entsteht dann ein Strom in der Richtung der Pfeile.

Einen andauernden gleichgerichteten Strom könnte man auf diese Weise nur erhalten, wenn das magnetische Feld unbegrenzt grofs wäre; denn sobald der Leiter das magnetische Feld verläfst, hört die Induktionswirkung auf; kehrt aber derselbe seine Bewegung um, so ändert sich auch die Stromrichtung.

Ein endloses magnetisches Feld, sowie die Erzeugung eines andauernden Gleichstromes läfst sich jedoch erreichen, indem wir die Anordnung (Fig. 2) auf einem Cylinder aufrollen und die geradlinige Bewegung des Leiters *a b* in eine kreisförmige überführen.

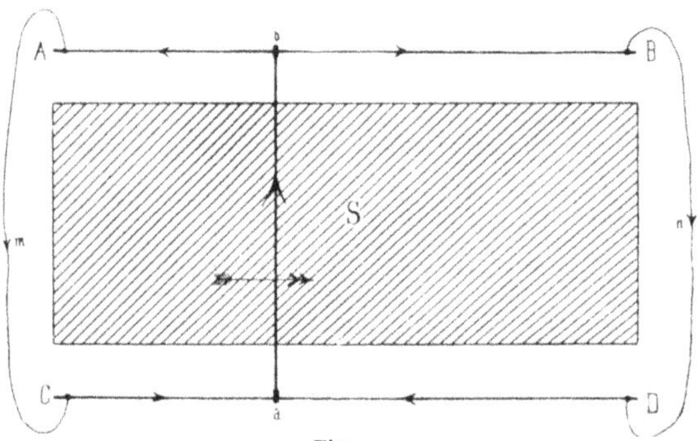

Fig.

Die dadurch entstehende gegenseitige Lage der Pole (in Vorderansicht) ist aus **Fig. 3** und der Stromverlauf aus **Fig. 4** ersichtlich. Dieselben enthalten die Grundzüge einer sog. Unipolarmaschine.

Die Gröfse der inducirten elektromotorischen Kraft ist abhängig von der Intensität des magnetischen Feldes, von der Geschwindigkeit und der Länge des inducirten Leiters. Die ersten beiden Gröfsen können ein gewisses Mafs nicht überschreiten, eine beliebige Erhöhung der elektromotorischen Kraft kann daher nur durch Vergröfserung der inducirten Leiterlänge erreicht werden. Aber auch hier treten gewisse Schwierigkeiten auf.

Die Anwendung eines einzigen geradlinigen Leiters (*a b* Fig. 4) ist nur für die Erzeugung von kleinen elektromotorischen Kräften ausführbar; gröfsere elektromotorische Kräfte müssen durch Sammlung der in mehreren Leitern inducirten Impulse erhalten werden, d. h. durch Reihen- oder Hintereinanderschaltung.

Die unipolare Induktion, wie dieselbe in den Figuren 2, 3 und 4 dargestellt wurde, ermöglicht ohne Zuhilfenahme von Schleifbürsten keine Reihenschaltung. Denn würde man z. B. in **Fig. 5** mehrere Stäbe *a b*, *c d*, *e f*, *g h* durch die Querverbindungen *b c*, *d e*, *f g* direkt hintereinander schalten, so würden, da der Nordpol dem Südpol gegen-

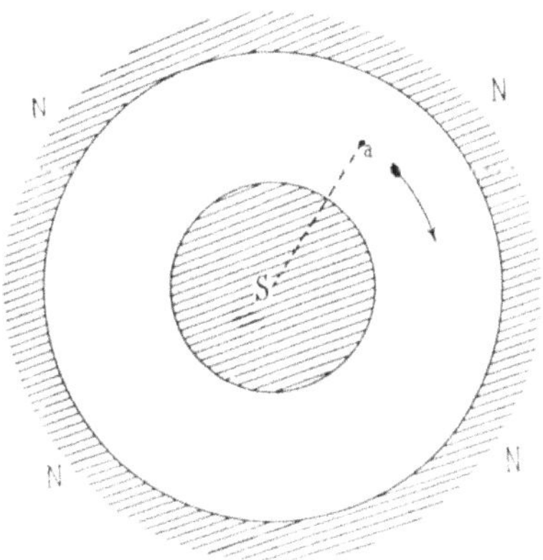

Fig. 3.

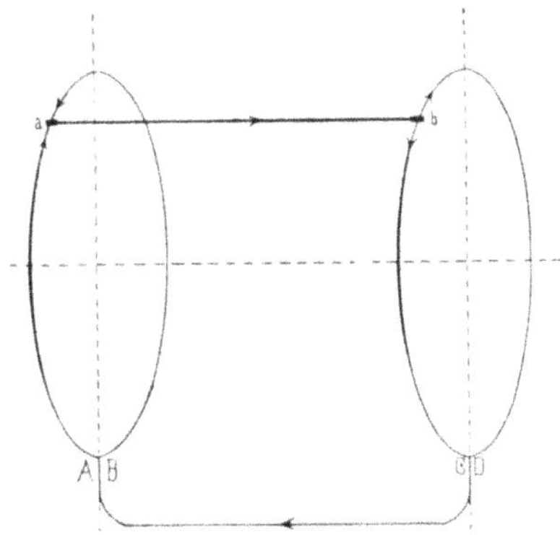

Fig. 4.

über liegt, die Querverbindungen bei ihrer Bewegung ebenfalls Kraftlinien schneiden, so dafs nach Abzug der hierdurch entstehenden entgegenwirkenden elektromotorischen Kräfte nur noch die elektromotorische Kraft des einen Stabes *g h* übrig bliebe.

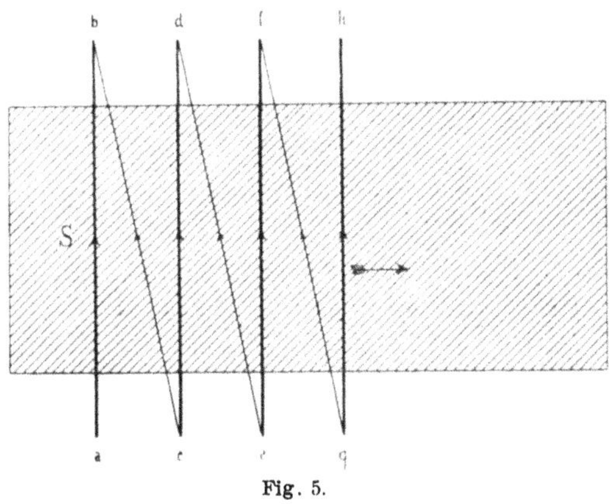

Fig. 5.

Es fehlt nicht an zahlreichen Versuchen, mit anderen Drahtführungen und sinnreichen Anordnungen des magnetischen Feldes unipolare Gleichstrommaschinen mit Reihenschaltung zu bauen. Jeder derartige Versuch mufs ohne Erfolg bleiben; er führt im günstigsten Falle zu einem Wechselstromgenerator.

Ein interessantes Beispiel hierfür bildet der Entwurf einer Gleichstrommaschine ohne Kollektor, der mir von einem Studierenden zur Prüfung vorgelegt wurde.

In **Fig. 6** ist die Anordnung aufgezeichnet. Zwischen dem feststehenden, durch Gleichstrom erregten Feldmagnet *NS* und der eisernen

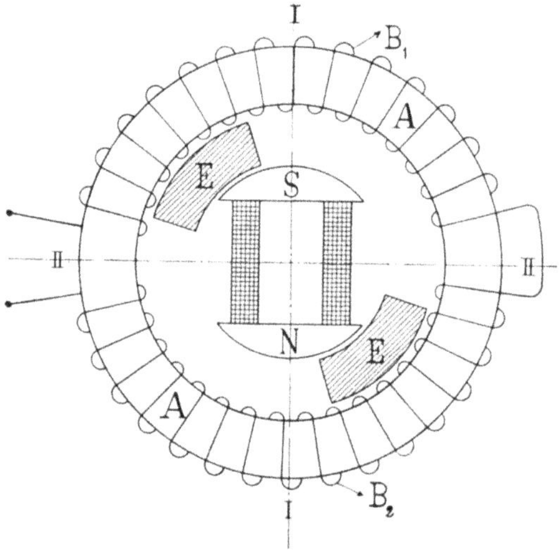

Fig. 6.

Ring-Armatur *A* rotiren zwei eiserne Segmente *E*. Die Rotation dieser Segmente verursacht zweierlei: erstens eine Bewegung des magnetischen Feldes und zweitens eine Intensitätsänderung desselben.

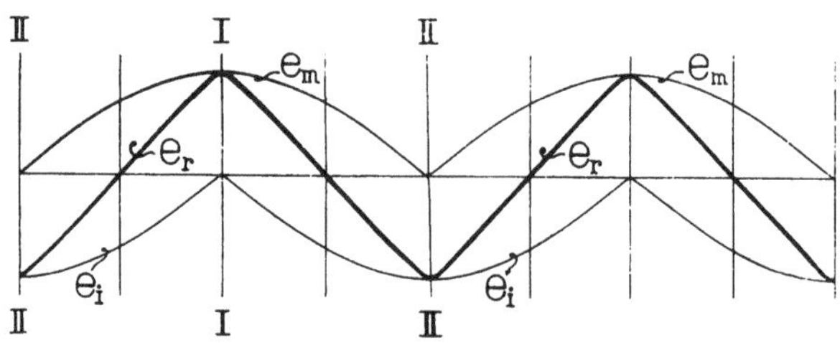

Fig. 7.

Infolge der Bewegung des Feldes wird in den Armaturspulen B_1 B_2 eine *E. M. K.* induciert, welche stets dieselbe Richtung beibehält. Den zeitlichen Verlauf dieser *E. M. K.* giebt in **Fig. 7** die Kurve e_m. Wenn sich die Segmente *E* auf dem Durchmesser *I I* befinden, ist e_m ein Maximum, und wenn sie sich auf dem Durchmesser *II II* befinden, gleich Null. Es würde daher ein intermittirender Gleichstrom erzeugt, wenn nicht die Intensitätsänderung des Feldes, welche der Erfinder übersehen hatte, hinzuträte.

Die Letztere inducirt in den Spulen eine *E. M. K.*, welche ebenfalls stets dieselbe Richtung beibehält, aber e_m entgegengesetzt gerichtet ist. Der zeitliche Verlauf dieser *E. M. K.* wird durch die Kurve e_i dargestellt.

Die Aenderung der Intensität des magnetischen Feldes ist am gröfsten, wenn die Segmente *E* auf dem Durchmesser *II II*, und gleich Null, wenn dieselben auf dem Durchmesser *I I* liegen. Das Maximum von e_i ist daher um $\frac{\pi}{2}$ oder 1/4 Umdrehung gegen e_m verfrüht. Die Summe der Ordinaten von e_m und e_i ergeben die resultirende *E. M. K.* e_r, deren Periodenzahl doppelt so grofs ist.

Die in Fig. 6 dargestellte Anordnung giebt uns daher eine Wechselstrommaschine mit verdoppelter Periodenzahl.[1])

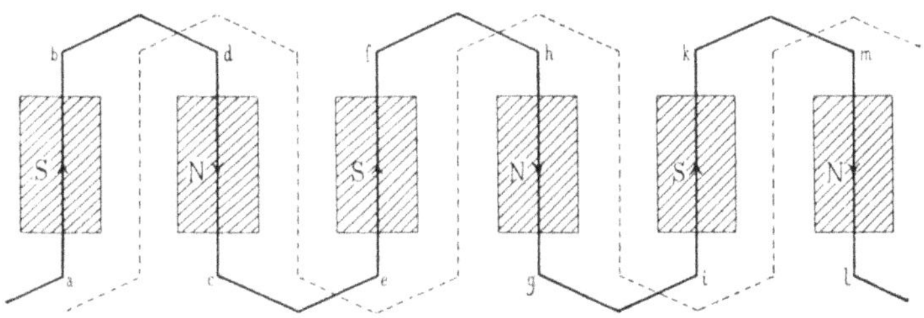

Fig. 8.

In den bisher besprochenen Anordnungen befinden sich die inducirten Leiter stets in einem magnetischen Felde von gleichbleibender Polarität.

In den nachfolgenden Figuren denken wir uns eine Reihe magnetischer Pole im Kreise derart angeordnet, dafs sie in gleichen Abständen mit abwechselnder Polarität aufeinander folgen. Für die Darstellung verwandeln wir diese kreisförmige Anordnung in eine geradlinige und lassen die zu inducirenden Leiter eine geradlinige Bewegung ausführen.

Eine Hintereinanderschaltung mehrerer Leiter wird dann in einfachster Weise auf die in Fig. 8 dargestellte Art erreicht.

Die inducirten Leiter *a b, c d, e f, g h,* deren Abstand gleich dem einfachen Polabstande ist, sind durch induktionsfreie oder elektromotorisch inaktive Leiterstücke *b d, c e, f h* zu einer Zickzackform derart vereinigt, dafs sich die elektromotorischen Kräfte, deren Richtungen durch Pfeile angedeutet sind, addiren.

---

[1]) Vergleiche auch: E. Arnold, Zeitschrift für Elektrotechnik, Wien 1894, S. 109.

Die Querverbindungen lassen sich durch eine schräge Lage der inducirten Leiter vermeiden, wie durch **Fig. 9** veranschaulicht wird.

Damit aber ein Leiter nicht gleichzeitig in zwei magnetische Felder zu liegen kommt, und einander entgegenwirkende elektromotorische Kräfte entstehen, müssen die Polschuhe eine rautenförmige Gestalt

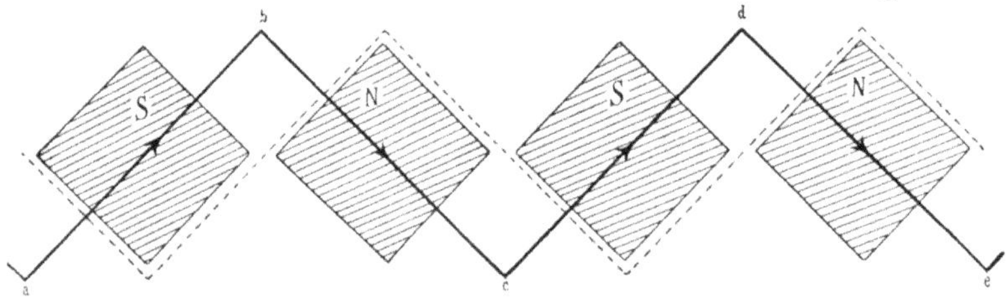

Fig. 9.

annehmen. Die punktirte Lage entspricht wiederum dem Eintritte des Stromwechsels.

Verbindet man in Fig. 8 die Leiter, z. B. *a b* und *c d*, nicht direkt, sondern wie in **Fig. 10** durch *b g h i k d*, indem man das magnetische

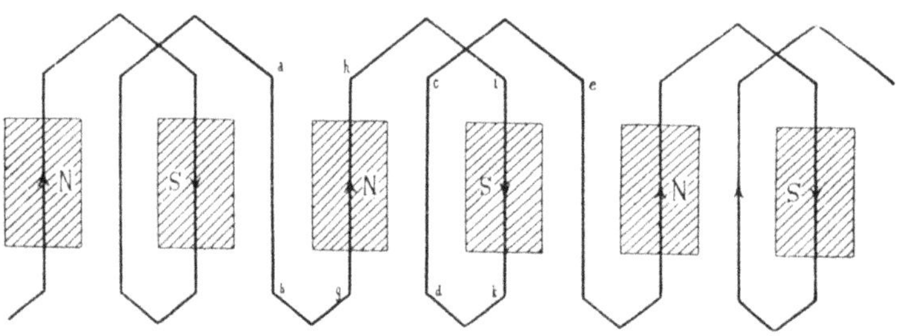

Fig. 10.

Feld zweimal durchschreitet, so werden die Leiter *a b* und *g h*, ferner *c d* und *i k* u. s. f. abwechselnd inducirt. Die Entfernung derselben mufs mindestens gleich der Polschuhbreite sein, denn sobald beide

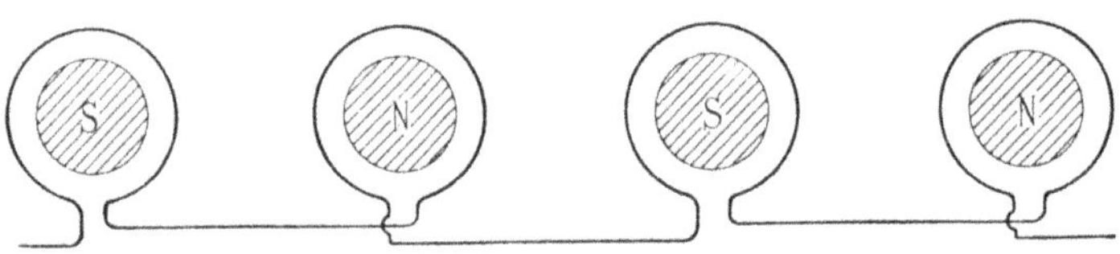

Fig. 11.

innerhalb desselben magnetischen Feldes zu liegen kommen, sind die inducirten elektromotorischen Kräfte entgegengesetzt gerichtet.

Das Schema **Fig. 11** ist mit Fig. 10 ganz übereinstimmend. Die runden Spulen, welche an Stelle der geradlinigen Leiter getreten sind, befinden sich in der Lage des Stromwechsels; Fig. 10 entspricht dagegen der maximalen Induktion.

Sowohl in Fig. 10 als 11 findet eine Schleifenbildung statt. Diese läfst sich umgehen, sobald man diejenigen Leiter mit einander verbindet, die sich in gleichnamigen magnetischen Feldern befinden, oder wenn man in Fig. 10 von *h* direkt nach *e* übergeht; es entsteht dann das Schema **Fig. 12**.

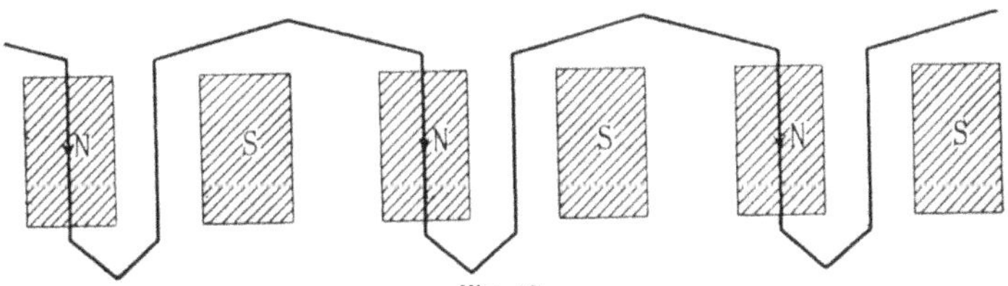

Fig. 12.

Sobald in den Fig. 8 bis 12 ein Leiter aus dem Bereiche eines Poles in den eines benachbarten Poles übertritt, findet ein Richtungswechsel der inducirten *E. M. K.* statt. (In den Fig. 8 und 9 ist diese Lage durch punktirte Linien angedeutet.) Es wird daher in dem Leiter ein Wechselstrom entstehen. Um in dem äufsern Stromkreise einen gleich gerichteten Strom zu erhalten, mufs der Strom im Momente seines Richtungswechsels kommutirt werden.

Dieses kann dadurch geschehen, dafs die Enden des Drahtes mit zwei Segmenten, auf welchen die Bürsten *A* und *B* schleifen, verbunden werden. In **Fig. 13** ist eine solche zweipolige Anordnung aufgezeichnet. Die Bürste *A* bleibt stets mit dem Ende desjenigen Leiters *(a b* oder *c d)*, welcher sich in der einen und die Bürste *B* mit demjenigen Leiter, welcher sich in der entgegengesetzten Richtung durch das magnetische Feld bewegt, in Verbindung. Wir erhalten daher im äufseren Stromkreise *A C B* einen gleichgerichteten Strom.

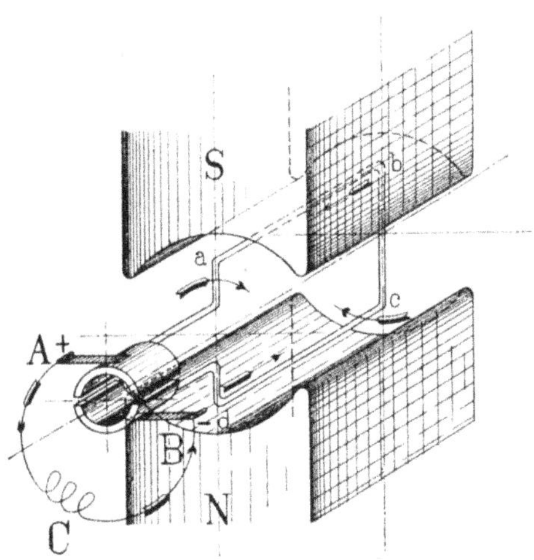

Fig. 13.

Anstatt einer einfachen Drahtschleife darf eine Spule aus mehreren Windungen angenommen werden, deren Enden mit den Segmenten des Kommutators verbunden sind. In **Fig. 14** ist eine Ankerspule mit zwei Windungen aufgezeichnet; die Windungen sind hintereinander geschaltet.

Halbiren wir die Zahl der Windungen und schalten dieselben parallel, wie das in **Fig. 15** für zwei Windungen dargestellt ist, so bilden die Ankerwindungen eine in sich geschlossene Spule *(a b c d e f a)*, deren Halbirungspunkte *a* und *d* mit dem Stromwender verbunden sind. In **Fig. 16** ist diese Schaltung für Ringwicklung dargestellt.

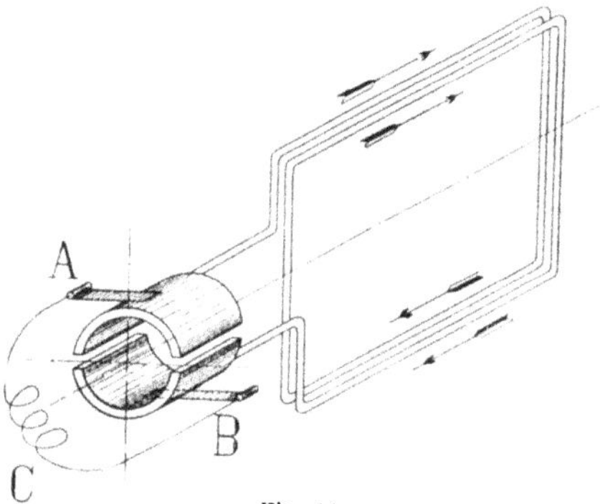

Fig. 14.

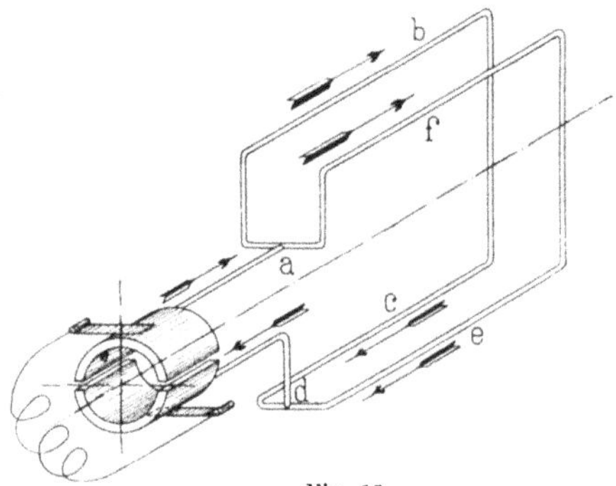

Fig. 15.

Die in den Fig. 13 und 14 gegebene Schaltung wird als offene Ankerwicklung und die Schaltung der Fig. 15 und 16 als geschlossene Ankerwicklung bezeichnet.

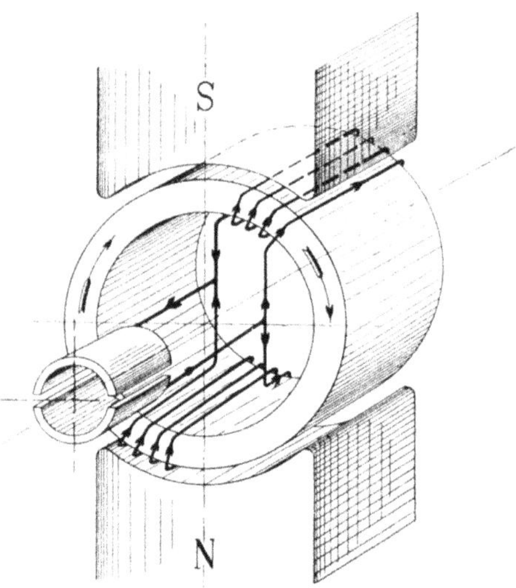

Fig. 16.

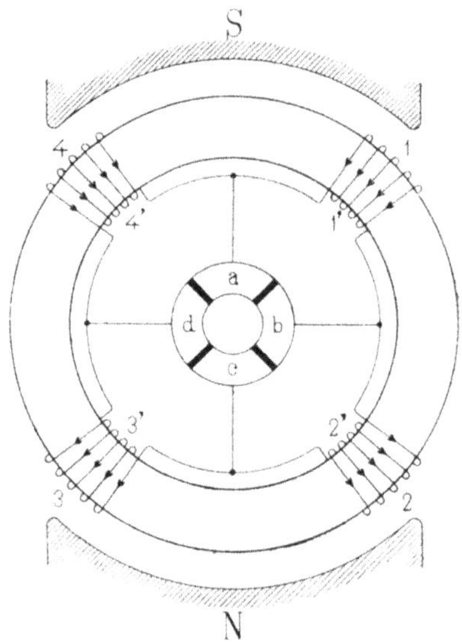

Fig. 18.

Die gegebenen Anordnungen mit nur zweitheiligem Stromwender eignen sich nicht zur Erzeugung eines Gleichstromes von konstanter Spannung und Stärke, weil der Stromwechsel in allen Leitern gleichzeitig eintritt. Die Stromstärke wird daher zwischen Null und einem Maximalwerthe schwanken und deren Verlauf kann graphisch durch eine sinusförmige Kurve, **Fig. 17**, dargestellt werden.

Um einen ununterbrochenen Gleichstrom zu erhalten, müssen wir zu einem mehrtheiligen Stromwender (Kollektor) übergehen und eine

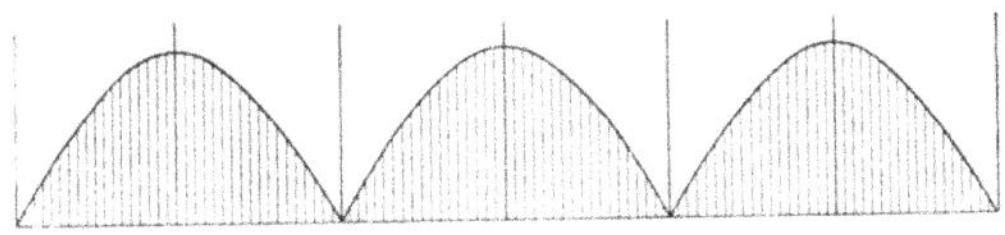

Fig. 17.

gröfsere Anzahl von Spulen im magnetischen Felde so anordnen, dafs dieselben in regelmäfsiger Folge aus der neutralen Zone in die Lage der stärksten Induktion gelangen.

Bringen wir zwei Spulenpaare, die in einem rechten Winkel zu einander stehen, auf den eisernen Ring, wie in **Fig. 18**, so ist die Thätigkeit der Spulen zeitlich um $^1/_4$ Umdrehung gegen einander verschoben, wie **Fig. 19** zeigt, und wir erhalten einen Strom, dessen

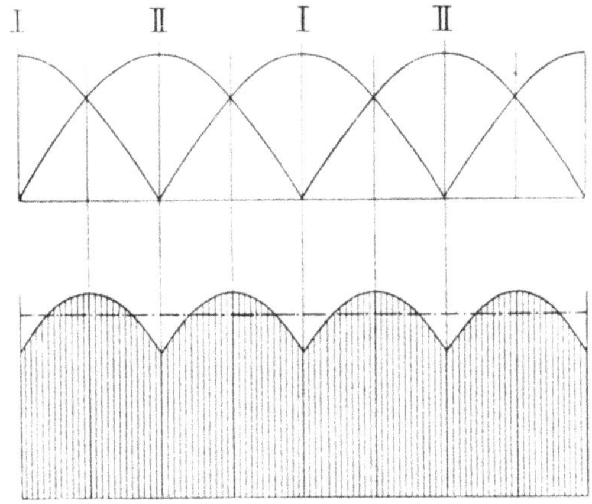

Fig. 19 und 20.

Stärke durch die Summe der Ordinaten der Kurven I und II gemessen wird. Es entsteht, wie **Fig. 20** darstellt, ein ununterbrochener Strom, aber kein solcher von gleichbleibender Stärke.

Dasselbe gilt für die Trommelwicklung der **Fig. 21**. Diese Wicklung geht aus der Ringwicklung Fig. 18 hervor, wenn die Spulen 1 — 1′, 2 — 2′, 3 — 3′, 4 — 4′, nach dem Schema der Fig. 15 auf den Umfang der Trommel gewickelt werden. Der Verlauf der geschlossenen Wicklung ist in beiden Fällen

$$a — 1{,}1' — b — 2{,}2' — c — 3{,}3' — d — 4{,}4' — a.$$

Der Strom vertheilt sich an der (—) Abnahmestelle in zwei Zweige und an der (+) Abnahmestelle findet die Vereinigung statt.

Eine solche Stromverzweigung ist jeder geschlossenen Wicklung eigen, d. h. es lassen sich höchstens die Hälfte sämmtlicher Stäbe oder Spulen hintereinander schalten. Das Verzweigungsschema **Fig. 22** charakterisiert diesen Fall. $A\,K\,B$ stellt den äufseren Stromkreis dar.

In den Fig. 18 und 21 verzweigt sich für die gewählte Lage des Ankers der Strom wie folgt

$$- \left\langle \begin{matrix} d - 4{,}4' - a - 1{,}1' - b \\ d - 3'{,}3 - c - 2'{,}2 - b \end{matrix} \right\rangle +$$

Wie aus Fig. 20 ersichtlich, sind die Schwankungen der Stromstärke bei Anordnung von zwei Spulenpaaren noch erheblich. Sie werden um so kleiner, je gröfser die Zahl der Spulen und die Zahl der Segmente des Stromwenders oder Kollektors gewählt wird.

Zertheilen wir z. B. die Wicklung in 8 Spulen mit 8 Kollektorsegmenten, so ist die Thätigkeit der Spulen zeitlich um $^1/_8$ Umdrehung gegen einander verschoben, wir erhalten jetzt bei jeder Umdrehung 8 Stromschwankungen, welche ungefähr nur halb so grofs sind. —

Die Gröfse der Schwankung in Procenten des Mittelwerthes der Stromstärke ausgedrückt, ergibt sich wie folgt

Anzahl der Kollektorsegmente	2	4	10	12	15	20	24	30	36	40	45	60	90
Schwankungen in Prozenten	± 50,0	14,04	2,38	1,70	1,10	0,61	0,42	0,28	0,19	0,14	0,12	0,07	0,03

Hiernach betragen die Schwankungen bei Anwendung eines Kollekters mit 20 Segmenten (für jedes Polpaar) weniger als ein Procent. Die Selbstinduktionswirkung des Stromes wird die angegebene Gröfse der Schwankungen noch etwas vermindern.

Denken wir uns jede Spule durch eine einzige Windung ersetzt, die Wicklung aufgeschnitten und in die Ebene ausgebreitet, so ergiebt sich für die Ringwicklung Fig. 18 das Schema **Fig. 23.**

Die punktirten Linien bedeuten die innerhalb des Ringes liegenden, induktionsfreien Leiter.

Fig. 24 giebt ein vierpoliges Schema, welches man sich durch Verdoppelung der Fig. 23 entstanden denken kann.

Es entstehen 4 Ankerstromzweige. Entsprechend dem Verzweigungsschema **Fig. 25** werden die inducirten Stäbe in vier gleiche Gruppen getheilt, die Stäbe einer Gruppe sind hintereinander geschaltet, die Gruppen unter sich aber parallel verbunden.

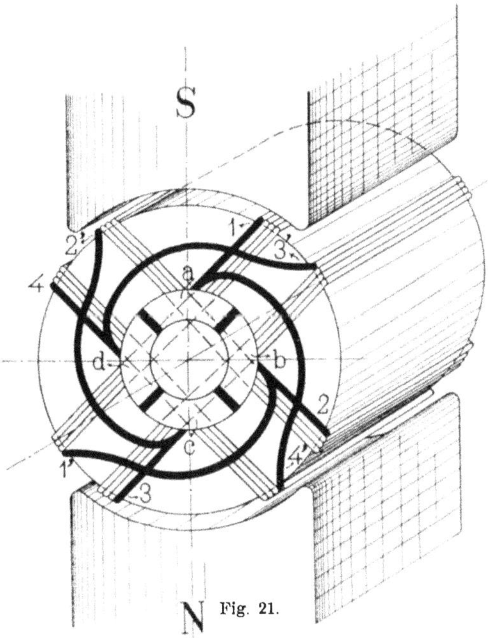

Fig. 21.

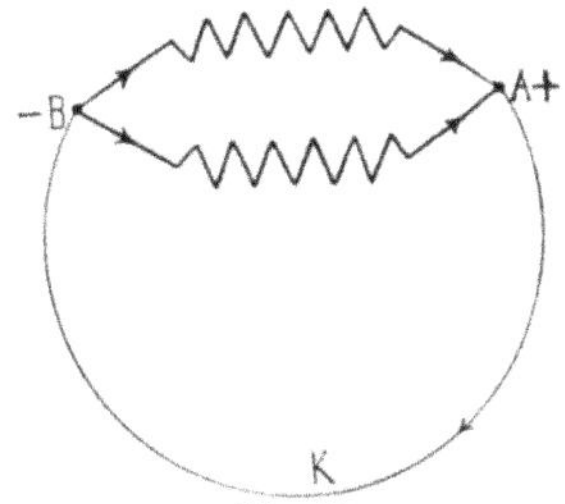

Fig. 22.

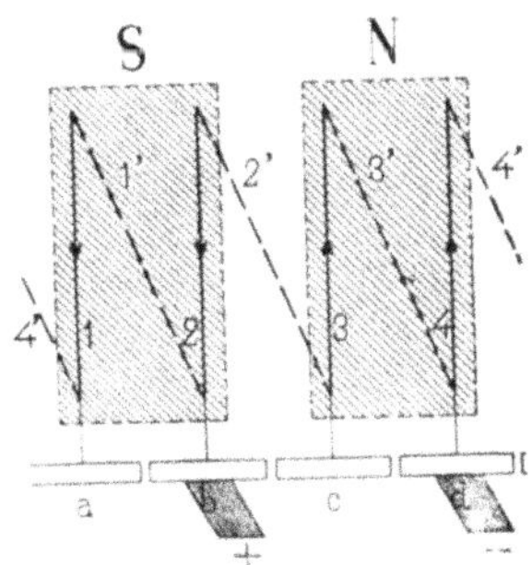

Fig. 23.

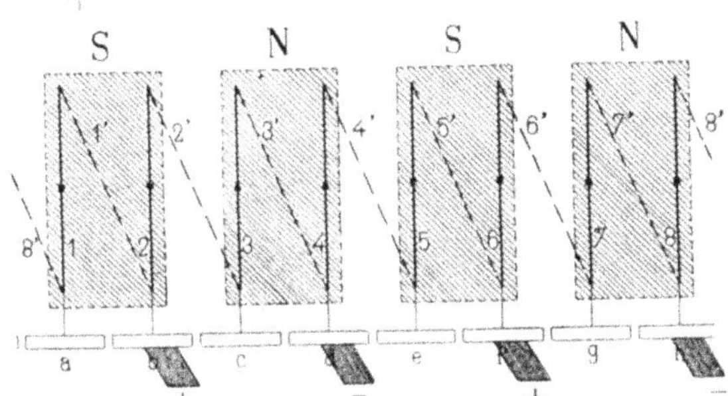

Fig. 24.

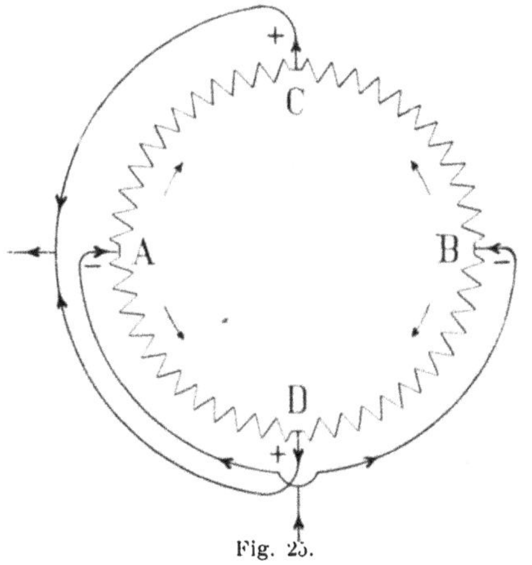

Fig. 25.

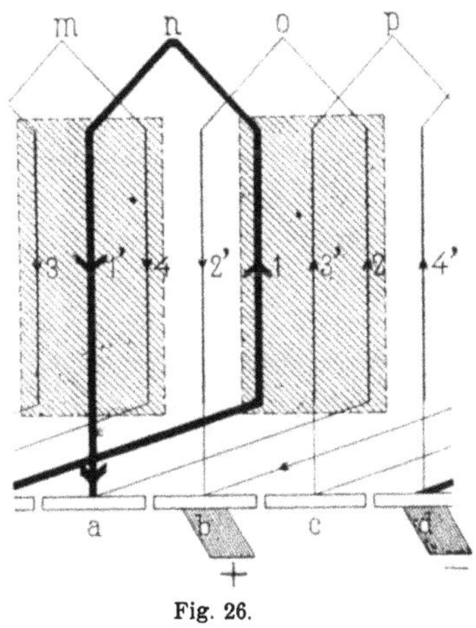

Fig. 26.

Wenden wir dasselbe Abwicklungsverfahren auf die Trommelwicklung Fig. 21 an, so ergiebt sich, wenn wieder jede Spule durch eine einzige Windung ersetzt wird, das Schema **Fig. 26**. Es sind dieselben Bezeichnungen für die Spulen und die Kollektorlamellen beibehalten. Die schrägen Linien bezeichnen die auf der hintern und vordern Seitenfläche der Trommel liegenden Querverbindungen.

Der Lauf der Wicklung wird durch den Linienzug $a - 1' - n - 1 - d$, der eine Schleife bildet, charakterisirt. Man bezeichnet eine solche Wicklung daher als Schleifenwicklung.

Die inducirten Leiter können in derselben Reihenfolge noch in anderer Weise verbunden werden, wie **Fig. 27** zeigt. Der Linienzug $a - 1' - n - 1 - d$ bildet jetzt keine Schleife mehr, sondern beschreibt eine wellenförmige Kurve. Man bezeichnet daher diese Wicklungsart nach W. Fritsche[1]) passend als Wellenwicklung.

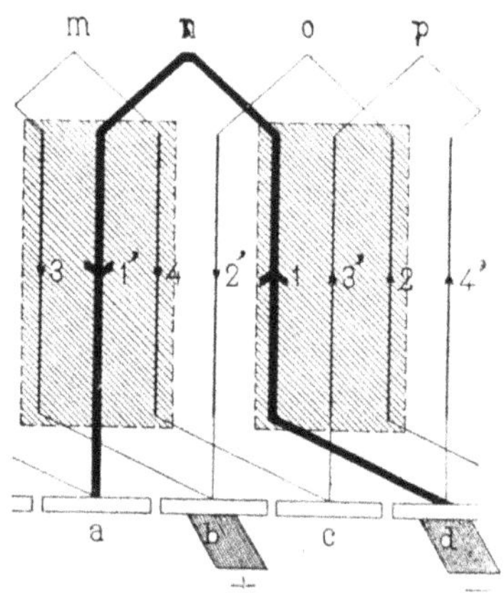

Fig. 27.

Der wesentlichste Unterschied zwischen der Schleifenwicklung und der Wellenwicklung kommt erst zur Geltung, wenn von der zweipoligen zu den mehrpoligen Wicklungen übergegangen wird.

Ein 4, 6, 8 . . . poliges Verbindungsschema wird auf die einfachste Weise durch Aneinanderreihen von 2, 3, 4 . . . . zweipoligen Schemata erhalten.

Setzen wir z. B. zwei Schemata nach Fig. 26 bezw. Fig. 27 zusammen, so ergeben sich die **Fig. 28 und 29**. Die Verbindungen sind nicht in abgewickeltem, sondern in aufgerolltem Zustande gezeichnet. Die auf der hinteren Stirnseite der Trommel liegenden Verbindungen sind punktirt und die Leiter am Umfange der Trommel durch schwarze Kreise dargestellt.

[1]) W. Fritsche, Die Gleichstromdynamomaschinen, Berlin 1889.

Die Richtung der inducirten Ströme ist durch Pfeile markirt. Ein Verfolgen derselben führt zu den mit + und — bezeichneten 4 Bürsten-

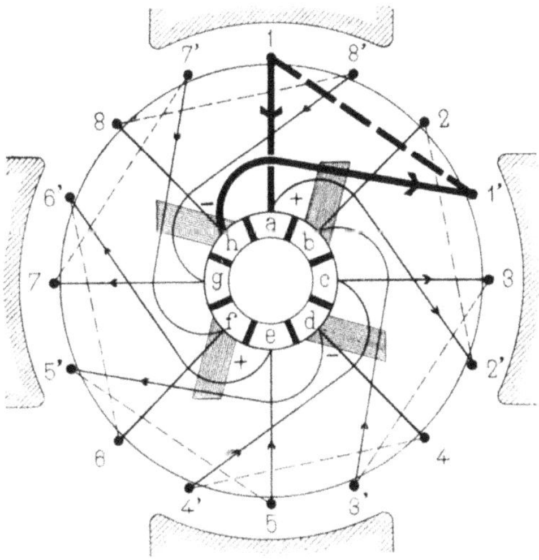

Fig. 28.

lagen. Die Stromverzweigung entspricht in beiden Fällen dem Schema Fig. 25. Die Zahl der Ankerstromzweige ist stets gleich der Polzahl. In

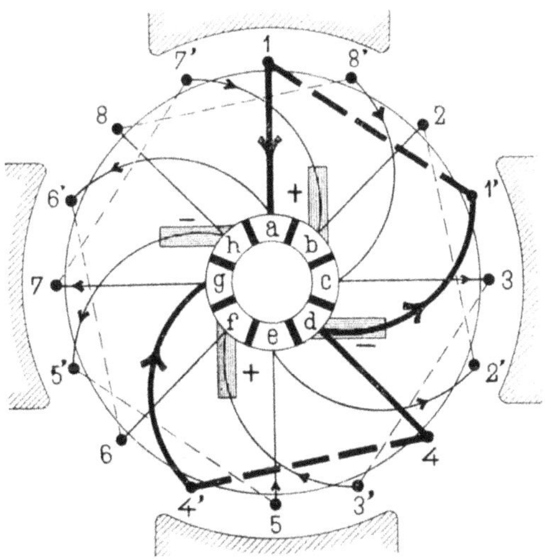

Fig. 29.

Fig. 28 haben wir für die augenblickliche Lage des Ankers die Stromzweige

$$-\left\langle \begin{array}{l} h - 1',1 - a - 2',2 - b \\ h - 8,8' - g - 7,7', - f \\ d - 4,4' - c - 3,3' - b \\ d - 5',5 - e - 6',6 - f \end{array} \right\rangle +$$

und in Fig. 29

$$-\left\langle \begin{array}{l} h - 5',5 - e - 2',2 - b \\ h - 8,8' - c - 3,3' - f \\ d - 4,4' - g - 7,7' - b \\ d - 1',1 - a - 6',6 - f \end{array} \right\rangle + .$$

Die Windungen des Ankers sind somit in 4 Gruppen getheilt und die Gruppen sind parallel geschaltet.

Wir bezeichnen diese Schaltung, welche durch das Aneinanderreihen von zweipoligen Schemata entsteht, und bei welcher jedem Polpaare zwei Ankerstromzweige entsprechen, als Parallelschaltung. Fig. 29 ist, wie später gezeigt wird, ein specieller Fall der Reihen-Parallelschaltung. Dafs die Wellenwicklung sich ebenso wie die Schleifenwicklung für die Parallelschaltung eignet, hat der Verfasser in den früheren Auflagen dieses Buches zuerst gezeigt und in der Maschinenfabrik Oerlikon praktisch ausgeführt.

Solange eine mehrpolige Wicklung ein Vielfaches von zweipoligen Wicklungen ist, ist die Spulenzahl ein Vielfaches von p, wenn p die Anzahl der Polpaare bezeichnet, z. B.

Polzahl	$p =$	Spulenzahl $S =$
2	1	9
4	2	18
6	3	27
8	4	36

Wir können von diesem Verhältnisse abweichen und die Spulenzahl so wählen, dafs

1. S durch p nicht theilbar ist und S und p auch keinen gemeinschaftlichen Theiler haben, z. B. $S = 9$ $p = 2$;
2. dafs S durch p nicht theilbar ist, aber S und p einen gemeinschaftlichen Theiler haben, z. B. $S = 18$ $p = 4$. Der gemeinschaftliche Theiler ist 2.

Für $S = 9$, $p = 2$ und Schleifenwicklung ergiebt sich das Schema **Fig. 30.** Dasselbe entspricht einer gewöhnlichen Parallelschaltung. Für die augenblickliche Lage des Ankers haben wir die Stromzweige

$$-\left\langle \begin{array}{l} a - 1,1' - b - 2,2' - c \\ a - 9',9 - i - 8',8 - h \\ f - 6,6' - g - 7,7' - h \\ f - 5',5 - e - 4,4 - d \end{array} \right\rangle +$$

Die Spule 3,3′ wird durch die Bürste, welche die Lamellen *cd* berührt, kurz geschlossen.

Denken wir uns das Schema Fig. 30 in die Ebene abgewickelt und verdoppelt, so entsteht ein Schema mit $S = 18$, $p = 4$. Dasselbe hat

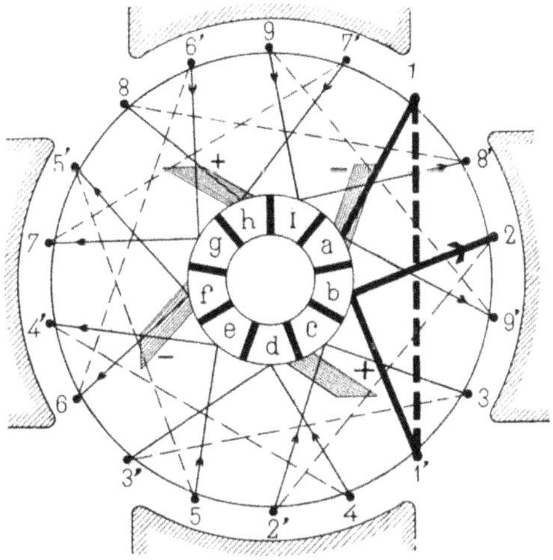

Fig. 30.

doppelt so viele, also 8 Ankerstromzweige, es entspricht daher wieder der Parallelschaltung mit $2p$ Ankerstromzweigen.

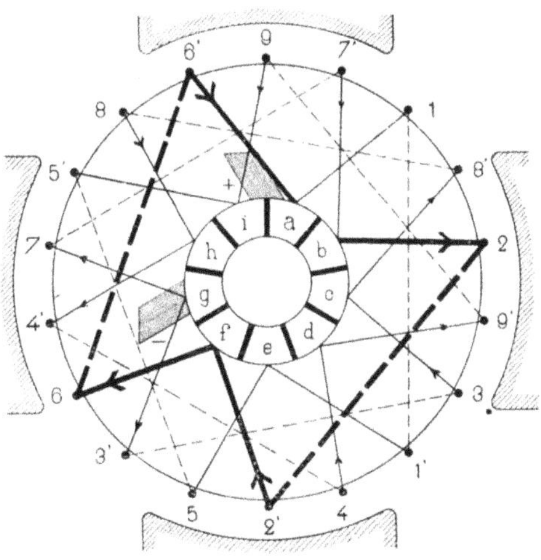

Fig. 31.

Anders verhält sich die Wellenwicklung. Dieser Verbindungsart entspricht Fig. 31, es ist wie in Fig. 30 $S = 9$ und $p = 2$.

Wir erhalten jetzt nur zwei Ankerstromzweige

$$-\left\langle \begin{array}{l} g - 7{,}7' - b - 2{,}2' - f - 6{,}6' - a \\ g - 3'{,}3 - c - 8'{,}8 - h - 4'{,}4 - d - 9'{,}9 - i \end{array} \right\rangle +$$

die Spulen 1,1′ und 5,5′ sind durch die Bürste, welche die Lamellen a und i berührt, kurz geschlossen. Die elektromotorische Kraft des Ankers in Fig. 31 wird daher unter sonst gleichen Bedingungen doppelt so grofs sein als in Fig. 30. — Man bezeichnet eine solche Schaltung, die für beliebige Polzahlen nur zwei Ankerstromzweige liefert, als Reihenschaltung.

Fig. 31a stellt das in die Ebene abgewickelte Schema Fig. 31 dar.

In allen bis dahin abgeleiteten Schemata sind für die Spiralwicklung und die Schleifwicklung stets Anfang und Ende benachbarter Spulen z. B. in den Fig. 18, 21, 23, 24, 26, 28, 30 1′ mit 2, 2′ mit 3 u. s. f. verbunden worden und bei der Reihenschaltung Fig. 31 gelangen wir von irgend einer Lamelle ausgehend nach einem Umgange oder nach-

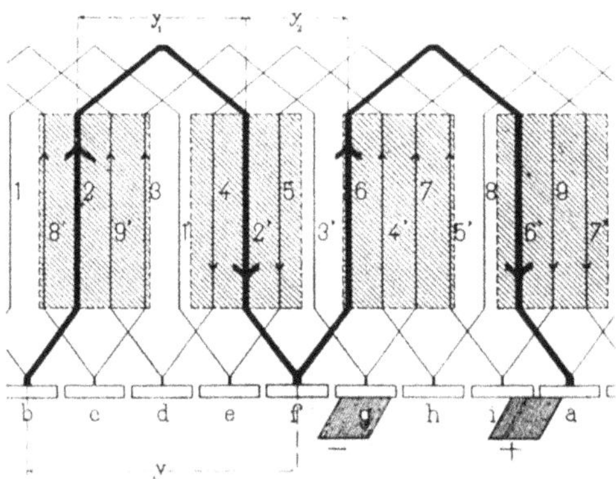

Fig. 31a.

dem $2p$ Drähte am Umfange der Armatur durchlaufen sind, zur benachbarten Lamelle, das heifst, wenn p-Spulen durchlaufen sind (vergl. Fig. 57), zur benachbarten Spule. Sehen wir von dieser Bedingung ab, so entstehen neue Wicklungen.

Haben wir z. B. einen Ring mit 18 Spulen (siehe Fig. 49), so können wir 1 mit 3, 3 mit 5 u. s. f. verbinden, indem wir je eine Spule überspringen. Es bilden jetzt die 9 ungeraden Spulen eine Wicklung und die 9 geraden können in einer zweiten Wicklung vereinigt werden. Ist die Zahl der Spulen ungerade, z. B. 17, so bilden sämmtliche Spulen eine einzige geschlossene Wicklung (siehe Fig. 50). Die Zahl der Ankerstromzweige ist in beiden Fällen ein Vielfaches von $2p$. — Das gilt auch für die Schleifenwicklung, wenn 1′ mit 3, 3′ mit 5 u. s. f. (siehe Fig. 11) verbunden wird. Eine solche Gruppirung mit Spiral- oder Schleifenwicklung bezeichnen wir als mehrfache Parallelschaltung.

Eine nach dieser Methode durchgeführte Wellenwicklung liefert ebenfalls eine neue Schaltung. Ein Beispiel einer solchen Wellenwicklung, bei welcher wir nach einem Umgange nicht zur benachbarten Spule oder Kollektorlamelle gelangen, erhalten wir am einfachsten, wenn wir zwei Schemata Fig. 31 aneinander reihen. Wir erhalten eine 8 polige Wicklung, **Fig. 32**, mit $S = 18$. Die Zahl der Ankerstromzweige verdoppelt sich ebenfalls, sie wird $= 4$; ist also kleiner als bei Parallelschaltung und gröfser als bei Reihenschaltung.

Nach einem halben Umgange gelangen wir von der Lamelle b zur Lamelle a_1 und nach einem weiteren halben Umgange zur Lamelle i_1, also nicht zu der von b benachbarten Lamelle a.

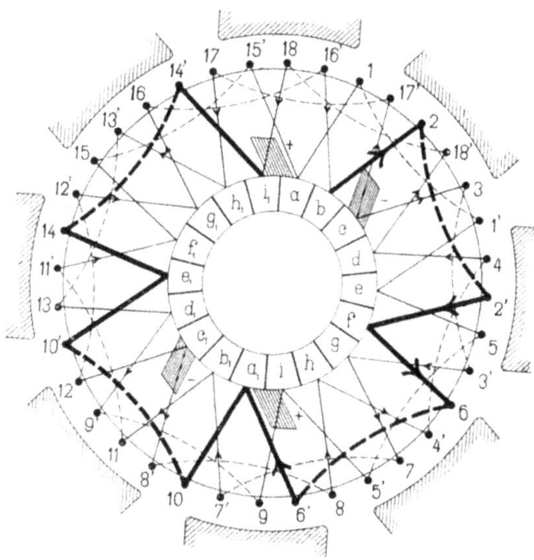

Fig. 32.

In Fig. 29, welche durch Aneinanderreihen von zwei zweipoligen Schemata erhalten wurde, trifft das ebenfalls zu, wir gelangen, nachdem $2p$ Drähte durchlaufen sind, von der Lamelle a zur Lamelle g.

Es zeigt sich, dass bei solchen Wellenwicklungen die Anzahl der Ankerstromzweige immer ein Vielfaches von 2 ist, und zwar kann dieselbe kleiner oder gröfser als $2p$ sein; in dem speciellen Falle Fig. 29 ist dieselbe $= 2p$. Würden wir zwei solche Wellenwicklungen auf denselben Anker bringen, so erhalten wir $4p$ Ankerstromzweige. Bei entsprechender Wahl der Spulenzahl entsteht, ebenso wie bei der mehrfachen Parallelschaltung, auch im letzteren Falle nur eine einzige in sich geschlossene Wicklung.

Der Verfasser hat diese Wellenwicklung zuerst angegeben und praktisch ausgeführt. Sie kann als mehrfache Reihenschaltung oder als Reihen-Parallelschaltung bezeichnet werden.

Die bisherigen Betrachtungen führen zu folgendem Resultate:

Die Spiralwicklung und die Schleifenwicklung liefern für jede beliebige Spulenzahl und Polzahl eine Schaltung, bei welcher die Zahl der Ankerstromzweige $= 2p$ oder ein Vielfaches von $2p$ ist.

Wir können also nur $2p$, $3p$, $4p$ u. s. f. Ankerstromzweige erhalten.

Die Wellenwicklung liefert dagegen für jede beliebige Polzahl eine Schaltung, bei welcher die Zahl der Ankerstromzweige $= 2$ oder ein Vielfaches von 2 ist.

Wir können also 2, 4, 6, 8 u. s. f. Ankerstromzweige erhalten. Die Spulenzahl ist jedoch nicht mehr beliebig.

Wir wollen nun dazu übergehen, die Regeln, nach welchen die Spulen oder Leiter eines Gleichstromankers für die besprochenen Schaltungsarten zu verbinden sind, aufzustellen.

A. Geschlossene Ankerwicklungen.

Aufstellung der Schaltungsformeln für die geschlossenen Ankerwicklungen.

Der Wicklungsschritt. Jede Ankerwicklung setzt sich aus Wicklungselementen zusammen. Ein Wicklungselement bilden diejenigen Armaturdrähte oder Stäbe, welche zwischen zwei im Wicklungsschema aufeinander folgenden Kollektorlamellen liegen. Das einfachste Wicklungselement ist die Spule. Es kann jedoch ein Wicklungselement aus zwei und mehr Spulen bestehen.

Bei einer vollkommen symmetrischen Wicklung sind alle Wicklungselemente unter einander gleich und in gleichen Abständen am Ankerumfange verteilt.

Die Strecke, welche zurückgelegt werden mufs, um das Ende des einen Wicklungselementes mit dem Anfange des im Schema folgenden zu verbinden, kann man als resultirenden Wicklungsschritt bezeichnen. Der resultirende Wicklungsschritt, der mit y bezeichnet werden soll, setzt sich aus mehreren Theilschritten y_1, y_2, y_3 zusammen, so dafs

$$y = y_1 \pm y_2 \pm y_3 \pm y_4 \pm \cdots$$

Wir messen y durch die Anzahl der Elementarstrecken, welche durch die Spulen- oder Stabentfernungen am Ankerumfange gegeben sind.

In den Fig. 23 und 24 ist der Schritt y ein einfacher Schritt.

In Fig. 26 ist z. B. $y_1 =$ der Entfernung $1'$ von 2, $y_2 = 2{,}2'$ und $y = 1',2'$ daher

$$y = y_1 - y_2.$$

In Fig. 31 a ist

$$y = y_1 + y_2.$$

Die Drähte oder Seiten eines Wicklungselementes müssen bei jeder Stellung des Ankers so liegen oder die Theilschritte y_1, y_2 u. s. f. müssen so bemessen sein, dafs sich die in den Drähten inducirten *E. M. Ke* addiren.

Der Feldschritt. Jedes Wicklungselement hat auch bezüglich des magnetischen Feldes eine andere Lage. Wenn wir von einem Wicklungselement zum folgenden übergehen, so ist die zurückgelegte Strecke kleiner oder gröfser als die Poldistanz, d. h. wir schreiten im magnetischen Felde selbst vorwärts oder zurück. Dieser Schritt mifst die thatsächliche Verschiebung im magnetischen Felde und kann als Feldschritt der Wicklung bezeichnet werden. Im Allgemeinen sind Feldschritt und Wicklungsschritt von einander verschieden.

Der Feldschritt, den wir mit f bezeichnen, sei wie folgt definirt:

Für die Spiral- und Schleifenwicklungen sei f der Feldschritt, der ausgeführt wird, wenn von irgend einem Wicklungselement zu dem im Schema folgenden übergegangen wird. Wicklungsschritt und Feldschritt sind somit einander gleich. $y = f$

Für die Wellenwicklungen sei f der Feldschritt, der durch p im Schema auf einander folgende Wicklungselemente ausgeführt wird. Der Feldschritt eines Wicklungselementes ist daher

$$= \frac{f}{p}.$$

Verfolgt man das Wicklungsschema (links- oder rechtsdrehend), so wird f gemessen durch die Anzahl der Elementarstrecken (Kollektortheilungen ab, bc, oder Spulenentfernungen 1 — 2, 2 — 3 u. s. f., Fig. 28), welche zwischen der zweiten und ersten bezw. zwischen der p^{ten} und ersten Spule liegen. Es ist dann f immer eine ganze Zahl.

Wir finden, dafs für die gewöhnliche Parallelschaltung und die Reihenschaltung[1])

$$f = 1,$$

für die mehrfache Parallelschaltung und die Reihen-Parallelschaltung

$$f > 1$$

ist.

In den Fig. 18, 28 und 30 mit Parallelschaltung ist z. B. $f = 1$ und der Feldschritt ist gleich dem Wicklungsschritt. Gehen wir z. B. in Fig. 30 von a aus, so gelangen wir durch die Spule 1,1′ direct zur benachbarten Lamelle b und zur benachbarten Spule 2, der Wicklungsschritt ist somit $= 1$, ferner ist die Spule 2 um eine Theilung 1 — 2 gegen die Spule 1 im Felde verschoben, es ist also auch $f = 1$.

Bei der Reihenschaltung Fig. 31 gelangen wir von der Lamelle 1 ausgehend, nachdem 2 Spulen ($p = 2$) 2,2′ und 6,6′ durchlaufen sind

[1]) Das Vor- oder Rückschreiten im magnetischen Felde von p im Schema aufeinander folgenden Spulen um eine Kollektortheilung wird von H. Müller im Amerik. Patente Nr. 331726 vom 1. Dez. 1885 als besonderes Merkmal der Reihenschaltung hervorgehoben.

zu der von 1 benachbarten Lamelle 9 oder zur Spule 1, es ist also $f = 1$. Feldschritt und Wicklungsschritt sind verschieden; der letztere ist $= 4$, denn es ist z. B. das Ende 2′ der Spule 2 mit $2 + 4 = 6$ verbunden.

In Fig. 29 ist $f = 2$, denn zwischen y und a liegen zwei Kollektortheilungen oder zwischen 7 und 1 vier halbe Spulentheilungen.

Die Bedingungen, welche der Wicklungsschritt und der Feldschritt zu erfüllen haben, können noch durch andere Formen der Wicklungselemente, als den in Fig. 26, 27 und 31a angegebenen, genügt werden.

Die in den Fig. 10, 11 und 12 dargestellten Linienzüge eignen sich ebenfalls zur Bildung eines Gleichstromschemas und es lassen sich noch viele andere Arten der Drahtführung angeben, welche diese Aufgabe lösen.

Einige Typen von Wicklungselementen sind in den **Fig. 33 — 36** zusammengestellt. Die von dem Anfang und Ende eines Elementes zum Kollektor abgehenden Abzweigungen bestimmen den resultirenden Schritt y.

Die Fig. 33 und 34 entsprechen der Schleifenwicklung. Fig. 33a stellt die

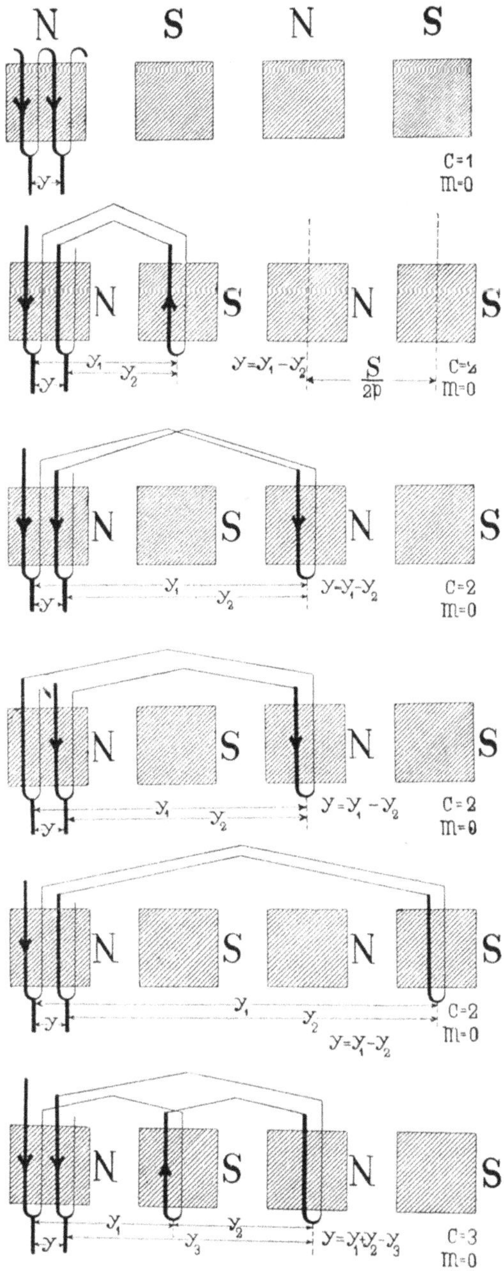

Fig. 33a — f.
Ringspiral- und Ringschleifenwicklungen.

die gewöhnliche Gramme'sche Wicklung oder die Spiralwicklung dar, die Fig. 33b bis 33f können wir als Ringschleifenwicklung und die Fig. 34a bis 34d als Trommelschleifenwicklung bezeichnen.

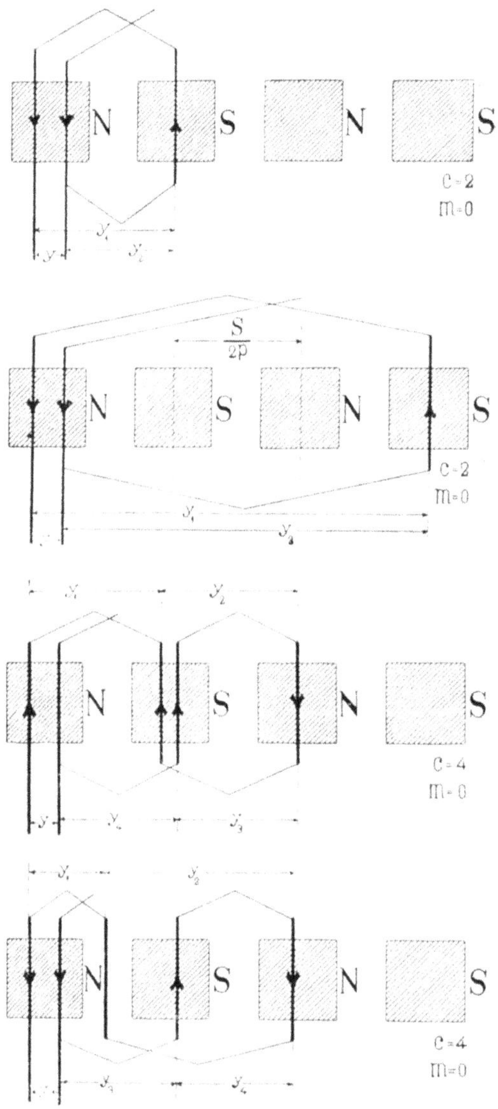

Fig. 34a – d.
Trommelschleifenwicklungen.

In allen diesen Figuren ist der zwischen dem Ende des einen und dem Anfange des nächstfolgenden Wicklungselementes relativ zum Magnetfelde zurückgelegte sog. Feldschritt gleich dem Wickungsschritt. Für die Schleifenwicklung ist daher allgemein

$$y = \pm f \quad . \quad (1$$

Die Fig. 35a bis 35e veranschaulichen verschiedene Formen der Wicklungselemente einer Ring-Wellenwicklung und die **Fig. 36a bis 36e** diejenigen einer Trommel-Wellenwicklung. Der zwischen Anfang und Ende des Elementes relativ zum Magnetfelde zurückgelegte Schritt, mufs

$$= \frac{f}{p} \text{ sein.}$$

Die Wicklungselemente sind derart einander gleich auszuführen, dafs jedes derselben durch Verschiebung im Schema in die Lage eines anderen gebracht werden kann.

Daraus ergiebt sich, wie aus den Fig. 35 und 36 ersichtlich ist, dafs bei der Wellenwicklung der resultirende Schritt y oder die Entfernung von zwei im Schema aufeinander folgenden Abzweigungen zum Kollektor

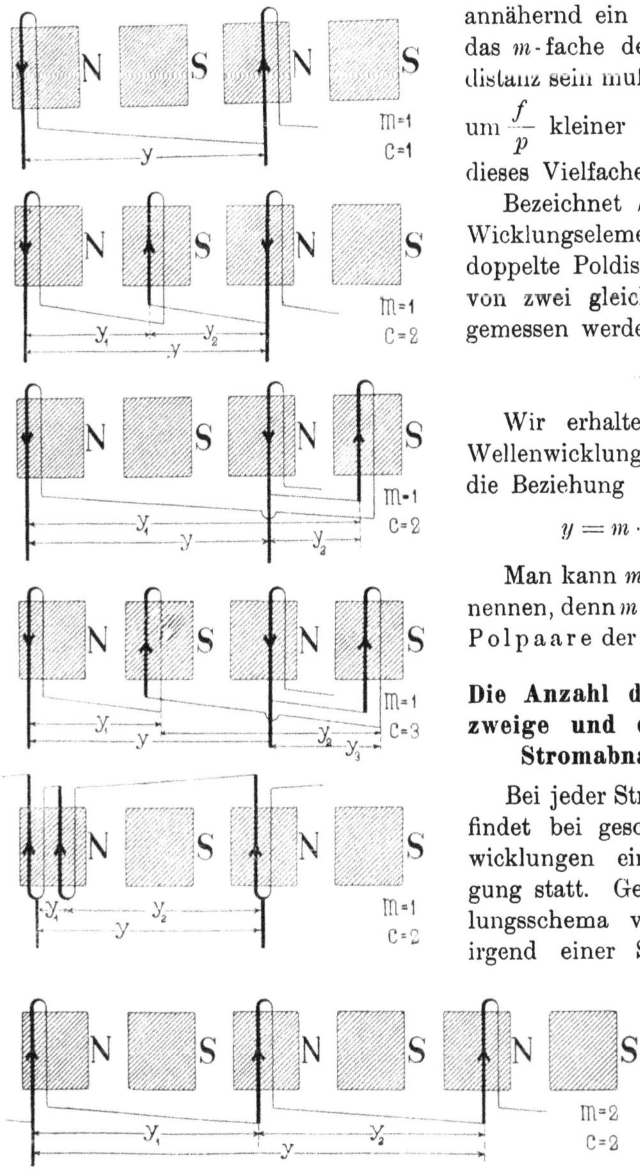

Fig. 35a — f.
Ring-Wellenwicklungen.

annähernd ein Vielfaches, z. B. das m-fache der doppelten Poldistanz sein mufs, und zwar ist y um $\frac{f}{p}$ kleiner oder gröfser als dieses Vielfache.

Bezeichnet S die Zahl der Wicklungselemente, so kann die doppelte Poldistanz (Entfernung von zwei gleichnamigen Polen) gemessen werden durch

$$\frac{S}{p}$$

Wir erhalten nun für die Wellenwicklung ganz allgemein die Beziehung

$$y = m \cdot \frac{S}{p} \pm \frac{f}{p} \quad . . . (2$$

Man kann m den Polschritt nennen, denn m giebt an, wie viele Polpaare der Schritt y umfafst.

Die Anzahl der Ankerstromzweige und die Anzahl der Stromabnahmestellen.

Bei jeder Stromabnahmestelle findet bei geschlossenen Ankerwicklungen eine Stromverzweigung statt. Gehen wir im Wicklungsschema von dem Punkte irgend einer Stromverzweigung aus, so wird eine neue Stromverzweigung auftreten und eine neue Stromabnahmestelle erforderlich, sobald wir zu einem Drahte gelangen, der um eine Poldistanz gegen den Ausgangspunkt verschoben ist, d. h. sobald die Summe der ausgeführten Feldschritte $= \frac{S}{2p}$ ist.

Bezeichnen wir die Anzahl der Wicklungselemente, welche dabei durchlaufen werden mufs, mit S', so ist $\frac{S}{S'}$ die Zahl der Stromverzweigungen oder die Zahl der Ankerstromzweige. Bezeichnet man letztere mit $2a$, so folgt

$$2a = \frac{S}{S'}.$$

Da bei einer Schleifenwicklung jede Spule den Feldschritt f und bei einer Wellenwicklung den Feldschritt $\frac{f}{p}$ zurücklegt, so erhalten wir für Schleifen- und Spiralwicklung

$$f \cdot S' = \frac{S}{2p}, \text{ woraus}$$

$$\frac{S}{S'} = 2p \cdot f \cdot = 2a$$

und $$\boldsymbol{a = pf} \quad . \quad . \quad (3$$

$$f = \frac{a}{p} \quad . \quad . \quad . \quad (4$$

für Wellenwicklung wird

$$\frac{f}{p} \cdot S' = \frac{S}{2p}, \text{ woraus}$$

$$\frac{S}{S'} = 2f = 2a$$

$$\boldsymbol{a = f} \quad . \quad . \quad (5$$

Die Zahl der erforderlichen Stromabnahmestellen ist allgemein $= 2a$, also $= 2pf$ für Spiral- und Schleifenwicklungen und $= 2f$ für Wellenwicklungen. Da aber zwischen je zwei Polen eine Stromumkehr in den Armaturleitern stattfindet, so darf die Zahl der Stromabnahmestellen in allen Fällen $= 2p$, d. h. gleich der Polzahl gewählt werden, unabhängig davon, ob

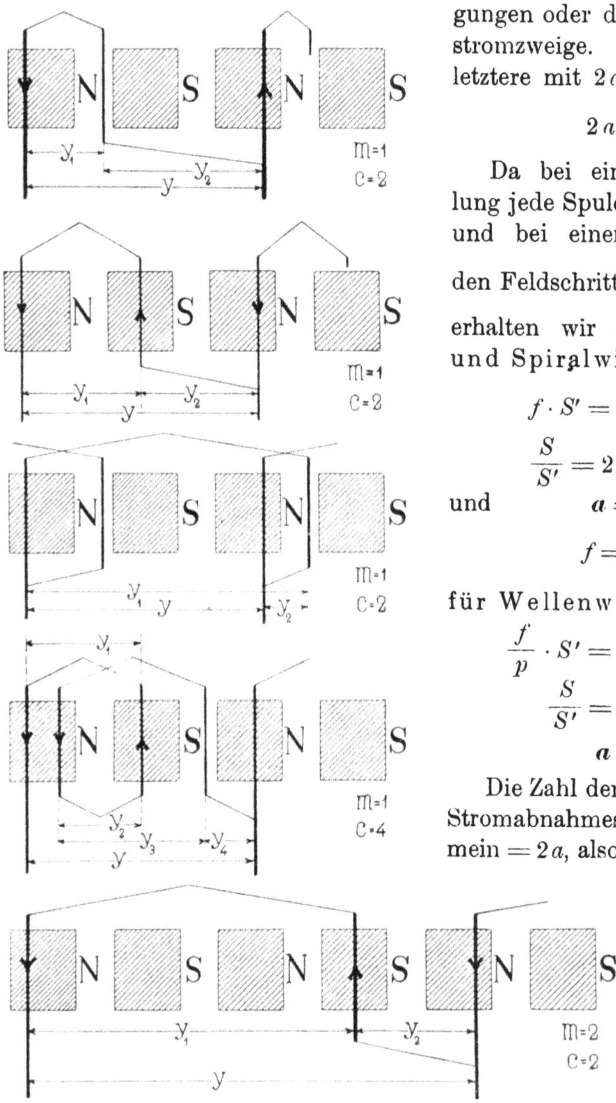

Fig. 36a — e.
Trommel-Wellenwicklungen.

$2a$ gröſser oder kleiner als $2p$ ist. Ist $2a > 2p$, so bleibt die Zahl der Stromabnahmestellen $= 2p$; es müssen jedoch einzelne Bürsten verbreitert werden. Bei der Wellenwicklung können, wie später gezeigt wird, auch wenn $2a > 2p$ ist, zwei oder mehr gleichnamige Stromabnahmestellen, durch entsprechende Verbreiterung der Bürsten zu einer einzigen vereinigt werden.

Die allgemeine Schaltungsformel und die Schaltungsregeln.

Wir können nun die allgemeine Schaltungsformel aufstellen, welche uns für alle Schaltungen einer Ankerwicklung zwei- und mehrpoliger Maschinen, und zwar für Ring-, Trommel- und Scheibenanker anzeigt, in welcher Weise die Ankerspulen oder Ankerstäbe untereinander zu verbinden sind, um die gewünschte Anordnung zu erhalten.

Zunächst seien die gewählten Bezeichnungen übersichtlich zusammengestellt.

Es bezeichne

p die halbe Anzahl der Pole oder die Zahl der Polpaare,
S die Zahl der Wicklungselemente (Spulen),
c die Zahl der inducirten Seiten eines Wicklungselementes, oder die Zahl der Theilschritte, deren algebraische Summe $= y$ ist,
s die Zahl der am Umfange eines Ankers liegenden Seiten sämmtlicher Wicklungselemente.

$$s = S \cdot c$$

Für Stabwicklungen bedeutet s die Anzahl der Stäbe am Ankerumfange

y den Wicklungsschritt,
f den Feldschritt,
m den Polschritt,
a die halbe Anzahl der Ankerstromzweige.
k die Zahl der Kollektorlamellen,
z die Zahl der Nuten des Ankers (bei Nutenankern),
r die Anzahl der in einer Nut liegenden Spulenseiten oder Stäbe.

Es ist $$s = z \cdot r$$

In **Fig. 37** ist nochmals ein Wicklungselement für die Gramme'sche Ringwicklung und **Fig. 38** ein solches für die Trommelwicklung dargestellt. Ein solches Element heiſst auch Armaturspule. Rotiren diese Spulen im magnetischen Felde, so wird bei der Ringwicklung nur eine Seite (g), bei der Trommelwicklung dagegen werden beide Seiten g und h inducirt.

Es ist somit in diesem Falle

für die Ringwicklung $c = 1$
für die Trommelwicklung $c = 2$.

Das ist die Regel für den gröfsten Theil der Ring- und Trommelwicklungen. Wie in den Fig. 33 bis 36 gezeigt wurde, kann jedoch c für die Ringwicklung eine beliebige ganze Zahl und für die Trommelwicklung ein beliebiges Vielfache von 2 sein.

Bezeichnet w für die Anordnungen nach Fig. 37 und 38 die Zahl der Windungen pro Spule

(in Fig. 37 ist $w = 3$),

N die totale Zahl der Drähte am Umfange der Armatur, so ist

$$s = c\,S;\ N = c\,S \cdot w \quad \text{und}\ S = \frac{s}{c}$$

Hat z. B. eine Armatur 20 Spulen von je 5 Windungen, so wird für Trommelwicklung die Zahl der inducirten Seiten

$$s = 40;\quad N = 2 \cdot 20 \cdot 5 = 200$$

und für Ringwicklung

$$s = 20;\ N = 20 \cdot 5 = 100.$$

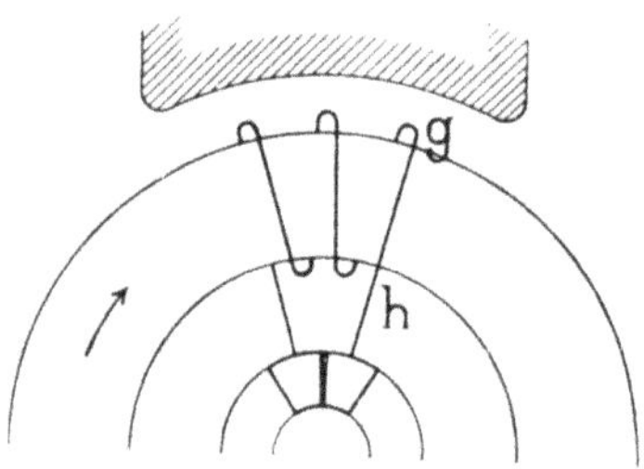

Fig. 37.

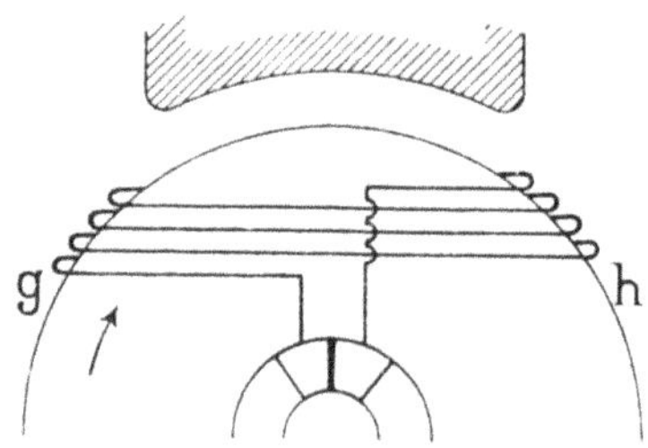

Fig. 38.

Setzen wir den Werth von f aus Gl. 4 in Gl. 1 ein, so wird für die Spiral- und Schleifenwicklung

$$y = \pm \frac{a}{p} \quad \ldots\ldots\ldots\ldots \quad (6$$

und den Werth von f aus Gl. 5 in Gl. 2 ein, so wird für die Wellenwicklung

$$y = \frac{m \cdot S \pm a}{p} \quad \ldots\ldots \quad (7$$

Da m die Anzahl der Polpaare bestimmt, welche der Schritt y umfafst, so wird man m möglichst klein machen, weil dann die Querverbindungen am kürzesten ausfallen. Setzt man $m = 0$ so geht Gl. 6 aus Gl. 7 hervor.

Aus den Fig. 33 bis 36 ergiebt sich folgende Regel:

Für die Spiral- und Schleifenwicklungen ist der Polschritt $m = 0$, für die Wellenwicklungen kann m eine beliebige ganze Zahl sein. Bei den gebräuchlichen Wellenwicklungen ist $m = 1$.

Diese Regel gilt ganz allgemein für Ring-, Trommel- und Scheibenankerwicklungen.

Die Gleichung 7 stellt somit die allgemeine Schaltungsformel dar.

Die Zahl der Wicklungselemente (S) mufs in allen Fällen so gewählt werden, dafs y eine ganze Zahl wird.

Aus der Gl. 7 lassen sich nun die Regeln für die Verbindungsarten der Spulen eines Ankers ableiten. Bezeichnet x ein beliebiges Wicklungselement (Spule), so lautet die allgemeine Schaltungsregel, die mit I bezeichnet werden soll, wie folgt:

Schaltungsregel I. Man verbinde das Ende (Anfang) **des $x$ten Wicklungselementes mit dem Anfange** (Ende) **des $(x+y)$ten Wicklungselementes.**

Die Zahl y giebt somit die Anzahl der Wicklungselemente oder der Spulen, um welche man in der Schaltungsrichtung vorwärts schreiten mufs, um zu derjenigen Spule zu gelangen, deren Anfang mit dem Ende jener Spule, von welcher man ausgegangen ist, verbunden werden soll. Man kann somit die Zahl y den Schritt der Wicklung nennen.

Diese Schaltungsregel beruht auf der Eintheilung der Wicklung in S Wicklungselemente oder Spulen, die am Ankerumfange fortlaufend von 1 bis S numerirt sind.

Für das Entwerfen des Schemas ist es oft bequemer, die Schaltungsregel auf die am Ankerumfange liegende Zahl der inducirten Seiten oder die Stabzahl, sofern jede Spulenseite aus einem Stabe besteht, zu beziehen.

Setzen wir in die Gl. 7 $S = \frac{s}{c}$ ein, so folgt

$$y = \frac{m \cdot \frac{s}{c} \pm a}{p} \quad \ldots \ldots \quad (7\text{a}$$

$$\text{oder } c\,y = \frac{m\,s \pm a\,c}{p}.$$

Numeriren wir jetzt anstatt die Spulen die Stäbe, deren Zahl $= S \cdot c$ fortlaufend, so wird die Zahl der Nummern oder Theilpunkte c mal gröfser als in Formel 7, der Zahlenwerth des resultirenden Schrittes ist daher ebenfalls c mal gröfser d. h. $= c\,y$. Es ist somit

$$c\,y = y_1 \pm y_2 \pm y_3 \ldots \pm y_c \quad \ldots \ldots \quad (8$$

und wir können schreiben

$$\boldsymbol{y_1 \pm y_2 \pm y_3 \ldots \pm y_c = \frac{m \cdot s \pm a \cdot c}{p}} \quad \ldots \quad (9$$

Diese Formel gilt ebenfalls allgemein.

Für die Spiralwicklung ist $m = 0$ und $c = 1$, daher wie früher

$$y = \pm \frac{a}{p}$$

Für die Schleifenwicklungen ist $m = 0$, und

$$y_1 \pm y_2 \pm y_3 \ldots \pm y_c = \pm \frac{a\,c}{p}$$

Beschränken wir uns auf die üblichen Schleifenwicklungen mit $c = 2$, so erhalten wir

$$y_1 - y_2 = \pm \frac{2\,a}{p} \quad \ldots\ldots (10$$

Ueber die Gröfse von y_1 und y_2 sagt diese Formel nichts aus. Um diese festzustellen, erinnern wir uns zunächst, dafs die Schleifenwicklung, unabhängig von der Polzahl, für eine beliebige Spulenzahl ausführbar ist. Da die Entfernung der inducirten Seiten einer Spule nahezu gleich der Poldistanz sein mufs, so müfsen die Theilschritte y_1 und y_2 annähernd $= \frac{s}{2\,p}$ sein.

Da ferner y_1 und y_2 ganze Zahlen sind, mufs der Quotient $\frac{s}{2\,p}$ entweder eine ganze Zahl sein oder auf eine ganze Zahl abgerundet werden, d. h. es ist zu s eine solche Zahl zu addiren oder zu subtrahiren, dafs der Quotient eine ganze Zahl wird.

Für Schleifenwicklung gilt daher die Formel

$$y_1 = \frac{s \pm b}{2p} + \frac{a}{p}; \qquad y_2 = \frac{s \pm b}{2p} - \frac{a}{p} \quad \ldots (11$$

y_1 bedeutet den Schritt vorwärts und y_2 den Schritt rückwärts (oder umgekehrt).

Die üblichen Wellenwicklungen von Ringankern haben die Werthe

$$m = 1 \qquad c = 1$$

und diejenigen von Trommelankern die Werthe

$$m = 1 \qquad c = 2$$

Wir erhalten somit für die gewöhnliche Ring-Wellenwicklung aus Gl. 9

$$y = \frac{s \pm a}{p} = \frac{S \pm a}{p} \quad \ldots\ldots (12$$

ebenso wie aus Gl. 7.

Für die gewöhnliche Trommel-Wellenwicklung folgt

$$y_1 \pm y_2 = \frac{s \pm 2\,a}{p}$$

Da bei den üblichen Wicklungen die Theilschritte y_1 und y_2 im gleichen Sinne schreiten,[1]) wird

[1]) z. B. wie in Fig. 36a und 36b. In Fig. 36c schreiten dagegen y_1 und y_2 in ungleichem Sinne.

$$y_1 + y_2 = \frac{s \pm 2a}{p} \quad . \quad . \quad . \quad . \quad . \quad (13$$

Denken wir uns nun jede Spulenseite durch einen einfachen Stab ersetzt, so liegen am Umfange des Ankers, parallel zu dessen Axe, s Stäbe mit s vordern und s hintern Enden und die den Gl. 11 und 13 entsprechende Schaltungsregel lautet nun:

Schaltungsregel II. Man verbinde das vordere Ende des $x$ten Stabes mit dem vordern Ende des $(x + y_1)$ten Stabes, dann das hintere Ende des $(x + y_1)$ten Stabes mit dem hinteren Ende des $(x + y_1 \pm y_2)$ten Stabes u. s. w.

Ich werde, je nach Zweckmäſsigkeit die Regel I oder II gebrauchen. Bei Anwendung der Schaltungsregel I sind die Spulenanfänge mit 1, 2, 3, . . . die Spulenenden mit 1', 2', 3' . . . u. s. f. zu bezeichnen, bei Anwendung der Schaltungsregel II sind dagegen die am Umfange des Ankers liegenden inducirten Seiten der Spulen fortlaufend zu numeriren.

Sind zwei oder mehr Stäbe in je einer Nut des Ankers eingebettet, so ist bei gegebener Stabzahl (r) pro Nut die Nutenzahl (z) nicht mehr beliebig, und für gewisse Werthe von r und p ist die Wicklung unausführbar, wenn in jeder Nut r Stäbe liegen sollen.

Da $s = z \cdot r$, erhalten wir für diesen Fall die Gleichungen

$$y_1 = \frac{z \cdot r \pm b}{2p} + \frac{a}{p}; \quad y_2 = \frac{z \cdot r \pm b}{2p} - \frac{a}{p} \quad . \quad (11a$$

und

$$y_1 + y_2 = \frac{z \cdot r \pm 2a}{p} \quad . \quad . \quad . \quad . \quad . \quad (13a$$

Einfach und mehrfach geschlossene Wicklungen.

Bei den sämmtlichen Wicklungen, welche aus den Schaltungsregeln hervorgehen, müssen wir ferner unterscheiden, ob dieselben einfach oder mehrfach geschlossen sind. Das Zahlenverhältniſs der Gröſsen y und S ist hierfür entscheidend.

Nehmen wir an, es seien in der Gleichung

$$y' = \frac{1}{p}(m \cdot S' \pm a') \quad . \quad . \quad . \quad . \quad . \quad (14a$$

die Werthe y' und S' so gewählt, daſs eine einfach geschlossene Wicklung entsteht. In diesem Falle bilden sämmtliche Wicklungselemente eine einzige in sich geschlossene Wicklung, d. h. wenn wir von irgend einem Punkte des Schemas ausgehen und der Wicklung folgen, so gelangen wir erst zum Ausgangspunkte zurück, nachdem sämmtliche Stäbe oder Spulen getroffen worden sind.

Bringen wir eine Anzahl i solcher Wicklungen auf die Armatur, so erhalten wir eine i fach geschlossene Wicklung, d. h. i von einander unabhängige Wicklungen. Für diesen Fall erhalten wir die Gleichung

$$i\,y' = \frac{1}{p}\,(m \cdot i \cdot S' \pm i\,a') \quad . \quad . \quad . \quad . \quad (14\text{b}$$

Ist also in Gl. 7

$$y = i \cdot y'$$
$$S = i \cdot S'$$

oder in der Gl. 9

$$\frac{y_1 \pm y_2 \cdots \pm y_c}{c} = i \cdot y'$$

$$\frac{s}{c} = i \cdot S',$$

so erhalten wir eine i fach geschlossene Wicklung. Die Anzahl der Armaturstromzweige derselben ist $= 2\,i \cdot a' = 2\,a$.

Eine einfach geschlossene Wicklung entsteht dann, wenn y und S oder $\frac{y_1 \pm y_2 \pm \cdots y_c}{c}$ und $\frac{s}{c}$ keinen gemeinschaftlichen Theiler haben d. h. relativ prim sind.

Nehmen wir z. B. an, es sei $S = i \cdot n$

$$y = i \cdot o$$

wobei n und o ganze Zahlen und theilerfremd sind. Die Zahl der auszuführenden Schritte ist $= S$. Es wird aber schon nach n maliger Wiederholung des Schrittes y das Ausgangselement getroffen, denn es ist

$$n \cdot y = n \cdot o \cdot i = n \cdot o \cdot \frac{S}{n}$$

oder

$$n\,y = o\,S$$

es ist also $n\,y$ ein ganzes Vielfaches von S; d. h. nachdem im kreisförmigen Schema mit $n\,y$ Schritten o Umgänge gemacht worden sind, wird das Ausgangselement wieder getroffen. Das trifft i mal ein, und es entstehen i Schliefsungen.

Für jede einzelne der i Wicklungen müssen aufserdem, wie Gl. 14a zeigt, die für die verschiedenen Schaltungsarten gegebenen Bedingungen erfüllt sein.

Die gebräuchlichen Wicklungen sind fast immer einfach geschlossene Wicklungen; es ist daher bei dem Entwurfe derselben darauf zu achten, dafs obige Bedingung erfüllt ist.

In manchen Fällen kann eine mehrfach geschlossene Wicklung Anwendung finden. Wenn die Spulenzahl geändert werden darf, ist es aber immer möglich, bei gleichbleibender Zahl die Armaturstromzweige, dieselbe durch eine einfach geschlossene Wicklung zu ersetzen.

Aufstellung der Bedingung, dafs jeder Stab nur einmal getroffen wird.

Die Bedingung, dafs jede Spule oder jedes Wicklungselement nur einmal von dem Schritte y getroffen wird, ist durch die Gl. 7 ausgedrückt. Besteht ein Wicklungselement aus mehreren inducirten Seiten, so tritt noch die Bedingung hinzu, dafs keine Seite oder kein Stab von den Theilschritten y_1, $y_2 \cdots y_c$ zweimal getroffen werde. Wir wollen die Betrachtung auf den praktisch allein wichtigen Fall mit $c = 2$ beschränken.[1])

1. Die Schleifenwicklung. Fig. 39. Bezeichnet, vom Stabe a ausgehend, n die Zahl der zurückgelegten resultirenden Schritte y, so mufs, damit der Stab b nicht zweimal getroffen wird, die Ungleichung bestehen

$$n y \neq y_1,$$

oder

$$n (y_1 - y_2) \neq y_1,$$

woraus

$$(n - 1)\, n\, y_1 \neq n \cdot y_2 \quad . \quad . \quad . \quad . \quad . \quad . \quad (15$$

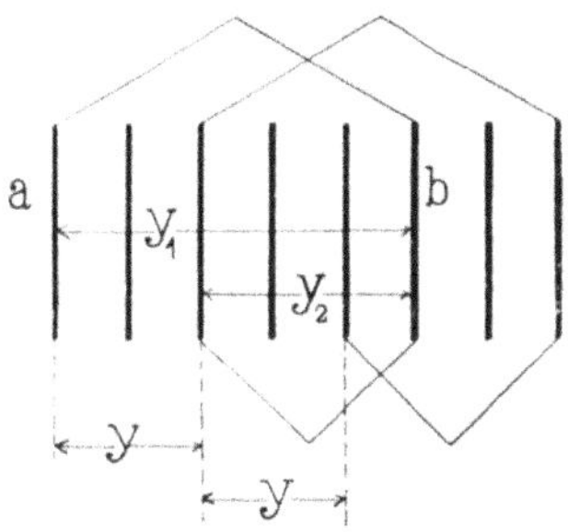

Fig. 39.

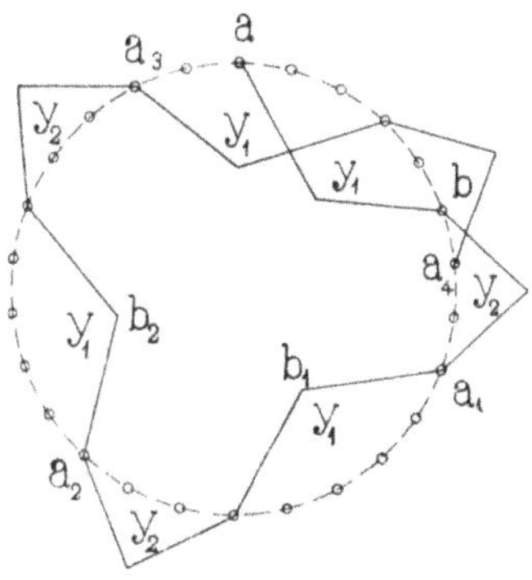

Fig. 40.

Die gesamte Zahl der Schritte $(y_1 - y_2)$ ist $= \frac{s}{2}$; soll sich die Wicklung schliefsen, so mufs sein

$$\frac{s}{2} (y_1 - y_2) = U \cdot s,$$

oder

$$\frac{y_1 - y_2}{2} = U \quad . \quad . \quad . \quad . \quad . \quad . \quad (16$$

U bezeichnet die Zahl der Umgänge und ist eine ganze Zahl.

[1]) Der Verfasser folgt hier theilweise dem Gedankengange, welcher in einer Abhandlung »Ueber geschlossene Ankerwicklungen der Gleichstrom-Dynamomaschinen« von Dr. M. Reithofer, Ing. F. Eichberg und Ing. L. Kallir in der Zeitschr. f. El., Wien 1898 S. 17 gegeben ist. Die vom Verfasser aufgestellte Schaltungsformel ist dort ebenfalls abgeleitet und etwas verallgemeinert worden.

Da $(n-1)$ ebenfalls eine beliebige ganze Zahl bedeutet, so ergiebt sich aus den Gl. 15 und 16 die Bedingung: Die Theilschritte y_1 und y_2 müssen theilerfremd und die Differenz derselben mufs durch zwei theilbar sein. y_1 und y_2 sind daher ungerade.

2. Die Wellenwicklung. Fig. 40. Es bezeichne wiederum, vom Stabe mit der Nummer a ausgehend, n_1 die Zahl der zurückgelegten Schritte $(y_1 + y_2)$, dann erhält der erste Stab einer anderen Spule (z. B. a_1, a_2, a_3) die Nummer

$$a + n_1 (y_1 + y_2) - U \cdot s.$$

U bezeichnet die Zahl der vollen Umgänge, die gemacht wurden oder U giebt an, wie oft der Ausgangsstab a übersprungen wurde, um zu dem betreffenden Stabe (z. B. zu a_4) zu gelangen.[1])

Ein Stab, der durch den Schritt y_1 getroffen wird (Stab b), erhält die Nummer

$$a + n_2 (y_1 + y_2) + y_1 - U \cdot s.$$

Soll daher ein Stab, der durch $(y_1 + y_2)$ getroffen wurde, nicht zum zweiten Male durch y_1 getroffen werden, so mufs die Ungleichung bestehen

$$a + n_1 (y_1 + y_2) - U \cdot s \neq a + n_2 (y_1 + y_2) + y_1 - U \cdot s,$$

oder

$$n_1 (y_1 + y_2) \neq n_2 (y_1 + y_2) + y_1 \quad . \quad . \quad . \quad (17$$

Nach einer bestimmten Zahl von Umgängen U mufs, wenn die Wicklung sich schliefsen soll, der Schritt y_2 den Ausgangsstab a wieder treffen.

Die gesamte Zahl der auszuführenden Schritte $(y_1 + y_2)$ ist allgemein $= \frac{s}{c}$, also in unserem Falle $= \frac{s}{2}$ oder gleich der halben Zahl der Stäbe. Wir erhalten somit für eine einfach geschlossene Wicklung die zweite Bedingungsgleichung

$$\frac{s}{2} (y_1 + y_2) = U \cdot s,$$

oder

$$\frac{y_1 + y_2}{2} = U \quad . \quad . \quad . \quad . \quad . \quad . \quad (18$$

Die Ungleichung 17 besteht nur so lange y_1 und y_2 theilerfremd sind; da ferner U eine ganze Zahl ist, erhalten wir die Bedingung:

Die Theilschritte y_1 und y_2 müssen theilerfremd und die Summe derselben mufs durch zwei theilbar sein.

Die beiden Bedingungen für die Schleifen- und Wellenwicklung sind identisch; denn wenn die Summe von $y_1 + y_2$ durch 2 theilbar ist, ist es auch die Differenz $y_1 - y_2$.

Ist die Wicklung i fach geschlossen, so betragen die Theilschritte das i fache derjenigen Werthe, welche obiger Bedingung entsprechen.

---

[1]) In Fig. 40 ist $s = 26$, $y_1 = 5$, $y_2 = 3$. Um vom Stabe a zu a_4 zu gelangen, ist der Schritt $y_1 + y_2$ viermal zurückgelegt worden, daher $n_1 = 4$. Für a_4 ist $U = 1$. Wenn a die Nummer 1 hat, hat daher a_4 die Nummer

$$1 + 4(5 + 3) - 1 \cdot 26 = 7.$$

Eintheilung der geschlossenen Ankerwicklungen.

Mit Hülfe der abgeleiteten Schaltungsformeln lassen sich die Schaltungsarten der zwei- und mehrpoligen Wicklungen übersichtlich bestimmen. Wir benützen hierzu die Formeln

$$y = \frac{m \cdot S \pm a}{p} \quad . \quad . \quad . \quad . \quad . \quad . \quad . \quad (7$$

$$y_1 \pm y_2 \pm y_3 \cdots \pm y_c = \frac{m \cdot s \pm a \cdot c}{p} \quad . \quad . \quad . \quad (9$$

und die speciell für Schleifenwicklung giltige Formel

$$y_1 = \frac{s \pm b}{2p} + \frac{a}{p} \qquad y_2 = \frac{s \pm b}{2p} - \frac{a}{p} \quad . \quad . \quad (11$$

Es sollen nur die üblichen Wicklungen mit $m = 0$ oder $m = 1$ und $c = 1$ oder $c = 2$ berücksichtigt werden.

Es sind vier Hauptgruppen von Schaltungen zu unterscheiden, die sich für Ring-, Trommel- und Scheibenanker ausführen lassen.

1. Die Parallelschaltung. Diese ist charakterisirt durch $m = 0$ und $a = p$. Die Zahl der Ankerstromzweige ist $= 2p$. Sie zerfällt in

a) die Parallelschaltung mit Spiralwicklung (nach Pacinotti-Gramme).

Es ist $\quad m = 0 \quad a = p \quad c = 1 \quad S = s$

Aus beiden Gl. 7 und 9 folgt

$$y = \pm 1$$

b) die Parallelschaltung mit Schleifenwicklung

$$m = 0 \quad a = p \quad c = 2 \quad S = \frac{s}{2}$$

Aus Gl. 7 folgt

$$y = \pm 1$$

und aus Gl. 9

$$y_1 - y_2 = \pm 2.$$

Die Theilschritte y_1 und y_2 ergeben sich aus den Gl. 11 zu

$$y_1 = \frac{s \pm b}{2p} + 1 \qquad y_2 = \frac{s \pm b}{2p} - 1$$

y_1 und y_2 sind ungerade.

2. Die mehrfache Parallelschaltung. Diese wird erhalten mit

$$m = 0 \quad a = np$$

wenn $n > 1$ und eine ganze Zahl. Die Zahl der Ankerstromzweige ist $= 2n \cdot p$.

Wir unterscheiden:

a) Die mehrfache Parallelschaltung mit Spiralwicklung. Für diese ist

$$m = 0 \quad a = np \quad c = 1 \quad S = s$$

Beide Gl. 7 und 9 ergeben

$$y = \pm n$$

b) Die mehrfache Parallelschaltung mit Schleifenwicklung. Es ist

$$\boldsymbol{m = 0 \qquad a = np \qquad c = 2 \qquad S = \frac{s}{2}}$$

Aus Gl. 7 folgt

$$y = \pm 2n$$

und aus Gl. 9

$$y_1 - y_2 = \pm 2n$$

Die Theilschritte y_1 und y_2 ergeben sich aus Gl. 11 zu

$$y_1 = \frac{s \pm b}{2p} + n \qquad y_2 = \frac{s \pm b}{2p} - n$$

Die Wicklungen der Gruppe 2 können einfach und mehrfach geschlossen sein. Für eine einfach geschlossene Wicklung sind y und S bezw. $\frac{y_1 + y_2}{2}$ und $\frac{s}{2}$ theilerfremd und y_1 und y_2 ungerade.

3. Die Reihenschaltung. Diese geht aus den Schaltungsformeln hervor für

$$m = 1 \text{ und } a = 1$$

Die Zahl der Ankerstromzweige ist $= 2$.

Wir unterscheiden:

a) Die Reihenschaltung für Ringwicklung.

$$\boldsymbol{m = 1 \qquad a = 1 \qquad c = 1 \qquad S = s}$$

Aus den Gl. 7 und 9 folgt

$$y = \frac{S \pm 1}{p}$$

b) Die Reihenschaltung für Trommel- und Scheibenwicklung.

$$\boldsymbol{m = 1 \qquad a = 1 \qquad c = 2 \qquad S = \frac{s}{2}}$$

Gl. 7 ergiebt

$$y = \frac{S \pm 1}{p}$$

und Gl. 9

$$y_1 + y_2 = \frac{s \pm 2}{p}$$

y_1 und y_2 sind ungerade, $\frac{y_1 + y_2}{2}$ und $\frac{s}{2}$ sind theilerfremd.

Diese Wicklung mit $c = 2$ ist für Ringanker ebenfalls ausführbar, jedoch nicht gebräuchlich.

4. Die Reihen-Parallelschaltung. Während die unter 2 angeführten Wicklungen aus mehreren einfachen Parallelschaltungen gebildet werden, besteht diese Wicklung aus mehreren parallel verbundenen Reihenschaltungen. Wir erhalten dieselbe für $m = 1$ und $a > 1$. Die Zahl der Ankerstromzweige ist $= 2\,a$.

Man kann unterscheiden

a) Die Reihen-Parallelschaltung für Ringwicklung.

$$m = 1 \quad a > 1 \quad c = 1 \quad S = s$$

Die Gl. 7 und 9 ergeben

$$y = \frac{S \pm a}{p}$$

b) Die Reihen-Parallelschaltung für Trommel- und Scheibenwicklung.

$$m = 1 \quad a > 1 \quad c = 2 \quad S = \frac{s}{2}$$

Nach Gl. 7 wird

$$y = \frac{S \pm a}{p}$$

nach Gl. 9

$$y_1 + y_2 = \frac{s \pm 2\,a}{p}$$

Diese Wicklung mit $c = 2$ ist für Ringanker ebenfalls ausführbar, jedoch nicht gebräuchlich.

Die Wicklungen der Gruppe 4 können einfach und mehrfach geschlossen sein. Um eine einfach geschlossene Wicklung zu erhalten, müssen y und S bezw. $\frac{y_1 + y_2}{2}$ und $\frac{s}{2}$ theilerfremd und y_1 und y_2 ungerade sein.

In dem speciellen Falle $a = p$ erhalten wir, ebenso wie bei der Parallelschaltung $2\,p$ Ankerstromzweige.

Die einfach geschlossenen Wicklungen der Gruppe 2 und die Wicklungsgruppe 4 hat der Verfasser mit Hülfe der Schaltungsformel zuerst gefunden und praktisch ausgeführt. Eine grofse praktische Bedeutung hat namentlich die Gruppe 4 erlangt.

Berechnung der elektromotorischen Kraft eines Ankers.

Die mittlere inducirte *E. M. K.* eines Ankers in abs. Einheiten ist gleich der Summe der Kraftlinienschnitte, welche von den in Serie geschalteten Drähten pro Secunde vollführt werden.

Es bezeichne

N die totale Zahl der Drähte, am Umfange der Armatur gezählt,
n die Umdrehungszahl pro Minute,
$2\,p$ die Zahl der Pole,
$2\,a$ die Zahl der Ankerstromzweige,

E die inducirte *E. M. K.* in Volt,

Z die in die Armatur eintretende Kraftlinienzahl pro Pol bezw. die maximale in die Fläche einer Ankerwindung eintretende Kraftlinienzahl.

Jeder Draht schneidet pro Umdrehung $2\,p\,Z$ Kraftlinien. Die totale Zahl der Kraftlinienschnitte pro Umdrehung ist daher

$$= 2 \cdot p \cdot Z \cdot N$$

und pro Secunde

$$= 2 \cdot p \cdot Z \cdot N \cdot \frac{n}{60}.$$

Ist die Anzahl der Ankerstromzweige $= 2\,a$, so sind die Drähte in $2\,a$ Gruppen getheilt. Die Drähte jeder Gruppe, deren Zahl $= \frac{N}{2\,a}$, sind in Serie geschaltet. Die Zahl der Kraftlinienschnitte für eine Gruppe, oder die *E. M. K.* des Ankers in abs. Einheiten wird daher erhalten, wenn wir die totale Zahl derselben durch $2\,a$ dividiren.

Für alle oben angeführten Ankerwicklungen wird somit die inducirte *E. M. K.* in Volt allgemein

$$\boldsymbol{E = 10^{-8} \cdot Z \cdot N \cdot \frac{p}{a} \cdot \frac{n}{60}} \quad . \quad . \quad . \quad . \quad (19$$

Im Nachfolgenden sollen nun die Ring-, Trommel- und Scheibenanker behandelt und die Richtigkeit der obigen Regeln geprüft werden. Es wird sich dabei zeigen, dafs ein genaues Einhalten der Schaltungsregel stets zu einem richtigen Schema führt, und dafs das Entwerfen eines Schemas dadurch wesentlich erleichtert wird.

Die gewählte Darstellungsmethode ist eine verschiedene. In den meisten Schemata behalten wir die Kreisform bei und denken uns den Anker von der Kollektorseite aus gesehen. Die Verbindungen auf der vorderen Stirnfläche werden durch voll ausgezogene Linien, diejenigen auf der hinteren Seite dagegen mit punktirten Linien oder gar nicht angedeutet. Diese meist übliche Methode der Darstellung hat vor anderen den grofsen Vorzug, dafs die praktische Ausführung der Wicklung angedeutet werden kann, und dafs der Uebergang von Ring- zu Trommel- und Scheibenankerwicklungen die beste Uebersichtlichkeit gewährt.

Wo es sich jedoch darum handelt, die Verwandtschaft verschiedener Wicklungen nachzuweisen, ist die von W. Fritsche zuerst eingeführte[1]) Methode der Darstellung zu Hilfe genommen. Dieselbe liefert in die Ebene abgerollte Schemata, wie solche im ersten Kapitel abgeleitet wurden.

[1]) Centralblatt für Elektrotechnik 1887 S. 648.

Die Ringankerwicklungen.

1. Zweipolige Ringanker.

Zweipoliger Ringanker mit Spiralwicklung. Hierher gehört die von Pacinotti[1]) und später unabhängig davon von Gramme[2]) nochmals erfundene Ringwicklung. Wir betrachten das Schema einer solchen Wicklung mit 12 Spulen, **Fig. 41**. Sämtliche Spulen sind so unter einander verbunden, dafs dieselben eine endlose Spirale bilden. Von jeder Verbindungsstelle zweier Spulen führt eine Abzweigung nach dem Kollektor, der aus ebenfalls 12, von einander isolirten Segmenten besteht, welche an der Rotation theilnehmen.

Bei der angenommenen Lage der Pole und der gegebenen Drehrichtung des Ankers wird in den Spulen ein Strom inducirt, dessen positive Richtung durch Pfeile markirt ist. Die feststehenden Bürsten, welche den Strom nach dem äufseren Stromkreise ableiten, schleifen bei D_1 und D_2 auf dem Kollektor, und man erhält im äufseren Stromkreise einen Strom von konstanter Richtung und, bei genügend grofser Spulenzahl, von konstanter Stärke.

Gehen wir von der negativen Bürste aus, so entspricht der augenblicklichen Lage des Ringes das Stromverzweigungsschema:

$$-q \left\langle \begin{matrix} 3 & 2 & 1 & 12 & 11 & 10 \\ 4 & 5 & 6 & 7 & 8 & 9 \end{matrix} \right\rangle + a.$$

In den Armaturspulen selbst tritt beim Passiren der Bürsten, bezw. der Zone nn' des Magnetfeldes, zunächst ein Kurzschlufs und dann ein Stromwechsel ein. Berührt z. B. die Bürste D_1 gleichzeitig die Segmente a und m, und D_2 die Segmente f und g, so sind die Enden der Spulen 10 und 4 durch die Bürsten direkt miteinander verbunden

[1]) Nuovo Cimento **19** p. 378. 1865. Die erste Konstruktion eines Ringankers durch Pacinotti fällt in das Jahr 1860.

[2]) Gramme, Compt. rend. 73, p. 175. 1871.

oder kurz geschlossen. Während des Kurzschlusses werden die betreffenden Spulen stromlos und treten alsdann nach der anderen Armaturhälfte mit entgegengesetzter Stromrichtung über.

Die Gramme'sche Wicklung ist mit dem in Fig. 18 und Fig. 23 erläuterten Schema übereinstimmend. In Fig. 22 ist dargestellt, wie sich der Strom in die zwei zu einander parallel geschalteten Armaturhälften verzweigt.

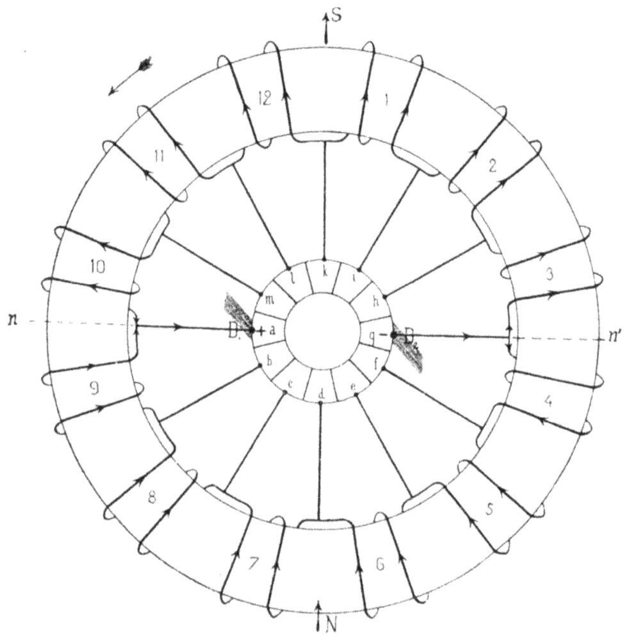

Fig. 41.
Zweipoliger Ringanker mit Spiralwicklung.

Ein funkenloses und gutes Arbeiten der Maschine bedingt eine derartige Ausführung der Wicklung, dafs die parallel geschalteten Stromzweige in Bezug auf die Induktion gleichwerthig sind.

Beide Armaturhälften müssen sonach gleichen Widerstand bezw. gleiche Drahtlänge besitzen und eine gleich grofse inducirte elektromotorische Kraft ergeben, d. h. es müssen sich gleiche inducirte Drahtlängen mit gleicher mittlerer Geschwindigkeit in magnetischen Feldern von gleicher Intensität bewegen.

Für die Parallelschaltung mit Spiralwicklung ergab die allgemeine Schaltungsregel

$$y = \pm 1.$$

Der Anfang der $x$ten Spule ist mit dem Ende der $(x + 1)$ten zu verbinden, was unserem Schema entspricht.

Zweipoliger Ringanker mit Schleifenwicklung. Die zweipolige Ringankerwicklung läfst sich nach Wodicka[1]) und, wie M. J. Swinburne[2]) ebenfalls angiebt, auch so ausführen, dafs die Kollektorlamellenzahl gleich der halben Spulenzahl ist. In **Fig. 42** ist das von Wodicka angegebene Schema für 16 Spulen aufgezeichnet. Die gegenüberliegenden Spulen werden zunächst so verbunden, dafs sich die Ströme addiren.

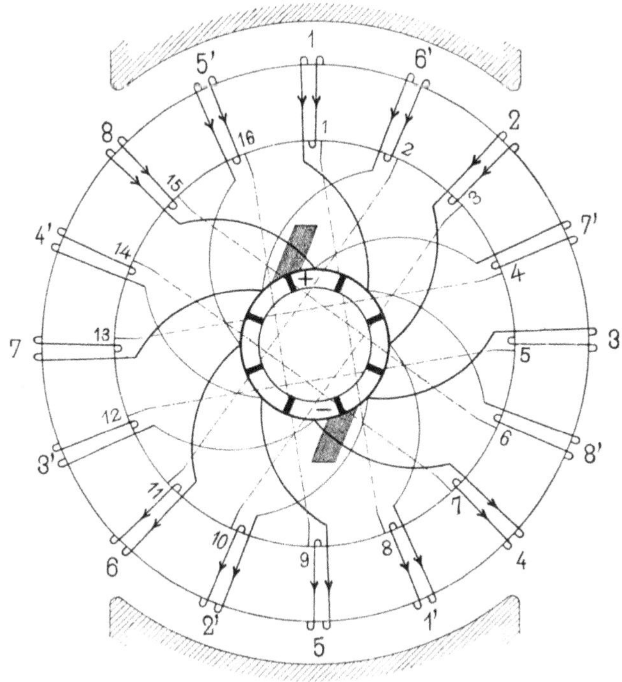

Fig. 42.
Zweipoliger Ringanker mit Schleifenwicklung.

Ein Wicklungselement besteht nunmehr aus zwei Spulen; die Anfänge der acht Elemente oder Spulenpaare bezeichnen wir mit 1, 2 . . . bis 8, die Enden derselben mit 1′, 2′ . . . bis 8′. Die allgemeine Schaltungsregel ist auch hier anwendbar. Wir haben

$$S = 16$$
$$y = \pm 1.$$

Anfang und Ende benachbarter Elemente sind zu verbinden, also 1′ mit 2, 2′ mit 3 u. s. f.

1) Lum. électrique 1887. T. 25, p. 44.

2) do. 1887. T. 26, p. 157.

Wir erhalten für die angenommene Lage des Ankers die Stromverzweigung

$$-\left\langle\begin{matrix}4-4', & 5-5', & 6-6', & 7-7' \\ 3'-3, & 2'-2, & 1'-1 & 8'-8\end{matrix}\right\rangle+$$

Numeriren wir die Spulen fortlaufend von 1 bis 16, wie am inneren Umfange des Ringes angegeben, so benutzen wir die Formeln

$$y_1 - y_2 = 2$$

$$y_1 = \frac{s \pm b}{2p} + 1 \qquad y_2 = \frac{s \pm b}{2p} - 1.$$

Für $b = 4$ und negativ genommen wird

$$y_1 = \frac{16-4}{2} + 1 = 7 \qquad y_2 = \frac{16-4}{2} - 1 = 5.$$

Wir haben also Spule

$$\begin{matrix} 1 & \text{mit} & 1+7 = 8 \\ 8 & » & 8-5 = 3 \\ 3 & » & 3+7 = 10 \\ 10 & » & 10-5 = 5 \end{matrix}$$

zu verbinden, und zwar so, dafs sich die inducirten *E. M. Ke.* addiren.

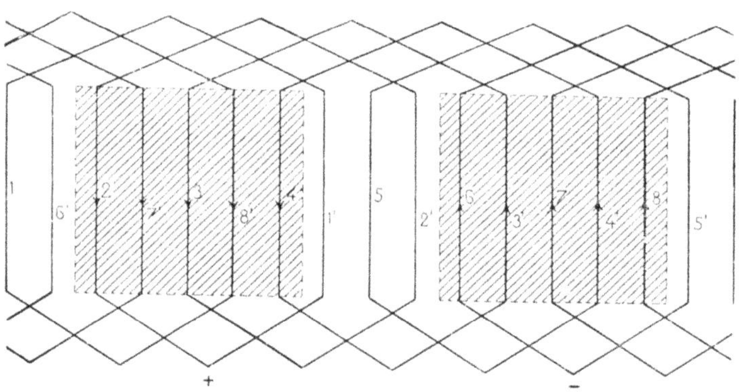

Fig. 43.
Abwicklung des Schemas Fig. 42.

Der Unterschied zwischen einer Gramme'schen Wicklung und derjenigen von Wodicka tritt noch deutlicher hervor, wenn wir uns den Ring aufgeschnitten und sammt der Wicklung in die Papierebene ausgestreckt denken. In **Fig. 43** ist das geschehen. Die Spulen sind durch gerade und die Verbindungsdrähte durch gebrochene Linien dargestellt; die Lage der Pole ist durch Schraffur markirt. Ein Vergleich dieser Figur mit dem Schema Fig. 80 der Hefner-Alteneck'schen Trommelwicklung zeigt, dafs beide identisch sind.

2. Mehrpolige Ringanker mit Parallelschaltung.

Mehrpoliger Ringanker mit Parallelschaltung und Spiralwicklung. Die Verbindungen der einzelnen Spulen untereinander können für Parallelschaltung in derselben Weise ausgeführt werden, wie bei einem zweipoligen Ringanker. Die Wicklung bildet, wie **Fig. 44** zeigt, unabhängig von der Polzahl, eine kontinuirlich fortlaufende Spirale mit in gleichen Abständen vertheilten Abzweigungen nach dem Kollektor. Die Stromverzweigung entspricht dem Schema Fig. 25.

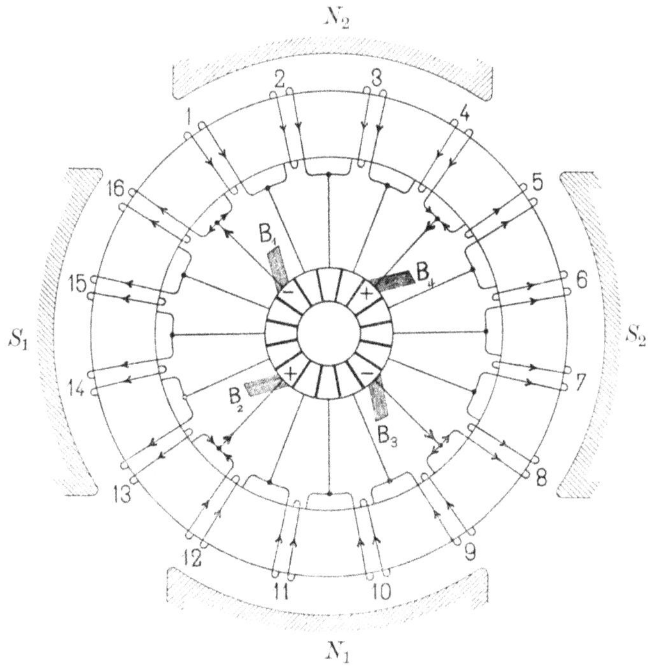

Fig. 44.
Vierpoliger Ring nker mit Spiralwicklung.

Da sich die mehrpolige Pacinotti-Gramme'sche Wicklung in keiner Weise von der zweipoligen unterscheidet, so kann ein Anker mit dieser Wicklung für eine beliebige Polzahl verwendet werden; man braucht nur die Zahl der Bürsten entsprechend der Polzahl zu vermehren. Ist die Bürstenzahl kleiner als die Polzahl, so bleibt ein Theil des Ankers stromlos.

Ferner kann demselben Anker Strom von verschiedener Spannung entnommen werden. In diesem Falle mufs aber darauf verzichtet werden, die gleichnamigen Bürsten leitend zu verbinden. Wird z. B. in Fig. 44 das Polpaar $N_1 S_1$ stärker erregt als $N_2 S_2$, so erhalten wir zwischen $B_1 B_2$ und $B_3 B_2$ eine höhere Klemmenspannung als zwischen $B_1 B_4$ und $B_3 B_4$.

Mehrpoliger Ringanker mit Parallelschaltung und Schleifenwicklung. Für die durch Fig. 42 und Fig. 43 dargestellte Wicklungsart wurde gezeigt, daſs sich die Ringwicklung entsprechend dem Schema einer Trommelwicklung ausführen läſst. **Fig. 45** giebt dieselbe Wicklungsart für eine vierpolige Armatur.

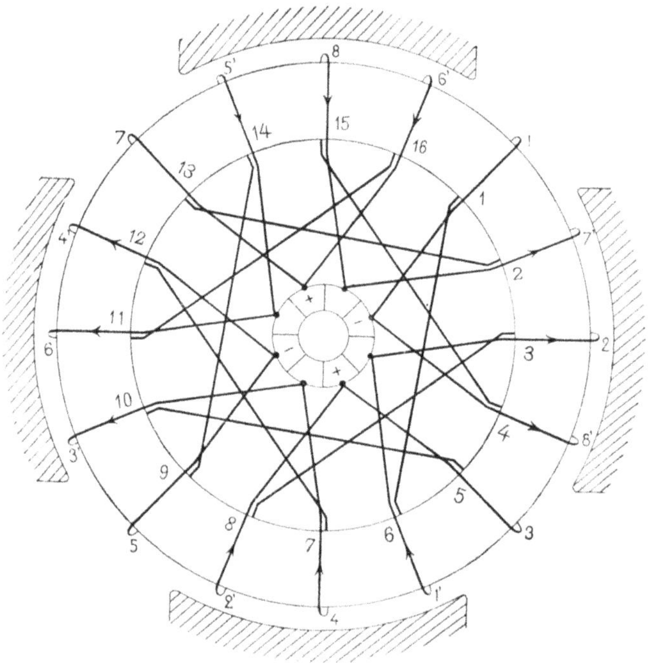

Fig. 45.
Vierpoliger Ringanker mit Schleifenwicklung.

Es ist

$$p = 2 \qquad S = 8 \qquad s = 16 \qquad k = 8$$

$$y_1 = \frac{s - b}{2p} + 1 = \frac{16 - 0}{4} + 1 = 5$$

$$y_2 = \frac{s - b}{2p} - 1 = \frac{16 - 0}{4} - 1 = 3$$

Beziehen wir uns nun auf die innen liegenden Zahlen der Fig. 45, so ist

1 mit 1 + 5 = 6
6 » 6 − 3 = 3
3 » 3 + 5 = 8
8 » 8 − 3 = 5 u. s. f.

zu verbinden.

Der Stromlauf ist für die angenommene Lage des Ankers

```
  / 1,  6,  3,  8, \
  \ 4, 15,  2, 13,  > +
– / 12,  7, 10,  5  
  \ 9, 14, 11, 16   > +
```

Rollt man das Schema in die Papierebene ab, so entsteht **Fig. 46.**

Ringankerwicklung mit Querverbindungen nach Mordey. Die grofse Bürstenzahl, welche die mehrpoligen Parallelschaltungen Fig. 44 und 45 ergeben, läfst sich, sofern es wünschenswerth ist, nach einer von Mordey bei der Viktoria-Maschine der Brush Comp. zuerst angewendeten Methode vermeiden. Man verbindet zu dem Zwecke die

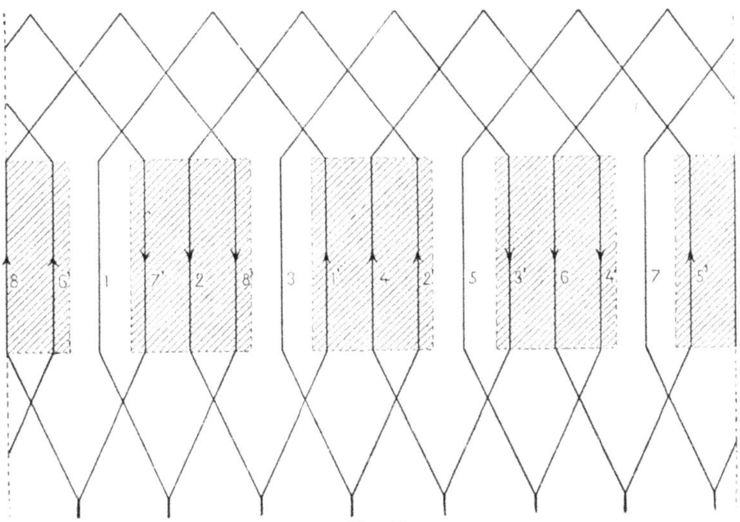

Fig. 46.
Abwicklung des Schemas Fig. 45.

symmetrisch zum magnetischen Felde gelegenen Kollektorsegmente leitend mit einander und erhält dann, unabhängig von der Polzahl, stets zwei Bürsten.

In **Fig. 47** ist ein solches Schema für eine vierpolige Wicklung dargestellt. Die Bürsten liegen unter einem Winkel von 90° und je zwei gegenüberliegende Kollektorlamellen sind leitend mit einander verbunden.

Die Verbindungen können, besonders bei mehr als 4 Polen, zweckmäfsig im Innern des Kollektors untergebracht und in zwei Ebenen angeordnet werden. In **Fig. 48** ist ein Kollektor mit solchen Querverbindungen, übereinstimmend mit Fig. 47 dargestellt. Die stark ausgezogenen Verbindungen können in der vorderen, die punktirt angedeuteten in einer dahinter stehenden Ebene liegen. Die Seitenansicht einer aus Kupferblech hergestellten Verbindungslamelle ist rechts in Fig. 48 ebenfalls abgebildet.

Ist die Zahl der Polpaare allgemein p, so sind p Kollektorsegmente, welche unter einem Winkel von $360:p$ Grad stehen, leitend mit einander zu verbinden. Für die Mordeyschaltung mufs daher die Zahl der Kollektorlamellen durch p theilbar sein. Der Bürstenwinkel ist gleich $180:p$ Grad oder ein ungerades Vielfache davon.

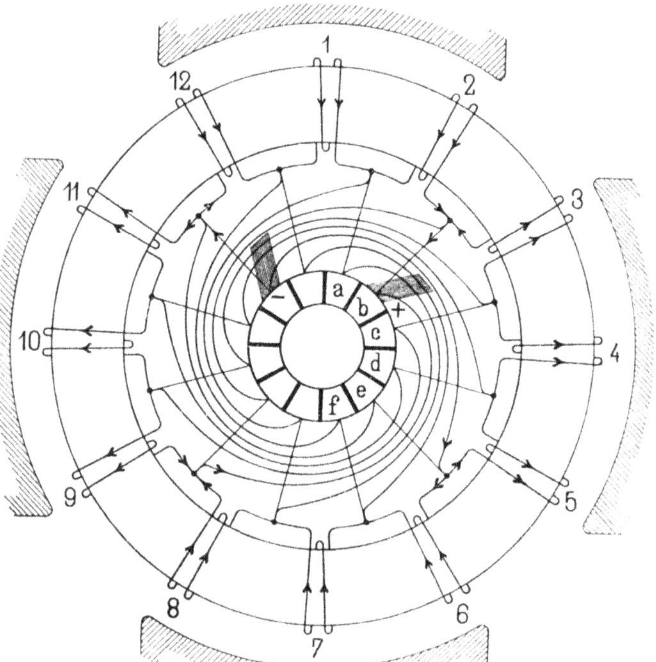

Fig. 47.
Ringanker mit Querverbindungen nach Mordey.

Die Mordeyschaltung kann bei vielpoligen Dynamos zweckmäfsig zur Verminderung der Bürstenzahl Anwendung finden; es werden dann diejenigen Bürsten fortgelassen, welche schwer oder unbequem zugänglich sind. Da durch die Querverbindungen allfällige Spannungsdifferenzen zwischen gleichnamigen Bürsten ausgeglichen werden, so begünstigt die Mordeyschaltung ein funkenfreies Arbeiten der Maschine. Die später zu besprechende Reihenparallelschaltung des Verfassers liefert jedoch bessere Resultate und ist einfacher, weil keine Querverbindungen vorhanden sind.

3. Ringanker mit mehrfacher Parallelschaltung.

Ist die Aufgabe gestellt, einen Anker zu bauen, der bei geringer Spannung einen Strom von grofser Stärke liefert, so führt die einfache Parallelschaltung zu einer geringen Zahl von Armaturstäben mit grofsem Querschnitt und zu einer kleinen Lamellenzahl. Für Ringwicklung kann zwar bei derselben Stabzahl die Zahl der Kollektorlamellen doppelt so grofs werden als bei Trommelwicklung, aber trotzdem kann die Zahl derselben so klein bezw. die Stromstärke pro Armaturstromzweig so grofs ausfallen, dafs ein gutes Funktioniren der Maschine unmöglich wird.

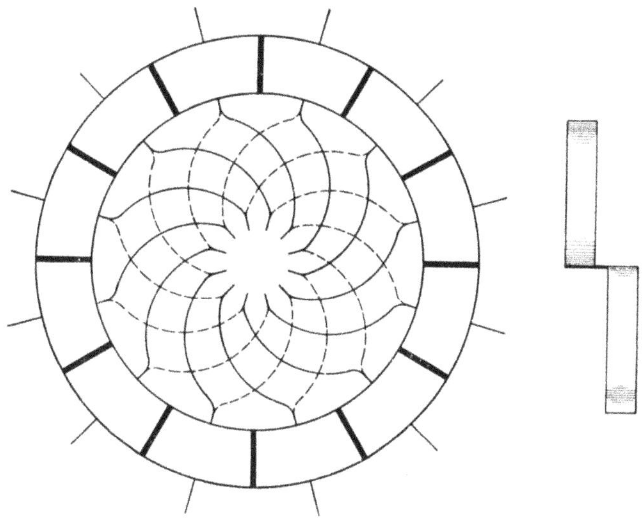

Fig. 48.
Mordeyverbindungen innerhalb eines Kollektors.

Um die Stabzahl und die Kollektorlamellenzahl zu vergröfsern und die Stromstärke pro Armaturstromzweig zu verkleinern, stehen zwei Wege offen; entweder mufs die Polzahl und der Ankerdurchmesser vergröfsert, die Umfangsgeschwindigkeit des Ankers jedoch annähernd beibehalten werden, oder der Anker wird mit einer Wicklung von mehrfacher Parallelschaltung versehen.

a) Die mehrfache Parallelschaltung mit Spiralwicklung.

Für beliebige Polzahlen erhalten wir diese Wicklung mit

$$y = \pm n, \text{ wenn } n > 1$$

und eine ganze Zahl ist.

Die Zahl der Ankerstromzweige ist $= 2n \cdot p$ und die inducirte $E. M. K$ ist daher n mal kleiner als bei gewöhnlicher Parallelschaltung mit $n = 1$.

In **Fig. 49** ist zunächst eine Wicklung für

$$p = 1 \qquad S = 18 \qquad n = 2 \qquad 2a = 4$$
$$y = \pm 2$$

gezeichnet. Die Enden einer Spule z. B. der Spule 4 sind mit $4 + 2 = 6$ und $4 - 2 = 2$ zu verbinden. Da y und S den gemeinschaftlichen Theiler 2 haben, so entstehen zwei ganz unabhängige Wicklungen; die schraffirten Lamellen gehören der einen und die nicht schraffirten der andern Wicklung an. Damit keine Stromunterbrechung in

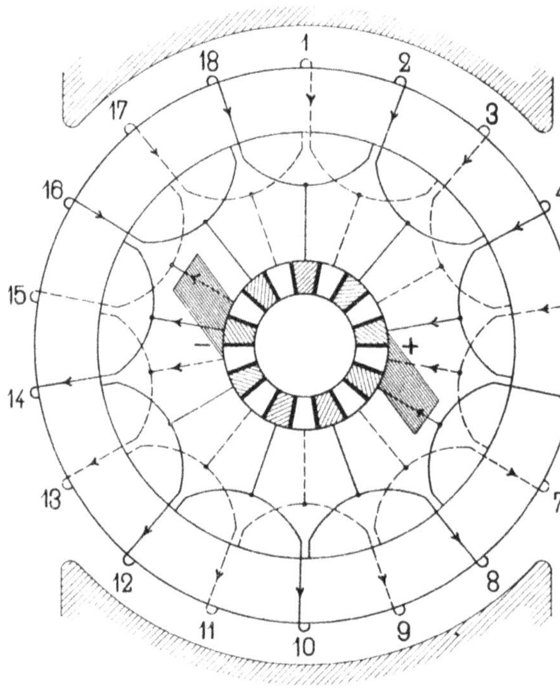

Fig. 49.
Mehrfache Parallelschaltung mit zwei unabhängigen Wicklungen nach Weston.

diesen Wicklungen eintritt und der Kurzschlufs der neutralen Spulen erfolgen kann, mufs eine Bürste zeitweise drei Lamellen berühren.

In der Figur 49 ist von jeder Wicklung eine Spule kurz geschlossen und zwar die Spulen 6 und 15. Diese Symmetrie ist nur dann vorhanden, wenn die Spulenzahl jeder selbständigen Wicklung so gewählt wird, dafs $S : p$ ungerade ist.

Einen Anker mit zwei unabhängigen Wicklungen hat Weston im D. R. P. Nr. 21184 vom 21. März 1882 zuerst beschrieben. Er beabsichtigte durch diese Anordnung die Ströme, welche durch ungenügende

Isolation benachbarter Lamellen (die nun verschiedenen Stromkreisen angehören) entstehen können, zu unterdrücken.

Es wäre möglich, zwei Lamellen zu einer zu vereinigen; jede Bürste würde aber in dem Falle 3 Spulen kurzschliefsen.

Ein Beispiel einer **einfach geschlossenen Wicklung mit mehrfacher Parallelschaltung** liefern die Annahmen

$$p = 1, \quad S = 17, \quad n = 2, \quad 2a = 4,$$

es wird

$$y = \pm 2.$$

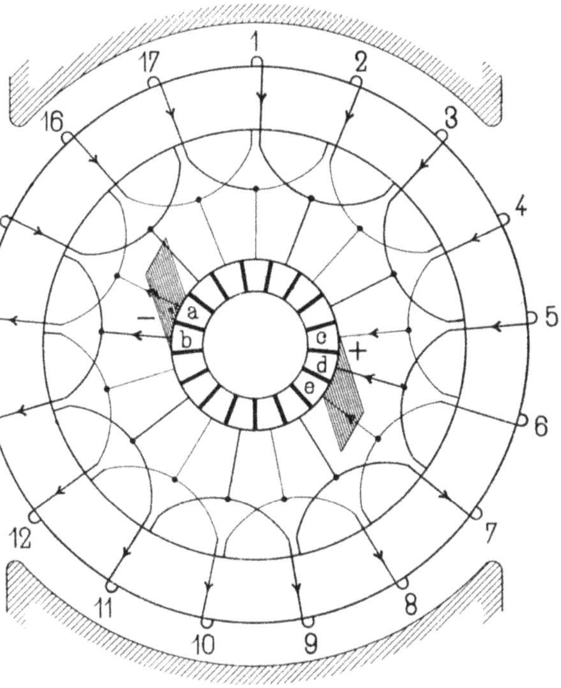

Fig. 50.
Mehrfache Parallelschaltung mit einfach geschlossener Wicklung nach Arnold.

Wir erhalten, wie Fig. 50 zeigt, eine eigenthümliche, einfach geschlossene Wicklung mit sich kreuzenden Verbindungen und die vier Ankerstromkreise

$$- \left\{ \begin{matrix} a & 16 & 1 & 3 & 5 & d \\ a & 14 & 12 & 10 & 8 & e \\ b & 15 & 17 & 2 & 4 & c \\ b & 13 & 11 & 9 & 7 & d \end{matrix} \right\} +$$

Die Spule 6 ist kurz geschlossen, und zwar nur so lange als die Bürste die drei Lamellen *c d e* berührt.

Diese Wicklung ist für die Erzeugung von grofsen Stromstärken bei geringen Spannungen sehr gut geeignet, und zwar besser als eine solche mit zwei unabhängigen Wicklungen, weil hier keine Ungleichheiten auftreten können, denn jede Spule durchläuft der Reihe nach alle vier Stromzweige des Ankers. —

Die besprochenen Wicklungen sind in derselben Gestalt für mehrpolige Maschinen anwendbar; man hat nur die Bürstenzahl entsprechend der Polzahl zu vermehren.

Die mehrfache Parallelschaltung wird bei mehrpoligen Maschinen jedoch besser durch die Reihenparallelschaltung des Verfassers ersetzt, weil dann das Entstehen von inneren Ankerströmen unmöglich ist.

Ringanker mit mehrfacher Parallelschaltung und Schleifenwicklung. Eine praktische Bedeutung kommt dieser Bewicklung von Ringankern nicht zu. Denn wenn die Zahl der Armaturstromzweige vermehrt wird, ist eine gleichzeitige Verminderung der Kollektorlamellenzahl nicht zu empfehlen. Die Ausführung dieser Wicklung würde sich der Fig. 45 anschliefsen.

4. Mehrpolige Ringanker mit Reihenschaltung.

Während bei der Parallelschaltung mehrpoliger Anker stets ebenso viele Stromzweige als Pole vorhanden sind, ergiebt die Reihenschaltung nur zwei Stromzweige und daher stets nur zwei Bürsten. Das für zweipolige Anker gültige Stromschema Fig. 22 ist somit auch für mehrpolige Anker mit Reihenschaltung bezeichnend.

Sämmtliche Spulen werden, von den Bürsten ausgehend, in zwei Gruppen mit entgegengesetzter Stromrichtung getheilt; beide Gruppen sollen in Bezug auf die Induktion gleichwerthig sein.

Unter sonst gleichen Verhältnissen und bei gleicher Zahl der Ankerwindungen ist die elektromotorische Kraft, welche bei Reihenschaltung erreicht wird, p mal so grofs als bei Parallelschaltung, die Stromstärke dagegen p mal kleiner. Die Reihenschaltung wird also da anzuwenden sein, wo hohe Stromspannung oder geringe Umfangsgeschwindigkeit des Ankers bedingt ist.

Da die Reihenschaltung eine einfachere Konstruktion des Bürstenapparates ermöglicht, so eignet sich dieselbe in gewissen Fällen auch da, wo Parallelschaltung angewendet werden könnte.

Das Problem der Reihenschaltung kann auf verschiedene Weise gelöst werden.

Ableitung einer Reihenschaltung aus der zweipoligen Wicklung. Ein Schema für Reihenschaltung läfst sich in einfacher Weise aus der Parallelschaltung ableiten, wenn wir bei einer geraden Spulenzahl die symmetrisch und in gleichsinnigen magnetischen Feldern gelegenen Spulen so mit einander verbinden, daſs dieselben als eine einzige Spule betrachtet werden können, denen auch nur ein Kollektorsegment entspricht. Da die Anzahl der symmetrisch und gleichsinnig gelegenen Spulen $= p$ ist, so wird die Zahl k der Kollektorsegmente

$$k = \frac{S}{p}.$$

In **Fig. 51** ist ein solches Schema für $p = 2$, $S = 12$, $k = 6$ entworfen.

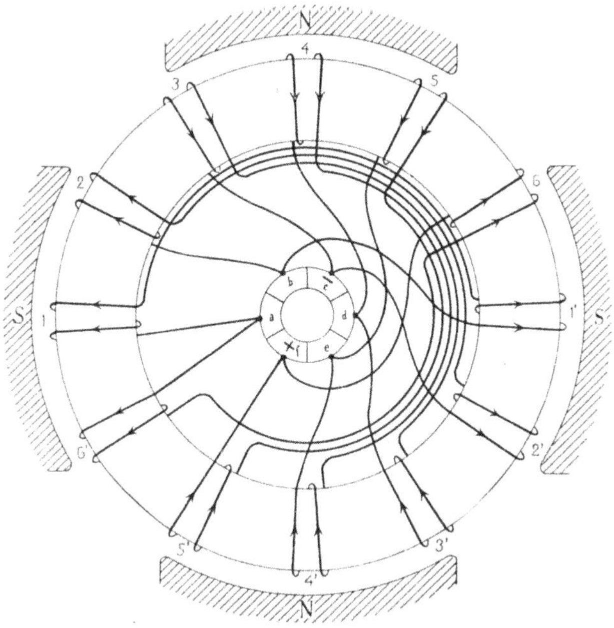

Fig. 51.

Vom Segmente a ausgehend betrachten wir die diametral gegenüber liegenden Spulen 1 und 1′ als eine einzige Spule; wir verbinden das Ende 1′ mit dem von a benachbarten Segmente b und dem Anfange der von 1 benachbarten Spule 2; 2—2′ bildet die zweite Spule u. s. f. Auf diese Weise wird das mehrpolige Schema sozusagen auf ein zweipoliges zurückgeführt; es gilt hier dieselbe Schaltungsregel wie dort.

In jeder Spule wechselt der Strom pro Umdrehung viermal seine Richtung, also ergeben sich pro Umdrehung $4 \cdot 12 = 48$ oder allgemein $2 \cdot p \cdot S$ Stromwechsel. Bei $k = 6$ Kollektortheilen und zwei Bürsten muſs daher jede Bürste gleichzeitig $\frac{p \cdot S}{k} = \frac{24}{6} = 4$ Spulen kurz schlieſsen.

Wie aus dem Schema zu ersehen, werden aber nur zwei Spulen gleichzeitig kurz geschlossen, dasselbe ist daher in dieser Gestalt nicht brauchbar.

Dieser Fehler läfst sich offenbar für $p = 2$ durch Verdoppelung der Zahl der Kollektortheile beseitigen; es wird dann $k = S$.

Hieraus läfst sich eine für beliebige Polzahlen gültige Reihenschaltung der Armaturspulen ableiten.

Ist ganz allgemein die Spulenzahl S ein Vielfaches von p und die Zahl der Kollektorlamellen $k = S$, so werden p Armaturspulen, welche um einen Winkel von $\frac{360}{p}$ Grad auseinander liegen, in Serie geschaltet und die zwei Drahtenden ebenso wie bei einer zweipoligen Maschine mit aufeinander folgenden Kollektorsegmenten verbunden; es sind dann zunächst $\frac{S}{p}$ Segmente besetzt. — Wir verbinden nun sämmtliche Segmente, welche einen Winkel von $\frac{360}{p}$ Grad mit einander einschliefsen, ebenso wie für die Mordeyschaltung angegeben worden ist. Zu den äufseren Querverbindungen der Spulen kommen somit noch innere Verbindungen am Kollektor hinzu.

Für Maschinen mit mehr als vier Polen ist diese Schaltung wegen der vielen Querverbindungen nicht geeignet.

Als Beispiel hierzu wähle ich die

Vierpolige Reihenwicklung mit äufseren und inneren Querverbindungen Fig. 52 und 53[1]).

Es ist $S = 12$; $k = 12$.

Je zwei unter einem Winkel von 180° liegende Spulen sind in Serie geschaltet und die Kollektorsegmente $a\,b\,c\,d\,e\,f$ sind je mit einem gegenüberliegenden Segmente $a_1\,b_1\,c_1\,d_1\,e_1\,f_1$ leitend verbunden.

Der Stromlauf für die gewählte Lage des Ankers ist

$$-c\left\langle\begin{matrix}3 & 3' & 4 & 4' & 5 & 5'\\ 2' & 2 & 1' & 1 & 6' & 6\end{matrix}\right\rangle + f_1.$$

Die Fig. 53 stellt die Verbindungen der Fig. 52 in abgewickelter Form dar. Die induktionsfreien (punktirten) Verbindungen sind so gezeichnet, dafs wir eine Wellenwicklung erhalten.

In den obigen Figuren tritt durch die Verbindung von 6′ mit 1 eine Unsymmetrie auf; diese läfst sich durch eine passende Wahl der Spulenzahl vermeiden.

---

[1]) La lum. électr. 1887, p. 514. The Electrician 1889, p. 139.

Symmetrische Reihenwicklung mit äufseren und inneren Querverbindungen. Wählen wir die Spulenzahl S nach der allgemeinen Schaltungsregel, so erhalten wir, da $c = 1$ und $a = 1$

$$S = p\,y \pm 1.$$

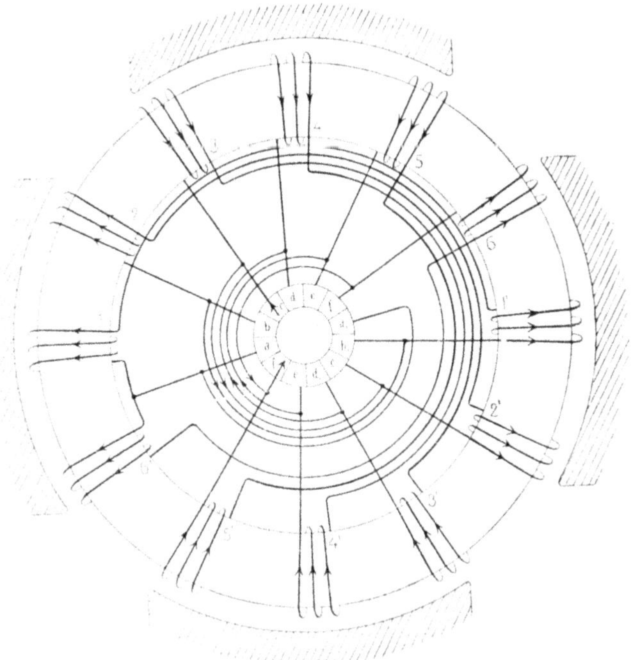

Fig. 52.
Vierpolige Reihenwicklung mit äufseren und inneren Querverbindungen.

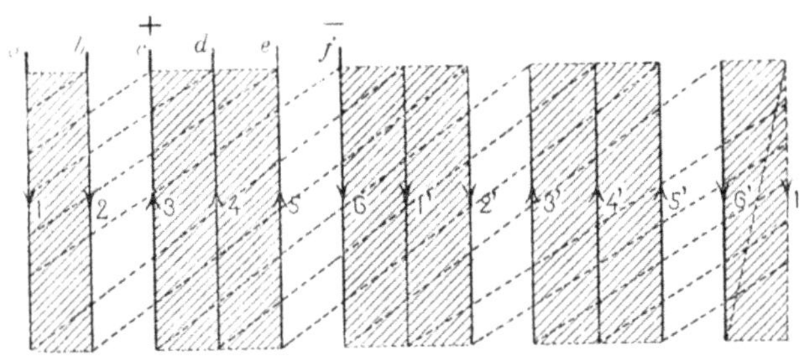

Fig. 53.

Für diese Spulenzahlen ergeben sich symmetrische Querverbindungen der Spulen. Ist p gerade, so ist s ungerade, ist p ungerade, so kann s auch eine gerade Zahl sein.

In **Fig. 54** ist

$$S = \frac{4}{2} \cdot 7 + 1 = 15; \; y = 7.$$

Bezeichnen wir die Spulen mit fortlaufenden Nummern und betrachten wir 1, 2, 3 ... als Anfang und 1′, 2′, 3′ ... als die Enden der Spulen, so haben wir nach der allgemeinen Schaltungsregel 1′ mit $1 + 7 = 8$ und 8′ mit $8 + 7 = 15$ u. s. f. zu verbinden.

Die Kollektorsegmente sind wieder nach der angegebenen Regel untereinander verbunden; da wir aber eine ungerade Anzahl haben,

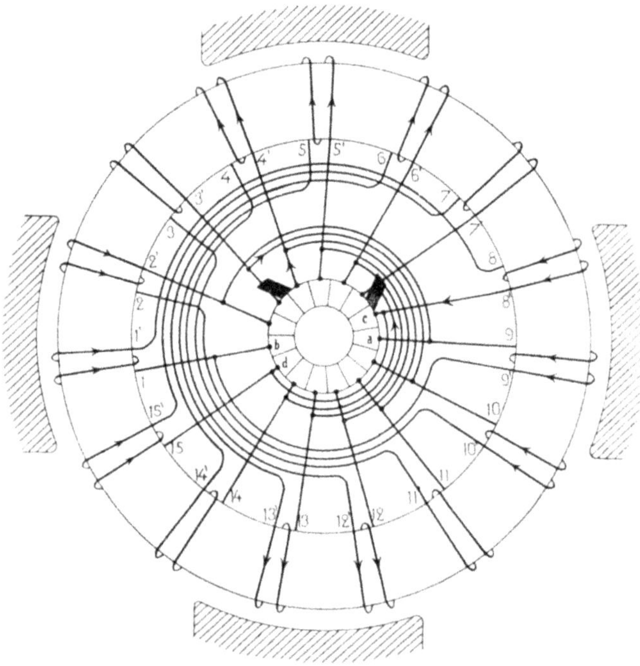

Fig. 54.
Symmetrische Reihenwicklung mit äufseren und inneren Querverbindungen.

so bleibt ein Segment, in der Figur das Segment b, für sich allein. Zwischen zwei Segmenten liegen beim Verfolgen der Wicklung stets zwei Spulen, und es werden durch jede Bürste je zwei Spulen kurz geschlossen, nur zwischen den Segmenten a und b liegt eine einzige Spule. Ist die halbe Polzahl p ungerade, so fällt diese Ungleichheit fort.

Das abgewickelte Schema ist in **Fig. 55** dargestellt. Wir erhalten eine sägenartige Wellenwicklung mit induktionsfreien Querverbindungen.

Ringanker mit Reihenwicklung von Perry. Aus dem Schema Fig. **54** können wir eine neue Wicklung ableiten, wenn wir, anstatt zwei (allgemein p) Spulen ohne Abzweigung zu durchlaufen, Anfang und Ende einer jeden Spule mit einem Kollektorsegmente verbinden; d. h. wenn wir in Fig. 54 von dem Segmente b ausgehen, so durchlaufen wir die Spule 1 — 1′, verbinden 1′ nicht nur mit 8, sondern auch mit dem Segmente c, dagegen 8′ nur mit dem Segment d und 15 u. s. f.

Diese Wicklungsart wurde von Perry[1]) für Ringanker angegeben und zuerst von Andrews angewendet. Noch älter ist die Reihenschaltung des Scheibenankers von Frick[2]) (siehe Fig. 137), welche sich auch auf Ring- und Trommelanker übertragen läfst.

Die Wicklung von Perry ist in den meisten Fällen die einfachste und zweckmäfsigste Reihenschaltung. Fig. 56 ist eine getreue Wiedergabe der in der Patentschrift enthaltenen Darstellung von Perry. Ich

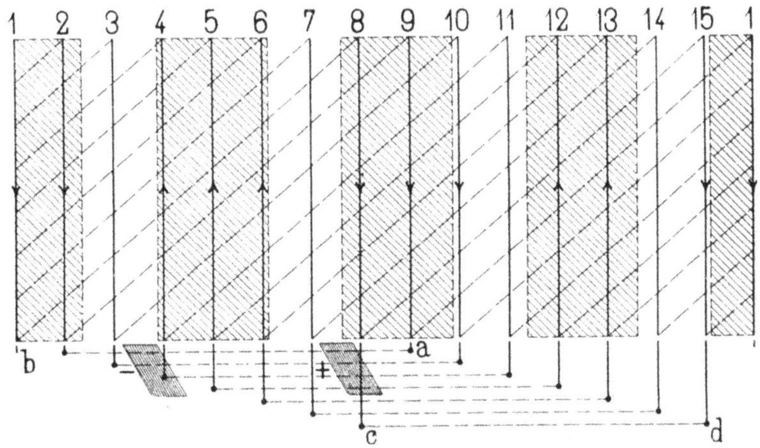

Fig. 55.
Abwicklung des Schemas Fig. 54.

werde in den folgenden Figuren die Querverbindungen stets in Verbindung mit dem Kollektor und so zeichnen, dafs ersichtlich ist, wie die Verbindungen in zwei übereinander liegenden Ebenen ohne Kreuzung gelegt werden können.

Mit Hilfe der allgemeinen Schaltungsregel lassen sich die Verbindungen der Spulen für jede Polzahl leicht bestimmen. Der Wicklungsschritt wird

$$y = \frac{S \pm 1}{p} \qquad \text{und } S = py \pm 1.$$

[1]) Specif. of Patent Nr. 3036 v. J. 1882. G. Kapp, The Engineer 60 p. 62 1885

[2]) D. R. P. Nr. 3147 vom 6. Dez. 1877.

Eine Wicklung nach diesen Regeln ist für

$$p = 2,\ S = 13,\ y = 6,\ k = 13$$

in **Fig. 57** ausgeführt.

Nach der üblichen Numerirung und Anwendung der allgemeinen Schaltungsregel ergiebt sich, dafs z. B. das Ende der ersten Spule oder 1′ mit dem Anfang der $y + 1 = 7$ten Spule zu verbinden ist u. s. f. — Durch Einzeichnen und Verfolgen der Stromrichtungen finden wir die Lage der Bürsten, die um 90⁰ von einander abstehen. Gehen wir von der negativen Bürste aus, so verzweigt sich der Strom bei der durch die Figur gegebenen Lage des Ankers nach den zwei Richtungen

$$-i \left\langle \begin{matrix} 2 & 8 & 1 & 7 & 13 & 6 & 12 \\ 9 & 3 & 10 & 4 & 11 & 5 & \end{matrix} \right\rangle + m.$$

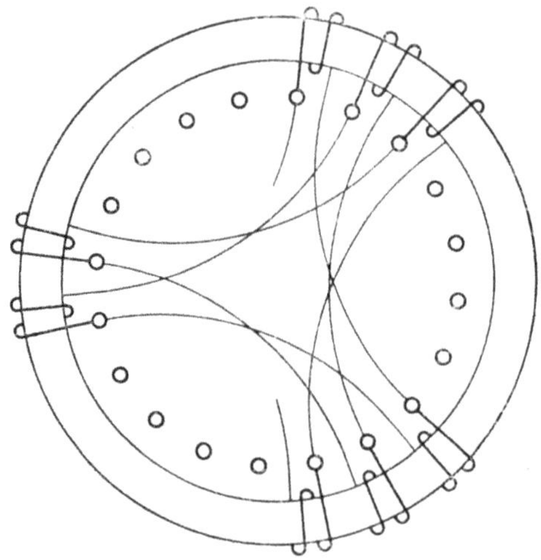

Fig. 56.
Reihenschaltung von Perry

In dem einen Ankerstromkreise liegen 7, im zweiten 6 Spulen. Diese Ungleichheit ist eine Folge der ungeraden Spulenzahl; bei genügend grofser Spulenzahl, wie sie für praktische Ausführungen gewählt wird, ist jedoch der Einflufs dieser Ungleichheit ohne Bedeutung; sie hat nur die Wirkung, dafs der Kurzschlufs von je p Armaturspulen durch die negative und die positive Bürste nicht gleichzeitig, sondern nacheinander erfolgt.

Ist z. B. $S = k = 51$ und $p = 2$, so liegen zwischen den Bürsten $\frac{k}{2 \cdot p} = \frac{51}{4} = 12\,^3/_4$ Kollektorsegmente, d. h. wenn z. B. die negative Bürste in der Mitte des Segmentes 1 aufliegt, so berührt die positive Bürste die Segmente 13 und 14 und schliefst $p = 2$ Armaturspulen kurz.

Die Schaltung von Perry läfst sich auch für eine gerade Spulenzahl ausführen, wenn, wie schon früher festgestellt wurde, p ungerade ist. In Fig. 58 ist das für

$$p = 3, \quad y = 5, \quad s = 3 \cdot 5 + 1 = 16$$

dargestellt.

Werden die Richtungen der inducirten Ströme bei den unter den Polen befindlichen Spulen eingezeichnet (bei einem Pole nach auswärts, dem folgenden nach einwärts gerichtet u. s. f.), so erhalten wir einen Bürstenwinkel von allgemein $\frac{180}{p}$ Grad oder ein ungerades Vielfache davon. Für $p = 3$ kann daher dieser Winkel 60^0, 180^0 oder

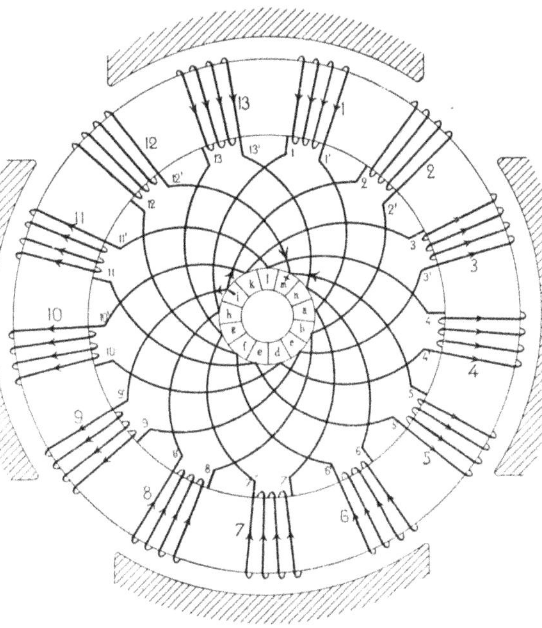

Fig. 57.
Vierpoliger Ringanker mit Reihenwicklung nach Perry.

300^0 resp. wieder 60^0 sein. In der Fig. 58 ist die Spulenzahl zu klein, um das deutlich zu zeigen. Wir erhalten zunächst eine negative Bürste für das Kollektorsegment 1, dann für 12, und die dritte könnte zwischen Segment 6 und 7 liegen. Die Lagen der positiven Bürsten fallen mit den Segmenten 4, 9 und 14 zusammen. Wir erhalten somit folgendes Resultat:

Die Zahl der Bürsten kann bei mehrpoligen Ankern mit Reihenschaltung ebenso wie bei Parallelschaltung gleich der Polzahl sein, der Bürstenwinkel ist für beide Schaltungen $= \frac{180^0}{p}$ oder ein ungerades Vielfache davon. Für Reihenschaltung kann die Zahl der Bürsten bis auf zwei vermindert werden.

In Fig. 58 sind nur zwei Bürsten unter 180⁰ angenommen worden; für diese Stellung enthalten die zwei Ankerstromkreise bei gerader Spulenzahl stets gleich viel Spulen.

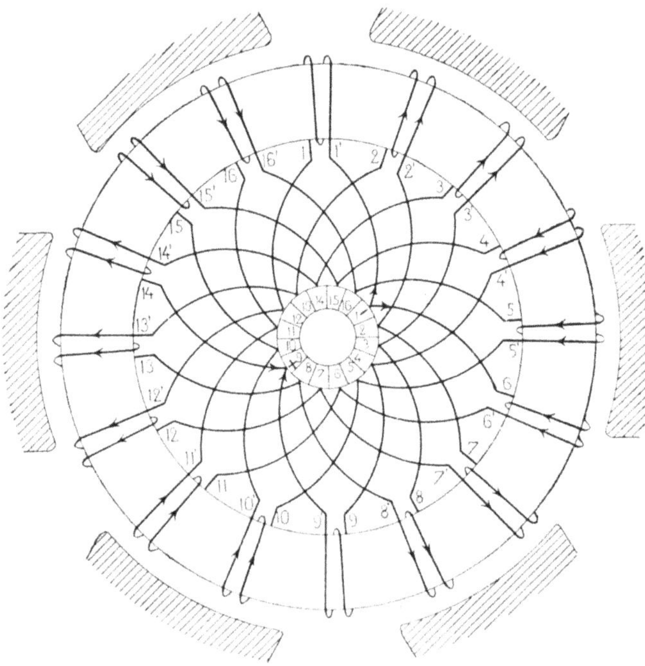

Fig. 58.

Sechspoliger Ringanker mit Reihenwicklung nach Perry.

In gewissen Fällen, z. B. bei Anwendung von Kohlenbürsten, welche eine grofse Kontaktfläche erfordern, oder wenn die pro Bürste zu kommutirende Stromstärke zu grofs wird, kann eine Vermehrung der Bürstenzahl zweckmäfsig sein.

Zum Entwurfe von Ringwicklungen mit Reihenschaltung ist folgende Tabelle, welche für verschiedene Polzahlen die möglichen Spulenzahlen und Wicklungsschritte enthält, dienlich.

Ringwicklung mit Reihenschaltung.

4 Pole		6 Pole		8 Pole	
Spulenzahl $S =$	Schritt $y =$	Spulenzahl $S =$	Schritt $y =$	Spulenzahl $S =$	Schritt $y =$
61	30 oder 31	68 und 70	23	87 und 89	22
63	31 » 32	71 » 73	24	91 » 93	23
65	32 » 33	74 » 76	25	95 » 97	24
67	33 » 34	77 » 79	26	99 » 101	25
69	34 » 35	80 » 82	27	103 » 105	26
71	35 » 36	83 » 85	28	107 » 109	27
73	36 » 37	86 » 88	29	111 » 113	28
75	37 » 38	89 » 91	30	115 » 117	29
77	38 » 39	92 » 94	31	119 » 121	30
79	39 » 40	95 » 97	32	123 » 125	31
81	40 » 41	98 » 100	33	127 » 129	32
83	41 » 42	101 » 103	34	131 » 133	33
85	42 » 43	104 » 106	35	135 » 137	34
87	43 » 44	107 » 109	36	139 » 141	35
89	44 » 45	110 » 112	37	143 » 145	36
91	45 » 46	113 » 115	38	147 » 149	37
93	46 » 47	116 » 118	39	151 » 153	38
95	47 » 48	119 » 121	40	155 » 157	39
97	48 » 49	122 » 124	41	159 » 161	40
99	49 » 50	125 » 127	42	163 » 165	41
101	50 » 51	128 » 130	43	167 » 169	42

u. s. f.

Die Aufzeichnung eines Wicklungsschemas mit grofser Spulenzahl ist zeitraubend und gewährt nicht die nöthige Übersichtlichkeit. In der Praxis begnügt man sich daher mit dem Entwurfe eines Theiles der Wicklung, und gibt aufserdem noch die gesamte Spulenzahl, die Drahtzahl und den Schritt der Wicklung an. Bezüglich der Angabe des Schrittes darf man sich vollständig auf die angegebene Formel verlassen; will man aber trotzdem eine Kontrolle ausüben, so entwirft man eine Wicklungstabelle.

Als Beispiel wählen wir aus obiger Tabelle die 6-polige Wicklung mit

$$S = 110, \qquad y = 37$$

und gehen von der Spule 1 aus, je um den Schritt 37 weiterzählend. — Zu 1 dürfen wir erst wieder gelangen, nachdem jede Zahl zwischen 1 und 110 einmal erhalten worden ist.

Wicklungstabelle für $S = 110$, $y = 37$, $p = 3$

−1	6	11	16	21	26	31	36
38	43	48	53	58	63	68	73
75	80	85	90	95	100	105	110
2	7	12	17	22	27	32	37
39	44	49	54	59	64	69	74
76	81	86	91	96	101	106	−1
3	8	13	18	23	28	33	
40	45	50	55	60	65	70	
77	82	87	92	97	102	107	
4	9	14	19	24	29	34	
41	46	51	+56	61	66	71	
78	83	88	93	98	103	108	
5	10	15	20	25	30	35	
42	47	52	57	62	67	72	
79	84	89	94	99	104	109	

Der Spannungsunterschied zwischen benachbarten Spulen läfst sich auf einfache Weise ermitteln.

Bezeichnet e_s die pro Spule inducirte Spannung, so ist die gesuchte Spannungsdifferenz für Ringwicklung mit Reihenschaltung allgemein

$$= p \cdot e_s ,$$

denn gehen wir in Fig. 58 von der Spule 1 aus, so müssen die drei Spulen 6, 11, 16 (da $p = 3$) durchlaufen werden, um wieder in die Nachbarschaft von 1 zu gelangen.

Ringanker mit Reihenschaltung von dem Verfasser. Die Zahl der Spulen, welche von einer Bürste gleichzeitig kurz geschlossen werden, ist in Fig. 57 und Fig. 58 gleich p. In der letzteren Figur werden somit durch beide Bürsten gleichzeitig sechs Spulen aus dem Stromkreise ausgeschaltet. Will man unter solchen Umständen einen konstanten Strom erzeugen und Funkenbildung am Kollektor vermeiden, so mufs die Zahl der Kollektorsegmente und daher auch die Zahl der Armaturspulen möglichst grofs gewählt werden.

Einen Ringanker mit Reihenschaltung wird man im allgemeinen nur für die Erzeugung von Spannungen anwenden, welche etwa über 500 Volt liegen. In solchen Fällen ist es für die Herstellung und Isolation der Spulen gegen einander wichtig, eine möglichst geringe Spulenzahl zu haben. Durch eine besondere Art der Wicklung ist es nun möglich, in den oben angegebenen Schaltungsschemata die Kollektorsegmentzahl beizubehalten und die Spulenzahl auf das $\frac{1}{p}$ fache zu vermindern, oder, was dasselbe ist, die Segmentzahl kann das p fache der Spulenzahl sein.

Ist $k = p\,S$,

so wird jede Bürste gleichzeitig nur $\frac{p\,S}{k} = \frac{p\,S}{p \cdot S} = 1$ Spule kurz schliefsen; die Windungszahl dieser Spule kann daher p mal so grofs sein, als wenn gleichzeitig p Spulen kurz geschlossen werden.

In der **Fig. 59** ist ein vierpoliges und in **Fig. 60** ein sechspoliges Schema mit $p\,S$ Kollektorsegmenten aufgezeichnet. Die Zahl der Spulen ist auch hier allgemein

$$S = p \cdot y \pm 1$$

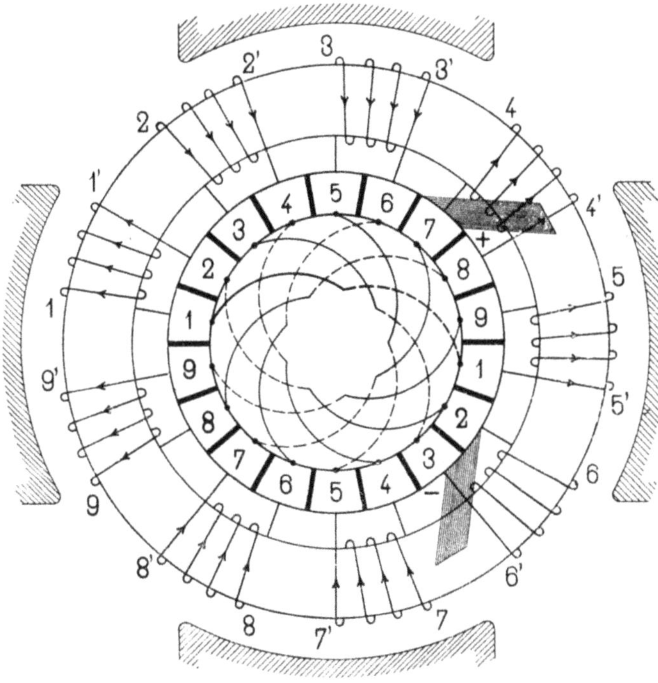

Fig. 59.
Ringanker mit Reihenschaltung von Arnold.

Je p Kollektorsegmente, welche um einen Winkel von $\frac{360}{p}$ Grad voneinander abstehen, sind leitend miteinander verbunden.

Der Fig. 59 entspricht

$$p = 2, \quad S = 9, \quad y = 5, \quad k = 18.$$

Nach der allgemeinen Schaltungsregel ist 1′ mit $1 + 5 = 6$ und 6′ mit $6' + 5 = 9 + 2$, also mit 2 zu verbinden u. s. f.

In der Fig. 60 ist

$$p = 3, \quad S = 16, \quad y = 5, \quad k = 48 \text{ gewählt.}$$

Um den Stromlauf leichter verfolgen zu können, sind in beiden Figuren diejenigen Kollektorsegmente, welche leitend verbunden sind, mit gleichen Nummern bezeichnet.

Die Querverbindungen der Kollektortheile sind in das Innere des Kollektors verlegt, dieselben lassen sich aus Kupferblechgabeln herstellen. Ein ausgezogener Strich bedeutet den vorderen, ein punktirter Strich den hinteren Schenkel einer solchen Gabel, welche in zwei Ebenen angeordnet sind und sich so gut isoliren lassen.

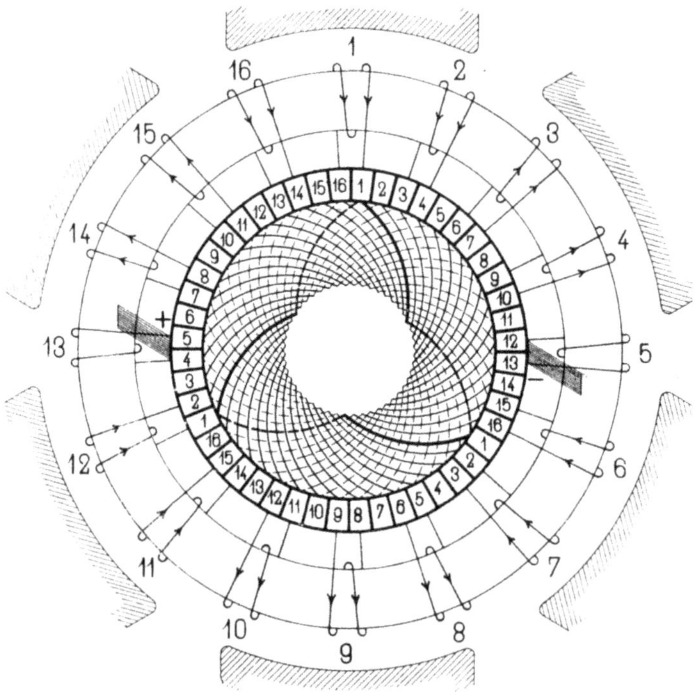

Fig. 60.
Ringanker mit Reihenschaltung von Arnold.

Die äufseren Verbindungen der Spulen mit dem Kollektor sind nun ebenso einfach wie bei der gewöhnlichen Parallelschaltung nach Fig. 44 und die Spulen können ebenso leicht wie dort ausgewcchselt werden.

Die Schaltung der Fig. 59 ist in **Fig. 61** nochmals dargestellt, nur sind hier die Querverbindungen der Lamellen aufserhalb des Kollektors. Die eingeschobenen Segmente sind schraffirt, läfst man dieselben weg, so erhält man die Wicklung von Perry.

Nach dem Schema Fig. 59 werden die Anker der Tramwaymotoren der Maschinenfabrik Oerlikon ausgeführt. Die Allgemeine Elektricitäts-Gesellschaft Berlin benützt diese Wicklung ebenfalls.

Ringanker mit Reihenschaltung nach dem Trommelschema. Sollte es wünschenswerth erscheinen, so läſst sich die Zahl der Kollektorlamellen auch vermindern, indem wir das Schema des Trommelankers auf den Ring anwenden.

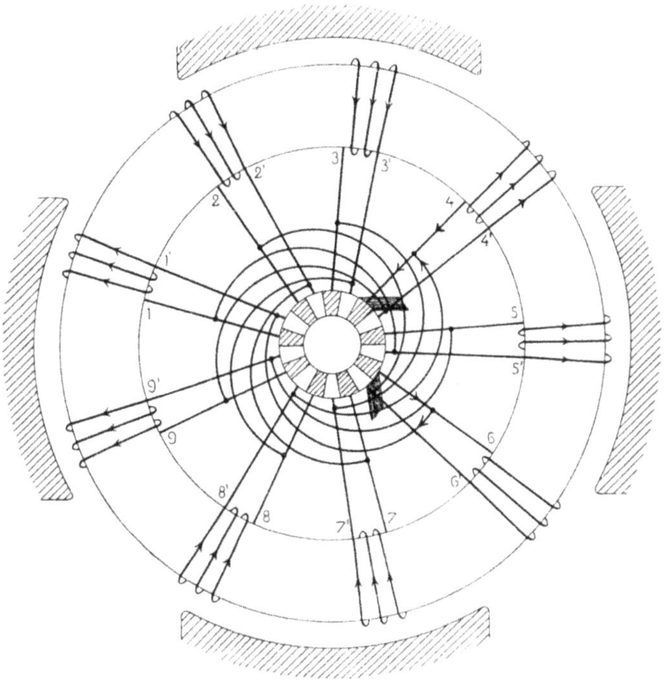

Fig. 61.
Ringanker mit Reihenschaltung von Arnold.

Ist die Spulenzahl gleich der Stabzahl einer Trommel, so läſst sich die Schaltung so ausführen, daſs

$$k = \frac{s}{2}.$$

In **Fig. 62** ist

$$p = 2 \quad s = 26 \quad c = 2 \quad k = 13$$

$$y_1 + y_2 = \frac{s \pm 2}{p} = \frac{26 - 2}{2} = 12$$

$$y_1 = 5 \quad y_2 = 7.$$

Es ist 1 mit 1 + 5 = 6, 6 mit 6 + 7 = 13, 13 mit 13 + 5 = 18 u. s. f. verbunden.

Reihenschaltung für Ringanker mit Doppelspulen. Anstatt die Spulen, welche in Fig. 62 zu einem Paare vereinigt sind, in magnetische Felder von entgegengesetzter Polarität zu legen, können auch nebeneinander liegende Spulen zu einer Doppelspule verbunden werden. Die Zahl der Kollektorsegmente wird dann gleich der Zahl der Doppelspulen. Bezeichnet $\frac{s}{2}$ die Zahl der letzteren, so ist

$$\frac{s}{2} = py \pm 1, \quad k = \frac{s}{2} = S.$$

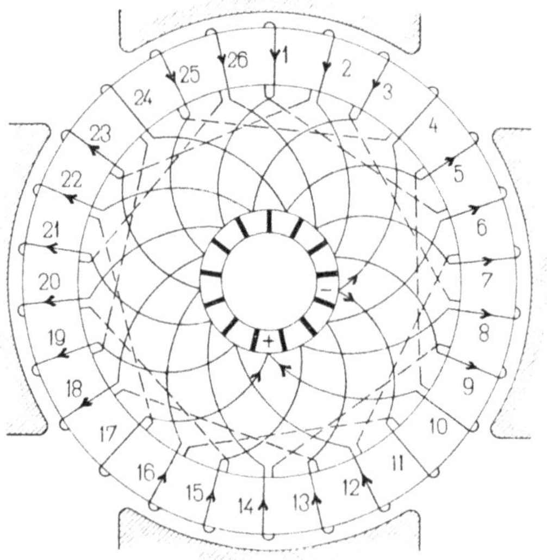

Fig. 62.
Ringanker mit Reihenschaltung n ch dem Trommelschema.

In **Fig. 63** ist

$$p = 2, \quad y = 5, \quad \frac{s}{2} = 9.$$

Anfang und Ende eines jeden Spulenpaares sind mit gleichen Zahlen bezeichnet.

Um eine Reihenschaltung zu erhalten, verbinden wir nach der allgemeinen Schaltungsregel 1′ mit 6, 6′ mit 2 u. s. f. und führen von jeder Verbindungsstelle eines Spulenpaares eine Abzweigung nach dem Kollektor. Schliefst man anstatt die Mitte zweier Spulen die Querverbindungen, d. h. die Punkte *a*, *b*, *c*, *d*, *e*, *f*, *g*, *h*, *i* an den Kollektor, so entsteht ein mit der Perry'schen Wicklung übereinstimmendes Schema.

Die obige Wicklungsmethode läfst sich auch dann durchführen, wenn die Spulenzahl ein Vielfaches der Polzahl ist, jedoch wird die Wicklung nicht mehr wie in Fig. 63 symmetrisch, sondern unsymmetrisch, wie **Fig. 64** darstellt.

Die Zahl der Kollektorsegmente wird $k = p \cdot y \pm 1$. Im ganzen sind 12 Spulen vorhanden, 10 derselben sind als 5 Paare und die zwei übrig gebliebenen einzeln eingeschaltet, so dafs 7 Kollektortheile erforderlich sind; daher $y = 4$.

Die Spulenzahl, welche in Fig. 63 durch eine Bürste gleichzeitig zum Kurzschlufs gelangt, ist

$$= \frac{p \cdot s}{k} = 2 \cdot p = 4.$$

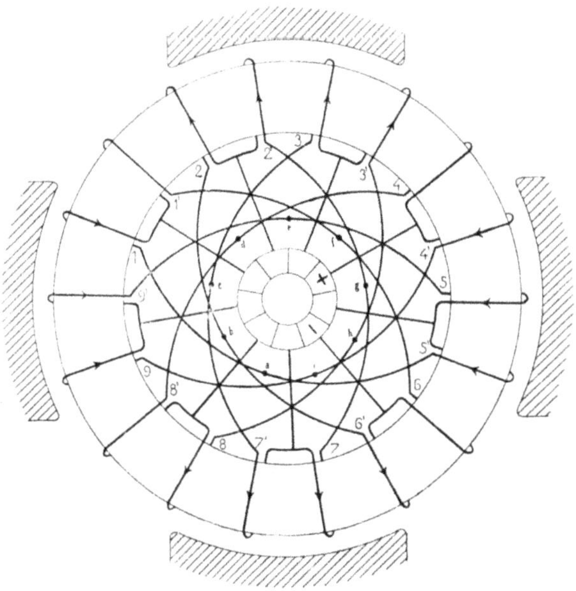

Fig. 63.
Ringanker mit Doppelspulen und symmetrischer Reihenschaltung.

Diese Zahl läfst sich für eine beliebige Polzahl auf 2 herabmindern, wenn wir nach der in Fig. 52 und Fig. 59 angegebenen Methode verfahren und die Zahl der Kollektortheile $k = \frac{p \cdot s}{2}$ wählen.

Ein unter diesen Bedingungen entworfenes Schema[1]) ist in **Fig. 65** aufgezeichnet.

Es ist $\quad p = 2, \quad s = 18, \quad c = 2, \quad S = \frac{s}{2}$

$$\text{und} \quad y = \frac{1}{2}\left(\frac{18}{2} - 1\right) = 4,$$

1 ist mit 5′ zu verbinden (oder 1′ mit 5).

[1]) La lum. électr. T. 24, p. 515.

Läſst man die schraffirten Kollektortheile fort, so entsteht wiederum das Schema Fig. 63.

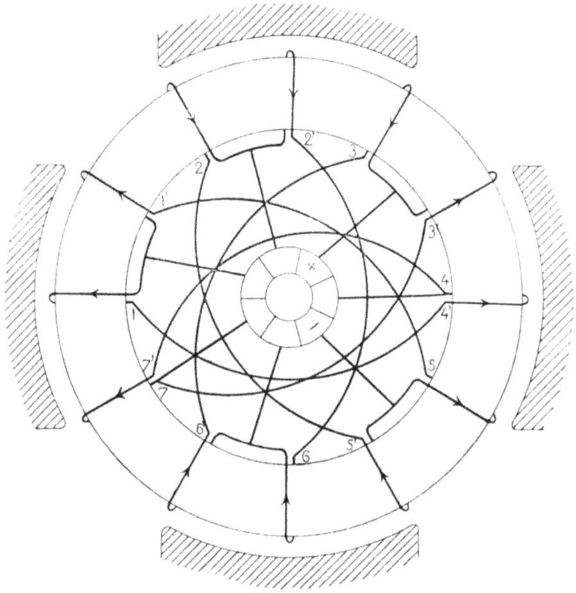

Fig. 64.
Ringanker mit Doppelspulen und unsymmetrischer Reihenschaltung.

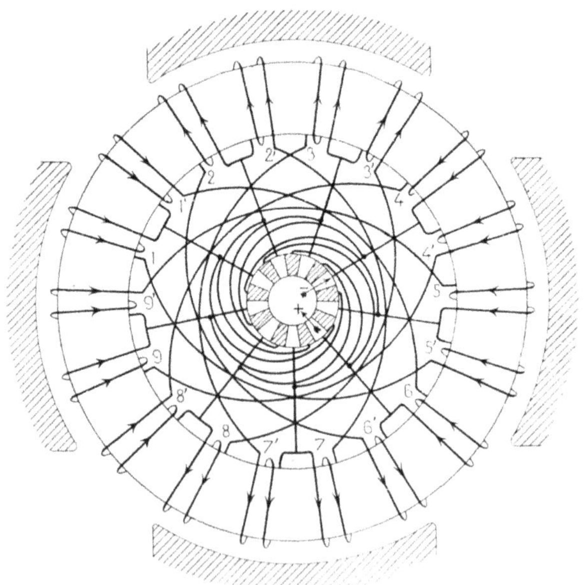

Fig. 65.
Ringanker mit Doppelspulen und Reihenschaltung mit vermehrter Kollektorlamellenzahl.

Alioth & Co. (jetzt Elektricitätsgesellschaft Alioth) benutzten diese Wicklungsmethode für Trommelanker und Jehl & Rupp für Scheibenanker. (Vgl. Fig. 148.)

Fig. 66 veranschaulicht das in die Ebene abgewickelte Schema Fig. 65. Wir erhalten eine Wellenwicklung mit abwechselnd langen und kurzen Wellen.

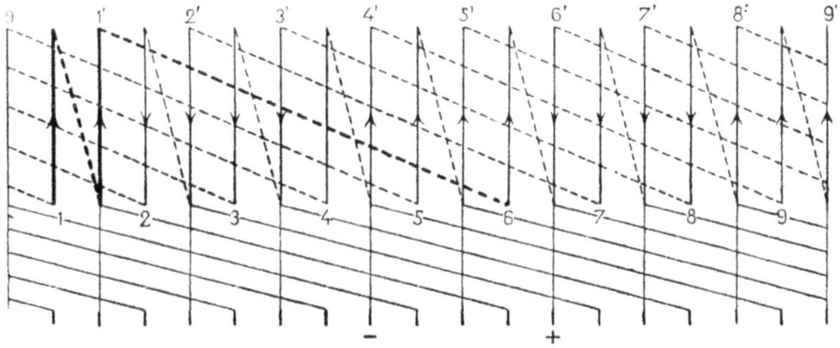

Fig. 66.

5. Ringanker mit Reihen-Parallelschaltung.

Die Eigenthümlichkeit dieser vom Verfasser aus der allgemeinen Schaltungsformel abgeleiteten Wicklung und deren praktische Bedeutung soll erst bei der Besprechung der Trommelankerwicklungen dargelegt werden; denn für Ringanker wird diese Schaltung nur selten zur Anwendung gelangen.

Die Zahl der Ankerstromzweige dieser Wicklung kann, unabhängig von der Polzahl, ein beliebiges Vielfache von 2 sein.

In die für Ringwicklung giltigen Formeln

$$y = \frac{1}{p}(S \pm a) \text{ und } S = py \pm a$$

haben wir $a > 1$ einzusetzen. Es entsteht dann entweder eine einzige in sich geschlossene Wicklung mit $2a$ Ankerstromzweigungen, oder eine mehrfach geschlossene Wicklung. Die Zahl der Schliefsungen kann jeden Werth von 1 bis a haben und es kann a kleiner, gleich oder gröfser als p sein.

Ringanker mit Reihen-Parallelschaltung des Verfassers und $a < p$.

Dieser Fall ist in **Fig. 67** dargestellt mit

$$p = 3, \quad S = 14, \quad a = 2,$$

$$y = \frac{1}{3}(14 - 2) = 4$$

y und S haben den gemeinschaftlichen Theiler 2 und das Schema liefert zwei von einander unabhängige Reihenschaltungen, welche durch die Bürsten parallel verbunden werden.

Wählen wir die Spulenzahl so, dafs y und S theilerfremd sind, so gehen die beiden Reihenwicklungen ähnlich wie in Fig. 50 die zwei Parallelwicklungen, in eine einzige geschlossene Wicklung über.

Dieser Fall ist in **Fig. 68** dargestellt. Es ist

$$p = 3, \quad S = 23, \quad a = 2,$$

$$y = \frac{23 - 2}{3} = 7.$$

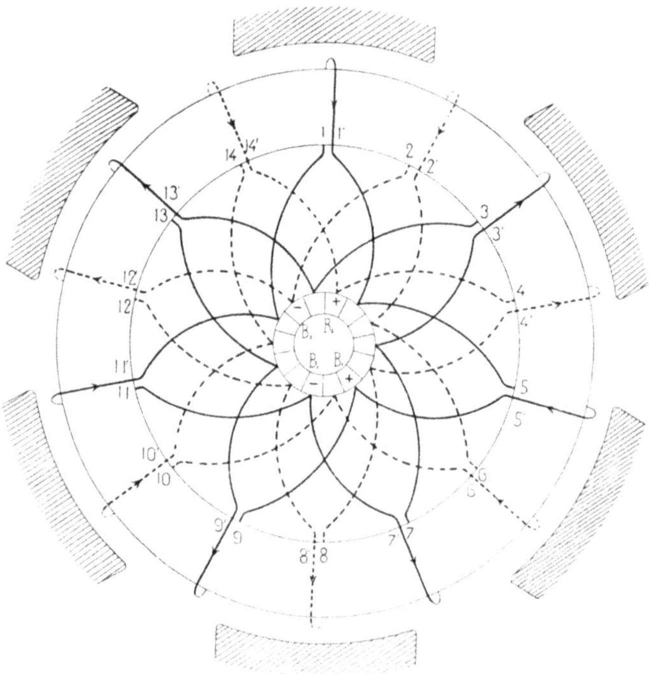

Fig. 67.
Ringanker mit zwei parallelen Reihenschaltungen.

Es entstehen folgende 4 Ankerstromzweige

$$-e\left\langle\begin{array}{l} 19 - 12 - 5 - 21 - d + \\ 2 - 9 - 16 - 23 - f + \end{array}\right.$$

$$-c\left\langle\begin{array}{l} 17 - 1 - 8 - 15 - d + \\ 11 - 4 - 20 - 13 - b + \end{array}\right.$$

Durch die negativen Bürsten werden die Spulen 18, 10, 3 und durch die positiven Bürsten die Spulen 22, 14, 6 und 7 kurzgeschlossen.

Ringanker mit Reihenparallelschaltung des Verfassers und $a = p$. Wird $a = p$ gewählt, so wird die Zahl der Ankerstromzweige ebenso wie bei der gewöhnlichen Parallelschaltung mit Schleifen- oder Spiralwicklung

$= 2p$. Die Wicklung ist 1, 2, 3 . . . bis p fach geschlossen, wenn der gröſste gemeinschaftliche Theiler von S und y gleich 1, 2, 3 . . . bez. gleich p ist. Eine einfach geschlossene Wicklung erhalten wir also nur, wenn S und y theilerfremd sind.

Für $a = p$ wird

$$y = \frac{S}{p} \pm 1 \text{ und } S = p\,(y \pm 1).$$

$S : p$ muſs eine ganze Zahl sein.

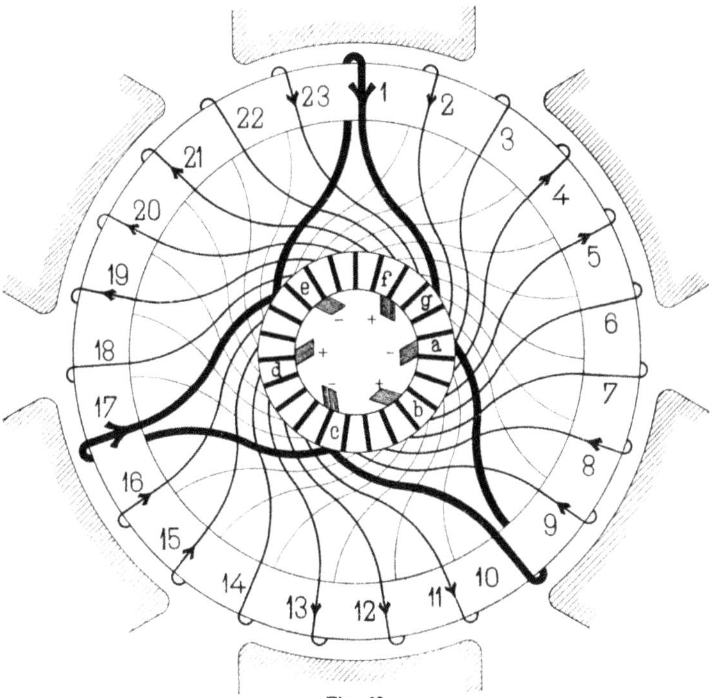

Fig. 68.
Ringanker mit Reihen-Parallelschaltung von Arnold. $a < p$.

Nehmen wir z. B.

$$S = 21, \quad p = a = 3, \quad \text{so wird}$$

$$y = \frac{21}{3} \pm 1 = \begin{cases} 6 \\ 8 \end{cases}$$

Nur der Schritt 8 ergiebt in diesem Falle eine einfach geschlossene Wicklung, der Schritt $y = 6$ liefert drei unabhängige Reihenschaltungen, weil $S = 21$ und $y = 6$ den gemeinschaftlichen Theiler 3 haben. —

Als weiteres Beispiel diene eine 6polige Armatur mit 24 Spulen. Es wird

$$y = \frac{24}{3} \pm 1 = \begin{cases} 9 \\ 7 \end{cases}$$

Die Entfernung zwischen zwei gleichnamigen Polen beträgt 8 Theilstrecken; mit $y = 9$ erhalten wir daher eine voreilende, mit $y = 7$ eine zurückbleibende Wicklung. Im ersten Falle ist $p\,y$ gröfser, im zweiten Falle kleiner als der Armaturumfang.

Wegen des geringeren Raumbedarfs der Querverbindungen ist die Wicklung mit dem kürzeren Schritte vorzuziehen. In **Fig. 69** ist dieselbe aufgezeichnet. Das Ende der Spule 1 ist mit dem Anfange der Spule $7 + 1 = 8$ verbunden u. s. f. —

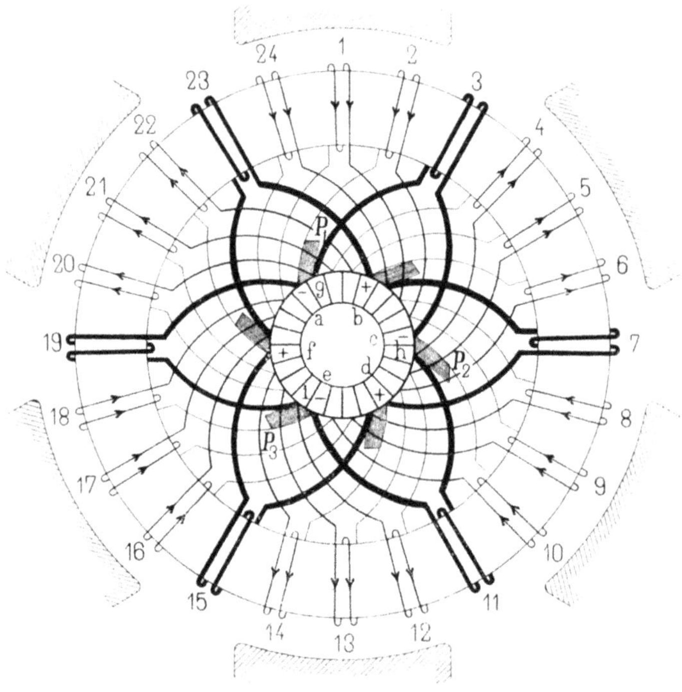

Fig. 69.
Ringanker mit Reihen-Parallelschaltung von Arnold. $a = p$.

Ersetzen wir jede Spule durch einen einfachen Stab und das kreisförmige Schema durch ein geradliniges, so entsteht **Fig. 70**, welche die Verbindungen noch deutlicher erkennen läfst. Die Lage der Pole ist durch schraffirte Flächen gekennzeichnet.

Um die Lage der Bürsten zu bestimmen, markirt man die Stromrichtung in den Spulen durch Pfeile. Ein Verfolgen derselben führt zu den mit (+) und (—) bezeichneten 6 Bürstenlagen a bis f.

Diese Wicklung unterscheidet sich von der Parallelschaltung mit Schleifenwicklung durch verschiedene Eigenthümlichkeiten, und zwar

1. Zunächst liegen die zu einem einzelnen Ankerstromkreise gehörenden Spulen nicht mehr nebeneinander, sondern dieselben sind am Umfange des Ankers auf sämmtliche Magnetfelder gleicher Polarität vertheilt. Von der negativen Bürste P_1 ausgehend, erhalten wir z. B. die Stromkreise

$$-P_1 \left\langle \begin{matrix} 2 - 9 - 16 \\ 20 - 13 - 6 \end{matrix} \right\rangle +$$

Durch diese Anordnung wird verhindert, dafs infolge Ungleichheit der magnetischen Felder, welche aus verschiedenen Ursachen vorhanden sein kann, in den einzelnen Ankerstromkreisen ungleiche elektromotorische Kräfte inducirt werden, welche zur Entstehung von Strömen im Innern der Wicklung und zur Funkenbildung am Kollektor Veranlassung geben.

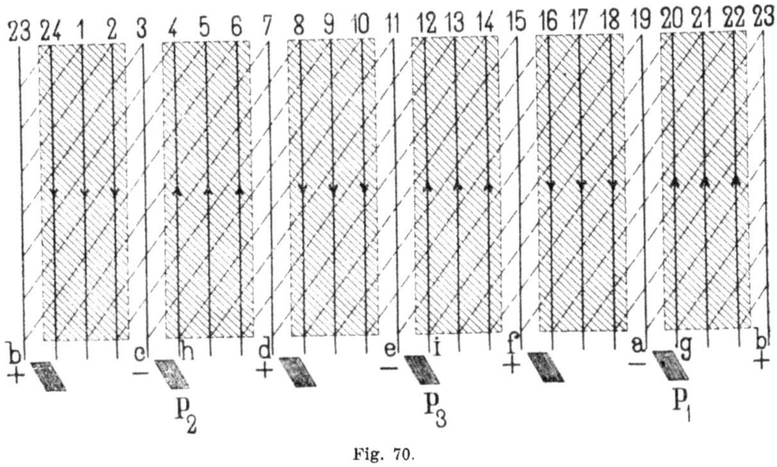

Fig. 70.
Abwicklung des Schemas Fig. 69.

2. Die Zahl der Spulen, welche gleichzeitig kurz geschlossen werden, ist $= 2p$, und p kurz geschlossene Spulen werden durch die Bürsten in Serie geschaltet; eine Bürste allein kann eine Spule nicht kurz schliefsen.

In Fig. 69 werden z. B. durch die negativen und positiven Bürsten je drei Spulen kurzgeschlossen; dieselben sind durch starke Linien hervorgehoben. Wir haben für den Kurzschlufs die zwei Stromkreise

$$P_1 - 3 - P_2 - 11 - P_3 - 19 - P_1$$
$$(+) - 7 - (+) - 15 - (+) - 23 - (+).$$

Die Zeitdauer des Kurzschlusses kann durch Verschieben einer der Bürsten verändert werden.

3. Es kann, ohne die Leistung der Maschine zu beeinträchtigen oder die Vertheilung der Belastung am Armaturumfange zu ändern, die Zahl der Bürsten kleiner als die Polzahl genommen werden. Es ist z. B. in der Fig. 69 eine der negativen Bürsten etwa P_3 entbehrlich, denn die Lamelle i steht durch die induktionsfreie Spule 19 mit der Bürste P_1, und die Lamelle e durch die induktionsfreie Spule 11 mit der Bürste P_2 in Verbindung. Ebenso kann die positive Bürste d fortbleiben. —

Die Auflagebreite der bleibenden Bürsten mufs aber, um den Kurzschlufs der Spulen zu ermöglichen und Funkenbildung zu vermeiden, vergröfsert werden. Bei genügend grofser Lamellenzahl und Auflagebreite der Bürsten könnten mehrpolige Anker mit Reihen-Parallelschaltung mit nur zwei Bürsten versehen werden; eine so weit gehende Verminderung ist aber keineswegs rathsam.

In der nachfolgenden Tabelle sind für 4, 6, 8 und 10polige Wicklungen und verschiedene mögliche Spulenzahlen diejenigen Werthe des Schrittes y enthalten, welche eine einfach geschlossene Wicklung nach dem Schema Fig. 69 ergeben.

4 Pole ($p = 2$) Spulenzahl $S =$	8 Pole ($p = 4$) Spulenzahl $S =$	Schritt $y =$	6 Pole ($p = 3$) Spulenzahl $S =$	10 Pole ($p = 5$) Spulenzahl $S =$	Schritt $y =$
60	120	29 oder 31	90	150	29 oder 31
64	128	31 » 33	93	155	32
68	136	33 » 35	96	160	31
72	144	35 » 37	99	165	32 oder 34
76	152	37 » 39	102	170	35
80	160	39 » 41	105	175	34
84	168	41 » 43	108	180	35 oder 37
88	176	43 » 45	111	185	38
92	184	45 » 47	114	190	37
96	192	47 » 49	117	195	38 oder 40
100	200	49 » 51	120	200	41
104	208	51 » 53	123	205	40
108	216	53 » 55	126	210	41 oder 43
112	224	55 » 57	129	215	44
116	232	57 » 59	132	220	43
120	240	59 » 61	135	225	44 oder 46
124	248	61 » 63	138	230	47
128	256	63 » 65	141	235	46
132	264	65 » 67	144	240	47 oder 49
136	272	67 » 69	147	245	50
140	280	69 » 71	150	250	49
144	288	71 » 73	153	255	50 oder 52

4 Pole ($p = 2$) Spulenzahl $S =$	8 Pole ($p = 4$) Spulenzahl $S =$	Schritt $y =$	6 Pole ($p = 3$) Spulenzahl $S =$	10 Pole ($p = 5$) Spulenzahl $S =$	Schritt $y =$
148	296	73 » 75	156	260	53
152	304	75 » 77	159	265	52
156	312	77 » 79	162	270	53 oder 55
160	320	79 » 81	165	275	56
164	328	81 » 83	168	280	55
168	336	83 » 85	171	285	56 oder 58
172	344	85 » 87	174	290	59
176	352	87 » 89	177	295	58
180	360	89 » 91	180	300	59 oder 61
184	368	91 » 93	183	305	62
188	376	93 » 95	186	310	61
192	384	95 » 97	189	315	62 oder 64
196	392	97 » 99	192	320	65
200	400	99 » 101	195	325	64
204	408	101 » 103	198	330	65 oder 67
208	416	103 » 105	201	335	68
212	424	105 » 107	204	340	67
216	432	107 » 109	207	345	68 oder 70
220	440	109 » 111	210	350	71
224	448	111 » 113	213	355	70
228	456	113 oder 115	216	360	71 oder 73
232	464	115 » 117	219	365	74
236	472	117 » 119	222	370	73
240	480	119 » 121	225	375	74 oder 76
244	488	121 » 123	228	380	77
248	496	123 » 125	231	385	76
252	504	125 » 127	234	390	77 oder 79
256	512	127 » 129	237	395	80
260	520	129 » 131	240	400	79

u. s. f.

Sollten diese Spulenzahlen nicht passend sein, so kann eine mehrfach geschlossene Wicklung gewählt werden. Jede Spulenzahl S, die durch p theilbar ist, ist dann brauchbar.

Ringanker mit Reihenparallelschaltung des Verfassers und $a > p$. Als Beispiel sei **Fig. 71** gewählt. Es ist

$$p = 2 \qquad S = 22 \qquad a = 4$$

$$y = \frac{1}{2}(22 \pm a) = \frac{1}{2}(22 - 4) = 9.$$

Die Bürsten müssen so breit, oder benachbarte Bürsten so gegen einander versetzt sein, dafs zeitweise vier Lamellen leitend verbunden werden.

In der Figur erscheint diese Breite wegen der kleinen Spulenzahl unverhältnismäſsig groſs.

Die Spulen 3, 4, 9, 14, 15 und 20 sind kurz geschlossen, und es bestehen die 8 Ankerstromkreise

a	2	11	d	b	5	18	d
a	1	10	d	b	6	19	d
a	17	8	c	b	12	21	c
a	16	7	c	b	13	22	c.

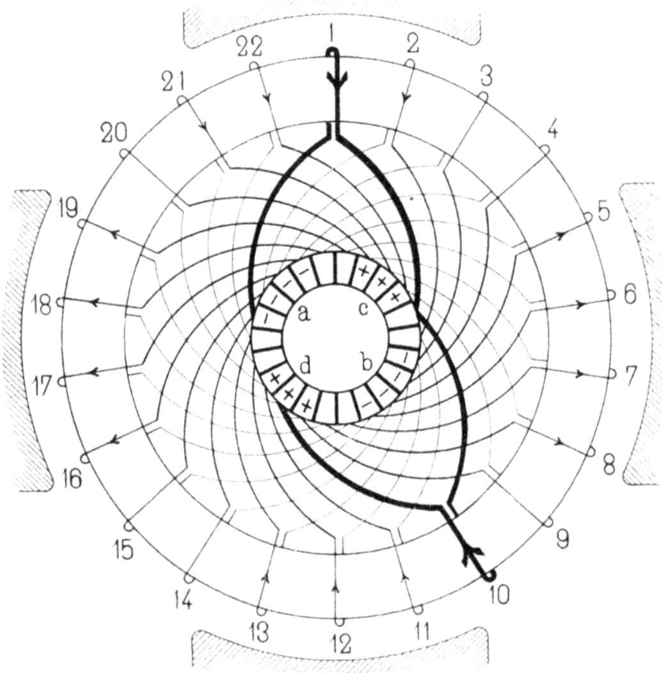

Fig. 71.
Ringanker mit Reihen-Parallelschaltung von Arnold. $a > p$.

Da auch hier

$$\frac{S}{p} = y \pm a$$

eine ganze Zahl, so ist jede Spulenzahl, die durch p theilbar ist, brauchbar. Eine einfach geschlossene Wicklung entsteht, wenn S und y theilerfremd sind.

Ringanker mit Reihen-Parallelschaltung für $a = p$ und $c = 4$. Die angeführten Beispiele der Reihenparallelschaltung haben alle den Werth $c = 1$. Dieselben lassen sich für beliebige Werthe von c ausführen.

Um ein Beispiel hierfür zu geben, wähle ich in der allgemeinen Schaltungsformel

$$y_1 \pm y_2 \pm y_2 \cdots \pm y_2 = \frac{ms \pm ac}{p}$$

$$m = 2 \quad a = p \quad c = 4$$

$$p = 2 \quad s = 32$$

und für die Theilschritte nur positive Vorzeichen.

Es wird dann

$$y_1 + y_2 + y_3 + y_4 = \frac{2 \cdot 32 + 2 \cdot 4}{2} = 36$$

$$y_1 = y_2 = y_3 = y_4 = 9.$$

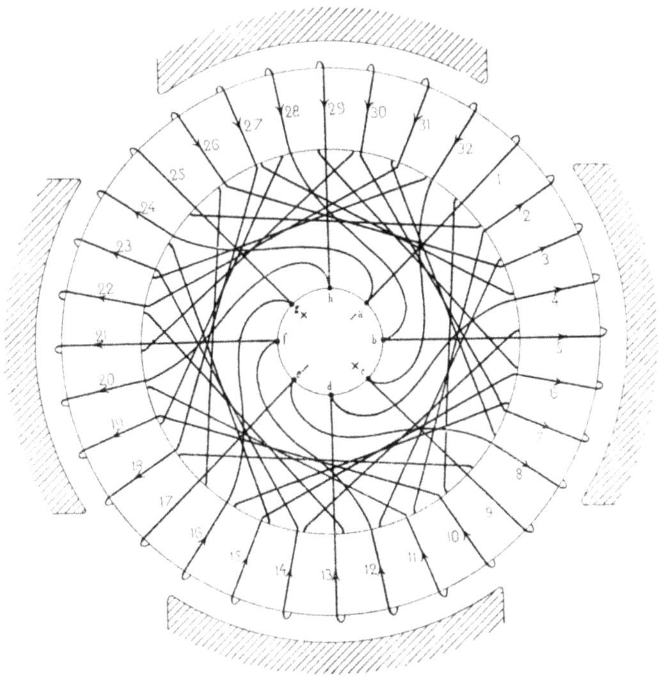

Fig. 72.
Ringanker mit Reihen-Parallelschaltung von Arnold. $a = p$; $c = 4$.

Diese Wicklung ist in **Fig. 72** dargestellt. Von der Kollektorlamelle a ausgehend ist

$$\begin{array}{lll} 1 \text{ mit} & 1 + y_1 = & 1 + 9 = 10 \\ 10 \text{ »} & 10 + y_2 = & 10 + 9 = 19 \\ 19 \text{ »} & 19 + y_3 = & 19 + 9 = 28 \\ 28 \text{ »} & 28 + y_4 = & 28 + 9 = 37 = 32 + 5, \end{array}$$

also mit 5 und der Kollektorlamelle b zu verbinden.

Der Stromlauf ist folgender

$$-a\left\langle\begin{array}{l}1-10-19-28-5-14-23-32\\24-15-6-29-20-11-2-25\end{array}\right\rangle+$$

$$-e\left\langle\begin{array}{l}8-31-22-13-4-27-18-9\\17-26-3-12-21-30-7-16\end{array}\right\rangle+$$

Diese Schaltung, welche auch in der ersten Auflage dieses Buches enthalten ist, steht in Übereinstimmung mit der Wicklung von Ch. Stanley[1]), deren Patent seither erschienen ist. — Praktische Bedeutung besitzt diese Wicklung nicht.

6. Ringanker mit zwei Kollektoren.

Übersteigt die Stromstärke, welche von jedem Bürstensatze (Bürsten, die auf demselben Stifte befestigt sind) dem Anker zugeführt bezw. entnommen wird, gewisse Grenzen[2]), so erwärmen sich auch bei genügenden Kontaktflächen und Querschnitten die Kollektorlamellen und Bürsten in unzulässig hohem Grade und eine Funkenbildung ist

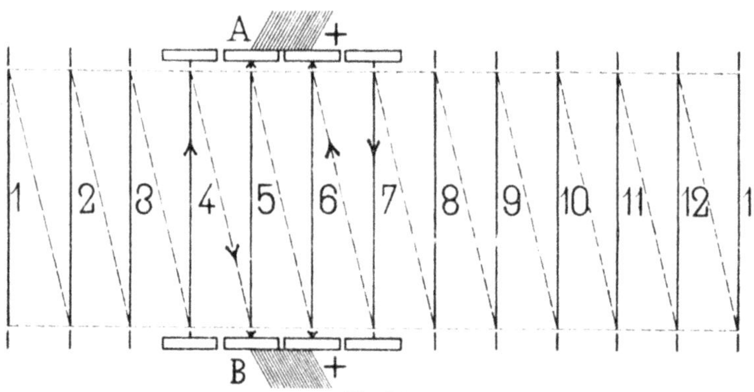

Fig. 73.
Einfache Ringwicklung mit zwei Kollektoren.

dann nicht mehr zu vermeiden. — Soll ein Anker für hohe Stromstärken gebaut werden, so hat man die Wahl, entweder die Polzahl so grofs zu nehmen, dafs die Stromstärke jedes Bürstensatzes die als zulässig angenommene Grenze nicht überschreitet, oder bei geringerer Polzahl zwei Kollektoren anzuordnen.

Es wird dann auf jeder Seite der Armatur ein Kollektor angebracht. Die Verbindungsarten dieser Kollektoren mit der Wicklung

[1]) D. R. P. No. 56258 vom 10. Juli 1889, ausgegeben den 23. April 1891.

[2]) Vergl. Kapitel über Kollektoren im II. Theil.

sind in den folgenden Figuren angegeben. Wir bedienen uns hierzu des abgerollten Schemas. —

Fig. 73 veranschaulicht eine einfache Ringwicklung; jeder Armaturstab ist an zwei einander gegenüber liegende Lamellen der Kollektoren angeschlossen. In den gezeichneten Lagen der Bürsten *A* und *B* sind die Stäbe 5 und 6 kurz geschlossen.

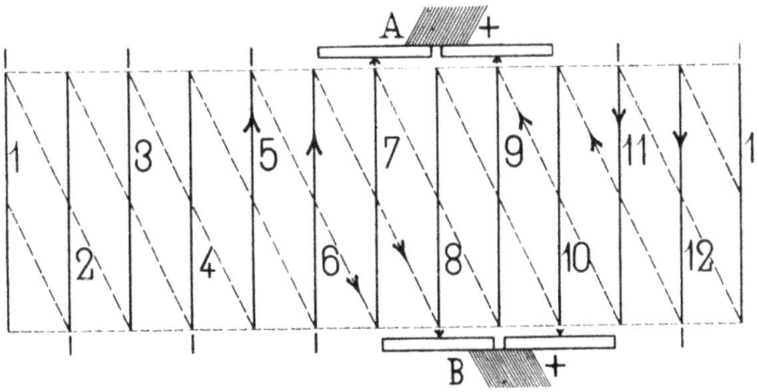

Fig. 74.
Doppelte Ringwicklung mit zwei Kollektoren.

In **Fig. 74** trägt der Anker zwei unabhängige Wicklungen, die eine Wicklung ist an den Kollektor *A*, die andere an den Kollektor *B* angeschlossen. In der folgenden **Fig. 75** sind ebenfalls zwei unabhängige

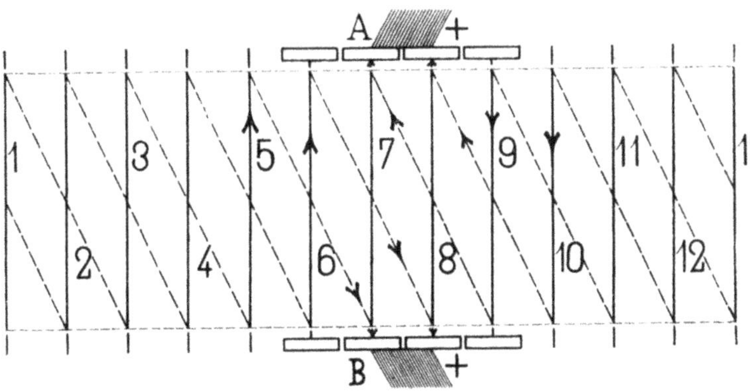

Fig. 75.
Doppelte Ringwicklung mit zwei an beide Wicklungen angeschlossenen Kollektoren.

Wicklungen vorhanden, aber jede Wicklung ist, ebenso wie in Fig. 73, an beide Kollektoren angeschlossen.

Es ist klar, dafs auch die einfach geschlossenen Wicklungen mit mehrfacher Parallelschaltung oder Reihenparallelschaltung mit zwei

Kollektoren ausgerüstet werden können, ebenso können die obigen Schemata noch vervielfacht werden, indem z. B. der Anker vier Wicklungen erhält, von denen zwei mit dem einen und zwei mit dem andern Kollektor in Verbindung stehen.

Solche Wicklungen mit zwei Kollektoren nach dem Schema Fig. 75 sind von Weston im D. R. P. Nr. 22097 vom 13. Juni 1882 beschrieben, und der Firma Garbe, Lahmeyer & Co. in Aachen ist laut dem D. R. P. Nr. 61476 vom 24. März 1891 dieselbe Wicklung ebenfalls patentirt worden.

Anker mit zwei Kollektoren und zwei unabhängigen Wicklungen kommen auch für Motoren, deren Tourenzahl bei konstanter Klemmenspannung innerhalb weiten Grenzen regulirt werden soll, zur Anwendung. Für eine niedrige Tourenzahl werden die beiden Wicklungen hintereinander und für eine hohe Tourenzahl parallel geschaltet.

Die Trommelankerwicklungen.

1. Zweipolige Trommelanker.

Durch Vervollkommnung des Siemens'schen Doppel-T-Induktors mit zweitheiligem Kommutator erfand v. Hefner-Alteneck im

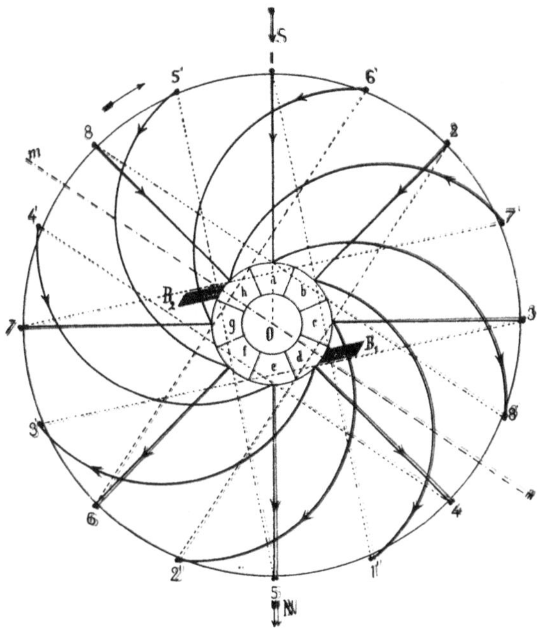

Fig. 76.

Rechtsgängige Trommelwicklung nach v. Hefner-Alteneck.

Jahre 1872 eine Ankerbewicklung, welche für die Erzeugung eines Gleichstromes ebenso geeignet ist, wie die Ringankerwicklung von Pacinotti-Gramme.

v. Hefner-Alteneck wickelt die Drahtspulen knäuelartig auf eine Trommel parallel zu deren Achse, so dafs bei der Rotation im magnetischen Felde je zwei Seiten einer Spule der Induktion ausgesetzt sind. Jeder Spule entspricht ein Kollektorsegment und jedes Segment steht mit zwei Spulen derart in Verbindung, dafs alle Spulen eine in sich geschlossene Wicklung bilden, welche durch beide Bürsten in zwei parallel geschaltete Hälften getheilt wird.

Zweipolige Trommelanker mit Schleifenwicklung nach v. Hefner-Alteneck. Der Einfachheit halber wählen wir zunächst eine Wicklung mit nur 8 Spulen und demnach auch 8 Kollektorlamellen *a, b, c, d, e, f, g, h* in **Fig. 76**. — Wir denken uns wiederum die Stirnfläche des Ankers von der Kollektorseite aus angesehen. Die Erzeugenden der cylindrischen Trommel, also auch die inducirten Drähte, erscheinen dann als Punkte an der Peripherie der Stirnfläche. Die Verbindungen auf der hinteren Stirnfläche werden gar nicht oder mit punktirten Linien angedeutet.

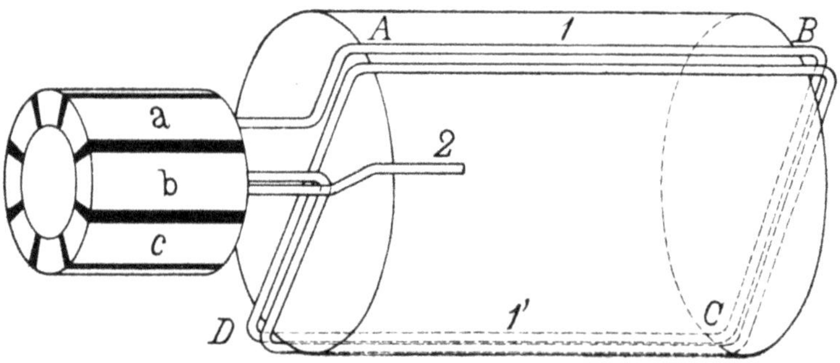

Fig. 77.

Machen wir die Voraussetzung, dafs die den Spulen entsprechenden Erzeugenden des Cylinders alle in gleichen Abständen nebeneinander liegen sollen, so erhalten wir, da jeder Spule zwei Erzeugende angehören, 16 Wicklungsfelder. Wir theilen somit den Cylinderumfang in 16 gleiche Theile und bezeichnen dieselben, zunächst je ein Feld überspringend, mit 1, 2, ... 8. Diametral gegenüber kommt 5 zu liegen, soll daher die zweite Erzeugende der Spule 1 — 1′ nicht mit 5 zusammenfallen, so müssen wir die Windungen der Spule 1 — 1′ rechts oder links vom Wicklungsfelde 5 unterbringen. In Fig. 76 liegt 1′ rechts von 5. Wir versehen nun, von 1′ ausgehend und ebenso wie vorhin im Sinne des Uhrzeigers fortschreitend, die freigebliebenen Wicklungsfelder der Reihe nach mit den Ziffern 2′, 3′, ... 8′. Die Zahlen 1 bis 8 wollen wir als die Wicklungsanfänge und 1′ bis 8′ als die Wicklungsenden der einzelnen Spulen betrachten.

In **Fig. 77** ist die Lage einer Spule und deren Verbindung mit dem Kollektor in perspektivischer Ansicht gezeichnet.

Um z. B. die Spule 1 — 1′ herzustellen, beginnen wir bei dem Kollektorsegment *a*, führen den Draht auf der vordern Stirnfläche des Cylinders nach *A*, dann längs der Mantelfläche des Cylinders bis zur hintern Stirnfläche, biegen dort rechtwinklig um, gehen längs den punktirten Linien *BC* (1 — 1′ in Fig. 76) auf die andere Seite des Cylinders, biegen den Draht wieder rechtwinklig um, führen denselben längs der Mantelfläche nach *D* zur vorderen Stirnfläche, nochmals umbiegend, nach *A* zurück u. s. f., bis die gewünschte Windungszahl erreicht ist. Das letzte Ende führen wir nicht nach *A* zurück, sondern

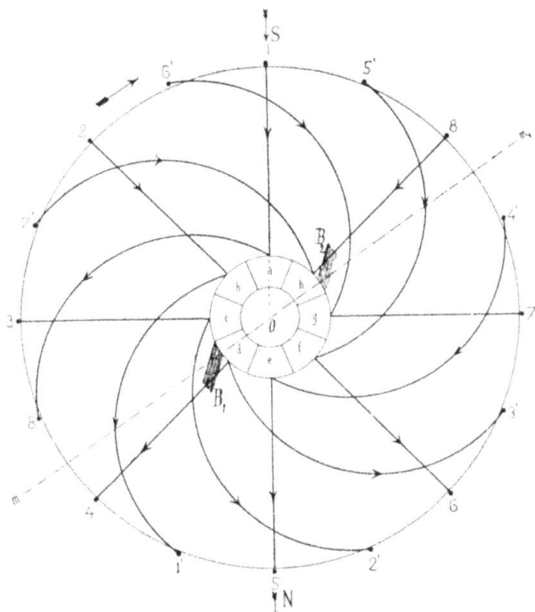

Fig. 78.
Linksgängige Trommelwicklung nach v. Hefner-Alteneck.

zu dem benachbarten Segmente *b*. — Von *b* beginnen wir dann in derselben Weise die Spule 2 — 2′, deren Ende mit dem Segmente *c* verbunden wird u. s. f.

In der schematischen Darstellung der Wicklung wird stets angenommen, dafs jede Spule aus nur einer Windung bestehe. Denken wir uns nun sämmtliche Spulen auf die Trommel aufgewickelt, aber Anfang und Ende jeder Spule freistehend, so erhalten wir in Fig. 76 16 Drahtenden, 1 bis 8 und 1′ bis 8′, deren Verbindungsart durch die allgemeine Schaltungsregel unzweideutig bestimmt ist.

Halten wir an der Bedingung fest, dafs jede Verbindung von zwei Spulen mit einem Kollektorsegmente zu verbinden ist, so wird die

Zahl der Kollektorsegmente gleich der Spulenzahl. Für zweipolige Trommelwicklungen ist dann allgemein

$$y = \pm 1,$$

und die Zahl der Kollektorlamellen $= k = \frac{s}{2} =$ der Spulenzahl.

Die Zahl s der am Umfange der Trommel liegenden Seiten der Spulen mufs gerade sein, die Spulenzahl kann gerade oder ungerade sein.

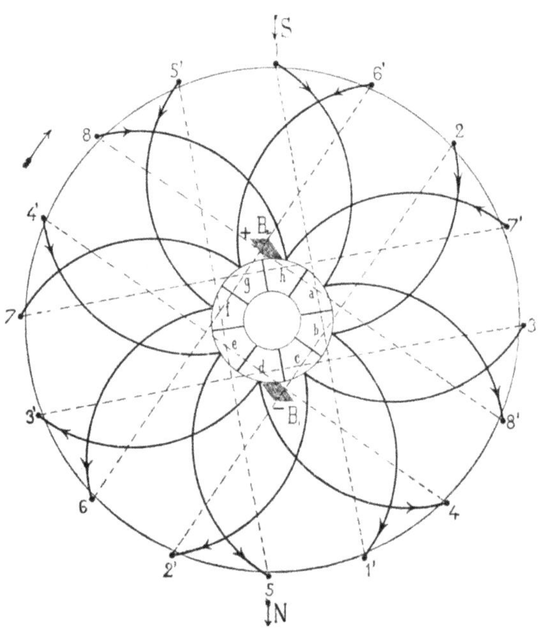

Fig. 79.
Symmetrische Trommelwicklung.

Bei der Verbindung der Spulen mit dem Kollektor ist es gleichgültig, von welchem Segmente man ausgeht, bezw. welches Segment man z. B. in Fig. 76 mit 1 verbindet; nur müssen dann die übrigen Segmente, nach rechts oder links vorwärtsschreitend, der Reihe nach mit den in demselben Sinne aufeinanderfolgenden Spulen verbunden werden. Man spricht im ersten Falle von rechtsgängiger, im zweiten von linksgängiger Schaltungsrichtung.

In Fig. 76 ist eine rechtsgängige, in Fig. 78 eine linksgängige Trommelwicklung dargestellt. In beiden Figuren ist $s = 16$.

Das Ende einer beliebigen Spule x ist mit dem Anfange der $(x + 1)^{\text{ten}}$ Spule, also z. B. 1' mit 2, 2' mit 3 u. s. f. zu verbinden.

Durch Verfolgen der Stromrichtung, welche für jede Spule durch Pfeile markirt ist, läfst sich die Lage der Bürsten leicht bestimmen.

Es ergiebt sich, dafs bei einer Drehrichtung des Ankers im Sinne des Uhrzeigers die negative Bürste bei rechtsgängiger Schaltung rechts und bei linksgängiger Schaltung links von der Verbindungslinie des Nordpols mit dem Südpole liegt.

In der gezeichneten Lage theilt sich der Strom, von der negativen Bürste ausgehend, in die beiden Zweige

$$B_1 \quad d \quad 4 \quad 4' \quad e \quad 5 \quad 5' \quad f \quad 6 \quad 6' \quad g \quad 7 \quad 7' \quad h \quad B_2$$
$$B_1 \quad d \quad 3' \quad 3 \quad c \quad 2' \quad 2 \quad b \quad 1' \quad 1 \quad a \quad 8' \quad 8 \quad h \quad B_3.$$

Je 2 benachbarte Spulen, z. B. 3—3' und 7—7', werden, sobald die Ebenen derselben senkrecht zur Pollinie NS stehen, gleichzeitig kurz geschlossen.

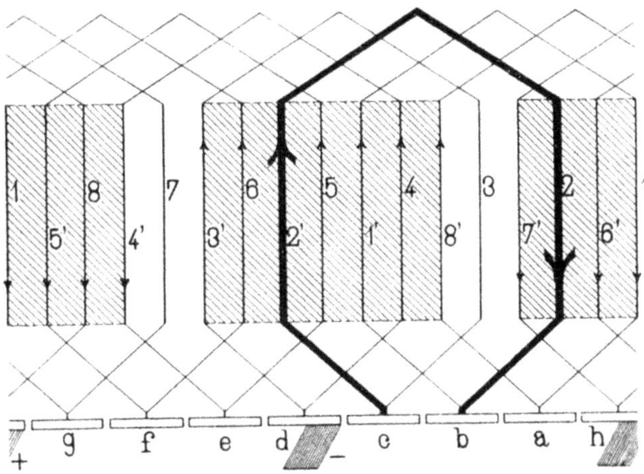

Fig. 80.
Abwicklung des Schemas Fig. 79.

Die Spannungsdifferenz zwischen den benachbarten Spulen einer Trommelwicklung wird im Maximum gleich der vollen Spannung zwischen den Bürsten. In Fig. 76 ist z. B. die Spule 4—4' mit der negativen Bürste B_1 und die benachbarte Spule 8—8' mit der positiven Bürste B_2 in Verbindung. Diese Eigenschaft ist jeder Trommelwicklung eigen und macht dieselbe für die Erzeugung von hohen Spannungen weniger geeignet als die Ringwicklung.

Das v. Hefner-Alteneck'sche Schema läfst sich auch so ausführen, dafs die Bürstenstellungen mit der Verbindungslinie NS der Pole zusammenfallen.

In **Fig. 79** ist ein solches Schema entworfen.

Die Abänderung liegt darin, dafs der Kollektor sammt den Verbindungen im Vergleiche zu den vorhergehenden Figuren um den Winkel m_1 OS (Fig. 78) in der Schaltungsrichtung verdreht ist. Die Lage der Bürsten wird dadurch unabhängig von der Schaltungsrichtung. Mit der Änderung der Umlaufsrichtung der Trommel vertauscht nur die negative Bürste ihre Stellung mit der positiven.

Zur Veranschaulichung der Trommelankerwicklung ist die Ausbreitung des Schemas in eine Ebene besonders geeignet. Denken wir uns z. B. für das Schema Fig. 79 den Cylindermantel an irgend einer Stelle aufgeschnitten und mit sämmtlichen Spulen in die Ebene des Papiers ausgebreitet, so erhalten wir **Fig. 80.**

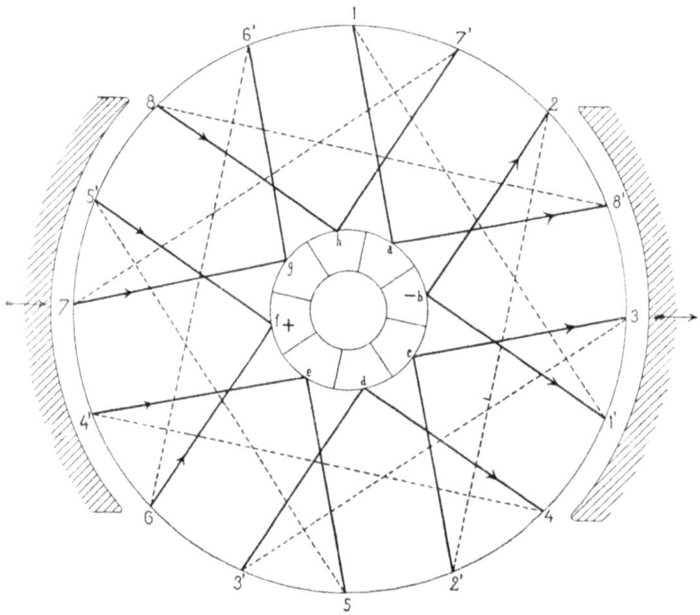

Fig 81.
Trommelwicklung mit verkürztem Wicklungsschritt nach Swineburne.

Die Lage der Pole ist durch Schraffur markirt und die über die Stirnflächen als Sehnen gezogenen Verbindungsdrähte, welche gleichzeitig die Verbindung mit dem Kollektor herstellen, sind als gebrochene Linien dargestellt. Aus dem Verlaufe des Linienzuges und ebenso aus den Fig. 76 und 77 ist ersichtlich, dafs dieselben eine Schleifenwicklung darstellen.

Variante der von Hefner-Alteneckschen Trommelwicklung nach Swinburne.[1]) Bei den beschriebenen Trommelwicklungen von Hefner-Alteneck sind je zwei benachbarte Spulen parallel gewickelt, und es werden benachbarte Spulen gleichzeitig kurz geschlossen.

[1]) The Electrician 1887. Vol. 26, p. 166.
La lum. électr. 1887. T. 26, p. 156.

Nach einer von Swinburne angegebenen Variante sind die parallelen Spulen, welche ebenfalls gleichzeitig kurzgeschlossen werden, nicht mehr benachbart, sondern durch zwei oder mehr Wicklungsfelder von einander getrennt. Die Windungsfläche einer Spule wird dadurch verkleinert, jedoch soll die Sehne, welche eine Spule auf der Stirnfläche des Ankers beschreibt, nicht kleiner als die Polbreite werden.

In **Fig. 81** ist eine solche Wicklung für 8 Spulen aufgezeichnet.

Der Unterschied im Vergleich zu den vorhergehenden Schemata liegt darin, dafs die zweite Erzeugende 1′ der Spule 1—1′ nicht mehr

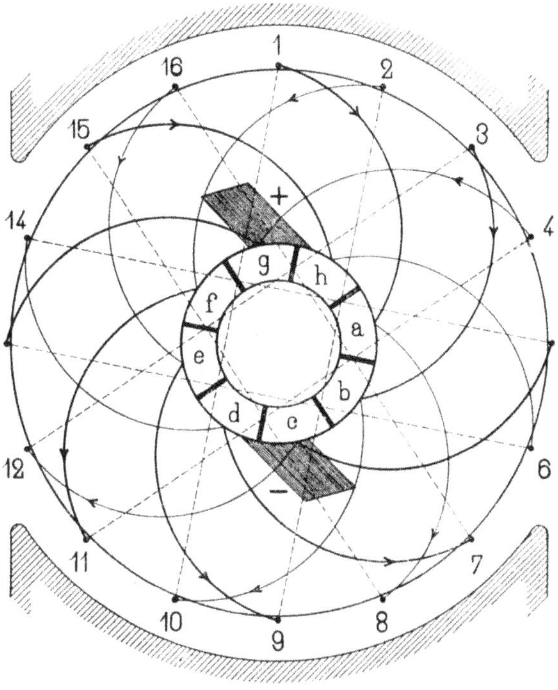

Fig. 82.
Zweipoliger Trommelanker mit Wellenwicklung.

unmittelbar rechts von 5, sondern rechts von 4 liegt. Der Wicklungsschritt wird dadurch verkürzt. Die gleichzeitig zum Kurzschlusse gelangenden Spulen, z. B. 1—1′ und 5—5′ oder 3—3′ und 7—7′, sind nun durch je zwei Wicklungsfelder getrennt.

Der Vortheil dieser Wicklung ist zunächst in der geringeren Ankerrückwirkung (siehe Seite 198), dann aber auch darin zu suchen, dafs die Zahl der Stellen, an welchen sich die Spulen kreuzen, geringer wird.

Zweipoliger Trommelanker mit Wellenwicklung. Die Ausführung der v. Hefner-Alteneckschen Wicklung entspricht, wie Fig. 80 veranschaulicht, einer Schleifenwicklung. Wir sind bei dem Entwurfe dieser Wicklung von der von vornherein angenommenen Lage der Spulen ausgegangen und haben Anfang und Ende jeder Spule besonders bezeichnet.

Mit Hülfe der Schaltungsregel II läfst sich die Wicklung auch entwerfen, wenn wir zunächst nur die Zahl der Spulen oder die Zahl der Wicklungsfelder kennen, die Lage der Spulen und deren Querbindung bestimmt dann die Schaltungsregel II.

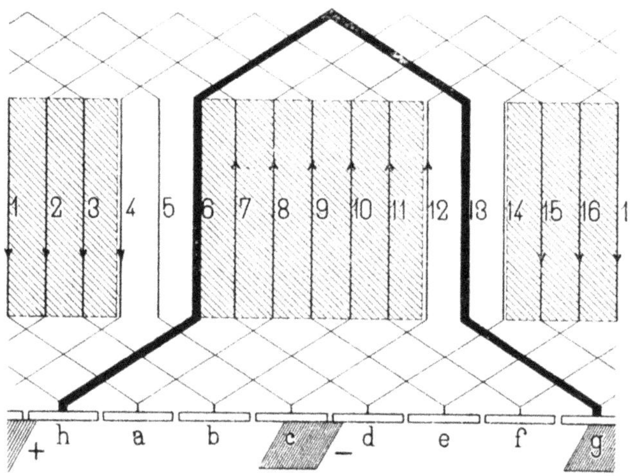

Fig. 83.
Abwicklung des Schemas Fig. 82.

Zu dem Zwecke numeriren wir in **Fig. 82** die Spulenseiten oder die 16 Wicklungsfelder fortlaufend von 1 bis 16. Ferner folgt aus der allgemeinen Formel für Wellenwicklung

$$y_1 + y_2 = \frac{s \pm a\,c}{p}$$

$$y_1 + y_2 = 16 \pm 2 = \left\langle \begin{matrix} 18 \\ 14 \end{matrix} \right.$$

woraus $y_1 = y_2 = 9$

oder $y_1 = y_2 = 7.$

Der Schritt, sowohl auf der hintern als vordern Stirnfläche der Trommel, ist also entweder $= 7$ oder $= 9$ zu wählen. Wir wählen den Schritt 7 und erhalten folgende Wicklungstabelle:

1		6		11		16		5		10
8	↓	13	↓	2	↓	7	↓	12	↓	1
15		4		9		14		3		

Die Verbindung der Punkte 1 bis 16 in dieser Reihenfolge ergiebt das gesuchte Wicklungsschema der Fig. 82.

In Fig. 76 bewegt sich der Linienzug 1 8′ 8 7′ . . . aufserhalb des Mittelpunktes der Trommel, dagegen in Fig. 82 schliefst der Linienzug 1 8 15 6 den Mittelpunkt ein.

In **Fig. 83** ist die Abwicklung des Schemas in die Papierebene gezeichnet. Wir erhalten eine Wellenwicklung, deren Ableitung aus der Schleifenwicklung durch die Fig. 26 und 27 erläutert wurde.

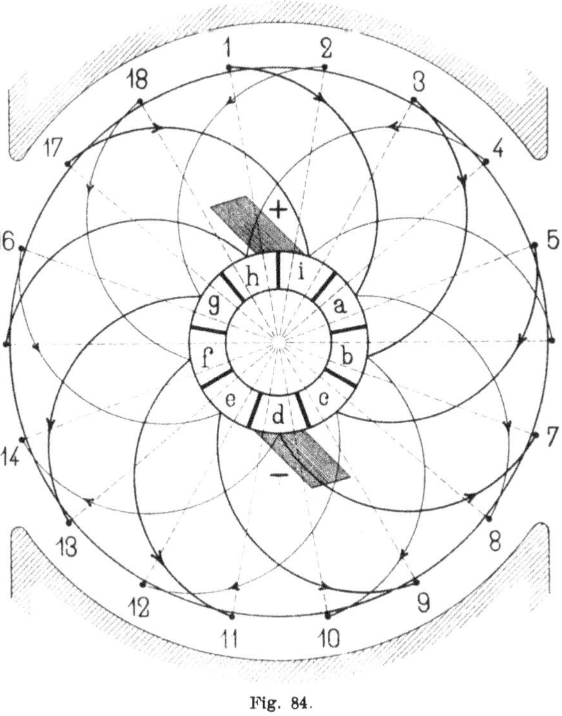

Fig. 84.
Zweipoliger Trommelanker mit ungerader Spulenzahl.

Der Schritt $y_1 = y_2 = 9$ ergiebt dasselbe Schema wie Fig. 82, denn von 1 aus nach links gezählt liegen zwischen 1 und 8 jetzt 9 Wicklungsfelder. Der Schritt 9 entspricht daher der linksläufigen Numerirung.

Zweipoliger Trommelanker mit ungerader Spulenzahl. Für die bis jetzt besprochenen Trommelwicklungen wurde stets eine gerade Spulenzahl angenommen und aufserdem an der Bedingung festgehalten, dafs die Wicklungsräume aller Spulen am Ankerumfange nebeneinander liegen sollen.

Fig. 84 giebt ein Schema für ungerade Spulenzahl und zwar für

$$S = 9 \qquad s = 18.$$

Es ist

$$y_1 = \frac{s \pm b}{2p} + 1 = \frac{18 - 2}{2} + 1 = 9$$

$$y_2 = \frac{s \pm b}{2p} + 1 = \frac{18 - 2}{2} - 1 = 7.$$

Wir verbinden

1 mit $1 + 9 = 10$
10 » $10 - 7 = 3$
3 » $3 + 9 = 12$ u. s. f.

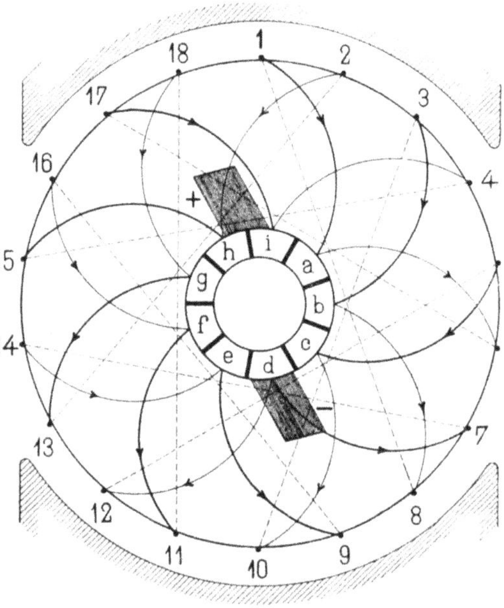

Fig. 85.
Zweipoliger Trommelanker mit ungerader Spulenzahl und verkürztem Wicklungsschritt.

Die punktirten Querverbindungen gehen hier durch den Mittelpunkt der Trommel; diese Wicklung kann daher sowohl als Schleifen- wie als Wellenwicklung aufgefaſst werden.

Während in der gezeichneten Stellung die negative Bürste das Kollektorsegment *d* in der Mitte berührt, liegt die positive Bürste an zwei Kollektorsegmenten *h* und *i* gleichzeitig auf und die Spule 6—15 ist kurz geschlossen. Es werden also nie zwei Spulen gleichzeitig kurz geschlossen. Der Ankerstrom theilt sich in den übrigen 8 Spulen nach den zwei Richtungen

$$-\left\langle \begin{matrix} d & 7 & 16 & e & 9 & 18 & f & 11 & 2 & g & 13 & 4 & h \\ d & 14 & 5 & c & 12 & 3 & b & 10 & 1 & a & 8 & 17 & i \end{matrix} \right\rangle +$$

die gleiche Drahtlängen besitzen.

Der Schritt dieser Wicklung läfst sich verkürzen, wenn wir die Spulen nicht längs eines Durchmessers, sondern längs einer Sehne der Trommel wickeln. Wir wählen zu dem Zwecke den Werth der Konstanten $b = 6$

$$y_1 = \frac{18 - 6}{2} + 1 = 7$$

$$y_2 = \frac{18 - 6}{2} - 1 = 5$$

und erhalten das Schema Fig. 85. In diesem Schema kreuzt eine Spule nur zwei andere, in dem Schema Fig. 84 dagegen drei.

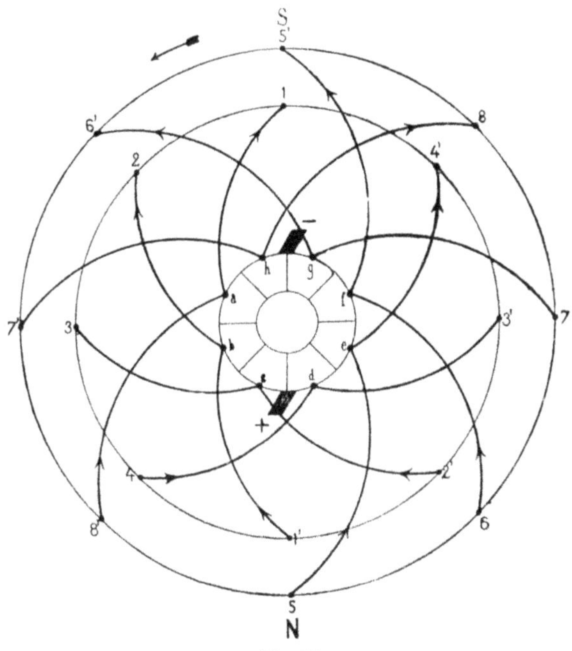

Fig. 86.
Zweipoliger Trommelanker mit übereinander gewickelten Spulen.

Zweipolige Trommelanker mit übereinander liegenden Spulen. Nicht immer ist genügend Raum vorhanden, alle Spulen am Ankerumfange nebeneinander aufzuwickeln; in diesem Falle ist man gezwungen, die Wicklungsräume zweier benachbarten Spulen übereinander anzuordnen.

Bei dem Entwurfe des Wicklungsschemas müssen wir in diesem Falle unterscheiden, ob die Spulen direkt auf den Anker gewickelt oder ob dieselben auf Schablonen hergestellt und dann auf den Anker gebracht werden. Im ersten Falle müssen, um die Wicklung ausführen zu können, beide Seiten einer Spule entweder innen oder aufsen liegen, während bei der Schablonenwicklung, um lauter gleiche Spulen zu erhalten, die eine Spulenseite innen, die andere aufsen liegt.

Die erste Wicklungsart ist in den Fig. 86, 87 und 88, die letztere in Fig. 89 dargestellt.

In **Fig. 86** ist die Spulenzahl $= 8$ und gleich der Zahl der Wicklungsfelder. Indem man zunächst die 4 Spulen in der Aufeinanderfolge *a* 1—1′ *b* 2—2′ *c* 3—3′ *d* 4—4′ *e* herstellt, sind alle 8 Wicklungsfelder und 4 Kollektorsegmente *a b c d* besetzt; um auch die übrigen 4 Segmente *e f g h* zu besetzen, wickelt man die übrigen 4 Spulen über

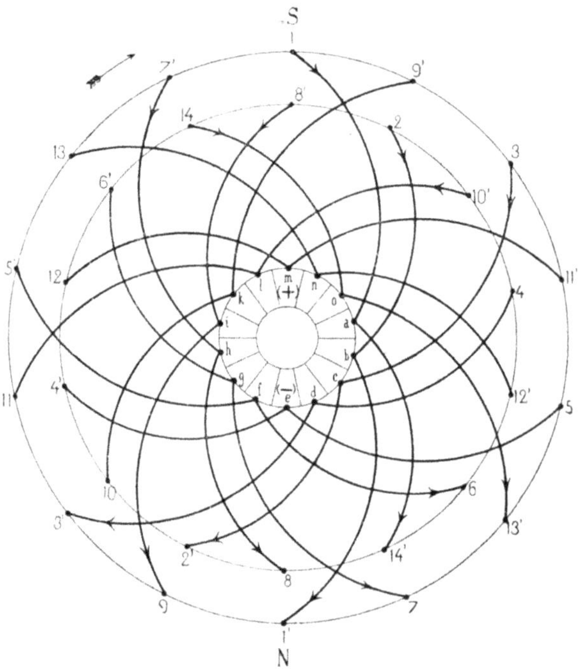

Fig. 87.
Zweipolige Trommelwicklung nach Weston.

die bereits vorhandenen hinweg, also 5—5′ über 1—1′, 6—6′ über 2—2′, 7—7′ über 3—3′, 8—8′ über 4—4′ und gelangt von 8′ aus wieder zum Ausgangspunkte zurück. Die Spulen 3—3′ und 7—7′, welche auf dem zu *NS* senkrechten Durchmesser liegen, müssen durch die Bürsten kurz geschlossen sein, wodurch sich die Lage derselben sofort ergiebt. Die Verbindung der Spulen folgt den früher angegebenen Regeln.

Die hinter der Papierebene liegenden Verbindungen 1—2′, 2—2′ u. s. f. sind der Deutlichkeit halber fortgelassen.

Obwohl das eben beschriebene Schema vielfach zur Anwendung kommt, besitzt dasselbe doch den Nachtheil (der zwar meistens geringfügig ist), dafs die beiden durch die Bürsten parallel geschalteten Armaturhälften in Bezug auf die Induktion einander nicht gleichwerthig sind, wodurch die Funkenbildung am Kollektor vermehrt wird. Die Gleichwerthigkeit erfordert gleiche Drahtlängen resp. gleiche Widerstände und gleiche mittlere Geschwindigkeit der inducirten Drähte in beiden Armaturhälften.

In den Schemata mit nebeneinander gewickelten Spulen sind diese Bedingungen, abgesehen von den bei der praktischen Ausführung an

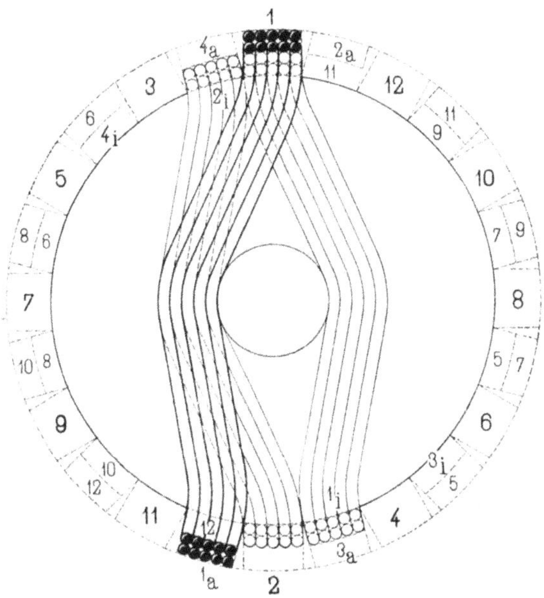

Fig. 88.
Zweipolige Trommelwicklung der Western Electric Co.

den Stirnflächen verschieden ausfallenden Drahtlängen, erfüllt; nicht aber bei den Schemata mit paarweise übereinander gewickelten Spulen. Denken wir uns z. B. in Fig. 86 den Anker so weit gedreht, dafs die Kollektorsegmente *a* und *e* mit den Bürsten in Berührung stehen, so besteht die eine Armaturhälfte aus allen innen liegenden Spulen

$$a \quad 1 \quad 1' \quad b \quad 2 \quad 2' \quad c \quad 3 \quad 3' \quad d \quad 4 \quad 4' \quad e,$$

und die zweite Armaturhälfte aus allen äufseren Spulen

$$a \quad 8' \quad 8 \quad h \quad 7' \quad 7 \quad g \quad 6' \quad 6 \quad f \quad 5' \quad 5 \quad e$$

Nur wenn die Bürsten die Kollektorsegmente *c* und *g* berühren, gehören jeder Armaturhälfte zwei äufsere und zwei innere Spulen an und dieselben sind in dem Augenblicke in Bezug auf die Induktion gleichwerthig.

Dem Übelstande der Ungleichwerthigkeit beider Armaturhälften kann nach einer von Weston[1]) angegebenen Methode durch entsprechende Verbindung der Spulen untereinander leicht abgeholfen werden. Eine vollkommene Gleichwerthigkeit für alle Bürstenlagen wird aber nur erreicht, wenn die halbe Spulenzahl ungerade ist. In Fig. 87 ist ein derartiges Schema mit 14 Spulen dargestellt. Man verfährt beim Entwerfen desselben in der Weise, dafs man mit der Numerirung der

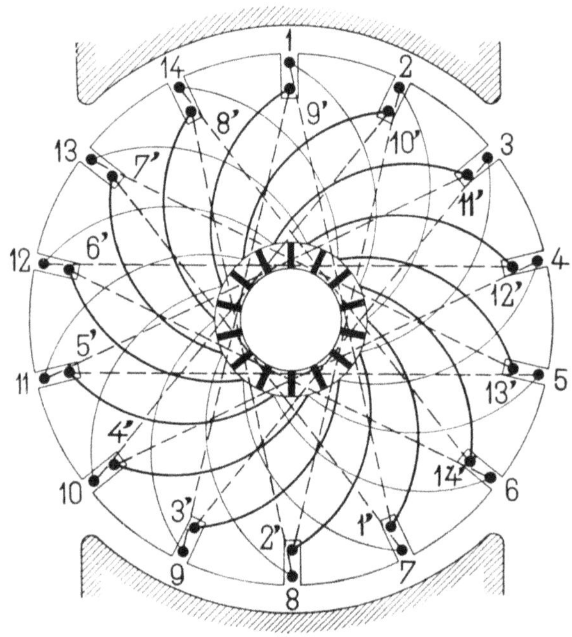

Fig. 89.
Zweipoliger Trommelanker mit Schablonen- oder Stabwicklung.

Wicklungsfelder 1, 2, 3, 4, ... abwechselnd auf dem äufseren und inneren Kreise vorwärts schreitet und die Verbindungen der Spulen untereinander nach der Schaltungsregel I ausführt. Es ist 1′ mit 2, 2′ mit 3 u. s. f. zu verbinden. Gleiche Nummern müssen auf demselben Kreise liegen.

Die im Schema aufeinander folgenden Spulen liegen nun abwechselnd auf dem äufseren und inneren Cylinder und die beiden Ankerstromkreise haben in jeder Lage der Bürsten gleichen Widerstand.

Ist die halbe Spulenzahl gerade, so tritt im Schema eine Unsymmetrie auf, es folgen nicht immer äufsere und innere Spulen

[1]) D. R. P. Nr. 22097 v. 13. Juni 1882.

abwechselnd aufeinander, sondern an einer Stelle zwei äufsere und zwei innere.

Den gleichen Zweck wie die Wicklungsmethode von Weston befolgt eine von der Western Electric Co.[1]) benutzte Anordnung der Spulen, welche in **Fig. 88** für 12 Spulen dargestellt ist. — Die Windungen in jeder Spule werden in zwei gleiche Theile getheilt und links und rechts an der Axe der Trommel vorbei auf der einen Seite in einem Wicklungsfelde und auf der andern Seite in zwei Wicklungsfeldern (einem innern und einem äufsern) untergebracht. Für die Spule 1 ist das in der Figur angedeutet. Die Wicklung wird hergestellt, indem man zuerst die innere Hälfte der Wicklung, d. h. die

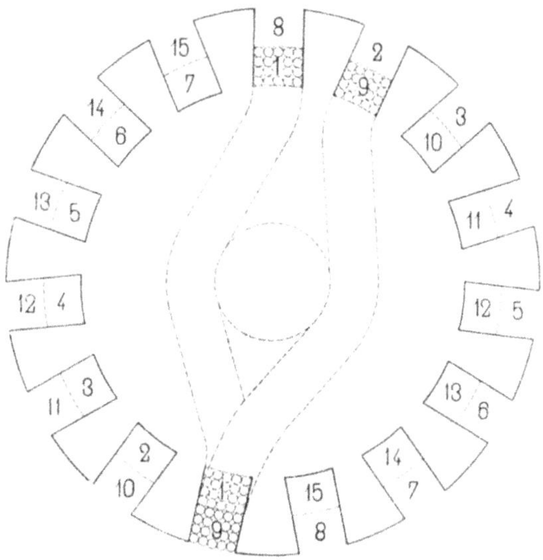

Fig. 90.
Trommelwicklung mit übereinander liegenden Spulen von ungerader Anzahl.

halben Spulen $1 - 1_i$, $2 - 2_i$, $3 - 3_i$ u. s. f., wickelt und alsdann die äufsere Hälfte $1 - 1_a$, $2 - 2_a$, $3 - 3_a$ u. s. f. — Die beiden Spulenhälften können parallel oder in Serie geschaltet werden.

Eine Lamelle des Kollektors wird mit dem Anfang der Spule 1 und dem Ende der Spule 3, die nächste Lamelle mit dem Anfang von 3 und dem Ende von 5 u. s. f. verbunden.

Eine zweipolige Schaltung für Schablonenwicklung giebt **Fig. 89**. Sämmtliche Spulenanfänge 1, 2, 3 . . . 14 liegen auf der äufseren und alle Spulenenden 1′ 2′ 3 . . . 14′ auf der inneren Seite. Alle Spulen

---

[1]) Guerout, La lum. électr. 1885. T. 15, p. 446.

sind unter sich gleich und die beiden Armaturstromzweige sind stets gleichwerthig.

Bei der Herstellung von Wicklungen mit übereinanderliegenden Spulen ist zu beachten, dafs die gröfste Spannungsdifferenz zwischen den übereinanderliegenden Spulen gleich oder nahezu gleich der vollen Spannung zwischen den Bürsten ist. Die Spulen sind daher gut voneinander zu isoliren.

Trommelwicklung mit übereinanderliegenden Spulen von ungerader Anzahl. Im Nachfolgenden will ich zeigen, dafs es möglich ist, auch eine ungerade Spulenzahl übereinanderliegend zu wickeln, dabei werden die beiden Ankerstromkreise einander sehr nahezu gleichwerthig.

Als Beispiel wähle ich einen Anker mit 15 Spulen und 15 Wicklungsfeldern. Wir numeriren dieselben fortlaufend von 1—15. (Fig. 90.)

Zuerst wird die Spule 1 — 1 gewickelt, dieselbe kommt auf der untern Seite in das Feld der Spule 9 zu liegen. Nun wickeln wir die Spule 9, dieselbe liegt einerseits über der Spule 1 und anderseits im Felde der Spule 2. — Jetzt kommt Spule 2 an die Reihe u. s. f. mit der Spule 8 — 8 als letzte ist die Wicklung beendigt. Mit den Kollektorlamellen werden der Reihe nach Anfang von 1 und Ende von 2, Anfang von 2 und Ende von 3, Anfang von 3 und Ende von 4 u. s. f. verbunden.

Die Wicklung hat eine kleine für die Ausführung jedoch unwesentliche Unsymmetrie, weil beide Wicklungsfelder der zuerst gewickelten Spule 1 — 1 innen liegen. Die Wicklungsfelder 8 und 1 sollten vertauscht sein.

2. Mehrpolige Trommelanker mit Parallelschaltung und Schleifenwicklung.

In die allgemeine Formel

$$y = \frac{m S \pm a}{p}$$

ist für Parallelschaltung mit Schleifenwicklung für beliebige Polzahlen

$$m = 0 \text{ und } a = p$$

einzusetzen, für Trommelanker folgt dann allgemein

$$y = \pm 1$$

und das Ende der x^{ten} Spule ist mit dem Anfange der $(x \pm 1)^{\text{ten}}$ Spule zu verbinden. — Die Spulenzahl $S = \frac{s}{2}$ kann eine beliebige gerade oder ungerade Zahl sein.

Der Schritt, ausgedrückt durch die Zahlen y_1 und y_2 der Wicklungsfelder, welche auf der vordern und hintern Stirnfläche des Ankers übersprungen werden müssen, wird

$$y_1 = \frac{s \pm b}{2p} + 1$$

$$y_2 = \frac{s \pm b}{2p} - 1;$$

Die Zahl b hat den Zweck $(s \pm b)$ durch $2p$ theilbar zu machen und den Wicklungsschritt nach Wunsch zu verlängern oder zu verkürzen. Um eine einfach geschlossene Wicklung zu erhalten, müssen y und S oder $\frac{}{2}$ und $\frac{y_1 + y_2}{2}$ theilerfremd sein. Der Werth von b ist so zu wählen, dafs diese Bedingung erfüllt ist. Ist s durch $2p$ theilbar, so kann $b = 0$ werden.

Für Maschinentypen, welche eine möglichst vielseitige Verwendung gestatten sollen, ist es zweckmäfsig, von dieser Theilbarkeit abzusehen und die Spulenzahl, Kollektorlamellenzahl und ev. die Nutenzahl des Ankers so zu wählen, dafs sie unverändert bleiben, wenn von der Parallelschaltung zur Reihenschaltung übergegangen wird. Für vielpolige Maschinen ist jedoch die Parallelschaltung des Verfassers[1]) der Schleifenwicklung unbedingt vorzuziehen.

Sollen die parallel geschalteten Ankerstromkreise gleiche Drahtlänge besitzen, so mufs die Spulenzahl ein Vielfaches der halben Polzahl p sein. Ist somit p gerade, so mufs auch die Spulenzahl gerade sein, ist dagegen p ungerade, so kann die Spulenzahl gerade oder ungerade gewählt werden. Ist die Spulenzahl auch ein Vielfaches von $2p$, dann werden von den $2p$ Bürsten gleichzeitig $2p$ Spulen kurz geschlossen, ist dagegen s nur ein Vielfaches von p, so treten gleichzeitig nur p Spulen in Kurzschlufs, obwohl, wegen der Breite der Bürsten, zu derselben Zeit $2p$ Spulen kurz geschlossen sind.

Um die Schaltung eines mehrpoligen Trommelankers zu entwerfen, können wir entweder wie früher in der Weise verfahren, dafs wir den Trommelumfang in die gewünschte Anzahl Wicklungsfelder eintheilen und die Spulenanfänge mit den Ziffern 1, 2, 3 u. s. f., die Spulenenden mit den Ziffern 1′, 2′, 3, u. s. f. bezeichnen und alsdann die Schaltungsregel I anwenden, oder indem wir die Wicklungsfelder fortlaufend numeriren, die Wicklungsschritte y_1 und y_2 aus den obigen Formeln berechnen und nach den Schaltungsregeln II verfahren.

---

1) Siehe Seite 135.

Trommelanker mit Schleifenwicklung, deren Spulenzahl ein Vielfaches der Polzahl ist. Zur Veranschaulichung des oben Gesagten benützen wir zunächst einen vierpoligen Anker mit 12 Spulen (**Fig. 91**).

Es ist

$$p = 2, \quad S = 12$$
$$y = \pm 1$$

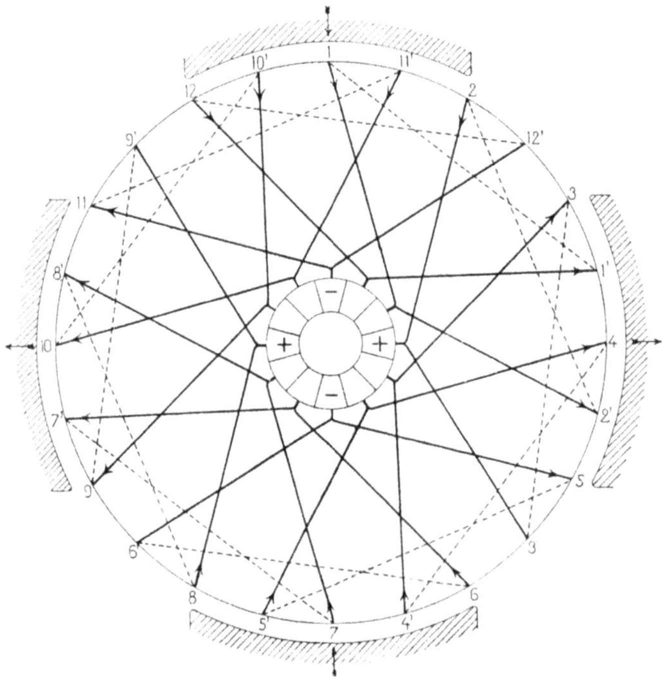

Fig. 91.
Trommelanker mit Schleifenwicklung, deren Spulenzahl ein Vielfaches der Polzahl ist.

Es ist 1 mit 2', 2 mit 3' u. s. f. und je einem Kollektorsegmente verbunden. Wir erhalten die Wicklung 1', 1, 2', 2, 3', 3 u. s. f.

Es gelangen je 4 oder allgemein $2p$ Spulen gleichzeitig zum Kurzschlufs, z. B. 3 — 3', 6 — 6', 9 — 9' und 12 — 12'. Ist die Auflagebreite einer Bürste gröfser als die Breite einer Kollektorlamelle, so befinden sich zeitweise gleichzeitig $4p$ Spulen im Kurzschlufs.

Fig. 92 entspricht dem in die Papierebene abgerollten Schema der obigen Schleifenschaltung.

Ist die Lage der einen Erzeugenden der Spulen, z. B. 1, angenommen, so kommen für die Lage der zweiten Erzeugenden 1' dieselben Gesichtspunkte zur Geltung wie bei den zweipoligen Ankern.

In Fig. 91 kann 1′ sowohl rechts als links von 4 liegen, oder wir können zwischen 4 und 1′ noch zwei Wicklungsfelder einschalten. Ebenso darf man die Drähte 1′ über 3 oder 4 hinwegwickeln.

Für die gezeichnete Stellung der Armatur ist der Stromlauf

$$
\begin{array}{l}
-\left\langle \begin{array}{cccccc} 12' & 12 & 1' & 1 & 2' & 2 \\ 11 & 11' & 10 & 10' & 9 & 9' \end{array} \right\rangle + \\
-\left\langle \begin{array}{cccccc} 5 & 5' & 4 & 4' & 3 & 3' \\ 6' & 6 & 7' & 7 & 8' & 8 \end{array} \right\rangle +
\end{array}
$$

Jeder Ankerstromkreis enthält gleichviel Spulen.

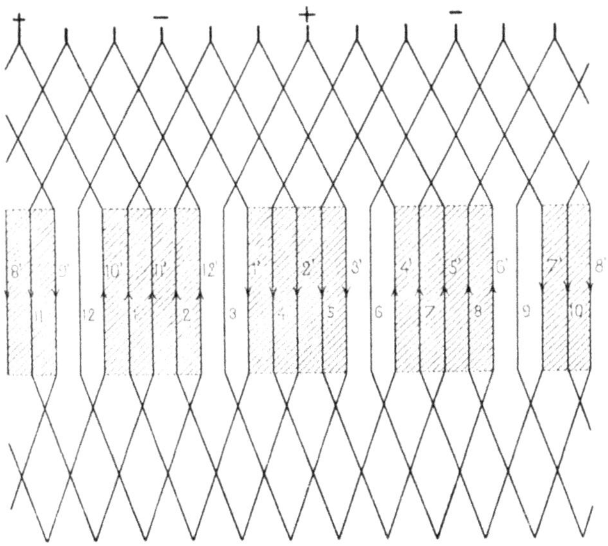

Fig. 92.
Abwicklung des Schemas Fig. 91.

Trommelanker mit Schleifenwicklung, deren Spulenzahl nur ein Vielfaches der halben Polzahl ist. Aehnlich der ungeraden Spulenzahl zweipoliger Maschinen verhält sich eine Spulenzahl, die ein Vielfaches von p, aber nicht von $2p$ ist. Ist p ungerade, so kann die Spulenzahl ebenfalls ungerade sein. —

In Fig. 93 ist ein vierpoliges Schema für

$$S = 14 \quad p = 2$$
$$y = \pm 1$$

gezeichnet.

Es gelangen gleichzeitig nur p Spulen zum Kurzschlufs.

In der angenommenen Stellung sind es in Fig. 93 die Spulen 10—10′ und 3—3′, und die Spulen 13—13′ und 6—6′ gelangen bei

Rechtsdrehung des Ankers alsbald in dieselbe Lage. Die vier Ankerstromkreise enthalten noch die Spulen

$$-\left\langle\begin{matrix}14' & 14 & 1' & 1 & 2' & 2\\ 13 & 13' & 12 & 12' & 11 & 11'\end{matrix}\right\rangle+$$

$$-\left\langle\begin{matrix}7' & 7 & 8' & 8 & 9' & 9\\ 6 & 6' & 5 & 5' & 4 & 4'\end{matrix}\right\rangle+$$

Dadurch, dafs zwei Spulen aus dem Stromkreise ausgeschaltet sind, enthält jeder Ankerstromkreis gleich viel Spulen.

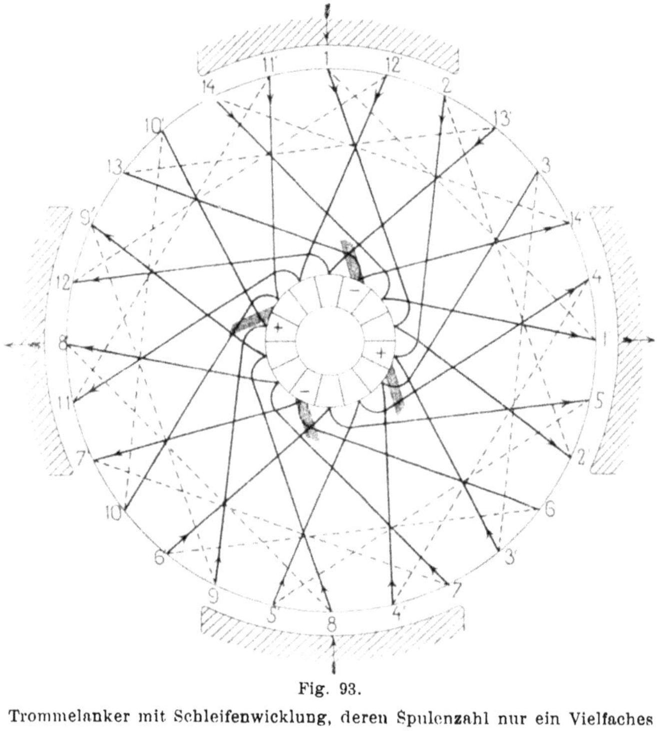

Fig. 93.

Trommelanker mit Schleifenwicklung, deren Spulenzahl nur ein Vielfaches der halben Polzahl ist.

In Fig. 94 ist noch ein sechspoliges Schema mit 21 Spulen abgebildet. Die Spulen 7—7′, 14—14′, 21—21′ sind kurzgeschlossen und die Spulen 3—3′, 10—10′, 17—17′ gelangen bei Rechtsdrehung des Ankers zum Kurzschlusse, noch bevor die ersten drei Spulen den Kurzschlufs verlassen haben.

Beträgt die Breite einer Bürste mehr als die Breite einer Kollektorlamelle, so dafs zeitweise drei Lamellen von einer Bürste kurzgeschlossen werden, so sind während dieser Zeit 9 Spulen, oder allgemein $3p$ Spulen kurzgeschlossen.

Mehrpolige Trommelanker mit Schleifenwicklung, deren Spulenzahl durch die halbe Polzahl nicht theilbar ist. In der Praxis kann die Aufgabe gestellt werden, dafs ein Anker mit Reihenschaltung für Parallelschaltung oder umgekehrt, ein Anker mit Parallelschaltung für Reihenschaltung umgewickelt werde. Die verlangte Stromspannung kann zugleich derart sein, dafs derselbe Kollektor, und bei Nutenankern auch dieselbe Nutenzahl verwendbar ist.

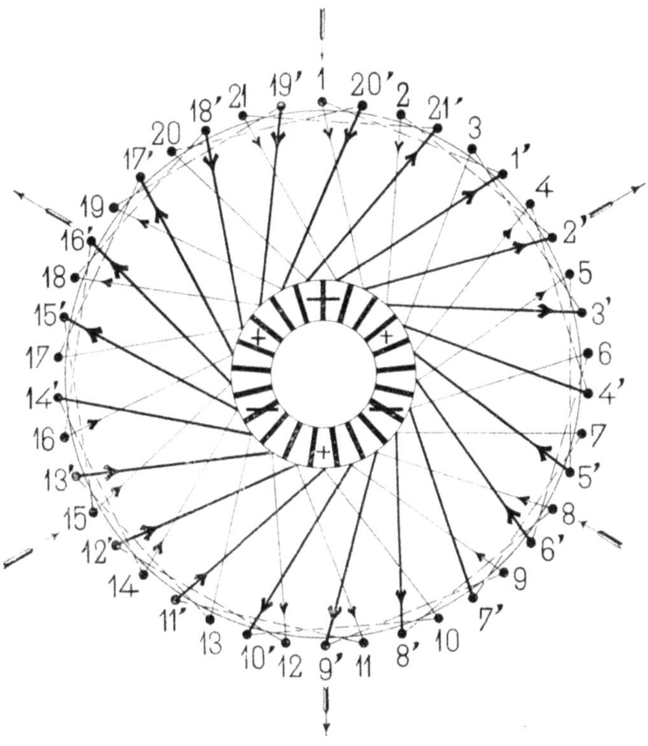

Fig. 94.
Sechspoliger Trommelanker mit Schleifenwicklung und 21 Spulen.

Da eine Parallelschaltung für beliebige Spulenzahlen und Kollektorlamellenzahlen ausgeführt werden kann, so macht die Umänderung einer Reihenschaltung in eine Parallelschaltung keine Schwierigkeit.

Umgekehrt kann eine Reihenschaltung wohl für beliebige Spulenzahlen, aber nicht für beliebige Lamellenzahlen hergestellt werden. Eine einfache, symmetrische Reihenwicklung wird nur erhalten, wenn die Spulenzahl und die Kollektorlamellenzahl der allgemeinen Schaltungsregel entspricht. Um die gestellte Aufgabe zu lösen, ist es daher erforderlich, die Lamellenzahl entsprechend den Regeln für Reihenschaltung zu wählen.

Für die vierpolige Parallelschaltung, Fig. 95, ist das geschehen. Es sind 15 Spulen ($s = 30$) und 15 Kollektorsegmente vorhanden. Für Reihenschaltung würde

$$y_1 + y_2 = \frac{s \pm 2}{2} = \frac{30 - 2}{2} = 14$$

und $$y_1 = 7 \qquad y_2 = 7.$$

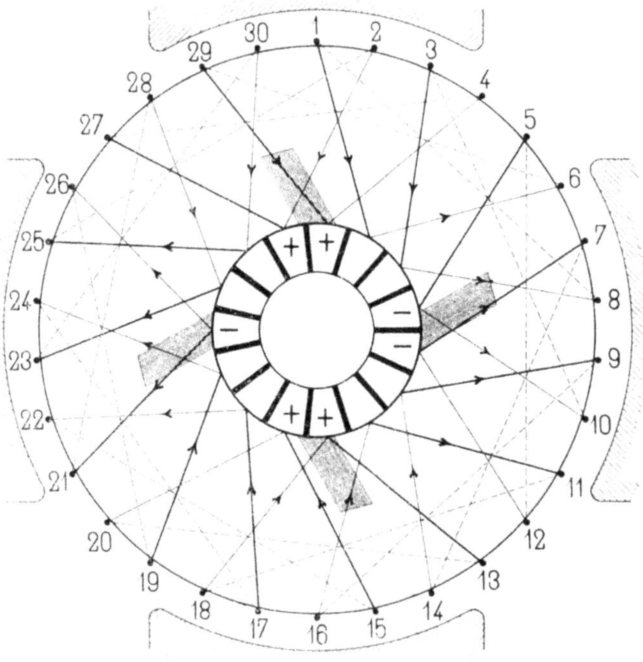

Fig. 95.
Vierpoliger Trommelanker mit Schleifenwicklung, dessen Spulenzahl (15) durch die halbe Polzahl nicht theilbar ist.

Für die Parallelschaltung wird

$$y_1 = \frac{30 \pm b}{4} + 1 \qquad y_2 = \frac{30 \pm b}{4} - 1.$$

Brauchbare Werthe von b sind $+ 2$ und $- 6$. Der Werth $- 2$ liefert zwei unabhängige Schleifenwicklungen, weil dann $y_1 = 6$, $y_2 = 8$ wird und beide Werthe mit s den gemeinschaftlichen Theiler 2 haben. Wir wählen den Werth $- 6$ und erhalten

$$y_1 = \frac{30 - 6}{4} + 1 = 7$$

$$y_2 = \frac{30 - 6}{4} - 1 = 5,$$

es ist also 1 mit $1 + 7 = 8$ und 8 mit $8 - 5 = 3$, 3 mit $3 + 7 = 10$, 10 mit $10 - 5 = 5$ u. s. f. zu verbinden.

Bei der gezeichneten Lage der Armatur sind die drei Spulen 4 — 27, 5 — 12 und 13 — 20 kurzgeschlossen und der Stromlauf hat die Richtung

$$\begin{array}{c} - \left< \begin{array}{cccccc} 10 & 3 & 8 & 1 & 6 & 29 \\ 7 & 14 & 9 & 16 & 11 & 18 \end{array} \right> + \\ - \left< \begin{array}{cccccc} 21 & 28 & 23 & 30 & 25 & 2 \\ 26 & 13 & 24 & 17 & 22 & 15 \end{array} \right> + \end{array}$$

Jeder Ankerstromkreis enthält somit gleich viel Stäbe.

Befinden sich die Bürsten genau unter 90^0 und sind alle gleich breit, so tritt gleichzeitig nur eine Spule in Kurzschlufs, weil die Lamellenzahl durch die Bürstenzahl nicht theilbar ist.

Die mehrpolige Schleifenwicklung mit verkürztem Schritte. Die in den Figuren 91 und 93 dargestellten Wicklungen lassen sich so ausführen, dafs der Wicklungsschritt kürzer und die Zahl der Kreuzungen einer Spule mit den übrigen kleiner wird. In Fig. 91 kann z. B. statt 1' mit 12 auch 1 mit 12' verbunden werden; es ergiebt sich ebenfalls ein richtiges Schema, nur vertauscht die negative Bürste ihre Stellung mit der positiven. Ebenso können wir in Fig. 93 anstatt 1' mit 14 auch 1 mit 14' verbinden, wodurch der Schritt kürzer ausfällt.

Diese Verkürzung des Schrittes kann allgemein durch die Formeln

$$y_1 = \frac{s - b}{2p} + 1 \qquad y_2 = \frac{s - b}{2p} - 1$$

ausgedrückt werden. Eine Verkürzung des Schrittes tritt dann ein, wenn für b nicht der kleinste mögliche Werth, sondern ein gröfserer Werth eingesetzt wird.

Als Beispiel wähle ich eine vierpolige Wicklung mit $s = 24$. **Fig. 96.** Es wird

$$y_1 = \frac{24 - b}{4} + 1 \qquad y_2 = \frac{24 - b}{4} - 1$$

$b = 0$ giebt den unverkürzten Schritt. $b = 4$ ist nicht brauchbar, weil dann $\frac{s}{2}$ und $\frac{y_1 + y_2}{2}$ den gemeinschaftlichen Theiler 2 haben. Wir wählen $b = 8$

$$y_1 = \frac{24 - 8}{4} + 1 = 5$$

$$y_2 = \frac{24 - 8}{4} + 1 = 3.$$

Ein Vergleich der Fig. 96 mit dem früheren Schema Fig. 92 für eine gleiche Spulenzahl zeigt, dafs die Zahl der Kreuzungen pro Spule auf der Kollektorseite des Ankers um vier vermindert worden ist.

Diese Verkürzung des Wicklungsschrittes, welche für zweipolige Anker von Swinburne (vergl. Fig. 81) und für mehrpolige Anker von Thury und anderen Konstrukteuren angewandt wird, hat noch den weitern Vortheil, dafs die Querverbindungen der Spulen weniger Raum beanspruchen, und dafs die Ankerrückwirkung kleiner wird. (Siehe hierüber Seite 198.)

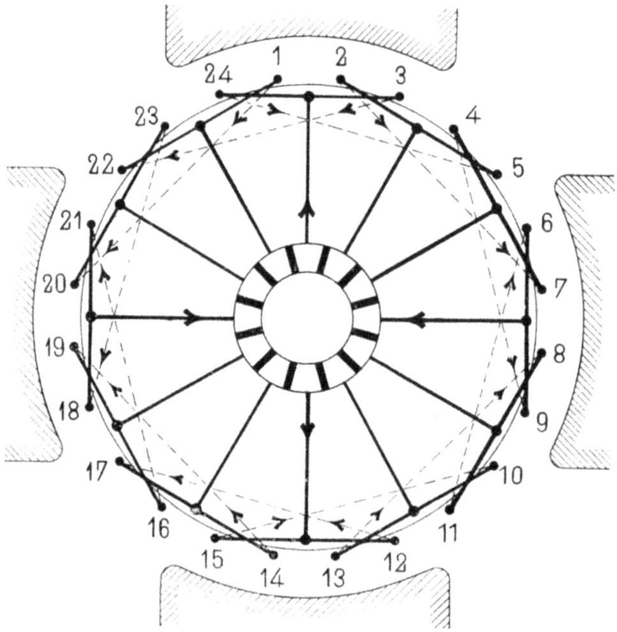

Fig. 96.
Vierpolige Schleifenwicklung mit verkürztem Wicklungsschritt.

Trommelanker mit Schleifenwicklung und übereinanderliegenden Spulen. Liegen die Windungen benachbarter Spulen übereinander, so müssen, wenn die Drähte direkt auf den Anker gewickelt werden, beide Seiten einer Spule entweder innen oder aufsen liegen. Eine vollkommen symmetrische Anordnung wird ebenso wie bei zweipoligen Wicklungen nur erreicht, wenn die halbe Spulenzahl ungerade ist und im Schema abwechselnd innere und äufsere Spulen (wie in Fig. 87) aufeinanderfolgen.

Das Schema **Fig. 97** mit

$$S = 16$$
$$y = \pm 1$$

entspricht diesen Bedingungen.

In der gezeichneten Stellung sind die vier Armaturstromzweige folgende:

$$
\begin{array}{l}
- \left\langle \begin{array}{l} e - 14' - 14 - 15' - 15 - 16' - 16 - 1' - 1 - a \\ e - 13 - 13' - 12 - 12' - 11 - 11' - 10 - 10' - a_1 \end{array} \right\rangle + \\
- \left\langle \begin{array}{l} e_1 - 5 - 5' - 4 - 4' - 3 - 3' - 2 - 2' - a \\ e_1 - 6' - 6 - 7' - 7 - 8' - 8 - 9' - 9 - a_1 \end{array} \right\rangle +
\end{array}
$$

Jedem derselben gehören zwei innen und zwei aufsen liegende Spulen an.

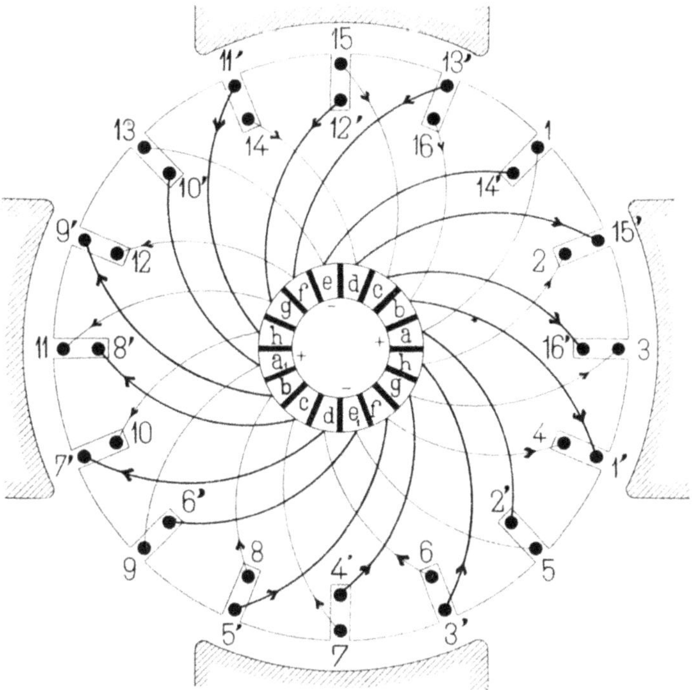

Fig. 97.
Vierpoliger Trommelanker mit übereinander gewickelten Spulen.

Werden die Spulen auf Schablonen hergestellt oder besteht die Wicklung aus einzelnen Stäben, welche in den Nuten des Ankers übereinander angeordnet, an den Enden abgekröpft und verlöthet oder durch besondere Kupferstreifen miteinander verbunden sind, so wird das Schema etwas anders. Die eine Spulenhälfte liegt jetzt auf der innern und die zweite Hälfte auf der äufsern Seite. Bei der Stabwicklung werden die Enden aller innern Stäbe nach der einen Richtung und die Enden aller äufsern Stäbe nach der andern Richtung abgebogen, und je ein innerer und ein äufserer Stab werden miteinander verbunden.

Fig. 98 veranschaulicht eine solche Wicklung für 4 Pole und 32 Stäbe, die in 16 Nuten untergebracht sind.

Die Wicklung besteht nun aus 16 kurzen und 16 langen Stäben, die kurzen Stäbe und deren Querverbindungen liegen innen und die langen Stäbe aufsen.

Es ist
$$y_1 = \frac{32 - b}{4} + 1, \qquad y_2 = \frac{32 - b}{4} - 1$$

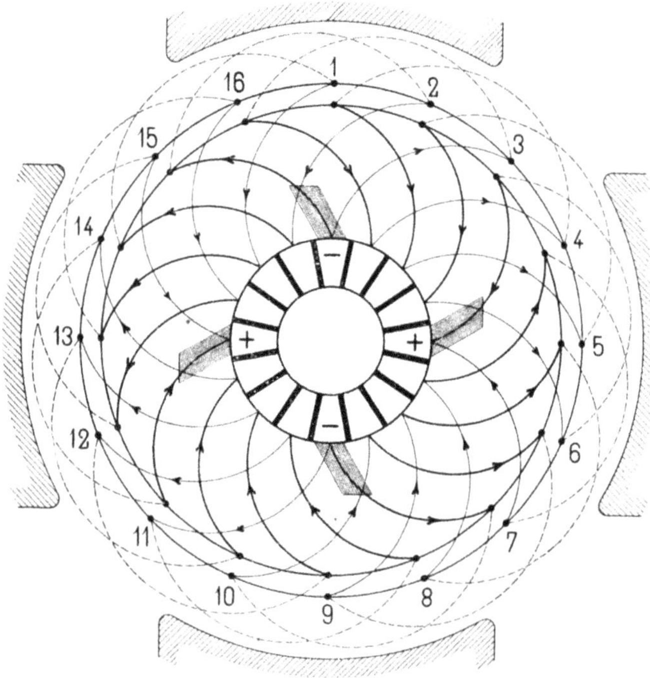

Fig. 98.
Vierpoliger Trommelanker mit Schablonen- oder Stabwicklung.

für $b = 0$ wird
$$y_1 = 8 + 1 = 9$$
$$y_2 = 8 - 1 = 7.$$

Da zwei Wicklungsfelder in einer Nute vereinigt sind, so beträgt der Schritt
$$\left.\begin{array}{l} \frac{y_1 - 1}{2} = 4 \\ \text{und} \quad \frac{y_2 - 1}{2} = 3 \end{array}\right\} \text{Nuten.}$$

Wir verbinden den innern Stab der Nut 1 mit dem äufsern Stab der Nut $1 + 4 = 5$ und den äufsern Stab 5 mit dem innern $5 - 3 = 2$,

Der Wicklungsschritt liefse sich verkürzen. Für $b = 8$ wird

$$y_1 = 7, \qquad \frac{y_1 - 1}{2} = 3,$$

$$y_2 = 5, \qquad \frac{y_1 - 1}{2} = 2.$$

Mehrpolige Trommelanker mit Parallelschaltung nach Mordey. Die von Mordey zuerst angegebene Verbindung der zum magnetischen Felde

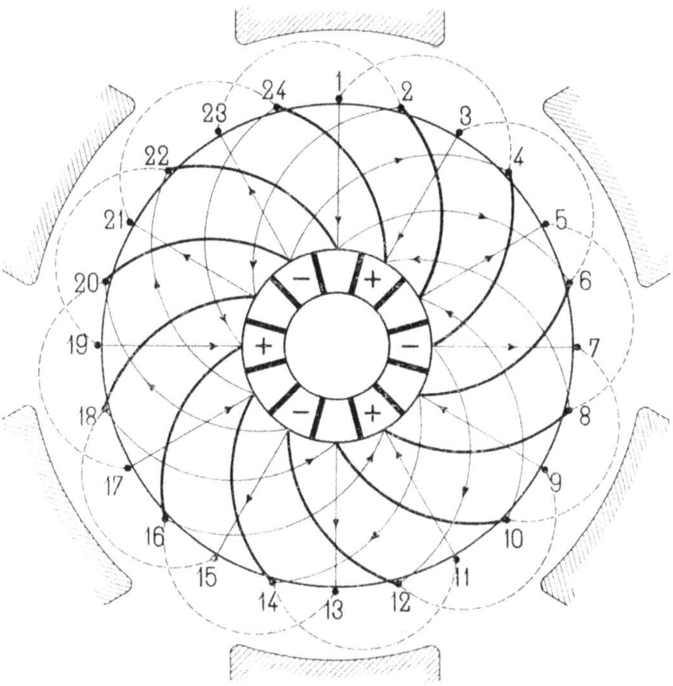

Fig. 99.
Trommelanker mit Mordeyverbindungen.

symmetrisch gelegenen Kollektorlamellen kann dreierlei Zweck haben. Entweder will man dadurch die Zahl der Bürsten vermindern oder die Möglichkeit haben, die Bürsten abzuheben, ohne dafs die Stromvertheilung im Anker verändert wird, oder man bezweckt damit einen Ausgleich von kleinen Spannungsdifferenzen in den einzelnen Ankerstromzweigen und eine gleiche Stromabgabe sämmtlicher Bürsten. Dem letzteren Zwecke wird durch die Parallelschaltung des Verfassers (siehe Seite 131) allerdings besser entsprochen.

Für die Mordeyschaltung mufs die Kollektorlamellenzahl durch die halbe Polzahl oder s durch $2p$ theilbar sein.

In Fig. 99 ist für die Annahme

$$p = 3, \quad s = 24$$

ein Schema entworfen. Es wird

$$y_1 = \frac{24 - b}{6} + 1 \qquad y_2 = \frac{24 - b}{6} - 1$$

für $b = 0$

$$y_1 = 5, \quad y_2 = 3.$$

Die Mordeyverbindungen sind durch starke Striche hervorgehoben und aufserhalb des Kollektors verlegt. Auf diese Art sind dieselben

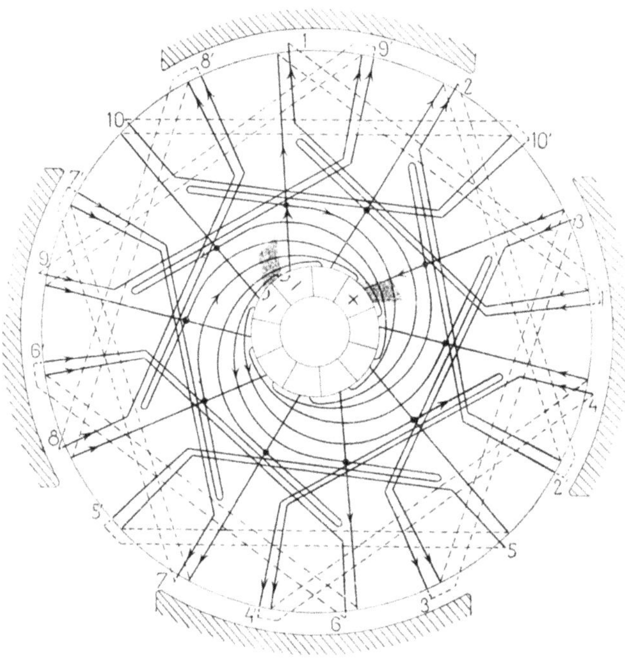

Fig. 100.
Vierpolige Trommelwicklung mit Mordeyverbindungen von Alioth.

bei den grofsen Maschinen des Aluminiumwerkes Neuhausen von der Maschinenfabrik Oerlikon (siehe Fig. 360) ausgeführt worden. Die geraden radialen Stäbe liegen in der einen, die rechts abgebogenen Querverbindungen in der zweiten und die links abgebogenen Mordeyverbindungen in der dritten Ebene. — Die Verbindungen auf der hinteren Seite der Trommel sind der Deutlichkeit wegen nach aufsen verlegt worden. Die Stromrichtung in den Mordeyverbindungen ist unbestimmt und daher nicht eingezeichnet.

Für Anker mit Drahtwicklungen erfolgt die Ausführung der Mordeyverbindungen ebenfalls mit Drähten oder Kupferlamellen, welche entweder nach dem Schema Fig. 48 im Innern des Kollektors oder hinter dem Kollektor liegen.

In **Fig. 100** ist noch ein vierpoliger Trommelanker von Alioth & Co. (jetzt Elektricitäts-Gesellschaft Alioth), bei welchem die gegenüberliegenden Lamellen nach Mordey leitend verbunden sind, dargestellt. Die Spulen 10 und 5 befinden sich in der neutralen Lage und sind kurz geschlossen.

3. Trommelanker mit mehrfacher Parallelschaltung.

Bezüglich dieser Wicklungen sei zunächst auf das über Ringwicklungen (Seite 47) Gesagte verwiesen und auf die dort entwickelten Schemata, welche leicht auf Trommelanker übertragen werden können. Wir erhalten hier die Bedingungen

$$y = \pm \frac{a}{p} \text{ und } a = np.$$

In **Fig. 101** ist zunächst eine sechspolige Wicklung mit

$$S = 24,\ n = 2,\ p = 3,\ a = 6$$

dargestellt. Da S und y den gemeinschaftlichen Theiler 2 haben, so erhalten wir eine zweifach geschlossene Wicklung bezw. zwei einfache Parallelschaltungen; die eine derselben ist durch punktirte Striche hervorgehoben.

Die Spulenanfänge sind entsprechend der Schaltungsregel I mit 1, 2, 3 . . . die Enden mit 1′, 2′, 3′ bezeichnet. Es ist dann 1 mit 1′ und 1′ mit 1 + 2 = 3 zu verbinden u. s. f. In der angenommenen Lage der Bürsten sind die Stäbe 24 — 22′, 4 — 2′, 8 — 6′, 12 — 10′, 16 — 14′ und 20 — 18′, welche sich unter den Polen befinden, kurz geschlossen.

Weil die gewählte Stabzahl klein ist, liegen die kurzgeschlossenen Stäbe nicht in der neutralen Zone zwischen den Polen, aber die in denselben inducirten *E. M. Ke.* heben sich auf. Im Ganzen haben wir 12 Ankerstromzweige, 6 derselben bestehen aus 2, und 6 aus 4 Ankerstäben; dieselben sind im Schema leicht zu verfolgen.

Für $S = 23,\ n = 2,\ p = 3,\ a = 6$

entsteht, wie **Fig. 102** zeigt, eine einfach geschlossene Wicklung mit ebenfalls $2np = 12$ Ankerstromzweigen. Die Zahl der Spulen, welche gleichzeitig kurzgeschlossen werden, ist hier kleiner als in Fig. 101; hier sind die Spulen 4 — 2′ und 8 — 6′ kurzgeschlossen und wir erhalten die Ankerstromzweige

a	22	20′	20	18′	*f*
a	22′	1	1′	3	*d*
a	23	21′	21	19′	*f*

a	23′	2	*d*		
b	6	4′	*d*		
b	6′	8	8′	10	*e*
b	7	5′	5	3′	*d*
b	7′	9	9′	11	*e*
c	14	12′	12	10′	*e*
c	14′	16	16′	18	*f*
c	15	13′	13	11′	*e*
c	15′	17	17′	19	*f*.

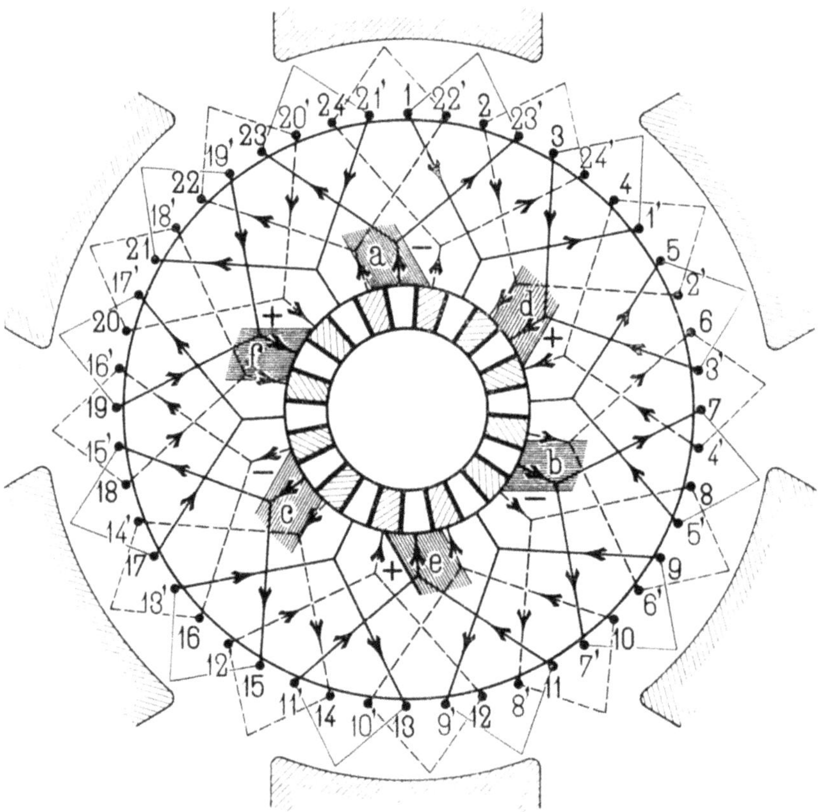

Fig. 101.
Sechspoliger Anker mit 12 Ankerstromzweigen und zwei unabhängigen Schleifenwicklungen.

Die mehrpoligen Anker mit mehrfacher Parallelschaltung haben ebenso wie die Anker mit gewöhnlicher Parallelschaltung den Nachtheil, dafs starke innere Ströme auftreten können, man ersetzt daher diese Wicklungen besser, sofern es für die gegebenen Verhältnisse (Tourenzahl, Polzahl und Spannung) möglich ist, durch die Reihenparallel schaltung des Verfassers (Siehe Seite 131).

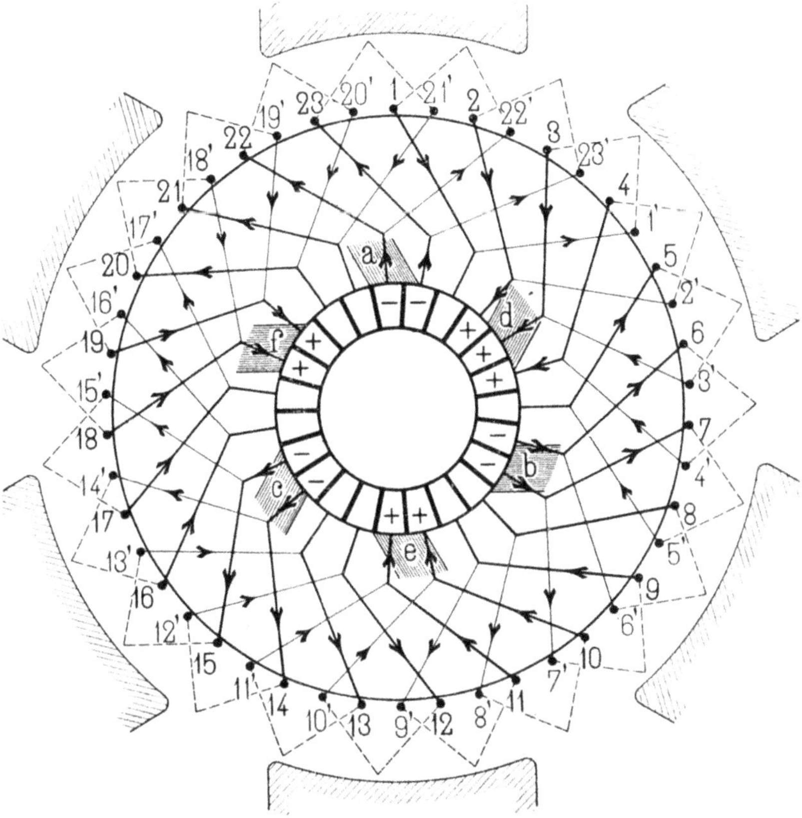

Fig. 102.
Sechspoliger Anker mit 12 Ankerstromzweigen und einfach geschlossener Schleifenwicklung.

4. Mehrpolige Trommelanker mit Reihenschaltung.

Ein wesentlicher Unterschied zwischen der Reihenschaltung der Ring- und Trommelanker ist nicht vorhanden, es mag daher an dieser Stelle einfach auf das dort (S. 50 u. f.) Gesagte verwiesen werden.

Jedes Schema, welches sich für Ringanker eignet, kann auf Trommelanker übertragen werden, indem einfach die zweite Hälfte der Spule, welche bei der Ringwicklung induktionsfrei ist, in ein magnetisches Feld gebracht wird, dessen Polarität demjenigen der ersten Erzeugenden entgegengesetzt gerichtet ist.

Im Nachfolgenden werde ich mich hauptsächlich auf die symmetrischen Reihenschaltungen, welche aus der Anwendung des Wicklungsschemas von Perry auf Trommelanker hervorgehen, beschränken, diese allein haben praktische Bedeutung. Die ersten Trommelanker mit Reihenwicklung sind von Paris und Scott[1]) und von H. Müller[2]) ausgeführt worden.

Die Reihenschaltung ist entweder eine reine Wellenwicklung oder eine Kombination von Schleifen- und Wellenwicklung.

Die Reihenschaltung mit Wellenwicklung. Zum Entwerfen der Reihenschaltung mit Wellenwicklung benützen wir entweder die Schaltungsformel

$$y = \frac{S \pm 1}{p}$$

oder

$$y_1 + y_2 = \frac{s \pm 2}{p}.$$

Die Stabzahl wird

$$s = p\ (y_1 + y_2) \pm 2,$$

ferner müssen

$$\frac{s}{2} \text{ und } \frac{y_1 + y_2}{2}$$

theilerfremd und die Schritte y_1 und y_2 ungerade sein. Die Summe $y_1 + y_2$ ist stets gerade und wird in zwei ungerade Zahlen zerlegt. Die Differenz $y_1 - y_2$ kann $= 0$, $= 2$, oder ein Vielfaches von 2 sein. Ich werde in den nachfolgenden Tabellen nur die beiden ersten Möglichkeiten berücksichtigen.

Um eine Reihenschaltung zu erhalten, sind die Schritte y_1 und y_2 auf der vordern und hintern Seite des Ankers in gleicher Richtung zurückzulegen.

Ist die Kollektorlamellenzahl

$$k = \frac{s}{2},$$

so wird die Zahl der Spulen, welche von einer Bürste gleichzeitig kurz geschlossen werden $= p$.

Die gröfste Spannungsdifferenz zwischen benachbarten Spulen wird gleich oder nahezu gleich der vollen Spannung zwischen einer positiven und einer negativen Bürste.

Der Winkel zwischen einer positiven und einer negativen Bürste ist $= \frac{180}{p}$ Grad oder ein ungerades Vielfache davon. Die Zahl der Bürsten kann für eine beliebige Polzahl bis auf zwei

[1]) Specif. of Patent Nr. 4683 von 1884.

[2]) H. Müller Amerik. Pat. Nr. 331726 v. 1. Dez. 1885.

vermindert werden, darf aber, ebenso wie bei Parallelschaltung, allgemein $= 2p$ sein.

Im Nachfolgenden ist zunächst eine Tabelle der möglichen Stabzahlen s und der zugehörigen Schritte y_1 und y_2 für 4, 6, 8 und 10 Pole gegeben.

Aus den Tabellen ist ersichtlich, dafs nur für 4 Pole für alle Stabzahlen gleiche Werthe von y_1 und y_2 möglich sind, obwohl jeder Stabzahl auch ungleiche Werthe von y_1 und y_2 entsprechen. Für mehr als vier Pole erhält man entweder gleiche oder ungleiche Werthe von y_1 und y_2. Gleiche Werthe von y_1 und y_2 haben den Vorzug, dafs die vordern und hintern Querverbindungen gleich werden.

4 Pole ($p = 2$)			6 Pole ($p = 3$)		
Stabzahl	Schritt		Stabzahl	Schritt	
$s =$	$y_1 =$	$y_2 =$	$s =$	$y_1 =$	$y_2 =$
58 und 62	15	15	88 und 92	15	15
62 » 66	15	17	94 » 98	15	17
66 » 70	17	17	100 » 104	17	17
70 » 74	17	19	106 » 110	17	19
74 » 78	19	19	112 » 116	19	19
78 » 82	19	21	118 » 122	19	21
82 » 86	21	21	124 » 128	21	21
86 » 90	21	23	130 » 134	21	23
90 » 94	23	23	136 » 140	23	23
94 » 98	23	25	142 » 146	23	25
98 » 102	25	25	148 » 152	25	25
102 » 106	25	27	154 » 158	25	27
106 » 110	27	27	160 » 164	27	27
110 » 114	27	29	166 » 170	27	29
114 » 118	29	29	172 » 176	29	29
118 » 122	29	31	178 » 182	29	31
122 » 126	31	31	184 » 188	31	31
126 » 130	31	33	190 » 194	31	33
130 » 134	33	33	196 » 200	33	33
134 » 138	33	35	202 » 206	33	35
138 » 142	35	35	208 » 212	35	35
142 » 146	35	37	214 » 218	35	37
146 » 150	37	37	220 » 224	37	37
150 » 154	37	39	226 » 230	37	39
154 » 158	39	39	232 » 236	39	39
158 » 162	39	41	238 » 242	39	41
162 » 166	41	41	244 » 248	41	41
166 » 170	41	43	250 » 254	41	43
170 » 174	43	43	256 » 260	43	43

4 Pole ($p = 2$)			6 Pole ($p = 3$)		
Stabzahl $s =$	Schritt $y_1 =$	$y_2 =$	Stabzahl $s =$	Schritt $y_1 =$	$y_2 =$
174 » 178	43	45	262 » 266	43	45
178 » 182	45	45	268 » 272	45	45
182 » 186	45	47	274 » 278	45	47
186 » 190	47	47	280 » 284	47	47
190 » 194	47	49	286 » 290	47	49
194 » 198	49	49	292 » 296	49	49
198 » 202	49	51	298 » 302	49	51
202 » 206	51	51	304 » 308	51	51

8 Pole ($p = 4$)			10 Pole ($p = 5$)		
Stabzahl $s =$	Schritt $y_1 =$	$y_2 =$	Stabzahl $s =$	Schritt $y_1 =$	$y_2 =$
118 und 122	15	15	148 und 152	15	15
126 » 130	15	17	158 » 162	15	17
134 » 138	17	17	168 » 172	17	17
142 » 146	17	19	178 » 182	17	19
150 » 154	19	19	188 » 192	19	19
158 » 162	19	21	198 » 202	19	21
166 » 170	21	21	208 » 212	21	21
174 » 178	21	23	218 » 222	21	23
182 » 186	23	23	228 » 232	23	23
190 » 194	23	25	238 » 242	23	25
198 » 202	25	25	248 » 252	25	25
206 » 210	25	27	258 » 262	25	27
214 » 218	27	27	268 » 272	27	27
222 » 226	27	29	278 » 282	27	29
230 » 234	29	29	288 » 292	29	29
238 » 242	29	31	298 » 302	29	31
246 » 250	31	31	308 » 312	31	31
254 » 258	31	33	318 » 322	31	33
262 » 266	33	33	328 » 332	33	33
270 » 274	33	35	338 » 342	33	35
278 » 282	35	35	348 » 352	35	35
286 » 290	35	37	358 » 362	35	37
294 » 298	37	37	368 » 372	37	37
302 » 306	37	39	378 » 382	37	39
310 » 314	39	39	388 » 392	39	39
318 » 322	39	41	398 » 402	39	41
326 » 330	41	41	408 » 412	41	41
334 » 338	41	43	418 » 422	41	43
342 » 346	43	43	428 » 432	43	43
350 » 354	43	45	438 » 442	43	45

Will der Konstrukteur sich noch besonders überzeugen, dafs die Spulenzahl und der Schritt im richtigen Verhältnisse stehen und die Wicklung sich nur einmal schliefst, so kann er eine Wicklungstabelle nach dem auf Seite 60 gegebenen Beispiele entwerfen.

Die Reihenschaltung mit Wellenwicklung für Nutenanker. Bezeichnet z die Nutenzahl und r die Zahl der inducirten Seiten pro Nut, also

$$r = \frac{s}{z},$$

so ist auch

$$y_1 + y_2 = \frac{r \cdot z \pm 2}{p}.$$

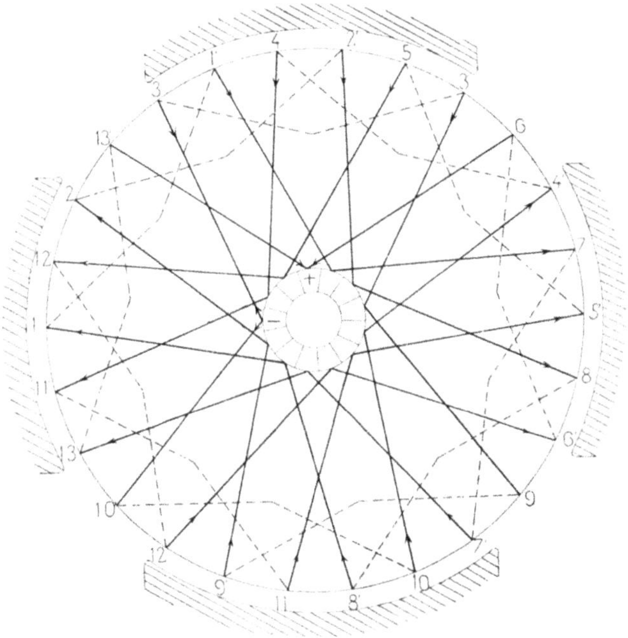

Fig. 103.
Vierpoliger Trommelanker mit Reihenschaltung.

Soll die Drahtzahl für alle Nuten dieselbe sein, so mufs s durch z theilbar sein. Wie aus den obigen Tabellen hervorgeht, ist diese Theilbarkeit nur für gewisse Werthe von r vorhanden. Für $p = 2$ ist z. B. $r = 4$ und für $p = 3$ ist $r = 3$ unmöglich.

Beispiele. Zur weiteren Erläuterung der Reihenschaltung sollen einige Beispiele angeführt werden.

Es sei zunächst

$$p = 2, \quad S = 13, \quad s = 26.$$

Wir wollen für dieses Beispiel die Schaltungsregel I anwenden und numeriren die Spulenanfänge mit 1, 2, 3 . . . und deren Enden mit 1', 2', 3' . . .

Es wird

$$y = \frac{1}{2}(13 \pm 1) = < \begin{matrix} 7 \\ 6 \end{matrix}$$

Für $y = 6$ wird 1' mit 7, 7' mit $7 + 6 = 13$ u. s. f. verbunden, wie in **Fig. 103** dargestellt ist.

Denken wir uns die Wicklungsfelder fortlaufend von 1 bis 26 numerirt, so ergiebt $y_1 = 7$, $y_2 = 5$ dieselben Verbindungen wie $y = 6$. Mit $y = 7$ erhält man dieselbe Wicklung wie mit $y_1 = 9$, $y_2 = 5$.

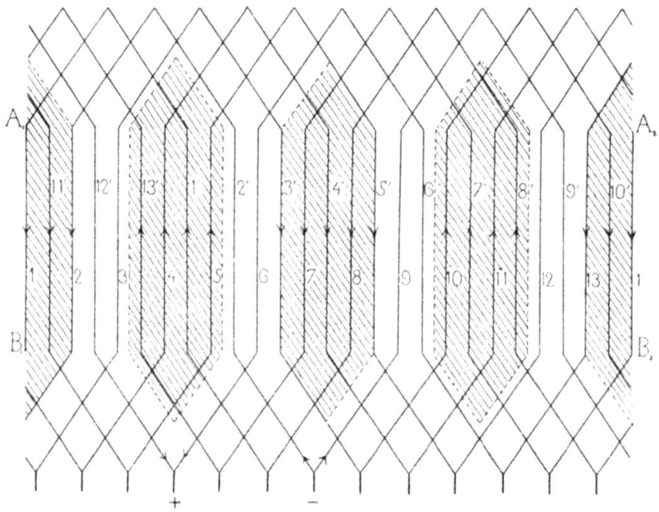

Fig. 104.
Abwicklung des Schemas Fig. 103.

Der Schritt $y_2 = 5$ ist durch die angenommene Lage der Spulen in Fig. 103 gegeben, wird 1' zwischen 4 und 5 verlegt, so ist $y_2 = 7$.

Dieselbe Schaltung läfst sich lediglich auf der cylindrischen Fläche der Trommel ausführen, wie das in die Papierebene abgerollte Schema **Fig. 104** erkennen läfst. Um in diesem Falle die wirksame Drahtlänge zu vergröfsern, würden die Pole nach W. Fritsche zweckmäfsig die durch Schraffur angedeutete länglich sechseckige Form erhalten.

W. Fritsche[1]) hat dieser Wicklung eine einfachere Gestalt gegeben, welche erhalten wird, wenn wir uns in Fig. 104 das Rechteck $A_1 A_2 B_2 B_1$ ausgeschnitten und die übrig bleibenden Theile zusammengeschoben denken, es entsteht dann **Fig. 105**. (Siehe auch Fig. 149.)

[1]) D. R. P. Nr. 45 808 v. 19. Juni 1887.

Die einzelnen Stäbe oder Drähte laufen nun ohne Kröpfung von einem Ende bis zum andern durch und erhalten bei vielpoligen Maschinen auf der Trommel nur eine schwache Krümmung.

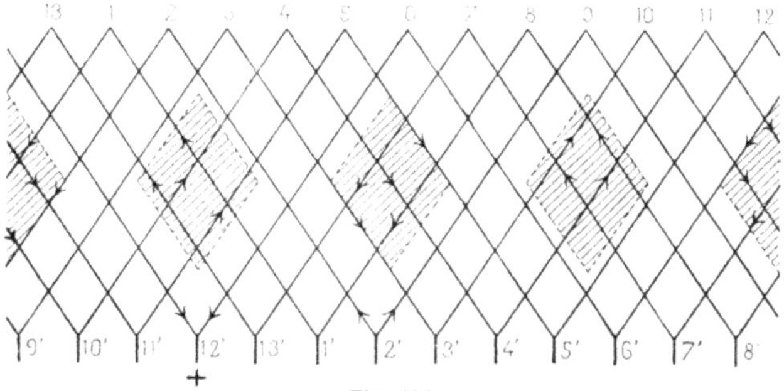

Fig. 105.
Reihenschaltung mit geraden Stäben nach W. Fritsche.

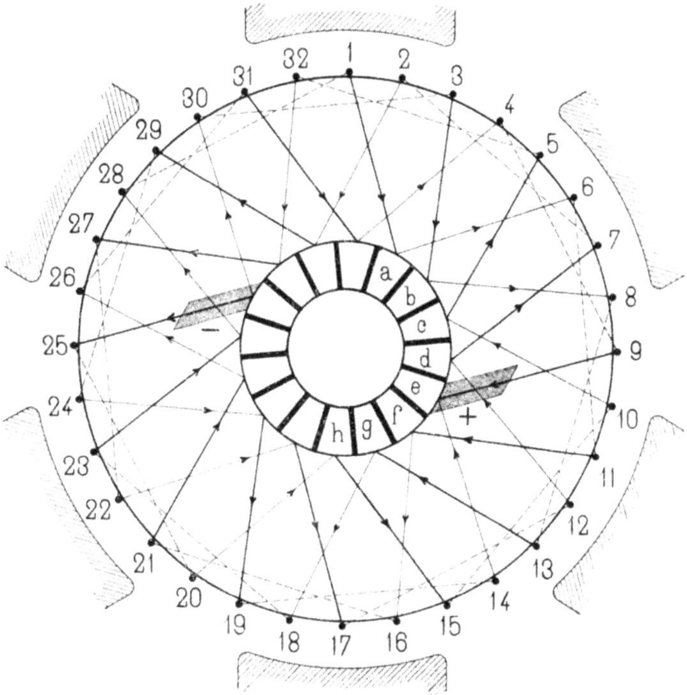

Fig. 106.
Sechspoliger Trommelanker mit Reihenschaltung.

Wie wir schon bei den Ringankerwicklungen gesehen, kann bei ungerader Zahl der Polpaare die Kollektorlamellenzahl $k = \frac{s}{2}$ gerade sein, und die Bürsten können unter einem Winkel von 180^0 stehen.

In **Fig. 106** ist für

$$p = 3, \quad s = 32, \quad k = 16,$$

ein solches Schema gezeichnet.

Es ist
$$y_1 + y_2 = \frac{32 - 2}{3} = 10$$
$$y_1 = 5, \quad y_2 = 5.$$

Die Wahl der Spulenweite, d. h. die Entfernung 1 von 1′, 2 von 2′ u. s. f., ist von Einflufs auf die Lage der kurz-

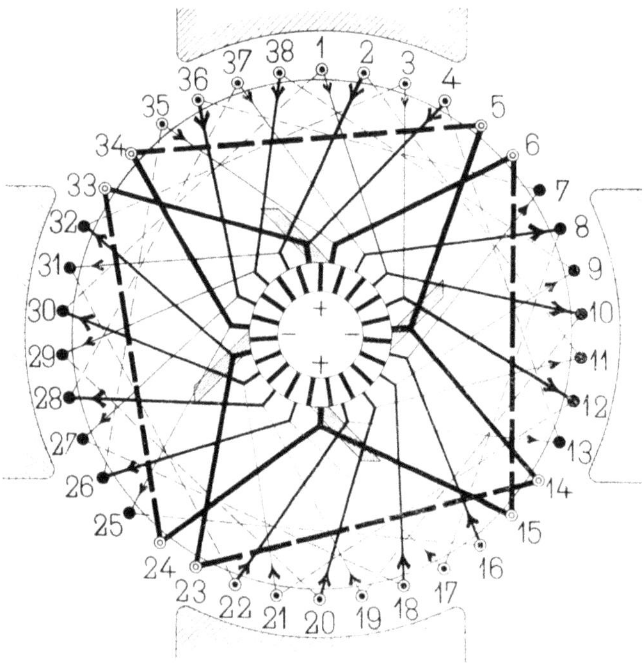

Fig. 107.
Vierpolige Reihenschaltung mit $s = 38$, $y_1 = 9$, $y_2 = 9$.

geschlossenen Spulen. In den vier **Figuren 107, 108, 109 und 110** ist ein Schema für dieselbe Stabzahl und Polzahl für verschiedene Spulenweiten entworfen.

Es ist
$$p = 2, \quad s = 38$$
$$y_1 + y_2 = \frac{38 \pm 2}{2} = \left\langle \begin{matrix} 20 \\ 18 \end{matrix} \right. .$$

Bei fortlaufender Numerirung der Stabzahl wird die Spulenweite durch den Schritt y_2 auf der hintern Seite der Trommel bestimmt. Sollen in den einzelnen Armaturstromkreisen keine sich entgegenwirkenden elektromotorischen Kräfte entstehen, so mufs der mit y_2 zurückgelegte Wicklungsschritt gleich oder gröfser als die Polbreite sein. Unter dieser Bedingung ergeben sich für die Wicklung mit $p = 2$, $s = 38$ folgende Möglichkeiten

1.	$y_1 = 9$	$y_2 = 11$	$y_1 + y_2 = 20$
2.	$y_1 = 11$	$y_2 = 9$	
3.	$y_1 = 7$	$y_2 = 13$	
4.	$y_1 = 13$	$y_2 = 7$	
5.	$y_1 = 9$	$y_2 = 9$	$y_1 + y_2 = 18.$
6.	$y_1 = 7$	$y_2 = 11$	
7.	$y_1 = 11$	$y_2 = 7$	

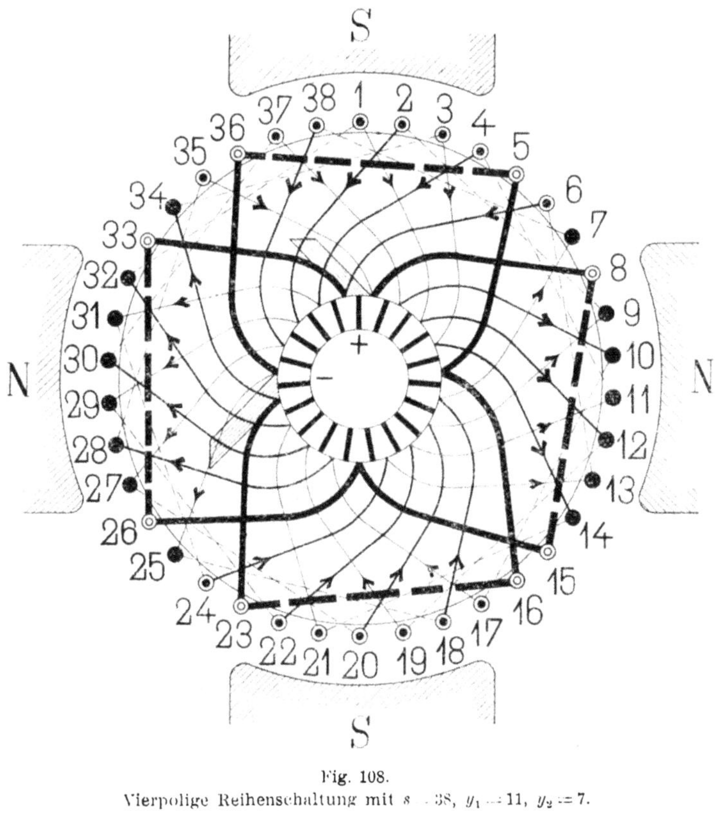

Fig. 108.
Vierpolige Reihenschaltung mit $s = 38$, $y_1 = 11$, $y_2 = 7$.

In Fig. 107 sind je zwei kurzgeschlossene Stäbe benachbart, in den Fig. 108 und 109 ist das nur theilweise der Fall und in Fig. 110 sind die kurz geschlossenen Stäbe einzeln am Umfange der Armatur vertheilt.

Bemerkenswerth ist, dafs überall in den Stäben, welche zwischen zwei kurz geschlossenen Spulen liegen, z. B. in Fig. 110

in 5 und 6,
15 » 16,
25 » 26,
33, 34, 35 und 36

der Strom von Stab zu Stab seine Richtung wechselt, die Rückwirkung desselben auf die Feldmagnete hebt sich daher gegenseitig nahezu auf.

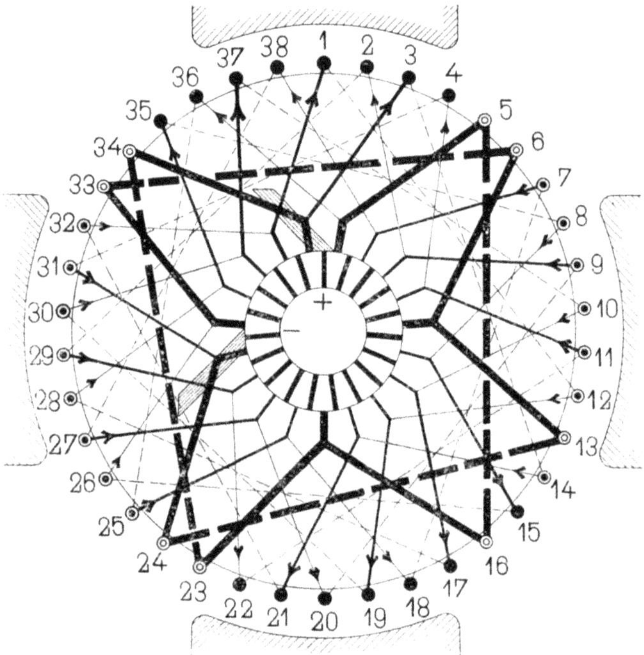

Fig. 109.
Vierpolige Reihenschaltung mit $s = 38$, $y_1 = 7$, $y_2 = 11$.

Die Reihenschaltung mit Wellenwicklung und übereinanderliegenden Spulen. Besonders werthvoll erweist sich die Anwendung der Schaltungsregel bei übereinanderliegenden Wicklungsfeldern. Es sei z. B.

$$p = 2, \quad S = 21, \quad k = 21,$$

$$y = \frac{1}{p}\left(21 \pm 1\right) = \frac{1}{2}\left(21 - 1\right) = 10,$$

und es sollen die Drähte von zwei Spulen, die aus mehreren Windungen bestehen, am Ankerumfange übereinandergewickelt sein. Wir haben 21 Spulen, deren Anfänge mit 1, 2, 3 . . . deren Enden mit 1′, 2′, 3′ . . . bezeichnet sind.

In **Fig. 111** sind die Spulen in ihrer natürlichen Reihenfolge 1—1′, 2—2′, 3—3′, 4—4′ u. s. f. fertiggestellt und nach Angabe der Schaltungsregel miteinander verbunden, also 1′ mit 1 + 10 = 11, 2′ mit 12 u. s. f.

Die Lage der Spulen und deren Verbindungen sind unsymmetrisch und würde es daher ohne Schaltungsregel nicht so leicht sein, die

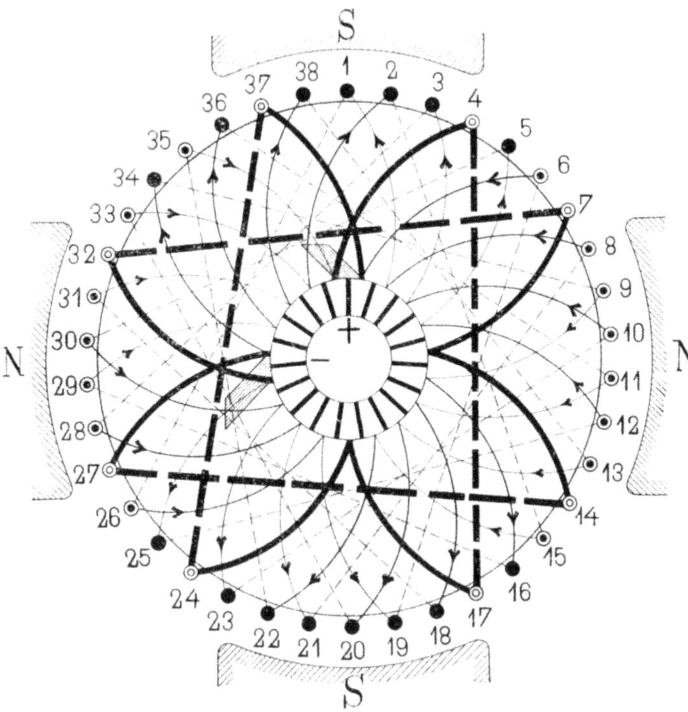

Fig. 110.
Vierpolige Reihenschaltung mit $s = 38$, $y_1 = 7$, $y_2 = 13$.

Spulen in richtiger Weise zu verbinden. Die Spulen 1—1′ bis 5—5′ liegen auf dem inneren, die Spulen 6—6′ bis 16—16′ auf dem inneren und äufseren, und die Spulen 17—17′ bis 21—21′ auf dem äufseren Umfange der Trommel. —

Ein besseres Aussehen der fertiggestellten Wicklung wird erreicht, wenn man die Spulen in einer solchen Reihenfolge fertigstellt, dafs dieselben möglichst gleichmäfsig auf dem Ankerumfange sich vertheilen.

In **Fig. 112** ist z. B. folgende Reihenfolge eingehalten:

1 — 1′, 5 — 5′, 11 — 11′, 15 — 15′, 18 — 18′, 8 — 8′, 9 — 9′, 19 — 19′, 17—17′, 4—4′, 12—12′, 7—7′, 2—2′, 21—21′, 10—10′, 20—20′, 16—16′, 6—6′, 13—13′, 3—3′.

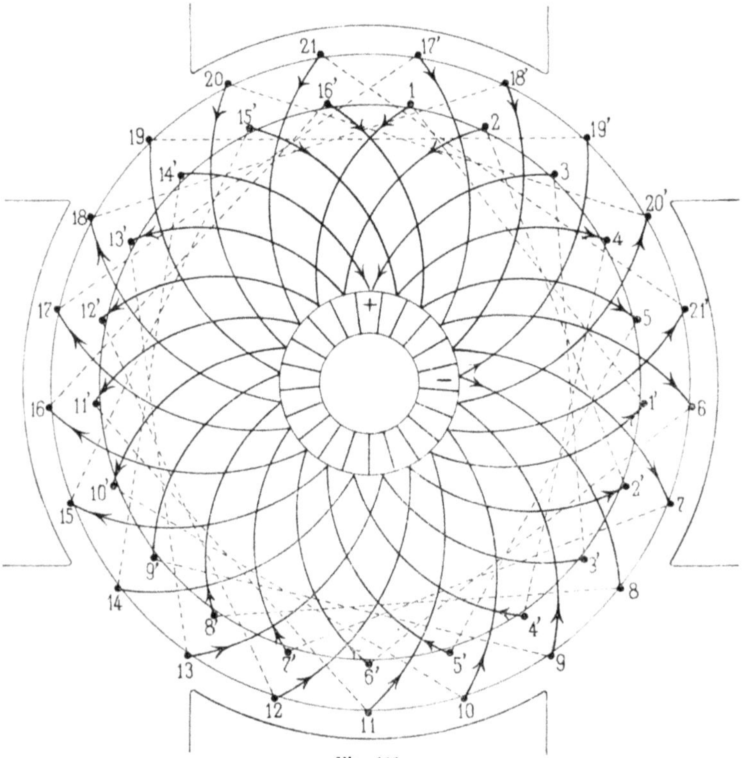

Fig. 111.
Reihenschaltung mit übereinander gewickelten Spulen.

Wird die **Wicklung aus einzelnen Stäben** hergestellt, so kann eine ganz symmetrische Anordnung erreicht werden. In diesem Falle benützen wir die Schaltungsformel II. Es sei

$$p = 2, \quad s = 30, \quad k = 19,$$

$$y_1 + y_2 = \frac{30 \pm 2}{2} = \left\langle \begin{matrix} 16 \\ 14 \end{matrix} \right.$$

woraus $$y_1 = 9, \quad y_2 = 7$$

oder $$y_1 = 7, \quad y_2 = 7.$$

Wir wählen (**Fig. 113**) $y_1 = y_2 = 7$ und zeichnen die hintern Querverbindungen nach aufsen; diese Art der Darstellung ersetzt zugleich das abgerollte Schema.

Bezeichnen wir alle äufsern Stäbe mit geraden und alle innern mit ungeraden Nummern, so ist auf beiden Seiten der Trommel je ein innerer Stab mit einem äufsern zu verbinden. Die Querverbindungen der innern Stäbe sind in der Zeichnung stärker ausgezogen, sie liegen an beiden Stirnflächen der Trommel; über denselben ordnen sich die schwach ausgezogenen Querverbindungen der äufsern Stäbe an. Wird die Wicklung sammt den Querverbindungen auf der Mantelfläche

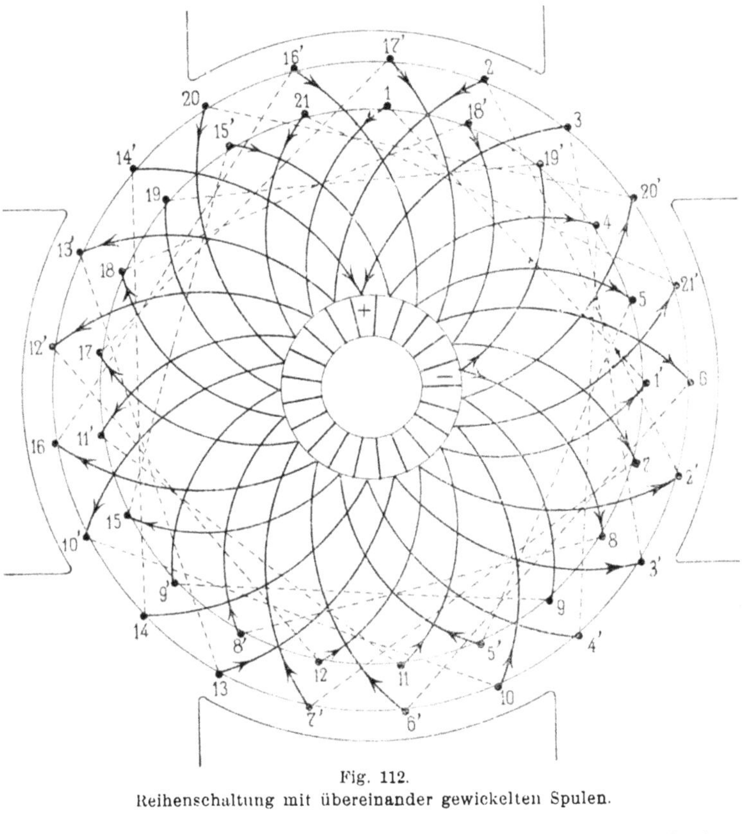

Fig. 112.
Reihenschaltung mit übereinander gewickelten Spulen.

des Cylinders ausgeführt, so liegen die schwach ausgezogenen Stäbe auf dem innern, die stark ausgezogenen Stäbe auf dem äufsern Cylindermantel.

Fassen wir die zwei übereinanderliegenden Wicklungsfelder (Nuten bei Nutenankern) als eins auf, so beträgt der Schritt

$$y'_1 = \frac{y_1 - 1}{2} = 3,$$

$$y'_2 = \frac{y_2 + 1}{2} = 4$$

Wicklungsfelder oder Nuten. —

Bei der Herstellung einer solchen Wicklung darf nicht übersehen werden, dafs zwischen zwei übereinanderliegenden Stäben eine Spannungsdifferenz auftritt, welche nahezu gleich der Spannung zwischen den Bürsten ist.

Reihenschaltung mit Schleifen-Wellenwicklung. Ist s eine Stabzahl, für welche bei gegebener Polzahl eine Reihenschaltung mit Wellenwicklung möglich ist, so ist die Schaltung auch für eine Stabzahl ausführbar, welche ein beliebiges Vielfache von s etwa $= m \cdot s$ ist. Wir

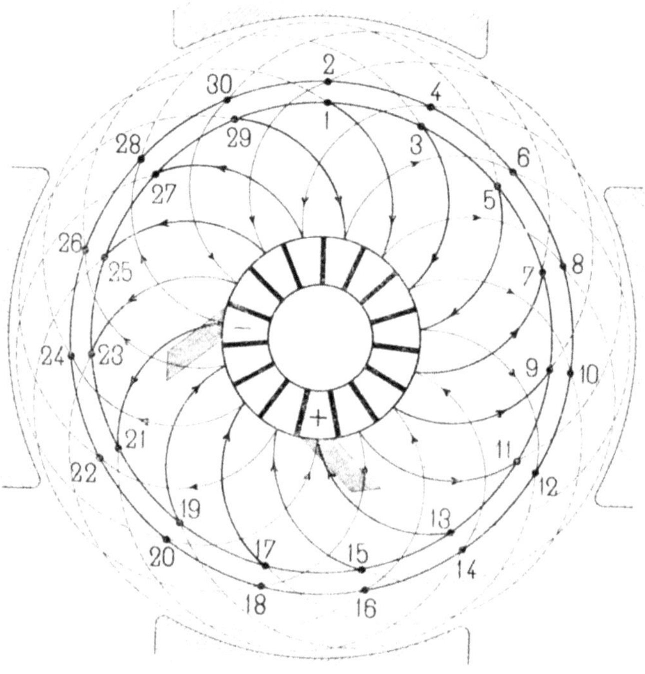

Fig. 113.
Reihenschaltung mit Schablonen- oder Stabwicklung und übereinander liegenden Spulen.

haben in dem Falle, nachdem der Schritt y_1 ausgeführt ist, erst $m-1$ Schleifen und dann den Schritt y_2 zu machen. — Die Spannungsdifferenz zwischen den Stäben einer Schleife wird nun klein und dieselben können bei schwacher gegenseitiger Isolation z. B. über oder direkt nebeneinander angeordnet werden.

In **Fig. 114** ist ein solches Schema für

$$s = 18, \quad m \cdot s = 2 \cdot 18, \quad p = 2,$$

$$y_1 + y_2 = \frac{18 + 2}{2} = 10,$$

$$y_1 = 5, \quad y_2 = 5$$

aufgezeichnet. Wir verbinden 1 mit $1 + 5 = 6$, $6 + 5 = 11$, machen eine Schleife und verbinden dann 11 mit $11 + 5 = 16$ u. s. f.

Werden die Stäbe am Umfange von 1 bis 36, wie durch die kleinen Zahlen angegeben ist, numerirt, so ergiebt die Schaltungsformel

$$y_1 + y_2 = \frac{36 \pm 2}{2} = \begin{cases} 19 \\ 17 \end{cases}$$

woraus $y_1 = 9, \quad y_2 = 10$

oder $y_1 = 8, \quad y_2 = 9.$

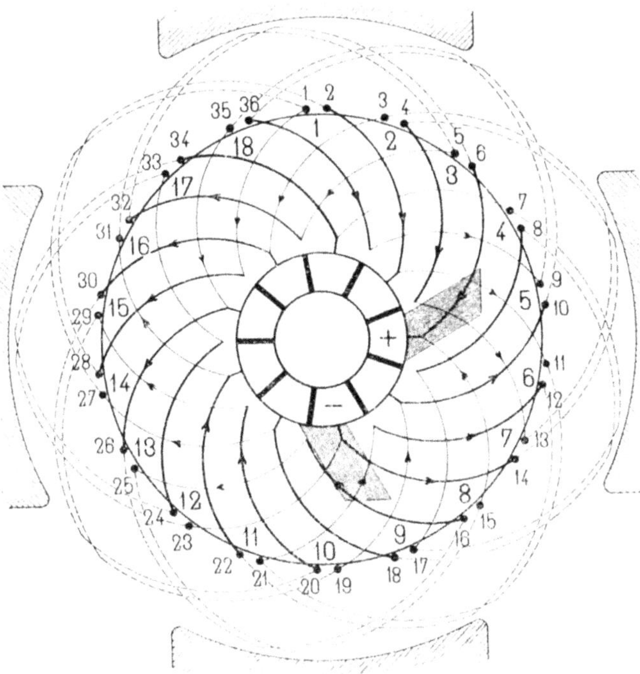

Fig. 114.
Reihenschaltung mit Schleifen-Wellenwicklung.

Das Wicklungsschema stimmt mit $y_1 = 9$, $y_2 = 10$ überein, wenn von 2 ausgehend mit $y_1 = 9$ begonnen wird; 2 ist mit $2 + 9 = 11$, 11 mit $11 + 10 = 21$, 21 mit $21 - 9 = 12$, 12 mit $12 + 10 = 22$ u. s. f. verbunden.

Die Querverbindungen lassen sich wie früher in zwei Ebenen anordnen. Die Löthstellen müssen aber so gewählt werden, dafs ein Zusammenstellen der Wicklung möglich ist.

Die Schleifen werden nicht an den Kollektor angeschlossen, die Zahl der Kollektorlamellen bleibt daher wie früher

$$k = \frac{s}{2}.$$

Die Reihenschaltungen, welche aus Drahtspulen mit mehreren Windungen bestehen, könnten ebenfalls zu den Schleifenwellenwicklungen gezählt werden. Ich wollte hier nur zeigen, wie sich eine solche Wicklung mittelst Stäben ausführen läfst.

Die Reihenschaltung mit vermehrter Kollektorlamellenzahl. Für die bis jetzt besprochenen Reihenschaltungen für Trommelanker war die Kollektorlamellenzahl stets gleich der Spulenzahl $\frac{s}{2}$.

Aus den schon bei den Ringwicklungen des Verfassers (Seite 60) angegebenen Gründen kann es unter Umständen zweckmäfsig sein, die Wicklung mit einer möglichst geringen Spulenzahl auszuführen. Um nun doch diejenige Kollektorlamellenzahl, welche erforderlich ist, damit die Spannungsdifferenz zwischen benachbarten Lamellen und die Zahl der Ankerwindungen, welche gleichzeitig durch die Bürsten kurzgeschlossen werden, die gewünschten Grenzen nicht überschreiten, mufs die Zahl der Kollektorlamellen gröfser als $\frac{s}{2}$ werden.

Die Zahl derselben kann für beliebige Polzahlen auf das 2, 3, 4 u. s. f. fache von $\frac{s}{2}$ gebracht werden; wir haben in diesem Falle nur die symmetrisch zu den gleichnamigen Polen liegenden Lamellen leitend mit einander zu verbinden.

In **Fig. 115** ist eine 6polige Wicklung mit $2 \times \frac{s}{2}$ Kollektorlamellen dargestellt. Es ist

$$s = 32, \quad y_1 + y_2 = \frac{32 - 2}{3} = 10,$$

$$y_1 = y_2 = 5,$$

$$k = 2 \cdot 16 = 32.$$

Irgend eine Lamelle x ist mit der $\left(x + \frac{32 + 1}{3}\right)^{\text{ten}}$ Lamelle leitend verbunden, also 1 mit $1 + 11 = 12$ u. s. f.

Wie aus der Figur ersichtlich, können sämmtliche Verbindungen der Ankerstäbe mit den Lamellen in zwei übereinander liegenden Ebenen angeordnet werden, an den mit kleinen Kreisen bezeichneten Kreuzungsstellen sind diese Querverbindungen leitend zu verbinden.

Die Zahl der Ankerstäbe, welche von den Bürsten gleichzeitig kurzgeschlossen werden, ist

$$= \frac{s \cdot 2p}{k} = \frac{s \cdot 2p}{2 \cdot \frac{s}{2}} = 2p = 6.$$

In der gezeichneten Stellung schliefst die negative Bürste die Stäbe 31 und 4 und die positive Bürste die Stäbe 5, 10, 15 und 20 kurz.

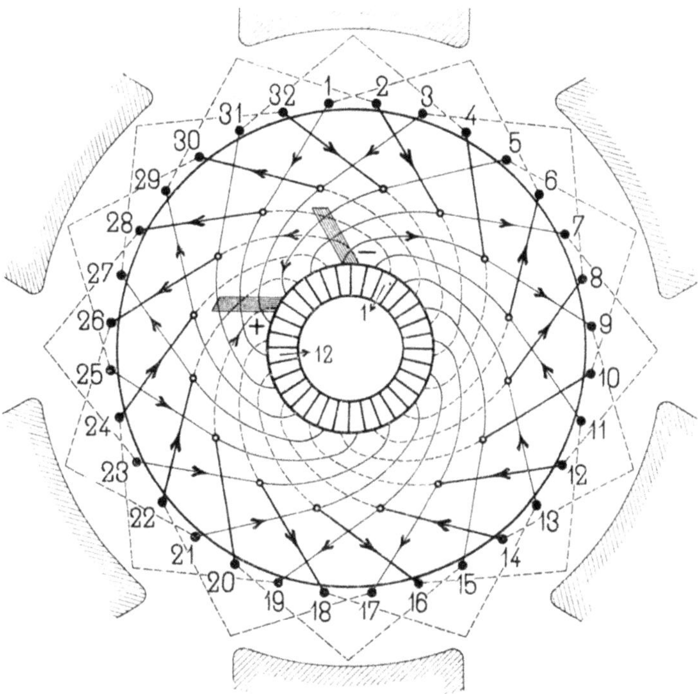

Fig. 115.
Reihenschaltung mit verdoppelter Kollektorlamellenzahl.

Im nächsten Momente werden durch die negative Bürste 4 Stäbe und durch die positive nur 2 Stäbe kurzgeschlossen.

Diese Unsymmetrie fällt fort, wenn die Zahl (k) der Kollektorsegmente derart gewählt wird, dafs

$$k = \frac{p}{m} \cdot \frac{s}{2},$$

m ist hierin eine ganze, durch p theilbare Zahl und $\leq p$. — Es wird z. B.

$$\text{für } p = 2 \quad k = \frac{s}{2} \text{ oder } 2 \cdot \frac{s}{2}$$

$$\text{„ } p = 3 \quad k = \frac{s}{2} \text{ oder } 3 \cdot \frac{s}{2}$$

$$\text{„ } p = 4 \quad k = \frac{s}{2};\ 2 \cdot \frac{s}{2} \text{ oder } 4 \cdot \frac{s}{2}$$

$$\text{„ } p = 6 \quad k = \frac{s}{2};\ 3 \cdot \frac{s}{2} \quad \text{„} \quad 6 \cdot \frac{s}{2}.$$

Wollen wir erreichen, dafs ebenso wie bei zweipoligen Maschinen, nur 2 Stäbe (oder eine Spule) von jeder Bürste gleichzeitig kurz

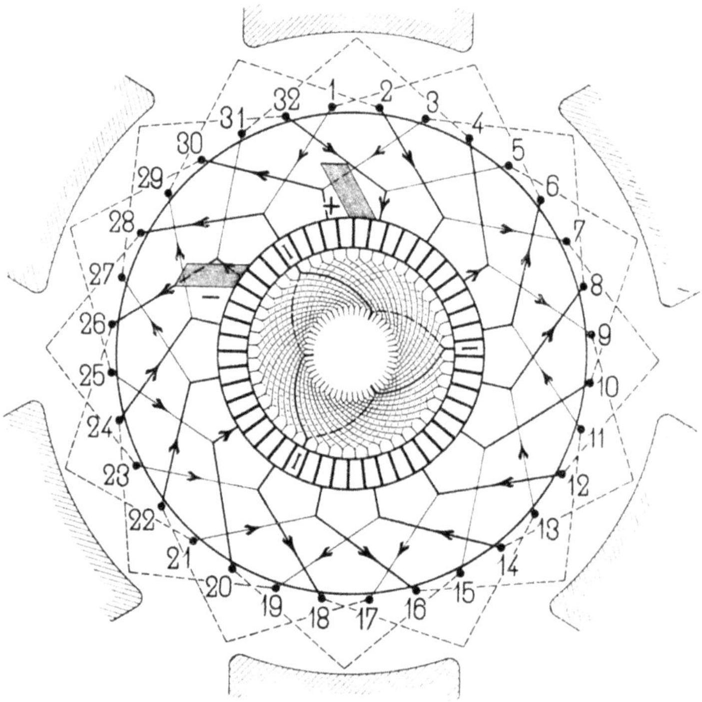

Fig. 116.
Reihenschaltung mit p facher Kollektorlamellenzahl.

geschlossen werden, so müssen wir die Zahl der Kollektorsegmente $= p \cdot \frac{s}{2}$ machen und diejenigen, welche um einen Winkel von $\frac{360}{p}$ Grad auseinander liegen, leitend miteinander verbinden. Beide Bürsten schliefsen dann gleichzeitig

$$= \frac{s \cdot 2p}{p \cdot \frac{s}{2}} = 4 \text{ Stäbe}$$

kurz.

Ein solches Schema für dieselben Annahmen wie in Fig. 115 ist in **Fig. 116** entworfen. Es ist also $s = 32$, $k = 48$.

Die Verbindungen der einzelnen Kollektorsegmente untereinander sind innerhalb des Kollektors eingezeichnet; dieselben erinnern an die Mordeyschaltung. In der angenommenen Lage sind die Ankerstäbe 31, 4 durch die negative Bürste und 5, 10, 15, 20 durch die positive

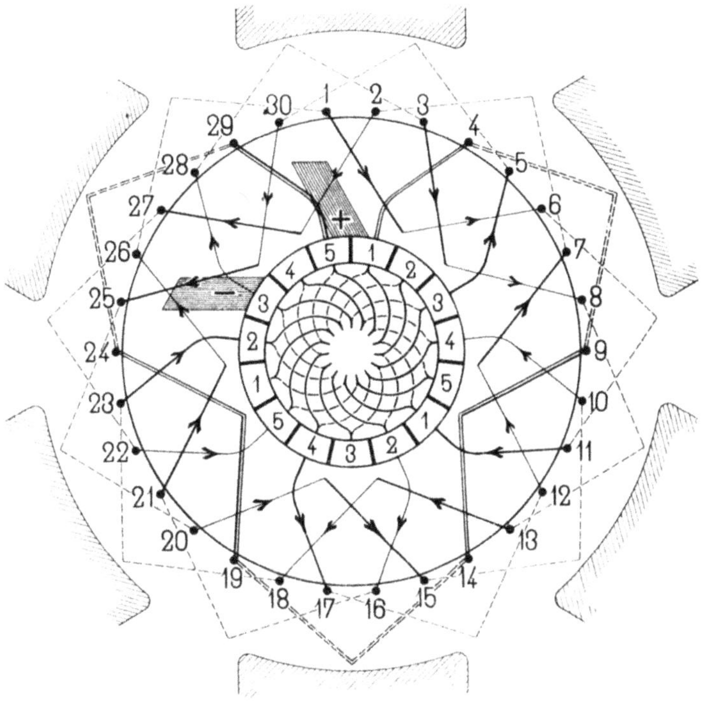

Fig. 117.
Reihenschaltung, deren Stabzahl ein Vielfaches der Polzahl.

Bürste kurzgeschlossen. Von der negativen Bürste ausgehend, haben wir den Stromlauf

$$- \left\langle \begin{matrix} 31, 4, 9, 14, 19, 24, 29, 2, 7, 12, 17, 22, 27, 32 \\ 26, 21, 16, 11, 6, 1, 28, 23, 18, 13, 8, 3, 30, 25 \end{matrix} \right\rangle +$$

Reihenschaltung für Trommelanker, deren Stabzahl ein Vielfaches der Polzahl. In Fig. 72 ist für Ringanker eine Wicklung angegeben worden, bei welcher zwischen je zwei benachbarten Kollektorsegmenten $2p$ Spulen liegen, die symmetrisch zu den Magnetpolen am Umfange des Ankers vertheilt sind. Diese Wicklungsart läfst sich auf Trommelanker übertragen[1]); dabei ist es zugleich zweckmäfsig, die Zahl der Kollektorsegmente um das p fache zu vergröfsern.

In Fig. 117 ist für

$$p=3, \quad s=30, \quad k=15$$

eine solche Wicklung dargestellt. Die unter sich leitend verbundenen Lamellen des Kollektors sind mit gleichen Nummern bezeichnet. Zwischen den Lamellen 1 und 5 liegen die Ankerstäbe 4, 9, 14, 19, 24, 29; im Ganzen sind 5 oder allgemein $\frac{s}{2p}$ solcher Gruppen vorhanden. Die Zahl der Kollektorlamellen ist

$$k=\frac{s}{2p}\cdot p=\frac{s}{2}.$$

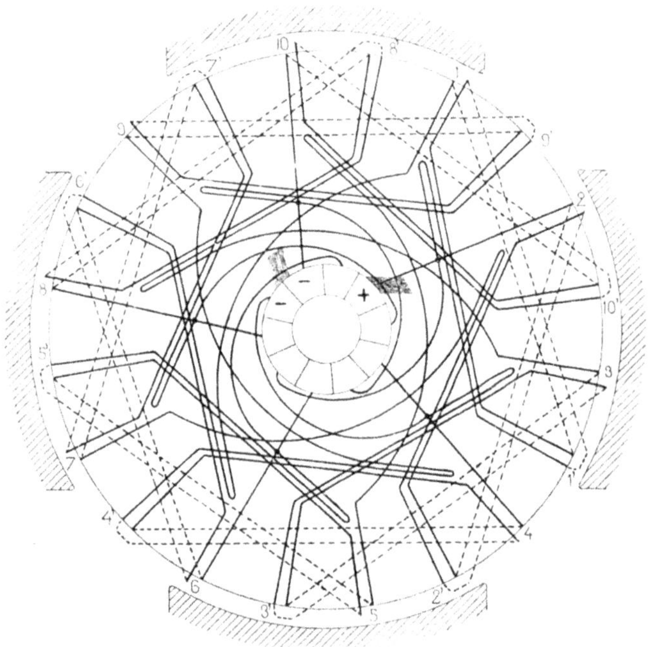

Fig. 118.
Reihenschaltung für Trommelanker mit Doppelspulen.

In der angenommenen Lage des Ankers erhalten wir den Stromlauf

$$-\left\langle\begin{matrix}28, & 3, & 8, & 13, & 18, & 23, & 16, & 21, & 26, & 1, & 6, & 11\\ 5, & 30, & 25, & 20, & 15, & 10, & 17, & 12, & 7, & 2, & 27, & 22\end{matrix}\right\rangle+$$

die zwischen den Lamellen 1 und 5 liegenden Stäbe sind kurzgeschlossen.

[1]) Vergleiche damit die Wicklung von Frick, Fig. 125.

Eine symmetrische Anordnung der Querverbindungen der Ankerstäbe ergiebt diese Wicklung nur dann, wenn $\frac{s}{2p}$ ungerade ist.

Reihenschaltung für Trommelanker mit Doppelspulen. Schliefslich sei noch eine Trommelwicklung von Alioth u. Co. (jetzt Elektricitätsgesellschaft Alioth) in Basel erwähnt, welche zeigt, dafs, wenn p gerade, auch mit einer geraden Spulenzahl die Reihenschaltung möglich ist. Diese in den **Figuren 118** bis **120** dargestellte Wicklung steht mit dem Schema Fig. 65 in Uebereinstimmung. Die Spulen sind paarweise

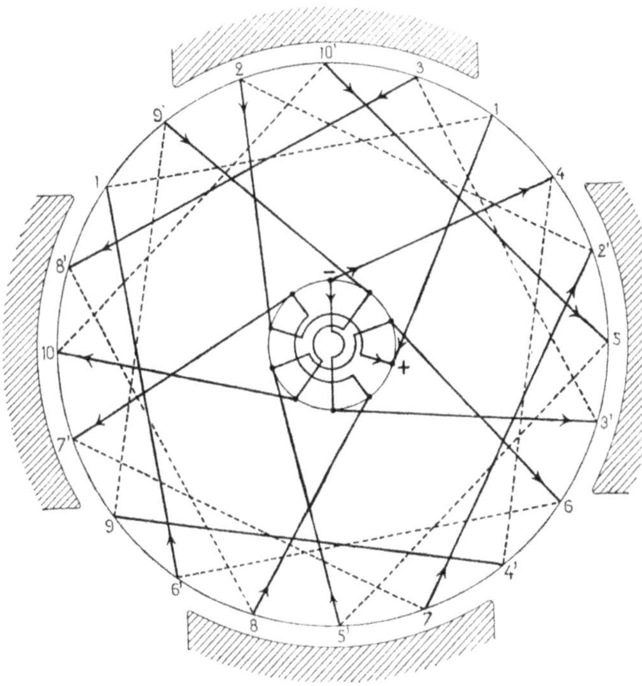

Fig. 119.
Schema zu Fig. 118.

zusammengefafst. Die Zahl dieser Doppelspulen mufs der Spulenzahl $\frac{s}{2}$ der Schaltungsformel entsprechen. Diese Wicklung macht daher keine Ausnahme von der allgemeinen Regel.

Am deutlichsten ist die Aliothsche Schaltung aus **Fig. 119** ersichtlich. Die voll ausgezogenen Linien bedeuten die Verbindungen auf der vordern Stirnfläche des Ankers und die Verbindungen der Kollektorsegmente.

Es sind z. B. die Spulen 1'—1, 6'—6 zu einer Doppelspule vereinigt, und von 6' gelangt man durch die Verbindung von zwei gegenüberliegenden Kollektorlamellen zu 5' u. s. f.

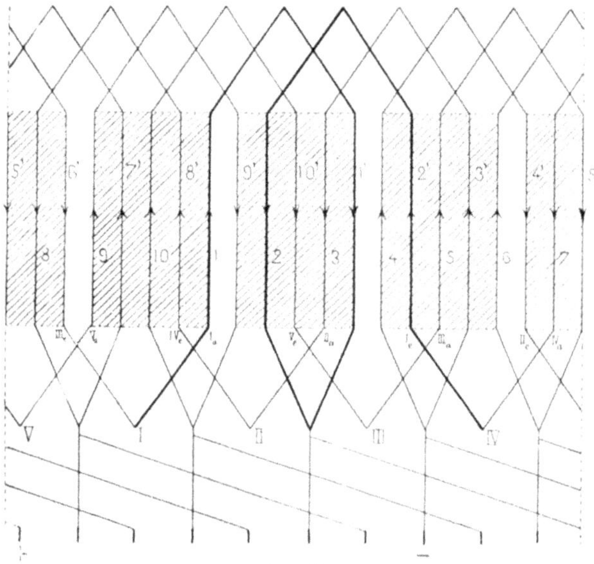

Fig. 120.
Abwicklung des Schemas Fig. 119.

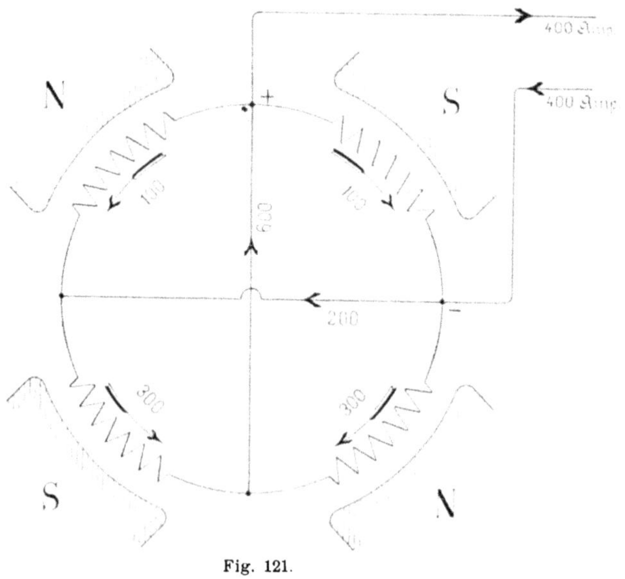

Fig. 121.

Das abgewickelte Schema Fig. 120 ist insofern interessant, als wir es hier mit einem Gemisch von Schleifen und Wellenwicklung zu thun haben.

Jedes Wicklungselement enthält 4 inducirte Stäbe ($c = 4$); in Fig. 120 ist ein solches durch starke Linien hervorgehoben. Im Ganzen sind fünf Elemente vorhanden, die Zahlen I*a*, II*a*, III*a*, IV*a*, V*a* sollen die Anfänge und I*e*, II*e*, III*e*, IV*e*, V*e* die Enden derselben bezeichnen.

Die Schaltungsregel ergiebt

$$y = \frac{1}{2}\left(\frac{20}{4} + 1\right) = 3,$$

somit ist I*e* mit I$e + 3 =$ IV*a* und IV*e* mit IV$e + 3 = 7 = 5 + 2$ also mit II*a* zu verbinden u. s. f.

5. Trommelanker mit Reihen-Parallelschaltung.

Mehrpolige Maschinen für gröſsere Leistungen sollen wenn möglich Stabwicklung erhalten, denn der Aufbau einer Stabwicklung ist einfacher und mechanisch vollkommener als eine Drahtwicklung. Die einzelnen Stäbe lassen sich sorgfältiger und besser isoliren und sie sind für Reparaturen leichter zugänglich als Drahtspulen.

Es kann nun der Fall eintreten, daſs die Stromstärke für eine Schleifenwicklung mit $2p$ Ankerstromzweigen pro Armaturstromzweig zu klein und die Drahtzahl zu groſs ausfällt, um die Wicklung mit Stäben ausführen zu können. Versuchen wir es aber mit der Reihenschaltung, die nur zwei Ankerstromzweige besitzt, so ergiebt sich eine zu groſse Stromstärke für jeden Zweig bezw. eine zu kleine Stabzahl und eine zu kleine Kollektorlamellenzahl. In einem solchen Falle hilft die Reihenparallelschaltung des Verfassers mit einer Anzahl von Ankerstromzweigen, die gröſser als 2 aber kleiner als $2p$ ist, über jede Schwierigkeit hinweg.

Der wesentlichste Vortheil der Parallelschaltung des Verfassers, welcher derselben für mehrpolige Maschinen eine groſse praktische Bedeutung verleiht, liegt jedoch in einer andern Eigenthümlichkeit dieser Wicklungsart.

Die Erfahrung zeigt nämlich, daſs es sehr schwierig, jedenfalls aber unsicher ist, vielpolige Maschinen mit Schleifenwicklung des Ankers so zu bauen, daſs dieselben tadellos funktioniren. Es kann vorkommen, daſs dasselbe Modell in der einen Ausführung gut und in einer andern mit Funkenbildung und übermäſsiger Erwärmung arbeitet!

Die Ursache hierzu liegt in der ungleichen Feldstärke der Pole, die durch eine excentrische Lage des Ankers, durch Blasen oder

Ungleichheiten des Gusses, durch ungleiche Gestalt der Pole und ungleiche magnetische Streuung derselben oder durch ungleiche Windungszahlen der Magnetschenkel veranlaſst werden kann. Infolgedessen werden bei der Schleifenwicklung in den einzelnen Armaturstromkreisen, die nur zwischen einem Polpaare verlaufen, ungleiche elektromotorische Kräfte inducirt, welche zur Entstehung von Strömen im Innern der Wicklung, zu übermäſsiger Erwärmung des Ankers und zur Funkenbildung an allen oder einzelnen Bürsten Veranlassung geben.

Nehmen wir z. B. an, daſs bei einer vierpoligen Maschine von dem unteren Polpaar, **Fig. 121**, 10 % mehr Kraftlinien in den Anker eintreten als von dem oberen Polpaare, so würden in einem Anker mit Schleifenwicklung, dessen Widerstand bei normaler Stromstärke 2,5 % Spannungsverlust ergiebt, die schädlichen inneren Ströme, welche zwei Armaturstromzweige in Serie durchlaufen, die $10 : 2{,}5 \cdot 2 = 2$fache Stärke des normalen Stromes erreichen.

Der Strom würde daher in denjenigen Spulen, welche sich im starken Felde befinden, die 3fache Stärke haben und in den Windungen, welche sich im schwachen Felde befinden, würde ein Strom von normaler Stärke in entgegengesetzter Richtung flieſsen. Beträgt die normale Stromstärke pro Armaturstromzweig beispielsweise 100 Ampère, so ergiebt sich die in Fig. 121 dargestellte Stromverzweigung. Eine so starke Verschiebung der Stromvertheilung würde zwar durch die Armaturrückwirkung verhindert, aber keineswegs ganz unterdrückt werden. Der Spannungsverlust und besonders die Erwärmung der Maschine und die Funkenbildung am Kollektor können unter solchen Umständen zu Betriebsschwierigkeiten führen.

Ueber eine 12polige Maschine von 225 KW. Leistung, bei 110 minutlichen Umdrehungen, schreibt eine im Baue groſser Gleichstrommaschinen erfahrene Firma dem Verfasser Folgendes: »Wir haben beobachtet, daſs man die Maschine, welche einen gewöhnlichen Parallelanker ohne Mordeyschaltung besitzt, nicht unerregt laufen lassen kann, da sie sofort anfängt sehr stark zu feuern und die Dampfmaschine gewöhnlich stehen bleibt, was auf sehr lebhafte innere Strombildung schlieſsen läſst. Dasselbe findet leicht statt, wenn die Maschine in unbelastetem Zustand mit geringer Spannung läuft, etwa mit 200 Volt, während sie für 265 Volt gebaut ist. Die Erscheinung ist offenbar durch ungleiche Feldstärken der einzelnen Pole zu erklären. Aehnliche, aber weit schwächere Erscheinungen hatten wir früher schon bemerkt, jedoch denselben keine Beachtung geschenkt, um so mehr als andere Maschinen mit derselben Wicklung und annähernd gleicher Gröſse gut liefen. In Zukunft werden wir infolgedessen die gewöhnliche Parallelschaltung vermeiden und Ihre Schaltung mit Wellenwicklung anwenden.«

Diese störenden Erscheinungen können bei der Parallelschaltung des Verfassers nicht auftreten, denn die zu einem Armaturstromzweige gehörenden Leiter sind auf sämmtliche Pole der Maschine vertheilt. Eine Spannungsdifferenz zwischen gleichpoligen Bürsten kann daher nicht entstehen.

Es darf sogar die Magnetwicklung eines oder mehrerer Pole kurz geschlossen oder ausgeschaltet werden, ohne dafs deswegen Funkenbildung am Kollektor auftritt.

Auch an Stelle der mehrfachen Parallelschaltung kann eine Reihenparallelschaltung mit $a > p$ gewählt werden.

Die Reihenparallelschaltung des Verfassers gewährt somit den Vorzug, dafs die Zahl der Ankerstromzweige unabhängig von der Polzahl als beliebiges Vielfache von 2 gewählt werden kann, und dafs jeder Stromzweig sämmtliche Magnetfelder durchläuft, somit eine Ungleichheit der letzteren ohne Einflufs auf die Stromvertheilung und das gute Arbeiten des Ankers bleibt. Die Dauer des Kurzschlusses der Spulen kann durch Verstellen nur einer der positiven bezw. negativen Bürsten geändert werden.

Die Zahl der Stromabnahmestellen kann bei genügender Breite der Bürsten, oder wenn die Bürsten eines Stiftes gegeneinander versetzt werden, kleiner sein als die Polzahl und unabhängig von der Polzahl sogar bis auf 2 vermindert werden; es ist jedoch besser, mit der Zahl der Ankerstromzweige auch die Zahl der Stromabnahmestellen zu vergröfsern. Dieselbe kann, wie bei der Parallelschaltung in jedem Falle gleich der Polzahl werden.

Für Trommelwicklung mit Reihenparallelschaltung haben wir die Bedingungen

$$y_1 + y_2 = \frac{s \pm 2a}{p},$$

$$s = p(y_1 + y_2) \pm 2a$$

und

$$a > 1.$$

Die Wicklung kann als einfach geschlossene oder als mehrfach geschlossene Wicklung ausgeführt werden.

Um eine einfach geschlossene Wicklung zu erhalten, ist die Summe $(y_1 + y_2)$ in zwei ungerade Zahlen zu zerlegen und die Werthe $\frac{y_1 + y}{2}$ und $\frac{s}{2}$ müssen theilerfremd sein.

Haben wir z. B. eine 10polige Maschine mit $a = 4$, also 8 Ankerstromzweigen, so kann die Stabzahl so gewählt werden, dafs die Zahl der Schliefsungen 4, 2 oder 1 wird. Jede dieser Wicklungen ist brauchbar. Den Wicklungen mit einfacher Schliefsung ist namentlich für gröfsere Werthe von a der Vorzug zu geben, weil in diesem Falle das Entstehen innerer Ankerströme mit Sicherheit ausgeschlossen ist.

Der Verfasser hat diese Wicklung zuerst in der Maschinenfabrik Oerlikon für 4 und 6polige Maschinen (siehe Fig. 4 Taf. 5) angewandt und auf dessen Veranlassung sind seither von andern Firmen

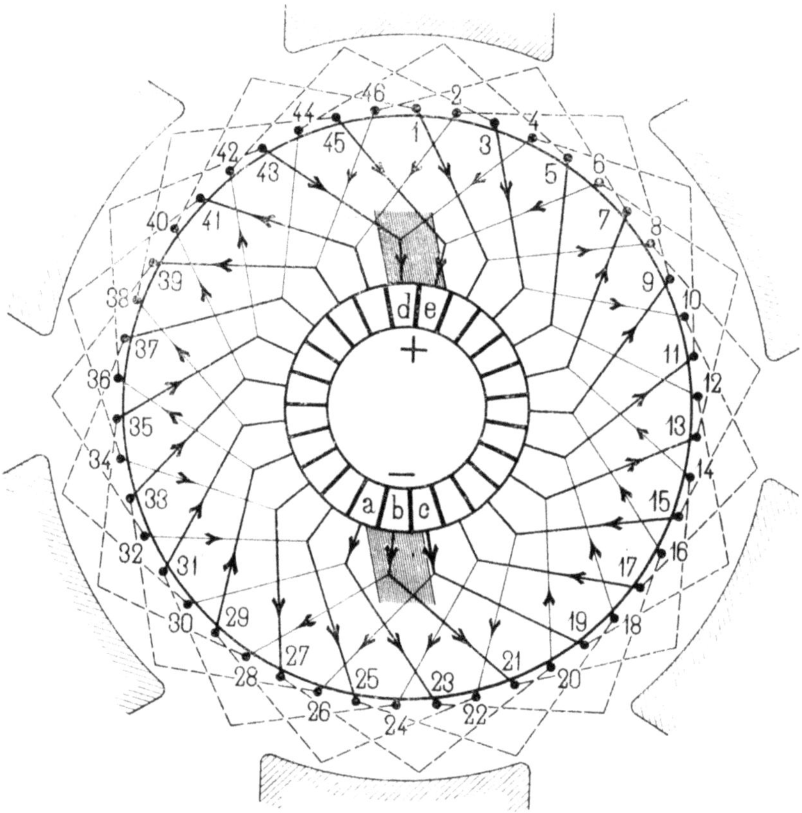

Fig. 122.
Trommelanker mit Reihen-Parallelschaltung von Arnold. $a < p$.

grofse vielpolige Maschinen mit dieser Schaltung ausgeführt worden. Dieselbe hat sich so vorzüglich bewährt, dafs sie der Schleifenwicklung unbedingt vorzuziehen ist und berufen erscheint, die letztere nahezu ganz zu verdrängen.

Trommelanker mit Reihen-Parallelschaltung des Verfassers und $a < p$.

1. Beispiel: Als erstes Beispiel diene **Fig. 122** mit den Annahmen

$$p = 3, \quad s = 46, \quad a = 2,$$

$$y_1 + y_2 = \frac{46 - 4}{3} = 14$$

$$y_1 = 7, \quad y_2 = 7.$$

Wir erhalten eine einfach geschlossene Wicklung mit den ($2a = 4$) Ankerstromzweigen:

a	23,	16,	9,	2,	41,	34,	27,	20,	13,	6	*e*
b	28,	35,	42,	3,	10,	17,	24,	31,	38,	45	*e*
b	21,	14,	7,	46,	39,	32,	25,	18,	11,	4	*d*
c	26,	33,	40,	1,	8,	15,	22,	29,	36,	43	*d*

und den Kurzschlufsstromkreis

a 30, 37, 44, 5, 12, 19 *c*.

In der Figur sind nur zwei Stromabnahmestellen angenommen die Zahl derselben kann auf 6 erhöht werden.

2. Beispiel. Für die Annahmen

$$p = 3, \quad s = 40, \quad a = 2,$$

wird

$$y_1 + y_2 = \frac{40 - 4}{3} = 12$$

$$y_1 = 7, \quad y_2 = 5,$$

ferner ist

$$\frac{y_1 + y_2}{2} = 6 = 2 \cdot 3$$

$$\frac{s}{2} = 20 = 2 \cdot 10.$$

Die Werthe $\frac{y_1 + y_2}{2}$ und $\frac{s}{2}$ haben den gemeinschaftlichen Theiler 2, es entsteht daher eine zweifach geschlossene Wicklung.

Trommelanker mit Reihen-Parallelschaltung des Verfassers und $a = p$. Diese Wicklung bietet Ersatz für die gewöhnliche Parallelschaltung mit Schleifenwicklung.

Es wird

$$y_1 + y_2 = \frac{s}{p} \pm 2.$$

Der Schritt y_1 kann immer gleich y_2 gemacht werden. Für Trommelanker mit Stabwicklung wird dann die Kröpfung der Stäbe auf der hintern und vordern Seite der Armatur gleich. Will man die Ankerrückwirkung verkleinern, so wird der Schritt y_1 auf der Kollektorseite gröfser gemacht als y_2.

In **Fig. 123** ist ein vierpoliges Schema mit den Annahmen

$$s = 32 \qquad y_1 + y_2 = \frac{32}{2} \pm 2 = \left\langle\begin{matrix}18\\14\end{matrix}\right.$$

für $\qquad y_1 = y_2 = 7$

entworfen. Es ist 1 mit $1 + 7 = 8$ und 8 mit $8 + 7 = 15$ u. s. f. verbunden.

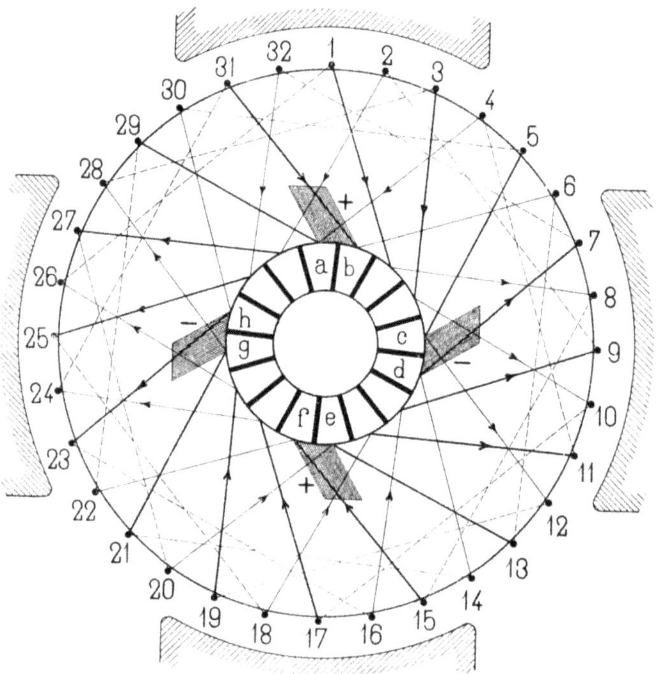

Fig. 123.
Reihen-Parallelschaltung von Arnold. $a = p$.
$s = 32 \quad y_1 = y_2 = 7$.

Die bei der Ringwicklung (Fig. 69) erwähnte Eigenthümlichkeit, dafs die kurzgeschlossenen Spulen in Serie geschaltet sind, ist hier ebenfalls ersichtlich.

Die positiven Bürsten, welche die Segmente $a\,b$ und $e\,f$ verbinden, schliefsen die Armaturdrähte 6, 13, 22 und 29 kurz; sie bilden zusammen den Stromkreis

$$a \quad b \quad 6 \quad 13 \quad e \quad f \quad 22 \quad 29 \quad a$$

und die negativen schliefsen den Stromkreis

$$c \quad d \quad 14 \quad 21 \quad g \quad h \quad 30 \quad 5 \quad c,$$

die Armaturdrähte 14, 21, 30 und 5 sind daher ebenfalls aus den wirksamen Ankerstromzweigen ausgeschaltet.

Die vier Ankerstromzweige bestehen aus den Stäben

−	*c*	12	19	26	1	8	15	*f*	+
	d	7	32	25	18	11	4	*a*	
−	*h*	23	16	9	2	27	20	*e*	+
	g	28	3	10	17	24	31	*b*	

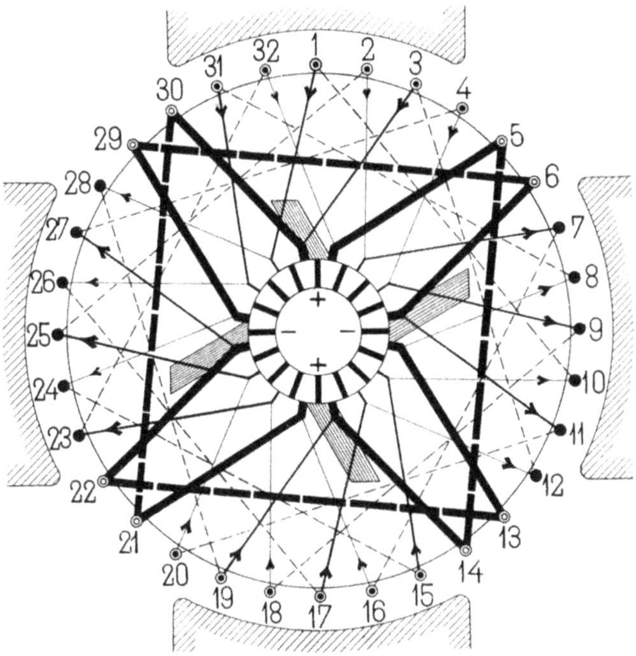

Fig. 124.
Reihen-Parallelschaltung von Arnold mit vergrößerter Spulenweite und $a = p$.
$s = 32 \quad y_1 = 5 \quad y_2 = 9.$

Zerlegt man die Summe $y_1 + y_2 = 14$ in die ungeraden Zahlen

$$y_1 = 5 \qquad y_2 = 9, \qquad \text{oder} \quad y_1 = 9 \qquad y_2 = 5,$$

so entstehen die Schemata **Fig. 124** und **Fig. 125**.

In Fig. 124 ist der Schritt auf der Kollektorseite = 5 und auf der hintern Seite der Trommel = 9, in Fig. 125 ist es umgekehrt. Die kurzgeschlossenen Spulen sind durch starke Linien hervorgehoben. Die Lage derselben ist in Fig. 123 und 124 dieselbe, in beiden Fällen werden je zwei benachbarte Stäbe 5,6 — 13,14 — 21,22 — 29,30 kurzgeschlossen.

Wird dagegen der Schritt auf der hintern Seite verkürzt, d. h. die Spulenweite verkleinert wie in Fig. 125, so ändert sich die Lage der kurzgeschlossenen Spulen.

Diese Aenderung hat eine kleinere Rückwirkung der Ampèrewindungen des Ankers auf die Feldmagnete zur Folge (siehe Seite 198).

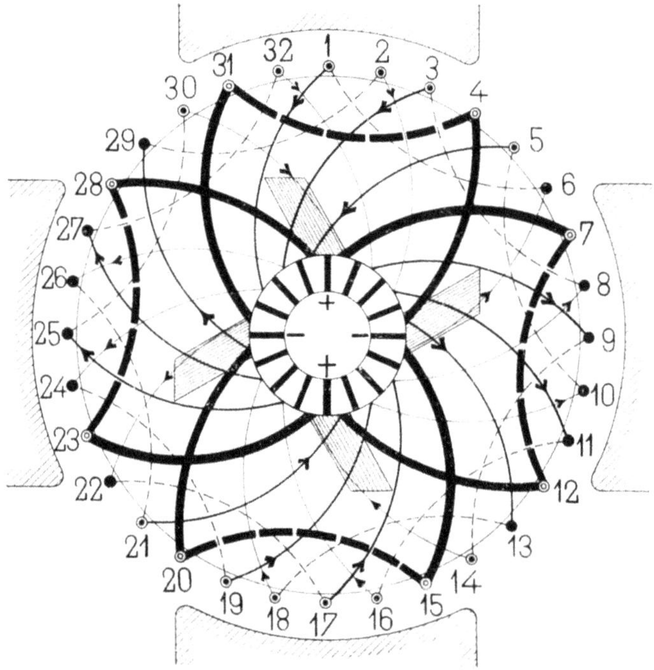

Fig. 125.
Reihen-Parallelschaltung von Arnold mit verkürzter Spulenweite und $a = p$.
$y_1 = 9 \quad y_2 = 5$.

Wird das Schema Fig. 123 verdoppelt, so entsteht das achtpolige Schema **Fig. 126**. Es wird

$$p = 4, \qquad s = 64,$$

$$y_1 + y_2 = \frac{64}{4} \pm 2 = \begin{cases} 18 \\ 14 \end{cases}$$

daher $\qquad y_1 = y_2 = 7$

oder $\qquad y_1 = y_2 = 9.$

Wir wählen $y_1 = y_2 = 7$.

Die durch die Bürsten kurzgeschlossenen Spulen sind wieder durch starke Linien hervorgehoben und die hintern Querverbindungen nach aufsen gelegt und punktirt gezeichnet.

Wenn der Wicklungsschritt von irgend einer Lamelle ausgehend, $2p$ mal zurückgelegt wird, gelangt man nicht wie bei der Reihenwicklung zu einer benachbarten Lamelle, sondern es liegen $(p-1)$ Lamellen dazwischen. Von der Lamelle m ausgehend gelangen wir z. B. mit $y_1 = y_2 = 7$ zur Lamelle n und mit $y_1 = y_2 = 9$ zur Lamelle o. Zwischen m und n bezw. m und o liegen 3 Lamellen.

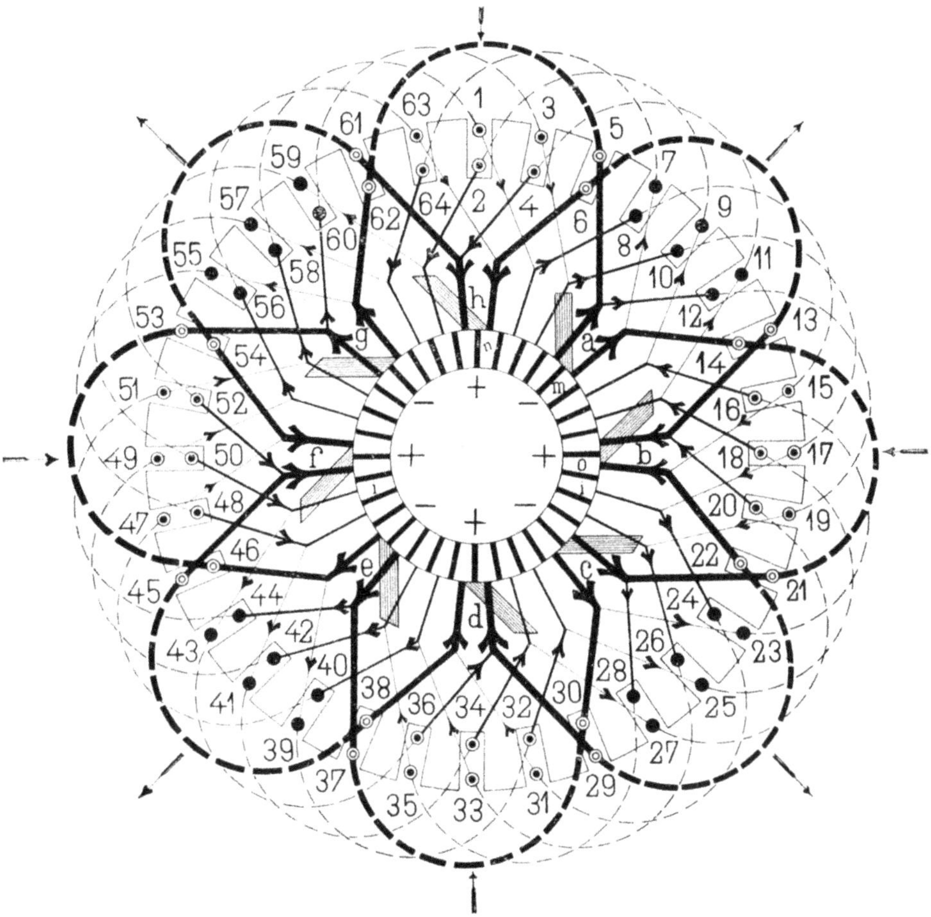

Fig. 126.
Achtpolige Reihen-Parallelschaltung von Arnold. $a = p$.
$s = 64$ $y_1 = y_2 = 7$.

Es kann ein Theil der negativen und positiven Bürsten fortgelassen werden, wenn man die benachbarten gleichpoligen Bürsten so verbreitert, dafs eine Unterbrechung des Kurzschlufsstromkreises vermieden wird.

Lassen wir z. B. in Fig. 126 die Bürste d fort, so müssen die Bürsten b und f so verbreitert werden, dafs dieselben auch die Lamellen i berühren.

So lange die Bürste d aufliegt, besteht der Kurzschlufsstromkreis

$$h - 6 - 13 - b - 22 - 29 - d - 38 - 45 - f - 59 - 61 - h.$$

Nach Abheben der Bürste d und Verbreiterung von f und b wird der Kurzschlufsstromkreis

$$h - 6 - 13 - b \begin{matrix} \nearrow 22 - 29 - 36 - 43 \searrow \\ \searrow 24 - 31 - 38 - 45 \nearrow \end{matrix} f - 59 - 61 - h.$$

Die Zahl der kurzgeschlossenen Spulen ist also um zwei (36 — 43 und 24 — 31) vergröfsert worden. — Bei grofser Kollektorlamellenzahl pro Polpaar ist das zulässig.

Die Parallelschaltung des Verfassers eignet sich nicht wie die Parallelschaltung mit Schleifenwicklung für jede beliebige Spulenzahl. Wir haben die Bedingung

$$s = p\ (y_1 + y_2 \pm 2).$$

In nachstehender Tabelle sind die möglichen Stabzahlen für einfach geschlossene Wicklungen für 4, 6 und 8 Pole zusammengestellt. Jeder Stabzahl entsprechen zwei Werthe von $y_1 + y_2$. Man wählt am besten den kleineren Werth und zerlegt denselben in zwei gleiche oder zwei ungleiche ungerade Zahlen.

4 Pole ($p = 2$)		6 Pole ($p = 3$)		8 Pole ($p = 4$)	
Stabzahl $s =$	Schritt $y_1 + y_2 =$	Stabzahl $s =$	Schritt $y_1 + y_2 =$	Stabzahl $s =$	Schritt $y_1 + y_2 =$
64	30 oder 34	72	22 oder 26	96	22 oder 26
72	34 » 38	84	26 » 30	112	26 » 30
80	38 » 42	96	30 » 34	128	30 » 34
88	42 » 46	108	34 » 38	144	34 » 38
96	46 » 50	120	38 » 42	160	38 » 42
104	50 » 54	132	42 » 46	176	42 » 46
112	54 » 58	144	46 » 50	192	46 » 50
120	58 » 62	156	50 » 54	208	50 » 54
128	62 » 66	168	54 » 58	224	54 » 58
136	66 » 70	180	58 » 62	240	58 » 62
144	70 » 74	192	62 » 66	256	62 » 66
152	74 » 78	204	66 » 70	272	66 » 70
160	78 » 82	216	70 » 74	288	70 » 74

u. s. f.

Sollten diese Stabzahlen nicht passend sein, so kann eine mehrfach geschlossene Wicklung gewählt werden. Jede durch $2p$ theilbare Stabzahl ist dann brauchbar.

Für gröſsere Stabzahlen kann anstatt eines Schemas, wie früher angegeben worden (S. 60), eine Wicklungstabelle aufgestellt werden. Fur den Entwurf der Wicklung genügt es jedoch, wenn nur ein Theil derselben gezeichnet wird.

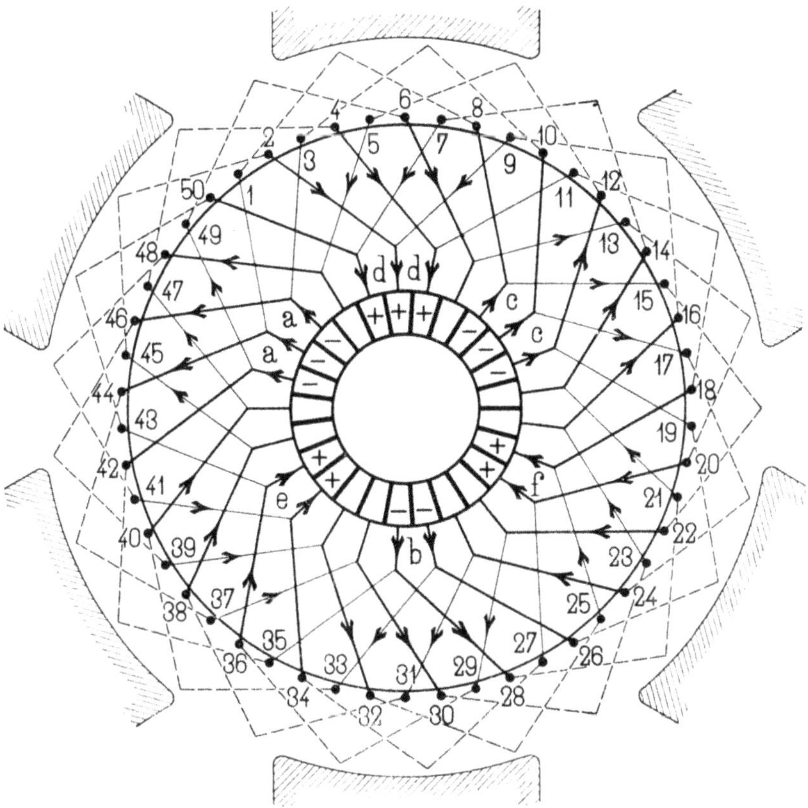

Fig. 127.

Reihen-Parallelschaltung von Arnold. $a > p$.

Trommelanker mit Reihen-Parallelschaltung des Verfassers und $a > p$. Es sei

$$p = 3, \quad s = 50, \quad a = 4,$$

$$y_1 + y_2 = \frac{50 - 8}{3} = 14,$$

$$y_1 = 7, \quad y_2 = 7;$$

das entsprechende Schema ist in **Fig. 127** entworfen. Die Zahl der Bürsten muſs nun auf 6 erhöht werden, denn die Zahl der Stromkreise ist für weniger Bürsten zu grofs, um den Kurzschlufs der Spulen rechtzeitig zu veranlassen.

Wir erhalten folgende 8 Ankerstromzweige:

a	49	6	13	20	*f*		
a	44	37	30	23	16	9	*d*
a	46	39	32	25	*f*		
b	28	21	14	7	*d*		
b	33	40	47	4	*d*		
c	12	5	48	41	*e*		
c	15	22	29	36	*e*		
c	17	24	31	38	45	2	*d*.

Der Kurzschlufs der Spulen entsteht durch die Verbindung von gleichnamigen Bürsten untereinander, also durch

a	42	35	*b*
a	1	8	*c*
a	3	10	*c*
b	26	19	*c*
e	34	27	*f*
e	43	50	*d*
d	11	18	*f*.

Es sind also 14 Drähte kurzgeschlossen.

Die Reihenparallelschaltung mit $a > p$ wird dann anzuwenden sein, wenn es sich um die Erzeugung von grofsen Stromstärken und verhältnifsmäfsig kleinen Spannungen handelt. Unter gewissen Bedingungen wird jedoch die Anwendung der Reihenparallelschaltung unmöglich. Dieser Fall tritt dann ein, wenn die Stabzahl, welche bei der angenommenen Feldstärke der Pole, der gegebenen Armaturlänge und Tourenzahl die verlangte Spannung ergiebt, kleiner ist als die kleinste Stabzahl, für welche die Reihenparallelschaltung bei der gegebenen Polzahl noch ausführbar ist.

Die kleinste mögliche Stabzahl eines Armaturstromzweiges kann bei gegebener Polzahl vermindert werden, wenn die Wicklung statt mit $m = 1$ mit $m > 1$ nach der allgemeinen Schaltungsformel

$$y_1 + y_2 = \frac{ms \pm 2a}{p}$$

ausgeführt wird. Das führt jedoch zu langen Querverbindungen.

Es bleibt daher unter Umständen nichts anderes übrig, als zur Schleifenwicklung, bei welcher die Stabzahl eines Armaturstromzweiges von der Polzahl unabhängig ist, überzugehen.

6. Uebersicht über die verschiedenen Bewicklungsarten eines Trommelankers.

Aus den bisherigen Darstellungen geht hervor, daſs die Zahl der Bewicklungsarten eines Ankers eine sehr groſse und mannigfaltige ist. Die praktisch brauchbaren Wicklungen sind specielle Fälle von einer theoretisch sehr groſsen Zahl von Möglichkeiten.

Im Nachfolgenden will ich eine Zusammenstellung der Bewicklungsarten eines Trommelankers geben. Dieselben sind in zwei Hauptgruppen, in Schleifenwicklungen und in Wellenwicklungen getrennt und dann nach der Zahl der Ankerstromzweige und der Zahl der Schlieſsungen geordnet.

In der vierten Spalte ist angegeben, aus welchen einfach geschlossenen Wicklungen sich die mehrfach geschlossenen zusammensetzen.

I. Schleifenwicklungen.

$a =$	Zahl der Ankerstromzweige $2a =$	Zahl der Schlieſsungen	Die Wicklung besteht aus	Nr.
p	$2p$	1	—	1
$2p$	$4p$	1	—	2
		2	2 Wickl. Nr. 1	—
$3p$	$6p$	1	—	3
		2	1 Wickl. Nr. 1 und 1 » Nr. 2	— —
		3	3 Wickl. Nr. 1	—
$4p$	$8p$	1	—	4
		2	2 Wickl. Nr. 2	—
		3	2 » Nr. 1 und 1 » Nr. 2	— —
		4	4 » Nr. 1	—
$5p$	$10p$	1	—	5
		2	1 Wickl. Nr. 2 und 1 » Nr. 3	
		3	1 » Nr. 1 2 » Nr. 2	
		4	3 » Nr. 1 1 » Nr. 2	
		5	5 » Nr. 1	

II. Wellenwicklungen.

$a =$	Zahl der Ankerstromzweige $2a =$	Zahl der Schliefsungen	Die Wicklung besteht aus	Nr.
1	2	1	—	1
2	4	1	—	2
		2	2 Wickl. Nr. 1	—
3	6	1	—	3
		2	1 Wickl. Nr. 1 und	—
			1 » Nr. 2	—
		3	3 » Nr. 1	—
4	8	1	—	4
		2	2 Wickl. Nr. 2	—
		3	2 » Nr. 1 und	—
			1 » Nr. 2	—
		4	4 » Nr. 1	—
5	10	1	—	5
		2	1 Wickl. Nr. 2	
			1 » Nr. 3	
			oder	
			1 Wickl. Nr 1	
			1 » Nr. 4	
		3	1 Wickl. Nr. 1	
			2 » Nr. 2	
			oder	
			2 Wickl. Nr. 1	
			1 » Nr. 3	
		4	3 Wickl. Nr. 1	
			1 » Nr. 2	
		5	5 » Nr. 1	

u. s. f.

7. Trommelanker mit zwei Kollektoren.

Die für Ringanker angegebenen Verbindungsarten (Seite 76, Fig. 73 bis 75) sind für Trommelanker ebenfalls anwendbar. Da bei einem Trommelanker mit einfachem Kollektor die Zahl der Lamellen höchstens halb so grofs ist als die Stabzahl des Ankers, so wird der Fall, dafs zwei Kollektoren für die Stromabnahme erforderlich sind, eher eintreten als bei Ringankern, und es kann die Anwendung von zwei Kollektoren durch den Uebergang von der Trommel- zur Ringwicklung in gewissen Fällen vermieden werden.

Der Anker erhält entweder eine Wicklung, welche an beide Kollektoren angeschlossen ist, oder zwei unabhängige Wicklungen, von denen jede mit einem Kollektor verbunden ist, oder endlich zwei oder mehr Wicklungen, von denen jede beiden Kollektoren Strom zuführt.

Die Wicklungen von Scheibenankern und verwandten Ankerkonstruktionen.

Bei den Ring- und Trommelankern bewegen sich die ganzen Spulen, deren Form gewöhnlich viereckig ist, derart zwischen Polen entgegengesetzter Polarität, dafs die Ebene derselben bald senkrecht bald parallel zur Richtung der magnetischen Strömung steht. Die Entfernung von Mitte bis Mitte Polfläche wird stets annähernd gleich der Spulenweite sein, und die Kraftlinien haben daher einen guten Theil ihres Weges innerhalb des Ankers zurückzulegen; der Ankerkern wird deshalb aus Eisen hergestellt, welches aus mechanischen Gründen mitrotiren mufs.

Für die Scheibenanker ist nun charakteristisch, dafs sich gleichzeitig nur einzelne Seiten der Spulen oder die Ankerstäbe in steter Aufeinanderfolge zwischen zwei gegenüberstehenden Polen entgegengesetzter Polarität bewegen, während die Ebene der Spulen senkrecht zur Richtung der magnetischen Strömung bleibt. Die Entfernung der Polflächen ist jetzt nur noch von der Dicke der Armaturstäbe abhängig und der eiserne Ankerkern kann ganz in Wegfall kommen, indem die Kraftlinien die kurze Strecke zwischen zwei Polen durch die Luft zurücklegen.

Um ohne Anwendung eines Eisenkernes und mit möglichst wenig Ampèrewindungen ein intensives magnetisches Feld zu erzeugen, mufs der Abstand, welcher für die Bewegung des Ankers zwischen den Polen frei gelassen wird, möglichst klein gewählt werden, d. h. die der Induktion ausgesetzten Leiter dürfen in der Richtung der Kraftlinien nur wenig Raum beanspruchen. Diese Bedingung, sowie die Verbindung der inducirten Leiter unter sich und mit dem Kollektor erschweren die Herstellung von Scheibenankern ganz wesentlich.

Die Scheibenanker werden meistens für mehrpolige Maschinen gebaut; jedoch läfst sich ein solcher Anker auch für zweipolige Maschinen ausführen.

Die Reihenschaltung ist für vielpolige Scheibenanker besonders geeignet, denn dieselbe gestattet die gewünschte elektromotorische Kraft mit geringer Windungs- oder Stabzahl des Ankers zu erreichen.

Die Faraday'sche Scheibe.

Als passender Ausgangspunkt für die Scheibenanker kann die Scheibe von Faraday angesehen werden. Die bekannte Anordnung ist in **Fig. 128** dargestellt. Eine Kupferscheibe rotirt so im magnetischen Felde, dafs beständig Kraftlinien geschnitten werden. Durch Anlegen von Bürsten an der Achse und der Peripherie der Scheibe wird im äufsern Stromkreise ein ununterbrochener Strom erhalten.

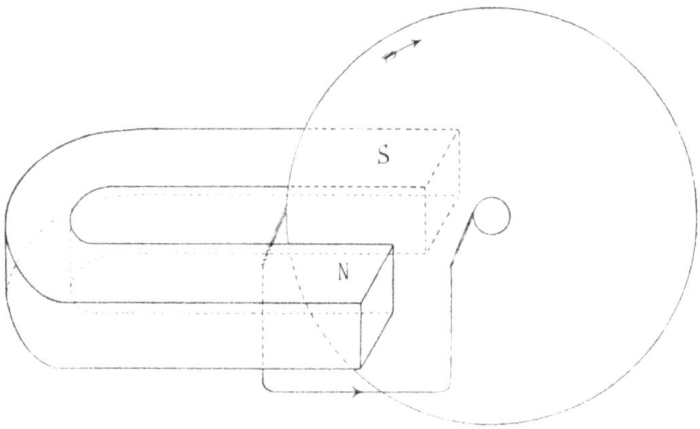

Fig. 128.
Faraday'sche Scheibe.

Scheibenanker von W. Thomson[1]) und Poleschko[2]).

Theilt man die Kupferscheibe in radiale Streifen, welche an einer gemeinsamen Nabe befestigt, nach der Peripherie zu aber voneinander isolirt sind, und läfst diese Scheibe zwischen zwei Feldern entgegengesetzter Polarität rotiren, so erhält man die Anordnung von Poleschko (**Fig. 129**). In der Figur hat man sich über die Papierebene vor dem Nordpol einen Südpol und vor dem Südpol einen Nordpol zu denken.

Beide Bürsten schleifen am Umfange der Scheibe in der Pollinie *SN*, die elektromotorischen Kräfte in den gegenüberstehenden radialen Stäben addiren sich, was einer Verdopplung derselben im Vergleich zu einer Faraday'schen Scheibe entspricht. Die Theilung der Scheiben in radiale Streifen verhindert die Bildung von Nebenströmen.

---

1) S. P. Thompson, Dynamo-Masch., 3. Aufl. S. 233.
2) La Lum. électr. 1889, Bd. 35, p. 610.

W. Thomson verbindet die radialen Arme oder Speichen an ihren äufseren Enden mit einem kupfernen Reifen; ihre innern Enden sind isolirt und jedes steht mit einem Segmente eines gewöhnlichen Kollektors in Verbindung, auf welchem zwei Bürsten schleifen.

Diese Anker gehören zu denjenigen mit offener Wicklung. Dieselben fanden, um die Entstehung des Scheibenankers zu erläutern, jedoch schon hier Erwähnung.

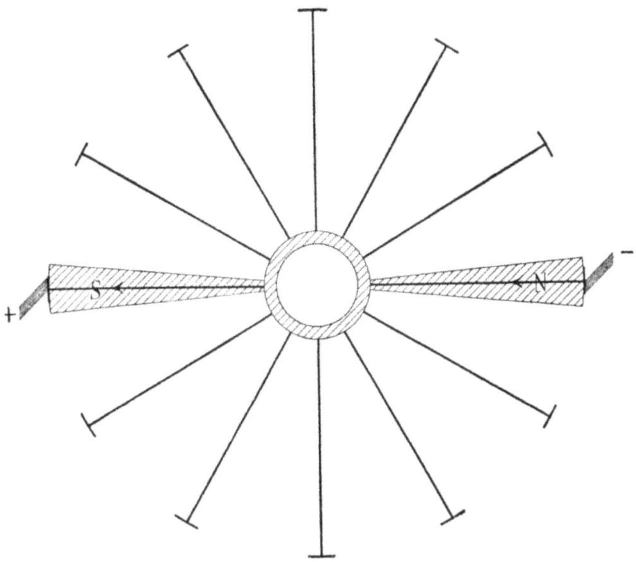

Fig. 129.
Scheibenanker von W. Thomson und Poleschko.

Scheibenanker von Pacinotti[1]).

Im Jahre 1881 wurde eine Maschine mit Scheibenanker zur Pariser Weltausstellung gebracht, welche Pacinotti im Jahre 1875 erfunden hatte. Pacinotti stellt den Anker ebenfalls aus radialen Leitern, welche zwischen zwei Feldern entgegengesetzter Polarität rotiren, zusammen, verbindet aber dieselben so untereinander, dafs eine einzige geschlossene Wicklung entsteht. In **Fig. 130** ist die Verbindungsweise angegeben; die Flächen der einander gegenüberstehenden Pole sind im Vergleich zu Fig. 129 stark verbreitert, so dafs in der einen Hälfte der Leiter der Strom radial nach innen und in der andern Hälfte radial nach aufsen fliefst. Die Verbindungsweise entspricht unserer allgemeinen Schaltungsregel, also auch derjenigen des Pacinotti'schen Ringankers.

---

[1]) S. P. Thompson, Die dynamoelectr. Masch., 4. Aufl. 1893, S. 296.

In der Figur ist $s = 10$, $y = 1$, und 1' ist mit 2 verbunden. Die Kollektorlamellen sind der Deutlichkeit halber auf den äufsern Umfang verlegt. Der Strom gelangt durch die Bürste B^1 in den äufsern Stromkreis, tritt durch die Bürste B^2 wieder in den Anker ein und vertheilt sich von hier aus in die Zweige

$$B^2\ 9,\ 9',\ 10,\ 10',\ 1,\ 1',\ 2,\ 2',\ 3,\ 3',\ B^1$$
$$B^2\ 8',\ 8,\ 7',\ 7,\ 6',\ 6,\ 5',\ 5,\ 4',\ 4,\ B^1.$$

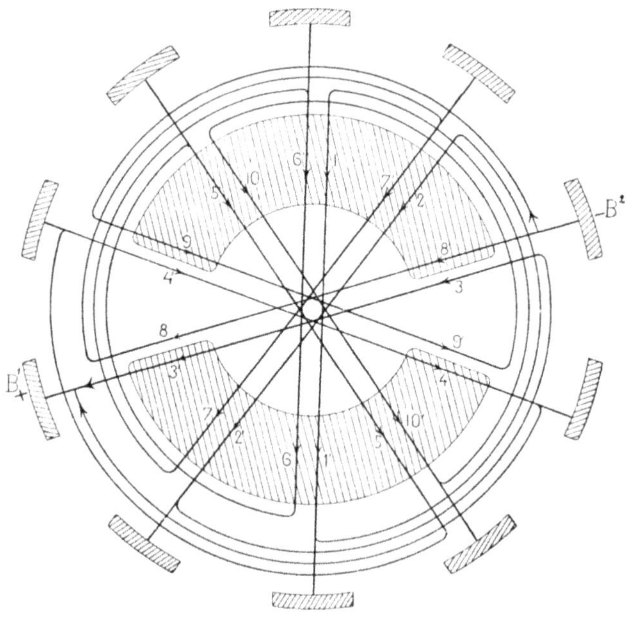

Fig. 130.
Scheibenanker von Pacinotti.

Scheibenanker von Edison[1]).

Im Jahre 1881 liefs sich Edison eine Maschine patentiren, deren Anker mit demjenigen von Pacinotti nahezu übereinstimmt. Vertauschen wir nämlich bei dem Letzteren die Verbindungen der radialen Stäbe derart, dafs wir die am Umfange liegenden Verbindungen mit den Kollektorsegmenten nach innen und die inneren Verbindungen (1 mit 1', 2 mit 2' u. s. f.) nach aufsen verlegen, so ergiebt sich das in **Fig. 131** dargestellte Schema von Edison.

---

[1]) D. R. P. 18216 v. 2. Aug. 1881.

Die konstruktive Ausführung veranschaulichen die **Fig. 132 und 133** in Ansicht und Querschnitt.

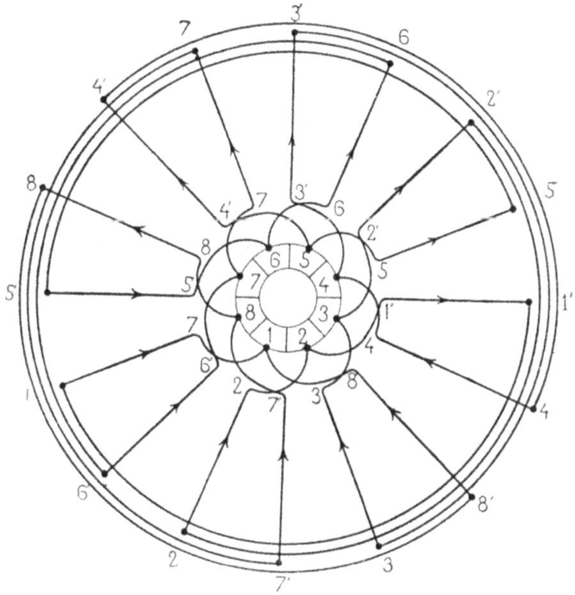

Fig. 131.
Scheibenanker von Edison.

Die 16 radialen Leiter bestehen aus Kupferstreifen (*a*, *a* . . .), welche gut von einander isolirt sind. Die Verbindung derselben am

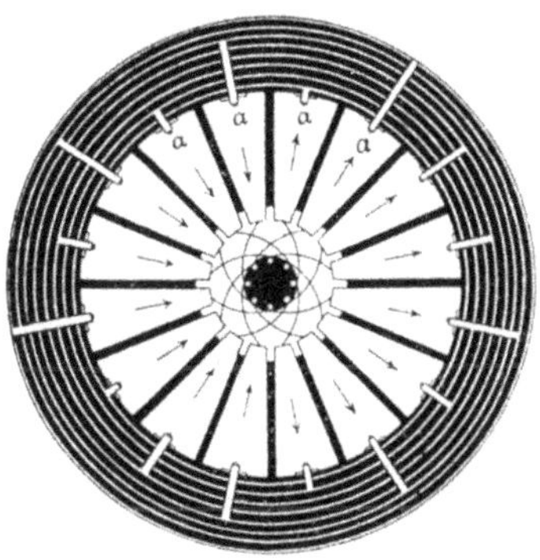

Fig. 132.

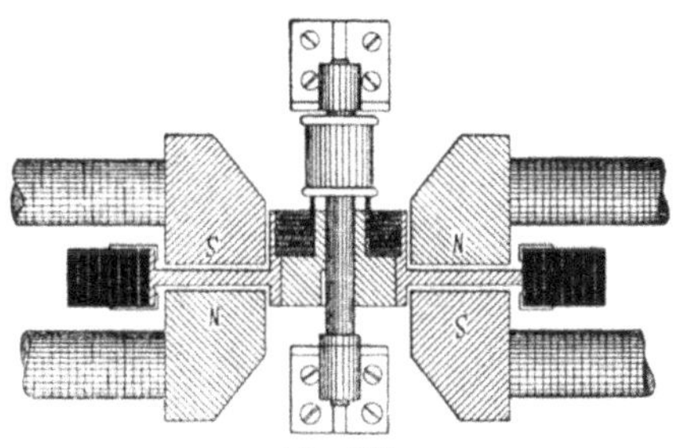

Fig. 133.

Scheibenanker von Edison.

äufsern Umfange vermitteln acht bandförmige, voneinander isolirte koncentrische Kupferringe. Die so hergestellte Scheibe wird auf einer hölzernen Nabe montirt und die Verbindung der innern Enden der radialen Streifen mit dem Kollektor ebenfalls durch acht auf die Nabe aufgeschobene und isolirte Kupferringe bewerkstelligt.

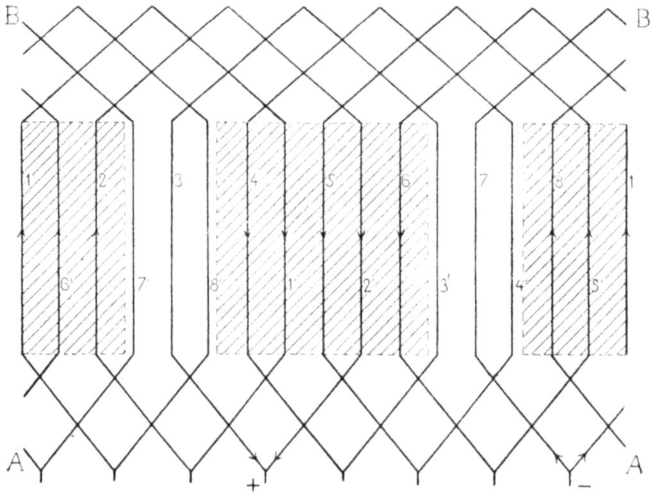

Fig. 134.
Abwicklung der Schemata Fig. 130 und 131.

Zeichnet man die Schemata von Pacinotti und Edison in ausgestreckter Lage, so erhält man **Fig. 134**.

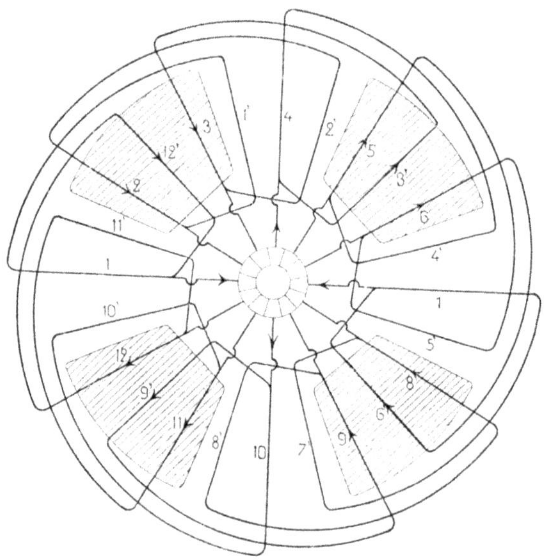

Fig. 135.
Vierpolige Schleifenwicklung eines Scheibenankers.

Ein Vergleich derselben mit Fig. 80 beweist, dafs die vorliegende Verbindungsmethode mit der von v. Hefner-Alteneck'schen Trommelwicklung übereinstimmt. Rollen wir das Schema Fig. 134 hochkant derartig in eine Kreisform, dafs die Seite AA am äufsern Umfang liegt, so erhalten wir das Schema von Pacinotti, kommt dagegen BB nach aufsen zu liegen, so ergiebt sich das Schema von Edison.

Wenden wir die in Fig. 131 angegebene Verbindungsmethode für eine vierpolige Anordnung an, so entsteht das Schema **Fig. 135.** Dasselbe ist vollkommen übereinstimmend mit dem für Trommelanker gültigen Schema Fig. 92.

Scheibenanker von Frick.

Im deutschen Reichspatente Nr. 3147 vom 6. Dezember 1877 hat Frick eine mehrpolige Ankerwicklung beschrieben, welche eine Reihen-

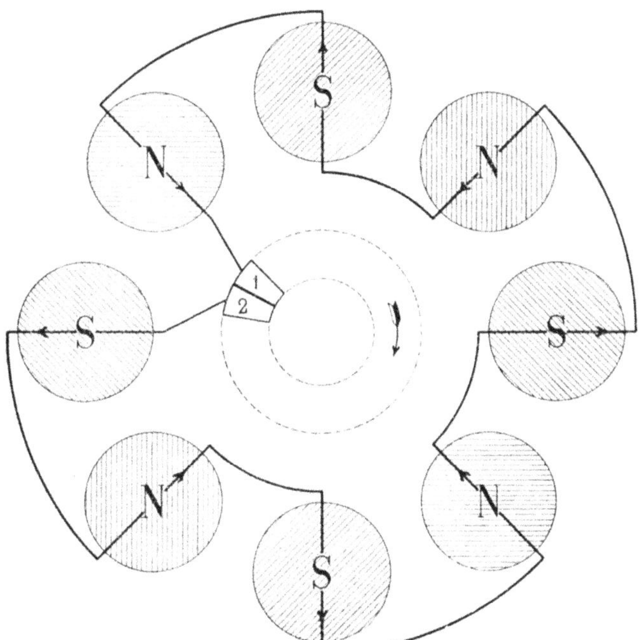

Fig. 136.
Wicklungselement eines Scheibenankers von Frick.

schaltung darstellt. Es dürfte das zugleich die erste Reihenschaltung sein, welche bekannt geworden ist.

Die Figuren sind in der Patentschrift sehr undeutlich gehalten; es ist das jedenfalls der Grund, weshalb diese Wicklung so wenig bekannt[1]) und von andern Autoren bei Behandlung der Ankerwicklungen gar nicht oder unrichtig wiedergegeben worden ist.

Die Wicklung setzt sich aus Zickzackspulen zusammen. Jede einzelne Spule geht von einer Kollektorlamelle aus, durchläuft der Reihe nach sämmtliche Pole, so dafs sich die inducirten *E. M. Ke.* addiren, und das Ende wird mit der benachbarten Lamelle verbunden. In **Fig. 136** ist eine einzelne Spule und in **Fig. 137** das vollständige

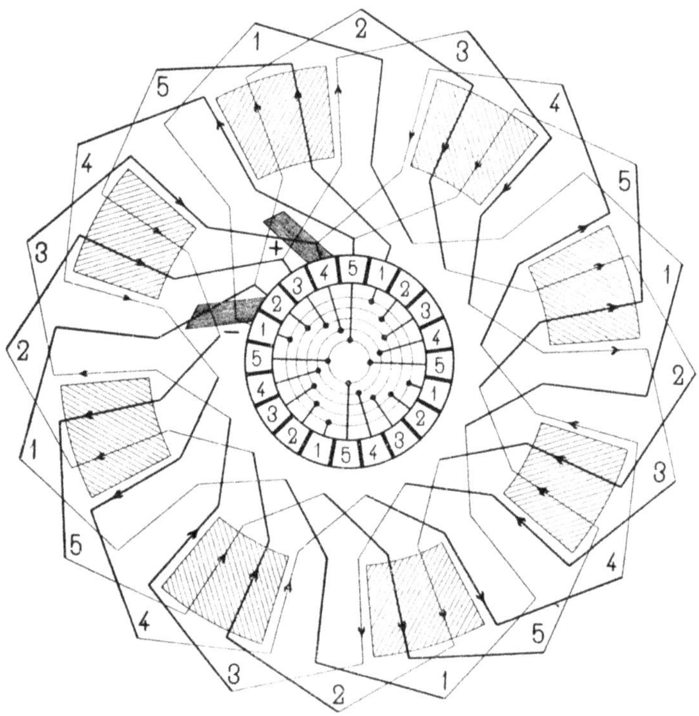

Fig. 137.
Scheibenankerwicklung von Frick.

Schema eines 8poligen Ankers mit 5 Zickzackspulen dargestellt. Dasselbe Schema kann ohne Weiteres auf Ring- und Trommelanker übertragen werden, wie Fig. 117 zeigt.

Die Zahl der Kollektorsegmente beträgt 20, hiervon werden zunächst nur 5 Segmente mit den Spulen, und zwar wie folgt verbunden:

[1]) Anspruch 1 des D. R. P. von Ch. Stanley, Nr. 56258 v. 10. Juli 1889 entspricht dieser Wicklung von Frick.

Spule 1	beginnt bei Segment 1	und endet bei Segment 2
» 2	» » » 2	» » » » 3
» 3	» » » 3	» » » » 4
» 4	» » » 4	» » » » 5
» 5	» » » 5	» » » » 1,

d. h. die Verbindungen folgen sich ebenso wie bei einer zweipoligen Maschine, aber die 5 Segmente füllen nur 90° des Kollektorumfanges. Der Anschlufs der übrigen 15 Lamellen erfolgt durch Ringe, die sich innerhalb des Kollektors befinden und mit je vier Ansätzen versehen sind; je vier Segmente, welche um 90° auseinander liegen, werden mit diesen Ansätzen verlöthet und dadurch leitend verbunden. Diese Ringe sind in der Fig. 137 im Innern des Kollektors durch koncentrische Kreise angedeutet. — Die leitend mit einander verbundenen Lamellen haben die gleiche Nummer.

Wir erhalten zwei Bürsten unter 45°, es können jedoch auch 8 Bürsten angeordnet werden. Der Stromlauf ist

$$- \left\langle \begin{matrix} 2 - 2 - 2 - 2 - 3 - 3 - 3 - 3 \\ 5 - 5 - 5 - 5 - 4 - 4 - 4 - 4 \end{matrix} \right\rangle +$$

wir haben somit eine Reihenschaltung. Die Spule 1 — 1 — 1 — 1 wird durch die negative Bürste kurzgeschlossen, von den 40 radialen Stäben sind somit 32 wirksam und je 16 gehören einem Ankerstromkreise an. Ist die Zahl der Zickzackspulen gerade, so werden gleichzeitig zwei Spulen kurzgeschlossen.

Ist allgemein die Zahl der Zickzackspulen $= z$ und die Zahl der Polpaare $= p$, so erhalten wir

$2pz$ radiale Stäbe,
pz Kollektorsegmente,
z Verbindungsringe mit p Ansätzen;

und je p Kollektorsegmente, welche einen Winkel von $\frac{360}{p}$ Grad mit einander einschliefsen, sind leitend zu verbinden.

Die z Spulen sind der Reihe nach an $(z + 1)$ benachbarte Lamellen anzuschliefsen, wobei Lamelle 1 mit Lamelle $(z + 1)$ verbunden wird, so dafs eine geschlossene Wicklung entsteht. Die Verbindungen der Wicklung mit dem Kollektor können am Kollektorumfange symmetrisch vertheilt werden, wie das in Fig. 117 für Trommelwicklung gezeigt wurde. —

Anwendung des Schemas von Perry auf Scheibenanker.

Eine neue Gruppe von Scheibenankerwicklungen läfst sich ableiten, wenn wir das von Perry für Ringanker (Fig. 56) angegebene Schema auf Scheibenanker anwenden. Am einfachsten gelangen wir dazu, wenn wir das in Fig. 104 abgewickelte Schema eines nach dieser Methode bewickelten Trommelankers derart zur Kreisform zusammenrollen, dafs die parallelen Leiter 1 bis 13 und 1′ bis 13′ zu Radien werden.

In **Fig. 138** ist ein Schema, welches man sich auf diese Weise entstanden denken kann, für 8 magnetische Felder entworfen.

Für das Verhältnifs der Spulenzahl zum Schritte gelten hier dieselben Bedingungen wie für Trommelwicklungen. Es ist für Reihenschaltung

$$y_1 + y_2 = \frac{s \pm 2}{p}.$$

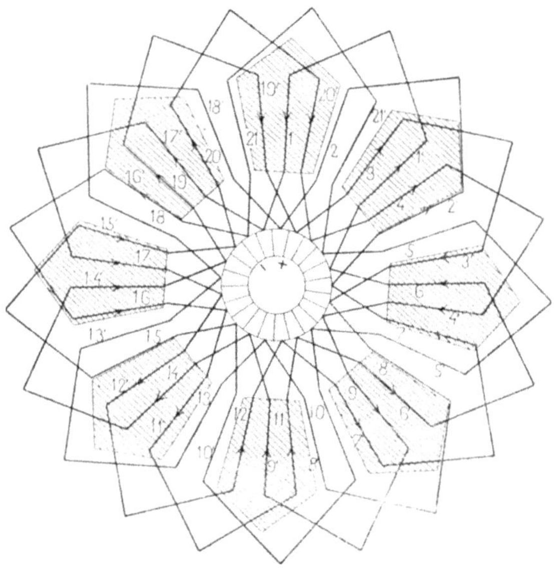

Fig. 138.
Scheibenanker mit Wellenwicklung.

Die für Trommelanker auf Seite 111 u. f. gegebenen Tabellen der möglichen Stabzahlen und Wicklungsschritte sind auch für Scheibenanker gültig.

In Fig. 138 ist

$$s = 42, \quad p = 4,$$

$$y_1 + y_2 = \frac{42 - 2}{4} = 10,$$

$$y_1 = y_2 = 5,$$

y_1 kann als Schritt am äufseren, y_2 als Schritt am inneren Umfange angesehen werden. Es ist 1′ mit 1 + 5 = 6, 2′ mit 7, 3′ mit 8 u. s. f. zu verbinden. Die Stäbe hätten ebensogut fortlaufend numerirt werden können.

Die Zahl der Kollektorsegmente ist gleich 21; durch jede Bürste werden gleichzeitig $p = 4$ Spulen oder 8 Stäbe kurz geschlossen, und zwar in der gezeichneten Lage durch die negative Bürste die Spulen 21—21′, 5—5′, 10—10′, 15—15′ und durch die positive Bürste die Spulen 18′—18, 13′—13, 8′—8 und 3′—3.

Die Gestalt der Polflächen wird durch die Form der Spulen bestimmt; damit keine entgegenwirkenden elektromotorischen Kräfte

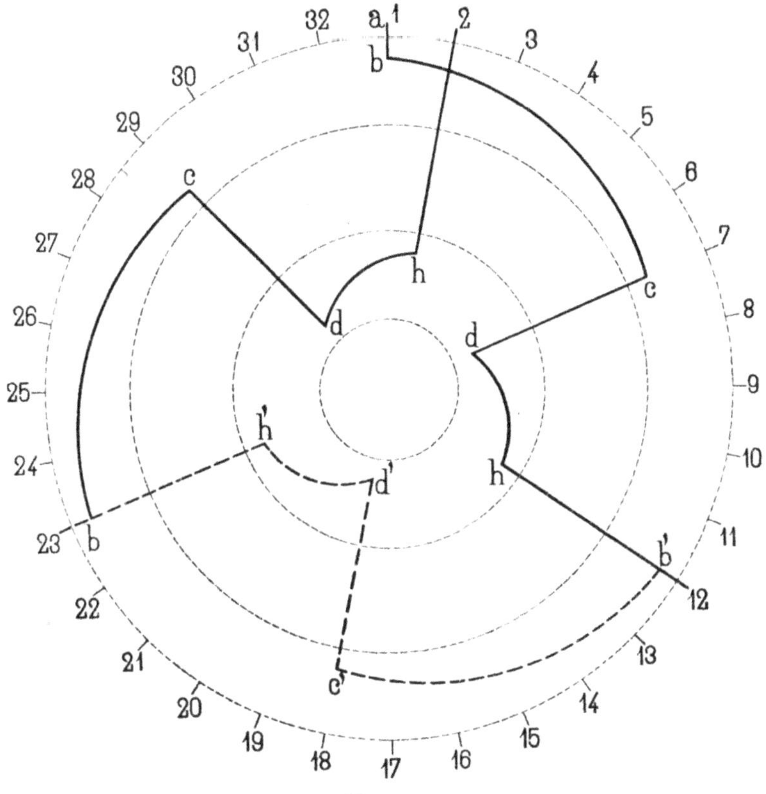

Fig. 139.
Aufeinanderfolge der Wicklungselemente eines Scheibenankers von Desroziers.

inducirt werden, müssen die Pole aufsen abgeschrägt und die Seitenflächen radial verlaufend sein.

Aus der Figur ist leicht ersichtlich, dafs sich sämmtliche Stäbe mit den Querverbindungen in zwei, axial hintereinander liegenden Ebenen unterbringen lassen. In der einen Ebene liegen die Stäbe 1, 2, 3, 4 u. s. f. und in der zweiten Ebene die Stäbe 1′, 2′, 3′, 4′ u. s. f.

Die Scheibenankerwicklung von E. Desroziers[1]).

Die Schaltung der Ankerstäbe oder Spulen des Scheibenankers von Desroziers ist im wesentlichen übereinstimmend mit dem in Fig. 138 gegebenen Schema. Eigenthümlich ist der Schaltung von Desroziers, dafs die Wicklung aus konstruktiven Gründen in zwei symmetrische Hälften getrennt wird, von denen jede für sich ausgeführt werden kann. Durch die Verbindung der freien Enden beider

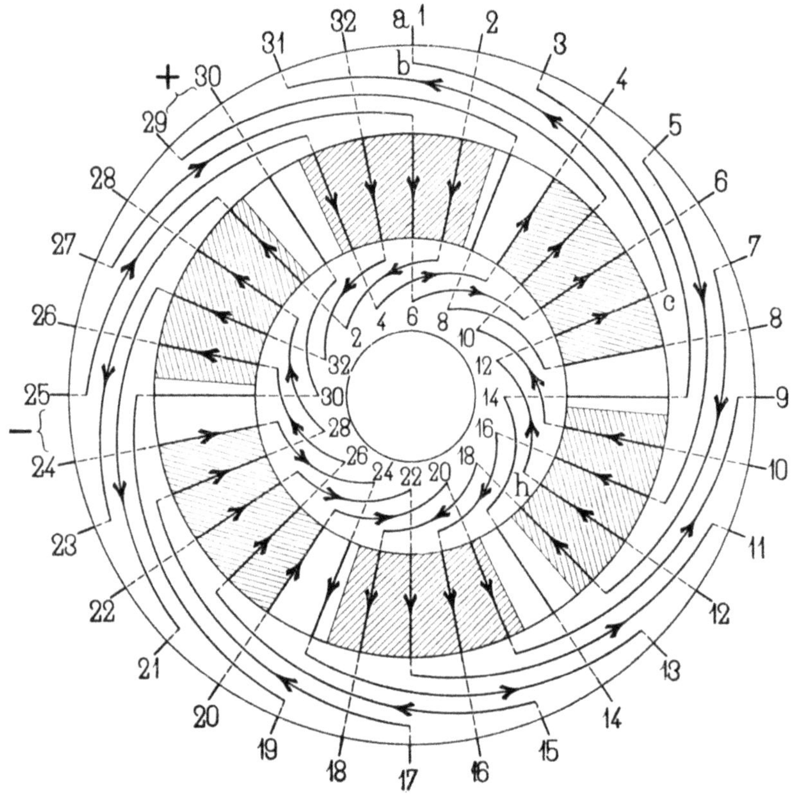

Fig. 140.
Vordere Wicklungshälfte eines Scheibenankers von Desroziers.

Hälften entsteht dann eine einfach geschlossene Wicklung mit Reihenschaltung.

Soll die Wicklung mit geringer Spulenzahl bezw. grofser Kollektorlamellenzahl ausgeführt werden, so wird die Zahl der Kollektorsegmente,

---

[1]) Franz. Patent Nr. 169 746 vom 24. Juni 1885 und Nr. 176 718 vom 11. Juni 1886. — Amerik. Patent Nr. 459 610 vom 15. Sept. 1891.

nach der in den Figuren 115 und 116 dargestellten Methode, durch Einschieben von Lamellen, welche mit den übrigen in der angegebenen Weise verbunden werden, vergröfsert.

Als Beispiel diene eine 6polige Armatur mit 64 Ankerstäben. Jede Armaturhälfte erhält 32 Stäbe, welche in jeder Hälfte (**Fig. 140** u. **141**) radial und gleichmäfsig am ganzen Umfange vertheilt angeordnet sind; in axialer Richtung liegen die beiden Hälften hintereinander.

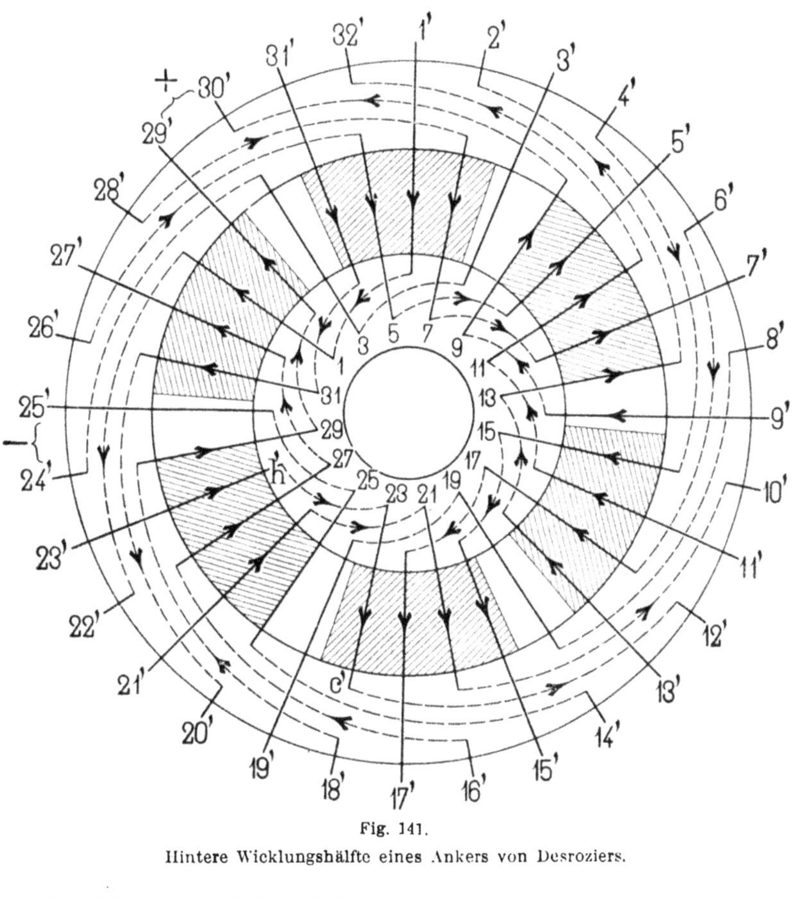

Fig. 141.
Hintere Wicklungshälfte eines Ankers von Desroziers.

Der Wicklungsschritt wird

$$y_1 + y_2 = \frac{s \pm 2}{p} = \frac{64 + 2}{3} = 22,$$

$$y_1 = 11, \quad y_2 = 11.$$

Dieser Schritt wäre einzuhalten, wenn alle 64 Stäbe in ein Schema eingetragen und von 1 bis 64 fortlaufend numerirt würden.

Wir wollen aber je zwei Stäbe, welche sich in axialer Richtung decken, mit nur einer Nummer bezeichnen, d. h. von 1 bis 32, wie in **Fig. 139** angegeben, wobei jede Nummer einen vordern und einen dahinter liegenden Stab bezeichnet.

Der totale Wicklungsschritt, auf diese Numerirung bezogen, wird statt $y_1 + y_2 = 22$ nun $\frac{22}{2} = 11$ und $y_1 = 6$, $y_2 = 5$ oder allgemein

$$y_1 + y_2 = \frac{\frac{s}{2} \pm 1}{p},$$

wenn s die Stabzahl beider Armaturhälften.

Wir verbinden nun in Fig. 139 das äufsere Ende des hintern Stabes 1 durch $b\,c$ mit dem äufseren Ende des vorderen Stabes $d\,c$, dann das innere Ende von $d\,c$ mit dem inneren Ende des vorderen Stabes $h\,b'$, nun das äufsere Ende von $h\,b'$ mit dem äufseren Ende des hinteren Stabes $c'\,d'$, dann d' mit dem hinten liegenden Stabe $h'\,b$ u. s. f.; es folgen stets zwei in der vordern und zwei in der hintern Armaturhälfte liegende Stäbe (oder bei Drahtwicklung eine Spule der vorderen und eine Spule der hinteren Armaturhälfte) abwechselnd aufeinander, bis sämmtliche 64 Stäbe (32 Spulen) durchlaufen sind. — Die Verbindungsstücke $b\,c$, $d\,h$, $b'\,c'$ und $d'\,h'$ werden nach Kreisevolventen geführt.

In den Figuren 140 und 141 sind die Verbindungen der Stäbe beider Armaturhälften gesondert gezeichnet. Denken wir uns Fig. 140 auf Fig. 141 gelegt und von den Stabenden 1 mit 1′, 2 mit 2′, 3 mit 3′ u. s. f. verbunden, so entsteht eine einfach geschlossene Reihenschaltung der 64 Ankerstäbe.

Die Verbindungsstellen von zwei Ankerstäben am inneren oder äufseren Umfange der Armatur können nun direkt an den Kollektor angeschlossen werden. In diesem Falle müfste die Lamellenzahl $= \frac{s}{2}$ sein, also in unserem Falle $= 32$. An die Lamellen mit geraden Nummern sind die Stäbe der einen Armaturhälfte (Fig. 140) und an die Lamellen mit ungeraden Nummern die Stäbe der andern Armaturhälfte (Fig. 141) anzuschliefsen.

Für Anker mit Drahtwicklung, bei denen es aus Fabrikationsrücksichten darauf ankommt, eine möglichst geringe Spulenzahl zu erhalten, vermehrt E. Desroziers die Kollektorlamellenzahl (k) derart, dafs

$$k = \frac{p}{m} \cdot \frac{s}{2}$$

wird, wobei m eine ganze Zahl und so zu zählen ist, dafs auch k eine ganze Zahl wird.

Für das gewählte Beispiel mit $p = 3$ und $\frac{s}{2} = 32$ Spulen, kann

$$k = 3 \cdot 23 = 96,$$

$$k = \frac{3}{2} \cdot 32 = 48,$$

$$k = \frac{3}{3} \cdot 32 = 32,$$

$$k = \frac{3}{4} \cdot 32 = 24,$$

$$k = \frac{3}{6} \cdot 32 = 16$$

werden.

Im ersten Falle mit $k = 96$ sind ebenso wie in Fig. 116 die 32 Spulen an 32 Lamellen angeschlossen und je 3 Lamellen, welche um einen Winkel von $\frac{360}{p} = 120^0$ auseinander liegen, werden leitend verbunden.

Mit $k = 48$ werden zunächst zwei Ankerspulen zu einer einzigen vereinigt, d. h. es werden nur 16 Lamellen des Kollektors an die Armaturspulen direkt angeschlossen, und drei Lamellen, die um 120^0 auseinander liegen, sind wiederum leitend miteinander verbunden.

Für $k = 32$ ist jede Spule mit einem Kollektorsegmente und für $k = 16$ sind je zwei Spulen mit einem Segmente verbunden.

Um mit $k = 24$ eine symmetrische Anordnung zu erhalten, werden je drei Spulen vereinigt, so dafs man zunächst nur 8 Kollektorlamellen erhält, diese Zahl wird dann wie oben verdreifacht.

Die Art und Weise, wie die Wicklung von Desroziers ausgeführt wird, ist im II. Theile beschrieben.

Scheibenanker von F. Fanta[1]).

Die Konstruktion von Fanta bezweckt, diejenigen Theile der Armatur, welche inducirt werden sollen, so dünn als möglich aufzubauen. Durch die geringe Entfernung, welche infolgedessen die einander gegenüberstehenden Pole erhalten, wird es möglich, mit verhältnifsmäfsig wenig Ampère-Windungen kräftige magnetische Felder zu erzeugen.

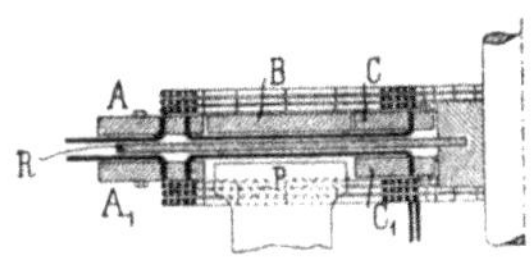

Fig. 142.

Die Armatur besteht zunächst aus einer Stützscheibe R (**Fig. 142**), welche mit der Nabe fest verbunden ist, und aus zwei isolirenden Seitenplatten.

---

[1]) D. R. P. Nr. 46240 v. 25. März 1888.

Jede Seitenplatte ist in drei koncentrische Ringe A, B, C, **Fig. 143**, getheilt, der mittlere B kann nach Fertigstellung der Armatur herausgenommen werden, während A und C fest mit der Stützscheibe R verbunden sind.

Vor der Befestigung auf die Stützscheibe werden die Seitenplatten mit Draht bewickelt. Der Verlauf der Wicklung ist mit derjenigen von Desroziers übereinstimmend und aus den Fig. 143 und 144 ersichtlich.

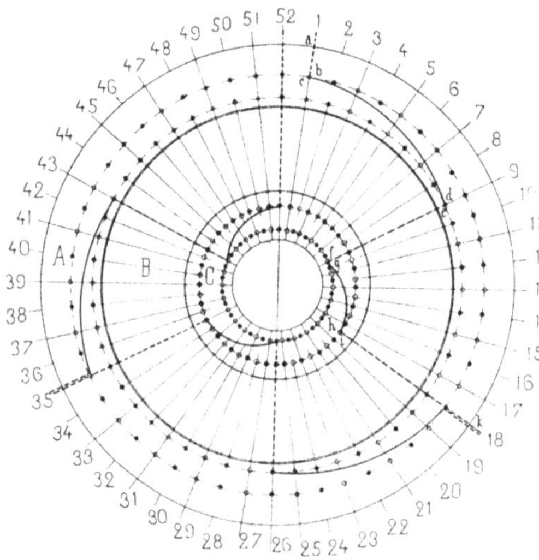

Fig. 143.
Scheibenanker von Fanta

Von a ausgehend wird der Draht an der Innenseite (uns abgekehrten Seite) der Platte bis zum Loche b geführt, durch dieses Loch hindurchgezogen, von c aus in einem excentrischen Bogen an der vordern Seite der Platte entlang bis d gebracht, wieder durch die Platte A hindurchgezogen, dann an der Innenseite der Platte radial von e bis f geführt, bei f durch den Ring C gesteckt, einem excentrischen Bogen $g\,h$ an der Vorderseite der Platte entlang gelegt, bei h wieder durch ein Loch nach i und dann auf der Innenseite in radialer Richtung nach aufsen bis k geleitet.

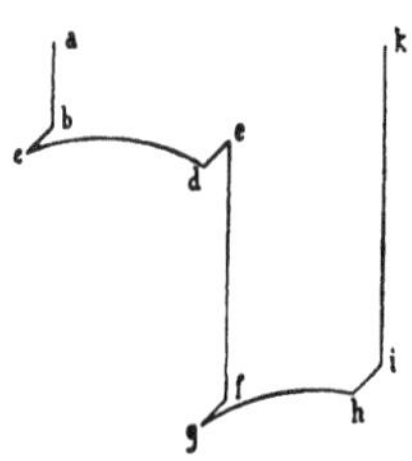

Fig. 144.

Dieser in **Fig. 144** noch besonders dargestellte Drahtzug bildet ein Element.

Auf jeder Seitenplatte $A\,B\,C$ und $A_1\,B_1\,C_1$ wird eine gewisse Anzahl solcher Elemente aufgewickelt; es liegen dann alle radialen Drähte auf derselben Plattenseite, und zwar flach nebeneinander. Mit dieser Seite werden die bewickelten Platten auf die Stützscheibe aufgelegt und die Ringe $A A_1$ und $C C_1$ damit befestigt. Die mittleren Ringe B und B_1 können nun entfernt werden, damit die inducirenden Pole P einen möglichst geringen Abstand erhalten.

Die Elemente werden nach Bedarf durch Reihen- oder Parallelschaltung verbunden.

Im wesentlichen stimmt diese Wicklung, sowohl was die Schaltung als die Konstruktion anbelangt, mit derjenigen von Desroziers überein.

Scheibenanker von Jehl & Rupp[1]).

Am 4. Februar 1887 liefs sich F. Jehl eine Konstruktion von Scheibenankern patentiren, welche einen der wesentlichsten Fortschritte im Aufbaue solcher Anker bedeutet.

Wir wissen, dafs sich die Verbindungen auf den Stirnflächen der Trommelanker so anordnen lassen, dafs keine Kreuzungen entstehen. In den Scheibenankern von Desroziers und Fanta ist die Wicklung ebenfalls, um Kreuzungen zu vermeiden, in zwei Ebenen ausgeführt.

In dem Scheibenanker von Jehl und Rupp liegen die beiden Armaturhälften ebenfalls in verschiedenen, zu einander parallelen Ebenen. Der Anker erhält aber seine Festigkeit nicht durch eine Stützscheibe, sondern die inducirten Leiter sind so dimensionirt und geformt, dafs dieselben in sich selbst genügende Steifigkeit besitzen.

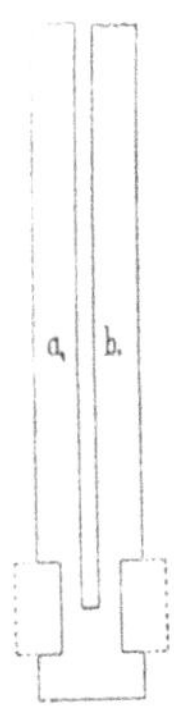

Fig. 145 a.

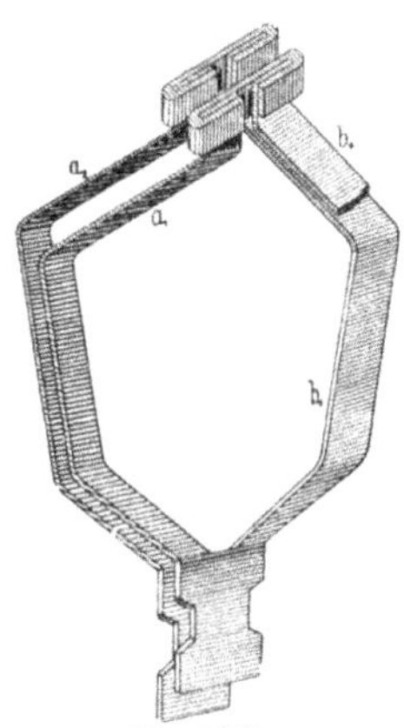

Fig. 145 b.

Zur Herstellung einer Wicklung mit Parallelschaltung dienen der Länge nach gespaltene Kupferstreifen, von der in **Fig. 145 a** dargestellten Form. Jeder Streifen wird in eine der **Fig. 145 b** ähnliche Gestalt gebracht; die Leiterelemente a_1 und b_1 liegen nun in verschiedenen Ebenen.

Das linke Ende a_1 wird mit dem rechten Ende b_0 der vorhergehenden, und das rechte Ende b_1 mit dem linken Ende a_2 der nächstfolgenden Spule verbunden. Sind sämmtliche Spulen auf diese Weise miteinander verlöthet, so erhält man einen geschlossenen Stromkreis, dessen eine Hälfte auf der linken und dessen zweite Hälfte auf der rechten Armaturhälfte liegt.

[1]) F. Jehl, Paris. D. R. P. Nr. 43298 vom 4. Febr. 1887.

Fig. 146 veranschaulicht das so entstandene Schema, welches eine Schleifenwicklung darstellt.

Der Einfachheit halber sind nur wenig Spulen angenommen. Die Leitertheile $a_0\,b_0$, $a_1\,b_1$, $a_2\,b_2$ u. s. f. gehören je einem Streifen an; die auf der vordern Armaturseite liegenden Leiter sind durch starke Linien markirt.

Um möglichst viele Spulen zu einer Armatur vereinigen zu können, kann man die innern Theile einer jeden Spule durch dünneres Metallband ersetzen, das jedoch, behufs Erzielung desselben Querschnittes,

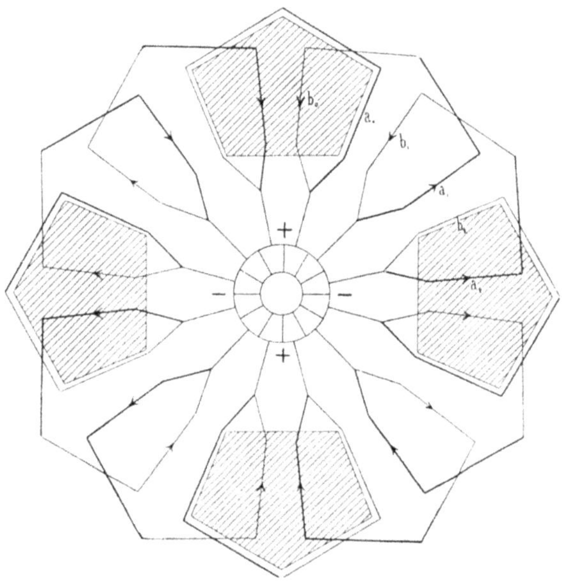

Fig. 146.
Scheibenanker von Jehl & Rupp mit Schleifenwicklung.

entsprechend breiter zu machen ist. Die Spulen können hierdurch dichter aneinander gereiht werden.

Die Zahl der Kollektorsegmente kann gleich der halben Stabzahl sein, oder man faſst mehrere Stäbe zu einer Gruppe zusammen und verbindet nur das Ende jeder Gruppe mit dem Kollektor.

Wählen wir die Stabzahl

$$s = c\ (p \cdot y \pm 1)$$

und verbinden dieselben nach der allgemeinen Schaltungsregel, so entsteht eine Wellenwicklung.

In **Fig. 147** ist für $s = 14$, $y = 3$, $p = 2$ die Verbindung der Stäbe veranschaulicht, die Zahl der Elemente ist $= 7$.

Jehl und Rupp verbinden die Stäbe auch nach dem Schema **Fig. 148.** Hier ist $c = 4$

$$s = 4\,(p \cdot y \pm 1)$$

oder

$$s = 4\,(2 \cdot 3 - 1) = 20, \quad y = 3.$$

Jedes Element besteht aus vier radialen Stäben, die Anfänge der Elemente sind mit 1, 2, 3 ..., die Enden mit 1′, 2′, 3′ ... bezeichnet. 1′ ist mit $1 + y = 4$ zu verbinden.

Entsprechend der in Fig. 63 für Ringanker angegebenen Wicklung wird die Zahl der Kollektorsegmente dadurch auf die Hälfte reducirt,

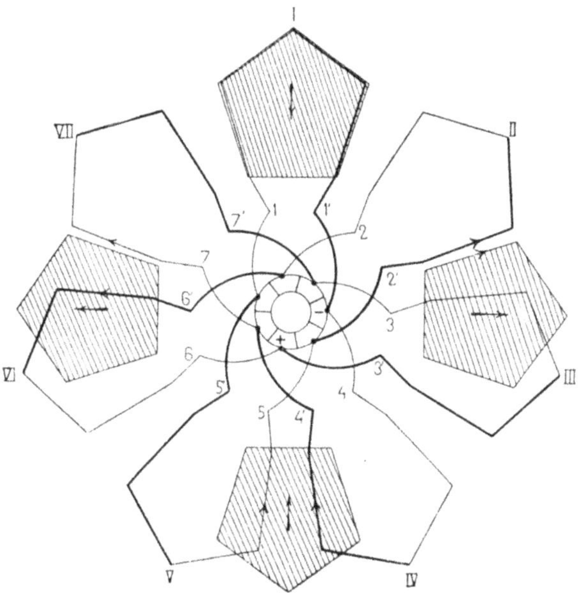

Fig. 147.
Scheibenanker von Jehl & Rupp mit Wellenwicklung.

indem wir aber diametral zu jedem derselben ein neues Segment einschalten (Fig. 148), erhalten wir wieder $\frac{s}{2}$ Segmente.

Ein Unterschied zwischen den Scheibenankern von Desroziers und Fanta und demjenigen von Jehl & Rupp besteht noch darin, dafs bei den erstern die zu einer Spule gehörigen radialen Leiter in verschiedenen magnetischen Feldern liegen und gleichzeitig inducirt werden, während bei dem letztern sich stets nur eine Seite der Spule im magnetischen Felde bewegt. Die Oeffnung jeder Spule ist hier um etwas gröfser als die Polfläche. Würde sich die Oeffnung genau mit der Begrenzung der Feldmagnete decken, so wäre der neutrale Raum gleich Null, es ist daher geboten, die Spulen zu erweitern.

Die Herstellung der Spulen aus Metallstreifen, welche in zwei verschiedenen Ebenen liegen, kann mit Vortheil auch für andere Wicklungen angewendet werden.

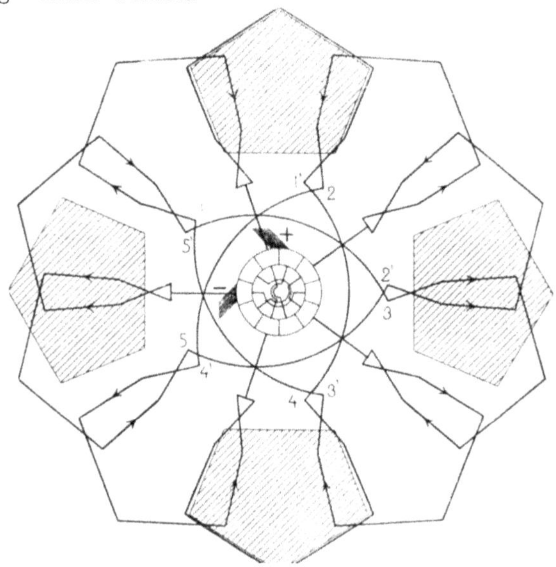

Fig. 148.
Scheibenanker von Jehl & Rupp mit Wellenwicklung und vermehrter Zahl der Kollektorlamellen.

Scheibenanker von Fritsche[1]).

Zu den bekanntesten Scheibenankern gehört derjenige von W. Fritsche. Die Schaltung der Ankerstäbe stimmt im Principe mit der Schaltung von Perry und Desroziers überein, aber W. Fritsche hat das Verdienst, einen Scheibenanker von möglichst einfacher Bauart erdacht zu haben.

Der Unterschied der ersten, nun verlassenen Konstruktion von Fritsche gegenüber denjenigen von Desroziers und Jehl & Rupp besteht darin, dafs die Ankerwicklung aus lauter geraden Stäben hergestellt ist, welche in zwei zueinander parallelen Ebenen untergebracht sind. Die Verbindungsweise der Stäbe entspricht der allgemeinen Schaltungsregel der Trommelanker.

In **Fig. 149** ist für

$$p = 4, \quad s = 42, \quad k = 21$$

$$y_1 + y_2 = \frac{42 - 2}{4} = 10$$

$$y_1 = y_2 = 5$$

[1]) D. R. P. Nr. 45808 vom 19. Juni 1887.

die Ankerwicklung von Fritsche dargestellt. Der Stab 1 ist mit dem Stabe $1 + y = 6$ zu verbinden. Wir halbiren den Winkel zwischen 1 und 6 durch die Linie OM, dieselbe schneidet den innern Begrenzungskreis der Armatur in a; $1a$ und $6a$ geben jetzt die Lage der Stäbe.

Aus dem Schema Fig. 138 kann man sich die Wicklung von Fritsche entstanden denken, indem man die Polygonform der Spulen durch die Dreieckform ersetzt und die Polschuhe so gestaltet, dafs

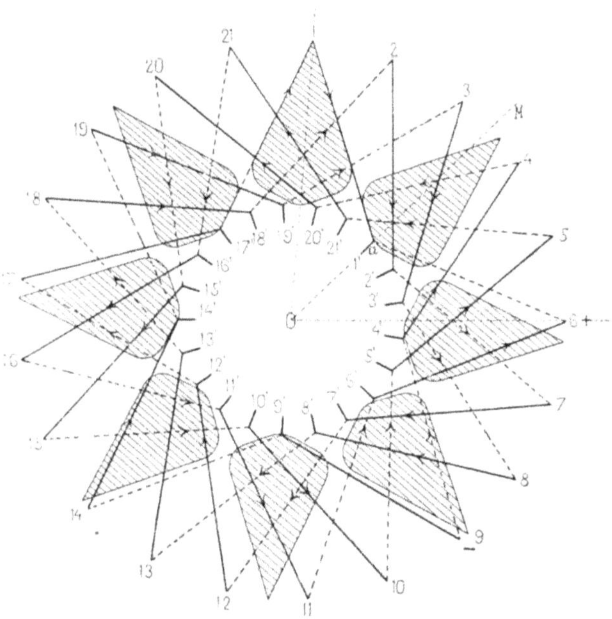

Fig. 149.
Wellenwicklung für Scheibenanker von W. Fritsche mit geraden Stäben.

keine einander entgegenwirkenden elektromotorischen Kräfte inducirt werden. Dieselbe Wicklung entsteht, wenn wir das Schema Fig. 105 hochkant zur Kreisform aufrollen.

Ein Vergleich des Scheibenankers von Fritsche mit dem Ringanker von Perry, Fig. 58, ergiebt, dafs, wenn wir in der letztern Figur 1 mit 1′, 2 mit 2′, u. s. f. in einen Punkt zusammenfallen lassen, uns die Querverbindungen der Spulen für sich allein das richtige Schema eines Scheibenankers nach Fritsche für $n = 6$, $z = 32$, $y = 5$ darstellen.

Als Kollektor benutzt Fritsche die am äufsern Umfange liegenden Verbindungsstücke der zu einem Knotenpunkte gehörigen Stäbe. Die Lage der Bürsten am äufsern Umfange des Ankers ist in der Fig. 149

eingezeichnet. Die Stäbe selbst bestehen aus gebogenem Flacheisen, deren innere und äufsere Enden mit den Verbindungsstücken verlöthet sind. Das ganze Stabsystem wird schliefslich fest mit der Nabe verbunden.

Die Herstellung der Wicklung aus geraden oder nach Evolventen gebogenen Stäben hat zwei Nachtheile, welche W. Fritsche veranlafsten, diese Konstruktion zu verlassen.

Erstens ist man gezwungen, die Armaturstäbe in zwei Ebenen unterzubringen und von einander in der Richtung der Kraftlinien zu isoliren, dadurch wird die Entfernung der Pole vergröfsert und die

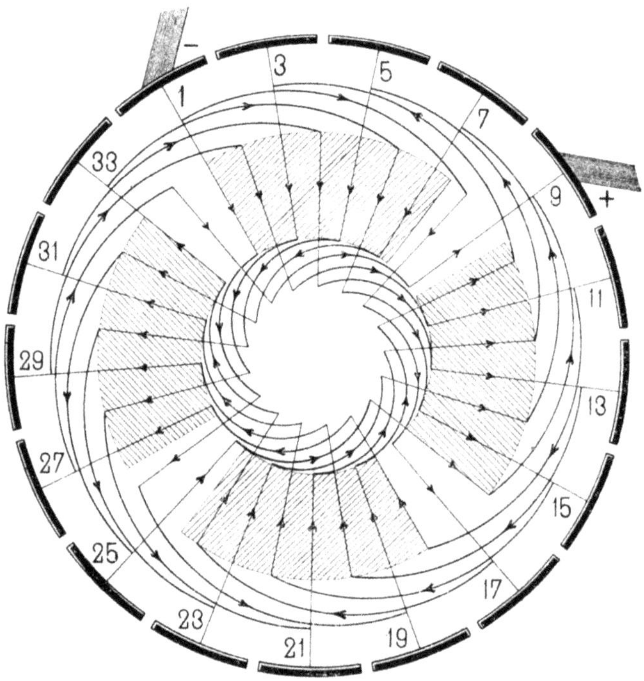

Fig. 150.
Wellenwicklung für Scheibenanker von W. Fritsche mit geraden radialen Stäben und besonderen Querverbindungen.

Erregung und der Wirkungsgrad der Maschine in ungünstiger Weise beeinflufst. — Zweitens ist es bei gröfseren Stabzahlen, welche praktische Ausführungen erfordern, nicht möglich, die Stäbe geradlinig herzustellen, sondern sie müssen, um den Platz möglichst gut auszunützen, nach Evolventen gebogen werden. Diese gebogenen Stäbe verwerfen und strecken sich, wenn die Maschine sich erwärmt, und ein Rundlaufen des Ankers und Kollektors geht verloren.

W. Fritsche verwendet daher bei seinen Radankern seit einigen Jahren gerade, radiale Stäbe, die sich in einer Ebene befinden,[1]) und welche durch seitliche am äufsern und innern Umfange liegende, nach Evolventen gekrümmte Kupferstreifen nach dem Schaltungsschema **Fig. 150** verbunden sind.

In Fig. 150 ist

$$p = 2, \quad s = 34,$$

$$y_1 + y_2 = \frac{34 - 2}{2} = 16$$

$$y_1 = 7, \quad y_2 = 9.$$

Die halbe Zahl der Stäbe (in der Figur sind diese mit ungeraden Nummern bezeichnet) ist an die Kollektorlamellen angeschlossen.

Die Querverbindungen liegen entweder vor oder hinter der Ebene der radialen Stäbe, oder, wenn der Raum, den diese Verbinder in radialer Richtung einnehmen, vermindert werden soll, abwechselnd zu beiden Seiten derselben. Auf diese Weise wird eine Kreuzung der radialen Stäbe mit den Verbindern vermieden und eine gute Isolation ermöglicht.

Scheibenanker und Ringanker mit schräger Wicklung.

Die übereinandergreifenden Spulen sind bei dieser Wicklung schräg zur Rotationsebene gestellt. Die Winkelweite jeder Spule ist derart

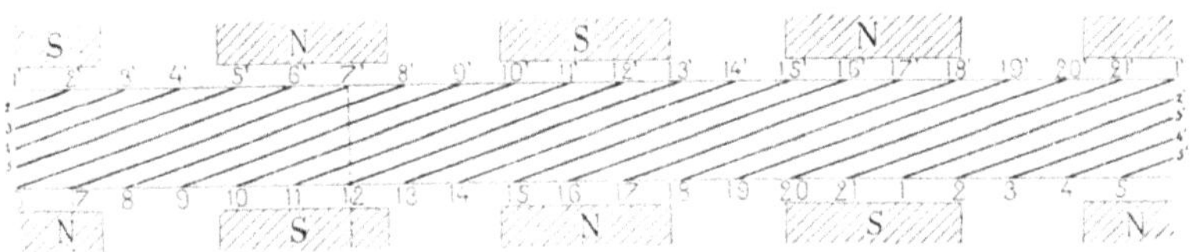

Fig. 151.
Schräge Wellenwicklung.

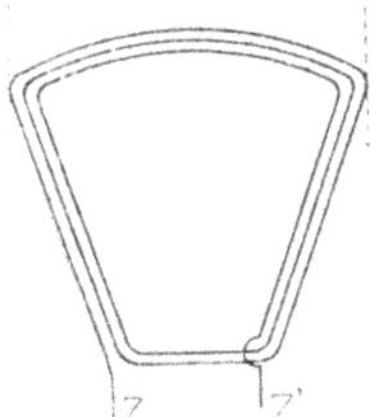

Fig. 152.

bemessen, dafs, wenn sich die eine Seite derselben in dem einen magnetischen Felde befindet, sich die andere Seite in einem Felde entgegengesetzter Polarität bewegt.

Fig. 151 stellt die Lage der Spulen in Bezug auf die magnetischen Felder dar; die Ansicht auf den Umfang des Ankers ist dabei in die Papierebene abgewickelt gedacht. Die Vorderansicht einer einzelnen Spule, acht magnetische Felder vorausgesetzt, zeigt **Fig. 152**. Die Enden

[1]) Übereinstimmend mit dem Scheibenanker von H. Müller, Amerik. Patent Nr. 331 726 vom 1. Dez. 1885.

der Spulen können nach dem Schema Fig. 138 auf Spannung oder nach Schema Fig. 94 parallel geschaltet werden.

Wicklungen mit schräger Lage der Spulen sind von Ayrton und Perry[1]), von Elphinstone-Vincent[1]) und ferner von Desroziers[2]) angegeben worden; in welcher Art die Schaltung derselben war, ist jedoch dem Verfasser nicht bekannt.

Besteht jede Spule aus nur einer einzigen Windung, und denken wir uns sämmtliche Windungen auf eine dünne Scheibe in schräger Lage aufgeschoben und nach der allgemeinen Schaltungsregel hintereinandergeschaltet, so erhält man das Schema Fig. 153.

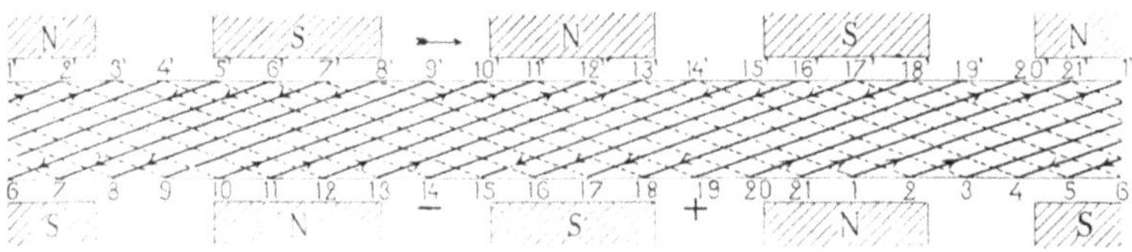

Fig. 153.
Schräge Wellenwicklung.

Dasselbe stellt ebenso wie Fig. 151 die Ansicht des Ankerumfanges in abgewickelter Form dar. Die inducirten radialen Leiter erscheinen als Punkte, die Querverbindungen am äufsern Umfange sind als volle, diejenigen am innern Umfange als punktirte Linien markirt. Die Schaltung bewegt sich somit, von 1′ ausgehend, am innern Umfange nach 11, dann radial nach aufsen, von 11 schräg am äufsern Umfange nach 11′, dann radial nach innen, von 11′ am innern Umfange wieder schräg nach 21, dann folgt 21′, 10, 10′, 20, 20′, 9 u. s. f., bis man schliefslich zu 1′ zurückgelangt. Irgend eine Kreuzung findet nicht statt. Die Lage der Bürsten ist in der Figur durch + und — angedeutet.

Denken wir uns nun das Schema um eine in der Richtung NS liegende Axe zur Kreisform zusammengebogen, so erhalten wir eine Anordnung, welche den Flachringmaschinen von Schuckert entspricht, jedoch mit dem Unterschiede, dafs hier Pole entgegengesetzter Polarität einander gegenüberstehen, und dafs daher bei der Wahl der Eisenstärke des Ringes nur auf die mechanische Festigkeit desselben Rücksicht zu nehmen ist.

Die Fig. 153 hat der Verfasser auch in der ersten Auflage dieses Buches besprochen; der Firma Guénod-Sautter & Cie. ist nun seither eine Ankerstromkonstruktion patentirt worden[3]), welche mit obiger Anordnung identisch ist.

[1]) S. P. Thompson, Dyn. Masch. 3. Aufl., S. 206.

[2]) La Lum. électr. t. 24 (1887), p. 293.

[3]) D. R. P. Nr. 61436 v. 26. Juni 1891.

In der **Fig. 154** ist die der Patentschrift entnommene Anordnung für Parallelschaltung und in **Fig. 155** für Reihenschaltung dargestellt. Denken wir uns Fig. 153 um eine zur Papierebene senkrecht stehende Axe zur Kreisform zusammengebogen, so entsteht die Anordnung Fig. 155. Wir haben nun einen dünnen, mit Draht bewickelten Ring, der zwischen innen- und aufsenliegenden Polen rotirt.

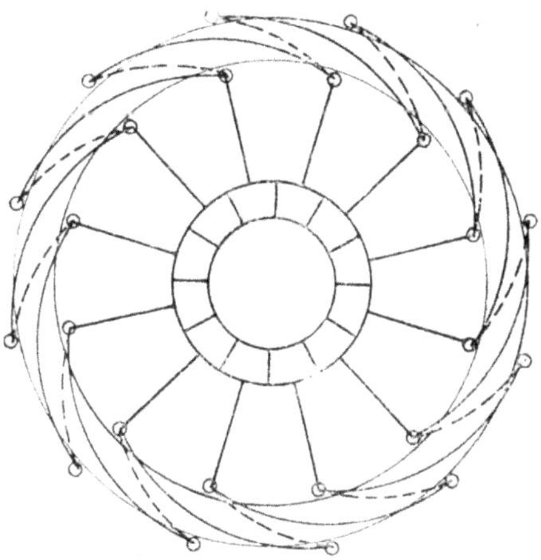

Fig. 154.
Ringanker mit schräger Schleifenwicklung.

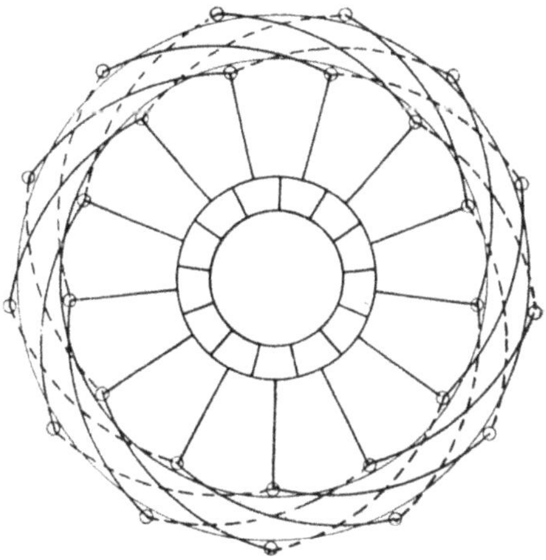

Fig. 155.
Ringanker mit schräger Wellenwicklung.

Flache Cylinderanker von Frick, von Siemens & Halske und von W. Fritsche.

Während bei den Scheibenankern die Armaturstäbe zwischen Polen rotiren, deren magnetische Axe parallel zur Richtung der Drehaxe liegt, kann die Anordnung auch so getroffen werden, dafs die magnetische Strömung im Luftraume senkrecht zur Drehaxe erfolgt.

Wir denken uns zu dem Zwecke die Armaturstäbe mit den Querverbindungen, ohne letztere zu ändern, zu einem Cylinder zusammengerollt und zwischen zwei Polkränzen mit radialen Polen, wie **Fig. 156** darstellt, rotirend.

In dem Patente von Frick[1]) ist dessen früher besprochene Schaltung auf scheiben-, cylinder- und kegelförmige Anker ausgedehnt. Die obige Anordnung, aber mit einer Schaltung, welche den älteren Patenten von Perry und W. Fritsche entspricht, finden wir in dem Patente von Siemens & Halske[2]) wieder. W. Fritsche[3]) hat die konstruktiven Schwierigkeiten, welche diese Anordnung bietet, mit grofsem

¹) D. R. P. Nr. 3147 v. 6. Dez. 1877.
²) D. R. P. Nr. 54083 v. 9. Juni 1889.
³) D. R. P. Nr. 78075 v. 20. Mai 1893.

Geschicke überwunden. Auf diese Konstruktion werden wir später (Fig. 414 und 415) ausführlicher zurückkommen, es ist die einzige ihrer Art, welche praktische Verwendung gefunden hat. Fritsche bezeichnet diese Konstruktion als »Glockenanker«.

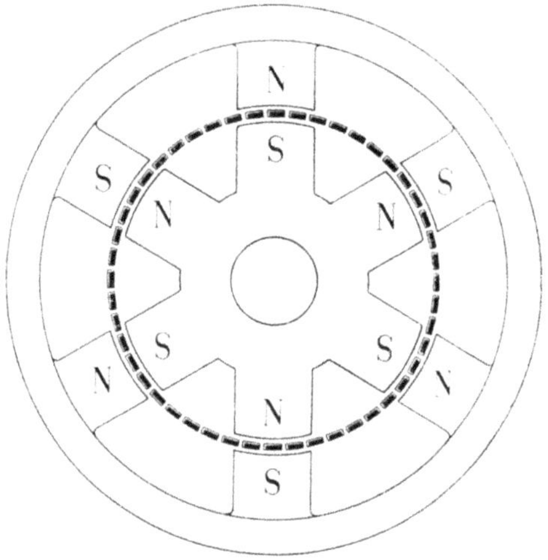

Fig. 156.
Flacher Cylinderanker.

Scheibenanker von Siemens und Halske[1]).

(v. Hefner-Alteneck.)

In sehr sinnreicher Weise ist es v. Hefner-Alteneck gelungen, einen vielpoligen Scheibenanker zu bauen. Obwohl diese Schaltung keine praktische Verwendung gefunden hat, so soll dieselbe hier doch erwähnt werden, und zwar deshalb, weil diese Schaltung aus einer eigenthümlichen Kombination von 8 Polen und 6 Spulen hervorgeht und weil, wie später bei den offenen Ankerwicklungen gezeigt wird, noch andere Schaltungen, deren Wirkungsweise auf einem bestimmten Zahlenverhältnifs der Magnetpole und der Armaturspulen beruht, möglich sind.

Die Schaltung von v. Hefner ist in **Fig. 157** schematisch dargestellt. Die schraffirten Pole hat man sich hinter der Papierebene zu denken; vor der Papierebene stehen dann ebensoviele Pole entgegengesetzter Polarität. Die als einfache Schleifen gezeichneten Armaturspulen sind in Serie geschaltet, und die Zahl der Kollektorlamellen ist derart gewählt, dafs ebenso wie bei einer zweipoligen Maschine von jeder Bürste gleichzeitig nur eine Spule kurz geschlossen wird.

[1]) D. R. P. Nr. 15389 v. J. 1881.

In der Gesammtanordnung weist die Maschine zwei Magnetkränze auf, welche ihre Pole einander derart zukehren, dafs die magnetischen Felder mit abwechselnder Polarität einander folgen. Die Zahl der Armaturspulen ist kleiner als die Zahl der Felder und zwar ist

$$s = 2\,(p - 1).$$

In Fig. 157 sind sechs Spulen angenommen, welche zwischen acht magnetischen Feldern entgegengesetzter Polarität rotiren. Von den sechs Spulen kommen immer nur zwei gegenüberliegende gleichzeitig gänzlich in die betreffenden magnetischen Felder zu liegen, während die übrigen Spulen noch einen gröfsern oder kleinern Abstand von

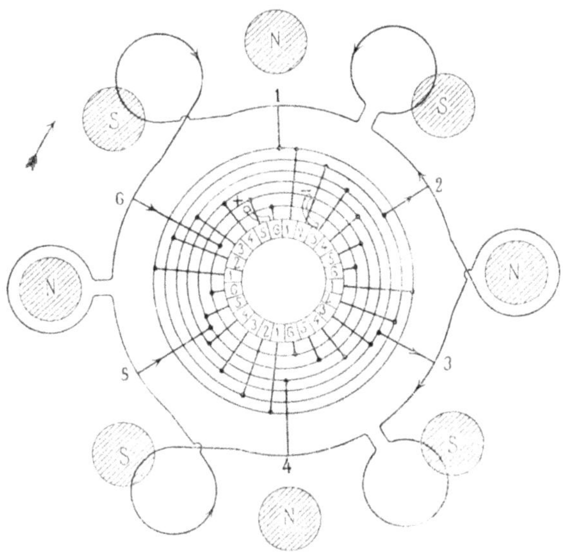

Fig. 157.
Scheibenankerwicklung nach v. Hefner-Alteneck.

den andern magnetischen Feldern haben. Bei der Drehung der Armatur werden daher die inducirten Stromimpulse nicht gleichzeitig in sämmtlichen Spulen ein Maximum, sondern in aufeinanderfolgenden Spulen in nacheinanderfolgenden Zeiten.

Man mag nun die augenblickliche Stellung der Spulen zu den magnetischen Feldern denken wie man will, so wird man stets die Armatur durch eine die Axe schneidende Linie in zwei Hälften zerlegen können, die in entgegengesetztem Sinne vom Strome durchflossen werden, während die Stromimpulse sich addiren.

Die erwähnte Halbirungslinie ändert dabei fortwährend in sehr raschem Umlauf ihre Stellung und schneidet dabei stets diejenigen

Punkte des durch die Spulen gebildeten Leitungskreises, welche mit den Kommutatorsegmenten, auf denen im gleichen Momente die Bürsten schleifen, in Verbindung stehen.

Der Kommutator besteht aus $k = p \cdot s$ Segmenten, und je p Segmente, die um einen Winkel von $\frac{360}{p}$ Grad von einander abstehen, sind leitend untereinander verbunden und an einen der Verbindungsdrähte zweier benachbarten Spulen angeschlossen. In unserer Figur besitzt der Kommutator 24 Theile, und $p = 4$ Segmente gehören zu einer Gruppe. Die Verbindung der zu Gruppen (1, 1, 1, 1 bezw. 2, 2, 2, 2 u. s. f.) vereinigten Segmente unter sich und mit den Armaturspulen geschieht mittels isolirt auf die Axe aufgesetzten Ringen.

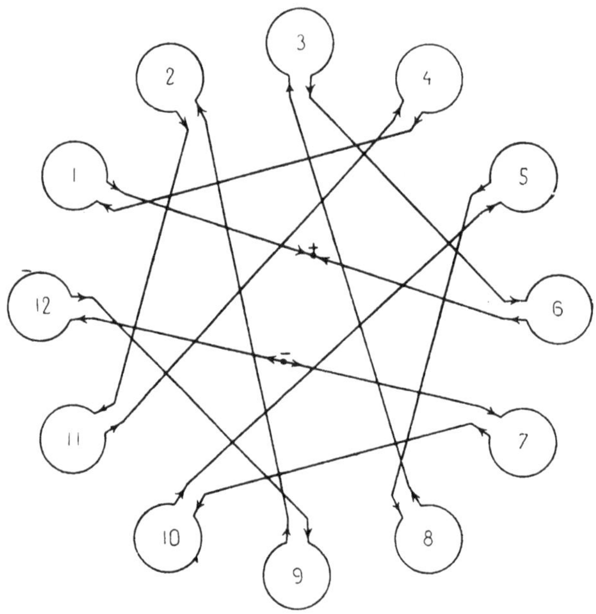

Fig. 158.
Verbindung der Spulen eines 8 poligen Scheibenankers nach v. Hefner-Alteneck.

Bezeichnen wir die aufeinander folgenden Segmente der sechs Gruppen mit 1 bis 6 und die zugehörigen Verbindungsdrähte der Spulen ebenfalls mit 1 bis 6, so werden durch die Bürsten immer diejenigen Spulen kurzgeschlossen, welche zwischen den Zahlen liegen, die mit den Nummern der von den Bürsten berührten Kommutatorsegmente übereinstimmen. Liegt z. B. die eine Bürste auf den Segmenten 5 und 6, die andere auf 2 und 3, so sind die zwischen den Verbindungsdrähten 5 und 6, bezw. 2 und 3 liegenden Spulen kurzgeschlossen.

Anstatt mehr magnetischer Felder als Spulen können auch deren weniger sein und die Differenz braucht nicht gerade zwei zu sein. Es kann auch die Zahl der Spulen vervielfacht, beispielsweise verdoppelt werden.

In **Fig. 158** ist für eine Maschine mit acht Feldern und zwölf Spulen die Verbindung der Spulen untereinander aufgezeichnet. Man sieht daraus, dafs die Spulen, in welchen die Stromimpulse in unmittelbarer Aufeinanderfolge eintreten, nicht mehr aufeinanderfolgend, sondern sprungweise im Kreise herum liegen und dementsprechend in den Stromkreis eingeschaltet sind. Die Zahl der Kommutatortheile beläuft sich für dieses Schema auf 48, welche in zwölf Gruppen zu vier Segmenten angeordnet sind.

B. Die Ausführung der geschlossenen Ankerwicklungen mit Rücksicht auf die Funkenbildung und die Ankerrückwirkung.

In jedem Gleichstromanker mit geschlossener Wicklung werden die Spulen durch die Bürsten in parallel geschaltete Gruppen oder Ankerstromzweige getheilt. Die Stromrichtung in der einen Gruppe ist derjenigen in der folgenden Gruppe entgegengesetzt gerichtet. Wenn daher bei der Drehung der Armatur eine Spule von der einen Gruppe in die folgende übertritt, so mufs ein Richtungswechsel des Stromes stattfinden. Während des Uebertrittes der Spule werden die Enden derselben am Kollektor durch die Bürsten leitend verbunden; dieselbe wird also kurzgeschlossen.

Damit am Kollektor keine schädliche Funkenbildung auftritt, mufs der Richtungswechsel des Stromes während des Kurzschlusses derart stattfinden, dafs die Aenderung des Stromes der kurzgeschlossenen Spule nach der Zeit möglichst konstant und am Ende des Kurzschlusses möglichst gleich Null ist.

Da einerseits die elektromotorische Kraft der Selbstinduktion das Kommutiren des Stromes (das Verschwinden und Entstehen desselben) verzögert und anderseits die Dauer des Kurzschlusses nur sehr kurz ist, so ist die Erfüllung der gestellten Bedingung nur möglich, wenn sich die Spule in einem solchen magnetischen Felde bewegt, dafs die inducirte *E. M. K.* die Kommutation beschleunigt.

Um einen funkenlosen Betrieb zu erhalten, darf sich daher die kurzgeschlossene Spule nicht in der neutralen Zone befinden, sondern die Bürsten müssen soweit gedreht werden, bis die Spule in ein magnetisches Feld von passender Intensität gelangt.

Die Lage der neutralen Zone selbst ist von der magnetischen Rückwirkung des Ankerstromes abhängig. Das durch die Feldmagnetwicklung erzeugte magnetische Feld wird durch die Ankerrückwirkung geschwächt und verzerrt und die neutrale Zone wird infolgedessen bei Generatoren im Sinne der Drehrichtung und bei Motoren im umgekehrten Sinne verschoben. Wir wollen nun die Erscheinungen, welche mit dem Kurzschlufs einer Spule verbunden sind und die Ankerrückwirkung getrennt betrachten. —

Die Erscheinungen, welche mit dem Kurzschlufs der Spulen verbunden sind.

In Fig. 159 sind verschiedene Zeitpunkte der Periode eines Kurzschlusses dargestellt. Die von einander isolirten Kollektorlamellen sind mit 1, 2, 3, die Spulen, deren Enden mittelst Abzweigungen an diese Lamellen angeschlossen sind, mit a, b, c bezeichnet. Die Bürstenbreite b ist gleich der Breite einer Lamelle gewählt. —

Bezeichnen wir ferner mit

J die Stromstärke eines Armaturstromzweiges,
i_1 die Stromstärke der ablaufenden Kollektorlamelle 1,
i_2 die Stromstärke der auflaufenden Kollektorlamelle 2,
s_{I}, s_{II} die Stromdichte unter der Bürste entsprechend i_1 bezw. i_2,
t die Zeit in Sec., vom Beginne des Kurzschlusses an gezählt,
t_1 die Zeit bis der Kurzschlufsstrom $= 0$ wird.
i die Stromstärke der kurzgeschlossenen Spule zur Zeit t
b die Bürstenbreite in cm, } in der Drehrichtung des
β die Breite einer Kollektorlamelle in cm, } Kollektors gemessen
v die Umfangsgeschwindigkeit des Ankers in cm pro Sec.,
n die Umdrehungszahl des Ankers pro Minute,
k die Zahl der Kollektorlamellen,
$T = \frac{60 \cdot b}{n \cdot k \cdot \beta}$ die Zeitdauer des Kurzschlusses einer Spule,
R_s den Widerstand der kurzgeschlossenen Spule,
R_v den Widerstand der Verbindung der Spule mit einer Lamelle,
R den Widerstand der kurzgeschlossenen Spule incl. dem Widerstande der Verbindungen der Spule mit den Lamellen 1 und 2,

$$\text{also } R = R_s + 2\,R_v,$$

R_1 den Uebergangswiderstand von dem Kollektor zur Bürste,
L den Selbstinduktionskoefficient der Spule in der Lage des Kurzschlusses,
$e = f(t)$ die zur Zeit t in der kurzgeschlossenen Spule inducirte $E.\,M.\,K.$ (die kommutirende $E.\,M.\,K.$)

In Fig. 159a befindet sich nur die Lamelle 1 unter der Bürste und der Strom beider Armaturhälften vereinigt sich in dieser Lamelle. Es ist

$$i_1 = 2J \qquad i_2 = 0.$$

In **Fig. 159 b** berührt die Bürste die Lamellen 1 und 2, die Spule b wird infolgedessen kurzgeschlossen. Der gesammte in die Bürste übertretende Strom vertheilt sich jetzt auf die Lamellen 1 und 2. Es ist

$$i_1 = J + i \text{ und } i_2 = J - i \qquad (20$$

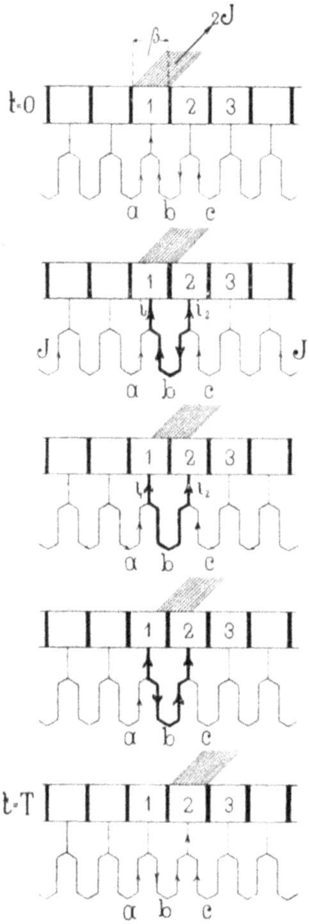

Fig. 159 a—e.
Aufeinanderfolgende Zeitpunkte der Kurzschlufsperiode.

Unter der Einwirkung der kommutirenden *E. M. K.* wird die Stromstärke in der kurzgeschlossenen Spule rasch abnehmen und zu Null werden. Die **Fig. 159 c** soll diesen Moment darstellen. Wir haben jetzt

$$i = 0$$

$$i_1 = J \qquad i_2 = J.$$

Im nächsten Momente wird in der kurzgeschlossenen Spule ein Strom von umgekehrter Richtung fliefsen. Für **Fig. 159 d**, welche den Moment kurz vor Beendigung des Kurzschlusses darstellt, wird daher

$$i_1 = J + (-i) \qquad i_2 = J - (-i).$$

Im letzten Momente, in welchem die Lamelle 1 die Bürste verläfst, ist der Uebergangswiderstand ∞ grofs, daher $i_1 = 0$ und

$$i = J$$

$$i_2 = 2J.$$

Der Uebergangswiderstand nähert sich am Ende der Kurzschlufsperiode sehr rasch dem Werthe ∞. Hat daher die Stromstärke i_1 noch einen erheblichen Werth, so wird die Stromdichte im Uebergangsquerschnitte zu grofs, es tritt Funkenbildung und Erwärmung der Bürsten ev. bis zum Glühendwerden ein.

Der zeitliche Verlauf des Kurzschlufsstromes i am Ende der Kurzschlufsperiode ist demnach für die Funkenbildung mafsgebend.

Wir wollen daher den Werth des Kurzschlufsstromes zur Zeit T ermitteln.

Die Uebergangswiderstände[1]) zwischen der Bürste und den Lamellen 1 und 2 sind veränderlich. Der erstere ist

[1]) Den grofsen Einflufs der Veränderlichkeit der Uebergangswiderstände auf die Kommutirung und die Funkenbildung hat Thorburne Reid im The Electrician 1898, p. 515 erörtert. Die konstante Stromdichte unter den Bürsten ist aber nicht, wie Th. Reid annimmt, die günstigste Bedingung für die Kommutirung.

$$= \frac{R_1 T}{T - t}$$

und wird $= \infty$ zur Zeit $t = T$.

Der zweite ist

$$= \frac{R_1 T}{t}$$

und wird $= R_1$ zur Zeit $t = T$.

Für den Kurzschlufsstromkreis erhalten wir nun, da die algebraische Summe der *E. M. Ke.* gleich Null ist, die Gleichung

$$L \frac{d i}{d t} + f(t) + R_s i + R_v i_1 + \frac{R_1 T}{T - t} \cdot i_1 - \frac{R_1 T}{t} - R_v i_2 = 0.$$

Die Werthe für i_1 und i_2 aus Gl. 20 eingesetzt giebt:

$$L \frac{d i}{d t} + f(t) + R i + \frac{R_1 T}{T - t}\left(J + i\right) - \frac{R_1 T}{t}\left(J - i\right) = 0. \qquad (21$$

Die gegenseitige Induktion benachbarter Armaturspulen ist hierbei nicht berücksichtigt. Während der Kurzschlufsstrom zu Null wird, wird ein Theil der Selbstinduktionsarbeit durch gegenseitige Induktion auf die benachbarten Spulen übertragen; das Verschwinden des Kurzschlufsstromes wird daher beschleunigt. Um einen Kurzschlufsstrom von entgegengesetzter Richtung zu erzeugen, hat die kommutirende *E. M. K.* sowohl die Arbeit der Selbstinduktion als der gegenseitigen Induktion zu leisten, die gegenseitige Induktion verzögert daher das Entstehen des Kurzschlufsstromes. Der wesentliche Einflufs der gegenseitigen Induktion besteht also darin, dafs die Umkehrung des Kurzschlufsstromes etwas früher erfolgt. Um die Rechnung möglichst einfach zu gestalten, ist die gegenseitige Induktion nicht berücksichtigt worden.

Die Auflösung der Differentialgleichung (21) bietet einige Schwierigkeiten[1]).

Wir setzen $e = f(t) = E + H \cdot t$ und $E + HT = e_T$ . . . . (22

H ist eine Konstante und Ht die Aenderung der kommutirenden *E. M. K.* während der Zeit t. Zur Zeit $t = T$ wird $i = -J$. Es nähert sich also $\frac{J + i}{T - t}$ mehr und mehr dem Werthe $-\left(\frac{d i}{d t}\right)_{t = T}$ wenn t sich T nähert.

Für die Zeit kurz vor $t = T$, etwa zur Zeit $T - \delta$, wenn δ sehr klein ist, gilt in erster Annäherung die Gleichung

$$L \left(\frac{d i}{d t}\right)_{t = T - \delta} + R_1 T \cdot \left(\frac{J + i}{T - t}\right)_{t = T - \delta} = J\left(R + 2 R_1\right) - e_T. \qquad (23$$

[1]) An der mathematischen Behandlung dieses Problems hat Herr Privatdocent Dr. Mie in dankenswerther Weise mitgewirkt.

Es sind nun zwei Fälle möglich:

I. $\left(\frac{di}{dt}\right)_{t=T}$ ist endlich. Dann folgt aus der Gleichung durch Grenzübergang

$$\left(\frac{di}{dt}\right)_{t=T} = -\frac{RJ + 2R_1J - e_T}{R_1T - L} \quad \ldots \quad (24$$

II. $\left(\frac{di}{dt}\right)_{t=T}$ ist unendlich grofs.

Um zu entscheiden, welcher von diesen beiden Fällen eintritt, setzen wir

$$\frac{J(R + 2R_1) - e_T}{L} = C$$

$$\frac{R_1 T}{L} = \tau$$

$$J + i = i_1 \qquad T - t = t_x,$$

so wird Gl. 23

$$\frac{di}{dt_x} - \tau \cdot \frac{i_1}{t_x} = -C \quad \ldots \ldots \quad (25$$

deren Integral lautet, wenn $\tau \gtrless 1$

$$i_1 = A \cdot t_x^{\tau} + C\frac{t_x}{\tau - 1} \quad \ldots \ldots \quad (26$$

A ist eine Konstante. —

Es ergiebt sich also als erste Annäherung für i in der Nähe des Momentes $t = T$

$$i = -J + C\frac{T - t}{\tau - 1} + A \cdot \left(T - t\right)^{\tau} \quad \ldots \quad (27$$

ist $\tau = 1$, so ist

$$i = -J - C(T - t) \cdot ln(T - t) + A(T - t).$$

Eine eingehendere mathematische Untersuchung zeigt, dafs A im allgemeinen von Null verschieden ist.

Daraus folgt, dafs, abgesehen von einem unwesentlichen, für jedes τ eintretenden Specialfall

$$\text{I.} \quad \left(\frac{di}{dt}\right)_{t=T} = \infty \quad \text{wenn } \tau \leqq 1 \quad \text{oder } R_1 \leqq \frac{L}{T} \quad \ldots \quad (28$$

$$\text{II.} \quad \text{und } \left(\frac{di}{dt}\right)_{t=T} = \text{endlich wenn } \tau > 1 \quad \text{oder } R_1 > \frac{L}{T} \quad \ldots \quad (29$$

Im ersten Falle würde, abgesehen von dem unwesentlichen Specialfalle, die Stromdichte unter der Bürste unendlich grofs, wenn $R_1 \leqq \frac{L}{T}$. Die Stromdichte hat nämlich immer den Werth $\frac{i_1 T}{(\beta T - t)}$, also im letzten

Augenblick den Werth $-\frac{T}{\beta} \cdot \frac{di}{dt}$. Im Falle II kann $\frac{di}{dt}$ zu Zeit T aus Gl. 24 berechnet werden.

Die erste unerläfsliche Bedingung für funkenfreien Gang ist also, dafs die Zeitkonstante

$$\frac{R_1 \cdot T}{L} > 1 \quad . \quad . \quad . \quad . \quad . \quad . \quad . \quad . \quad (30$$

Das günstigste Verhältnis tritt ein, wenn $\left(\frac{di}{dt}\right)_{t=T} = 0$, d. h. wenn

$$J\,(R + 2\,R_1) = e_T \quad . \quad . \quad . \quad . \quad . \quad (31\,\mathrm{a}$$

Diese letzte Bedingung geht auch aus Gl. (21) direkt hervor, wenn wir $t = T$, $i = -J$ und $\frac{di}{dt} = \frac{J+i}{T-t} = 0$ einsetzen.

Da
$$R = R_s + 2\,R_v,$$
können wir auch schreiben
$$J\,(R_s + 2\,R_v + 2\,R_1) = e_T \quad . \quad . \quad . \quad . \quad . \quad (31\,\mathrm{b}$$

Ist die Bürstenbreite gröfser als die Lamellenbreite, so sind gleichzeitig mehrere Spulen kurzgeschlossen und es gelten jetzt für jeden einzelnen Kurzschlufsstromkreis dieselben Betrachtungen.

Die Stromdichte unter der Bürste ist zur Zeit T nur dann endlich wenn
$$\frac{R_1\,T}{L} > 1.$$

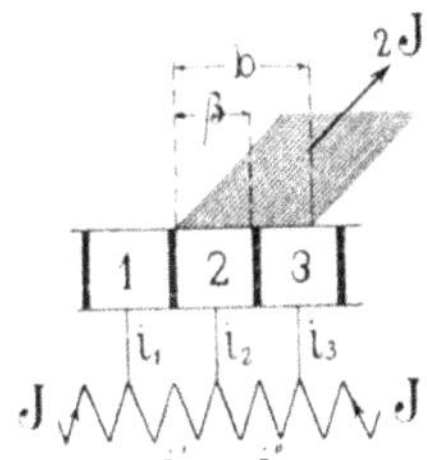

Fig. 160.

Die Stromdichte ist schon im letzten Augenblick vor dem Uebergang der Bürste Null, wenn in Bezug auf Fig. 160
$$i_1 = 0 \qquad i' = J$$
oder, da der Uebergangswiderstand für i_2 zu Zeit T die Gröfse $R_1 \frac{b}{\beta}$ besitzt, wenn
$$R_s\,J + i_2\left(R_v + R_1 \frac{b}{\beta}\right) = e_T \quad . \quad (32$$

Ist die Stromstärke zur Zeit T ungefähr gleichmäfsig auf die beiden Theile der Bürste vertheilt, so ist annähernd
$$i_2 = 2\,J \cdot \frac{\beta}{b}.$$

Also ist allgemein die Bedingung für den günstigsten Fall
$$J\left(R_s + 2\,R_v \frac{\beta}{b} + 2\,R_1\right) = e_T \quad . \quad . \quad . \quad . \quad (32$$

Die Berechnung der Kurzschlufsstromkurve. Die umständlichen Rechnungen, welche die Auflösung der Differentialgleichung (21) erfordert, sollen hier nicht wiederholt, sondern nur das für ein bestimmtes Beispiel erhaltene Resultat angeführt werden. Es ergiebt sich, wenn $e = E + Ht$

$$i = J f_1(t) - E f_2(t) - H f_3(t) \quad . \quad . \quad . \quad . \quad (33$$

wo f_1, f_2, f_3 die Gröfsen J, E und H nicht mehr enthalten.

Für die Annahmen $T = 0{,}001$ Sec., $R = 0{,}001$ Ohm, $R_1 = 0{,}002$ Ohm, $L = 10^{-6}$ Henry sind die Werthe für f_1, f_2, f_3 aus folgender Tabelle zu entnehmen. Die Tabelle enthält aufserdem die Werthe i von vier Stromkurven, und zwar ist

i_I berechnet für den Fall $J = 100$ Amp. $E = 0{,}2$ Volt $H = 1000$
i_{II} » » » » $J = 100$ » $E = 0{,}5$ » $H = 0$
i_{III} » » » » $J = 100$ » $E = 0$ » $H = 0$
i_{IV} » » » » $J = 100$ » $E = 0{,}1$ » $H = 200$

$\frac{t}{T}$	f_1	f_2	f_3	i_I	i_{II}	i_{III}	i_{IV}
0	+ 1,000	0,0	0,0000	+ 100,0	+ 100	+ 100,0	+ 100,0
0,1	+ 0,837	31,7	0,0027	+ 74,7	+ 67,9	+ 83,7	+ 80,0
0,2	+ 0,676	57,7	0,0086	+ 47,5	+ 38,8	+ 67,6	+ 60,1
0,3	+ 0,515	78,1	0,0178	+ 18,1	+ 12,5	+ 51,5	+ 40,1
0,4	+ 0,352	93,5	0,0292	− 12,6	− 11,5	+ 35,2	+ 20,0
0,5	+ 0,187	103,4	0,0415	− 43,5	− 33,0	+ 18,7	0,0
0,6	+ 0,014	107,3	0,0527	− 72,7	− 52,2	+ 1,4	− 19,9
0,7	− 0,174	103,0	0,0618	− 99,8	− 68,5	− 17,4	− 40,0
0,8	− 0,385	89,2	0,0629	− 119,3	− 83,1	− 38,5	− 60,0
0,9	− 0,641	60,2	0,0500	− 126,1	− 94,3	− 64,1	− 80,0
1,0	− 1,000	0,0	0,0000	− 100,0	− 100	− 100,0	− 100,0

Die vier Stromkurven sind in **Fig. 161a** aufgezeichnet. Die Stromstärke i_1 wird von AQ und die Stromstärke i_2 von PB aus bis zu der betreffenden Stromkurve gemessen.

Der Stromdichte unter der ablaufenden Bürstenspitze ist proportional

$$\frac{i_1}{T - t}.$$

Diese Werthe werden durch die von $\overline{MN}$ aus gemessenen Ordinaten der Kurven s_1, s_2, s_3, s_4 in **Fig. 161b** dargestellt.

Für die Stromkurve i_I ist die kommutirende $E. M. K.$ am Ende der Kurzschlufsperiode zu grofs. Der Kurzschlufsstrom wird gröfser als J und der Strom i_1 kehrt bei F (**Fig. 161a**) seine Richtung um. Die Stromdichte s_1 nähert sich am Ende des Kurzschlusses rasch einem hohen Werthe, und ist zur Zeit $t = T$ 3,5 mal so grofs als zur Zeit $t = 0$, es findet an der Bürstenspitze eine Energie-Anhäufung statt, die eine Funkenbildung zur Folge haben kann.

Für die Stromkurve i_{III} ist die kommutirende $E. M. K.$ Null. Wie die Kurve s_3 erkennen läfst, müssen dieselben Erscheinungen auftreten. s_3 ist zur Zeit $t = T$ 2,5 mal so grofs als zur Zeit $t = 0$.

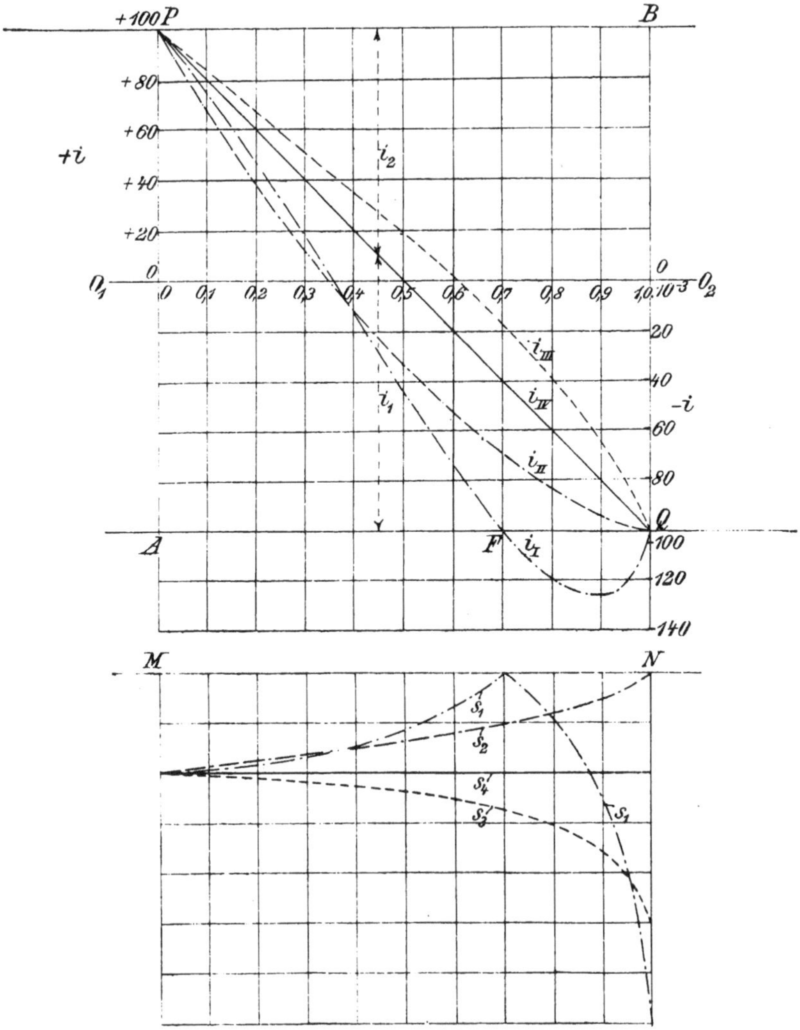

Fig. 161 a und b.
Kurzschlufsstromkurven und Stromdichten der ablaufenden Lamelle für verschiedene Werthe der kommutirenden *E. M. K.*

Die Stromkurve i_{II} entspricht dagegen der günstigsten Bedingung. Es ist

$$J(R + 2\,R_1) = E + H\,T = 0{,}5.$$

Die Stromdichte s_2 nimmt gegen das Ende des Kurzschlusses ab und wird zu Null.

Die Stromkurve i_{IV} entspricht der konstanten Stromdichte, sie erfüllt aber nicht die günstigste Bedingung.

Die Energiewandlungen der Kurzschlufsperiode. Multipliciren wir die Differentialgleichung 21 mit $i\,dt$ und setzen $f(t) = -e$, so erhalten wir die Energiegleichung

$$L\,i\,\frac{d\,i}{d\,t}\,d\,t + R\,i^2\,d\,t + \left(\frac{i_1}{T-t} - \frac{i_2}{t}\right) R_1\,T\,i\,d\,t = e\,i\,d\,t \qquad (34$$

Hierin ist $\frac{i_1}{T-t}$ der Stromdichte der ablaufenden und $\frac{i_2}{t}$ der Stromdichte der auflaufenden Lamelle proportional. Für konstante Stromdichte unter den Bürsten, d. h. wenn die Kurzschlufsstromkurve mit der Geraden PQ in Fig. 161a zusammenfällt, was für die Kurve i_{IV} zutrifft, wird

$$L\,i\,\frac{d\,i}{d\,t}\,d\,t + R\,i^2\,d\,t = e\,i\,d\,t \quad . \quad . \quad . \quad . \quad . \quad (35$$

Liegt die Stromkurve unterhalb der Geraden PQ, so wird die von der kommutirenden $E.M.K.$ zu leistende Arbeit $\int_0^T e\,i\,d\,t$ gröfser, liegt aber die Stromkurve über PQ, so wird die Arbeit kleiner als diese Gleichung ergiebt.

Für die Kurve i_{III} ist $\int_0^T e\,i\,d\,t = 0$, weil $e = 0$ ist; in diesem Falle wird die Kommutation ganz vom Ankerstrome J selbst geleistet.

Erster Fall. Für die nachfolgenden Betrachtungen wollen wir zunächst annehmen, dafs die einfache Gl. 35 Gültigkeit habe. In **Fig. 162** soll PQ die geradlinige Stromkurve, welche für

$$e = 0{,}1 + 200\,t$$

erhalten wurde, darstellen. Bezeichnet man die den Stromstärken i_1 und i_2 (Fig. 159) entsprechenden Stromdichten unter der Bürste mit s_I und s_{II}, so ist
$$s_I = s_{II} = \text{const.}$$

Wir bilden die Produkte $e\,i$ und $R\,i^2$ für eine Anzahl von Ordinaten und erhalten die Arbeitskurven. Die Kurve $L\,i\,\frac{di}{dt}$ ergiebt sich aus der algebraischen Summation der Ordinaten der Kurven Ri^2 und ei.

Die Arbeitsfläche BCD liegt vor dem Beginne des Kurzschlusses. Sie entspricht der Arbeit, welche die Gegen-$E.M.K.$ $(-e)$ im Armaturstromkreise verrichtet und bewirkt eine kleine Verminderung der Klemmenspannung der Maschine. Sie wirkt bei einem Generator motorisch.

Die Fläche $OAC = OBC'$ ist gleich der Arbeit der Selbstinduktion, welche verrichtet wird, während der Strom J zu Null wird, also

$$= \frac{LJ^2}{2} = \frac{10^{-6} \cdot 100^2}{2} = 5 \cdot 10^{-3} \text{ Watt-Sec.}$$

Diese Arbeit setzt sich zusammen aus der Arbeit der Stromwärme OAB und der Arbeit OBC. Die Letztere wird an die Welle des Generators abgegeben, denn die kurzgeschlossene Spule wirkt bis zur Stromumkehr motorisch weil sie sich in einem Felde entgegengesetzter Polarität befindet. Die Selbstinduktionsarbeit wird also zum gröfsten Theil in mechanische Arbeit umgesetzt, und eine Funkenbildung kann nicht auftreten. —

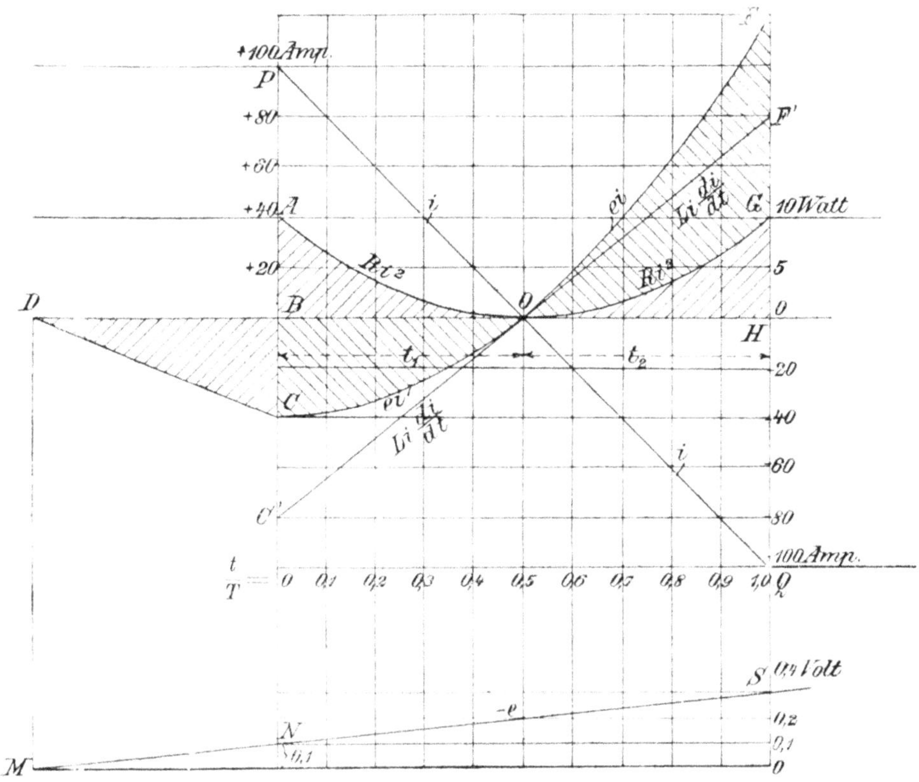

Fig. 162.

Erster Fall. Arbeitsdiagramm der Kurzschlufsperiode bei konstanter Stromdichte unter den Bürsten. $s_I = s_{II} =$ konst.

Für die gemachten Annahmen ist

$$OAB = \int_0^{t_1} Ri^2 \cdot dt = 1{,}66 \cdot 10^{-3} \text{ Watt-Sec.},$$

$$OBC = \frac{LJ^2}{2} - \int_0^{t_1} Ri^2 \cdot dt = 3{,}34 \cdot 10^{-3} \text{ Watt-Sec.}$$

Die Fläche OFH stellt die Arbeit dar, welche geleistet werden mufs, um den Strom von Null auf die Stärke $-J$ zu bringen; dieselbe ist

$$= \frac{LJ^2}{2} + \int_{t_1}^{t_2} Ri^2 = OFG + OGH,$$

daher $$OFG = OAC = OF'H.$$

Von dieser Arbeit wird bei dem Kurzschlusse wieder der Arbeitsbetrag

$$OBC = \frac{LJ^2}{2} \text{ gewonnen.}$$

Die gesammte, während der Kommutation des Stromes verbrauchte Arbeit ist somit

$$A_v = OFH - OBC = \int_0^T Ri^2 \cdot dt = AOB + GOH \qquad (36$$

Die Selbstinduktion verursacht also keinen Arbeitsverlust. Nach einer von Joubert angestellten Rechnung wurde bis jetzt irrthümlich angenommen, dafs ein solcher Verlust $= \frac{LJ^2}{2}$ auftrete. Das würde nur zutreffen, wenn $e = o$ ist, die Selbstinduktionsarbeit wird dann Funken am Kollektor erzeugen, bezw. in den Widerständen R und R_1 in Wärme umgesetzt werden.

Zweiter Fall. Für die Stromkurve i_I in Fig. 161a, also für $E = 0{,}2$ $H = 1000$, sind die Arbeitskurven in Fig. **163** dargestellt. Die dem Klammerausdruck der Gl. 34 entsprechende Kurve ist mit ( ) $R_1 T \cdot i$ bezeichnet.

In diesem Falle ist $s_I < s_{II}$.

Der Spannungsabfall zwischen der Lamelle i_2 und der Bürste ist daher gröfser als derjenige zwischen der Lamelle i_1 und der Bürste. Da aber die ganze Bürstenbreite dasselbe Potential hat, so mufs das Potential der Lamelle i_2 gröfser sein als dasjenige der Lamelle i_1, im Kurzschlufsstromkreise (Fig. 159) wirkt somit eine Potentialdifferenz in der Richtung i_2 — Spule — i_1, d. h. mit dem verschwindenden und entgegen dem entstehenden Strome.

Die hierbei verrichtete Arbeit wird durch die von der Kurve ( ) $R_1 Ti$ mit der Abscissenachse eingeschlossenen negativen bezw. positiven Fläche dargestellt. Die erstere ist

$$A_{t_1} = \int_0^{t_1} \left(\frac{i_1}{T-t} - \frac{i_2}{t}\right) R_1 \cdot T \cdot i \cdot dt,$$

die zweite

$$A_{t_2} = \int_{t_1}^{T} \left(\frac{i_1}{T-t} - \frac{i_2}{t}\right) R_1 \cdot T \cdot i \cdot dt.$$

Die letztere positive Arbeit liefert zusammen mit der vom Ankerstrom T im Uebergangswiderstande R_1 geleisteten Arbeit, welche gleich

$$A_J = \int_0^T \left(\frac{i_1}{T-t} + \frac{i_2}{t}\right) R_1 \cdot T \cdot J \cdot dt$$

den Arbeitsverlust $$A_u = A_{t_2} + A_J \quad . \quad . \quad . \quad . \quad . \quad . \quad . \quad (37\text{a}$$
welcher durch Erwärmung des Kollektors und der Bürste oder durch Funkenbildung verloren geht. Für konstante Stromdichte unter

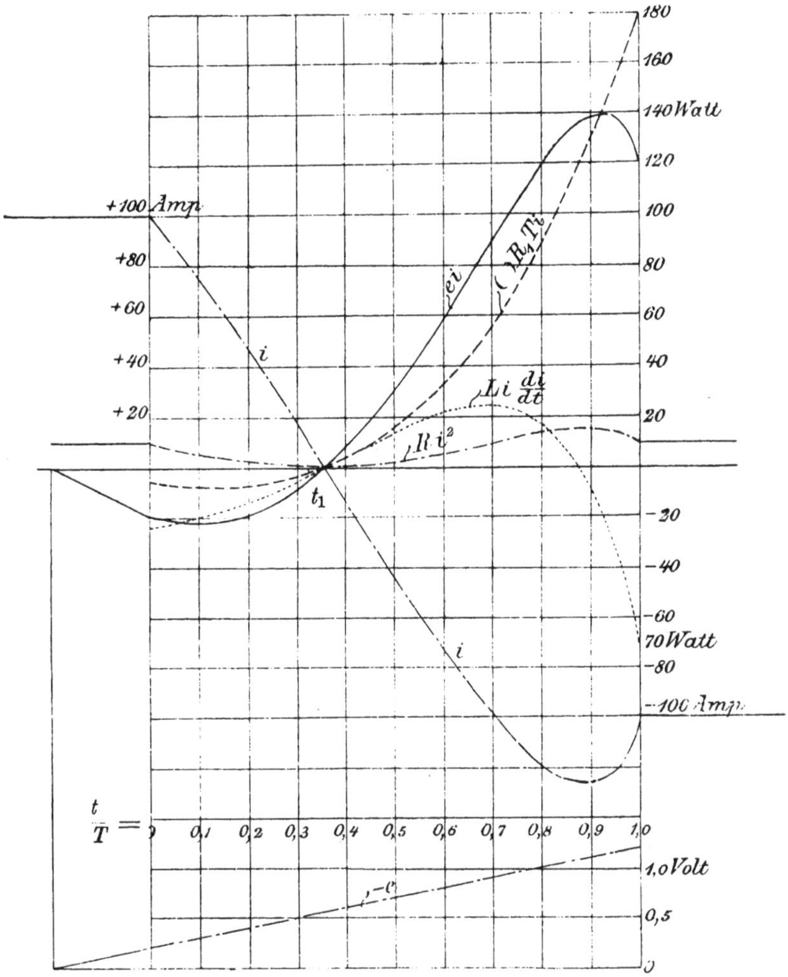

Fig. 163.

Zweiter Fall. Arbeitsdiagramm der Kurzschlufsperiode bei zu grofsem Werthe der kommutirenden *E. M. K.* $s_I < s_{II}$.

der Bürste (Fig. 162) werden A_t und A_{t_2} gleich Null und der Uebergangs-Verlust A_u ein Minimum. Es ist dann

$$i_1 = 2\,J \cdot \frac{T - t}{T} \qquad i_2 = 2\,J \cdot \frac{t}{T}$$

und $$A_u = A_J = (2\,J)^2 \cdot R_1 \cdot T \quad . \quad . \quad . \quad . \quad . \quad (37\text{b}$$

Die Arbeit der Selbstinduktion wird durch die von der Kurve $Li\frac{di}{dt}$ mit der Abscissenachse eingeschlossenen Flächen dargestellt. Sie ist bis zur Stromumkehr negativ und während des Entstehens des Stromes erst positiv und dann negativ, weil der Strom i gegen das Ende der Kurzschlufsperiode wieder abnimmt.

Die negative Arbeit A_{t_1} und die Arbeit der Selbstinduktion bis zur Stromumkehr, welche $=\int_J^o L\,i\,d\,i = -\frac{L\,J^2}{2}$, werden an den Kurzschlufsstromkreis abgegeben. Ein Theil davon wird im Widerstande R in Wärme übergeführt und der andere Theil wird als motorische Arbeit an die Welle der Dynamo abgegeben. Dem in Wärme umgesetzten Theil entspricht die Fläche, welche die Ri^2-Kurve, und dem in motorische Arbeit umgesetzten Theil entspricht die Fläche, welche die ei-Kurve für die Zeit t_1 mit der Abscissenachse einschliefst.

Während des Entstehens des Stromes, also von t_1 bis T, wird die Arbeit, welche die ei Kurve mit der Abscissenachse einschliefst, von der Dynamo verrichtet und erstens zur Wärmeerzeugung (Ri^2 Kurve), zweitens zur Ueberwindung der $E.\,M.\,K.$ der Selbstinduktion ($L \cdot i \cdot \frac{di}{dt}$ Kurve) und drittens zur Ueberwindung der Potentialdifferenz unter den Bürsten, die jetzt i entgegenwirkt, verbraucht.

Die algebraische Summe der Ordinaten der drei letzten Kurven ist daher immer gleich der betreffenden Ordinate der ei Kurve. Am Ende der Kurzschlufsperiode ist z. B.

$$10 - 70 + 180 = 120.$$

Die gesammte für die Kommutation des Stromes verbrauchte Arbeit ist wieder, wie in Fig. 162, gleich der Differenz der Flächen, welche bis zur ei Kurve über und unter der Abscissenachse liegen. Der Verlust ist gröfser als für $s_I = s_{II}$.

Dritter Fall. Für den Fall, dafs die kommutirende $E.\,M.\,K.$ Null ist, oder wenn sich die kurzgeschlossene Spule in der neutralen Zone befindet, sind die Arbeitskurven in Fig. **164** dargestellt. Es ist nun

$$s_I > s_{II}.$$

Der Spannungsabfall an der Lamelle i_2 ist kleiner als an der Lamelle i_1, die entstehende Potentialdifferenz unter der Bürste wirkt somit im Sinne i_1 — Spule — i_2, d. h. entgegen dem verschwindenden und mit dem entstehenden Strome i. Die ( ) $R_1\ Ti$ Kurve verläuft daher im umgekehrten Sinne im Vergleich zu Fig. 163.

Bis zur Stromumkehr wird die Arbeit der Selbstinduktion ($Li\frac{di}{dt}$ Kurve) verbraucht zur Erzeugung von Wärme (Ri^2 Kurve) und zur Erzeugung des Potentialgefälles unter den Bürsten [( ) $R_1\ Ti$ Kurve].

Während des Entstehens des Stromes tritt nun der interessante Fall ein, dafs die für die Kommutation zu leistende Arbeit ganz in dem Potentialgefälle unter den Bürsten geleistet wird, d. h. die Summe

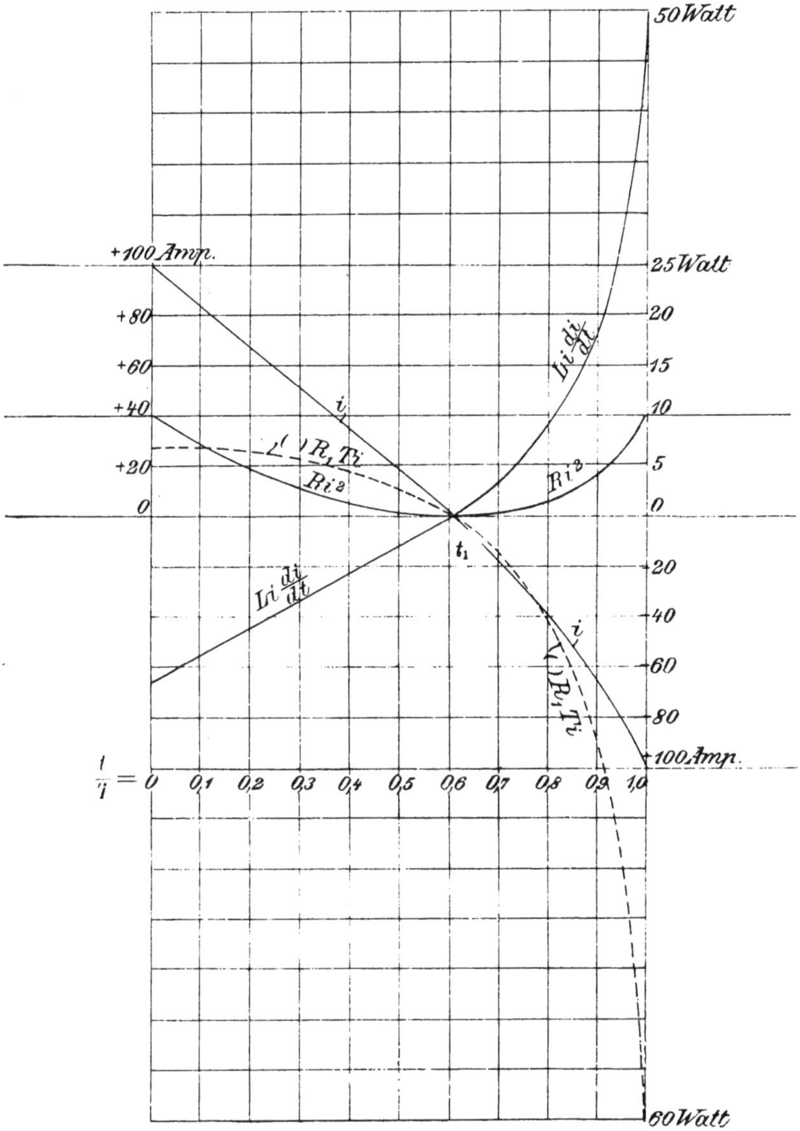

Fig. 164.

Dritter Fall. Arbeitsdiagramm der Kurzschlufsperiode, wenn die kommutirende $E.M.K. = 0 \quad s_I > s_{II}$.

der von der $Li \frac{di}{dt}$ Kurve und der Ri^2 Kurve mit der Abscissenachse eingeschlossenen Flächen (für die Zeit t_1 bis T) ist gleich der von der ( ) R_1 Ti Kurve mit der Abscissenachse eingeschlossenen Fläche. Der Strom wird durch die Vorgänge unter den Bürsten kommutirt, und eine Funkenbildung ist unvermeidlich.

Während des Verschwindens des Stromes wird in diese= Falle keine motorische Arbeit an die Dynamo abgegeben, die ganze zur Ueberwindung der *E. M. K.* der Selbstinduktion verbrauchte Arbeit die

$$= \frac{L J^2}{2}$$

jetzt daher verloren, d. h. sie wird für Wärmeerzeugung und Funkenbildung verbraucht.

Berechnung der Selbstinduktion *L*.

Die Selbstinduktion L einer Spule in abs. Einheiten wird gemessen durch die Anzahl der Kraftlinienschnitte, welche die Leiter der Spule treffen, wenn der Strom von 0 bis 1 Ampère anwächst.

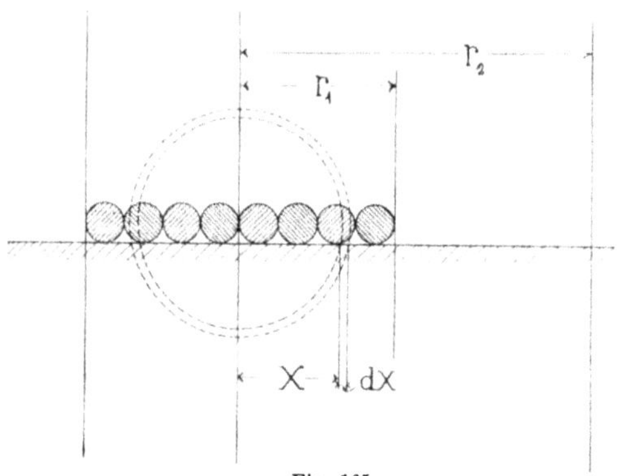

Fig. 165.

Es bezeichne

- w die Windungszahl einer Spule,
- λ die Leitungsfähigkeit des die Drähte der Spule umgebenden magnetischen Stromkreises pro 1 cm Länge des Drahtes,
- l_x die Drahtlänge, für welche L berechnet werden soll, in cm,
- l_w die Länge einer Windung in cm.

Wir betrachten zunächst die Spule eines glatten Ankers. **Fig. 165.** Für einen sehr schmalen Streifen von der Breite dx innerhalb der Breite r_1 ist die magnetisirende Kraft für $i = 1$ Ampère pro Draht

$$= \frac{4\pi}{10} \cdot w \cdot \frac{x}{r_1}.$$

Die magnetische Leitungsfähigkeit des Streifens wird unter der Annahme, dafs der Kraftlinienweg kreisförmig sei und wenn wir den magnetischen Widerstand des Eisens vernachlässigen

$$= \frac{l_x \cdot dx}{\pi \cdot x}.$$

Die Kraftlinienzahl des Streifens dx schneidet $2\,w\,x$ Drähte, es wird daher

$$d\,L_1 = \frac{4\,\pi}{10} \cdot w \cdot \frac{x}{r_1} \cdot 2\,w\,x \cdot \frac{l_x \cdot d\,x}{\pi \cdot x},$$

zwischen 0 und r_1 integrirt, giebt

$$L_1 = \frac{4\,\pi}{10} \cdot w^2 \cdot l_x \cdot \left(\frac{r_1}{\pi}\right) = \frac{4\,\pi}{10} \cdot w^2 \cdot l_x \cdot \lambda_1.$$

Für die Zone $r_2 - r_1$ ist die magnetisirende Kraft konstant und die Kraftlinien dieser Zone schneiden alle Drähte.

Daher

$$d\,L_2 = \frac{4\,\pi}{10} \cdot w \cdot w \cdot \frac{l_x \cdot d\,x}{\pi\,x},$$

zwischen r_1 und r_2 integrirt, giebt

$$L_2 = \frac{4\,\pi}{10}\, w^2 \cdot l_x \cdot \left(\frac{2{,}3}{\pi} \log. \frac{r_2}{r_1}\right) = \frac{4\,\pi}{10} \cdot w^2 \cdot l_x \cdot \lambda_2.$$

Es ist nun

$$L = L_1 + L_2 = \frac{4\,\pi}{10}\, w^2 \cdot l_x \cdot \lambda_g \quad . \quad . \quad . \quad . \quad . \quad (38$$

Die magnetische Leitungsfähigkeit für glatte Flächen ist

$$\lambda_g = \frac{1}{\pi}\left(r_1 + 2{,}3 \log \frac{r_2}{r_1}\right) . \quad . \quad (39$$

für die Annahme $r_2 = 4\,r_1$ wird

$$\lambda_g = \frac{1}{\pi}\left(1{,}4 + r_1\right) . \quad . \quad (40$$

Liegen die Drähte in den Nuten des Ankers, so ist die magnetische Leitungsfähigkeit von der Nutenform und der Lage des Drahtes abhängig.[1])

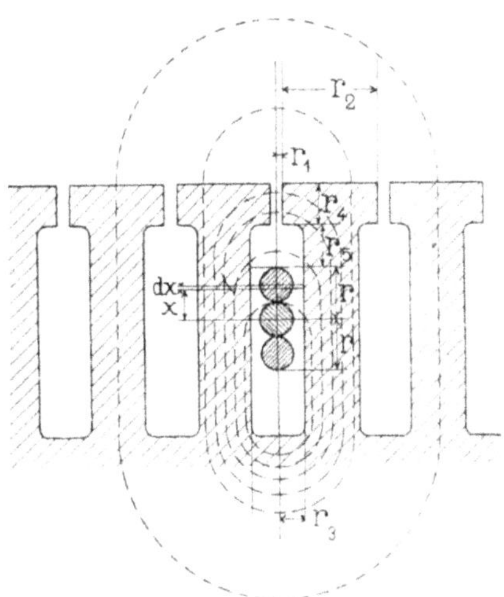

Fig. 166.

Für die in **Fig. 166** dargestellte Nutenform und die gewählte Lage der Spule, deren radiale Höhe $= 2\,r$, findet man durch ähnliche Rechnung die magnetische Leitungsfähigkeit pro 1 cm Länge der Nut

$$\lambda_n = \frac{r^2}{3\,r_3} + \frac{r_5}{2\,r_3} + \frac{r_4}{2\,r_1} + \frac{2{,}3}{\pi} \cdot \lg. \frac{2\,r_2}{r_1} \quad . \quad . \quad . \quad (41$$

Für ganz offene Nuten ist $r_4 = 0$ und $r_1 = r_3$. Bei Stabankern mit Trommelwicklung und zwei übereinander liegenden Stäben pro Nut liegt der eine Stab der Spule unten (**Fig. 167**) und der andere Stab der

[1]) Auch für Wechselstromgeneratoren und Motoren verdient der Einfluſs der Nutenform auf die Gröſse von λ eingehende Beachtung.

Spule oben (**Fig. 168**) in der Nut. Vertheilen wir die Windungen einer Spule über die ganze Höhe der Nut, so erhalten wir die **Figuren 169 und 170.**

Wir sehen hieraus, dafs λ auch von der Anordnung der Windungen in den Nuten abhängt.

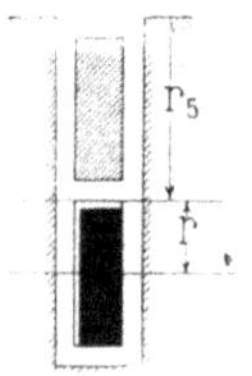

Fig. 167.

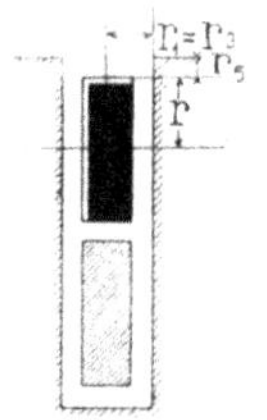

Fig. 168.

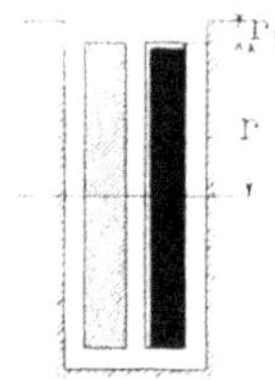

Fig. 169.

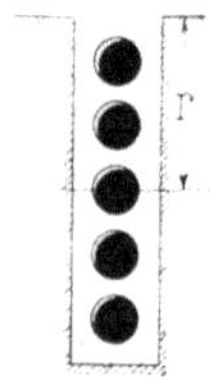

Fig. 170.

Die Selbstinduktion einer Spule wird nun allgemein

$$L = \frac{4\,\pi}{10^9} \cdot w^2\, \Sigma\, l_x\, \lambda \quad . \quad . \quad \text{Henry}$$

oder da

$$w = \frac{N}{c\,k} \quad \text{(c hat die auf Seite 27 angegebene Bedeutung)}$$

$$L = \frac{4\,\pi}{10^9} \cdot \left(\frac{N}{c\,k}\right)^2 \cdot \Sigma\, l_x\, \lambda \quad . \quad . \quad . \quad . \quad . \quad . \quad . \quad (42$$

Hierin bedeutet $\Sigma\, l_x\, \lambda$ die Summe der magnetischen Leitungsfähigkeiten der einzelnen Strecken für die Windungslänge l_w.

Fig. 171.

Durch Vergleich der verschiedenen Konstruktionen (**Fig. 171**) finden wir, dafs bei einer Armatur mit glattem Eisenkern die magnetische Leitungsfähigkeit $\Sigma\, l_x\, \lambda$ am kleinsten wird. Für einen Anker mit breiten und wenig tiefen Nuten wird $\Sigma\, l_x\, \lambda$ gröfser, dann folgt ein Anker mit tiefen und schmalen oder mit halbgeschlossenen Nuten. Am gröfsten wird λ für geschlossene Nuten.

Der Einflufs und die Wahl der Widerstände R_1, R_v und R_s. Um eine funkenfreie Stromabnahme zu ermöglichen, mufs zunächst

$$\frac{R_1\, T}{L} > 1 \quad \text{sein.}$$

In dieser Bedingung kommt von den drei Widerständen nur R_1, der Uebergangswiderstand von der Bürste zum Kollektor vor. Eine Vergröfserung von R_1 mufs daher, besonders wenn $\frac{R_1\, T}{L}$ nahezu $= 1$ ist, d. h. für Maschinen mit grofser Kollektorgeschwindigkeit und grofser

Selbstinduktion (Lochanker, Nutenanker) sehr günstig wirken, solange die zulässige Stromdichte nicht überschritten wird. Die obige Bedingung erklärt uns die Vorzüge der Kohlenbürsten.

Der Kontaktwiderstand ist bei Kohlenbürsten pro qcm Berührungsfläche etwa 10 mal gröfser als bei Kupferbürsten. Da bei Kohlenbürsten die erforderliche Kontaktfläche 4 bis 5 mal gröfser ist, so wird der Uebergangswiderstand R_1 2,5 bis 2 mal gröfser als bei Kupferbürsten. — Angaben über die Gröfse der Kontaktwiderstände folgen bei der Besprechung der Kollektoren.

Setzen wir den Werth $T = \frac{60 \cdot b}{n \cdot k \cdot \beta}$ und den Werth von L aus Gl. 42 ein, so lautet die Bedingung, wenn R_k den Uebergangswiderstand pro qcm Kontaktfläche bezeichnet,

$$\text{da} \quad R_1 = \frac{R_k}{b \cdot b_1} \quad \text{und}$$

wenn b_1 die Länge der Bürste senkrecht zur Rotationsrichtung

$$\frac{60 \cdot 10^9 \cdot c^2}{4 \pi n \beta \cdot b_1} \cdot \frac{k \cdot R_k}{N^2 \Sigma l_x \cdot \lambda} > 1 \quad . \quad . \quad . \quad . \quad . \quad (43$$

Der günstige Einflufs einer grofsen Lamellenzahl k, und der ungünstige Einflufs einer Nutenform mit grofsem λ sind aus dieser Formel ersichtlich. Ferner ist es günstig, bei gegebener Bürstenfläche $b \cdot b_1$ die Breite b grofs zu machen.

Während die Erfüllung der obigen Bedingung unerläfslich ist, braucht die zweite Bedingung, welche eine bestimmte Bürstenlage vorschreibt, nur annähernd erfüllt zu werden. Sie sagt, dafs, damit die günstigsten Bedingungen eintreten, die Bürsten soweit verstellt werden müssen, dafs die kommutirende $E. M.$ Kraft zur Zeit T (nach Gl. 32 a)

$$e_T = J\left(R_s + 2\,\frac{\beta}{b}\,R_v + 2\,R_1\right) \quad . \quad . \quad . \quad . \quad . \quad (44$$

ist. Den Widerstand R_s der Spule wollen wir als unveränderlich ansehen, weil er durch andere Bedingungen gegeben ist. Der Widerstand R_v kann erhöht werden, indem man den Verbindungen der Armaturspulen mit dem Kollektor einen verhältnismäfsig hohen Widerstand giebt. Man erhält dadurch einen höheren Werth e_T; das kann, wenn ein schwächeres, passendes Feld für die Kommutation nicht vorhanden ist, von Nutzen sein; im allgemeinen erweist sich aber bei richtiger Formgebung der Polschuhe und insbesondere bei Anwendung von Kohlenbürsten, eine Erhöhung von R_v als wenig wirkungsvoll, weil dann für ein passendes Magnetfeld gesorgt ist.

Die Formel zeigt uns ferner, dafs eine zu grofse Auflagebreite b der Bürste nachtheilig wirken kann, und dafs Kohlenbürsten eine gröſsere Auflagebreite gestatten als Kupferbürsten, bei denen R_1 ohnehin sehr klein ist. Eine Vergröſserung von b kann durch eine Vergröſserung von R_v kompensirt werden.

Die Veränderlichkeit von e_T mit J weist auf die Veränderlichkeit der Bürstenstellung hin.

Die Intensität des kommutirenden Feldes. Bezeichnet B_c die Intensität des kommutirenden Feldes, d. h. die Stärke des Magnetfeldes, in welchem sich die kurzgeschlossene Spule zur Zeit T bewegt, so ist, wenn v die Umfangsgeschwindigkeit, l die Eisenlänge des Ankers in cm

$$B_c = \frac{k \cdot e_T \cdot 10^8}{N \cdot l \cdot v} = \frac{10^8 \cdot k \cdot J}{N \cdot l \cdot v}\left(R_s + 2\frac{\beta}{b}R_v + 2R_1\right) \quad . \quad . \quad (45$$

Aus Gl. 44 folgt ferner, da

$$R_s + 2\frac{\beta}{b}R_v = R \quad \text{und} \quad \frac{R_1\,T}{L} > 1$$

$$\frac{(e_T - J \cdot R)\,T}{2\,L\,J} > 1.$$

Setzen wir $T = \frac{60 \cdot b}{n \cdot k \cdot \beta}$, den Werth von e_T aus Gl. 45 und den Werth von L aus Gl. 42 ein, so erhalten wir die Bedingung, welche für funkenlose Stromabnahme erfüllt sein muſs

$$B_c > \frac{8\pi \cdot \beta \cdot n \cdot J \cdot N \cdot \Sigma l_x \cdot \lambda}{600 \cdot c^2 \cdot b \cdot l \cdot v} + \frac{10^8 \cdot k \cdot JR}{N \cdot l \cdot v} \quad . \quad . \quad (46$$

Der Werth B_c wird für eine bestimmte Maschinentype nur innerhalb gewissen Grenzen schwanken und darf ein gewisses Minimum nicht unterschreiten. Die kurzgeschlossene Spule muſs sich in einem schwachen von der Polecke ausgehenden Streufelde befinden, dessen Intensität sich mit der Belastung der Maschine nur wenig ändert, es kann dann, da die Gleichung für B_c nur annähernd erfüllt zu sein braucht, die Bürstenstellung innerhalb groſser Aenderungen von J unveränderlich bleiben. —

Die maximale Ankerstromstärke. Aus der Bedingung 46 lieſse sich rückwärts, wenn für B_c ein bestimmter Erfahrungswerth eingesetzt wird, diejenige maximale Stromstärke berechnen, welche für den betreffenden Anker noch funkenlos kommutirt werden kann.

Die Wicklung von Nutenankern mit verminderter Selbstinduktion. Die Selbstinduktion läſst sich verkleinern, wenn die Windungen einer Spule auf zwei oder mehr Nuten vertheilt werden. Bezeichnet x die Anzahl der Nuten, auf welche die Windungen gleichmäſsig vertheilt sind, so wird

$$L = \frac{4\pi}{10^9} \cdot \left(\frac{N}{c \cdot k}\right)^2 \cdot \frac{1}{x}\,\Sigma\lambda\, l_w.$$

Haben wir z. B. einen Trommelanker mit $2k$ Nuten und k Kollektorlamellen mit je vier Windungen, so läfst sich die Wicklung nach **Fig. 172a** oder nach **Fig. 172b** ausführen. In der Fig. 172a liegen die Drähte einer Spule in einer Nut, es ist $x = 1$, in Fig. 172b in zwei Nuten, es ist $x = 2$ und die Selbstinduktion einer Spule ist annähernd nur halb so grofs als im ersten Falle.

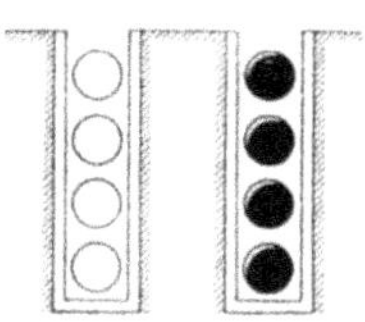

Fig. 172a.

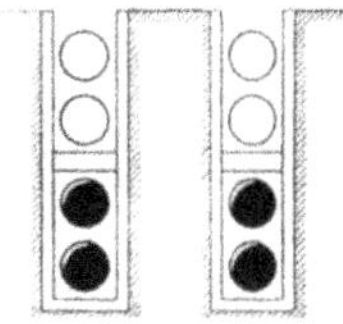

Fig. 172b.

In den **Fig. 173a** und **173b** ist die Nutenzahl gleich der Kollektorlamellenzahl und jede Spule besteht aus zwei Windungen. Für die erste Figur ist $x = 1$, für die zweite $x = 2$ und an jeder Nut befinden sich 4 Drähte von 4 verschiedenen Spulen.

Die Vertheilung der Windungen auf zwei Nuten ist nur möglich, wenn eine Spule aus mehreren in Serie geschalteten Windungen besteht. Parallel geschaltete Windungen dürfen nicht auf mehrere Nuten vertheilt werden, weil in diesem Falle in den parallelen Drähten, die eine Zacke umschliefsen, innere Ströme entstehen.

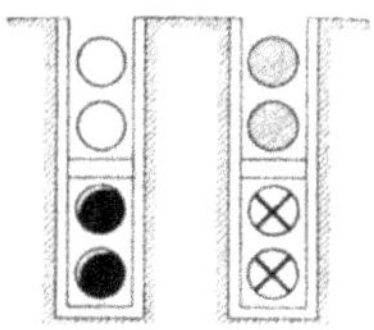

Fig. 173a.

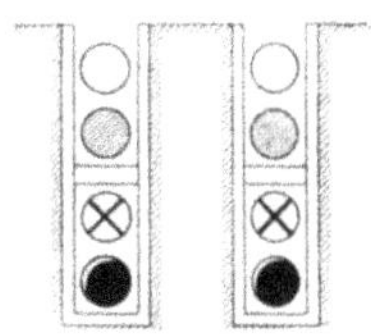

Fig. 173b.

Die Ankerrückwirkung und besondere Anordnungen der Wicklung.

Die Bürstenstellung eines Generators und eines Motors. Wir beziehen die Betrachtung auf eine zweipolige Maschine und nehmen zunächst an, das Magnetfeld sei erregt und die Armatur stromlos. Die Kraftlinien verlaufen dann von Pol zu Pol nach der in **Fig. 174** angegebenen Weise. Die neutrale Zone $n\,n'$ steht senkrecht zur Mittellinie NS der Feldmagnete.

Denken wir uns jetzt den Erregerstrom unterbrochen und auf dem Durchmesser $n\,n'$ zwei Bürsten B_1, B_2 aufgelegt, von welchen aus durch die Ankerwindungen ein Strom in der angedeuteten Richtung[1]) fliefst, so erzeugen die Ankerströme, wie **Fig. 175** zeigt, ein magnetisches Feld, dessen Kraftlinien senkrecht zu den Linien des Feldes Fig. 174 verlaufen.

Fliefst nun ein Strom gleichzeitig durch die Feld- und Ankerwindungen, so entsteht ein resultirendes magnetisches Feld. Denkt

[1]) Ein voller Kreis bezeichnet, dafs die Richtung des Stromes in die Papierebene eintritt, ein Kreis mit Punkt bezeichnet die umgekehrte Richtung und ein leerer Kreis bedeutet einen stromlosen Draht.

man sich die Fig. 174 und 175 übereinander gelegt und beobachtet man die Richtung der Kraftlinien, so ist ersichtlich, dafs durch die Ankerrückwirkung bei einem Generator die Feldintensität der rückliegenden Polecken b und c verstärkt und die der vorausliegenden Polecken a und d geschwächt werden. Bei einem Motor ist es umgekehrt. Die neutrale Zone wird daher verschoben.

In **Fig. 176** ist für die gewählte Stromrichtung die Drehrichtung der Maschine als Generator und als Motor und die Richtung der Kraftlinien eingezeichnet. Die neutrale Zone $m\,m'$ der belasteten Maschine

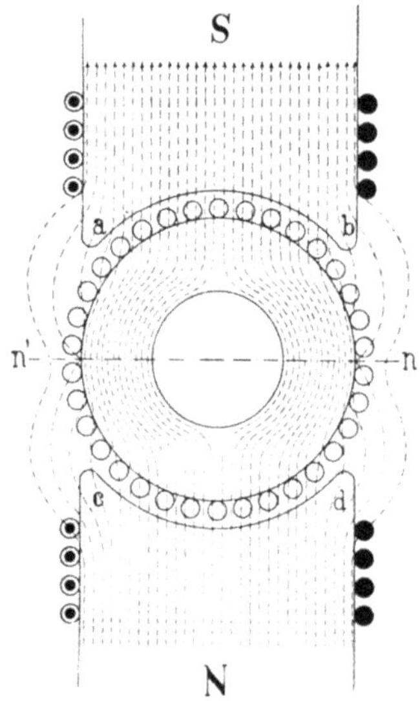

Fig. 174.

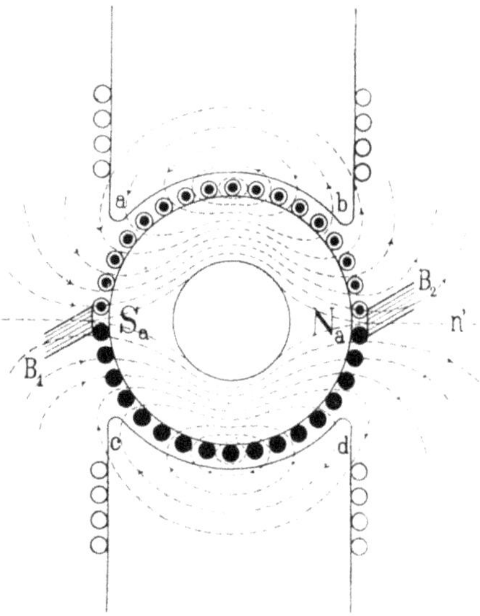

Fig. 175.

ist um einen Winkel α gegen die neutrale Zone $n\,n'$ der unbelasteten Maschine verdreht, und zwar bei dem Generator im Sinne der Drehrichtung und bei dem Motor in entgegengesetztem Sinne.

Bei dem Generator tritt eine Spule von der Seite A der neutralen Zone auf die Seite B über und wird dabei kurzgeschlossen. Um die Kommutation des Stromes von der Richtung A in die Richtung B zu beschleunigen, mufs die Spule im Sinne der Drehrichtung verschoben und in ein Magnetfeld von der Richtung der Seite B gebracht werden. Der totale Verstellungswinkel der Bürsten wird daher gröfser als α, derselbe ist mit β_g bezeichnet.

Bei einem Motor treten die Spulen von der Seite B auf die Seite A über. Der Strom mufs jetzt von der Richtung B in die Richtung A kommutirt werden, die Bürsten müssen daher ebenfalls im Sinne der Drehrichtung aus der neutralen Zone $m\,m'$ verschoben werden, damit die kurzgeschlossene Spule in ein Feld von der Richtung A gelangt. Der totale Verstellungswinkel, von der neutralen Zone $n\,n'$ der unbelasteten Maschine an gerechnet, ist kleiner als α und mit β_m bezeichnet. Die Verstellung β_m ist der Drehrichtung des Motors gewöhnlich entgegengesetzt gerichtet. Das kommutirende Feld des Motors nimmt allmählicher zu als dasjenige des Generators, es ist daher leichter eine funkenfreie Stellung der Bürsten zu erhalten. Hieraus erklärt sich auch, dafs ein gut dimensionirter Motor die Anwendung feststehender Bürsten gestattet.

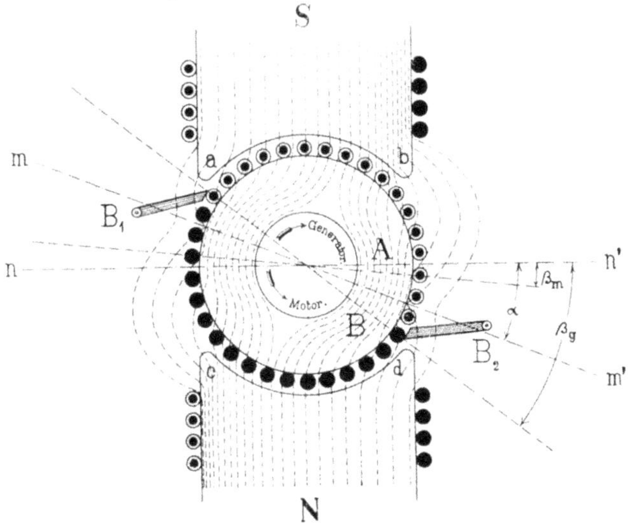

Fig. 176.
Bürstenverstellung eines Generators und eines Motors.

Die quermagnetisirende und entmagnetisirende Wirkung des Ankers. Nach J. Swinburne[1]) läfst sich die magnetisirende Wirkung der Ankerwindungen in zwei Komponenten zerlegen. Wählen wir z. B. einen Trommelanker mit 34 Stäben, so können wir uns diese Stäbe, ohne die magnetisirende Wirkung des Ankers zu ändern, in der in Fig. 177 gezeichneten Weise verbunden denken. Es entstehen so zwei Strombänder $o\,p\,q\,r$ und $a\,b\,c\,d$, deren Breite durch die Bürstenlage bestimmt wird. Das Band $o\,p\,q\,r$ liegt senkrecht zur Richtung NS; dasselbe wirkt der Erregung der Feldmagnete direkt entgegen, wie aus den betreffenden Stromrichtungen sofort ersichtlich ist.

Das Stromband $a\,b\,c\,d$ liegt in der Richtung NS, dasselbe wirkt daher quermagnetisirend.

[1]) Journal of the Institution of Electrical Engineers 1890. Vol. XIX, No. 85.

In der Fig. 177 erhalten wir 6 entmagnetisirende und 11 quermagnetisirende Windungen, die erstern schwächen das magnetische Feld und die letztern bewirken die früher besprochene Verdrehung der neutralen Zone. —

Das Poldiagramm. Die Verzerrung und die Schwächung des magnetischen Feldes kann experimentell durch zwei nahe aneinander stehende am Kollektorumfange bewegliche Bürsten, deren Spannungsdifferenz in jeder Lage der Feldstärke proportional ist, ermittelt werden. Trägt man die Verstellung der Bürsten als Abscissen und die zugehörigen Spannungen als Ordinaten auf, so erhält man das Poldiagramm, das den Verlauf des magnetischen Feldes veranschaulicht.

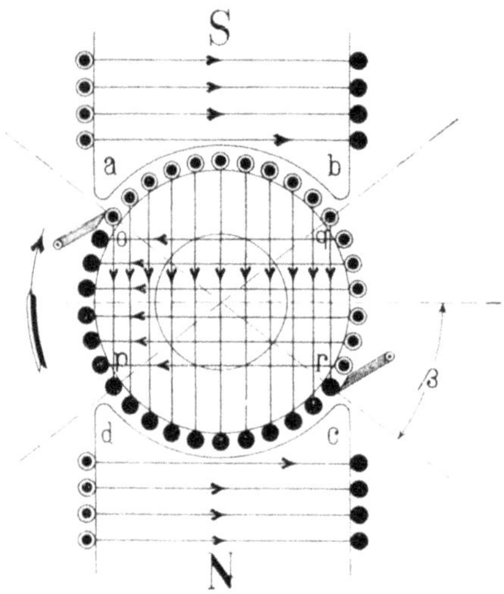

Fig. 177.
Quermagnetisirende und entmagnetisirende Windungen des Ankers.

In den **Fig. 178** und **179** sind solche Poldiagramme angezeichnet, welche mit einer Gasdynamo von Gebr. Körting im elektrotechnischen Institute der techn. Hochschule Karlsruhe ermittelt wurden. Die Maschine besitzt 8 Pole, 91 Kollektorlamellen und leistet bei 200 Touren pro Min. und 120 Volt im Maximum 65 Amp.

Das Diagramm der Fig. 178 entspricht einer konstanten Erregung der Feldmagnete, und konstanter Tourenzahl, aber veränderlicher Belastung. Die Bürsten wurden für jede Belastung in die funkenfreie Zone gedreht.

Die Ordinaten der Kurven A stellen die zwischen den zwei beweglichen Bürsten gemessenen Spannungsdifferenzen dar, sie sind zugleich ein Maafs für die Feldstärke an der betreffenden Stelle. Die Ordinaten der Kurven B sind gleich der Summe der Spannungen zwischen einer feststehenden Bürste in der neutralen Zone und einer der beweglichen Bürsten. Der Kurve B entsprechen die gröfseren Zahlenwerthe der Ordinaten.

Die Kurven A zeigen, wie mit zunehmender Belastung das Feld immer mehr geschwächt und verschoben wird. —

Um den Einflufs der Quermagnetisirung allein zu ermitteln, wurde für das Diagramm Fig. 179 die $E. M. K.$ der Armatur konstant gehalten, d. h. die Erregung wurde so eingestellt, dafs die Klemmenspannung, wenn J die Stromstärke der Maschine und R den Ankerwiderstand bezeichnet

$$E_k = 107 \text{ Volt} - JR$$

war. Mit zunehmender Belastung nimmt die Verschiebung des Feldes und der neutralen Zone zu und die maximale Induktion im Anker,

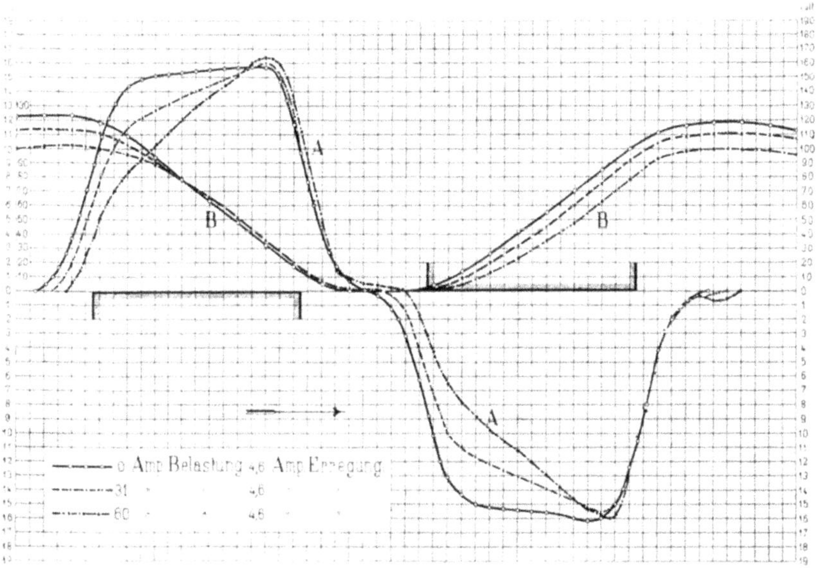

Fig. 178.
Poldiagramm für verschiedene Stromstärken im Anker bei konstanter Erregung.

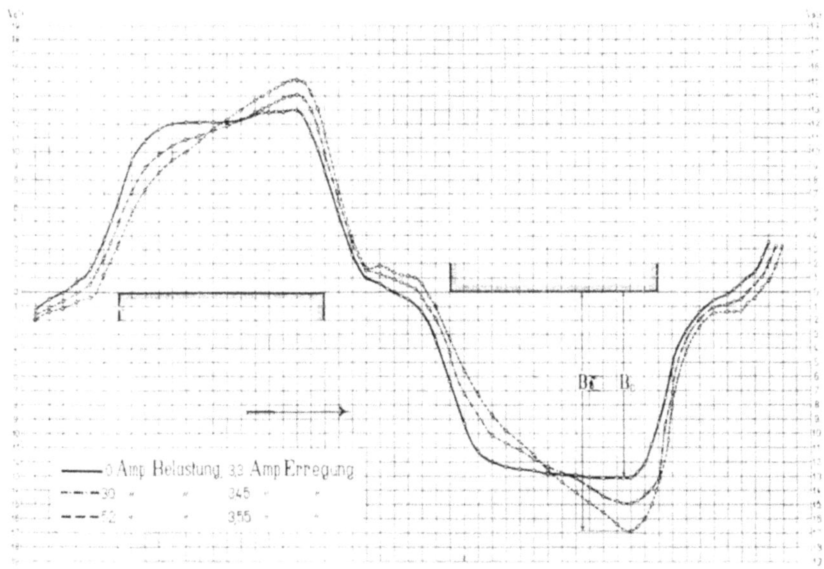

Fig. 179.
Poldiagramm für verschiedene Stromstärken im Anker und konstanter *E. M. K.*

welche für die Berechnung der Polwechselarbeit (vergl. Seite 254) mafsgebend ist, wird erhöht. Auch hier wurden die Bürsten für jede Belastung auf funkenlosen Gang eingestellt. —

Die entmagnetisirende Wirkung des Ankers und die Bürstenverstellung β_g und β_m kann durch besondere Anordnung der Wicklung verkleinert und sogar negativ werden. Wir wollen nun diese Wicklungsarten betrachten.

Trommelankerwicklungen mit verkürztem Schritte. Zu diesen Wicklungen zählt die auf Seite 84 beschriebene und in Fig. 81 dargestellte

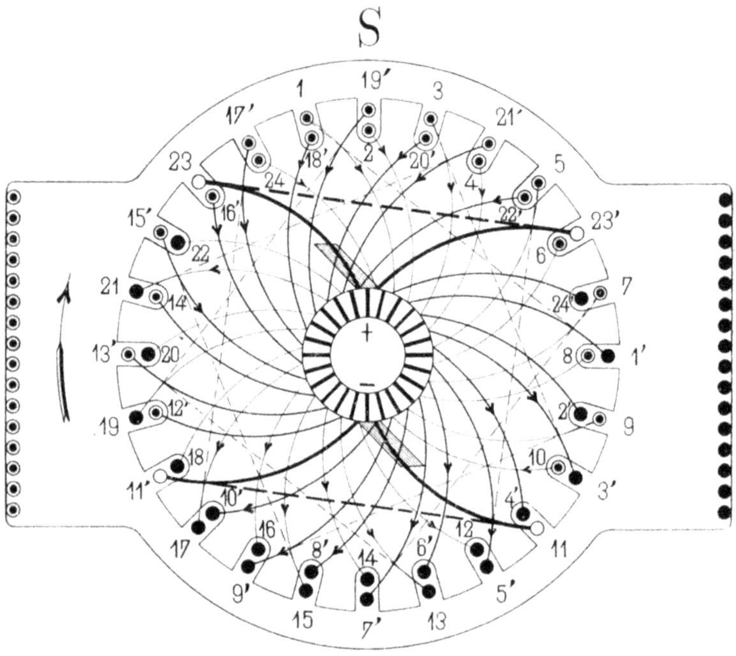

Fig. 180.
Sehnenwicklung nach J. Swinburne.

Sehnenwicklung von J. Swinburne. In **Fig. 180** ist eine solche Wicklung, deren Spulen in zwei Lagen untereinander in Nuten untergebracht sind, aufgezeichnet. Die Spulenweite ist so gewählt, dafs, wenn die eine Seite der Spule in dem Bereich der einen Polecke anlangt, die zweite Seite der Spule die andere Ecke des Poles verläfst.

Die Eigenart dieser Wicklung geht aus einem Vergleiche der **Fig. 181** und **182** noch deutlicher hervor. In Fig. 181 ist die Spule längs einem Durchmesser, in Fig. 182 nach Swinburne längs einer

Sehne gewickelt. Bei unbelasteter Maschine hat die kurzgeschlossene Spule die Lage $D_1 D_2$ bezw. $S_1 S_2$; bei Belastung ist eine Drehung β_D bezw. β_S der Bürsten erforderlich, um die Spule in das kommutirende Feld zu bringen. Die Bürsten-Verstellung ist, wie aus den Figuren ersichtlich, bei der Sehnenwicklung kleiner. Befindet sich aber die Seite S_1' der Spule nicht aufserhalb des Streufeldes der Polecke *b*, so ist die kommutirende *E. M. K.* nur[1])

$$S_1' - S_2'$$

proportional, und es mufs unter sonst gleichen Verhältnissen die Feldstärke oder die *E. M. K.*

$$S_1' = D_1' + D_2' + S_2' \text{ sein,}$$

worin $D_1' + D_2'$ der aus Gl. 45 zu berechnenden Feldstärke B_c entspricht.

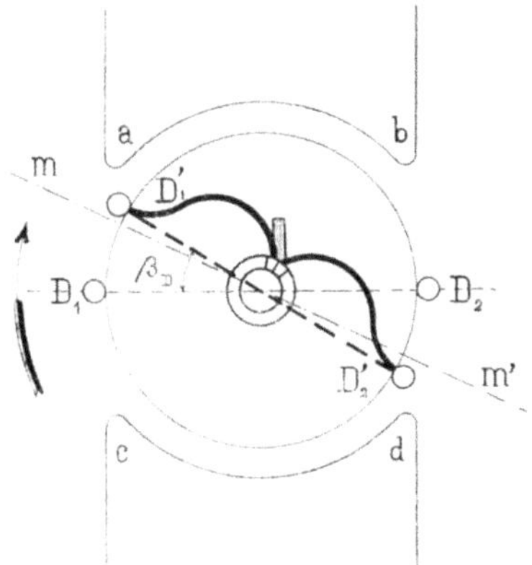

Fig. 181.
Durchmesserwicklung.

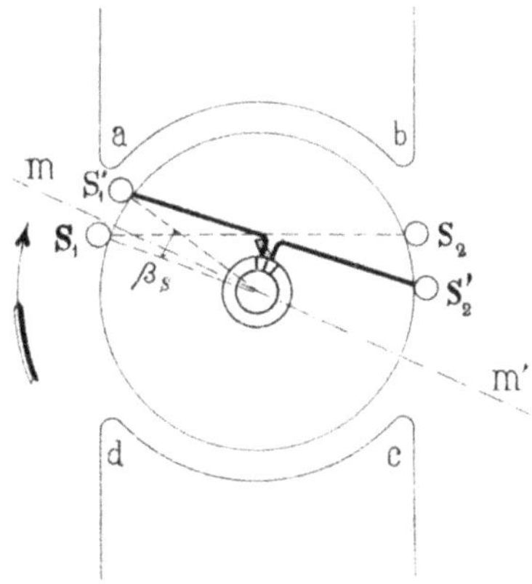

Fig. 182.
Sehnenwicklung.

Die Leiter, welche zwischen den kurzgeschlossenen Spulen (23, 23' und 11, 11' Fig. 180) liegen und ein Stromband senkrecht zu *NS* bilden, werden abwechselnd in entgegengesetzter Richtung vom Strome durchflossen und üben daher keine entmagnetisirende Rückwirkung aus; die Quermagnetisirung unter den Polen bleibt jedoch dieselbe. Da die Verstellung der Bürsten aufserdem klein ist, so wird die totale entmagnetisirende Wirkung klein bleiben. —

Eine kleine Bürstenverschiebung und eine geringe entmagnetisirende Wirkung läfst sich bei der Durchmesserwicklung zwar einfach dadurch erreichen, dafs der Polbogen grofs gemacht wird. Damit ist jedoch der Nachtheil einer vergröfserten Quermagnetisirung verbunden.

Diese Eigenthümlichkeit der Sehnenwicklung läfst sich auf mehrpolige Wicklungen und die verschiedenen Schaltungen übertragen,

[1]) Die Buchstaben sollen zugleich die in den betreffenden Drähten inducirten *E. M. Ke.* bezeichnen.

indem wir den Wicklungsschritt verkürzen. In den Fig. 100, 110 und 112 ist das geschehen. In allen Fällen hebt sich die Rückwirkung derjenigen Armaturleiter, welche zwischen den kurzgeschlossenen Leitern und zwei ungleichnamigen Polecken liegen, gegenseitig auf. —

Interessant sind aber die Resultate, welche Mordey mit einer solchen Wicklung erhielt[1]), und welche in Fig. 183 graphisch aufgetragen sind. Die Versuche beziehen sich auf eine zweipolige 15 K.-W.-Maschine von 1050 U. p. M., 27 cm Ankerdurchmesser, 26 cm Eisenlänge, 28 cm Feldbohrung, 28 cm Polbogen. Die Kurve *A* zeigt die Erregung der Maschine bei verschiedener Belastung und gewöhnlicher Wicklungsart des Ankers. Die Stromabgabe war keine funkenlose und eine geringe Bürstenverschiebung änderte die Klemmenspannung beträchtlich. Darauf wurde der Anker, der 32 Nuten und 138 Drähte besafs, nach dem Swinburne'schen Schema so umgewickelt, dafs eine Spule von den 32 Zacken der Armatur nur 10 umfafste (wenn Spulenseite 1 in Nute 1 liegt, liegt Seite 1' in Nute 11). Drahtzahl und Drahtquerschnitt blieben unverändert. Die bei dieser Wicklung nöthige Erregerstromstärke zeigt die Kurve *B*.

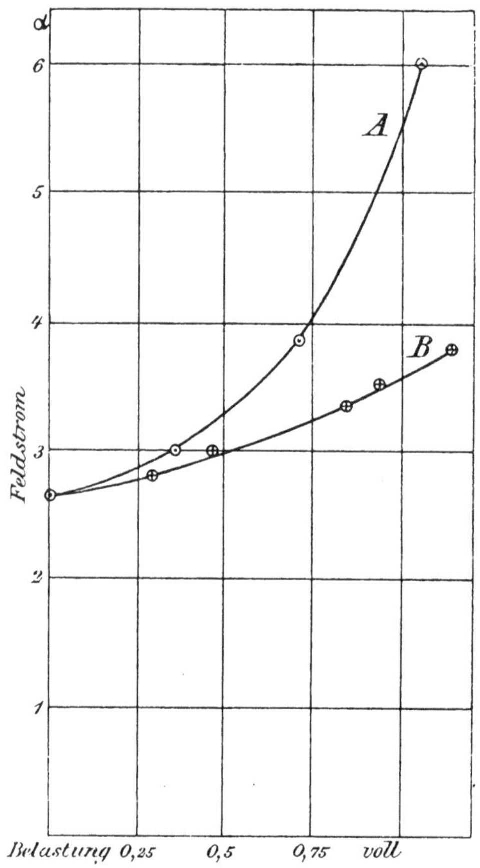

Fig. 183.
Versuchsresultate einer Maschine mit Durchmesserwicklung (*A*) und Sehnenwicklung (*B*).

Bei Vollbelastung betrug der Erregerstrom nur noch 72,5 % des ursprünglichen, der Wattverlust sank demnach auf 53 %. Die Bürsten mufsten bei der ersten Wicklung und Vollbelastung um 67,5°, bei der zweiten Wicklung nur noch

[1]) Journal of the Proceedings of the Institution of Electrical Engineers. Part. 130 Vol. XXVI. — E. T. Z. 1891, S. 412. (Vortrag von Mordey »Ueber Dynamomaschinen«).

um 12,5° verstellt werden.[1]) In beiden Fällen wurden Kupfergazebürsten benutzt.

Ringschleifenwicklung mit verkürztem Schritte. Uebertragen wir das Trommelschema auf den Ring nach der in Fig. 42 dargestellten Art und verkürzen wir ferner den Wicklungsschritt, so entsteht eine Ringwicklung, welche die Eigenthümlichkeiten der Swinburne'schen Wicklung besitzt.

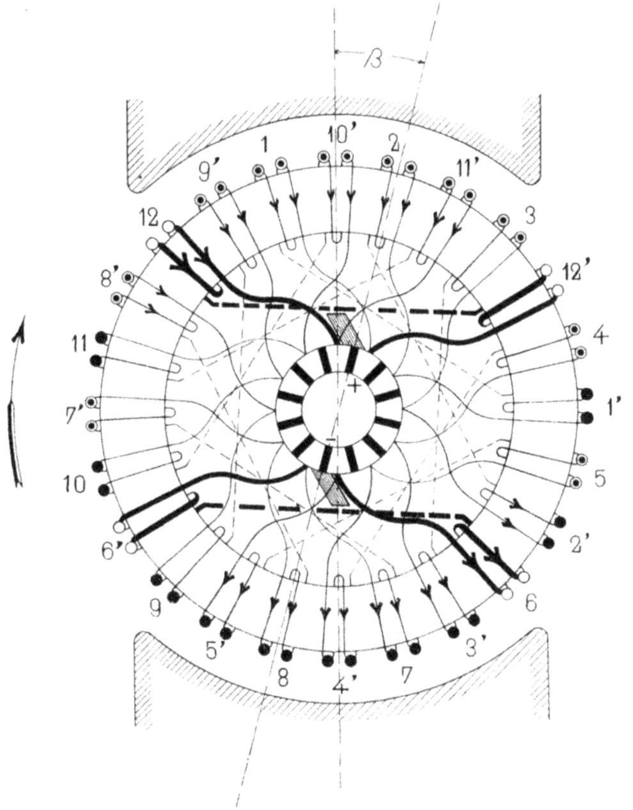

Fig. 184.
Ringschleifenwicklung mit verkürztem Schritt.

In Fig. 184 hat der Verfasser ein solches Schema mit 24 Spulen und 12 Kollektorlamellen dargestellt. Wir sehen, dafs auch hier die Bürstenverstellung β klein wird und dafs sich die Rückwirkung der zwischen

[1]) Der Verstellungswinkel von 67,5° ist sehr hoch und deutet darauf hin, dafs die Maschine unrichtig dimensionirt war. Es waren auch Bürstenlagen mit geringerer Verstellung zulässig.

den Spulen 12′ und 6, sowie 6′ und 12 liegenden Windungen auf die Feldmagnete gegenseitig aufhebt.

Ankerwicklung von S. G. Brown. Engl. Patent No. 21 972 vom 3. Oct. 1896.

Die Ankerwicklung von Brown, welche sowohl für Ring als Trommel ausgeführt werden kann, ermöglicht im Vergleiche zu den gewöhnlichen Wicklungen (Fig. 176) eine negative Verstellung der Bürsten. Wir legen der Betrachtung einen Generator Fig. 185 zu Grunde (für einen Motor ist die Drehrichtung umgekehrt), dessen

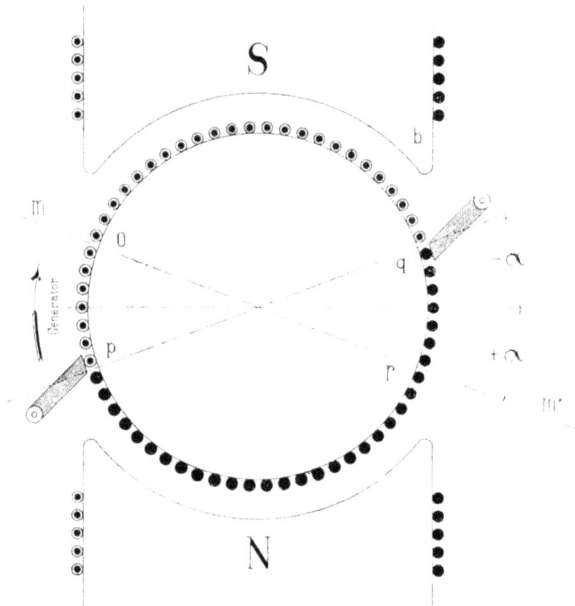

Fig. 185.
Negative Verstellung der Bürsten.

neutrale Zone bei normaler Belastung um den Winkel $(+\alpha)$ in der Drehrichtung verschoben sei.

Verdrehen wir nun die Bürsten um den Winkel $(-\alpha)$ aus der neutralen Zone der unbelasteten Maschine, so wird der Strom in den Drähten zwischen op und qr in einer Richtung fliefsen, welche der in Fig. 177 entgegengesetzt ist. Im letzteren Falle wirken die Drähte entmagnetisirend auf die Feldmagnete, jetzt ist es umgekehrt. Das Stromband $opqr$ der Armatur unterstützt jetzt die Magnetisirung der Feldmagnete, aber in den zwischen op und qr liegenden Drähten wird eine *E. M. K.* inducirt, welche der Stromrichtung entgegenwirkt, wir erhalten daher in diesen Drähten eine Gegen-*E. M. K.*

Mit einer gewöhnlichen Wicklung würde es unmöglich sein, bei negativer Bürstenverstellung eine funkenfreie Stromabnahme zu erhalten.

Um bei dieser Bürstenstellung die erforderliche kommutirende *E. M. K.* zu erhalten, verwendet Brown eine kombinirte Durchmesser- und Sehnenwicklung, wie Fig. 186 veranschaulicht. Ein Theil der Drähte einer

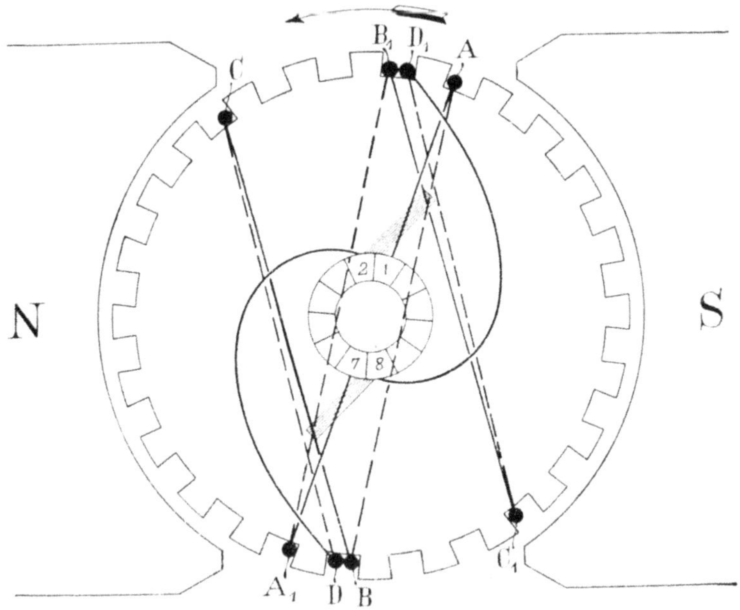

Fig. 186.

Wicklung von Brown für eine Drehrichtung.

Spulenseite wird nach vorwärts oder rückwärts verlegt, je nachdem die Maschine als Generator oder als Motor arbeiten soll. Diese vorwärts oder rückwärts liegenden Drähte gelangen, schon bei negativer Verstellung der Bürsten, unter die vorwärts oder rückwärts liegende Polecke, so dafs in denselben eine *E. M. K.* inducirt wird, welche ausreicht, den Strom der ganzen kurzgeschlossenen Spule zu kommutiren.

Bei einer Armatur mit dieser Wicklung können bei einem Generator die Bürsten rückwärts und bei einem Motor nach vorwärts aus der neutralen Zone verstellt werden. Die entmagnetisirende Wirkung der

Armatur wird dadurch vermindert. Sie kann sogar in eine magnetisirende Wirkung verwandelt werden, so daſs die Armatur das Magnetfeld verstärkt und eine Compoundirung der Maschine erreicht wird.

In Fig. 186 besitzt die Armatur 12 Lamellen und 12 Spulen, von denen nur zwei gezeichnet sind. Die Windungen verfolgen den Lauf

$$1 - A - B - C - D - 2$$
$$7 - A_1 - B_1 - C_1 - D_1 - 8.$$

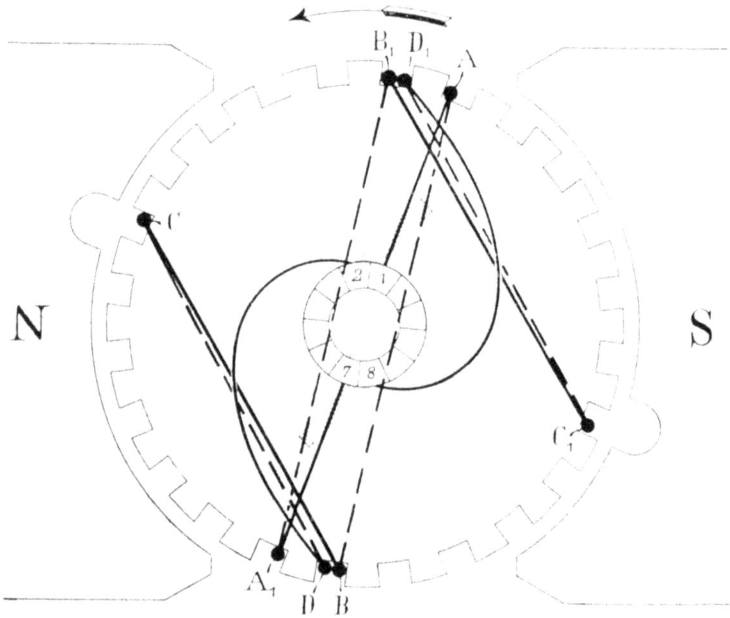

Fig. 187.

Wicklung von Brown mit vergröſsertem Spulenwinkel für eine Drehrichtung.

Jede Spule besteht aus zwei Windungen. Sind mehr Windungen vorhanden — so werden dieselben in passender Weise in die beiden Theile A und C getrennt, sind z. B. 4 Windungen pro Spule vorhanden, so können 3 derselben längs AB und die vierte längs der Sehne AC gewickelt werden. Der Winkel ABC muſs sich nach dem Verhältniſs der Zahl der Windungen in A und C der Weite der Pollücke und der gewünschten Kompoundirung richten.

Eine etwas andere Ausführung der Wicklung zeigt **Fig. 187**. Der Winkel ABC ist hier gröſser gewählt und für die kommutirenden Drähte C und C_1, welche jetzt unter den Polen liegen, sind in den Polen

Aussparungen angebracht, so dafs die kommutirende *E. M. K.* einen passenden Werth erhält. Nach Angabe des Erfinders soll diese Anordnung eine konstante Bürstenstellung ermöglichen. —

Soll die Armatur sich für Links- und Rechtsdrehung eignen, oder als Motor und Generator dienen können, so werden die Drähte einer Spulenseite in drei Theile getheilt, so dafs jede Spule voraus liegende

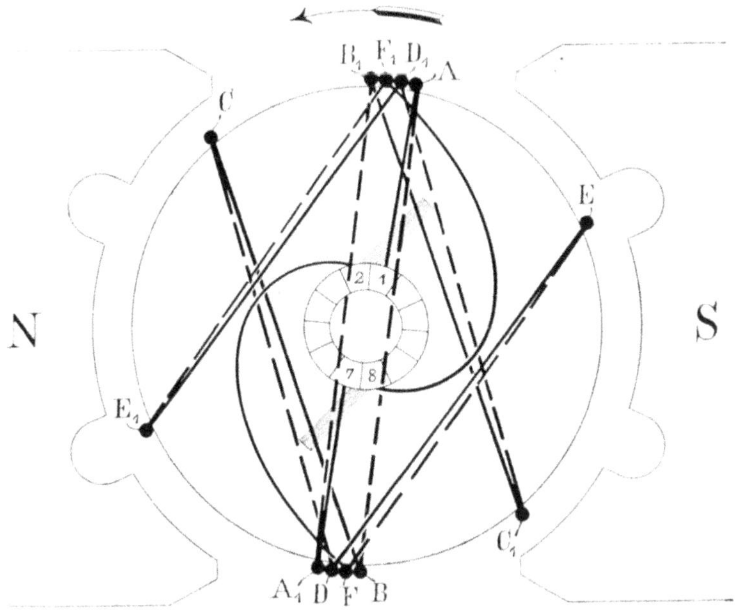

Fig. 188.

Wicklung von Brown für beide Drehrichtungen.

und rückwärts liegende Drähte besitzt. Diese Wicklungsart wird für zwei Spulen durch Fig. 188 veranschaulicht. Die Spulen verfolgen den Lauf:

$$1 - A - B - C - D - E - F - 2$$
$$7 - A_1 - B_1 - C_1 - D_1 - E_1 - F_1 - 8,$$

$C\,C_1$ sind die vorwärts und $E\,E_1$ die rückwärts liegenden Drähte. In den Polen sind Aussparungen derart angeordnet, dafs für Linksdrehung die Drähte $E\,E_1$ und für Rechtsdrehung die Drähte $C\,C_1$ sich innerhalb der Aussparungen befinden und deren Wirkung so stark vermindert wird, dafs im ersten Falle die Differenz der *E. M. Ke.* $C - E$, $C_1 - E_1$ und im zweiten Falle die Differenz $E - C$, $E_1 - C_1$ die Kommutation veranlafst.

Die Resultate, welche S. G. Brown mit einer Maschine mit Nutenanker in den Werkstätten von Crompton & Co. erhalten hat,[1]) sind in **Fig. 189** graphisch dargestellt.

Die verwendete Maschine von 4,5 KW. besafs einen Nutenanker mit gewöhnlicher Durchmesserwicklung, und 44 Spulen von je drei Windungen oder 6 Drähten. Die Feldmagnete hatten Nebenschlufswicklung und der Luftzwischenraum zwischen Pol und Ankereisen betrug 0,25 cm. Als Generator mit 1140 Umdrehungen und konstanter Erregung ergab die Belastungsprobe die Kurve *A*. Der Spannungsabfall bei voller Belastung beträgt 20 Volt. Bei einer höheren Belastung fing die Maschine bald an zu feuern und verlor ihr Feld, wenn

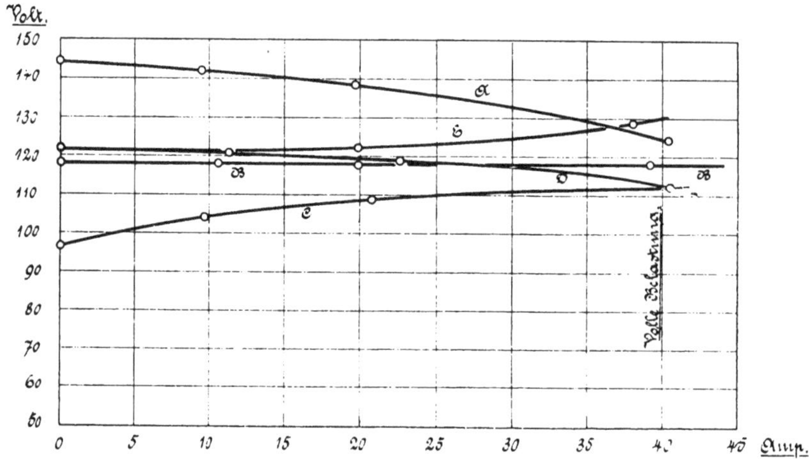

Fig. 189.

Versuchsresultate einer Maschine mit der Wicklung von Brown.

die Bürsten noch mehr vorwärts gestellt wurden; eine Ueberlastung war also nicht möglich. —

Die Armatur wurde dann umgewickelt. Der Drahtquerschnitt blieb derselbe, aber der Anker erhielt nun 12 Spulen von je 6 Windungen oder 12 Drähten, von denen zwei nach dem Schema Fig. 187 soviel nach vorwärts verlegt wurden, dafs die Entfernung etwas kleiner war als die Entfernung der Polecken.

Als Generator mit 1150 Umdrehungen und Kupfergazebürsten, deren Breite $^3/_4$ einer Lamelle betrug, ergab sich die Kurve *D*. Der

[1]) Journal of the Proceedings of the Institution of Electrical Engineers. Part. 130. Vol. XXVI. (Discussion des Vortrages von W. M. Mordey »On Dynamos«).

Spannungsabfall bei voller Belastung beträgt 10 Volt und eine geringe Ueberlastung war zulässig. Wurden die Bürsten auf $^7/_8$ einer Lamelle verbreitert und die Tourenzahl auf 1200 erhöht, so ergab sich wie Kurve B zeigt, eine genaue Kompoundirung, die Maschine arbeitete ohne Spannungsabfall und ohne Funkenbildung bis 80% Ueberlastung. Wurde die Bürstenbreite auf die Breite einer Lamelle erhöht, so ergab sich bei 1200 Umdrehungen die Kurve C, mit einer Ueberkompoundirung von 14 Volt bei voller Belastung. Separat erregt, ergab sich die Kurve E mit 8 Volt Ueberkompoundirung. —

Als Motor in umgekehrter Richtung und mit Bürsten von $^7/_8$ einer Lamellenbreite laufend, blieb die Tourenzahl bei konstanter Klemmenspannung für alle Belastungen konstant. —

Auffallend ist bei diesen Versuchen der grofse Einflufs der Bürstenbreite, welche zunächst die Bürstenverstellung und daher die Armaturrückwirkung mehr beeinflufst als bei einer gewöhnlichen Wicklung. —

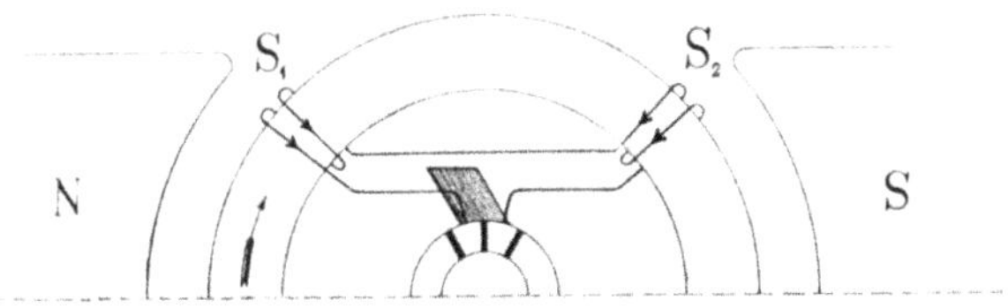

Fig. 190.
Element einer Ringwicklung nach Brown-Mordey.

In dem erwähnten Vortrage hat Mordey die beschriebene Wicklungsart insbesondere für Ringanker erörtert. Anstatt das Element einer Grammewicklung, welches beispielsweise aus 4 Windungen bestehen möge, in der gewöhnlichen Weise anzuordnen, wickelt Mordey es so, dafs die 4 Windungen in zwei Gruppen getheilt werden. Zwischen den zwei Gruppen liegt ein Zwischenraum, welcher gleich der Entfernung von zwei Polenden ist. Erhält z. B. jede Gruppe 2 Windungen, so entsteht die Anordnung **Fig. 190.** — Diese Wicklungsart unterscheidet sich von der in Fig. 184 vom Verfasser dargestellten Art dadurch, dafs die inducirten Leiter S_1 uud S_2 der kurzgeschlossenen Spulen sich unter Polecken von entgegengesetzter Polarität bewegen. Die Wicklung ist in beiden Fällen so ausgeführt, dafs die in den Spulenhälften inducirten $E.\,M.\,K_e.$ während des Kurzschlusses einander entgegenwirken.

Das vollständige Schema einer solchen Ringwicklung ist in **Fig. 191** dargestellt. Die durch die Bürsten kurzgeschlossenen Windungen sind als stärkere Linien eingezeichnet. Verfolgen wir den Stromverlauf, so sehen wir, dafs im Zwischenraum zwischen den beiden Polenden die Stromrichtungen in den Windungen, welche in einer Nut liegen, ebenso wie bei der Swinburne'schen Wicklung Fig. 180, einander entgegengesetzt sind.

Noch deutlicher wird der Stromlauf durch das in die Ebene aufgerollte Wicklungsschema **Fig. 192.** Die zwischen der kurzgeschlossenen zweitheiligen Spule liegenden Leiter neutralisiren sich vollständig. Müfste die Lage dieser Spule infolge des Einflusses der quermagnetisirenden Windungen nicht eine kleine Vorwärtsverschiebung erhalten, so wäre die entmagnetisirende Wirkung des Ankers vollständig vermieden.

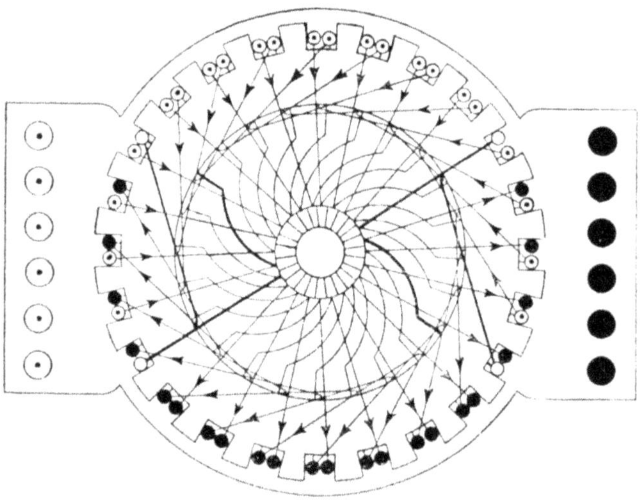

Fig. 191.
Ringwicklung nach Brown-Mordey.

Diese Wicklung kann ebenso wie die Trommelwicklung in der Art variirt werden, dafs die Windungen einer Spule unsymmetrisch vertheilt werden, wie **Fig. 193** zeigt. Die innerhalb der kurzgeschlossenen Spulen liegenden und mit schwarzen Kreisen bezeichneten Leiter verstärken das Feld und werden nur zum Theil durch Leiter von entgegengesetzter Stromrichtung neutralisirt. Um die für die Kommutation des Stromes erforderliche *E. M. K.* zu erhalten, müssen aber die Bürsten eine etwas gröfsere Vorwärtsschiebung erhalten als in Fig. 192. Diese Anordnung ergiebt also eine Aufwärtskompoundirung.

Läfst man die Maschine im anderen Sinne umlaufen, so erhält man eine verstärkte Ankerrückwirkung, hiervon kann bei einem Motor Gebrauch gemacht werden. Ein Nachtheil liegt darin, dafs die Maschine an eine bestimmte Umdrehungsrichtung gebunden ist, ferner mufs die Windungszahl einer Spule gröfser als zwei sein.

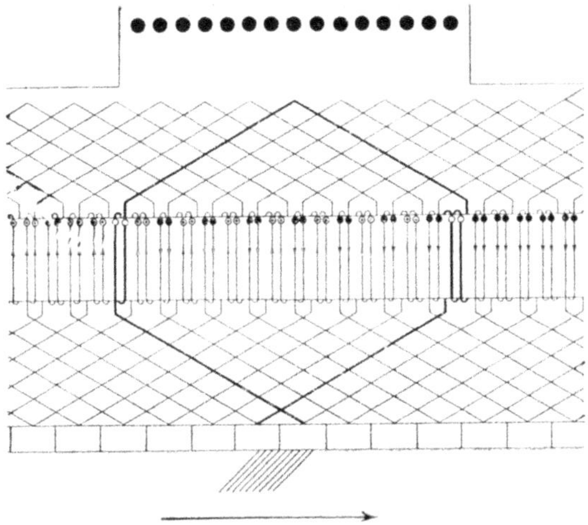

Fig. 192.
Abgewickeltes Schema einer Ringwicklung nach Brown-Mordey.

Die Ring- und Trommelankerwicklung von Sayers.[1]) Eine interessante Neuerung auf dem Gebiete der Ankerwicklungen hat W. Sayers erdacht[2]) und praktisch erprobt. Die Sayer'sche Wicklung ermöglicht

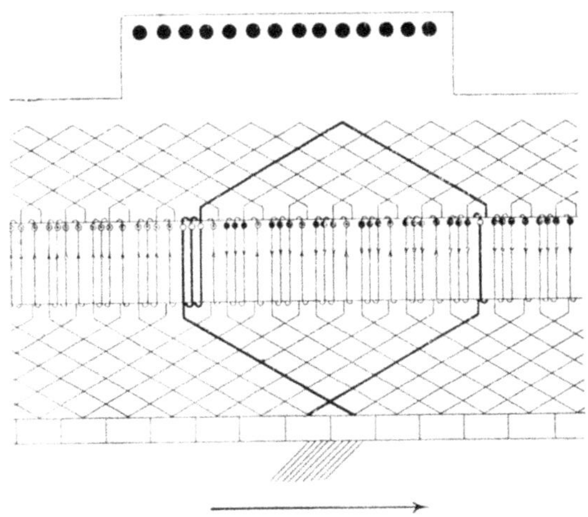

Fig. 193.
Abgewickeltes Schema einer Ringwicklung nach Brown-Mordey.

[1]) D. R. P. Nr. 73119 vom 1. Mai 1892 und 78954 vom 31. Dec. 1893. Engl. Patent Nr. 16572 vom 29. Sept. 1891 und 10298 vom 24. Mai 1893.

[2]) Journal of the Institution of Electrical Engineers 1893, Nr. 107.

im Vergleiche zu den gewöhnlichen Wicklungen ebenfalls (Fig. 185) eine negative Bürstenverstellung.

Sayers vermeidet die Funkenbildung durch die eigenthümliche Verbindung der Armaturspulen mit dem Kollektor, indem er die Verbindungsdrähte so durch das magnetische Feld führt, dafs die für die Kommutation des Stromes erforderliche *E. M. K.* in diesen inducirt wird.

In **Fig. 194** ist das in die Papierebene ausgebreitete Schema einer Ringwicklung und in **Fig. 195** dasjenige einer Trommelwicklung aufgezeichnet. Die Verbindungen zum Kollektor (z. B. *a c e* und *b d f*) werden, entgegengesetzt zu der Rotationsrichtung, umgebogen und in kurzer Entfernung von der Abzweigung parallel zu

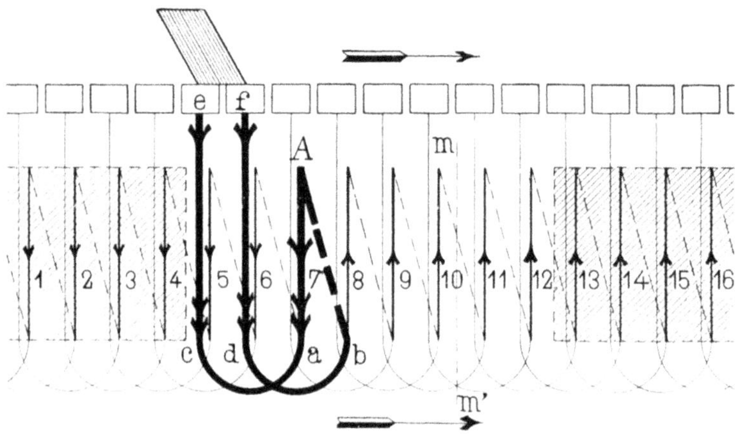

Fig. 194.
Ringwicklung nach Sayers für eine Drehrichtung.

der gewöhnlichen Wicklung auf der Oberfläche der Armatur geführt und erst jetzt an die Segmente (*e* und *f*) angeschlossen. Die Theile *a c e* und *a d f* nennt Sayers die Kommutationsstäbe der Wicklung.

Die neutrale Zone der belasteten Maschine soll bei *m m'* liegen und die Spule *a A b* sei kurz geschlossen. Der Kurzschlufsstromkreis *f d a A b c e* enthält zwei Kommutationsstäbe. Der Stab *c e* bewegt sich in einem stärkern magnetischen Felde und in ihm wird eine gröfsere *E. M. K.* inducirt als im Stabe *d f*, während die kurzgeschlossene Spule sich der neutralen Zone am nächsten befindet und sich im schwächsten magnetischen Felde bewegt. Bezeichnen wir die in den Stäben *c*, *d* und der Spule inducirten *E. M. Ke.* mit E_c, E_d, E_a und deren Richtung mit Doppelpfeilen, so finden wir, dafs die kommutirende *E.M.K.*

$$= E_c - E_d - E_a$$

ist. Diese ist bestrebt, den Strom der Spule umzukehren und einen

Strom in der Richtung aA zu erzeugen, so dafs die Spule den Kurzschlufs ohne Funkenbildung verlassen wird, vorausgesetzt, dafs die obige Differenz der *E. M. Ke.* genügend grofs und die Zeit des Kurzschlusses genügend lang ist.

Die Kommutationsstäbe c und d gehören zu benachbarten Spulen und liegen daher am Umfange der Armatur nahe aneinander. Bei einer glatten Armatur mit grofsem Luftzwischenraume zwischen Armatur- und Poleisen, würde daher die Differenz $E_c - E_d$ nur sehr klein

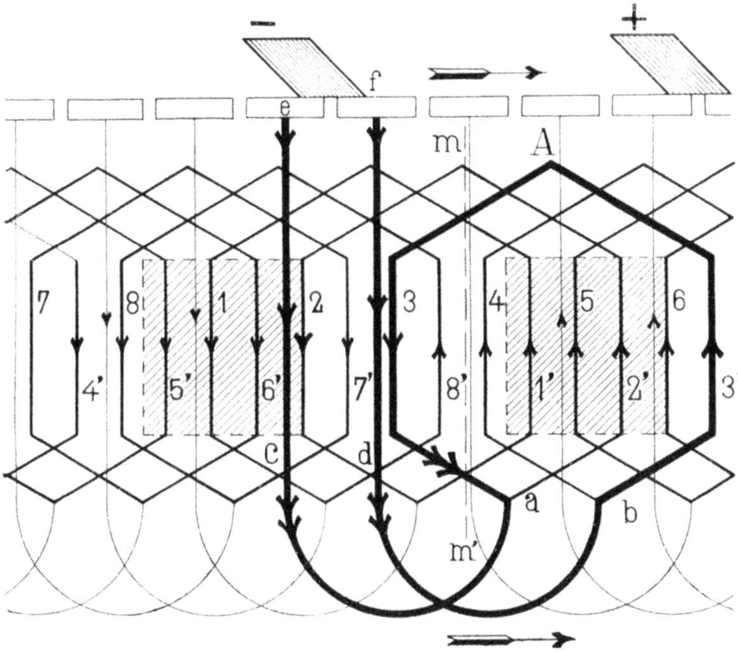

Fig. 195.
Trommelwicklung nach Sayers für eine Drehrichtung.

sein. Sayers verwendet daher gezahnte Armaturen mit kleinem Luftzwischenraume zwischen Armatur- und Poleisen. In diesem Falle nimmt die Feldstärke beim Verlassen der Polecke, sofern diese nicht allzustark abgerundet ist, sehr rasch ab, und die Differenz $E_c - E_d$ erreicht einen genügend grofsen Werth.

Ein weiterer Vorzug der Sayers-Wicklung, welche dieselbe von allen andern unterscheidet, liegt darin, dafs die rückliegende Polecke (Ecke b, Fig. 176) die kommutirende *E. M. K.* inducirt. Da nun infolge der Quermagnetisirung die rückliegende Polecke mit zunehmender Stromstärke des Ankers verstärkt wird und anderseits eine gröfsere Ankerstromstärke eine gröfsere kommutirende *E. M. K.*

erfordert, so können die Verhältnisse so gewählt werden, dafs die funkenfreie Bürstenstellung für alle Belastungen der Maschine dieselbe bleibt.

Der kleine Zwischenraum zwischen Pol- und Ankereisen einer Sayersdynamo ergiebt eine verhältnifsmäfsig grofse quermagnetisirende Wirkung des Ankers. Es liegt daher die Gefahr nahe, dafs entweder die rückliegende Polecke oder die unter dieser Ecke liegenden Zähne der Armatur schon bei geringer Belastung der Maschine magnetisch gesättigt sind. Eine unveränderte Bürstenlage wäre in diesem Falle, da die kommutirende *E. M. K.* konstant bliebe, nicht mehr möglich. Es hat sich daher die Nothwendigkeit ergeben, die Pole

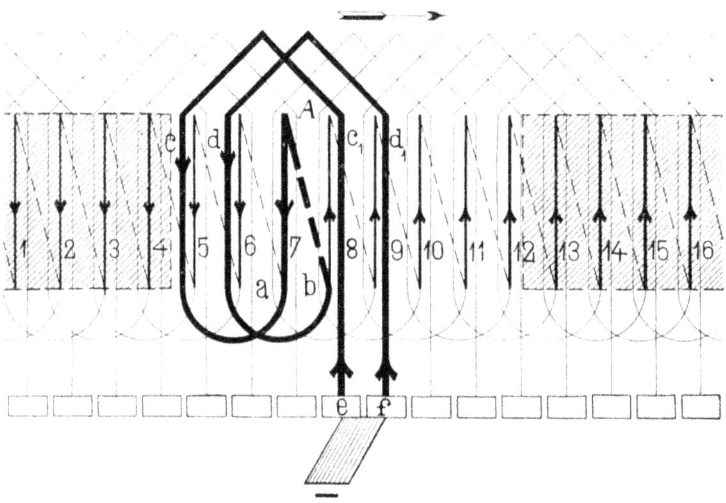

Fig. 196.
Ringwicklung nach Sayers für beide Drehrichtungen.

senkrecht zur Richtung der Quermagnetisirung aufzuschlitzen, um so einen weiteren Luftraum in den quermagnetischen Stromkreis einzuschalten.

Den in den Fig. 194 und 195 dargestellten Wicklungen haftet noch der Nachtheil an, dafs die Armatur sich nur für eine einzige Drehrichtung eignet. Will man die Armatur für beide Drehrichtungen bauen, so kann das nach Sayers geschehen, indem wir die Kommutationsstäbe c und d, wie die **Fig. 196 und 197** darstellen, auf der anderen Seite der Armatur nochmals umbiegen und derart längs der gewöhnlichen Wicklung führen, dafs $A\,a$ die Symmetrielinie zu $c\,d$ und $c_1\,d_1$ wird, wir erhalten so eine Kommutationsspule. Bei Rechtsdrehung sind dann die Stäbe c, d wirksam und die Stäbe c_1, d_1 befinden sich in der neutralen Zone oder in der Nähe derselben, bei Linksdrehung ist es umgekehrt.

Das vollständige Wicklungsschema eines zweipoligen Ankers mit 90 Nuten und 180 Stäben, nach einem Entwurfe von W. Sayers ist in Fig. 198 dargestellt.

Die besonderen Eigenschaften der Sayers-Wicklung lassen sich kurz wie folgt zusammenfassen: Die entmagnetisirenden Windungen einer gewöhnlichen Armatur sind in magnetisirende Windungen verwandelt. Dieser Umstand und der kleine Luftraum zwischen Pol- und

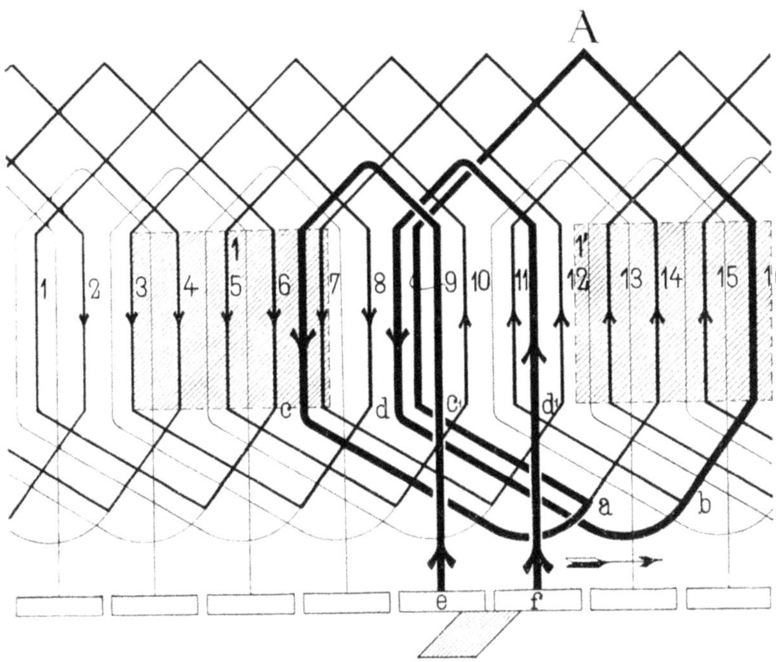

Fig. 197.
Trommelwicklung nach Sayers für beide Drehrichtungen.

Ankereisen ermöglichen einen geringern Aufwand an Kupfer für die Feldmagnete. Der maximalen Belastung der Maschine wird nur durch die zulässige Erwärmung der Armatur eine Grenze gesetzt. Die Bürstenstellung kann für alle Belastungen konstant erhalten werden. Endlich ergiebt die Magnetisirung des Feldes durch die Ampèrewindungen der Armatur, welche mit der Stromstärke wächst, eine Kompoundirung der Maschine, d. h. es kann bei konstanter Felderregung eine nahezu konstante Klemmenspannung erhalten werden.

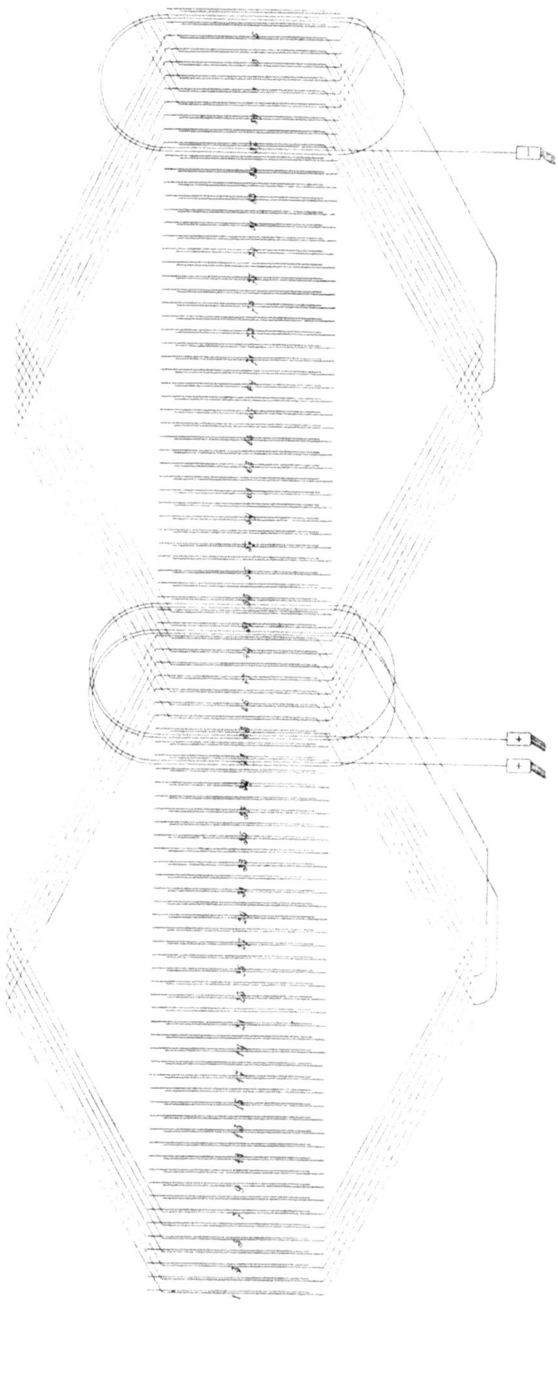

Fig. 198.
Zweipolige Trommelwicklung von Sayers für beide Drehrichtungen mit 90 Spulen.

C. Offene Ankerwicklungen.

Die offenen Ankerwicklungen haben durch die Bogenlichtmaschinen von Brush, Thomson-Houston und der Westinghouse Electric Co. praktische Bedeutung erlangt.

Die Windungen der Anker dieser Maschinen bilden keine geschlossene Wicklung, sondern sie bestehen aus einer geringen Anzahl von Spulen, welche mit den Segmenten eines Kollektors so verbunden sind, dafs jede Spule während eines Theiles jeder Umdrehung aus dem Stromkreise ausgeschaltet und unterbrochen ist; während des übrigen Theiles der Umdrehung durchläuft eine Spule verschiedene Kombinationen mit den übrigen.

Die geringe Spulenzahl macht diese Maschinen zur Erzeugung von hochgespannten Strömen, wie solche für die Serienschaltung vieler (bis 60) Bogenlampen erforderlich sind, besonders geeignet.

Diese Maschinen liefern zwar einen gleichgerichteten, aber wegen der geringen Spulenzahl keinen konstanten, sondern einen in seiner Stärke pulsirenden Strom. Für die Bogenlichtbeleuchtung sind diese leichten Pulsationen von Vortheil, denn sie halten den Mechanismus der Lampe in leichter Vibration und machen denselben empfindlicher.

Einen einfachen Anker mit offener Wicklung besitzen wir in dem bekannten Doppel-T-Induktor von Siemens, dessen Spule mit ihren Enden an zwei halbkreisförmige Kollektorsegmente angeschlossen ist.

Ein weiteres einfaches Beispiel einer offenen Ankerwicklung ist in **Fig. 199** dargestellt. Der Ring trägt zwei Spulenpaare 1, 1 und 2, 2. Die Einzelspulen sind so hintereinander geschaltet, dafs die inducirten Ströme sich unterstützen, und die Enden sind an zwei gegenüberstehende Kollektorsegmente angeschlossen. Die Spulenpaare und Kollektorsegmentpaare stehen unter einem Winkel von 90^0. — In der gezeichneten Lage der Armatur ist die Spule 1 der gröfsten Induktionswirkung ausgesetzt, und deren Enden stehen mit den Bürsten P_1 und Q_1 in Verbindung; die Spule 2 dagegen liegt in der neutralen Zone und ist aus dem Stromkreise ausgeschaltet. Dreht sich die Armatur weiter, so nimmt die Induktion in 1 ab, dagegen in 2 zu; da sich nun die Kollektorsegmente überdecken, so berühren die Bürsten eine Zeit lang, d. h. während die Induktion eine mittlere Stärke besitzt, zwei Kollektorsegmente, und die Spulen 1 und 2 sind parallel geschaltet. Alsdann gelangt die Spule 1 in die neutrale Zone und wird ausgeschaltet, während Spule 2 die gezeichnete Lage der Spule 1 annimmt.

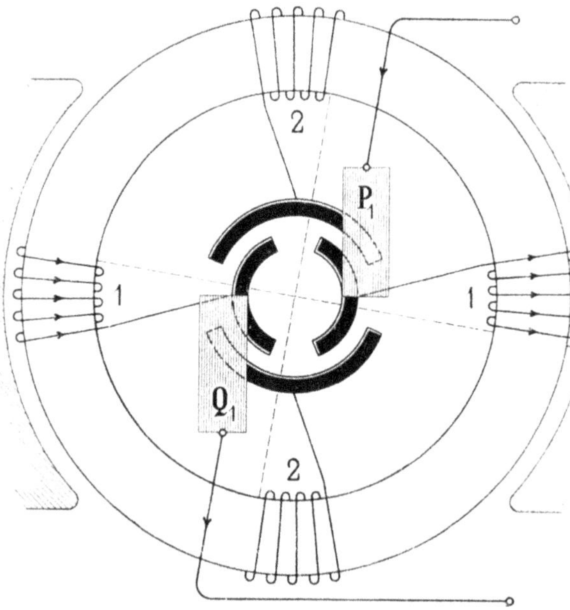

Fig. 199.
Ringwicklung nach Brush.

Der Strom wird auf diese Weise im äufsern Stromkreise nie unterbrochen oder gleich Null, aber seine Intensität wird doch stark schwanken. Wir könnten diese Schwankungen dadurch vermindern, dafs wir zwei solche Anker mit um 45° gegeneinander verdrehten Spulen auf derselben Axe befestigen und in Serie schalten.

Noch einfacher wird die Anordnung, wenn wir die Spulen auf den bereits vorhandenen Ring wickeln, im übrigen aber die Serienschaltung beibehalten. Wir gelangen so zu dem Ringanker von Brush.

Die Wicklung von Brush. (Fig. 200.) Es sind im ganzen acht Spulen vorhanden, welche sämmtlich in gleichem Sinne gewickelt sind. Die hinteren Enden zweier diametral gegenüberliegenden Spulen, also 1—1, 2—2, 3—3, 4—4 sind miteinander verbunden; in der Figur sind diese

Verbindungen durch punktirte Linien markirt. Die beiden vordern Enden eines jeden Spulenpaares sind nach dem Kommutator geführt.

Der Kommutator besteht aus vier, auf der Axe nebeneinander gelagerten Ringen und jeder Ring aus zwei Segmenten, von denen jedes $^3/_8$ des Kreisumfanges einnimmt. In der Figur sind alle Ringe in die Papierebene gelegt und daher mit verschiedenen Durchmessern gezeichnet. Die zwei innern Ringe, mit den gemeinschaftlichen Bürsten P_1 und P_2 sind um 90° gegeneinander versetzt und stehen mit den Spulenpaaren 1—1 und 3—3 in Verbindung, welche ebenfalls einen Winkel von 90° miteinander einschliefsen. Die zwei äufsern Ringe

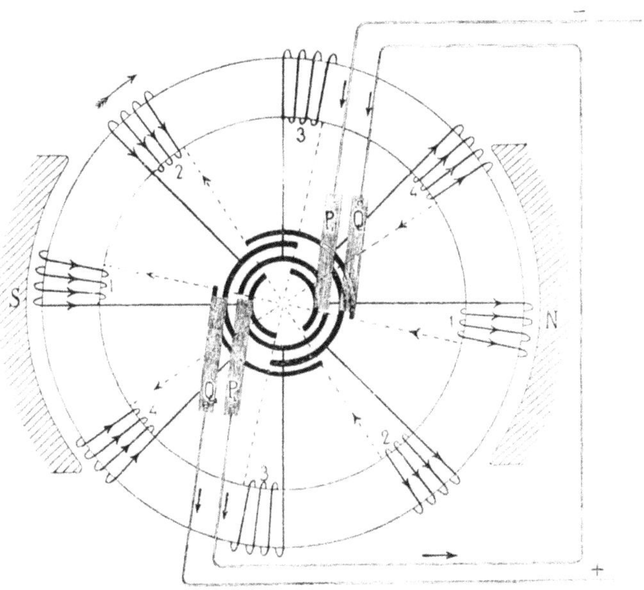

Fig. 200.
8spulige Wicklung von Brush.

mit den Bürsten Q_1 und Q_2 sind an die übrigen Spulen 2—2, 4—4 angeschlossen und um 45° gegenüber dem ersten Ringpaare verdreht.

Bei der angenommenen Lage und Drehungsrichtung der Spulen hat die elektromotorische Kraft in 1—1 ihr Maximum erreicht, in 4—4 nimmt dieselbe zu und in 2—2 ab, während sich 3—3 in der neutralen Lage befindet. Der Strom tritt bei P_1 in die Armatur ein, durchläuft das Spulenpaar 1—1, gelangt zur Bürste P_2, von da zur Bürste Q_1 und dann durch die parallel verbundenen Spulen 2—2, 4—4 nach Q_2 und schliefslich durch den äufseren Stromkreis zurück nach P_1. — Das Spulenpaar 3—3 ist ganz ausgeschaltet. — Wechseln die Spulen ihre Lage, so ändert sich dementsprechend auch ihre Reihenfolge in der Stromrichtung. Jede Spule wird pro Umdrehung zweimal auf $^1/_8$ des Weges ausgeschaltet und zwar dann, wenn sich ihre elektromotorische Kraft der Null nähert oder davon entfernt. Diejenigen Spulenpaare, welche sich vor und nach der Lage der maximalen Induktion befinden, sind stets parallel geschaltet.

Die Zahl der Spulen oder die Zahl der in Serie geschalteten Einheiten läſst sich für die Brushschaltung beliebig vermehren; je zwei Spulen entspricht ein Kommutatorring, und je vier um 90° gegeneinander versetzten Spulen ein gemeinschaftliches Bürstenpaar. Die letztern werden hintereinander verbunden.

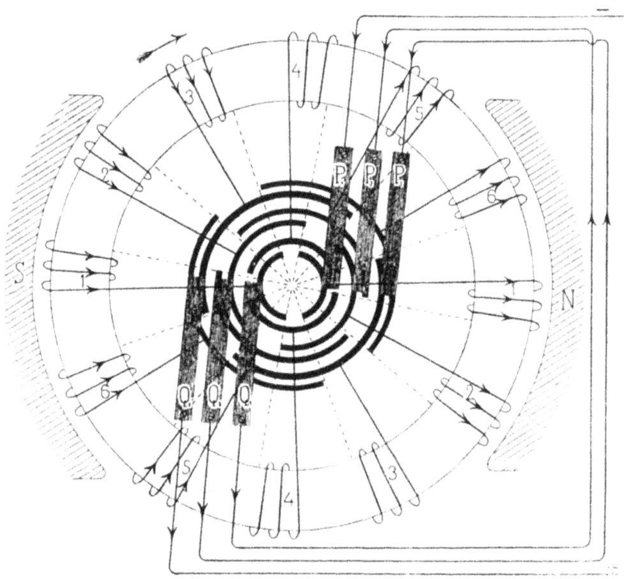

Fig. 201.
12 spulige Wicklung von Brush.

Der Anker des gröſsten Modells der Brush-Maschinen enthält jedoch nur 12 Spulen; das zugehörige Schema zeigt **Fig. 201.**

In dem dargestellten Momente bewegen sich die Spulen 4—4 durch die neutrale Zone und sind aus dem Stromkreise ausgeschlossen. Der Strom verfolgt die Richtung

$$-P_1 - 1 - Q_1 - P_2 \left\langle \begin{matrix} 5 \\ 2 \end{matrix} \right\rangle Q_2 - P_3 \left\langle \begin{matrix} 6 \\ 3 \end{matrix} \right\rangle Q_3 +$$

äuſserer Stromkreis und zurück nach P_1.

Die Wicklung von Thomson-Houston. Von den Bogenlichtmaschinen der Thomson-Houston Co. besitzen die gröſseren Modelle Ringanker, die kleineren Trommelanker. Das Schema für Ringankerwicklung ist in **Fig. 202,** das abgewickelte Schema der Trommelanker-

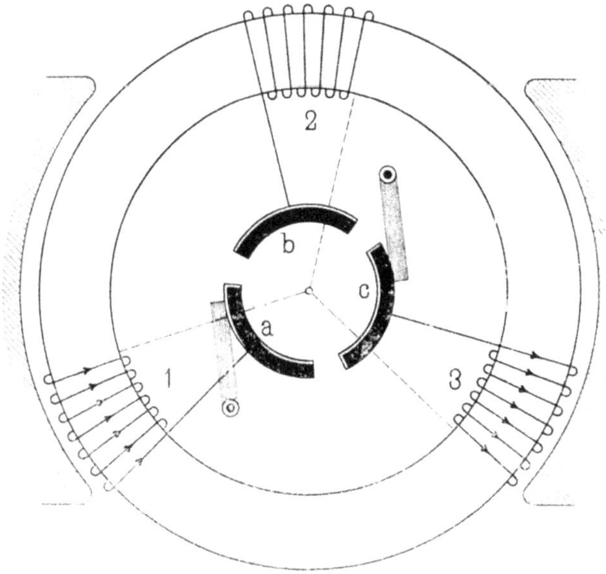

Fig. 202.
Ringwicklung nach Thomson-Houston.

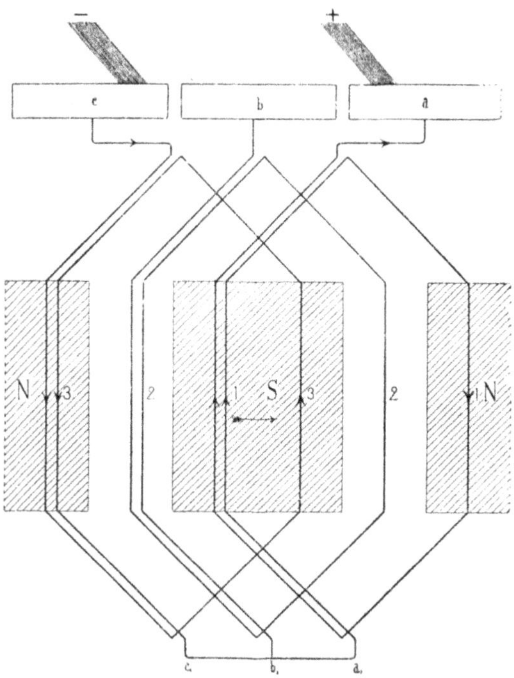

Fig. 203.
Trommelwicklung nach Thomson-Houston.

wicklung in **Fig. 203** dargestellt. Der Anker erhält drei Spulen, welche unter einem Winkel von 120° stehen. Drei gleich gelegene Enden der Spulen werden miteinander und die drei andern Enden mit den Segmenten *abc* des Kollektors verbunden.

Bei den Trommelankern werden die drei Spulen auf einen eisernen Kern von der Form einer kleinen Riemenscheibe mit kugeligem Kranz und ebenen Seitenflächen so aufgewunden, dafs sich dieselben unter einem Winkel von 120° kreuzen. Damit die Spulen gleiche Drahtlänge und gleichen mittlern Abstand von den hohlkugelig gestalteten Polflächen erhalten, wickelt man zunächst die Hälfte der ersten Spule, dann die Hälfte der zweiten, nunmehr die dritte Spule vollständig und endlich die zweite Hälfte der zweiten und ersten Spule. Die Anfänge der drei Spulen werden miteinander verbunden und die Enden zu den Segmenten eines dreitheiligen Kommutators geführt. Der fertige Anker besitzt eine kugelige Gestalt.

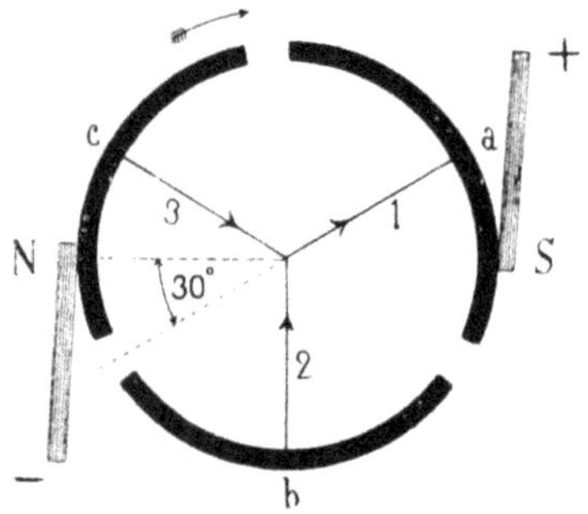

Fig. 204.

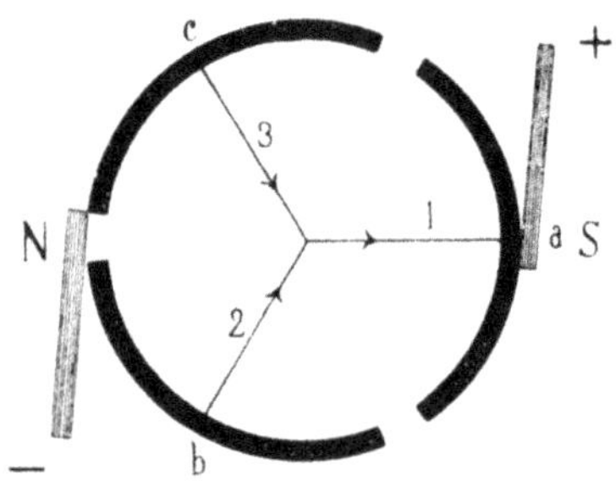

Fig. 205.

In Fig. 203 ist das in die Ebene ausgebreitete Schema einer solchen Wicklung dargestellt. Die Anfänge a_1, b_1, c_1 der Spulen 1, 2, 3 sind miteinander verbunden und die Enden zu den Segmenten *a b c* geführt. Die Spule 2 befindet sich gerade in der neutralen Lage und ist aus dem Stromkreise ausgeschlossen.

Die Lage der Spulen zum Kommutator und zu den Bürsten in dem auf den Ankerkern aufgewickelten Schema wird durch **Fig. 204** veranschaulicht. Die Spulen 1, 2, 3 sind durch Radien angedeutet, welche von den Kommutatorsegmenten *a*, *b*, *c* zum Mittelpunkte gehen. *NS* giebt die Lage der Pollinie.

Nach einer Drehung von 30° (**Fig. 205**) gelangt 1 zur gröfsten Wirksamkeit, 2 nähert sich dieser Lage und 3 der neutralen Linie.

Durch die auf *b* und *c* gleichzeitig aufliegende Bürste sind die Spulen 2 und 3 parallel verbunden. Nach einer weitern kleinen Drehung wird 3 aus dem Stromkreise ausgeschaltet und durch Spule 2 ersetzt.

Die Parallelschaltung zweier Spulen dauert somit nur sehr kurze Zeit; um diese zu verlängern und die Wirksamkeit der magnetischen Felder besser auszunützen, könnte man, ebenso wie bei der Brushmaschine, die Kommutatorsegmente so verlängern, dafs sie sich auf eine gewisse Strecke übergreifen. Thomson-Houston erreichen denselben Zweck durch Anwendung eines zweiten Bürstenpaares (**Fig. 206**), welches mit dem andern einen Winkel von ca. 60⁰ einschliefst. Die gleichnamigen Bürsten sind leitend miteinander verbunden.

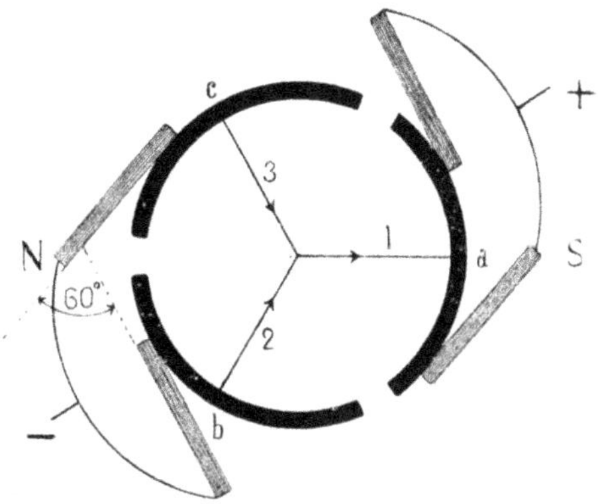

Fig. 206.

Die E. A. vorm. Schuckert & Co. benützt diese Schaltung für kleine zweipolige Gleichstrommotoren. Der Anker ist als dreifacher T-Anker (wie Fig. 214 aber mit 3 Polen) ausgeführt; derselbe besitzt somit drei Spulen und der Kollektor drei Lamellen.

Mehrpolige Ringanker mit offener Wicklung.

Zu neuen und interessanten Wicklungsschemata gelangen wir, wenn wir die für zweipolige Maschinen gebräuchlichen Schaltungen von Brush und Thomson-Houston auf mehrpolige Maschinen ausdehnen.

In den nachfolgenden Figuren hat der Verfasser einige mehrpolige Schemata und zwar für Ringwicklung entworfen, dieselben lassen sich auch auf Trommelanker übertragen.

In **Fig. 207** ist zunächst eine vierpolige Wicklung mit 6 Armaturspulen und 6 Kollektorlamellen dargestellt. Je zwei auf demselben Durchmesser liegende Spulen sind in Serie geschaltet, die Anfänge a, b, c der Doppelspulen sind an die Kollektorlamellen 1, 2, 3 befestigt und die Enden a', b', c' derselben sind leitend miteinander verbunden. Verbinden wir noch die gegenüberliegenden Kollektorlamellen leitend miteinander, also 1 mit 1′, 2 mit 2′, 3 mit 3′, so ist die Wirkungsweise dieser Anordnung mit der zweipoligen Wicklung von Thomson-Houston identisch, die Zahl der in Serie geschalteten Spulen ist hier aber doppelt so grofs. In der gezeichneten Lage erfahren die Spulen 2, 2′ die maximale Induktion; die Spulen mittlerer Wirkung 3, 3′ und 1, 1′ sind parallel und mit 2, 2′ in Serie geschaltet. Der Stromlauf ist demnach

$$+\,2 - 2' - b' \left\langle \begin{matrix} a' - 1' - 1 \\ c' - 3' - 3 \end{matrix} \right\rangle -$$

Dreht sich der Anker nach rechts, so wird 1, 1′ ausgeschaltet, und der Stromlauf ist nun

$$+ 2 - 2' - b' - c' - 3' - 3 -$$

alsdann gelangt 3, 3′ in die Stellung maximaler Induktion, und 2, 2′ ist mit 1, 1′ parallel geschaltet u. s. f.

Ohne die Wirkungsweise der Maschine zu ändern, könnten 3 Spulen, z. B. 1′, 2′ und 3′ fortgelassen werden. — Anstatt gleichgelegene Spulen in Serie zu schalten, könnten dieselben auch parallel verbunden werden. In diesem Falle werden die Enden von 1, 2 und 3 miteinander

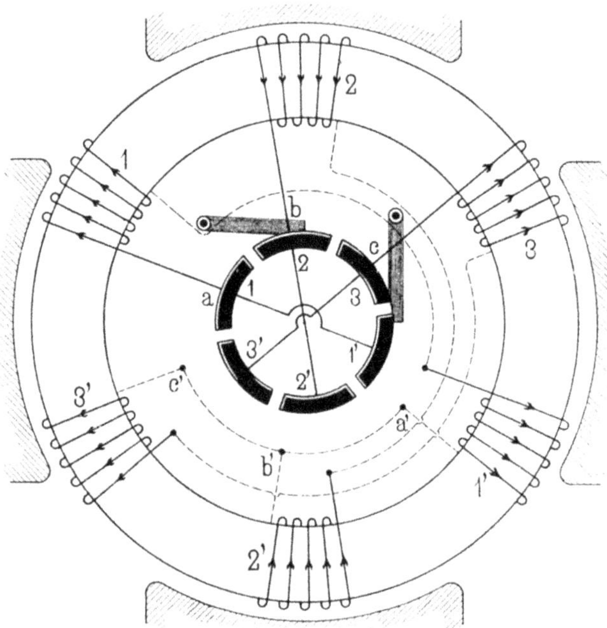

Fig. 207.
Anwendung der Schaltung von Thomson-Houston auf einen vierpoligen Ringanker.

verbunden, und die Anfänge von 1′, 2′, 3′ an die Segmente 1′, 2′, 3′ angeschlossen und 4 Bürsten angeordnet.

Will man Anfang und Ende der in Serie geschalteten Spulen mit dem Kollektor verbinden, wie das bei der Brushwicklung der Fall ist, so gelangt man zu der Anordnung **Fig. 208.**

Es sind 4 Pole und 8 Spulen vorhanden, je 4 gleichgelegene Spulen sind in Serie geschaltet und deren Enden mit zwei unter einem Winkel von 90° stehenden Lamellen des Kollektors verbunden. Der Kollektor hat 8 Lamellen und die gegenüberliegenden Lamellen sind leitend verbunden. Auf dem Kollektor schleifen zwei Doppelbürsten, deren Breite so gewählt ist, daſs die Spulen 1 mit den Spulen 2 zeitweise parallel geschaltet sind. In der angenommenen Lage der Armatur haben die Spulen 1 die maximale Wirkung, die Spulen 2 liegen in der neutralen Zone und sind ausgeschaltet.

Dieses Schema kann ebenso wie das zweipolige Schema Fig. 199 als ein einfaches System angesehen werden, und wir können, um die Stromschwankungen zu verkleinern, zwei solche Systeme, die um $22\,^1/_2{}^0$ gegeneinander verdreht sind, in Serie schalten. Fügen wir z. B.

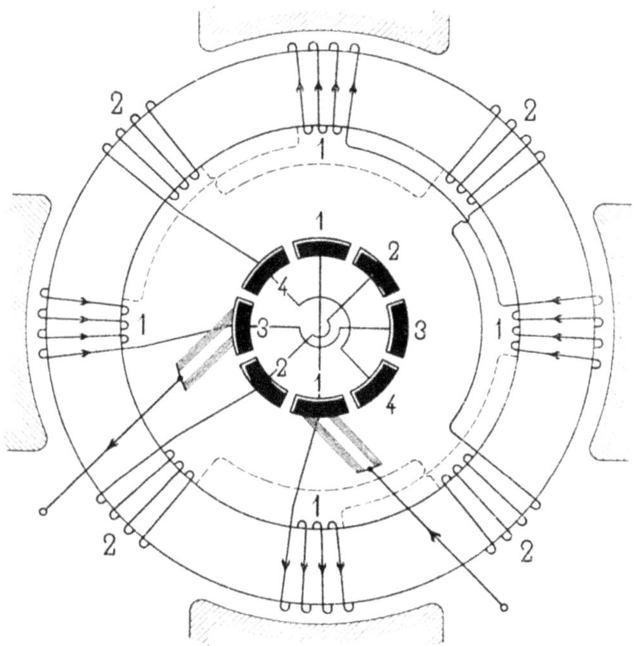

Fig. 208.
Anwendung der Schaltung von Brush auf einen vierpoligen Ringanker.

ein zweites System, dessen Spulen zwischen den Spulen 1 und 2 liegen, hinzu, so erhalten wir eine Armatur mit 16 Spulen und zwei Kollektoren mit 4 Doppelbürsten, von denen zwei direkt miteinander verbunden sind.

In jeder aus 4 Spulen bestehenden Spulengruppe können, ohne die Wirkungsweise der Maschine zu stören, einzelne Spulen weggelassen werden, z. B. je zwei gegenüberliegende Spulen einer Gruppe. In unserem Falle mit 4 Polen ($p = 2$) würde aber eine unsymmetrische Anordnung der Spulen entstehen.

Ist dagegen p ungerade, so kann auch bei reducirter Spulenzahl eine symmetrische Anordnung erreicht werden.

Ein Beispiel hierzu giebt das Schema **Fig. 209** mit 6 Polen und mit zwei Spulengruppen von nur 2 anstatt 6 in Serie geschalteten Spulen. Es sind hier nur die auf zwei senkrechten Durchmessern liegenden Spulen beibehalten worden. Der Kollektor hat 12 Lamellen, und je drei, mit gleichen Nummern bezeichnete Lamellen sind leitend verbunden. Die Doppelbürsten besitzen die Breite von etwa $1^1/_2$ Kollektorsegmenten, die schwarzen Flächen bedeuten die Isolation. In

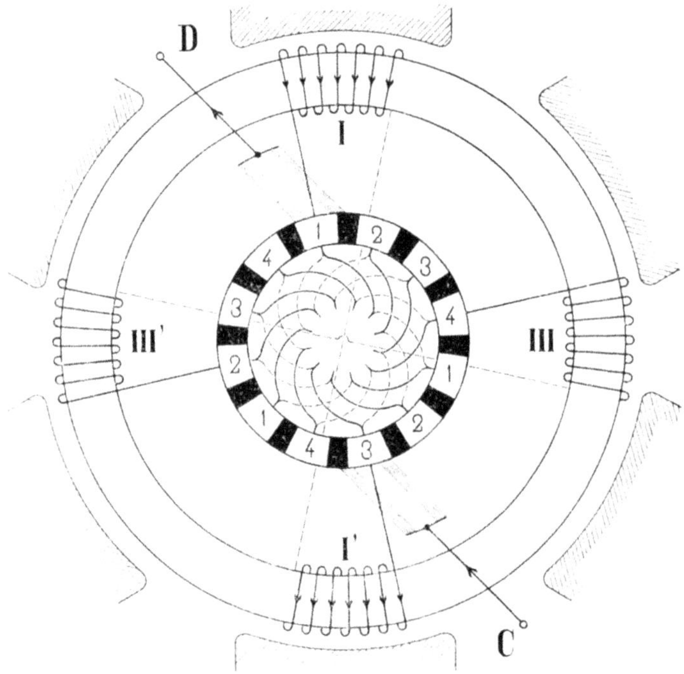

Fig. 209.
Einfaches aus dem Schema von Brush abgeleitetes sechspoliges Wicklungsschema.

der angenommenen Lage haben die Spulen $I\,I'$ die maximale Wirkung, und die Spulen $III\,III'$ sind ausgeschaltet, im nächsten Momente werden dieselben durch die Bürsten parallel verbunden, und dann wird $I\,I'$ ausgeschaltet u. s. f.

Ist allgemein die Zahl der Spulengruppen $= S$, so wird die Zahl der Kollektorsegmente $= 2\,p\,S$ und je p Segmente, welche einen Winkel von $\frac{360}{p}$ Grad miteinander einschliefsen, sind leitend zu verbinden. Die Enden jeder Spulengruppe werden an zwei Segmente befestigt, welche um einen Winkel von $\frac{180}{p}$ Grad oder ein ungerades Vielfache davon auseinanderliegen. Die Zahl der Spulen S einer Gruppe ist gleich oder kleiner als $2p$, die Zahl der Bürsten bleibt unabhängig von der Polzahl gleich zwei.

Soll ein möglichst konstanter Strom erzeugt werden, so ist die Zahl der Spulengruppen zu vermehren; das kann auf zwei Arten geschehen, entweder werden mehrere auf dem Armaturumfange gegeneinander versetzte Spulen parallel zueinander angeordnet, wie bei dem Scheibenanker von Bollmann, Fig. 217, oder es werden mehrere Spulengruppen durch die Bürsten und zwei oder mehr Kollektoren in Serie geschaltet, wie bei der Brushwicklung.

Die letztere Anordnung eignet sich zur Erzeugung hoher Spannungen. Wir gelangen auf diese Weise zu der

Wicklung der Westinghouse Electric Co.

Ueber die neue Bogenlichtmaschine der Westinghouse Electric Co., Pittsburg, ist bis jetzt nur wenig[1]) und über die Wicklung derselben meines Wissens nichts veröffentlicht worden.

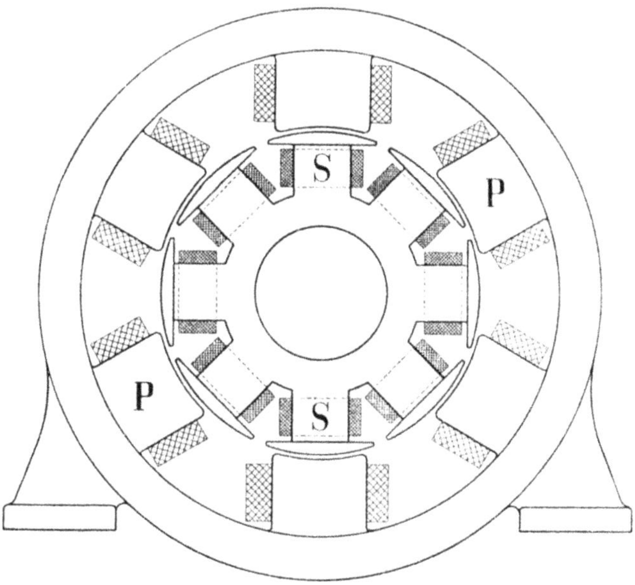

Fig. 210.
Bogenlichtmaschine der Westinghouse Electric Co.

Die Maschine besitzt die in **Fig. 210** dargestellte Anordnung. Es

[1]) E. T. Z. 1894, S. 515.

sind 6 Magnetpole P vorhanden, welche durch eine besondere kleine Dynamo mit niedrig gespanntem Strome erregt werden.

Die Armatur besitzt, ähnlich den Wechselstrommaschinen derselben Firma, 8 Zacken mit aufgepreſsten, stark isolirten Spulen, und zwei Kollektoren mit je 12 Segmenten, die durch eine 16 mm breite Isolirschicht getrennt sind. Die Kollektoren sind um ungefähr ein halbes Segment gegeneinander verschoben und durch eine 38 mm breite Isolirschicht geschieden.

Die Stromabnehmer bestehen aus 4 Bürstenpaaren, von denen immer die eine Bürste das nächste Segment schon berührt, bevor die andere Bürste desselben Bürstenpaares ihr Segment verlassen hat.

Die länglichen Armaturspulen des Ankers sind besonders gewickelt und auf die Armaturzähne gepreſst, wo sie durch keilförmige Holzstücke befestigt sind.

Die Zähne tragen, wie aus der Fig. 210 sichtbar, groſse, die Armaturspulen weit überragende Vorsprünge, durch die im Verein mit der groſsen Windungszahl eine starke Armaturreaktion auf das Feld ausgeübt wird.

Infolge dieser Einwirkung genügt schon eine geringe Erhöhung des Armaturstromes, um die *E. M. K.* bedeutend zu vermindern, und umgekehrt bewirkt ein ganz minimales Abfallen des Stromes ein starkes Anwachsen der *E. M. K.*

Auf diese Weise ist eine Selbstregulirung im weitesten Sinne erreicht, so daſs, selbst bei plötzlichem Ausschalten aller Lampen bis auf eine, die Stromstärke sich nur sehr wenig ändert.

Die Schaltung der Armaturspulen will ich, der Deutlichkeit wegen, für Ringwicklung aufzeichnen.

Nach den oben gegebenen Details dieser Maschine erhalten wir das Wicklungsschema offenbar durch Serienschaltung von zwei Systemen nach Fig. 209, wobei das eine System um 45 Grad gegen das andere versetzt ist, so daſs die neuen Spulen *II II'* und *IV IV'* zwischen die Spulen *I I'* und *III III'* zu liegen kommen. In Fig. 211 ist das vollständige Schema dargestellt.

Dieses Schema, das zunächst etwas schwer verständlich ist, können wir am einfachsten herstellen, wenn wir Fig. 209 auf ein Stück Pauspapier zeichnen, jedoch ohne die Bürsten. Wir verdrehen nun die Pause um 45^0 gegen das Original, die Bürsten sowie die Pole bleiben stehen. Bei dieser Drehung kommen die Kollektorsegmente 3 und 4 des gedrehten Schema unter die Bürsten D, und 1 und 2 unter die Bürsten C zu stehen. Der Deutlichkeit halber sind in Fig. 211 die beiden Kollektoren koncentrisch gezeichnet, und die Querverbindungen der Lamellen des äuſsern Kollektors sind fortgelassen. Man muſs sich die mit gleichen Nummern versehenen Lamellen leitend verbunden denken.

Für den äufsern Kollektor sind die Bürsten, welche, wie wir oben gesehen, die Lamellen 1 und 2 bezw. 3 und 4 berühren müssen, an einer Stelle angebracht, in welcher sie sich mit *D* und *C* nicht mehr decken. Die Serienschaltung beider Wicklungen erfolgt nun durch Verbindung der Bürsten *B* und *C*.

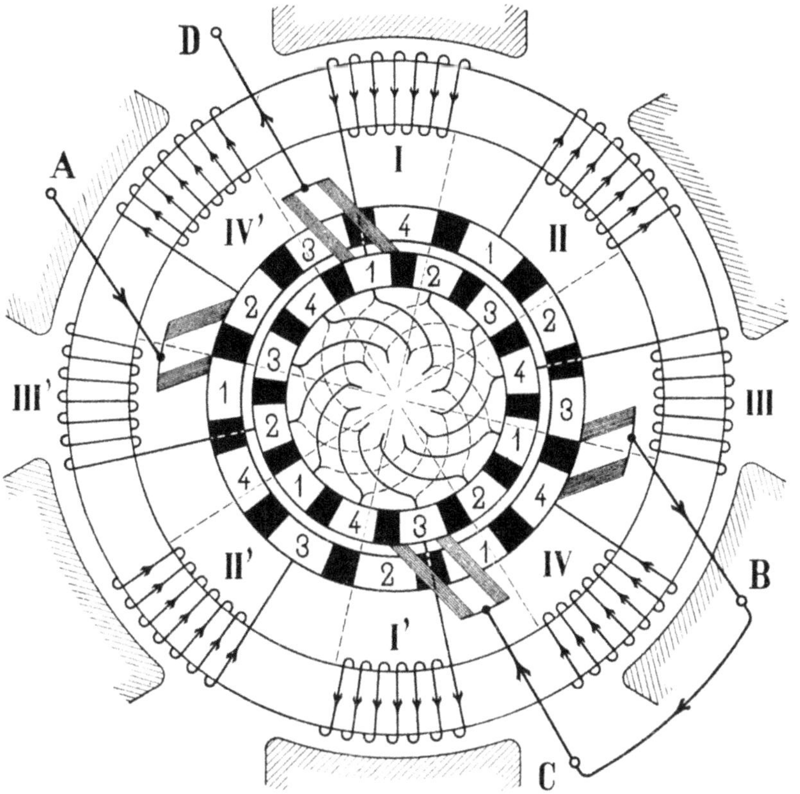

Fig. 211.
Doppeltes aus dem Schema von Brush abgeleitetes 6poliges Wicklungsschema.

Der Stromlauf ist für die angenommene Lage der Spulen in **Fig. 212** dargestellt. Der Strom tritt bei *A* ein, vertheilt sich in die Spulenpaare *II II'* und *IV IV'*, um sich bei der Bürste *B* wieder zu vereinigen, fliefst nun von Bürste *B* nach *C* und durch die Spulen *I I'*, welche sich in der Lage der maximalen Induktion befinden, nach der Bürste *D*. Zwischen *A* und *D* liegt der äufsere Stromkreis. — Die Spulen *III III'*, welche sich in der neutralen Zone befinden, sind aus dem Stromkreise ausgeschaltet.

Während der Rotation des Ankers ändert sich diese Gruppirung der Spulen beständig, aber dieselbe ist immer derart, dafs die zwei Spulenpaare, in denen die Induktion zu- oder abnimmt, parallel verbunden und mit dem Spulenpaare, welches sich im Maximum der Induktion befindet, in Serie geschaltet sind. Das vierte Spulenpaar liegt in der neutralen Zone und ist aus dem Stromkreise ausgeschaltet.

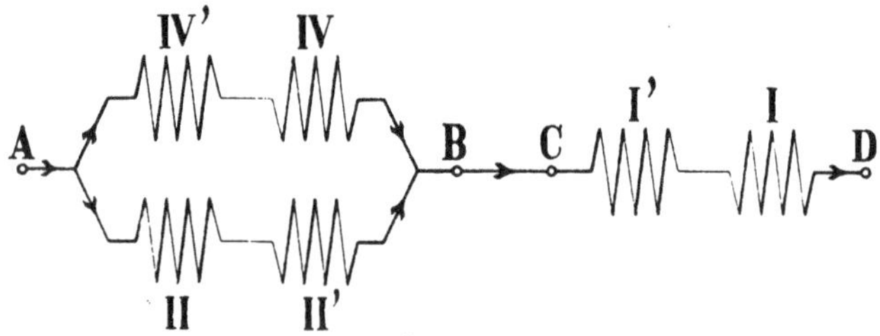

Fig. 212.

In dem Schema Fig. 209 können die Querverbindungen *I I'* und *III III'* ebenso wie bei der Thomson-Houston-Wicklung (Fig. 202) leitend verbunden werden. Im vollständigen Schema Fig. 211 erhalten wir zwei solche Verbindungspunkte, es sind dann je zwei zueinander senkrecht laufende hintere Querverbindungen, *I I'* mit *III III'* und *II II'* mit *IV IV'*, zusammengeführt. — Die zwei parallel geschalteten

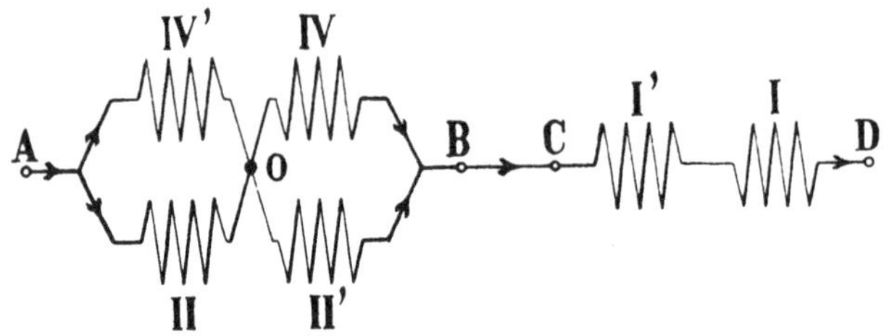

Fig. 213.

Spulenpaare sind jetzt, wie Fig. 213 zeigt, im Punkte *o* leitend verbunden. Diese Verbindung, auf welche F. Eichberg in der Zschr. f. Elektrotechnik, 1897, Heft XIX, hinweist, kann jedoch nur nachtheilig sein. Die innern Armaturströme, die bei ungleichen Widerständen der parallel geschalteten Spulen und ungleichen inducirten *E. M. K*$_{en}$ auftreten, werden dadurch beträchtlich erhöht.

Polanker von Gérard.

Zu den mehrpoligen Ankern mit offener Wicklung gehört auch der in Fig. 214 abgebildete Anker von Gérard.

Es sind 4 Pole vorhanden, die Zahl S der Spulengruppen ist $= 1$, die Zahl der Kollektorsegmente $k = 2p\,S = 4$, und die gegenüberliegenden Segmente sind leitend verbunden.

Die Wirkungsweise erklärt sich aus der Figur; der Pfeil entspricht der Drehrichtung als Motor.

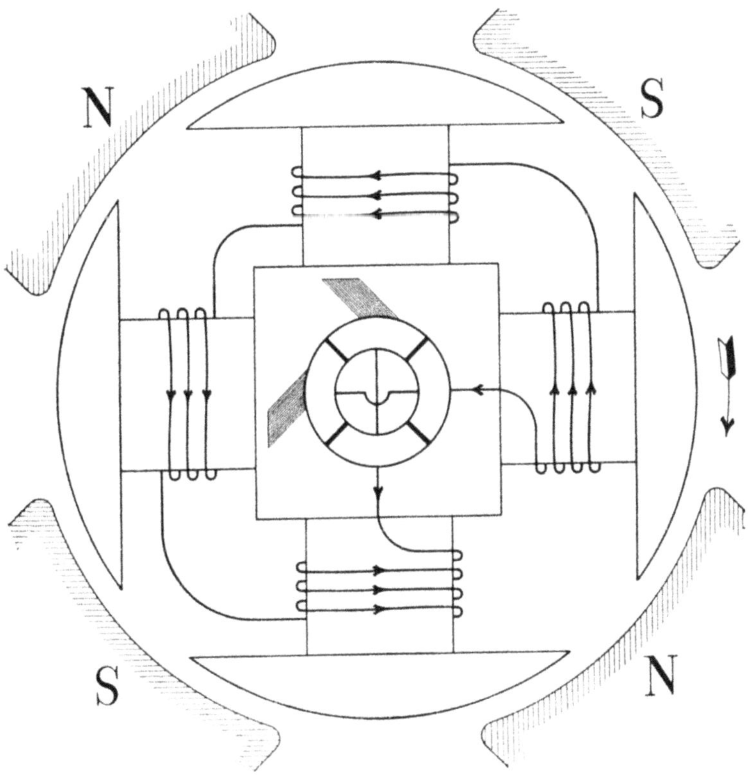

Fig. 214.
Polanker von Gérard.

Scheibenanker von Wilde.

H. Wilde liefs sich im Jahre 1867 eine Wechselstrommaschine patentiren, deren Anker so eingerichtet ist, dafs ein Theil des Wechselstromes mittels eines Kommutators gleichgerichtet und zur Erregung der Feldmagnete verwendet werden kann.

In **Fig. 215** ist eine solche Anordnung dargestellt. Durch acht magnetische Felder, welche mit abwechselnder Polarität aufeinanderfolgen (über jedem Nordpol hat man sich einen Südpol und über jedem Südpol einen Nordpol zu denken), rotiren ebensoviele Spulen, welche ihre offene Fläche den Polen zukehren. Sämmtliche Spulen sind hintereinander geschaltet und so angeordnet, dafs der Stromwechsel in allen gleichzeitig eintritt.

Der Stromwender, der hier der Deutlichkeit wegen in der Ebene der Spulen gezeichnet ist, besteht aus zwei von einander isolirten, zahnartig ineinandergreifenden Metallringen. Jeder Theil besitzt ebensoviele Zähne, als magnetische Felder vorhanden sind; der eine derselben ist mit dem Anfange, der andere mit dem Ende der Wicklung verbunden. Läſst man zwei Bürsten so auf den ineinandergreifenden Zähnen schleifen, daſs beide Ringe abwechselnd mit jeder Bürste in Berührung treten, so erhält man im äuſsern Stromkreise einen gleichgerichteten Strom.

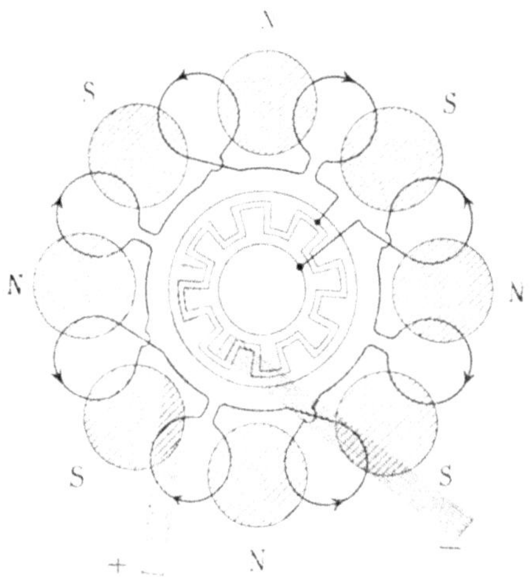

Fig. 215.
Scheibenanker von Wilde.

Anstatt die Spulen in Reihe zu schalten, können dieselben, indem man Anfang und Ende jeder Spule mit den Kommutatortheilen verbindet, auch parallel geschaltet werden.

Scheibenanker von Ferranti-Thomson.

Ebenso wie bei der Maschine von Wilde, bilden auch hier die Elektromagnete zwei Kränze, welche einander so gegenübergestellt sind, daſs die magnetischen Felder mit wechselnder Polarität aufeinanderfolgen. Die Armatur besteht, ähnlich wie bei dem Scheibenanker von Frick, aus einem wellenförmig gebogenen, in mehreren isolirten Lagen übereinander gewundenen Kupferband (in **Fig. 216** sind nur zwei Lagen angenommen).

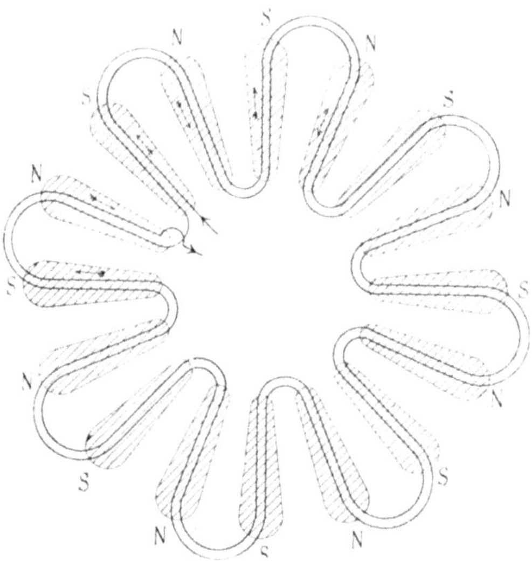

Fig. 216. Scheibenanker von Ferranti-Thomson.

Die radialen Theile desselben haben gleichen Abstand wie die Magnetpole. Die in entgegengesetzter Richtung inducirten *E. M. Ke.* addiren sich im Kupferbande zu einer gesammten elektromotorischen Kraft. In der gezeichneten Stellung befindet sich die Armatur in der Lage maximaler Induktion. Um im äuſsern Stromkreise einen Gleichstrom zu erhalten, sind Anfang und Ende des Kupferbandes ebenso wie in Fig. 215 mit einem Stromwender zu verbinden.

Scheibenanker von Bollmann[1]).

Die Ankerwicklung von Bollmann hat am meisten Aehnlichkeit mit derjenigen von Ferranti-Thomson. Der Unterschied besteht darin, daſs in dem Anker von Bollmann mehrere Stromkreise vorhanden sind, und daſs die Spulen der einzelnen Stromkreise sich übergreifen. Löst man einen einzelnen Stromkreis von dem Schema los, so erhält man eine Wicklung, deren Wirkungsweise genau mit derjenigen des Ankers von Ferranti-Thomson übereinstimmt.

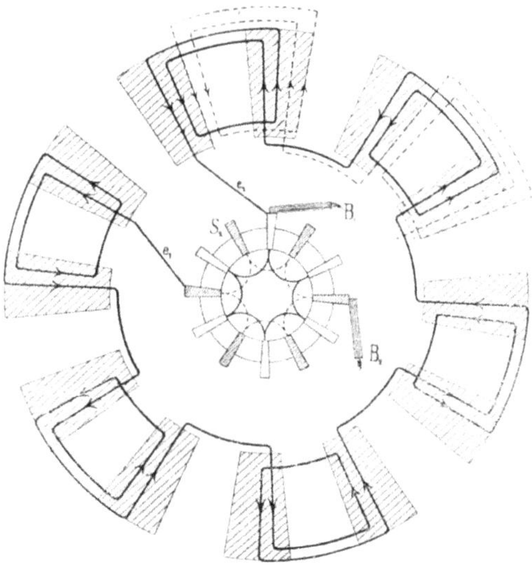

Fig. 217.
Scheibenanker von Bollmann.

Die schematische Darstellung der Bollmannmaschine giebt **Fig. 217.** Zwei Magnetkränze, welche die ungleichnamigen Pole einander zukehren, bilden zwölf magnetische Felder, die im Kreise mit abwechselnder Polarität einander folgen. Im ganzen sind 24 Armaturspulen vorhanden, welche in vier Stromkreise zu sechs Spulen getheilt sind. Die Spulen sind aus Kupferstreifen zusammengesetzt, und die Armatur enthält kein Eisen.

Jede Spule besteht aus mehreren Windungen (in der Figur sind zwei Windungen angenommen), die aus radialen Stäben und Kreis-

[1]) D. R. P. Nr. 35186 v. 18. Nov. 1884.

segmenten so zusammengesetzt sind, dafs die Luft überall frei cirkuliren kann und der Strom alle Windungen hintereinander durchläuft. Die Winkelweite der Spulen ist gleich dem Winkel zwischen zwei Magnetpolen; es wird daher jede Spule von zwei Feldern gleichzeitig inducirt. In unserer Figur ist ein Stromkreis vollständig gezeichnet und ein zweiter zum Theil angedeutet.

Damit der Abstand der Pole möglichst klein ausfällt, sind die radialen Stäbe sämmtlicher Spulen in eine Ebene gelegt. Sollen dadurch keine Kreuzungen entstehen, so müssen die Kreissegmente, welche die radialen Stäbe zu Spulen verbinden, aus der Ebene heraustreten.

In **Fig. 218** ist das perspektivisch angedeutet; *a b, i k, o n, f e* sind die radialen Stäbe und *b c d e, f g h i, k l m n* die Kreissegmente. Die Lage der benachbarten Spule, welche einem andern Stromkreise angehört, ist durch den Linienzug *p q* angegeben. Die Ausbiegung der Kreissegmente erfolgt für zwei Stromkreise vor die Armaturebene und für zwei Stromkreise hinter dieselbe.

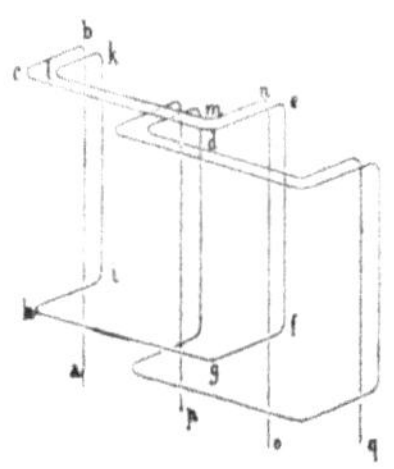

Fig. 218.

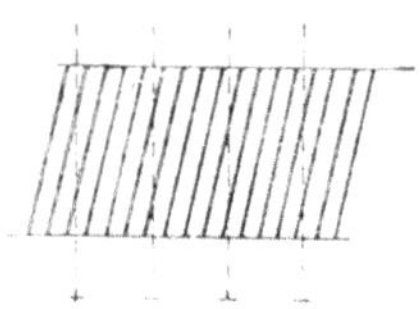

Fig. 219.

Der Kommutator ist ein vervielfachter (in unserm Falle vervierfachter) Stromwender von Wilde. Derselbe besteht aus 48 Lamellen, und die beiden Enden eines jeden Stromkreises sind mit je $p = 6$ Lamellen verbunden. Die gegenseitige Stellung der Lamellen ist aus unserer Figur ersichtlich. Alle schraffirten Segmente sind mit e_1, und alle nicht schraffirten mit e_2 in Verbindung. Die Entfernung zweier Segmente eines Stromkreises beträgt somit $\frac{1}{2p} = \frac{1}{12}$ des Umfanges.

Fig. 219 giebt die Ansicht des in die Papierebene ausgebreiteten Kollektorumfanges und zeigt, dafs die Segmente schief zur Axe stehen, was bezweckt, dafs die Bürsten gleichzeitig auf zwei und zeitweise auf drei Lamellen aufliegen können. Die in zwei bezw. drei Stromkreisen inducirten Ströme werden sich auf diese Weise addiren, während die vierte Spulenreihe ganz aus dem Stromkreise ausgeschlossen ist und zwar in dem Momente, in welchem ihre $E. M. K. = 0$ ist und ein Stromrichtungswechsel sich vollzieht.

Die + und — Zeichen in Fig. 219 geben die Entfernungen an, innerhalb welchen am Kollektor die Stromrichtungen wechseln. Die Bürsten können daher 1, 3, 5, 7, 9 oder 11 Zwölftel des Umfanges von einander entfernt sein.

II. Theil.

Die Ankerkonstruktionen.

Die Ankerkonstruktionen.

Der Aufbau des Ankerkörpers und die Herstellung der Wicklung und des Kollektors bilden den konstruktiv schwierigsten Theil einer Gleichstromdynamomaschine. Die praktische Ausführung einer Wicklung weicht namentlich bei den Trommel- und Scheibenankern in mancher Hinsicht von den dargestellten Schemata ab, und die Zahl der Ausführungsarten ist eine sehr grofse. — Jede Fabrik hat hierin besondere Erfahrungen gemacht und die Konstruktion und Fabrikation der Anker demgemäfs ausgebildet.

Die wesentlichsten Punkte, welche bei der Konstruktion eines Ankers in Betracht kommen, sollen im Nachfolgenden besprochen und einige typische Beispiele angeführt werden. Die Abmessungen des Ankers und dessen Wicklung, soweit dieselben für die elektrischen und magnetischen Vorgänge in Betracht kommen, sollen aber nur insoweit gestreift werden, als dieselben auf die mechanische Festigkeit und die Haltbarkeit des Ankers von Einflufs sind.

Die Konstruktion des Ankerkörpers.

Der Ankerkörper besteht aus der Welle, der Ankerbüchse oder dem Ankersterne und dem aus Eisenblech hergestellten Ankerkerne.

Die Welle. Die Welle wird aus bestem Stahle angefertigt, und die Zapfen sollen, insbesondere für hohe Tourenzahlen, gehärtet und geschliffen sein.

Für die Abmessungen der Zapfen sind nicht nur die Festigkeit, sondern auch die Abnützung und die zulässige Erwärmung derselben mafsgebend.

Bezeichnet

Q den Zapfendruck in kg,

l die Zapfenlänge in cm,

d den Zapfendurchmesser in cm,

$p = \frac{Q}{l \cdot d}$ den Zapfendruck pro Flächeneinheit,

v die Umfangsgeschwindigkeit des Zapfens in m pro Sec.,

μ_1 den Reibungskoefficient zwischen Zapfen und Lager,

a die zulässige Reibungsarbeit pro Flächeneinheit, damit weder die Abnützung noch die Erwärmung des Zapfens zu grofs wird, so ergiebt sich die Bedingung

$$p \cdot v \cdot \mu_1 \leqq a,$$

oder wenn wir für p und v die Werthe einsetzen

$$\frac{Q}{n \cdot l} \leqq \frac{60 \cdot a}{\pi \cdot \mu_1}.$$

Erfahrungsgemäfs soll

$$\frac{Q\,n}{l} \leqq 20\,000 \text{ bis } 30\,000 \text{ sein.}$$

Bei Riementrieb ist der Zapfendruck aus der Gröfse und Richtung des totalen Riemenzuges und dem Gewichte des Ankers zu ermitteln.

Bezeichnet

μ den Reibungskoefficienten zwischen Riemen und Scheibe,

α den Centriwinkel, welchen der Riemen an der kleineren Scheibe umspannt (einem umspannten Bogen von 180^0 entspricht ein Centriwinkel $= \pi = 3{,}14$),

P die durch den Riemen übertragene Zugkraft,

N die Zahl der übertragenen Pferdestärken,

R den Radius der Riemenscheibe in cm,

so ist

$$P = 71\,620 \, \frac{N}{n \cdot R}$$

und für $\mu = 0{,}25$ und $\alpha = 2{,}8$ wird der totale Riemenzug, welcher auf die Axe übertragen wird,

$$= 3 \cdot P.$$

Aus diesem Drucke und dem Ankergewichte läfst sich der Zapfendruck Q ermitteln. Für die Zapfenlänge erhalten wir dann die Bedingung

$$l \geqq \frac{Q \cdot n}{20\,000} \text{ bis } \frac{Q \cdot n}{30\,000}.$$

Setzt man für Dynamos mit zwei Lagern und aufsen liegender Riemenscheibe als annähernd

$$Q = 4\,P,$$

so folgt

$$l \geqq \frac{P \cdot n}{5000} \text{ bis } \frac{P \cdot n}{7500}.$$

Die Zapfenlänge wird gewöhnlich gleich dem 2,5 bis 3,6fachen Zapfendurchmesser gemacht, und fällt daher für kleinere Dynamomaschinen gröſser aus als nach dieser Formel (siehe Tabelle).

Die Zapfendurchmesser und der Wellendurchmesser werden, namentlich bei kleinen Dynamos, bezüglich Festigkeit reichlich dimensionirt. Bei riemengetriebenen Dynamos muſs die Beanspruchung auf Torsion und Biegung berechnet werden.

In der beigefügten Tabelle sind die Zapfen- und Wellendurchmesser von Dynamomaschinen mit gebräuchlichen Tourenzahlen bis 100 Kilowatt Leistung zusammengestellt. Es sind die Mittelwerthe

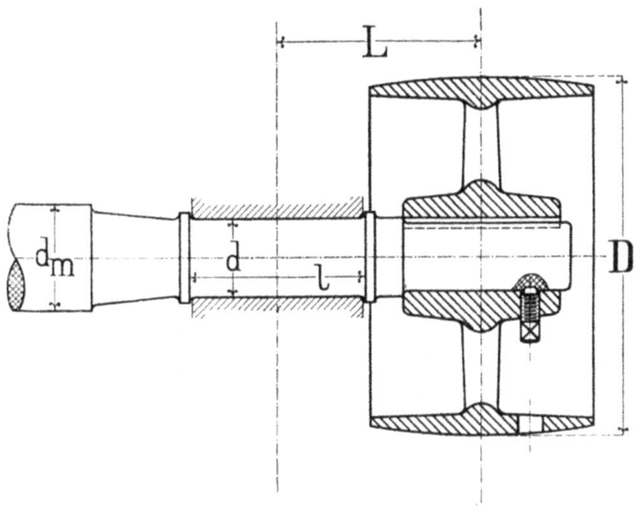

Fig. 220.

von ausgeführten Dynamos verschiedener Firmen, die wirklichen Werthe zeigen nur unbedeutende Abweichungen von den angegebenen Mittelwerthen.

Die Bedeutung der einzelnen Buchstaben ist aus Fig. 220 zu entnehmen. Ferner bezeichnet

d_m den Wellendurchmesser in der Mitte des Ankers in cm,

S_b die Beanspruchung des Zapfens auf Biegung in kg pro qcm,

S_t die Beanspruchung des Zapfens auf Torsion in kg pro qcm.

Die Beanspruchung der Zapfen auf Biegung ist unter der Annahme berechnet, daſs der ganze vom Riemen auf die Welle ausgeübte Druck gleich der dreifachen Umfangskraft P bei vollbelasteter Maschine sei.

Diese Annahme wird mit der Wirklichkeit nicht immer übereinstimmen; denn der totale Riemenzug, welcher den Zapfen auf Biegung

Tabelle der Wellendimensionen von Dynamomaschinen mit zwei Lagern und aufsen liegender Riemenscheibe (Mittelwerthe).

Nr.	KW	N	n	$71620 \frac{N}{n}$	D cm	P kg	L cm	$P \cdot L$	d cm	l cm	$\frac{l}{d}$	d_m cm	$\frac{d_m}{d}$	$\frac{P \cdot n}{l}$	S_b [1]	S_t	$c = \frac{d}{\sqrt[3]{\frac{E \cdot J}{n}}}$
1	2	3,3	1300	172	20,0	17,2	10,0	172	2,5	10,0	4	3,7	1,48	2230	336	56	2,16
2	4	6,4	1200	381	22,0	34,7	11,0	382	3,0	12,0	4	4,2	1,40	3470	432	72	2,01
3	6	9,2	1100	597	25,0	47,8	12,0	572	3,5	13,0	3,7	5,0	1,43	4050	408	71	1,99
4	10	15,5	1000	1110	27,5	80,5	14,0	1126	4,0	15,0	3,75	5,5	1,38	5370	537	87	1,86
5	12	18,4	950	1388	30,0	92,5	16,0	1480	4,5	16,0	3,55	6,0	1,34	5500	498	78	1,94
6	15	22,8	930	1756	32,5	107,4	17,0	1822	5,0	18,0	3,6	6,0	1,20	5550	444	71	1,98
7	18	27	900	2150	35,0	123,0	19,0	2340	5,5	19,0	3,45	6,5	1,18	5820	432	66	2,03
8	20	30	850	2526	37,0	136,8	20,0	2750	6,0	20,0	3,33	7,0	1,16	5840	387	60	2,10
9	30	45	800	4025	40,0	201,3	24,0	4818	7,0	23,0	3,3	7,5	1,07	7000	432	60	2,08
10	40	60	700	6128	45,0	272,5	28,0	7635	8,0	26,0	3,25	8,0	1	7320	456	61	2,08
11	50	74,5	600	8891	50,0	355	32,0	11350	9,0	28,0	3,1	9,0	1	7610	477	62	2,07
12	60	88	500	12582	60,0	419,5	34,0	14220	10,0	30,0	3	10,0	1	7000	435	64	2,04
13	70	103	400	18420	70,0	528	37,0	19500	12,0	34,0	2,84	12,0	1	6210	348	52	2,14
14	80	116,5	350	23830	80,0	620	40,0	24800	13,5	36,0	2,65	13,5	1	6000	312	50	2,21
15	100	146	300	34750	90,0	773	44,0	34000	15,5	38,0	2,45	15,5	1	6100	279	48	2,24
16	100	136	500	19500	60,0	650	34,5	22400	9,0	32,0	3,55	12,5	1,39	10140	945	136	1,54
17	75	115	500	16480	70,0	470	33,0	15520	9,5	24,0	2,53	13,5	1,42	9800	552	98	1,79
18	30	48	720	4770	40,0	239	20,0	4780	6,0	17,0	2,84	7,0	1,17	10150	675	112	1,73

[1]) Für einen totalen Riemenzug $= 3P$, wirkend am Hebelarme L, berechnet.

beansprucht, ist zwar ein Vielfaches von P, aber dieses Verhältnifs des totalen Riemenzuges zur Umfangskraft P hängt von dem Reibungskoefficienten μ, dem umspannten Bogen α und auch von der Anspannung des Riemens ab und kann sich deshalb innerhalb weiter Grenzen ändern.

Setzen wir den Zapfendurchmesser nach der bekannten Torsionsformel

$$d = C \cdot \sqrt[3]{\frac{N}{n}}$$

und führen für N die Leistung der Dynamo in Watt ein, so wird, wenn E die Klemmenspannung in Volt und J die Stromstärke in Ampère bedeutet,

$$d = c \cdot \sqrt[3]{\frac{E \cdot J}{n}}.$$

In der letzten Spalte der Tabelle ist der Werth der Konstanten c ermittelt; wir erhalten

$$\boldsymbol{d = 1{,}8 \text{ bis } 2{,}3 \sqrt[3]{\frac{E \cdot J}{n}}}.$$

Abweichungen von dieser Formel zeigen die unter Nr. 16 bis 18 angeführten Beispiele der Tabelle; die Beanspruchung der Zapfen ist hier eine höhere. Nr. 16 entspricht einer Manchester-Type der Maschinenfabrik Oerlikon, und Nr. 17 und 18 sind ausgeführten Maschinen der E. G. Alioth, Münchenstein, entnommen.

Erwähnt mag noch werden, dafs der Zapfendruck, welcher dem Ankergewichte entspricht, durch magnetischen Zug aufgehoben werden kann. Zu dem Zwecke wird der Anker excentrisch gelagert und näher an die oben liegenden Pole gebracht. Für Reihenschaltung und Reihen-Parallelschaltung ist das zulässig, weil eine ungleiche Stärke der magnetischen Felder ohne Einflufs auf die in den einzelnen Ankerstromzweigen inducirte Spannung ist.

Für Wellen, deren Lagerentfernung im Verhältnisse zum Durchmesser grofs wird, mufs die Durchbiegung der Welle und der magnetische Zug berücksichtigt werden. Man kann überhaupt allgemein derart verfahren, dafs man eine Welle für eine bestimmte Durchbiegung, die vom Ankerdurchmesser und einer additionellen Konstanten abhängig gemacht ist, berechnet; denn die zulässige Durchbiegung darf um so gröfser werden, je gröfser der Ankerdurchmesser bezw. je gröfser der Abstand zwischen Pol und Ankereisen wird.

Man setzt die zulässige Durchbiegung

$$f = a + b\,D,$$

worin a und b Konstante bedeuten, und berechnet den Wellendurchmesser d_m für diese Durchbiegung f. Als biegende Kräfte sind das Ankergewicht, der totale Riemenzug und ev. der magnet. Zug einzuführen.

Ankerkörper für Trommelanker.

Bei kleinen Trommelankern ist es zweckmäſsig, die Bohrung der Ankerbleche gleich dem Durchmesser der Welle zu machen, wie in **Fig. 221** dargestellt ist; bei einem gegebenen Ankerdurchmesser wird

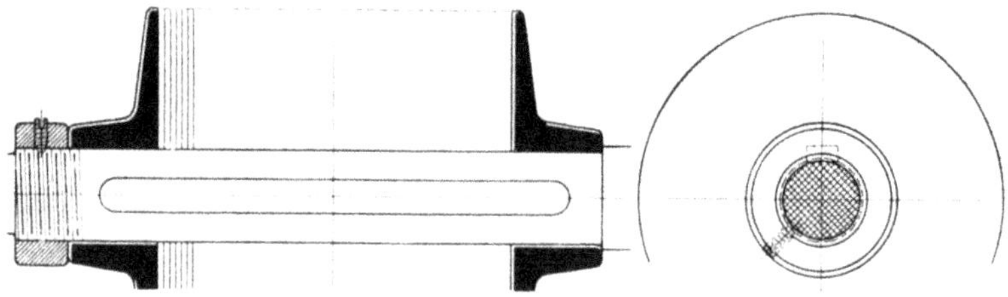

Fig. 221.

so der gröſste Eisenquerschnitt erreicht. Der Ankerstern besteht in diesem Falle nur noch aus den beiden Endscheiben, welche aus Eisen oder Bronce hergestellt werden können.

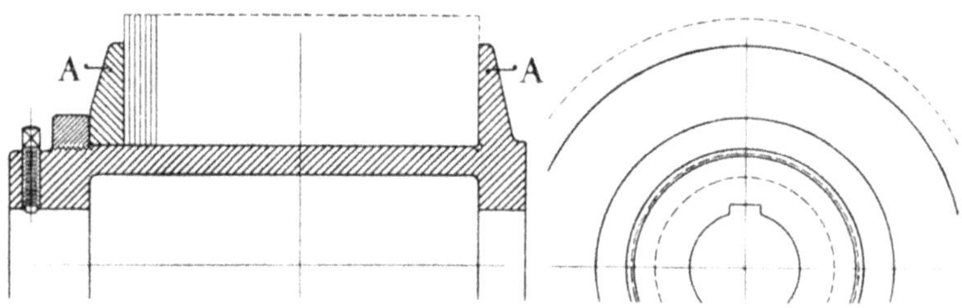

Fig. 222.

Wird die Bohrung der Bleche gröſser als der Wellendurchmesser, so erhält man zunächst eine Ankerbüchse. In den **Fig. 222** und **223** sind verschiedene Konstruktionen für Trommelanker dargestellt. Die

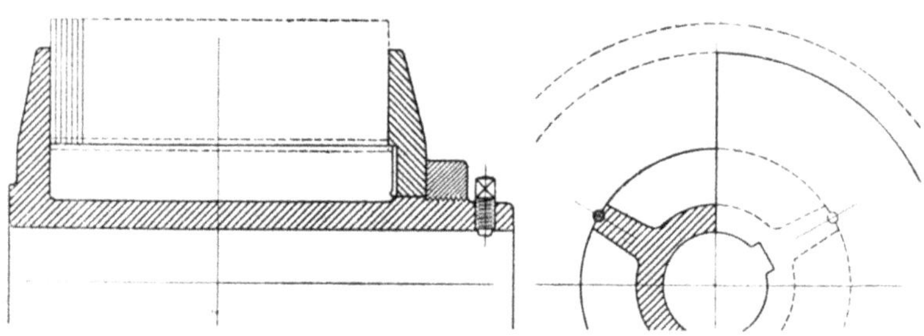

Fig. 223.

Bleche werden durch Schraubenmuttern, welche auf der gemeinsamen Ankerbüchse sitzen, zusammengepreſst. Die erstere Konstruktion, Fig. 222, hat den Nachtheil, daſs in dem guſseisernen Cylinder Wirbelströme inducirt werden; bei grofser Sättigung des Armatureisens und hohen Tourenzahlen entstehen dadurch erhebliche Verluste.

In Fig. 223 ist auf jeder Rippe eine halbkreisförmige Nut ausgefräst, und in den Armaturblechen eine solche ausgestanzt. Die eingelegten Rundkeile aus Stahl oder Siliciumbronce dienen bei dem Zusammensetzen der Bleche als Führung und sichern dieselben gegen Drehung.

In Fig. 224 ist eine von der Maschinenfabrik Oerlikon vielfach angewandte Konstruktion dargestellt. Der Ankerstern besteht aus zwei gleichen, um eine Armtheilung gegeneinander versetzten Theilen, mit abwechselnd kurzen und langen Armen oder Rippen *a* und *b*. Einem langen Arme *a* steht dann ein kurzer Arm *b* gegenüber, und bei der nächsten Armtheilung gehört zu einem kurzen Arme auf der

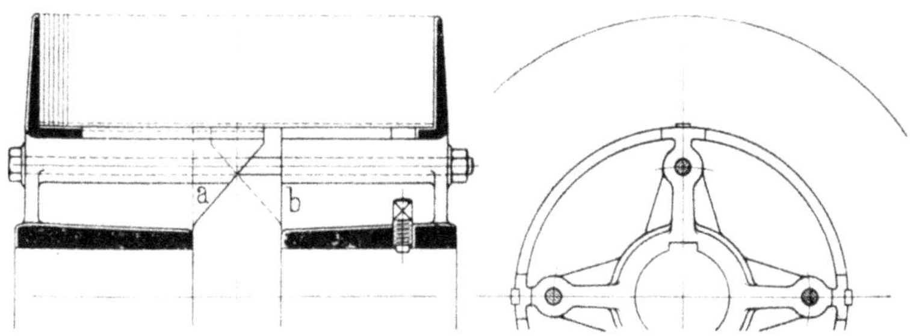

Fig. 224.
Maschinenfabrik Oerlikon.

a-Seite ein langer Arm auf der *b*-Seite; die letztere Stelle ist punktirt angedeutet. Auf diese Weise wird eine gute Führung der Bleche erreicht, auch wenn dieselben noch nicht zusammengeprefst sind. Das Zusammenpressen erfolgt mittels besonderer Schrauben, oder bei kleineren Ankern (Fig. 315) durch eine auf der Welle sitzende Schraubenmutter. Diese Konstruktion eignet sich sowohl für Ring- als für Trommelanker; im ersteren Falle ist der Stern aus Bronce herzustellen, für Trommelanker kann Gufseisen genommen werden.

Einem Trommelanker der E. G. Alioth in Basel ist die in der Fig. 225 abgebildete Konstruktion entnommen. Der Ankerstern besteht aus Gufseisen, die Bleche ruhen auf vorstehenden Rippen *a* derselben auf und werden durch Nieten und starke seitliche Eisenbleche zusammengehalten und durch Keile gegen Drehung gesichert.

Die Ankerbleche können zu gewöhnlichen Preisen bis zu 1 m und zu etwas erhöhten Preisen bis zu 1,2 m Breite bezogen werden. Es ist daher nur bis zu einem Durchmesser von 1,2 m möglich, die Ankerbleche aus einem Stücke herzustellen. Uebersteigt der Armaturdurchmesser dieses Mafs, so müssen die Ringe aus Segmenten zusammengesetzt werden. Das geschieht meistens schon für kleinere Durchmesser, weil dadurch eine bessere Ausnützung der Blechtafeln erreicht wird.

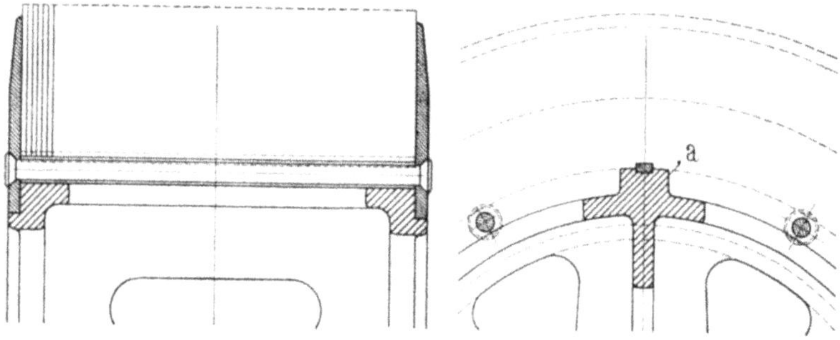

Fig. 225.
Elektricitätsgesellschaft Alioth.

Die einzelnen Segmente können durch Löthen zu einem Ringe vereinigt werden, wie **Fig. 226** veranschaulicht. Diese Methode hat den Nachtheil, dafs die Löthstellen, obwohl dieselben bei dem Zusammensetzen des Ankerkernes gegeneinander versetzt werden, verhältnifsmäfsig viel Raum einnehmen, so dafs die Zahl der Blechringe, welche bei gegebener Armaturbreite untergebracht werden können, um ca. 5% vermindert wird.

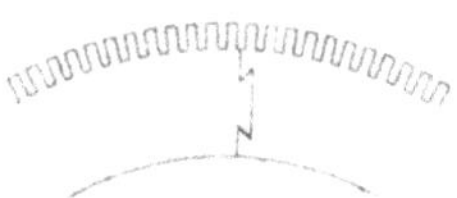

Fig. 226.

Dieser Nachtheil wird vermieden, wenn die einzelnen Segmente einfach stumpf gegeneinander stofsen. Um dem Armaturkerne die nöthige Festigkeit gegen die Centrifugalkraft zu geben, werden die Stofsfugen benachbarter Bleche gegeneinander versetzt, und sämmtliche Bleche mittels Nieten oder Schrauben und starker Endscheiben aus Eisen oder Bronce zusammengehalten.

Für gröfsere Armaturen, insbesondere für solche mit horizontaler Welle, und zwar einerlei, ob der Armaturkern aus verlötheten oder losen Segmenten zusammengesetzt ist, ist es erforderlich, dafs der Kern auch in radialer Richtung fest mit dem Ankersterne verbunden wird, sonst ist ein Loswerden des Kernes während des Betriebes zu befürchten.

In **Fig. 227** ist eine Konstruktion dargestellt, welche dieser Anforderung entspricht. Die einzelnen Blechsegmente werden durch die isolirten Schrauben sowohl zusammengeprefst, als auch fest mit dem Ankersterne verbunden. Die Zahl der Schrauben mufs so grofs sein, dafs jedes Segment mindestens durch zwei Schrauben gehalten wird.

Will man sich nicht auf die Steifigkeit des Ringes *A* verlassen, oder besteht derselbe aus zwei oder mehr Theilen, so kann die punktirt angedeutete Konstruktion *A'* gewählt werden.

Um einen festgefügten Bau des Ankers zu erhalten, ist es besser, wenn die Isolation der Bolzen vermieden wird. Das ist gestattet, wenn man die Bolzen nahe an den inneren Umfang der Ankerbleche heranrückt. (Siehe Seite 249).

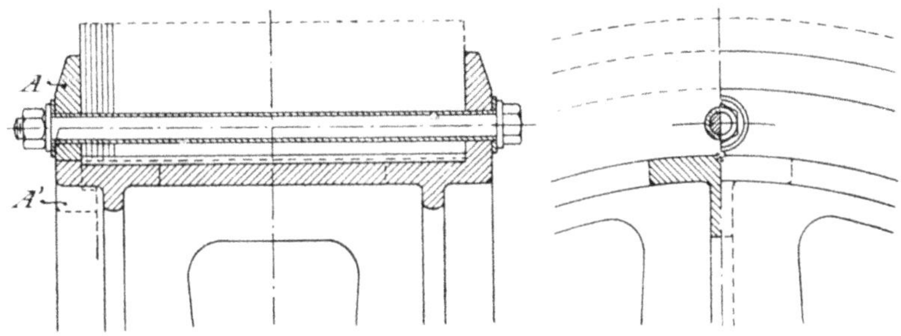

Fig. 227.

Noch besser ist es, wenn man die Bolzen nach einer vom Verfasser für eine Maschine von 800 KW. ausgeführten Konstruktion, die in **Fig. 228** dargestellt ist, anordnet. Die Ankerbleche sind so ausgestanzt, dafs die Bolzen ganz aufserhalb des magnetischen Kraftflusses liegen. Die Aussparungen des Bleches, welche mit seitlichen Oeffnungen im Ankersterne in Verbindung stehen, ermöglichen aufserdem eine vorzügliche Kühlung. Dieser Anker ist für Mantelwicklung bestimmt.

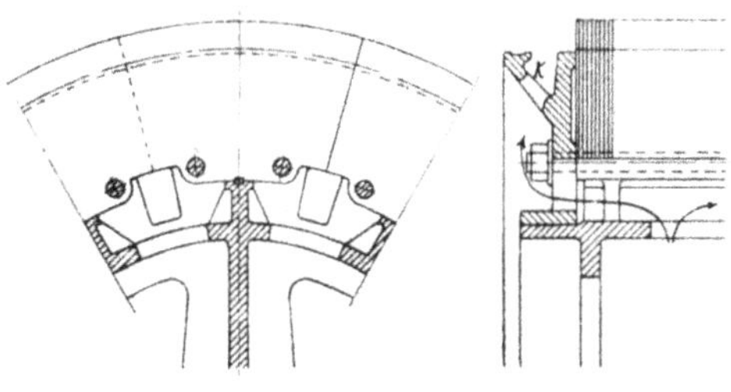

Fig. 228.

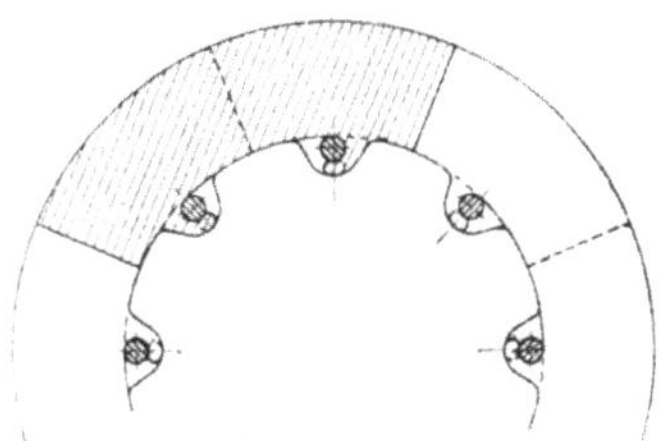

Fig. 229.
Wood, Cleveland.

Die seitlichen Schilder oder Deckel haben nach innen eine Kröpfung *k* erhalten, um das Entstehen von Wirbelströmen durch seitliche Streuung der Feldpole möglichst zu vermeiden.

Fig. 229 zeigt die Befestigung der Ankerbleche nach der Methode von Wood, Cleveland.

In den Werkstätten der E. A.-G. vorm. Schuckert & Co. und der E. G. Alioth, sind für gröfsere Anker Konstruktionen gebräuchlich, welche nicht nur ein axiales, sondern auch ein radiales Festspannen der Bleche ermöglichen. **Fig. 230** zeigt eine solche Konstruktion. Die Bleche werden mittelst Schrauben und Broncestücken, die schwalbenschwanzförmig in die Bleche eingreifen, radial festgespannt. **Fig. 231**

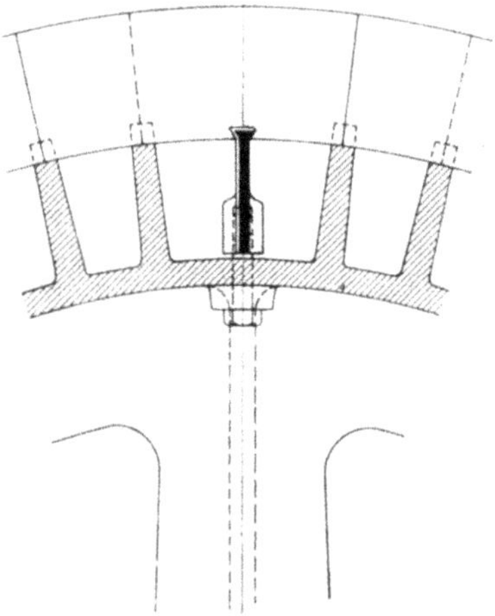

Fig. 230.
E. A. G. vorm. Schuckert & Co. — E. G. Alioth.

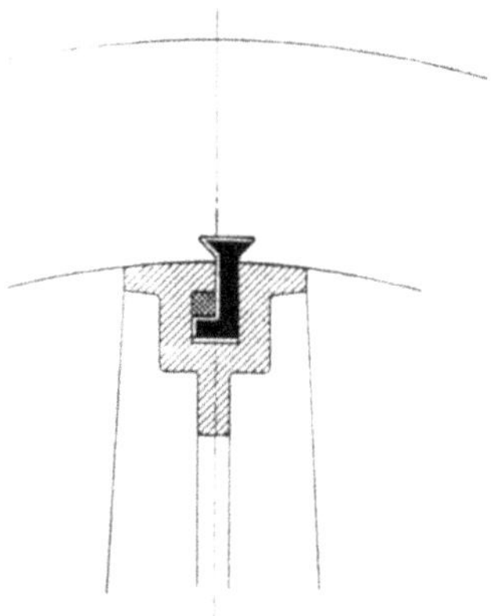

Fig. 231.
E. G. Alioth.

veranschaulicht eine weitere, denselben Zweck verfolgende Konstruktion der E. G. Alioth. Hier sichert das Broncestück die Bleche, ebenso wie ein Keil zugleich gegen Verdrehung. (Siehe auch Taf. VI.)

Ankerkörper für Ringanker.

In den bis jetzt angeführten Konstruktionen ist angenommen worden, dafs der Armaturstern aus Gufseisen besteht; für Trommelanker ist das zulässig, aber nicht für Ringanker.

Bei Ringankerwicklung erzeugen die Armaturdrähte im Innern des Ringes ein stehendes magnetisches Feld, dessen Stellung nur von der Lage der Schleifbürsten abhängt. Um die Intensität dieses Feldes und damit den Verlust durch Wirbelströme, welche bei der Rotation des Armatursternes in diesem magnetischen Felde entstehen, zu vermindern, mufs der Armaturstern aus einem nicht magnetischen Metalle, am besten aus Bronce oder Messinggufs hergestellt werden.

In den **Fig. 232** bis **239** sind verschiedene Konstruktionen von Ankersternen für Ringanker dargestellt. Das Befestigen der Armaturbleche mit dem Armatursterne gegen Verdrehung geschieht in Fig. 232 und 233 durch direktes Eingreifen des Sternes in ausgestanzte Nuten der Bleche, in Fig. 234 durch Flachkeile und in Fig. 235 durch Rundkeile.

Die Bauart der Armatursterne in Fig. 233 und Fig. 235 ist ähnlich der durch Fig. 224 dargestellten und dort beschriebenen Konstruktion.

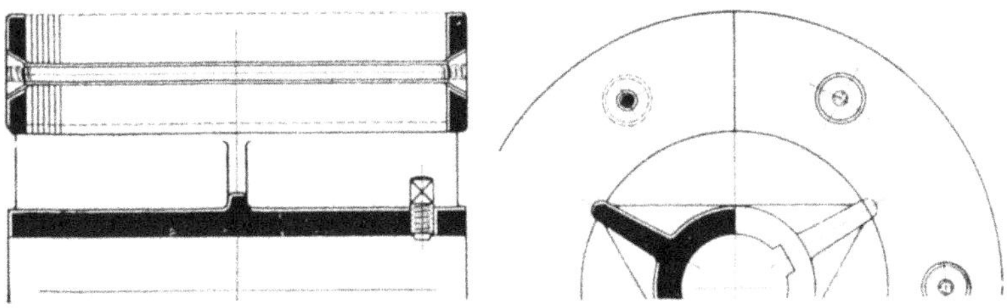

Fig. 232.
E. A.-G. vorm. Schuckert & Co.

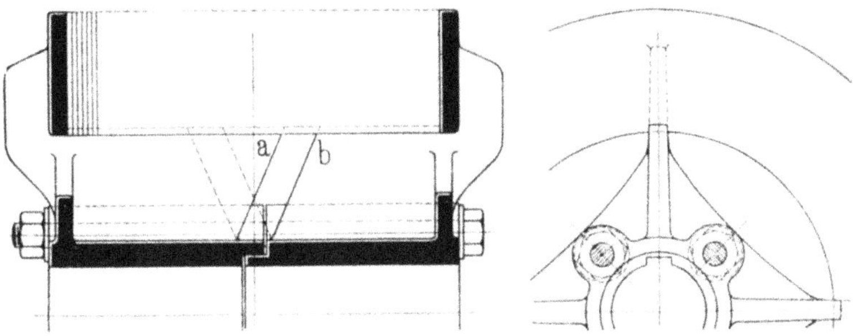

Fig. 233.

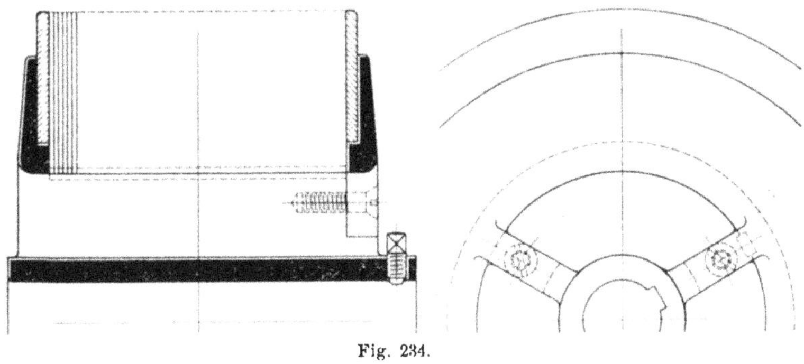

Fig. 234.

Die Konstruktion Fig. 235 wird von der Elektricitäts-Aktiengesellschaft vorm. Schuckert & Co. bei kleineren Dynamos angewandt; die beiden Hälften des Sternes werden durch schmiedeiserne Schwindringe auf der Welle sowohl gegen Drehung als seitliche Verschiebung festgehalten.

Für grofse Ankerdurchmesser würde die Herstellung des Sternes aus Bronce theuer ausfallen. Da die Entfernung des inneren Theiles der Ringwicklung vom Gufseisen des Sternes von 8 bis 10 cm genügt, so kann für grofse Durchmesser der auf der Welle sitzende Theil

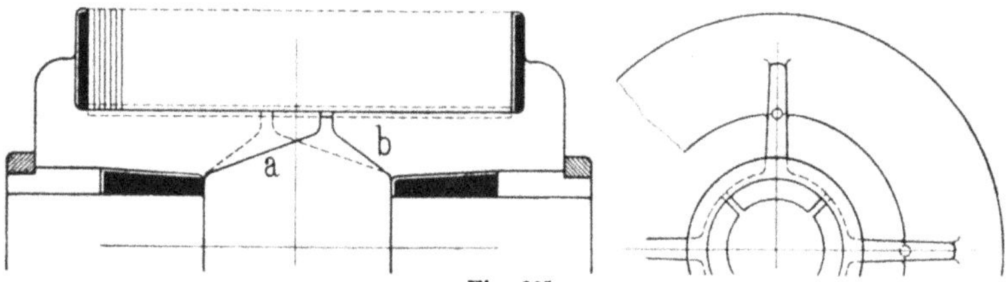

Fig. 235.
E. A.-G. vorm. Schuckert & Co.

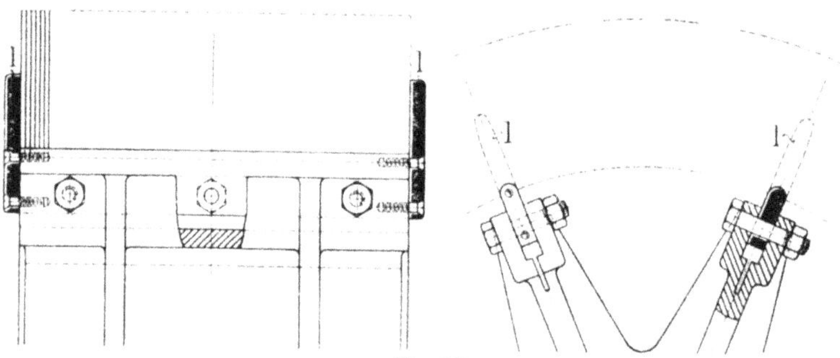

Fig. 236.
E. A.-G. vorm. Kummer & Co.

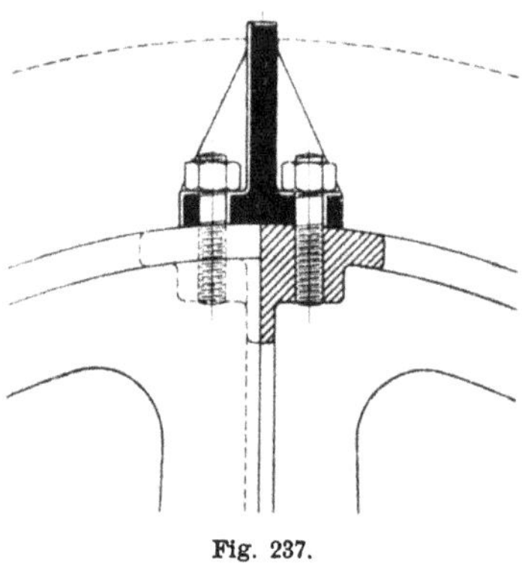

Fig. 237.

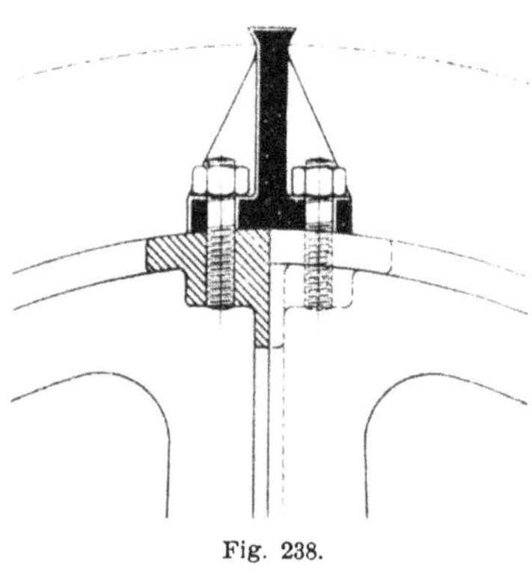

Fig. 238.

des Sternes aus Gufseisen hergestellt werden. Auf den gufseisernen Theil werden dann die Broncetheile, welche den Ankerkern tragen, befestigt.

In Fig. 236 ist zunächst eine von der A. E. G. vorm. Kummer & Co. herrührende Konstruktion abgebildet; die Bronceleisten, welche den Ankerkern stützen, sind hier in einfacher Art zwischen die gegabelten gufseisernen Arme des Sternes eingeklemmt und verschraubt. Auf-

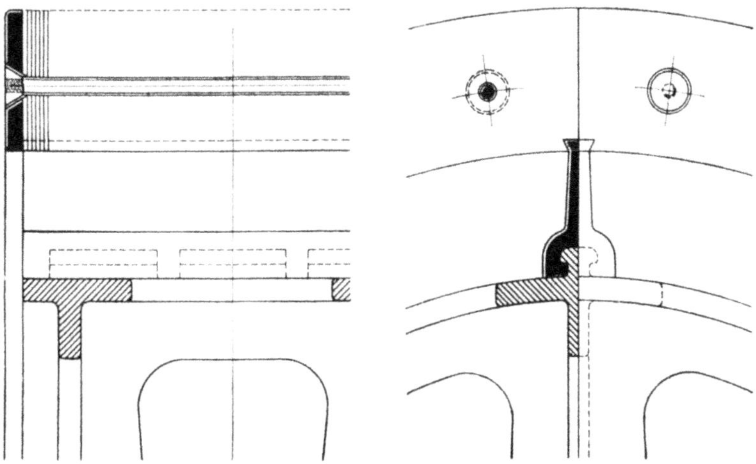

Fig. 239.
E. A.-G. vorm. Schuckert & Co.

geschraubte schmale Leisten l, l hindern den Ankerkern an seitlicher Verschiebung. — In den Fig. 237 und 238 sind die Bronceleisten auf den gufseisernen Stern aufgeschraubt und in Fig. 239 aufgegossen.

Weitere Details über die Konstruktion von Armatursternen sind in den auf den Tafeln I bis XII dargestellten Ankerkonstruktionen zu finden.

Die Berechnung der Speichen des Ankersternes. Die Speichen oder Arme des Ankersternes werden durch die am Umfange des Ankers wirkenden Kräfte auf Biegung beansprucht. Ist L die Länge einer Speiche in cm, vom Mittelpunkt der Armatur aus gemessen, und A die Anzahl der Speichen, n die Tourenzahl des Ankers und N die Zahl der verbrauchten oder geleisteten Pferdestärken, so ist die Kraft K, welche die Speiche auf Biegung beansprucht

$$K = 71\,620 \frac{N}{n \cdot L} \text{ kg.}$$

Ist ferner l die Länge der Speiche bis zur Nabe, oder allgemein die Länge des Hebelarmes, welcher für die Biegung in Betracht kommt, W das Widerstandsmoment des Speichenquerschnittes und S_b die zulässige Beanspruchung des Materials auf Biegung pro qcm, so folgt

$$K \cdot l = W \cdot S_b.$$

In den meisten Fällen wird aus Herstellungsrücksichten der Speichenquerschnitt so grofs, dafs die Beanspruchung S_b sehr klein ausfällt.

Für Gufseisen soll

$$S_b < 50 \text{ bis } 100 \text{ kg}$$

sein und für Messinggufs

$$S_b \leq 100 \text{ bis } 150 \text{ kg}.$$

Das Isoliren der Ankerbleche. Der Ankerkern bildet einen Theil des magnetischen Stromkreises der Dynamomaschine. Um den Wattverlust durch Wirbelströme, welche bei der Rotation des Ankers im Ankereisen inducirt werden, auf einen kleinen Betrag zu vermindern, wird der Kern aus Blechscheiben von möglichst weichem Eisen und 0,5 bis 0,6 mm Dicke zusammengesetzt. Die einzelnen Bleche werden durch dünne Papierscheiben von einander isolirt oder mit einem isolirenden Anstriche versehen. Die A. E. G. Berlin verwendet z. B. zum Isoliren der Bleche einen Anstrich aus Wasserglas, andere Firmen benützen dazu ein Gemisch von Asphalt, Benzol und Leinöl.

Um den durch Rechnung gefundenen Eisenquerschnitt des Armaturkernes in einem möglichst kleinen Volumen unterzubringen, ist es wichtig, die Isolation der einzelnen Bleche möglichst dünn zu halten. Papier von 0,04 mm bis 0,06 mm Stärke kann in selbständigen Scheiben zwischen die Eisenbleche eingelegt werden, Papier von ca. 0,02 mm Stärke wird dagegen besser vor dem Schneiden der Bleche mittels Kleister auf die Blechtafeln festgeklebt, wozu besondere Maschinen dienen. Während im ersten Falle von dem Gesammtquerschnitt, kleine Unebenheiten der Bleche eingerechnet, nur zu ca. 85 % ausgenützt wird, kann er mit Papier von 0,02 mm Stärke bis zu 90 % und mehr ausgenützt werden.

Das maschinelle Verfahren zum Bekleben der Bleche wird von der Firma Siemens & Halske angewandt und hat sich vorzüglich bewährt.

Eine andere Isolirmethode besteht darin, das Papier mittels Schellack auf die Bleche zu kleben und den ganzen Kern unter einer hydraulischen Presse in erwärmtem Zustande 2 bis 3 Stunden zu pressen. Der ganze Eisenkern bildet dann einen festen Klotz, so dafs die Endplatten keinen Druck aufzunehmen haben und daher dünn gehalten werden können. Die Befestigung eines so hergestellten Eisenkernes mit dem Ankersterne zeigt der Anker der A. G. E. vorm. C. L. Kummer & Co. Fig. 236.

Ein Isoliren der Bleche von dem Armatursterne ist nicht erforderlich. Die Art und Weise, wie ein Ankerkern aus einzelnen Blechsegmenten zusammengesetzt wird, ist bei Besprechung der Ankersterne beschrieben worden.

Um ein Erwärmen der Endplatten, welche den Armaturkern zu beiden Seiten abschliefsen, durch Wirbelströme zu vermeiden, werden dieselben, wie z. B. in den Fig. 221 und 239 angegeben, aus Bronce hergestellt, oder man macht den Durchmesser derselben (*A*, *A* in Fig. 222 und 227) kleiner als den Durchmesser des Ankerkernes und zugleich die Pollänge etwas kürzer als die Länge des Ankerkernes. Die Endbleche des Kernes werden in diesem Falle etwas stärker, etwa 2 bis 5 mm dick gewählt.

Ein starkes Endblech oder eine gegossene Endplatte ist namentlich bei Nutenankern erforderlich, um bei dem Fräsen der Nuten den vorstehenden Zähnen den nöthigen Halt zu geben und um ein gutes Abrunden der Kanten der Nuten zu ermöglichen.

Die Konstruktion des Ankerkörpers mit Rücksicht auf die Effektverluste.

Die im Ankerkörper auftretenden Verluste können folgende sein:

1. Verlust durch nicht isolirte Ankerbolzen,
2. Verlust durch Hysteresisarbeit im Ankereisen,
3. Verlust durch Wirbelströme » »
4. Zusätzliche Verluste.

Der Konstrukteur mufs bestrebt sein, diese Verluste, unter Berücksichtigung der Herstellungskosten des Ankers, möglichst klein zu machen.

Der Verlust durch nicht isolirte Ankerbolzen. Sind die Bolzen, welche die Ankerbleche durchqueren, nicht isolirt, so wird in denselben ein Wechselstrom von der Periodenzahl $\frac{p \cdot n}{60}$ pro Sec. inducirt. Wegen des grofsen induktiven Widerstandes dieser im Ankereisen gelagerten Bolzen, ist jedoch die Stromstärke und der Wattverlust verhältnifsmäfsig klein, wie eine kleine Rechnung ergiebt.

Es bezeichne in Bezug auf **Fig. 240**

B_a die Induktion pro qcm im Ankereisen,
l die Ankerlänge in cm,
Z_1 die vom Ankerbolzen auf seinem Wege von Mitte bis Mitte Pol geschnittene Kraftlinienzahl,
J_b die im Bolzen inducirte Stromstärke,
Z_2 die vom Strome J_b erzeugte Linienzahl,
R den ohmischen Widerstand des Bolzens,
μ die Permeabilität des den Bolzen umgebenden Eisens,

so ist
$$Z_1 = B_a \cdot h \cdot l \quad \text{. . . . . . . (48}$$

Ferner mufs, da der ohmische Widerstand gegenüber dem induktiven vernachlässigt werden darf, die inducirte *E. M. K.* gleich der *E. M. K.* der Selbstinduktion sein, oder
$$Z_1 = Z_2 \quad \text{. . . . . (49}$$

Nun ist für einen sehr dünnen, den Bolzen umgebenden Cylinder von der Stärke dr, dem Radius r und der Länge l

$$dZ_2 = \frac{\frac{4\pi}{10} \cdot J_b \cdot \sqrt{2}}{2\pi r} \cdot l \cdot \mu \cdot dr,$$

woraus

$$Z_2 = 0{,}65\, J_b \cdot l \cdot \mu \cdot \log \cdot \frac{2r}{d} \quad \ldots\ldots (50$$

Aus den Gl. 48, 49 u. 50 folgt

$$J_b = \frac{B_a \cdot h}{0{,}65 \cdot \mu \cdot \log \cdot \frac{2r}{d}} \quad \ldots\ldots\ldots (51$$

Der Wattverlust e i n e s Bolzens ist $= R\,J_b^2$.

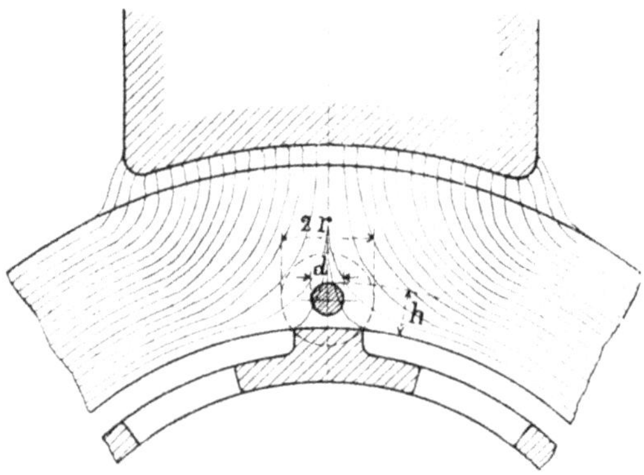

Fig. 240.

Ist z. B, $B_a = 14\,000$, $\mu = 1000$, $h = 5$ cm, $l = 30$ cm, $d = 2{,}5$ cm, $r = 5$ cm, so ist

$$J_b = \frac{14\,000 \cdot 5}{0{,}65 \cdot 1000 \cdot 0{,}6} = 194 \text{ Ampère},$$

$$R = 0{,}1 \cdot \frac{0{,}3 \cdot 4}{25^2 \cdot 3{,}14} = 6 \cdot 10^{-5} \text{ Ohm},$$

$$R \cdot J_b^2 = 2{,}25 \text{ Watt}.$$

Wir sehen hieraus, daſs der Wattverlust von nicht isolirten Bolzen unbeträchtlich ist. Für groſse Sättigungen bez. kleine Werthe von μ kann jedoch der Verlust beträchtlich werden. — Je kleiner h ist, um so kleiner wird der Verlust. — Die Gröſse von r ist ebenfalls von Einfluſs. Es ist günstig, den Bolzen nahe an den Rand des Bleches zu legen und unter dem Bolzen den magnetischen Stromkreis durch den Guſskörper zu schlieſsen, —

Der Verlust durch Hysteresisarbeit.

Bezeichnet

W_h den Verlust durch Hysteresis im Ankereisen in Watt,
p die Zahl der Polpaare,
n die Umdrehungen pro Minute,
B_a die Induktion im Ankereisen (Linien pro qcm),
V das Eisenvolumen in ccm,

so kann W_h näherungsweise aus der Formel von Steinmetz

$$W_h = 10^{-7} \cdot \eta \cdot \frac{p \cdot n}{60} \cdot B_a^{1,6} \cdot V \quad . \quad . \quad . \quad . \quad . \quad (52$$

berechnet werden.

Die beobachteten Werthe[1]) des Koefficienten η bewegen sich zwischen den Grenzen 0,00124 und 0,00694. Für Eisen, wie dasselbe im Dynamobau gerade noch verwendet werden darf, ist $\eta = 0{,}003$ bis 0,0033.

Bezeichnet ferner

Z den in die Armatur eintretenden magnetischen Kraftflufs eines Poles,
F den effektiven Querschnitt des Ankereisens,
L eine konstante Länge,

so können wir

$$V = F \cdot L \text{ und } B_a = \frac{Z}{2F} \text{ setzen.}$$

Es wird dann

$$W_h = 10^{-7} \cdot \eta \cdot \frac{p \cdot n}{60} \frac{\left(\frac{Z}{2} \cdot L\right)^{1,6}}{V^{0,6}} \quad . \quad . \quad . \quad . \quad . \quad (53$$

Der Hysteresisverlust ändert sich somit bei konstantem Kraftflusse Z nur mit der 0,6ten Potenz des Eisenvolumens, d. h. die Ersparnifs an Eisen wächst procentual rascher als die Zunahme des Verlustes. —

Der Verlust durch Wirbelströme. Bezeichnet d die Stärke der Ankerbleche in cm, so wird der Wirbelstromverlust derselben

$$W_w = 10^{-11} \cdot 1{,}645 \cdot d^2 \cdot \left(\frac{pn}{60}\right)^2 \cdot B_a^2 \cdot V. \quad . \quad . \quad . \quad (54$$

Im Verhältnisse zur Summe aller Verluste ist dieser Verlust sehr klein. Es wird z. B. für

$$d = 0{,}05 \qquad \frac{pn}{60} = 15 \qquad B_a = 12000,$$

$$W_w = 0{,}00132 \text{ Watt pro ccm.}$$

oder per 100 kg Eisenblech 18,5 Watt.

---

[1]) C. P. Steinmetz, E. T. Z. 1895, S. 624 und R. M. Friese, ebenda, S. 669.

Die zusätzlichen Verluste. Würde die Summe der drei berechneten Verluste den gesammten Verlust durch Hysteresis und Wirbelströme darstellen, so müfste dieselbe gleich der durch das Experiment gefundenen Differenz der Leerlaufsarbeiten bei erregter und nicht erregter Dynamo sein. Das trifft nicht zu, die thatsächlichen Verluste sind erheblich gröfser. Für mehrere kleinere und gröfsere Dynamos mit glatten und genuteten Ankern, deren Leerlaufsarbeiten mir bekannt sind, habe ich gefunden, dafs der wirkliche Wattverlust durch Hysteresis und Wirbelströme für Werthe von B_a zwischen 8000 und 18000 von dem 1,5 fachen bis zum 4,5 fachen Werthe desjenigen Verlustes W_h ansteigt, den die Formel 52 ergiebt, wenn für η der Werth 0,003 gewählt wird.

Eine 3,5 bis 4,5 fache Erhöhung des Wattverlustes zeigten Anker mit gefrästen, tiefen Nuten, deren Konstruktion mit Fig. 222 übereinstimmte und deren Gufstheile sehr kräftig dimensionirt waren.

Bei sorgfältiger Auswahl des Eisenbleches und richtiger Konstruktion des Ankers darf der gesammte Eisenverlust bei Leerlauf W_o gleich dem 1,5 bis 2,5 fachen aus Formel 52 berechneten Hysteresisverluste gesetzt werden. Wir schreiben

$$W_o = 1{,}5 \text{ bis } 2{,}5\, W_h \quad \ldots \ldots \quad (55$$

Diese Differenz zwischen dem experimentell ermittelten und dem berechneten Verluste rührt zunächst von der Ungenauigkeit der Steinmetz'schen Formel her. Diese Formel giebt annähernd richtige Resultate, wenn die Ummagnetisirung des Eisens, z. B. wie bei Transformatoren, abwechselnd nur nach zwei entgegengesetzten Richtungen erfolgt. Erfolgt aber die Ummagnetisirung, wie bei Gleichstromankern, durch Drehen des Eisens im Magnetfelde, so wird das Eisen nach allen Richtungen magnetisirt und der Magnetismus des Eisens wird während der Ummagnetisirung nicht gleich Null. Die Steinmetz'sche Formel ist in diesem Falle nicht mehr gültig.[1])

Die Differenz zwischen den berechneten und den wirklichen Verlusten rührt ferner zum grofsen Theil davon her, dafs die Wirbelstromverluste bedeutend gröfser sind, als die Formel 53 ergiebt.

Die Erhöhung der Wirbelstromverluste hat vier verschiedene Ursachen.

Erstens entsteht in den massiven Theilen des Ankers, welche die Ankerbleche zusammenhalten, ein zusätzlicher Wirbelstromverlust. Dieser Theil wird um so gröfser sein, je gröfser die Streuung der Maschine ist und je gröfser die Eisenmassen des Ankersternes sind, welche die Streuung fördern.

Zweitens wird durch das Abdrehen der Armatur und das Fräsen und Feilen der Nuten die Isolation zwischen den benachbarten Blechen

[1]) Vergl. Dr. F. Niethammer, E. T. Z. 1898, S. 669.

am äufseren Rande derselben zerstört, so dafs die ganze Armatur als mit einem sehr dünnen, siebartig durchlöcherten Eisenmantel bedeckt angesehen werden kann. Der Wattverlust, welcher bei der Rotation eines solchen Ankerkörpers im magnetischen Felde entsteht, kann erheblich ausfallen, besonders, wenn stumpfe Drehstähle oder ungenügend geschärfte Fräser verwendet wurden. Schmale und tiefe Nuten erhöhen, wegen ihrer grofsen Oberfläche, den Verlust.

Das Stanzen der Nuten ohne nachträgliches Feilen oder Fräsen verdient daher den Vorzug. Wenn das Fräsen der Nuten trotzdem viel geübt wird, so ist das durch die billigere Herstellung einer saubern glatten Nut zu erklären.

Die durch ungenügende Isolation der Bleche verursachten Wirbelstromverluste sind aufser von dem Quadrate der Periodenzahl und dem Quadrate der Feldstärke auch von der Länge der Armatur, bezw. von der Länge, auf welcher die Isolation unterbrochen ist, abhängig. Es ist deshalb bei gefrästen Nuten zweckmäfsig, etwa in Entfernungen von 2 bis 3 cm dickere Papierscheiben zwischen die Ankerbleche zu legen.

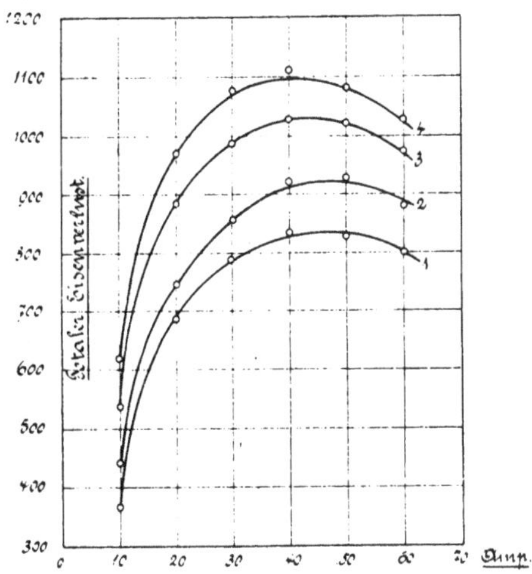

Fig. 241.
Eisenverluste eines Ankers in verschiedenen Stadien der Bearbeitung.

Nach einer Mittheilung von Parshall und Hobart[1]) hat das Fräsen der Nuten in gewissen Fällen den Eisenverlust auf das dreifache des ursprünglichen erhöht. Sogar leichtes Feilen erhöht den Verlust beträchtlich. Versuche mit dem Anker eines Strafsenbahnmotors in verschiedenen Stadien der Fabrikation ergaben die in Fig. 241 dargestellten Resultate. Die Erregerstromstärken des Feldes sind als Abscissen, die Eisenverluste in Watt als Ordinaten aufgetragen.

Kurve 1 wurde erhalten nach dem Stanzen.
» 2 » » nachdem die Nuten mittelst Durchziehen eines Werkzeuges gerichtet worden.
» 3 » » nachdem die Nuten leicht gefeilt worden waren.
» 4 » » nach dem Bewickeln des Ankers.

[1]) Engineering 1898. Vol. LXVI, Seite 6.

Drittens entstehen zusätzliche Verluste durch die in den Kupferdrähten des Ankers inducirten Wirbelströme.

In Fig. 241 werden diese Verluste durch die Differenz der Kurven 3 und 4 dargestellt. Wie die Ankerwicklung ausgeführt werden mufs, um diese Verluste auf einen möglichst geringen Betrag zu vermindern, wird auf Seite 265 erörtert.

Viertens entstehen weitere zusätzliche Verluste bezw. eine Erhöhung der oben angeführten Verluste, sobald die Maschine belastet wird. Wie aus den Polkurven Fig. 179 ersichtlich, wird bei konstanter *E. M. K.* oder konstanter Klemmenspannung infolge der quermagnetisirenden Wirkung des Ankers, die maximale Induktion im Ankereisen erhöht. Die Hysteresis- und Wirbelstromverluste, welche von der maximalen Induktion abhängig sind, müssen daher zunehmen. Da bei konstanter *E. M. K.* der gesammte magnetische Kraftflufs konstant bleibt, so wird nur der Theil des Ankereisens, durch welchen der örtlich verstärkte Kraftflufs eintritt, also hauptsächlich die äufsere Eisenschicht und die Zähne bei Nutenankern, magnetisch höher beansprucht. Die Erhöhung des Verlustes durch die Quermagnetisirung ist daher der Berechnung schwer zugänglich.

In meinen Vorlesungen über Dynamobau mache ich, an der Hand der erwähnten Kurven Fig. 179 die Studirenden schon seit Jahren auf diesen Einflufs der Quermagnetisirung aufmerksam. Ausführliche Versuche über die Gröfse solcher Verluste hat G. Dettmar[1]) veröffentlicht. —

Die Wirbelstromverluste im Ankerkupfer sind bei diesen Versuchen nicht besonders ermittelt worden. Diese jedenfalls nicht erheblichen Verluste sind in den nachfolgend angeführten Verlusten W_0 und W_2 mitenthalten.

G. Dettmar hat die Versuche mit einer Motor-Dynamo von Gebr. Körting in Hannover ausgeführt. Die Abmessungen der Maschinen waren:

	Motor (Serieanker)	Dynamo (Parallelanker)
Ankerdurchmesser	54,0 cm	54,0 cm
Ankerlänge	30,0 »	30,0 »
Ankerblechbohrung	27,0 »	27,0 »
Feldbohrung	55,5 »	55,3 »
Polbogen	26,5 »	26,5 »
Ankerdrähte	630	230
Kollektorlamellen und Nuten	105	115
Drahtquerschnitt	2 × 3 mm 2 Dr. parallel.	3 × 12 mm

[1]) E. T. Z. 1898, Heft 16.

	Motor (Serieanker)	Dynamo (Parallelanker)
Nutenbreite } gefräst	0,53 cm	0,62 cm
Nutentiefe } gefräst	5,3 »	3,4 »
Polzahl	4	4

Die Belastungsproben sind in der Tabelle 1 zusammengestellt.

Tabelle 1.

Motor			Touren	Dynamo		
Spannung	äußerer Strom	Erregerstrom		Spannung	äußerer Strom	Erregerstrom
515	78,3	1,4	522	114	275	6,3
535	44,9	1,5	550	106	165	5,55
535	36,45	1,45	542	113	115	5,2

Die Resultate der Messungen sind in der Tabelle 2 zusammengestellt.

Tabelle 2.

Verluste	Belastung in Ampère		
	275	165	115
	Watt	Watt	Watt
1. Ankerkupfer Dynamo	845	310	154
2. » Motor	1350	430	280
3. Erregung Dynamo	718	588	588
4. » Motor	720	803	776
5. Eisenverlust Dynamo } bei Leerlauf	1700	1400	1580
6. » Motor } bei Leerlauf	940	1020	1040
7. Reibung	1230	1320	1300
8. Uebergangsverlust an den Bürsten der Dynamo	125	47	23
9. do. Motor	150	47	30
10. Zusätzlicher Eisenverlust	870	220	150
11. Zusätzlicher Eisenverlust, Motor	440	160	100
Gesammtverlust	9088	6345	6021
Wirkungsgrad in %	77,8	73,3	68,4
gegen Wirkungsgrad gemessen (Tab. 1) %	78,0	73,0	66,7
$B_i : B_o$	1,22	1,08	1,05

Bezeichnet man mit

B_o die maximale Induktion im Luftraume bei Leerlauf (Ankerstrom = Null),

B_i die maximale Induktion im Luftraume bei Belastung (Ankerstrom = i),

W_o die Eisenverluste bei Leerlauf,

W_2 die zusätzlichen Eisenverluste infolge der quermagnetisirenden Wirkung des Ankers,

$W_i = W_o + W_2$ die Eisenverluste der belasteten Maschine,

so ist nach diesen Versuchen annähernd

$$W_i = W_o \left(\frac{B_i}{B_o}\right)^2 \quad . \; . \; . \; . \; . \; . \; . \quad (56$$

Die Zunahme der Wirbelstromverluste würde demnach so viel ausmachen, dafs der Gesammtverlust, statt mit der 1,6ten Potenz, was der Zunahme der Hysteresisverluste ungefähr entsprechen würde, mit dem Quadrat von $B_i : B_o$ zunimmt.

Mir scheint, dafs diese Formel für hohe Werthe von $B_i : B_o$ zu grofse Verluste ergiebt. In der Fig. 179 ist z. B. $B_i : B_o = 1{,}32$. Der Eisenverlust bei Belastung müfste demnach das 1,56fache desjenigen bei Leerlauf sein.

Um dieser quermagnetisirenden Wirkung zu begegnen, ist es gut, für die unbelastete Maschine die Sättigung in den Zähnen eines Nutenankers so hoch zu wählen, (14000 bis 18000) als es die erwünschte Regulirfähigkeit der Maschine zuläfst;[1]) die Zunahme von B_i wird dadurch rasch begrenzt. Durch Berechnen der Magnetisirungskurve für den Luftraum und die Zähne, und Auftragen der Ampèrewindungszahl der verstärkten Polecke ergiebt sich der Werth von B_i, wenn eine experimentelle Bestimmung nicht möglich ist.

Für die vorliegende Dynamo ergiebt sich für den Leerlauf bei 114 Volt und 522 Umdrehungen

$$B_o = 7400$$

$$\text{Sättigung der Zähne } B_z = 16\,000$$

$$\text{Sättigung des Ankers } B_a = 10\,600.$$

Das Volumen der Zähne beträgt $V_z = 8000$ ccm.

Das Volumen des Ankerkernes

$$V_a = 31\,500 \text{ ccm}.$$

Für $\mu = 0{,}003$ wird der Hysteresisverlust der Zähne

$$= 10^{-7} \cdot 0{,}003 \cdot \frac{2 \cdot 522}{60} \cdot 16\,000^{1{,}6} \cdot 8000 = 225$$

und derjenige des Ankerkernes

$$= 10^{-7} \cdot 0{,}003 \cdot \frac{2 \cdot 522}{60} \cdot 10\,600^{1{,}6} \cdot 31\,500 = 450$$

$$W_h = 225 + 450 = 675 \text{ Watt}.$$

---

[1]) Vergl. auch S. 266, Einflufs der Sättigung der Zähne auf die Wirbelstromverluste im Ankerkupfer.

Laut Versuch ist

$$\frac{W_o}{W_h} = \frac{1700}{675} = 2{,}5,$$

$$\frac{W_i}{W_h} = \frac{1700 + 870}{675} = 3{,}8,$$

$$\frac{W_i}{W_o} = \frac{1700 + 870}{1700} = 1{,}5.$$

Der Eisenverlust bei Leerlauf ist (für die Annahme $\mu = 0{,}003$) also 2,5 mal und bei voller Belastung 3,8 mal so grofs als der aus den Dimensionen der Maschine mit der Steinmetz'schen Formel 52 berechnete Hysteresisverlust.

Eine 6polige Gleichstrommaschine mit Nutenanker (Nuten gefräst) von 800 Amp., 115 Volt Leistung bei 350 Touren der Maschinenfabrik Oerlikon verbrauchte als Motor leerlaufend

112 Volt × 22 Amp.	= 2470 Watt
Die Reibungsarbeit betrug ca. . . .	900 »
Daher Eisenverluste	1570 Watt.

Der aus den Dimensionen mit $\mu = 0{,}003$ berechnete Eisenverlust ergiebt sich zu 1050 Watt, somit

$$\frac{W_o}{W_h} = 1{,}53.$$

Ein vierpoliger Trambahngenerator derselben Firma, mit gefrästem Nutenanker von 375 Amp. 530 Volt Leistung bei 300 Umdrehungen ergab

Leerlaufsarbeit des Ankers . . .	11 500 Watt
Reibungsarbeit	4 350 »
Eisenverluste W_o =	7 150 Watt.

Der berechnete Hysteresisverlust ist

$$W_h = 3400 \text{ Watt.}$$

$$\frac{W_o}{W_h} = 2{,}1.$$

Dabei ist allerdings zu beachten, dafs in den experimentell ermittelten Verlusten auch die etwa in dem Feldsystem entstehenden Wirbelstromverluste enthalten sind; diese können aber nicht beträchtlich sein.

Die Unsicherheit in der Bestimmung der Hysteresis- und Wirbelstromverluste läfst es für jeden Konstrukteur rathsam erscheinen, diese Verluste für verschiedene zur Verfügung stehende Gröfsen einer Type von Dynamomaschinen für verschiedene Periodenzahlen und Sättigungen des Ankereisens experimentell zu ermitteln und die Durchschnittswerthe der Verluste in ihrer Abhängigkeit von der Sättigung für die verschiedenen Periodenzahlen graphisch aufzutragen. Es entspricht dann jeder

Stufe der Periodenzahl eine Kurve. Die so erhaltene Kurvenschaar ist für Neuberechnungen bequem zu verwenden.

Verfügt man nicht über solche experimentell ermittelte Werthe, so kann man die Steinmetz'sche Formel anwenden, und muss dann den erhaltenen Werth in der oben angegebenen Weise erhöhen, um annähernd den richtigen Verlust bei Leerlauf und Belastung zu erhalten.

Die Abkühlungsfläche und die Erwärmung des Ankers. Soll die Temperatur des Ankers infolge der Erwärmung durch Hysteresis und Wirbelströme und infolge des Verlustes im Kupfer der Wicklung gewisse Grenzen nicht überschreiten, so mufs die Abkühlungsfläche der Armatur in einem gewissen Verhältnisse zu der Wärmeerzeugung des Ankers stehen. Man kann, ohne die Isolation des Ankers zu gefährden, eine Temperatur des Ankers von 65 bis 70° C. und bei Glimmerisolation eine noch höhere Temperatur zulassen. Im allgemeinen stellt man die Bedingung, dafs die Temperaturzunahme über die umgebende Lufttemperatur, nach etwa sechsstündigem Betriebe mit Vollbelastung, 40 bis 50° C. nicht überschreiten soll. Die englische Admiralität gestattet, mit Rücksicht auf die hohe Lufttemperatur in den Schiffsräumen, eine Temperaturerhöhung von 70° F. oder 39° C.

Für eine bestimmte Abkühlungsfläche und eine als zulässig gegebene Temperaturzunahme kann die Wärmeerzeugung oder der Wattverlust des Ankers um so gröfser werden, je besser die Abkühlungsfläche und je gröfser die Umfangsgeschwindigkeit desselben ist. Nackte und rauhe Flächen des Ankerkernes, die weder durch die Wicklung, noch durch Isolation bedeckt sind, gehören zu den besten Abkühlungsflächen, wie z. B. die innere Fläche des Kernes eines Trommelankers, sofern eine gute Luftcirkulation hier möglich ist, oder die Seitenflächen von Trommelankern mit Mantelwicklung; vollständig bewickelte Ringanker erschweren dagegen die Abkühlung des Eisenkernes.

Wenn die Armaturwicklung so gestaltet ist, dafs die Luft zwischen die Windungen treten kann, wie das z. B. bei den Stabankern vorkommt, so wird die Abkühlung sehr begünstigt.

Der Einflufs der Umfangsgeschwindigkeit auf die Abkühlung ist von der Konstruktion des Ankerkörpers, der Konstruktion der Wicklung und der Anordnung der Magnetpole abhängig.

Die Temperaturzunahme des Ankers hängt auch von der Lüftung des Raumes ab, in welchem die Dynamo aufgestellt ist. In einem gut gelüfteten Raume wird dem Anker kühle Luft zuströmen und da die Wärme durch Leitung besser abgeführt wird, als durch Strahlung, so wird bei beständiger Lufterneuerung ein kleineres Temperaturgefälle nöthig sein, um die erzeugte Wärme fortzuleiten.

Als Abkühlungsflächen gelten bei kleinen Trommel- und Ringankern die Fläche des Cylindermantels (πDl) und die beiden Seitenflächen $\left(\frac{\pi}{2} D^2\right)$. Bei gröfseren Ankern, und namentlich bei Ringankern, wird aufser der Fläche des Cylindermantels (πDl) der Inhalt der seitlichen Ringflächen $\frac{\pi}{2}(D^2-D_1^2)$ und von der cylindrischen Innenfläche des Ankers ($\pi D_1 l$) die Hälfte oder bei guter Lüftung die ganze Innenfläche als Abkühlungsfläche gerechnet.

Bezeichnen wir die so berechnete Abkühlungsfläche in qcm mit A; den totalen Wattverlust des Ankers, d. h. den Verlust im Kupfer der Wicklung, und die Verluste durch Hysteresis und Wirbelströme im Eisen mit W, und mit v die Umfangsgeschwindigkeit des Ankers in Meter pro Sek., so läfst sich die Temperaturzunahme (T) des Ankers für Maschinen mit seitlich offenem Magnetgestell, deren Pole $^2/_3$ bis $^3/_4$ des Ankerumfanges bedecken, annähernd durch die Formel

$$T = \frac{a \cdot W}{A\,(1 + b\,v)} \qquad (57$$

ausdrücken. Die Konstanten a und b hängen von der Bauart des Magnetfeldes und der Armatur ab und sind für jede Maschinentype besonders zu bestimmen.[1])

Der ungefähre Werth der Konstanten a und b läfst sich auf folgende Weise ermitteln. Für ruhende Spulen ($v = o$), z. B. für die Magnetspulen, kann die Temperaturzunahme in Celsiusgraden

$$T = \frac{280\,W}{A} \text{ bis } \frac{300\,W}{A} \qquad (58$$

gesetzt werden. Die Konstante a wäre somit gleich 280 bis 300. Ferner genügt für eine Temperaturzunahme von 35° C. erfahrungsgemäfs bei Ring- und Trommelankern mit ca. 15 m Umfangsgeschwindigkeit eine Abkühlungsfläche von 3 bis 4 qcm pro 1 Watt. Wählen wir $a = 300$, $\frac{A}{W} = 3{,}5$ und $v = 15$, so finden wir $b = 0{,}1$ und

$$T = \frac{300\,W}{A\,(1 + 0{,}1\,v)}. \qquad (59$$

W bedeutet den totalen Verlust in Watt im Kupfer und im Eisen des Ankers bei Vollbelastung.

---

[1]) E. Wilson fand durch Versuche für zweipolige Trommelanker, deren Länge nicht kleiner als der Durchmesser bei Messung der Temperatur mittels Thermometer $a = 485$, $b = 0{,}238$ und bei Berechnung der Temperatur aus der Widerstandszunahme $a = 640$, $b = 0{,}18$ (E. T. Z. 1895 S. 712).

Es ist

$$W = RJ^2 + W_i,$$

wenn R den Ankerwiderstand, J die Stromstärke der Maschine und W_i den Wattverlust nach Gl. 56 bedeutet.

Bei dem oben erwähnten Versuche von G. Dettmar mit der Körting'schen Motordynamo betrug für den Motor bei 175 Amp. Belastung

$$W = 1350 + 940 + 440 = 2730 \text{ Watt}$$

für die Dynamo

$$W = 845 + 1700 + 870 = 3415 \text{ Watt.}$$

Die Temperaturerhöhung nach 6 stündigem Dauerbetrieb mit maximaler Belastung ergab sich für den Motoranker zu 32,5° C., für den Dynamoanker zu 25,5° C.

Rechnet man $^2/_3$ der Fläche des inneren Cylindermantels des Ankers als Abkühlungsfläche, so wird

$$A = \left(D + \frac{2}{3} D_1\right) \pi l + \left(D^2 - D_1^2\right) \frac{\pi}{2}$$

$$= 10200 \text{ qcm.}$$

Die Formel 59 ergiebt für den Motoranker

$$T = 31{,}5^0$$

und für den Dynamoanker

$$T = 39{,}5^0.$$

Diese letztere Temperatur ergiebt sich als bedeutend zu hoch. Der Grund dafür liegt darin, dafs der Dynamoanker durch die Stabwicklung eine viel gröfsere Abkühlungsfläche besitzt als oben aus den Dimensionen des Eisenkernes allein berechnet worden ist.

Auf die Konstruktion des Ankers kann die geforderte Abkühlungsfläche einen wesentlichen Einflufs ausüben. Ist die Tourenzahl im Verhältnifs zur Leistung des Ankers sehr hoch, so wird die Beschaffung der nöthigen Abkühlungsfläche Schwierigkeiten bereiten. Die Trommelanker mit Mantelwicklung (Fig. 383 und 389) bieten in dieser Hinsicht eine günstige Anordnung.

Einige Konstrukteure unterstützen die Abkühlung des Ankers durch Anordnung von besonderen Luftkanälen im Eisenkerne. Die Kanäle können entweder durch gerippte Messingscheiben, durch Eisenbleche mit aufgenieteten Streifen, oder durch gewellte Bleche, welche in gewissen Abständen an Stelle der Ankerbleche in den Ankerkern eingefügt werden, hergestellt werden. Auf Taf. XI ist ein solcher Anker abgebildet.

Die Treibstützen. Bezeichnet man die Intensität des magnetischen Feldes im Luftraume zwischen Pol und Anker mit B (Kraftlinien pro qcm), die Länge des Eisenkernes des Ankers in cm mit l und die

Stromstärke eines Armaturdrahtes mit i, so wird auf den Draht am Umfange des Ankers ein tangentialer Zug ausgeübt, welcher

$$= \frac{B \cdot l \cdot i}{9{,}81 \cdot 10^6} \text{ kg.}$$

Bei kleineren Ankern genügt die Reibung der Drähte am Ankerumfange, welche durch die Drahtbänder angeprefst werden, um das Mitrotiren derselben zu sichern; bei Ringankern wirken aufserdem die Speichen des Ankersternes treibend auf die Wicklung.

Bei glatten Ankern von gröfserem Durchmesser müssen besondere Treibstützen angebracht werden. Das geschieht am einfachsten dadurch, dafs in den Ankerkern Nuten eingefräst und in diese Nuten Leisten aus Fiber eingelegt werden, wie **Fig. 242** veranschaulicht, gegen welche sich zunächst die Isolation i des Ankerkörpers und alsdann

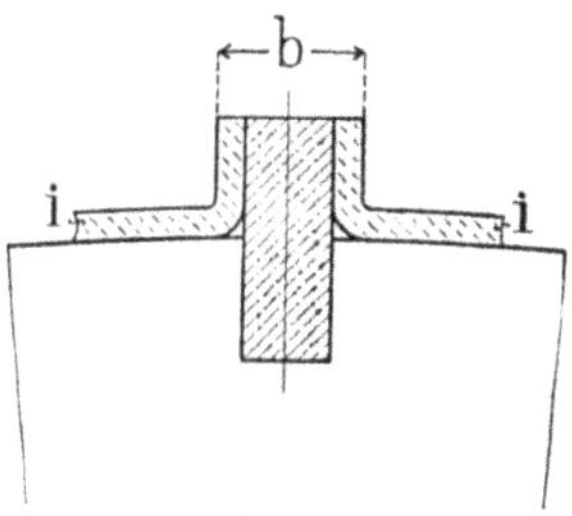

Fig. 242.

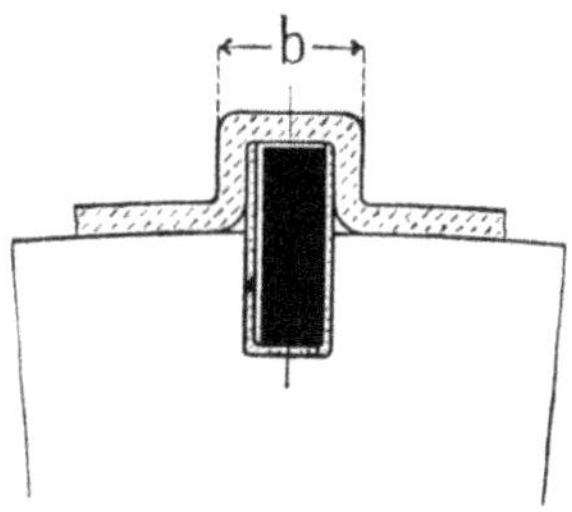

Fig. 243.

die Armaturdrähte legen. Anstatt Fiber können auch schmale Leisten aus Bronce von 4 bis 6 mm Stärke angewendet werden (**Fig. 243**), welche gegen das Eisen des Kernes isolirt sind. Ein übermäfsiges Erwärmen dieser Leisten durch Wirbelströme ist nicht zu befürchten, ebensowenig wie sich ein Kupferstab der Wicklung von gleichen Dimensionen durch Wirbelströme merklich erwärmt.

Uebrigens können diese Leisten bei Stabwicklung auch als Armaturleiter benutzt werden. In diesem Falle werden einige der Armaturstäbe isolirt in den Eisenkern der Armatur eingelassen, während die übrigen auf dem glatten Armaturkörper aufliegen können.

Die Breite b, oder die Entfernung der anliegenden Armaturdrähte, soll möglichst klein (8 bis 12 mm) gehalten werden, sonst entstehen, wenn die an den Treibstützen anliegenden Spulen durch die Bürsten kurz geschlossen werden, Funken am Kollektor; die Zahl und Lage der geschwärzten oder angefressenen Kollektorlamellen entspricht dann genau der Zahl und Lage der Treibstützen.

Als Treibstützen können auch die Endplatten des Ankerkernes ausgebildet werden, indem man dieselben mit vorspringenden Zähnen versieht, wie **Fig. 244** in Vorder- und Seitenansicht darstellt. Wenn erforderlich, können noch gezahnte Metallscheiben zwischen die Ankerbleche eingefügt werden, wie in der Figur punktirt angedeutet ist.

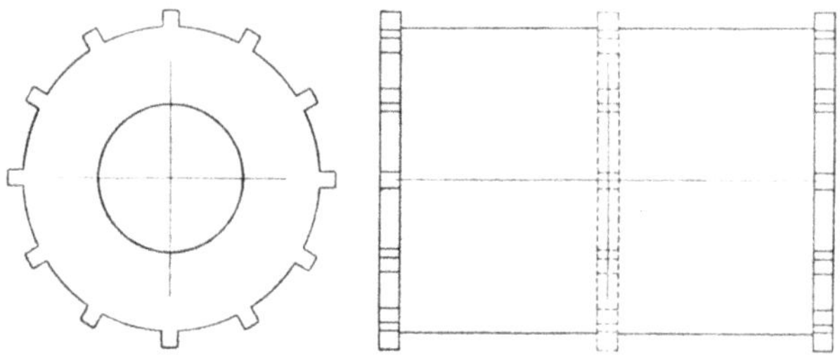

Fig. 244.

Die Isolation des Ankerkörpers. Der Ankerkörper mufs sehr sorgfältig gegen eine Berührung mit der Wicklung geschützt werden. Zunächst werden die zu isolirenden Theile zweckmäfsig mit einem isolirenden Lack- oder Schellackanstrich versehen und dann mit Isolirmaterial bekleidet. Hierzu wird zähes Papier, Baumwolltuch, Seide, gummirtes Tuch (Tape), Fiberpapier, Fiber, Holz, Stabilit, Glimmer (Mica), Micanittuch, Micanit und anderes Material verwendet.

Für die Isolation der Seitenflächen können Ringe aus Holz, Fiber, Isolit[1]) oder Stabilit[2]) verwendet werden, oder man bekleidet dieselben mit mehrfachen Lagen aus Papier, gummirtem Tuch, Micanittuch, Baumwolle u. s. f., welche mit Schellack bestrichen und festgeklebt werden. Die Kerne von Ringankern können auch ganz mit gummirtem Bande bewickelt werden.

Während an den Seiten- und Innenflächen des Eisenkernes die Isolation meist reichlich bemessen werden kann, mufs man am äufsern Umfange der Armatur sparsamer damit sein, weil es hier auf eine gute Ausnützung des Raumes wesentlich ankommt.

Am äufseren Umfange werden glatte Anker mit mehrfachen Lagen von Isolirmaterial bedeckt. Für Spannungen bis 200 Volt genügt z. B. eine mehrfache Lage von zähem Papier von 0,5 bis 0,75 mm Stärke; 2 bis 2,5 mm starke Papierlagen genügen bis zu Spannungen von 2000 Volt. Für so hohe Spannungen verwendet man besser das in neuerer Zeit in den Handel gebrachte Micanittuch, oder Micanittuch und Papier in abwechselnden Lagen.

Die Isolationsmaterialien, welche den Ankerkörper bedecken, dürfen nirgends stumpf zusammenstofsen, sondern es ist sorgsam darauf zu

[1]) Von Gebr. Adt, Ensheim.

[2]) Von der A. E. G., Berlin.

achten, dafs keine Fugen entstehen, welche leicht zu Kurzschlüssen oder Erdschlüssen Veranlassung geben können.

Ist der Anker genutet oder mit Kanälen versehen, so werden die Nuten für geringe Spannungen mit Prefsspahn, Seide, Fiberpapier, Micanittuch etc. verkleidet; für höhere Spannungen wird Micanittuch verwendet, oder es werden Isolirhülsen aus einigen Lagen Baumwolle und Glimmer, oder Hülsen aus Micanit von der verlangten Form geprefst und in die Nuten eingebettet.

Die Konstruktion der Ankerwicklung.

Die mechanische Ausführung der Ankerwicklung nach den im ersten Theile gegebenen Schemata bietet die meisten Schwierigkeiten. Diese Schwierigkeiten, namentlich soweit sie die Verbindungen der Drähte bei Trommelankern betreffen, sind in sehr mannigfaltiger und mechanisch vollkommener Art überwunden worden.

Der Vorwurf, der früher mit Recht den Ankerkonstruktionen gemacht werden konnte, dafs sie mechanisch unvollkommen seien, trifft heute nicht mehr zu.

Die Art der mechanischen Ausführung richtet sich ganz nach der Stromstärke, welche ein Draht zu führen hat. Für kleinere Stromstärken wird Drahtwicklung, für gröfsere Stromstärken Stabwicklung gewählt.

Drähte von mehr als etwa 4 mm Durchmesser lassen sich nicht mehr leicht genug biegen, und die Bespinnung dicker Drähte ist beim Wickeln, infolge der grofsen Kraft, welche beim Biegen derselben erforderlich ist, leicht Beschädigungen ausgesetzt, was namentlich bei Trommelwicklungen in Betracht kommt. Für grofse Armaturen mit grofsen Krümmungsradien für die Drähte, oder bei Schablonenwicklung, welche eine gute Kontrolle über die Isolation der einzelnen Spulen gestattet, kann die Wicklung mit stärkeren Drähten noch ausgeführt werden.

Sobald die Stromstärke pro Armaturstromzweig gröfser als ca. 50 Ampère wird, kann zur Stabwicklung übergegangen werden. Die Stabwicklung, bei welcher eine Windung aus zwei oder mehr Theilen zusammengesetzt bezw. zusammengelöthet wird, gewährt den Vortheil, dafs das Abbiegen einzelner Theile auf dazu bestimmten Schablonen erfolgen kann; dieselben werden nach dem Biegen isolirt. Aufser der leichteren Herstellung wird eine bessere Isolation, ein leichteres Auswechseln einzelner Theile und eine Konstruktion von gröfserer Widerstandsfähigkeit und gröfserer mechanischer Festigkeit erreicht. Diese Konstruktion hat namentlich für Trommelanker in den letzten Jahren zahlreich Anwendung gefunden.

Die Wicklung mufs in allen Fällen so ausgeführt werden, dafs die einzelnen Armaturspulen bezüglich Widerstand und Selbstinduktion möglichst gleich sind, und dafs eine gleiche Gewichtsvertheilung am Armaturumfange stattfindet. —

Die Isolation der Ankerdrähte. Obwohl die Ankerdrähte auf einen gut isolirten Ankerkörper oder in isolirte Nuten gelegt werden, so mufs doch noch für eine gute Isolation der einzelnen Drähte und eine gute Isolation der Armaturspulen unter sich Sorge getragen werden.

Als Armaturdraht verwendet man meistens dreimal besponnenen und schellackirten, oder noch besser zweimal besponnenen, einmal beklöppelten und schellackirten, möglichst weichen Kupferdraht von höchster Leitungsfähigkeit.

Der Drahtdurchmesser wird durch dreifache Bespinnung um 0,45 bis 0,55 und durch zweifache Bespinnung und einmalige Beklöpplung um 0,5 bis 0,6 mm vergröfsert. Da für dünnen Draht zur Bespinnung auch dünnere Baumwollfäden verwendet werden, so gelten die kleineren Zahlen für Drähte bis etwa 1,5 mm Durchmesser.

Für flache Drahtquerschnitte ist zu berücksichtigen, dafs die Bespinnung auf der flachen Seite nicht fest anliegt; die Isolation trägt daher hier bis $2 \times 0{,}05 = 0{,}1$ mm mehr auf, als auf der Hochkantseite.

Bei der Berechnung des Raumbedarfes für die Drähte ist noch etwa 0,05 bis 0,1 mm pro Draht zuzugeben.

Leiter von grofsem Querschnitte, welche aus nackten Kupferstangen oder aus Kupferblech geschnitten werden, können von Hand durch Bewickeln mit Baumwollband, durch Baumwollband mit Glimmereinlage oder durch mehrfache Papierlage u. s. f., wobei noch ein Schellackanstrich hinzugefügt wird, isolirt werden. Bei grofsem Bedarf gleichartiger Stücke ist es lohnend, die Isolirung derselben durch Bespinnung mittels Maschinen vorzunehmen.

Starke Leiter, welche gegen Formänderung genügende Festigkeit besitzen, und deren Querverbindungen genügenden Luftabstand haben, können nackt in gut isolirte Nuten verlegt werden.

Für die gegenseitige Isolation der Ankerspulen oder Ankerstäbe ist die Spannungsdifferenz zwischen denselben in Betracht zu ziehen.

Bezeichnet

E_s die in einer Spule inducirte *E. M. K.*,

v die Umfangsgeschwindigkeit des Ankers in m,

B die Intensität des magnetischen Feldes im Luftraume in Kraftlinien pro qcm,

l die Länge des inducirten Stabes oder die Eisenbreite der Armatur in cm,

m die Zahl der inducirten Drähte einer Spule (für Ringanker gleich der einfachen, für Trommelanker gleich der doppelten Windungszahl einer Spule),

so ist

$$E_s = 10^{-5} \cdot v \cdot B \cdot l \cdot m.$$

Die Spannungsdifferenz zwischen benachbarten Spulen ist nun bei Ringankern mit Spiralwicklung $= E_s$ und bei Ringankern mit Wellenwicklung

$$= p \cdot E_s,$$

wobei p wieder die halbe Polzahl bedeutet.

Für Trommelanker wird die Spannungsdifferenz viel gröſser, und zwar nahezu gleich der vollen Klemmenspannung, sowohl für Schleifen- als Wellenwicklung. Die gegenseitige Isolation der Spulen ist daher für Trommelanker stärker auszuführen, als für Ringanker; und aus diesem Grunde eignet sich die Ringwicklung besser für Hochspannungsmaschinen als die Trommelwicklung. —

Die Querschnittsformen der Ankerdrähte. Die verschiedenen Wicklungsarten, die gute Ausnützung eines gegebenen Wicklungsraumes, die Gröſse der Stromstärke im Drahte, die Entstehung von Wirbelströmen in massiven Leitern von grossem Querschnitte und andere Gründe führen den Konstrukteur zu verschiedenen Querschnittsformen der Ankerdrähte. In **Fig. 245** sind verschiedene gebräuchliche Querschnittsformen abgebildet.

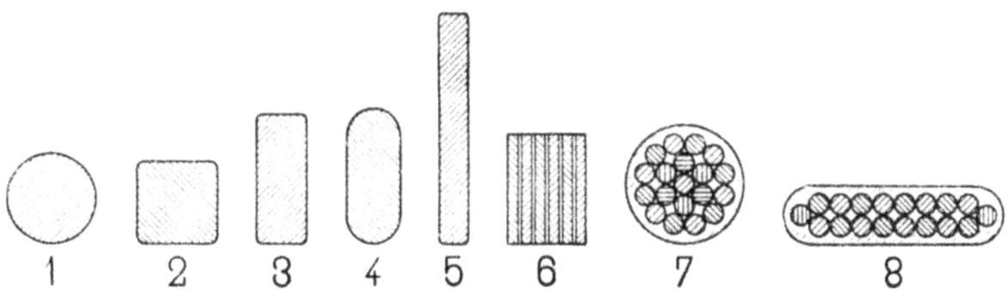

Fig. 245.

Für Drahtwicklungen ist der runde Querschnitt der geeignetste; die Ausführung einer Wicklung mit rundem Draht macht weniger Arbeit, und die Isolation wird weniger gefährdet als bei Verwendung von Flachdraht oder quadratischem Draht.

Für Stabwicklungen werden dagegen meistens rechteckige oder quadratische Stäbe benutzt; namentlich für Nutenanker sind diese Querschnitte geeignet.

In massiven, am Umfange des Eisenkernes liegenden Leitern, wenn dessen Breite gewisse Grenzen überschreitet, werden Wirbelströme inducirt, welche dieselben erwärmen und den Wirkungsgrad der Dynamo, sowie die Belastungsgrenze derselben erniedrigen.

Wenn ein solcher Leiter in das magnetische Feld eintritt oder dasselbe verläſst, so ist die Intensität des magnetischen Feldes nicht über die ganze Breite des Leiters dieselbe, es werden daher einige Theile des Leiters stärker inducirt als andere, und die hierdurch entstehende Differenz der *E. M. Ke.* erzeugt Wirbelströme.

Versuche mit dem glatten Anker einer 75 KW.-Maschine ergaben folgende Resultate:

Stabquerschnitt radiale Höhe	Wattverbrauch der A. F. 75 als Motor leer laufend
3 × 6 mm massiv	54 Amp. × 113 Volt = 6 100 Watt
6 × 6 » gepreſstes Kabel	48 » × 113 » = 5 420 »
6 × 6 » massiv	102 » × 113 » = 11 530 »

Diese Wirbelströme lassen sich vermeiden, bezw. auf ein geringes Maſs erniedrigen, wenn die Ankerleiter aus einzelnen, nur am Ende verbundenen Streifen (No. 6 Fig. 245) oder aus Kabeln (Nr. 7 und 8 Fig. 245) bestehen; letztere lassen sich in flache und quadratische Querschnittsform walzen. — Die leichte Oxydschicht der einzelnen Streifen oder Drähte giebt einen genügenden Widerstand gegen die Entstehung der Wirbelströme.

Eine starke Abrundung der Polecken, wodurch eine allmähliche Zu- und Abnahme der Feldstärke herbeigeführt wird, vermindert ebenfalls die Verluste durch Wirbelströme.

Bei gut abgerundeten Polecken oder breiten Polschuhen dürfen massive Leiter bis zu 5 mm Breite verwendet werden.

Die Lagerung der Ankerdrähte in Nuten. Liegen die Ankerleiter in Nuten des Ankereisens versenkt oder ganz von Eisen umschlossen, in Löchern desselben, so tritt eine magnetische Schirmwirkung ein, die um so vollkommener ist, je kleiner die magnetische Sättigung der Zähne und je kleiner die Nuten- oder Lochweite ist. Die in die Eisenstege oder Zähne eintretenden Kraftlinien schnellen so rasch von einem Stege zum folgenden hinüber, daſs dieselben keine ungleiche Induktion im Leiter und daher auch keine Wirbelstromverluste veranlassen. Eine vollkommene Schirmwirkung wird jedoch nicht erreicht, ein Theil der Kraftlinien nimmt den Weg durch die Nuten oder Löcher und verursacht Wirbelstromverluste, welche bei groſsem Querschnitte des Leiters, groſser Nutenweite und einer Sättigung der Eisenstege über 16 000 bis 18 000 Linien pro qcm ganz erheblich sind.

Während also die Verminderung der Ankerrückwirkung (vergl. Seite 256) eine hohe Sättigung der Zähne und die Verminderung der Wirbelströme (bei gefrästen Ankern) eine Nutenform von geringer

Oberfläche verlangt, sind für die Schirmwirkung geringe Sättigung und schmale, tiefe Nuten günstig.

Durch die Lagerung der Ankerdrähte in Nuten wird aufserdem eine vorzügliche Befestigung und ein sicheres Mitnehmen derselben erreicht.

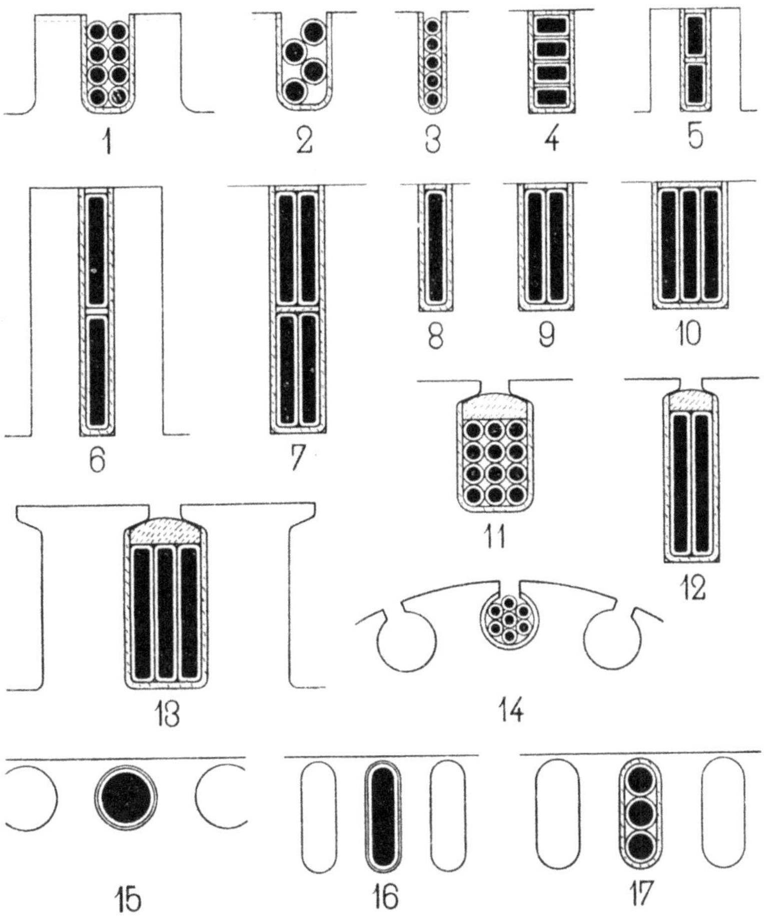

Fig 246.

Die Anordnung der Drähte bei Nutenankern ist eine sehr mannigfaltige; in der **Fig. 246** sind **17** verschiedene solcher Anordnungen aufgezeichnet, sowohl für offene, als halb- und ganzgeschlossene Nuten.

In einer Nut können die Drähte oder Stäbe, welche verschiedenen Spulen angehören, über oder nebeneinander angeordnet werden. Im allgemeinen sollen jedoch bei Ringwicklung nicht mehr als zwei

Spulen und bei Trommelwicklung nicht mehr als vier Spulenseiten in einer Nute liegen, sonst ist eine Funkenbildung am Kollektor zu befürchten.

Infolge der magnetischen Schirmwirkung der Zähne wird auf einen in einer Nut liegenden Draht nur eine sehr kleine Tangentialkraft oder ein kleiner elektromagnetischer Zug ausgeübt[1]). Dieselbe ist

$$= \frac{B_n l \cdot i}{9{,}81 \cdot 10^6} \text{ kg.}$$

Die Induktion B_n in den Nuten ist sehr klein, da der magnetische Kraftflufs zum gröfsten Theile den Zähnen des Ankers folgt. Man kann sich vorstellen, dafs die Kraftlinien mit grofser Geschwindigkeit von einem Zahne zum benachbarten durch den Zwischenraum hinüberschnellen, etwa gleich einem durch seitliche Ausbiegung angespannten und dann freigelassenen elastischen Faden. Bezeichnet v die Umfangsgeschwindigkeit des Ankers, v_n die Geschwindigkeit mit der die Kraftlinien durch den Raum einer Nute hindurchschnellen und B die mittlere Induktion im Luftraume, so ist, da die inducirte $E.\ M.\ K.$ dieselbe bleibt

$$B \cdot l \cdot v = B_n \cdot l \cdot v_n \text{ oder}$$

$$B_n = B \cdot \frac{v}{v_n}.$$

Wäre z. B. $v_n = 1000\,v$, so wäre die auf einen Draht ausgeübte Zugkraft bei dem Nutenanker nur $^1/_{1000}$ derjenigen eines gleich langen glatten Ankers. Die Zugkräfte wären bei derselben inducirten $E.\ M.\ K.$ bezw. derselben Leistung der Maschinen einander gleich, wenn der glatte Anker mit 1000 facher Umfangsgeschwindigkeit rotiren würde. Die elektromagnetischen Zugkräfte werden bei Nutenankern somit hauptsächlich an den Zähnen des Ankers ausgeübt.

Die Anordnung der Ankerdrähte bei glatten Ankern. Ist die Zahl der Drähte, deren Querschnitt und der Armaturdurchmesser bestimmt, so mufs untersucht werden, ob und wie die Drähte am äufsern Armaturumfange und bei der Ringwicklung auch am innern Umfange untergebracht werden können; möglicherweise mufs der Armaturdurchmesser, oder die Drahtzahl und Armaturlänge, oder alle Dimensionen zugleich geändert werden, wenn es nicht möglich ist, durch einen passenden Drahtquerschnitt und eine geeignete Wicklungsart die geforderte Kupfermenge auf der Armatur unterzubringen. Wer Uebung und Erfahrung hat, kommt bald zum richtigen Resultate.

[1]) S. P. Thompson, Mehrphasige elektr. Ströme und Wechselstrommotoren. 1896, S. 31. W. M. Mordey, E. T. Z. 1897, S. 414.

In den **Fig. 247** bis **252** sind zunächst mehrere Anordnungen der Armaturdrähte für g l a t t e T r o m m e l a n k e r angegeben. In Fig. 247 haben wir eine Lage Runddraht. Wird die Zahl der Runddrähte für eine Lage zu viel, aber für zwei Lagen zu wenig, so gelangt man zu einer Wicklung mit Flachdraht, der hochkant gewickelt wird, oder auch zu Quadratdraht (Fig. 248).

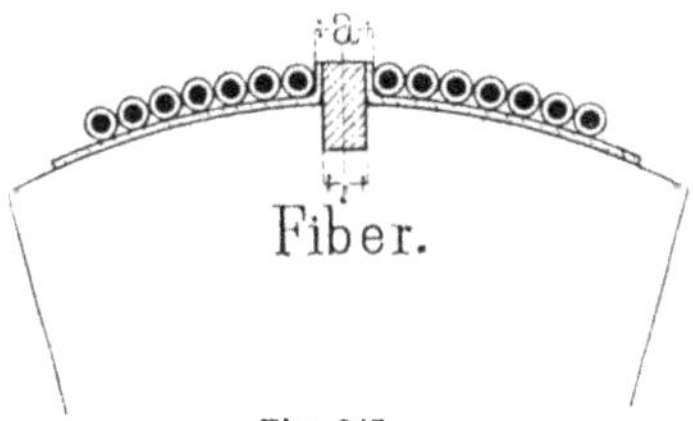

Fig. 247.

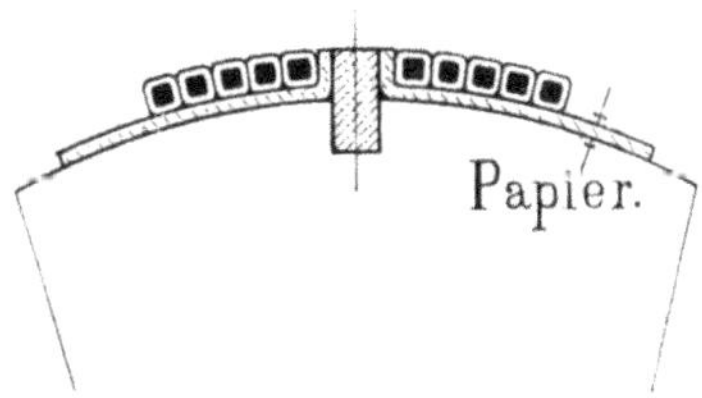

Fig. 248.

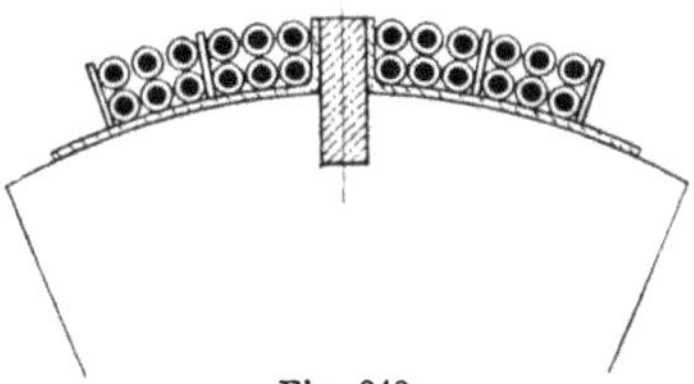

Fig. 249.

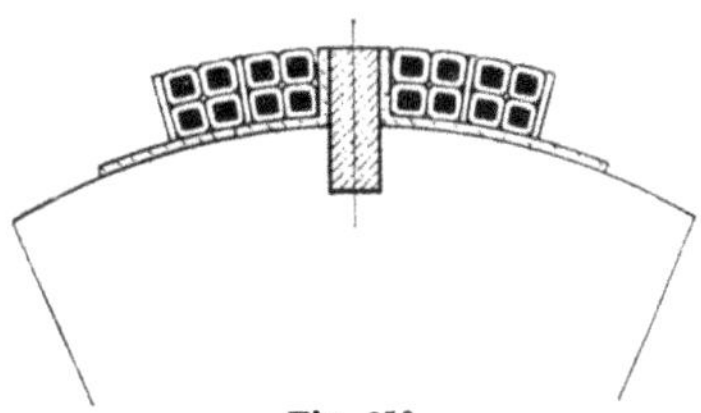

Fig. 250.

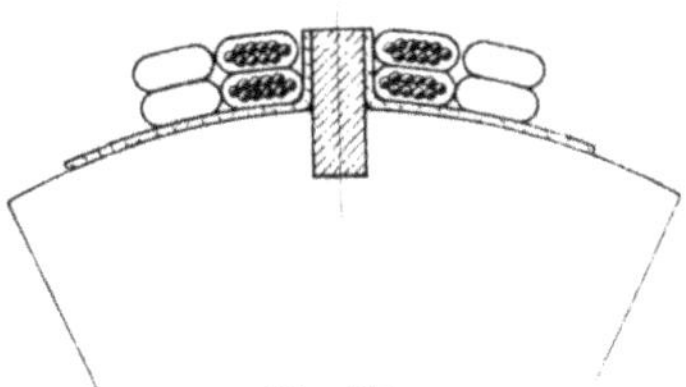

Fig. 251.

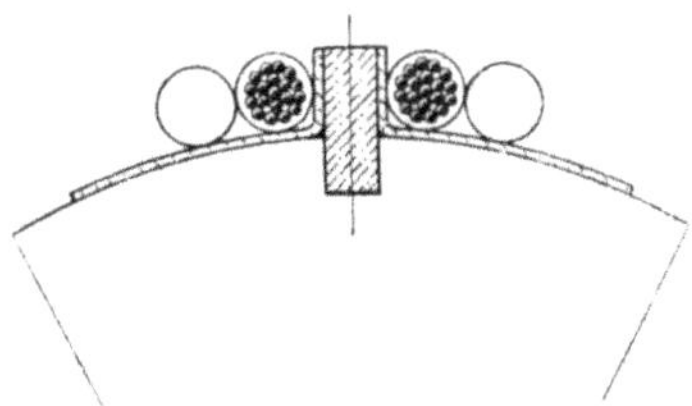

Fig. 252.

In Fig. 249 haben wir zwei Lagen Runddraht, die einzelnen Spulen sind durch Fiberstege voneinander isolirt, und in Fig. 250 zwei Lagen quadratischen Draht. Die Fig. 251 und 252 zeigen Wicklungen mit flachen und runden Kabeln.

Für R i n g a n k e r wird zunächst die Spulenzahl zweckmäfsig als ein Vielfaches der Speichenzahl des Ankersternes gewählt.

Die Zahl der Drahtlagen wird am inneren Umfange gewöhnlich gröfser als am äufsern. In den **Fig. 253** bis **258** sind einige gebräuchliche Anordnungen der Drähte für glatte Ringanker aufgezeichnet. Flachdraht kann, wie in der Fig. 254 angegeben, aufsen hochkant und innen flach gewickelt werden oder umgekehrt, wie Fig. 255 zeigt. In Fig. 258 ist aufsen Runddraht verwendet, an welchem für die inneren

Verbindungen Flachdraht angelöthet wird. Für Maschinen mit hohen Spannungen werden die Drähte einer Spule am innern Umfange in

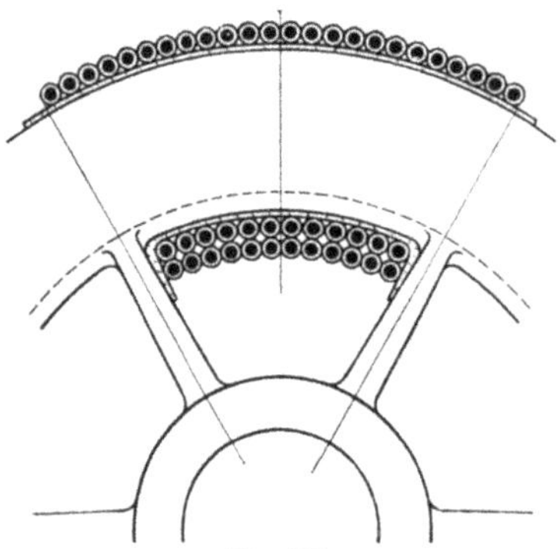

Fig. 253.

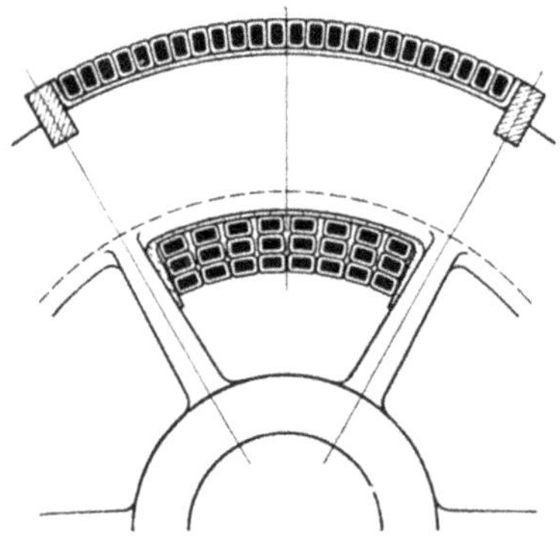

Fig. 254.

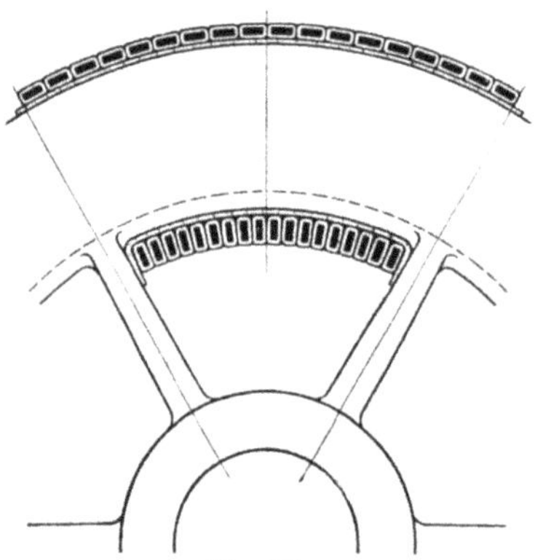

Fig. 255.

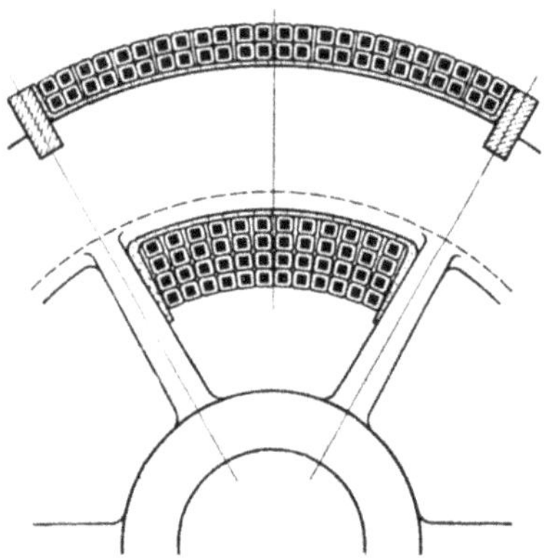

Fig. 256.

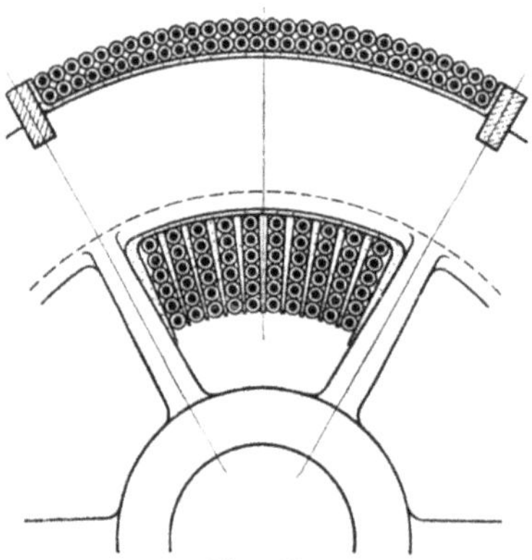

Fig. 257.

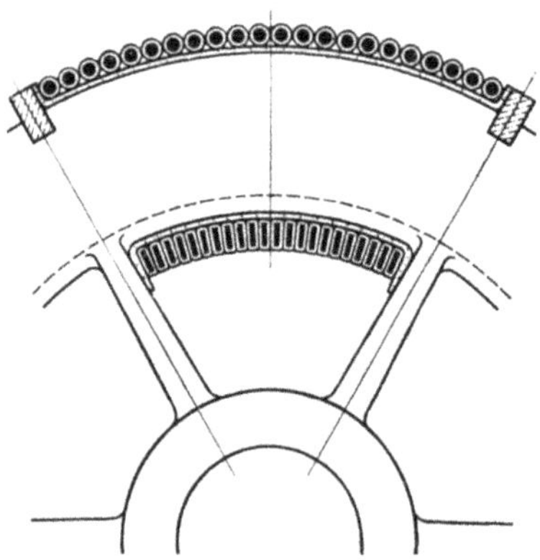

Fig. 258.

besondere, aus Isolirmaterial (Fiber, Baumwolle mit Glimmereinlage etc.) hergestellte Kanäle gewickelt.

Die Drahtbänder. Nachdem die Wicklung des Ankers fertiggestellt ist, mufs bei Ring- und Trommelankern die Wicklung gegen die Wirkungen der Centrifugalkraft geschützt werden.

Das geschieht durch Aufwickeln eines über Rollen laufenden und stark angespannten Drahtes zu mehreren Drahtbändern. Nach dem Aufwickeln werden die Drähte eines Bandes untereinander verlöthet. An der Stelle, wo ein Drahtband zu liegen kommt, wird bei Nutenankern der Eisenkern oft auf eine Tiefe von etwa 2 mm abgedreht und zwar bevor die Nuten gefräst werden.

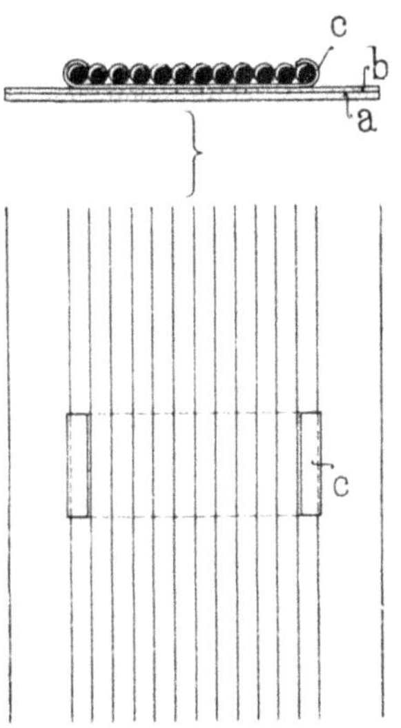

Fig. 259.
Einfaches Drahtband.

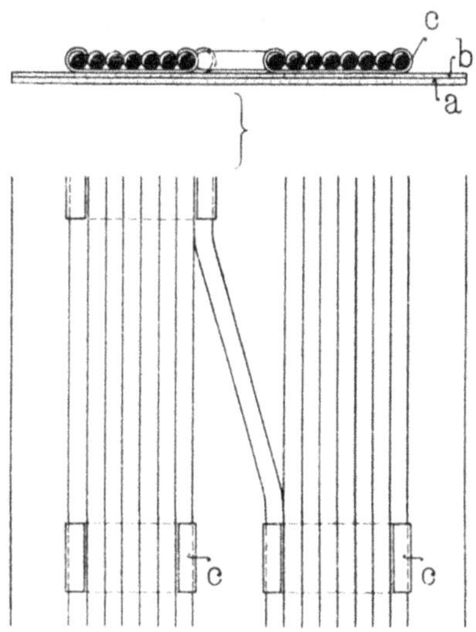

Fig. 260.
Getheiltes Drahtband.

In **Fig. 259** ist ein einfaches und in **Fig. 260** ein doppeltes Drahtband aufgezeichnet. Zunächst wird auf die Wicklung ein Isolirband gelegt, dasselbe kann aus einigen Lagen Baumwollband, Prefsspan etc. bestehen (in den Figuren mit *a* bezeichnet); darüber kommen Streifen (*b*) aus Glimmer, die sich gegenseitig überdecken, zu liegen. Viele Konstrukteure verwenden hierzu nur Glimmer ohne eine Unterlage. Als Bindemittel für diese Theile dient Schellack.

Die Stärke des Isolirbandes und namentlich des Glimmers hängt von der Spannung ab, welche im Anker inducirt wird. Schon um genügende mechanische Festigkeit zu erlangen, wird der Glimmer 0,3 bis 0,6 mm stark gewählt; letztere Stärke kann für Spannungen bis 500 Volt genügen.

Auf das so hergestellte Isolirband wird nun das Drahtband gewickelt. Hierzu wird zäher Draht, von hoher Zugfestigkeit, wie Messingdraht, Siliciumbroncedraht oder Stahldraht von 0,8 bis 1,6 mm Durchmesser verwendet.

Die Breite eines einfachen Drahtbandes soll nicht über 2 cm oder besser nicht über 1,6 cm betragen, weil sich dasselbe sonst durch Wirbelströme stark erwärmen kann; auch mufs wegen der Isolation das Drahtband schmäler sein als das Isolirband.

Die Drähte werden zweckmäfsig an mehreren Stellen des Umfanges, etwa in Abständen von 20 bis 30 cm, durch Messingbleche *c* zusammengehalten und ringsum miteinander verlöthet.

Es können auch sog. Doppelbänder gewickelt werden, wie Fig. 260 zeigt. Nachdem eine Breite von 1,6 cm erreicht ist, läfst man den Draht etwa um 0,5 bis 1 cm schräg herüberlaufen und wickelt das zweite Band.

Die Berechnung der Drahtbänder. Durch die Centrifugalkraft der rotirenden Kupferleiter wird auf die Drahtbänder ein tangentialer Zug ausgeübt. Um den tangentialen Zug zu berechnen, bezeichnen wir mit

N die am Umfang des Ankers gezählte Drahtzahl,
q den Querschnitt eines Drahtes in qmm,
l die axiale Länge desselben in cm,
D den Ankerdurchmesser in cm,
γ das specifische Gewicht des Kupfers,
g = 9,81 die Beschleunigung der Schwere,
v die Umfangsgeschwindigkeit in m pro Sek.

Der tangentiale Zug, welcher im Querschnitte sämmtlicher Drahtbänder auftritt, ist dann

$$T = \frac{\gamma}{1000 \cdot g} \cdot \frac{N \cdot q \cdot l}{\pi \cdot D} \cdot v^2.$$

Da γ ungefähr = 9, wird

$$T = \frac{N \cdot q \cdot l}{3100\, D} \cdot v^2.$$

Bei der Ermittlung von T ist nur diejenige Länge der Armaturdrähte zu berücksichtigen, deren Centrifugalkraft von andern Konstruktionstheilen der Armatur nicht aufgenommen wird.

Bezeichnet nun ferner S_z die zulässige Beanspruchung des Bindedrahtes auf Zug pro qcm und Q den erforderlichen totalen Drahtquerschnitt in qcm, so wird

$$Q = \frac{T}{S_z} = \frac{N \cdot q \cdot l}{3100\, D} \cdot \frac{v^2}{S_z}$$

Die Bruchbelastung in kg pro qcm für verschiedene Drahtsorten ist in der nachfolgenden, dem Taschenbuch »Hütte« entnommenen Tabelle angegeben:

Tiegelflufsstahldraht	12000
Bessemerstahldraht, blank	6500
» geglüht . . .	4500
Broncedraht	6500 bis 8500
Höpermetalldraht	8000 » 9000
Deltametalldraht	bis 9800
Messingdraht	5000
Duranadraht	8000

Beispiel. Es sei

$$v = 20 \text{ m}, \quad l = 36 \text{ cm}, \quad N = 200,$$
$$D = 52 \text{ cm}, \quad q = 35 \text{ qmm}.$$

Der tangentiale Zug der Drahtbänder wird

$$T = \frac{200 \cdot 35 \cdot 36}{3100 \cdot 52} \cdot 20^2 = 625 \text{ kg}.$$

Mit achtfacher Sicherheit und Anwendung von Broncedraht wird S_z etwa $= 800$ und der Querschnitt aller Drahtbänder

$$Q = \frac{625}{800} = 0{,}78 \text{ qcm} = 78 \text{ qmm}.$$

Der Durchmesser des Bindedrahtes sei 1,2 mm. Die Zahl der Bindedrähte wird

$$\frac{78}{1{,}13} = 70,$$

welche etwa 5 Bänder von je 14 Drähten ergeben.

Bei grofsen Umfangsgeschwindigkeiten und grofsen Kupfermengen ist eine Berechnung der Beanspruchung der Drahtbänder unerläfslich.

Bei Ankern mit halbgeschlossenen Nuten können die Drähte durch Fiberkeile festgehalten werden, wie das in Fig. 246 bei 11, 12 und 13 angegeben ist. Diese Konstruktion ist bei Maschinen der ehemaligen Thomson-Houston-Co. und bei den Ankern für Trammotoren der Maschinenfabrik Oerlikon zu finden.

Befestigung der Ankerdrähte ohne Drahtbänder. Wenn der Ankerdurchmesser etwa 200 bis 250 cm übersteigt, ist eine Befestigung der Drähte mittelst Drahtbänder nicht mehr gut möglich, weil das Band bei seiner grofsen Länge leicht locker wird. Aufserdem ist es sehr zeitraubend, bei allfälligen Reparaturen die Bänder entfernen und wieder herstellen zu müssen. — In solchen Fällen können die Drähte in halbgeschlossenen Nuten mittelst Fiber- oder Holzkeilen festgehalten werden; diese Konstruktion ist bei dem Anker des A. E.-G. Berlin von 260 cm Durchmesser Taf. X zu finden. Zwei interessante Konstruktionen wendet die Maschinenfabrik Oerlikon in solchen Fällen an, welche bei den Fig. 361 und 363 näher beschrieben sind.

Der Kollektor wird entweder schon während der Herstellung der Wicklung mit dieser verbunden, oder diese Verbindung erfolgt erst nach Fertigstellung der Wicklung und der Drahtbänder. Die Konstruktion des Kollektors und die verschiedenen Verbindungsarten mit der Wicklung werden in einem spätern Abschnitte behandelt.

Das Verkleiden des Ankers. In manchen Fällen, z. B. für Strafsenbahnmotoren, wo die Wicklung gegen das Eindringen von Staub und Feuchtigkeit geschützt werden mufs, oder wenn das Eindringen von Kupferstaub auf der Kollektorseite verhindert werden soll, bedarf der Anker noch einer besonderen Verkleidung.

Die Wicklung am Umfange des Ankers kann zu dem Zwecke mit einem isolirenden Anstrich versehen werden. Liegen die Ankerleiter zwischen den Zähnen des Ankers versenkt, wie in Fig. 246 (Nr. 11, 12 und 13) angegeben, so kann durch Fiberleisten ein genügend dichter Abschlufs erreicht werden. Die Stirnflächen des Ankers werden mit dichtem, festem Baumwolltuch oder Segeltuch, das noch mit Asphaltlack oder einem andern Anstrich versehen wird, verkleidet. Am Umfange des Ankers und des Kollektors wird das Tuch durch Drahtbänder mit Glimmerunterlage gehalten.

Die Abkühlung der Armatur wird durch eine derartige Verkleidung vermindert. Um die Wicklung vor Kupferstaub zu schützen, was z. B. bei vertikaler Welle mit oben liegendem Kollektor nothwendig wird, begnügt man sich daher mit nur einer Schutzhülle auf der Kollektorseite.

Das Trocknen des Ankers. Nachdem der Anker soweit fertiggestellt ist, wird derselbe mit Schellackfirnis oder Gummilösung bestrichen und in einer Trockenkammer gut ausgetrocknet.

Das Prüfen des Ankers. Während des Bewickelns sind die einzelnen Spulen, die einzelnen Lamellen des Kollektors und nach Fertigstellung die gesammte Wicklung auf Isolation zu prüfen. Bei Untersuchung der einzelnen Spulen ist sowohl die Isolation gegen das Armatureisen als gegen benachbarte Spulen zu prüfen; wenn die Spulen an den Kollektor angeschlossen sind, ist die letztere Prüfung nicht mehr möglich. Um aber doch feststellen zu können, ob ein Kurzschlufs zwischen benachbarten Spulen vorhanden ist, der z. B. beim Verlöthen mit dem Kollektor entstanden sein kann, mufs der Widerstand zwischen je zwei benachbarten Lamellen am ganzen Kollektorumfange gemessen werden. Ist ein Kurzschlufs oder eine schlechte Isolation zwischen einzelnen Spulen vorhanden, so macht sich das in gröfsern Abweichungen der gemessenen Widerstände geltend.

In der Fabrik von Lud. Loewe & Co., Berlin, werden sowohl die einzelnen auf Schablonen hergestellten Spulen, als auch der fertige Anker der Trambahnmotoren auf die 3 bis 4-fache Spannung mittelst Wechselstrom geprüft. Für die Prüfung der einzelnen Spulen dient die in Fig. 261 und für die Prüfung des Ankers die in Fig. 262 dargestellte Anordnung. Die Ankerspulen *S* werden zu sekundären Windungen eines Transformators gemacht. Die obere Hälfte des Apparates in **Fig. 261** und der Bügel in **Fig. 262** sind an einem Waagebalken befestigt, so

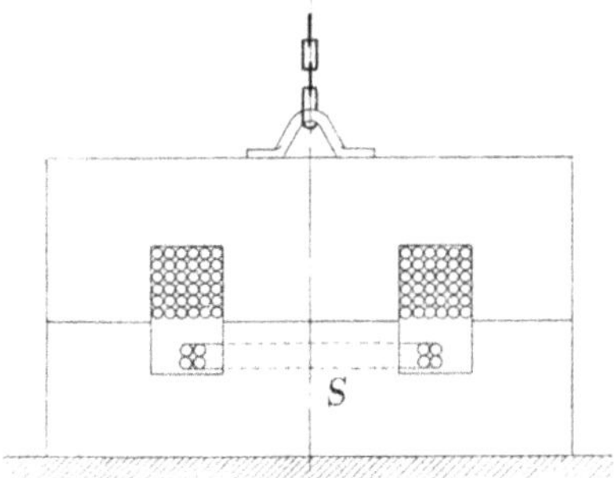

Fig. 261.

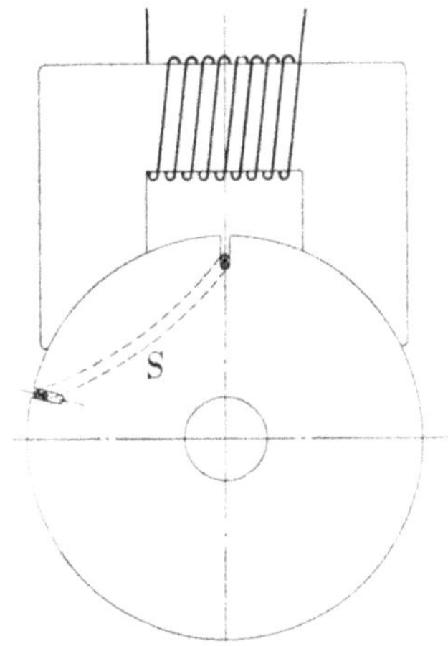

Fig. 262.

dafs jeder dieser Theile leicht abgehoben und eine neue Spule eingelegt bezw. der Anker in eine neue Stellung gedreht werden kann. Zu beobachten ist die primäre Stromstärke; sobald die Isolation einer Ankerspule zerstört wird, steigt dieselbe plötzlich an.

Das Ausbalanciren des Ankers. Die Anker der Dynamomaschinen, welche meistens eine grofse Umfangsgeschwindigkeit haben, und bei denen ein ruhiger Gang schon wegen des funkenfreien Arbeitens der Bürsten am Kollektor sehr wichtig ist, müssen ausbalancirt werden.

Zunächst wird der Ankerkörper ohne Bewicklung ausbalancirt und nach Fertigstellung der Wicklung nochmals geprüft. Die Ausbalancirung erfolgt meistens nur statisch, indem der Anker mit einer Welle auf zwei horizontale Schneiden gelagert und untersucht wird, ob ein Uebergewicht nach einer Seite in irgend einer Lage vorhanden ist. Dieses Uebergewicht wird dann durch Hinzufügen oder Wegnehmen von Material ausgeglichen.

Links- und rechtsgängige Ankerwicklungen. Für die Wirkung einer Dynamo ist es gleichgültig, ob die Ankerwicklung rechts- oder linksgängig ist, aber für die Auswechslung einer Armatur gegen eine zweite Reservearmatur ist es nothwendig, dafs die beiden Armaturen einen gleichen Wicklungssinn haben, wenn die Maschine ohne Vertauschung der Drähte, welche zur Magnetwicklung führen, selbsterregend angehen soll.

Die Bezeichnung rechts- und linksgängig ist willkürlich. Denkt man sich vor dem Kollektor stehend, und verfolgt man, von irgend einem Kollektorsegmente ausgehend, die Wicklung derart, dafs bei Ringwicklung zunächst ein auf der inneren Seite des Ringes liegender Draht und bei Trommelwicklungen derjenige Draht, welcher die kürzeste Verbindung zwischen Kollektor und Armaturstab bezw. Armaturumfang bildet, folgt, so heifst die Wicklung rechtsgängig, wenn wir am Anker im Sinne des Uhrzeigers vorwärts schreiten, und linksgängig, wenn wir in dem Uhrzeiger entgegengesetzten Sinne uns bewegen.

Bei dem Befolgen dieser Regel finden wir, dafs der in Fig. 263 dargestellte Ringanker rechtsgängige und der in Fig. 264 dargestellte

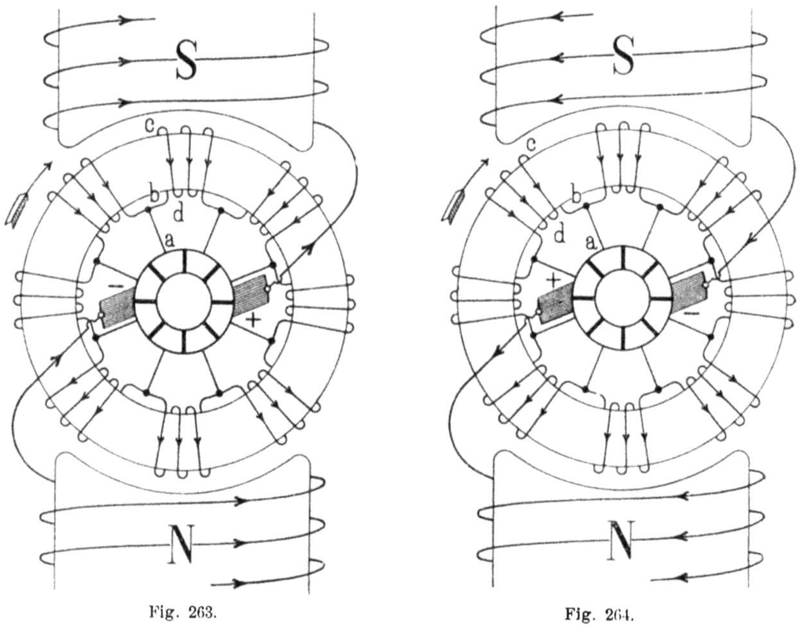

Fig. 263. Fig. 264.

linksgängige Wicklung hat. Die Wicklungsrichtung ist in beiden Figuren mit $a\ b\ c\ d$ bezeichnet.

Für die in Fig. 76 abgebildete Trommelwicklung erhalten wir den Wicklungssinn a—1—1′—b—2—2′—c u. s. f., dieselbe ist somit rechtsgängig. Die Fig. 78 giebt eine linksgängige Wicklung. Für Fig. 79 ist der Wicklungssinn unbestimmt, denn die Entfernung $a\,1$ und

$a8'$ u. s. f. der Kollektorlamellen von dem Armaturumfange sind gleich grofs.

Denken wir uns nun, eine Dynamomaschine (Fig. 263) sei mit einem rechtsgängig gewickelten Anker in Betrieb gesetzt, so erhalten wir in obiger Figur oben einen Südpol und unten einen Nordpol. Wechseln wir nun den Anker gegen einen solchen mit linksgängiger Wicklung aus und verbinden die Bürsten in derselben Weise (Fig. 264) mit der Magnetwicklung wie früher, so wird die Maschine nicht selbsterregend angehen. Wir haben oben einen remanenten Südpol und unten einen remanenten Nordpol, während der im Anker inducirte Strom oben einen Nordpol und unten einen Südpol zu erregen sucht. Um ein Angehen der Maschine zu erreichen, müfste sie entweder umpolarisirt werden, oder die Verbindungen der Bürsten mit der Magnetwicklung sind zu vertauschen, oder es ist die Drehrichtung des Ankers umzukehren.

Um diesen Umständlichkeiten zu entgehen, ist es zweckmäfsig, in einer Fabrik die Regel aufzustellen, entweder nur rechtsgängige oder nur linksgängige Wicklungen auszuführen.

Für Trommelanker mit unbestimmtem Wicklungssinne, wohin sämmtliche Stabwicklungen mit symmetrischen Abkröpfungen der Stäbe oder symmetrisch gebogenen Verbindungsgabeln gehören, ist die Lage der positiven und negativen Bürste unabhängig von der Wicklungsrichtung und der Drehrichtung des Ankers.

Die Konstruktion des Kollektors.

Der Kollektor ist einer beständigen und unter ungünstigen Verhältnissen einer raschen Abnutzung unterworfen, unter günstigen Betriebsverhältnissen, d. h. bei funkenfreiem Gange und richtiger Wahl des Materials der Lamellen und der Bürsten kann er aber viele Jahre halten.

Das funkenfreie Arbeiten eines Kollektors hängt im wesentlichen von der Konstruktion der Dynamo ab, aber die Konstruktion des Kollektors selbst ist ebenfalls von Bedeutung. Hierbei kommt besonders die Zahl und das Material der Lamellen, die Isolation der einzelnen Lamellen gegen einander, die Isolation des ganzen Kollektors gegen die Kollektorbüchse und die Befestigung der Lamellen in Betracht.

Die Zahl der Lamellen. Die Zahl der am Kollektorumfange auftretenden Pole oder die Zahl der möglichen Bürstenlagen ist unabhängig von der Art der Ankerwicklung, d. h. sowohl für Reihen- als Parallelschaltung stets gleich der Polzahl der Maschine ($= 2p$). Ist daher die Klemmenspannung oder die Spannung zwischen zwei benachbarten Bürsten $= E$ und die Zahl der Kollektorlamellen $= k$, so wird die Spannungsdifferenz zwischen zwei benachbarten Lamellen

$$= \frac{2\,p\,E}{k}.$$

Diese Spannungsdifferenz mufs so klein sein, dafs das Bestehen eines Lichtbogens zwischen zwei Lamellen, nachdem dieselben den Kurzschlufs verlassen haben, unmöglich ist. Hierbei kommt nicht nur die Spannungsdifferenz, sondern auch die Stromstärke J, welche eine Lamelle führt, in Betracht.

Für Stromstärken von 1—100 Amp. soll

$$\frac{2\,p\,E}{k} \leqq 45 - 0{,}2\,J \text{ Volt}$$

sein, für Stromstärken über 100 Amp. sei

$$\frac{2\,p\,E}{k} \leqq 20 \text{ bis } 25 \text{ Volt.}$$

Das Entstehen von Lichtbogen, die einen momentanen Kurzschlufs von Bürste zu Bürste unter heftigem Knall veranlassen können, ist nur bei Hochspannungsmaschinen zu befürchten, und nur bei diesen kommen die gegebenen Regeln zur Anwendung.

Die Gröfse der Lamellenzahl ergiebt sich annähernd aus der Formel

$$k = c \cdot N \cdot \sqrt{i},$$

worin c eine Konstante, welche von dem Typus der Maschine abhängt, N die Drahtzahl am Umfange der Armatur und i die Stromstärke pro Armaturstromzweig bedeutet.

Ich habe diese Formel an vielen ausgeführten Armaturen innerhalb weiter Grenzen geprüft und gefunden, dafs man im Mittel etwa setzen darf

$$k \geqq 0{,}04 \text{ bis } 0{,}037 \cdot N \cdot \sqrt{i}.$$

Nur bei wenigen Ankern fand ich kleinere Lamellenzahlen, öfters jedoch bedeutend gröfsere. Im allgemeinen soll die Lamellenzahl so grofs als möglich gewählt werden.

Da bei Trommelankern mit Stabwicklung $k = \frac{N}{2}$, so ergiebt sich die Bedingung

$$i_{max.} \leqq 150 \text{ bis } 180 \text{ Amp.}$$

Thatsächlich werden diese Werthe nur selten überschritten.

Die Zahl der Lamellen wird durch den Kollektordurchmesser, welcher jedenfalls den Armaturdurchmesser nicht überschreiten soll, und durch die kleinste zulässige Stärke der Lamellen, die etwa 5 bis 6 mm beträgt, beschränkt. Diese Grenze wird jedoch nur in Ausnahmefällen erreicht, auch ist der Kollektordurchmesser meistens erheblich kleiner als der Ankerdurchmesser.

Die Zahl der Kollektorlamellen mufs ferner so gewählt werden, dafs auf jede Lamelle eine bestimmte Zahl von Armaturwindungen fällt, und dabei ist zu beachten, dafs bei Ringwicklung ein Draht und bei Trommelwicklung zwei Drähte am Umfange des Ankers zu einer Windung gehören.

Es ist zwar nicht erforderlich, dafs an jede Lamelle gleich viel Windungen angeschlossen werden. Unter Umständen ist es schwierig, die gewünschte Lamellenzahl auch nur annäherd zu erhalten, wenn man die Windungszahl gleichmäfsig auf alle Lamellen vertheilen will, und man ist genöthigt, eine andere Vertheilung vorzunehmen.

Soll z. B. ein Trommelanker 192 Armaturdrähte oder 96 Windungen erhalten, so können diese Windungen, wie folgt, an den Kollektor angeschlossen werden:

Lamelle Nr.	1	2	3	4	5	6	Zahl der Lamellen
Windungen pro Lamelle	1	1	1	1	1	1	96
oder	2	1	2	1	2	1	64
oder	2	2	2	2	2	2	48
oder	3	3	3	3	3	3	32.

Es ist nun möglich, dafs 96 Lamellen zu viel und 48 zu wenig sind, so dafs man sich zu der ungleichen Vertheilung der Windungen auf 64 Lamellen entschliefsen mufs.

Das Material und die Gestalt der Lamellen. Die Lamellen werden entweder aus stark kupferhaltiger Phosphorbronce gegossen, aus Kupferbarren in Gesenke geschmiedet oder aus gezogenem, hartem Profilkupfer ausgesägt oder ausgestanzt.

In allen Fällen mufs das Material sehr homogen sein und sämmtliche Lamellen eines Kollektors müssen gleiche Härte haben.

Verschiedene Formen von Lamellen sind aus den folgenden Figuren ersichtlich. Der Winkel α (Fig. 265) unter welchem die Kollektorbüchse die Lamellen fafst, soll 30^0 bis 45^0 betragen.

Die Stärke der Lamellen richtet sich nach der Stärke der Armaturleiter und dem Durchmesser des Kollektors. Wenn möglich, geht man nicht unter eine Stärke von 8 bis 10 mm.

Die Breite des Kollektors und die Gröfse der Kontaktfläche der Bürsten. Die Breite des Kollektors wird durch die Zahl und Breite der Bürsten bestimmt. Um die Breite der Bürsten zu berechnen, ermittelt man zunächst die Gröfse der Berührungsflächen, welche erforderlich ist, um ein übermäfsiges Erwärmen der Bürsten zu vermeiden.

Für Metallbürsten darf die Stromstärke pro qcm Berührungsfläche 25 bis 35 Amp. und für Kohlenbürsten 5 bis 10 Amp. betragen. Bezeichnet q die Berührungsfläche in qcm und J die Stromstärke der

Maschine bei **maximaler** Belastung, so wird die Kontaktfläche aller positiven oder aller negativen Bürsten

$$q > \frac{J}{25} \text{ bis } \frac{J}{35} \text{ für Metallbürsten,}$$

$$q = \frac{J}{5} \text{ bis } \frac{J}{10} \text{ » Kohlenbürsten.}$$

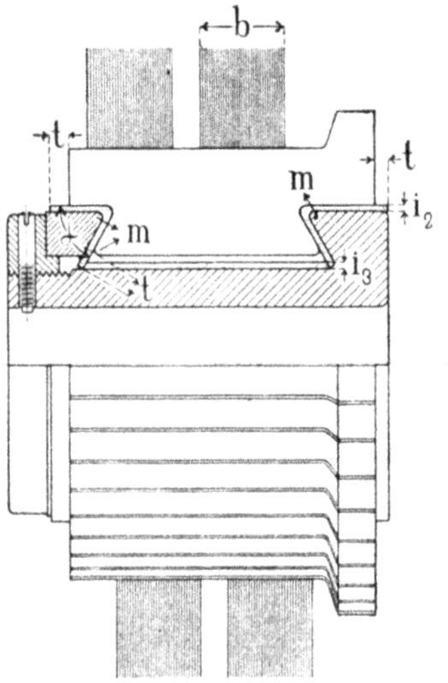

Fig. 265.

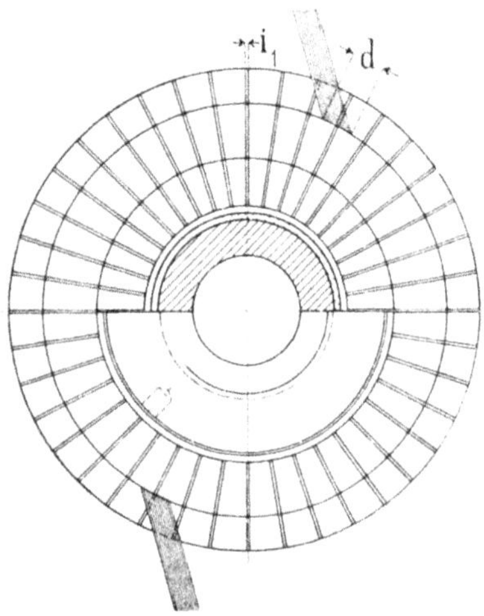

Fig. 266.

Bei Kohlenbürsten kann q um so kleiner gewählt werden, je besser leitend die verwendete Kohle ist und je gröfser die Abkühlungsfläche der Kohle im Verhältnifs zu deren Querschnitt ist. Für gut leitende Kohlen, welche z. B. aus bleistiftstarken Kohlenstiften zusammengesetzt sind, oder aus Platten bis etwa 1 cm Dicke bestehen, und die mit dem Metalle des Bürstenhalters einen guten Kontakt haben, kann für die maximale Belastung der Maschine $q = \frac{J}{10}$ bis $\frac{J}{13}$ gewählt werden.

Für **kupferplattirte Kohlenbürsten** ergeben sich Werthe von q, die zwischen den angegebenen Werthen liegen.

Bezeichnet (Fig. 265) b die Breite und d die Stärke der Bürste an der Berührungsstelle in cm, so ergiebt sich die Summe der Bürstenbreiten

$$\Sigma b = \frac{q}{d}.$$

Die üblichen Bürstenbreiten für gröfsere Stromstärken betragen 3 bis 5 cm für Kupferbürsten und 2 bis 4 cm für Kohlenbürsten, woraus sich die Zahl der Bürsten bestimmen läfst. Auch für kleine Stromstärken werden zweckmäfsig zwei nebeneinanderliegende schmale Bürsten verwendet, obwohl die Berührungsfläche dann sehr reichlich ausfällt. Um eine ungleiche Abnützung der Fläche des Kollektors zu vermeiden, werden die Bürsten so gegeneinander versetzt, wie in Fig. 265 angegeben ist, so dafs die Lücke, welche zwei benachbarte Bürsten offen lassen, durch die in der Drehrichtung folgenden Bürsten gedeckt werden. —

Die Breite des Kollektors ist von der Bürstenzahl, aber auch vom Durchmesser und der zulässigen Temperaturerhöhung abhängig. Je gröfser der Durchmesser, desto stärker werden die Kollektorlamellen, und desto gröfser kann die Auflagebreite d der Bürsten gewählt werden. Durchschnittlich kann d das $1^1/_2$ bis 3 fache der Lamellenstärke sein. Der Einflufs der Temperaturerhöhung wird im Nachfolgenden erörtert werden.

Die am Kollektor auftretenden Effektverluste.

Am Kollektor treten eine Reihe von Verlusten auf, welche eine Erwärmung und Abnützung desselben veranlassen und deshalb von Einflufs auf die Konstruktion desselben sind. Wir unterscheiden

1. den Uebergangsverlust $2J^2R_u$ bei konstanter Stromdichte unter den Bürsten[1]). (Nach Gl. 37a Seite 185).
2. den zusätzlichen Verlust infolge ungleicher Stromdichte unter den Bürsten.
3. den Verlust durch Wirbelströme.
4. den Verlust durch mechanische Reibung.

Die Gröfse des Kontaktwiderstandes zwischen Kollektor und Bürste. Der Verfasser hat zur Bestimmung des Widerstandes R_u Versuche angestellt, deren Resultate in den Fig. 267 bis 271 dargestellt sind.

Zu dem Versuche diente eine Maschine der Allg. Elektricitätsgesellschaft von 110 Volt 100 Amp. normaler Leistung bei 855 Touren. Der Kollektordurchmesser dieser Maschine beträgt 15,6 cm, die Lamellenzahl 48. Auf einen Bürstenstift wurde ein Stabilitrohr geschoben und zwei Bürstenhalter auf diesen Stift gesetzt. Der Uebergangswiderstand dieser zwei von einander isolirten Bürsten konnte nun durch Strom- und Spannmaafsmessungen ermittelt werden.

1. **Versuche mit Kohlenbürsten.** Der Kollektor war vor dem ersten Versuche längere Zeit im Betriebe gewesen und hatte eine dunkelbraune Farbe. Die Fläche einer Bürste betrug $1,5 \times 2 = 3$ qcm. Für eine gute Auflage der ganzen Bürstenfläche wurde Sorge getragen.

[1]) J bedeutet hier die gesammte Stromstärke der Maschine, R_u den Uebergangswiderstand aller positiven oder aller negativen Bürsten.

Der Kontaktwiderstand ist abhängig von dem Auflagedruck, der Tourenzahl bezw. der Umfangsgeschwindigkeit des Kollektors, der Stromdichte und der Oberflächen-Beschaffenheit der Bürsten und des Kollektors. Aufserdem werden die Lamellenzahl, das Gewicht und die Federung der Bürstenhalter, die Vibration der Maschine, das Unrundlaufen des Kollektors von Einflufs auf den Kontaktwiderstand sein.

Die Ergebnisse des ersten Versuches sind in den **Fig. 267** und **268** graphisch dargestellt.

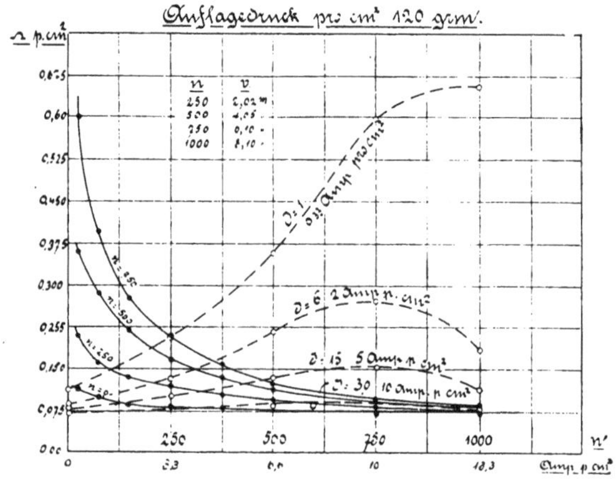

Fig. 267.

Abhängigkeit des Kontaktwiderstandes von Kohlenbürsten von der Stromdichte bei verschiedenen Tourenzahlen (Kurven links) und Abhängigkeit des Kontaktwiderstandes von der Tourenzahl bei verschiedenen Stromdichten (Kurven rechts). Der Kollektor hat eine braune Farbe.

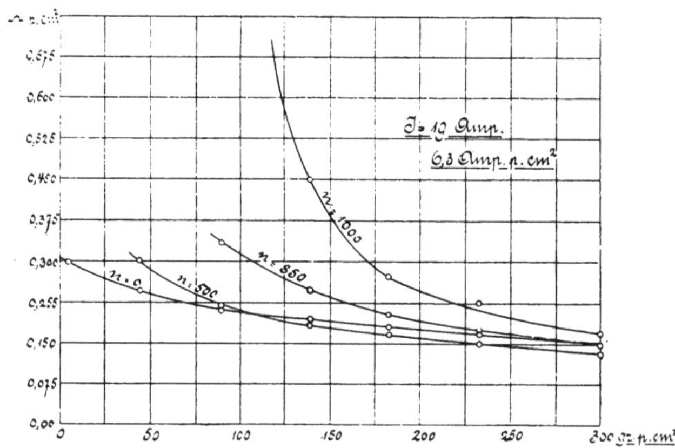

Fig. 268.

Abhängigkeit des Kontaktwiderstandes von Kohlenbürsten von dem Auflagedruck bei verschiedenen Tourenzahlen und konstanter Stromdichte von 6,3 Amp. pro qcm.

Die ausgezogenen Kurven (267) geben uns für verschiedene Tourenzahlen die Abhängigkeit des Widerstandes von der Stromdichte, und die punktirten Kurven die Abhängigkeit des Widerstandes von der Tourenzahl für verschiedene Stromdichten, während Fig. 268 die Abhängigkeit des Kontaktwiderstandes vom Auflagedruck für verschiedene Tourenzahlen veranschaulicht.

Der Kontaktwiderstand ist unter den Versuchsbedingungen der Fig. 268 erheblich gröfser als in Fig. 267. Durch die Aenderung

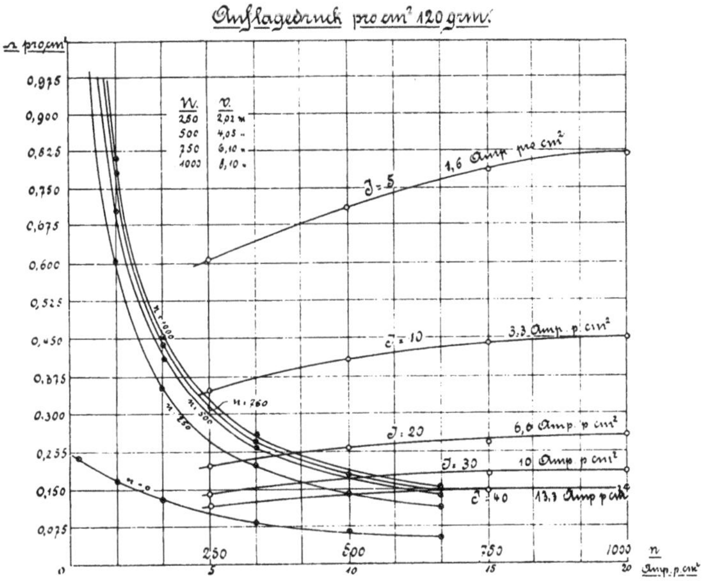

Fig. 269.

Abhängigkeit des Kontaktwiderstandes von Kohlenbürsten von der Stromdichte bei verschiedenen Tourenzahlen (Kurven links) und Abhängigkeit des Kontaktwiderstandes von der Tourenzahl bei verschiedenen Stromdichten (Kurven rechts). Der Kollektor ist polirt und leicht geölt.

des Auflagedruckes ist die Stellung der Bürsten verändert und damit die Güte des Kontaktes offenbar geschädigt worden, während bei dem Versuche 267 durch mehrstündiges Laufen der Dynamo bei konstantem Auflagedruck ein sehr guter Kontakt erreicht wurde.

Die Versuche ergeben die interessante Thatsache, dafs der Kontaktwiderstand, namentlich bei den gröfsern Umfangsgeschwindigkeiten mit zunehmender Stromdichte rasch abnimmt. Diese Abnahme läfst sich nicht auf die Erwärmung der Kohlen zurückführen, weil die Temperatur derselben mit zunehmender Tourenzahl wegen der besseren Kühlung eher abnimmt als zunimmt.

Jedenfalls verursachen Kohlentheilchen, die bei höherer Temperatur leichter abgeschliffen werden, einen innigern Kontakt; denn bekanntlich tritt bei hohen Stromdichten leicht ein Schwarzwerden des Kollektors ein. Für diese Annahme spricht auch der Versuch mit glatt polirtem Kollektor, der höhere Kontaktwiderstände ergiebt.

Bei konstanter Stromdichte nimmt der Widerstand mit der Tourenzahl erst zu und dann wieder ab. Für 2 und 5 Amp. pro qcm erreicht z. B. der Widerstand (Fig. 267) bei ca. 750 Touren ein Maximum. Es wird das damit zusammenhängen, dafs für diese Tourenzahl das Verhältnifs zwischen der Eigenschwingungszahl der Bürsten und der Zahl der von den Lamellen ausgeübten Stöfse ein besonders ungünstiges ist. Für 1200 Touren wurden die Vibrationen der Bürsten so stark, dafs genaue Messungen nicht mehr möglich waren.

Nach Beendigung dieser Versuche wurde der Kollektor polirt und mit Lageröl leicht geölt. Sowohl bei ungeöltem als geöltem Kollektor war der Kontaktwiderstand bei demselben konstanten Auflagedrucke von 120 g pro qcm gröfser als bei dem ersten Versuche.

Das Oelen des Kollektors ergab für sich allein eine geringe Widerstandszunahme. Die Versuchsresultate sind in **Fig. 269** aufgezeichnet.

Bei ruhendem Kollektor ändert sich der Widerstand in allen Fällen für verschiedene Stellungen des Kollektors, in den Figuren sind Mittelwerthe eingetragen. Die Bestimmung des Einflusses der Beschaffenheit der Kohle selbst soll einem besonderen Versuche vorbehalten bleiben.

2. **Kupferbürsten.** Die Versuche mit Kupfergazebürsten wurden in derselben Weise, wie oben beschrieben, durchgeführt. Für den konstant gehaltenen Auflagedruck von 125 g pro qcm (die Fläche einer Bürste war 2,75 qcm) giebt **Fig. 270** die Abhängigkeit des Kontaktwiderstandes von der Stromdichte und **Fig. 271** die Abhängigkeit desselben von der Tourenzahl bezw. der Umfangsgeschwindigkeit. Der Widerstand nimmt ebenso wie bei den Kohlenbürsten mit zunehmender Stromdichte ab, jedoch in geringerem Maafse. Für nahezu 250 Touren erreicht derselbe ein Maximum, während dieses Maximum bei den leichtern Kohlenbürsten erst bei ca. 750 Touren eintritt. Die Eigenschwingungszahl der schweren Kupferbürsten ist viel niedriger als die der Kohlenbürsten, die Kupferbürsten können daher den raschen vom Kollektor herrührenden Vibrationen bei hohen Tourenzahlen nicht mehr folgen und bleiben ruhig. Das Gewicht des Kohlenbürstenhalters mit Kohle betrug 195 g dasjenige des Kupferbürstenhalters mit Bürste 685 g.

Nach diesen Versuchen und den weiter unten angeführten Resultaten kann der Kontaktwiderstand von Kohlen für die üblichen Stromdichten von 8 bis 5 Amp. pro qcm und einer Umfangsgeschwindigkeit von 6 bis 12 m zu 0,15 bis 0,25 Ohm pro qcm und für Kupferbürsten für die üblichen Stromdichten zu 0,005 bis 0,015 Ohm pro qcm angenommen werden.

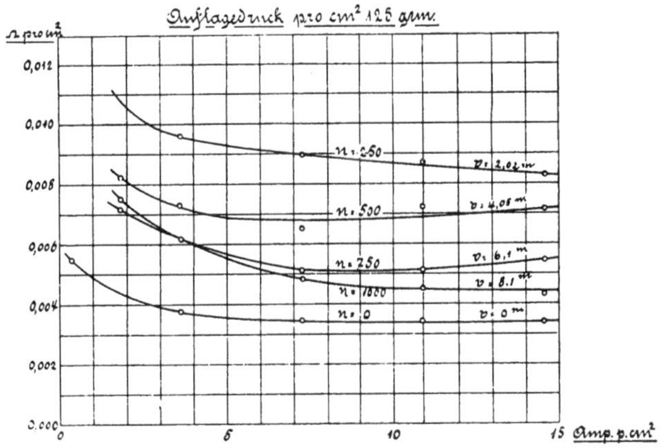

Fig. 270.

Abhängigkeit des Kontaktwiderstandes von Kupfergazebürsten von der Stromdichte bei verschiedenen Tourenzahlen.

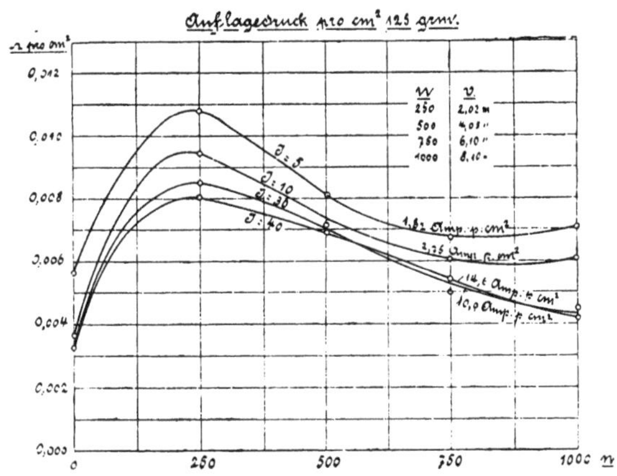

Fig. 271.

Abhängigkeit des Kontaktwiderstandes von Kupfergazebürsten von der Tourenzahl bei verschiedenen Stromdichten.

Aus den auf Seite 255 angeführten Versuchen und den nachfolgenden mir von Herrn G. Dettmar weiter zur Verfügung gestellten Angaben läfst sich der Kontaktwiderstand aus den Uebergangsverlusten berechnen.

Für die untersuchte Körting'sche Motordynamo war

		Motor	Dynamo
Zahl der Bürstenstifte		4	4
Bürsten pro Stift		2	3
Kontaktfläche einer	Kohlenbürste	1,5 × 3 cm	—
	Kupferbürste	—	1,15 × 4 cm
Totale Auflagefläche		36 qcm	55 qcm
Kollektor-Durchmesser		34 cm	34 cm
	Nutzbare Breite	7,5 »	15 »
	Ganze Breite	10,3 »	18 »
Stromstärke		78,3 Amp.	275 Amp.
Uebergangsverlust		150 Watt	125 Watt
Temperaturerhöhung des Kollektors bei Dauerbetrieb		38 °C.	17 °C.
Tourenzahl		522	522
Umfangsgeschwindigkeit des Kollektors		9,3 m	9,3 m

Der Kontaktwiderstand pro qcm ist

$$R_k = \frac{\text{Uebergangsverlust} \times \text{totale Kontaktfläche}}{4 \cdot J^2},$$

für die Kohlenbürsten des Motors wird

$$R_k = \frac{150 \cdot 36}{4 \cdot 78{,}3^2} = 0{,}216 \text{ Ohm},$$

und die Stromdichte

$$s = \frac{78}{18} = 6{,}5 \text{ Amp. pro qcm.}$$

Für die Kupferbürsten der Dynamo

$$R_k = \frac{125 \cdot 55}{4 \cdot 275^2} = 0{,}023 \text{ Ohm},$$

$$s = \frac{275}{27{,}5} = 10 \text{ Amp. pro qcm.}$$

Für die andern in der Tabelle I und II auf Seite 255 angeführten Belastungen und Verluste wird für die

Kohlenbürsten		Kupferbürsten [1]	
$J = 44{,}9$	$R_k = 0{,}17$	$J = 165$	$R_k = 0{,}024$
$J = 36{,}45$	$R_k = 0{,}203$	$J = 115$	$R_k = 0{,}024.$

Der Widerstand in dem Ausdrucke des Verlustes $2\,J^2 R_u$ ist

$$R_u = \frac{2\,R_k}{\text{Totale Kontaktfläche}}.$$

[1]) Der Widerstand der Kupferbürsten ist hier gröſser als bei den Versuchen des Verfassers.

Der zusätzliche Verlust infolge ungleicher Stromdichte unter den Bürsten. Dieser Verlust läfst sich nicht rechnerisch vorausbestimmen. Er kann nur dann in Betracht kommen, wenn die kommutirende *E. M. K.* zu grofs oder zu klein ist, wie aus dem Arbeitsdiagramme der Kurzschlufsperiode Fig. 163 und 164 hervorgeht. Es tritt dann Funkenbildung ein.

Der Verlust durch Wirbelströme. Ein Wirbelstromverlust entsteht in dem Kollektor dadurch, dafs sich die Lamellen in einem stehenden magnetischen Felde bewegen, welches durch den den Bürsten zufliefsenden Strom erzeugt wird. In Fig. 272 ist angenommen, dafs der Strom an vier Stellen fortgeleitet wird; denkt man sich die zu- und abfliefsenden Stromstärken durch die punktirt gezeichnete Resultante ersetzt, so liegen die magnetischen Kraftlinien zum grofsen Theil in der Richtung der Ebenen $a_1 b_1$, $a_2 b_2$, $a_3 b_3$ und $a_4 b_4$; in der Seitenansicht erscheinen dieselben als Ellipsen.

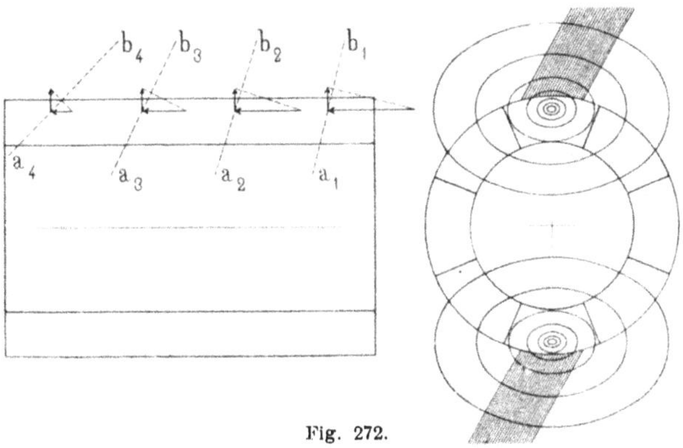

Fig. 272.

Je gröfser die Stromstärke und der Querschnitt der Lamelle wird, desto stärker wird die Erwärmung durch Wirbelströme.

Für Anker mit geringen Spannungen und hohen Stromstärken, wie dieselben z. B. für elektrolytische Zwecke gebaut werden, erhält man wegen der geringen Lamellenzahl und der grofsen Berührungsflächen für die Bürsten sehr grofse Lamellenquerschnitte. Bei solchen Ankern zeigt sich gerne die Erscheinung, dafs der Kollektor sich im Lauf des Betriebes stark erwärmt, während die übrigen Theile des Ankers verhältnifsmäfsig kühl bleiben.

Diese Erwärmung hat zunächst ihren Grund in dem Verluste $2 J^2 R_u$, der in diesem Falle grofs wird, dann aber auch in dem Auftreten von Wirbelströmen.

Die Stromstärke pro Lamelle soll daher, wenn möglich, nicht mehr als etwa 500 Ampère betragen.

Der Verlust durch Reibungsarbeit. Dieser Verlust ergiebt sich aus der Umfangsgeschwindigkeit, dem Auflagedrucke und dem Reibungskoefficienten. Nach den bei obigen Versuchen angestellten Messungen beträgt der normale Auflagedruck pro qcm etwa 80 bis 200 g. Ein Druck von 80 bis 100 g kann als leicht, und ein solcher, der 250 g übersteigt, als kräftig bezeichnet werden. Kohlenbürsten erfordern einen etwas stärkern Druck als Kupferbürsten. Der Reibungskoefficient zwischen Bürste und Kollektor kann, wenn beide in gutem Zustande sind, für Kohlenbürsten zu 0,3 und für Kupferbürsten zu 0,2 angenommen werden.

Bezeichnet P den Auflagedruck aller Bürsten in Kilogramm und ϱ den Reibungskoefficient, so ist der Wattverlust

$$= 9{,}81 \cdot P \cdot v \cdot \varrho.$$

Die Temperaturerhöhung des Kollektors. Bezeichnet W die Summe aller am Kollektor auftretenden Verluste in Watt, A dessen Abkühlungsfläche in qcm, so ergiebt sich dessen Temperaturerhöhung aus der auf Seite 259 gegebenen Formel 59

$$T = \frac{300 \cdot W}{A\,(1 + 0{,}1\,v)}.$$

1. Beispiel. Für die erwähnte Körting'sche Motordynamo war der Reibungsverlust, ein Auflagedruck von 200 g für Kohlenbürsten und 150 g für Kupferbürsten pro qcm vorausgesetzt, beim Motor

$$9{,}81 \cdot 36 \cdot 0{,}20 \cdot 9{,}3 \cdot 0{,}3 = 200 \text{ Watt},$$

beim Generator

$$9{,}81 \cdot 55 \cdot 0{,}15 \cdot 9{,}3 \cdot 0{,}2 = 150 \text{ Watt},$$

Die Abkühlungsfläche beträgt, mit Berücksichtigung der ganzen Kollektorbreite und der vordern freien Stirnfläche der Lamellen, beim Motor 1400 qcm und bei der Dynamo 2400 qcm. Es wird daher unter Berücksichtigung der in der Tabelle Seite 286 angegebenen Uebergangsverluste

$$T_{\text{Motor}} = \frac{300\,(150 + 200)}{1400 \cdot 1{,}93} = 39^0,$$

$$T_{\text{Dynamo}} = \frac{300\,(125 + 150)}{2400 \cdot 1{,}93} = 18^0,$$

während der Versuch 38^0 bezw. 17^0 ergab.

2. Beispiel. Ein vierpoliger Trambahngenerator von 200 KW. 300 Umdrehungen pro Minute giebt bei 500 Volt eine Stromstärke von 400 Amp. Es sind zwei negative und zwei positive Bürstensätze von 22 cm Länge und 1,6 cm Breite vorhanden. Der Kollektordurchmesser beträgt 68 cm, die totale Breite der Lamellen 30 cm. Die Berührungsfläche der Bürsten für 400 Amp. ist $= 2 \cdot 22 \cdot 1{,}6 = 70$ qcm, die Stromdichte $s = 5{,}7$.

Wird $R_k = 0{,}20$ angenommen, so ist

$$R_u = \frac{2 \cdot 0{,}2}{2 \cdot 70} = 0{,}00285 \text{ Ohm}$$

$$2\,J^2 R_u = 2 \cdot 400^2 \cdot 0{,}00285 = 910 \text{ Watt.}$$

Der Reibungsverlust bei 150 g Druck pro qcm, da $v = 10{,}6$ m

$$9{,}81 \cdot 140 \cdot 0{,}15 \cdot 10{,}6 \cdot 0{,}3 = 700 \text{ Watt.}$$

Die Abkühlungsfläche beträgt ca. 7000 qcm und

$$T = \frac{300 \cdot (910 + 700)}{7000 \cdot 2{,}06} = 33{,}5 \text{ C.}$$

Aus diesen Rechnungen geht hervor, dafs die Verluste am Kollektor, namentlich bei Anwendung von Kohlenbürsten nicht unerheblich sind, und dafs es für den Konstrukteur erforderlich ist, insbesondere bei hohen Stromstärken, die Temperaturerhöhung des Kollektors zu berechnen. Die Berechnung zeigt, ob die Dimensionen des Kollektors eine genügende Abkühlungsfläche ergeben oder ob für einen gegebenen Kollektor Kohlenbürsten noch möglich sind, wenn man eine Temperaturerhöhung von 40^0 C. als noch zulässig annimmt.

Die Isolation des Kollektors. Für die seitliche Isolation i_1 (Fig. 265) der Kollektorlamellen wird hauptsächlich Glimmer (Mica), Prefsspan und Asbest verwendet oder auch Prefsspan und Glimmer oder Asbest und Glimmer gemeinschaftlich. — Das beste Material hierzu ist unbedingt weicher Glimmer. Glimmer besitzt die gröfste Isolationsfähigkeit, er ist nicht hygroskopisch, und Kollektoren mit Glimmerisolation können, ohne dafs die Isolation geschädigt wird, im Betriebe von Zeit zu Zeit leicht geschmiert werden, was zur Schonung des Kollektors beiträgt. Für Anker, welche Witterungseinflüssen ausgesetzt sind, wie z. B. Anker von Strafsenbahnmotoren, oder solche, welche in feuchten Räumen betrieben werden, darf nur Glimmer verwendet werden.

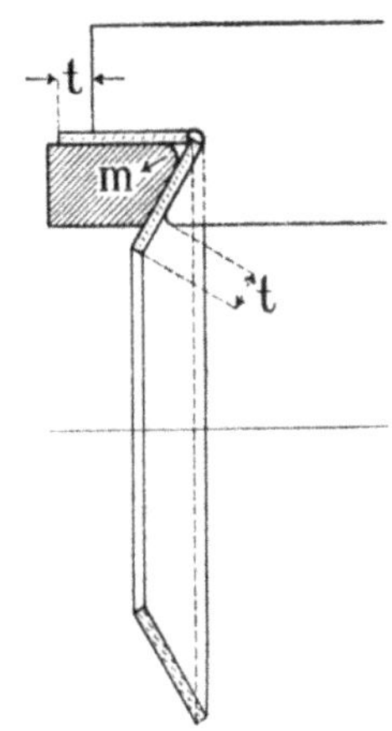

Fig. 273.
Endisolation eines Kollektors.

Der Prefsspan ist billiger als Glimmer und wird für Dynamos, welche in trockenen Räumen aufgestellt werden können, was z. B. für Beleuchtungsmaschinen fast immer zutrifft, vielfach verwendet. Das Gleiche gilt vom Asbest. Viele Fabriken verwenden jedoch für die seitliche Isolation der Lamellen grundsätzlich nur Glimmer.

Besondere Sorgfalt ist der Isolation der Kollektorlamellen gegen die Kollektorbüchse zu widmen, denn hier kommt die volle Spannung der Maschine in Betracht. Diese Isolation i_2 und i_3 (Fig. 265) der Enden und des inneren Umfanges der Lamellen wird aus Papier,

Prefsspan, Asbest und bei Trambahnmotoren und Hochspannungsmaschinen vielfach aus Glimmer oder Micanit hergestellt. In letzterem Falle kann die Endisolation, wie in Fig. 273 dargestellt ist, aus einem cylindrischen und einem kegelförmigen Theil zusammengesetzt werden. Die Micanitfabrikanten liefern jedoch diese Endisolationen auch in einem Stücke.

Die Isolation i_3 am inneren Umfange ist nur dann erforderlich, wenn der Luftabstand der Lamellen von der Kollektorbüchse keine genügende Isolation bietet. Die Stärke der Isolation kann nach den Angaben der folgenden Tabelle bemessen werden.

Für Spannungen bis	i_1 mm	i_2 und i_3 mm
250 Volt	0,5 — 0,8	1,5 — 3
1000 »	0,6 — 1	2,5 — 4
über 1000 Volt	1 — 1,2	3 — 5

Damit die Isolation beim Zusammensetzen des Kollektors nicht beschädigt wird, sind (Fig. 265 u. 273) die Kanten m der Kollektorbüchse gut abzurunden. Die Isolation soll, insbesondere bei Hochspannungsmaschinen, auf allen Seiten um eine Strecke t über die Lamellen vorstehen.

Beispiele von Kollektorkonstruktionen. In den Fig. 274 bis 287 sind 14 verschiedene Konstruktionen von Kollektoren dargestellt, welche zum gröfsten Theil ausgeführten Maschinen entnommen sind, und zwar

Fig. 274, 282 Maschinen der E. A., vorm. Schuckert & Co.,

Fig. 275, 277, 286 Maschinen der Maschinenfabrik Oerlikon,

Fig. 276, 278, 283, 285 Maschinen der E. A. G. vorm. Lahmeyer & Co.,

Fig. 281 einer Maschine von Siemens & Halske,

Fig. 284 einer Maschine von Brown, Boveri & Co.

In Fig. 274, 282, 284, 286 wird der Schlufsring mittels Kopfschrauben angeprefst; derselbe besitzt in allen Fällen eine gute centrische Führung. — Die hintere Verlängerung der Lamellen in Fig. 282 dient zum Einlöthen von Mordeyverbindungen.

In den Fig. 275, 276, 277, 279, 280 ist zum Festschrauben des Kollektors mit der Büchse eine einzige schmiedeiserne Mutter angeordnet. Damit beim Anziehen derselben die Endisolation des Kollektors nicht zerstört wird, ist zwischen Mutter und Kollektor ein schmiedeiserner Ring eingelegt. —

Eine andere Befestigungsart zeigen die Figuren 281, 283 und 285. Hier ist der Prefsring in mehrere Theile zerlegt, die mittels Kopfschrauben befestigt sind.

In Fig. 272 und 274 liegen die Ringsegmente aufsen auf einer halbkreisförmig abgerundeten Kante auf, welche als Führung und als Drehpunkt dient, so dafs ein festes und gleichmäfsiges Anliegen der Segmente erreicht wird. —

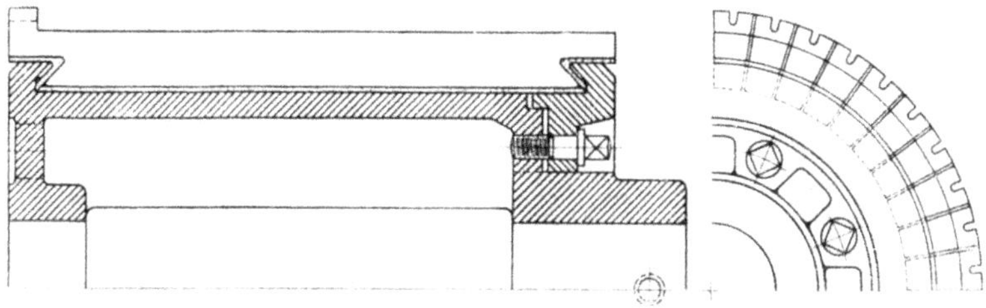

Fig. 274.
E. A.-G. vorm. Schuckert & Co.

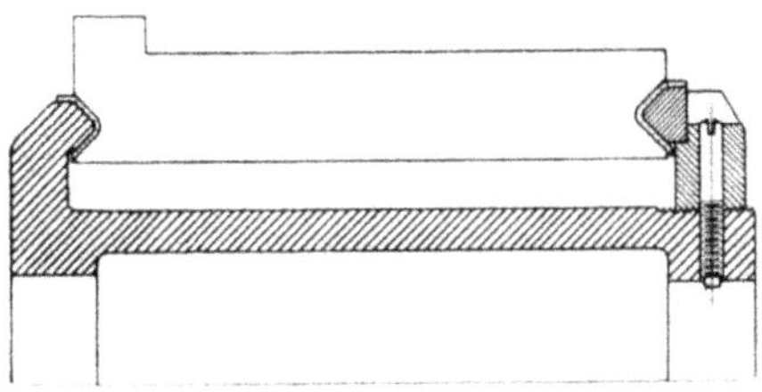

Fig. 275.
Maschinenfabrik Oerlikon.

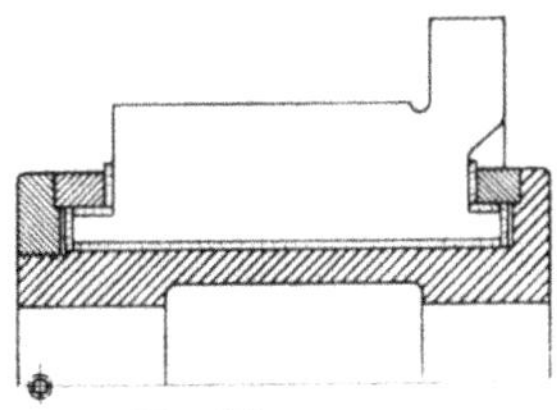

Fig. 276.
E. A.-G. vorm. Lahmeyer & Co.

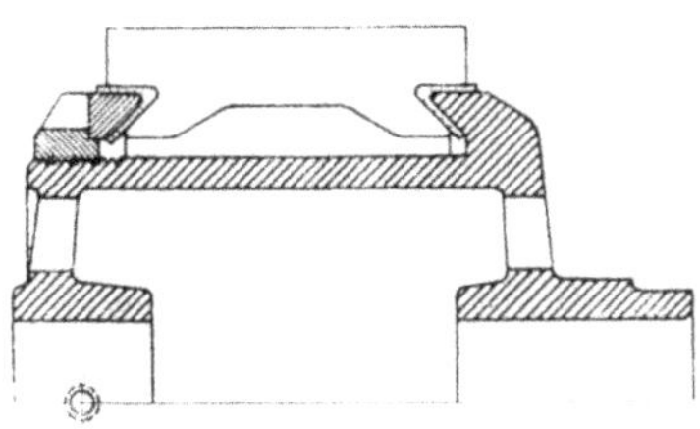

Fig. 277.
Maschinenfabrik Oerlikon.

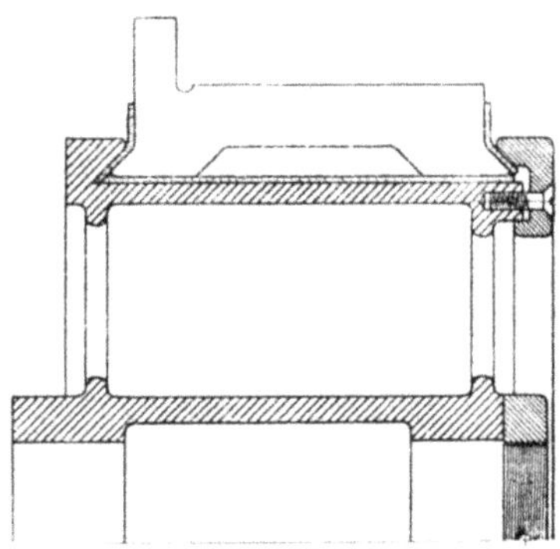

Fig. 278.
E. A.-G. vorm. Lahmeyer & Co.

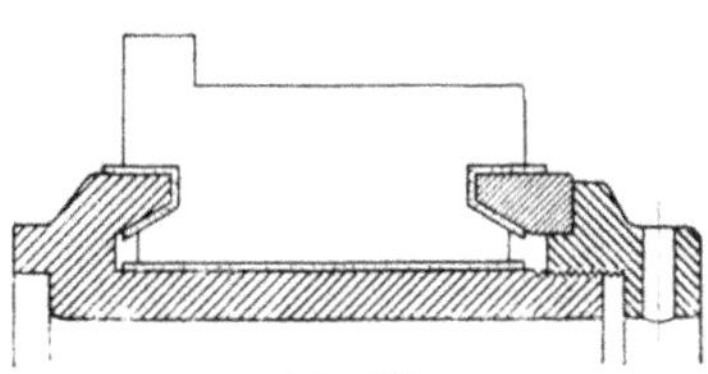

Fig. 279.

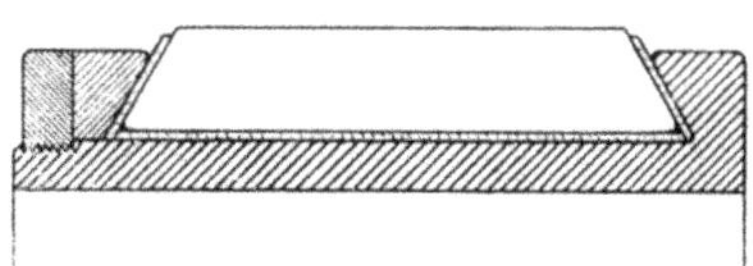

Fig. 280.

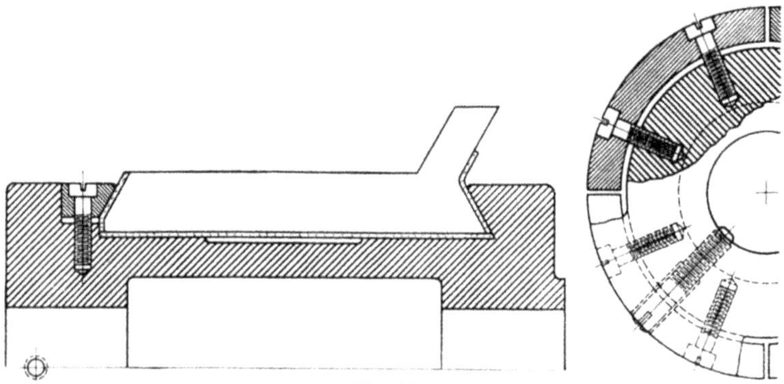

Fig. 281.
Siemens & Halske, A.-G.

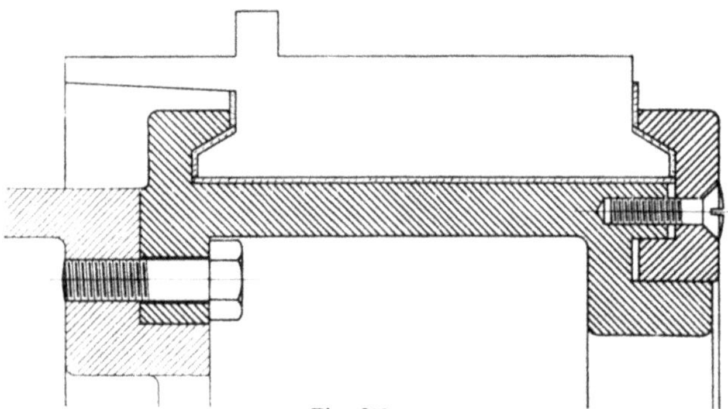

Fig. 282.
E. A.-G. vorm. Schuckert & Co.

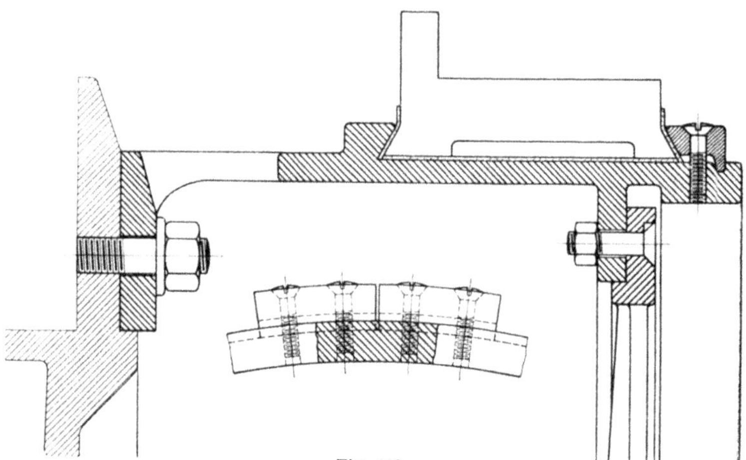

Fig. 283.
E. A.-G. vorm. Lahmeyer & Co.

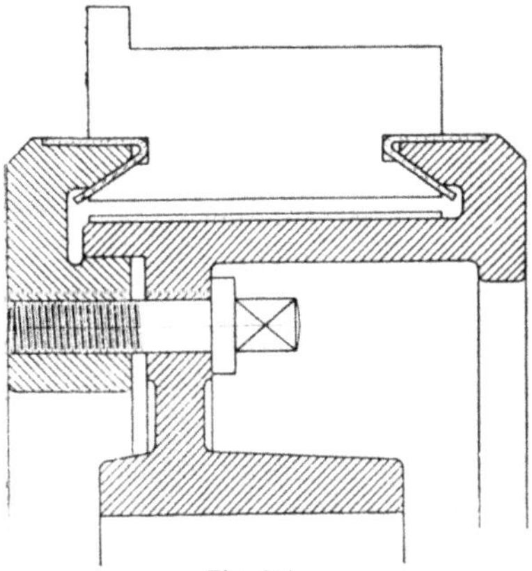

Fig. 284.
Brown, Boveri & Co.

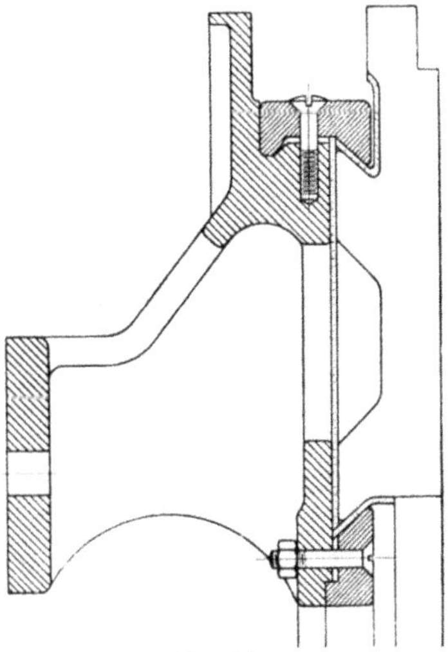

Fig. 285.
E. A.-G. vorm. Lahmeyer & Co.

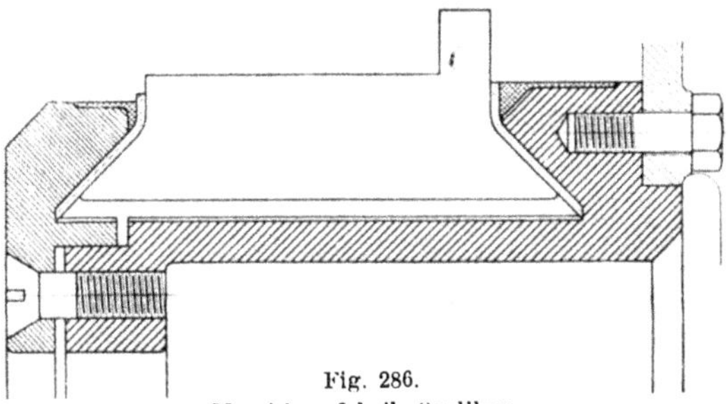

Fig. 286.
Maschinenfabrik Oerlikon.

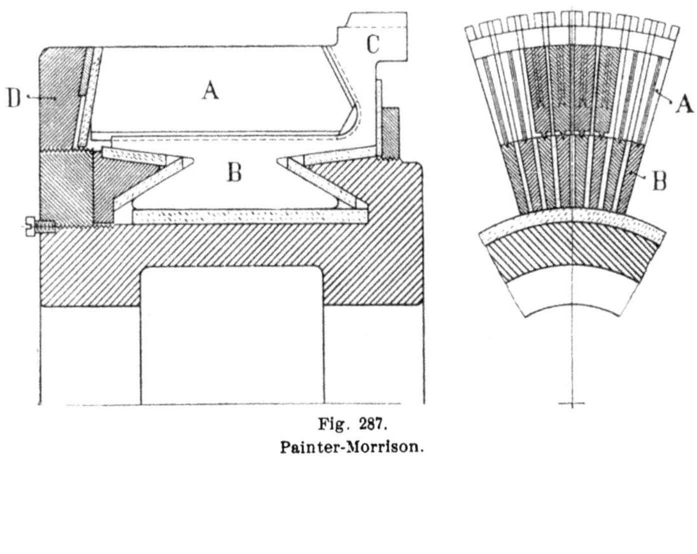

Fig. 287.
Painter-Morrison.

Diese Theilung des Prefsringes in einzelne Segmente ist bei grofsen Kollektoren schon aus Herstellungsrücksichten zweckmäfsig. Aufserdem gewährt diese Konstruktion den Vortheil, dafs eine gleich gute Befestigung am ganzen Umfange erreicht und ein Auswechseln einzelner, fehlerhafter Lamellen nachträglich leicht möglich wird. Wie aus den Figuren ersichtlich ist, ruhen die Lamellen auf einer Zwischenisolation fest auf der Kollektorbüchse auf.

Die Fig. 285 veranschaulicht einen sog. Stirnkollektor, dessen Ebene senkrecht zur Wellenaxe steht.

Die Kollektorbüchsen Fig. 282, 283 und 286 sind direkt mit dem Ankerkörper verschraubt. Für gröfsere Anker ist diese Konstruktion schon deshalb empfehlenswerth, weil der ganze Anker ohne Benützung der Welle fertiggestellt werden kann.

Eine bemerkenswerthe Kollektorkonstruktion eines Trambahnmotors der Union E. G. ist auf Taf. IV zu finden.

Fig. 287 veranschaulicht die Konstruktion eines Kollektors von Painter-Morrison[1]), welcher ein Auswechseln der Lamellen, ohne Loslöthen der Armaturdrähte, gestattet. Jede Lamelle besteht aus zwei Theilen *A* und *B*. Die Lamellen *A* sind in schmalen, eingefrästen Nuten gegen *B* geführt. Die Grundlamellen *B* werden durch eine besondere Kollektorbüchse gehalten, und deren vorstehenden Enden *C* sind an die Armaturdrähte angeschlossen. Durch Lösen des Spannringes *D* können nun die Lamellen *A* in ersichtlicher Weise ausgewechselt werden. Grofser praktischer Werth ist dieser Konstruktion nicht zuzusprechen, die Herstellung ist vertheuert, und das leichte Auswechseln der Lamellen, ohne dafs ein Lösen des Armaturdrahtes nothwendig ist, hat nur in seltenen Fällen Wichtigkeit.

Die Verbindung der Armaturdrähte mit dem Kollektor. Die Armaturdrähte werden mit den Kollektorlamellen entweder verschraubt oder verlöthet. Die Verschraubung hat den Vorzug, dafs ein Lösen der Drähte einfacher und rascher auszuführen ist; dagegen giebt das Einlöthen der Drähte einen besseren Kontakt, und die Herstellung der vielen Schrauben und Schraubengewinde kommt in Wegfall. Im allgemeinen ist dem Verlöthen der Vorzug zu geben. In den **Fig. 288 bis 299** sind verschiedene Verbindungsarten veranschaulicht; dieselben erläutern sich selbst.

In **Fig. 293** ist noch angedeutet, wie eine Verkleidung mittelst Draht- oder Schnurband am Kollektorumfange befestigt werden kann. In **Fig. 296** sind die Verbindungsgabeln einer Stabwicklung direkt in die Lamellen eingelöthet.

---

[1]) Electrical Engeneer 1895, Vol. XIX, p. 372.

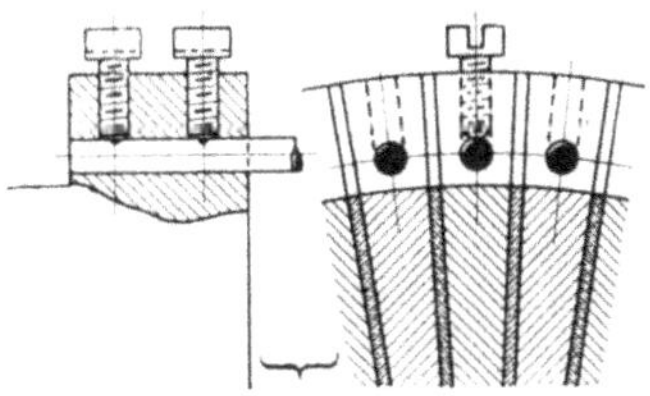

Fig. 288.

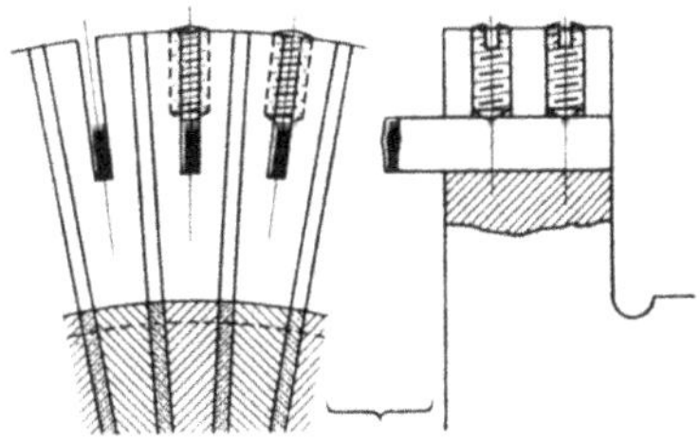

Fig. 289.

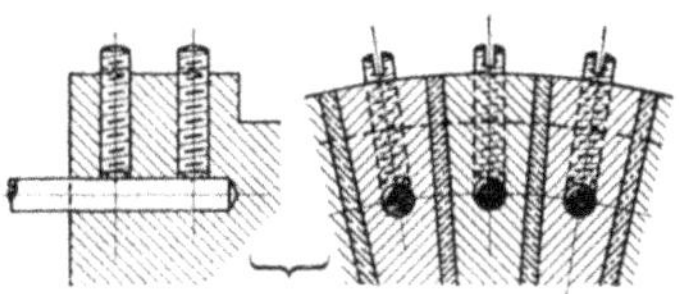

Fig. 290.

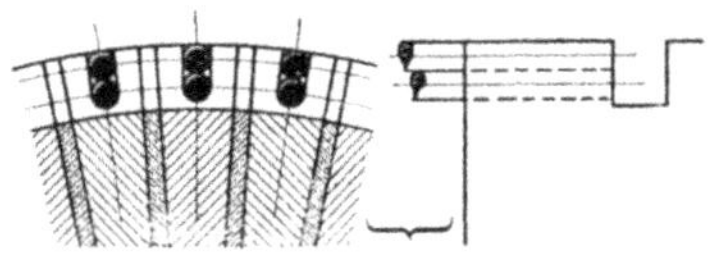

Fig. 291.

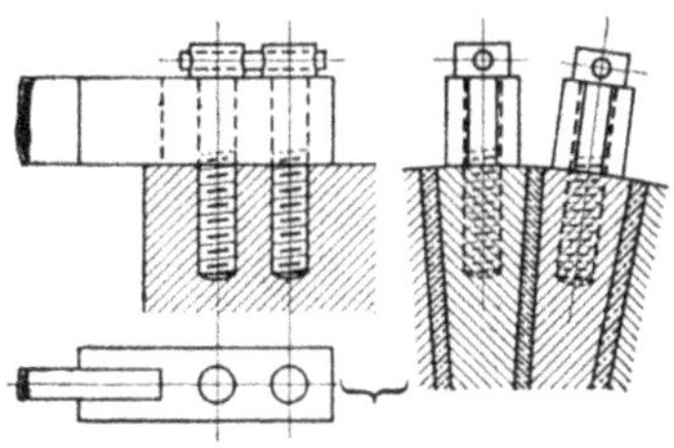

Fig. 292.

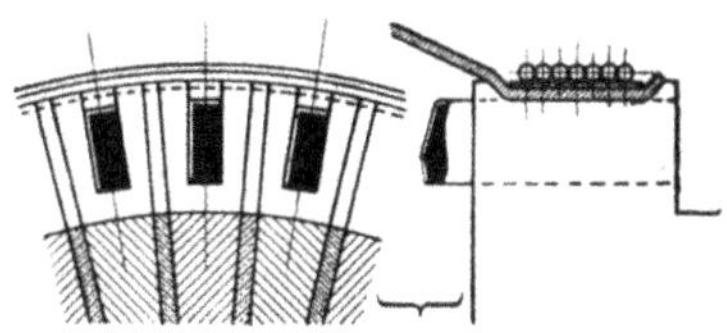

Fig. 293.

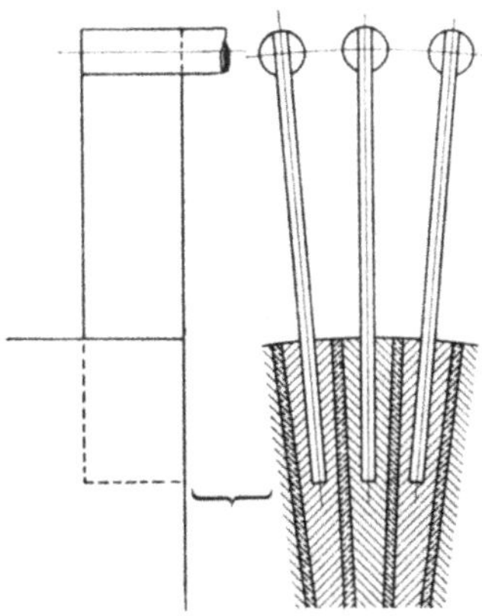

Fig. 294.

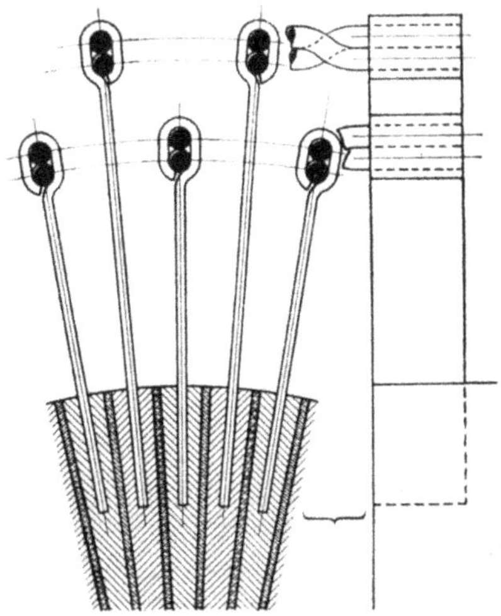

Fig. 295.

Andere Verbindungsarten, sowie die Verbindungen von Stäben bei Stabwicklungen sind auf den Tafeln im Zusammenhange mit ganzen Ankerkonstruktionen dargestellt.

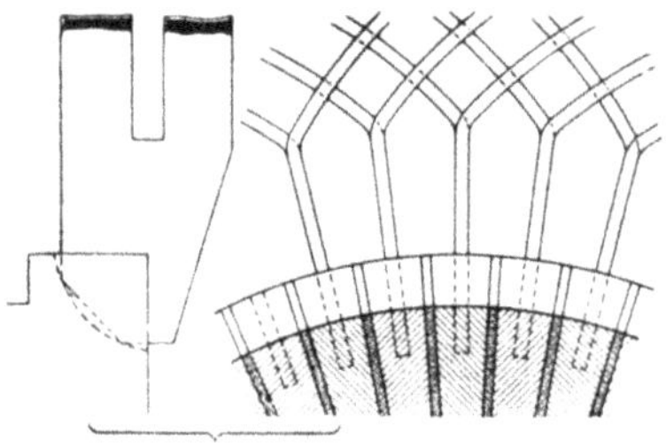

Fig. 296

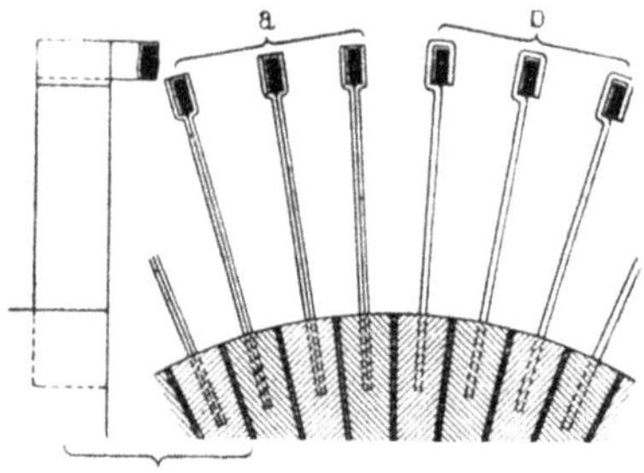

Fig. 297.

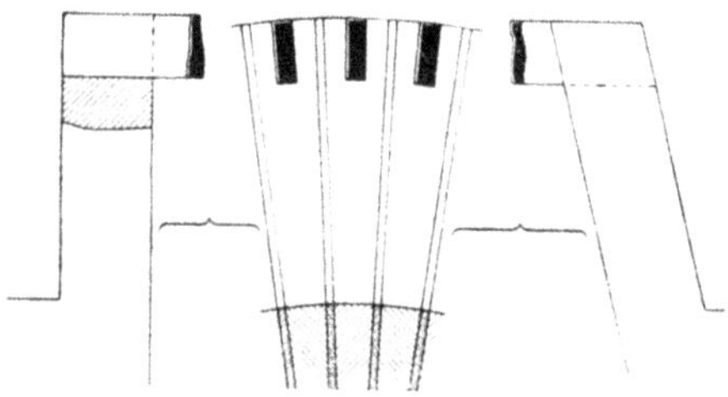

Fig. 298.

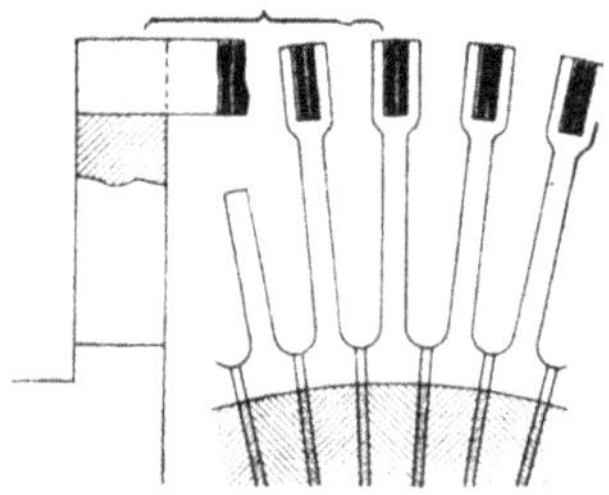

Fig. 299

Beispiele für die Konstruktion von Ringankern.

Ringanker einer 40 KW.-Maschine der Maschinenfabrik Oerlikon. Auf Tafel I ist in Fig. 1 im Längsschnitte und in Fig. 2 im Querschnitte und in Vorderansicht zunächst ein Anker mit Grammescher Wicklung abgebildet. Derselbe gehört zu einer vierpoligen Maschine von 40 Kilowatt Leistung bei 570 Volt, 70 Ampère und 700 Touren pro Minute.

Die Hauptdimensionen der Maschine sind folgende

Ankerdurchmesser .	50,4 cm	Kollektordurchm. . .	34,0 cm
Eisenlänge	36,0 »	Kollektorbreite . . .	14,0 »
Eisenhöhe	9,2 »	Lamellenzahl	160
Drahtzahl	960	Polbogen	30 »
Drahtdurchm. . . .	2,6 mm	Feldbohrung	53,2 »

Die Drähte sind am äufseren Umfange des Ringes in zwei und am inneren Umfange in sechs Lagen gewickelt. Am inneren Umfange sind die Spulen durch eingelegte Fiberstege von einander getrennt. Die Seitenflächen des Ringes sind mit Hartholzringen, welche an den Armaturstern festgeschraubt und deren Kanten gut abgerundet sind, bedeckt. Die Papierisolation am äufseren und inneren Umfange überdeckt diese Holzringe auf ein kurzes Stück. Die Kollektorlamellen sind aus hartgezogenem Profilkupfer hergestellt und mit den Armaturdrähten verlöthet.

Das Gesammtbild eines fertigen Ankers derselben Konstruktion, und zwar einer zweipoligen 100-Kilowattmaschine (Manchestertype) für 1000 Volt Klemmenspannung bei 600 Touren giebt **Fig. 300.**

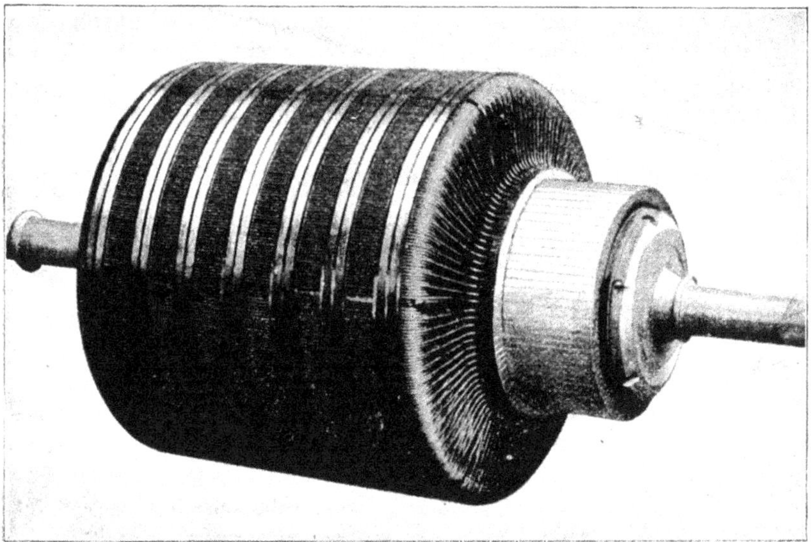

Fig. 300.
Maschinenfabrik Oerlikon. Ringanker einer 100 KW.-Maschine für 1000 Volt.

Ringanker mit zwei Kollektoren einer 140 KW.-Maschine der Maschinenfabrik Oerlikon. Ein Ringanker mit doppelter Wicklung und zwei Kollektoren, welcher von der Maschinenfabrik Oerlikon für die ersten im Aluminiumwerk Neuhausen aufgestellten Maschinen ausgeführt wurde, ist in den **Fig.** 3 und 4 auf Tafel I abgebildet. Die Maschinen sind sechspolig und leisten bei 250 Touren 40 Volt und 3500 Ampère.

Die Hauptabmessungen der Maschine sind

Ankerdurchm. . . .	97,9 cm	Drahtdurchm. . . .	13,5 mm
Eisenlänge	60,0 »	Kollektordurchm. . .	50,0 cm
Eisenhöhe	11,0 »	Kollektorbreite . . .	44,0 »
Drahtzahl	2 × 60	Lamellenzahl	60
Lochzahl	120	Polbogen	30 cm
Lochdurchm. . . .	1,65 cm	Feldbohrung	100 cm

Die Verbindung der Stäbe zur Ringwicklung erfolgt durch nackte, flache Kupferlamellen, welche am inneren Umfange in Holzkanälen geführt sind, wie aus der Seitenansicht ersichtlich ist. Jede einzelne Wicklung besteht somit aus 60 Windungen, welche an die 60 Lamellen des betreffenden Kollektors festgelöthet sind.

Ringanker eines Hochspannungsgenerators von 220 KW. der Maschinenfabrik Oerlikon. Einem Hochspannungsgenerator für eine Kraftübertragung, ausgeführt von der Maschinenfabrik Oerlikon, ist der auf Tafel II dargestellte Anker entnommen. Derselbe ist für eine Leistung von 220 Kilowatt bei 1300 Volt und 230 Touren pro Minute gebaut. Die Polzahl beträgt 10. Die Wicklung ist nach dem in Fig. 58 gegebenen Schema mit Reihenschaltung ausgeführt.

Die Abmessungen der Maschine sind

Ankerdurchm. . .	150,0 cm	Kollektordurchm. .	93,0 cm
Eisenlänge	54,0 »	Kollektorbreite . .	25,0 »
Eisenhöhe	14,0 »	Lamellenzahl . . .	354
Drahtzahl	531 × 2	Polbogen.	35,0 cm
2 Dr. parallel		Feldbohrung . . .	154,0 »
Drahtquerschnitt	3,5 × 4,5 mm		

Der Armaturkörper besteht zunächst aus einem gufseisernen, auf der Welle festgekeilten Hohlcylinder. Auf diesen sind zwei Broncesterne mit abwechselnd kurzen und langen Speichen (wie in Fig. 224) isolirt aufgeschraubt. Die Verbindungsschrauben dienen zugleich zum Zusammenpressen der aus einzelnen Segmenten zusammengelötheten Blechscheiben des Ankerkernes.

Zur Reihenschaltung der Spulen dient ein Hilfskollektor, in dessen Segmente diejenigen aus Kupferband hergestellten und nach einer Evolvente gebogenen Streifen eingelöthet sind, welche Anfang und Ende von je zwei Spulen verbinden. Der Hilfskollektor ist an dem isolirten Broncestern befestigt. Die Segmente desselben werden durch eingelöthete Kupferstreifen mit den Lamellen des eigentlichen Kollektors verbunden, welcher ebenfalls von der Welle isolirt ist.

Diese Konstruktion ist für eine vertikale Anordnung der Welle, welche mit einer Turbinenwelle direkt gekuppelt wird, bestimmt. — Ein Gesammtbild der beschriebenen Armatur giebt **Fig. 301.**

Ringanker mit Wicklung in Nuten von der E. A.-G. vorm. O. L. Kummer & Co. In den oben beschriebenen Ringankern ist die Wicklung auf dem glatten Eisenkörper der Armatur befestigt; dieselbe läfst sich auch in offenen oder halb oder ganz geschlossenen Nuten des Ankers legen. Ein Beispiel hierfür giebt der in **Fig. 302** abgebildete Anker einer Dampfdynamo von 105 Kilowatt Leistung der E. A.-G. vorm. O. L.

Kummer & Co., Dresden. — Die Kollektorbüchse ist hier auf einen Cylinder aufgeschoben und befestigt, welcher mit dem Ankersterne in einem Stück gegossen ist. Die Konstruktion des Ankersternes ist in Uebereinstimmung mit Fig. 236.

Fig. 301.
Maschinenfabrik Oerlikon. Ringanker einer 220 KW.-Maschine für 1300 Volt mit Reihenschaltung.

Ringanker von Innenpolmaschinen von Siemens & Halske A.-G. In den **Fig. 303** und **304** ist der Ringanker einer Innenpolmaschine von Siemens & Halske A.-G. dargestellt. Derselbe entspricht einer Maschine Type J_{51} von 66 Kilowatt Leistung bei 110 Volt und 600 Amp. Die Tourenzahl beträgt 200 pro Minute, die Polzahl 4. Die Armatur hat eine Eisenbreite von 31 cm, eine Eisenhöhe von 8,2 cm und 516 Windungen. Der innere Kupferbügel der Windungen mifst 9×5 mm und der äufsere Verbindungsstab, welcher zugleich Kollektorlamelle ist, 25 × 6,4 mm. In Fig. 305 ist ein Stück des Ringes in gröfserem Mafsstabe abgebildet. —

Die Eisenbleche des Ringes werden durch 12 Bolzen aus Stahl zusammengesetzt; diese Bolzen sind durch aufgegossene Broncehülsen,

Fig. 302.
E. A.-G. vorm. O. L. Kummer & Co. Ringanker mit Wicklung in Nuten.

wie aus Fig. 306 deutlich zu ersehen, mit dem gufseisernen Armsterne isolirt verbunden. Die Broncehülsen haben den Zweck, den Ring vom Armsterne auch magnetisch zu isoliren.

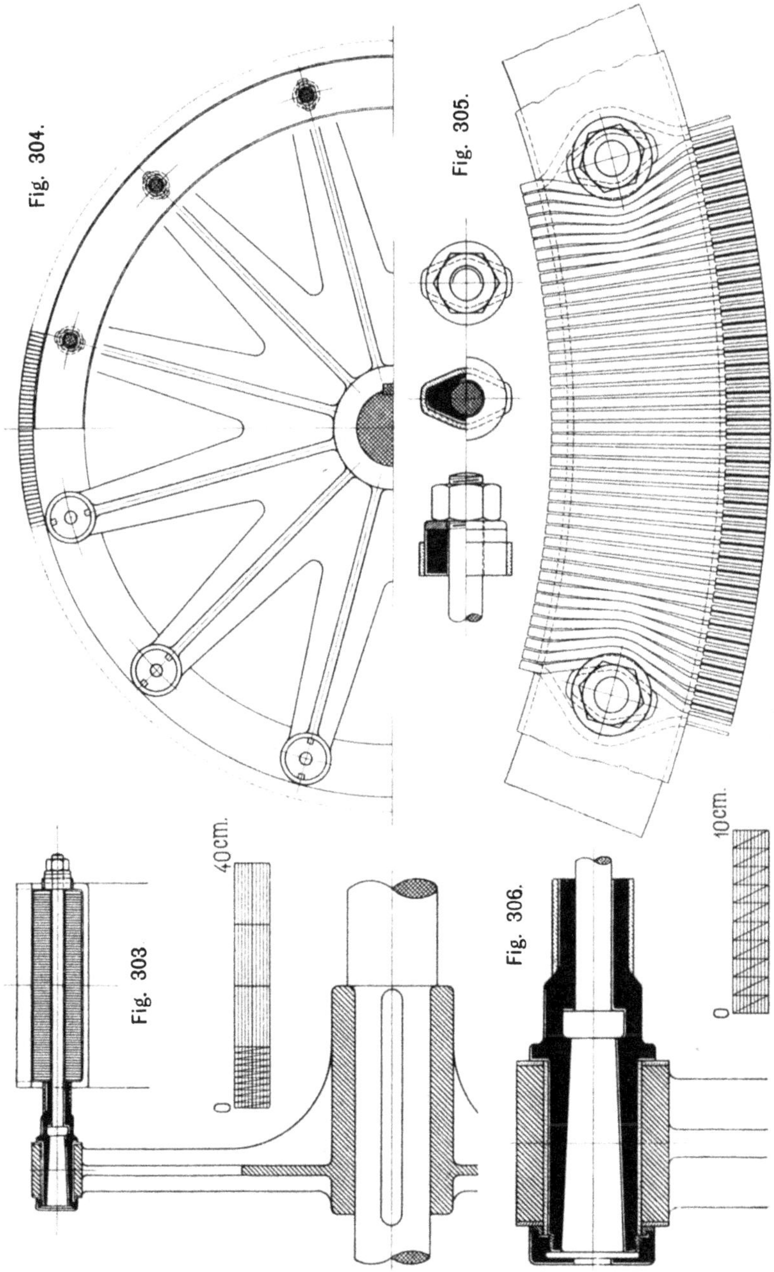

Fig. 303 bis 306. Siemens & Halske, A.-G.
Ringanker einer Innenpolmaschine. 110 Volt. 600 Amp. 200 Touren.

Die Hauptabmessungen von zwei weiteren Innenpolmaschinen sind folgende

Type J 40.

300 Amp. 115 Volt. 275 Touren

Eisendurchm. aufsen		97,8 cm
» » innen		83,8 »
Eisenlänge		26,0 »
Stabzahl und Lamellenzahl		636
Stabquerschnitt	aufsen	4,35 / 4,1 × 23 mm.
	innen	2 × 15 mm.
Polzahl		4
Polbreite		25,0 cm
Polbogen		47,0 »
Felddurchm.		79,0 »
Anzahl der Speichen		12
Durchm. der Ankerbolzen		1,8 »

Type J 170 (1200 PS.).

500 bis 600 Volt. 1500 Amp. 65 Touren.

Eisendurchm. aufsen		372,2 cm
» » innen		342,2 »
Eisenlänge		50,0 »
Stabzahl und Lamellenzahl		2262
Stabquerschnitt	aufsen	4,29 / 4,17 × 40 mm.
	innen	2 × 30 mm.
Anzahl der Speichen		39
Durchm. der Ankerbolzen		3,5 cm
Polzahl		12
Felddurchm.		333,3 cm

Die Innenpolmaschinen haben, abgesehen von der geringeren mechanischen Festigkeit der Armatur, den grofsen Nachtheil aller Maschinen mit reiner Parallelschaltung die auf Seite 131 ausführlich erörtert worden sind. Es ist deshalb schwierig, dieselben funkenfrei zu bauen und sie sind empfindlich gegen Belastungsänderungen.

Flachringanker einer 400 KW.-Maschine. Die E. A.-G. vorm. Schuckert & Co. hat früher die Gleichstrommaschinen aller Gröfsen mit Flachringankern ausgeführt, aber nunmehr diese Konstruktion verlassen und baut jetzt Radialpolmaschinen mit Trommelanker.

Ein Flachringanker dieser Firma, Type *J. L.* 18, für eine Leistung von 400 Kilowatt, 250 Volt, 1600 Ampère bei 110 Touren pro Minute, ist in den **Fig. 307, 308** und **309** abgebildet. Die Polzahl beträgt **14.**

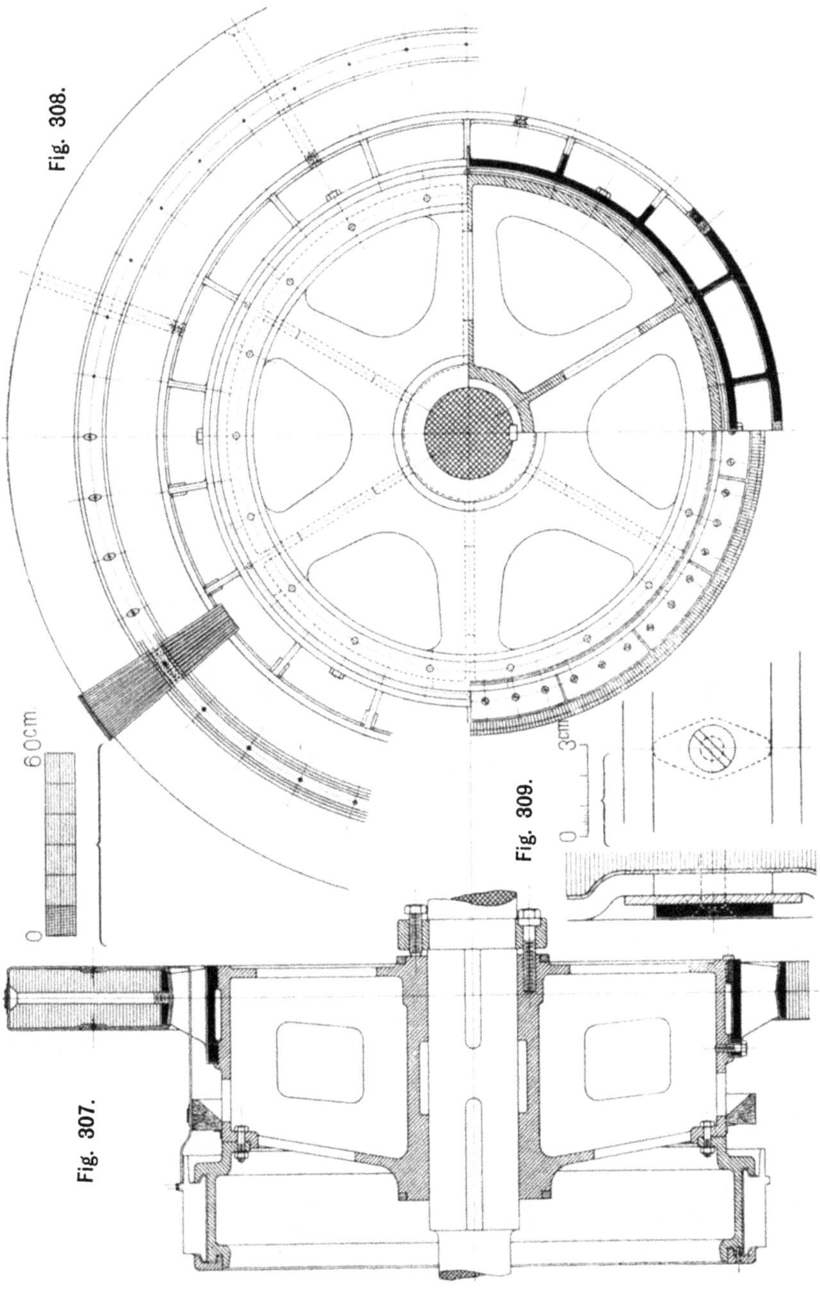

Fig. 307 bis 309.
E. A.-G. vorm. Schuckert & Co. Flachringanker einer 400 KW.-Maschine.

Der Ankerkern ist aus Eisenband hergestellt, welches über Rollen laufend unter starker Anspannung mit Papierzwischenlagen aufgewickelt wird. Das Ende des Bandes wird festgelöthet, und aufserdem ist der Ring durch radiale Bolzen gehalten. Die Wicklung wird in der Mitte zu beiden Seiten des Ringes durch aufgeschraubte Messingbänder festgehalten. In Fig. 309 ist diese Befestigungsart im Querschnitte und in Seitenansicht besonders dargestellt. Der Ring erhält an dieser Stelle eine Eindrehung, und die Windungen werden in diese Eindrehung abgekröpft, so dafs das Messingband nicht über den übrigen Theil der Wicklung vorsteht. — Die nach einwärts vorstehenden Verlängerungen der Kollektorlamellen sind zum Einlöthen der Mordeyverbindungen bestimmt.

Beispiele für die Konstruktion von Trommelankern.

Die Ausführung der Wicklung weicht namentlich bei den Trommelankern in mancher Hinsicht von den im ersten Theile dieses Buches dargestellten Schemata ab. Es wird deshalb gerechtfertigt sein, wenn hier zunächst auf einige wesentliche Punkte aufmerksam gemacht wird.

Hinsichtlich der Art der Ausführung lassen sich die Trommelanker in zwei Gruppen eintheilen und zwar in solche mit Drahtwicklung und in solche mit Stabwicklung. Als Drahtwicklung ist eine Wicklung zu bezeichnen, bei welcher eine Spule aus einem Stücke Draht oder aus mehreren parallel geschalteten Drahtstücken hergestellt ist, deren Enden mit den Kollektorlamellen verbunden sind. Bei Stabwicklungen ist dagegen jede Windung aus einzelnen Stäben zusammengesetzt. Wir betrachten zunächst die

Trommelanker mit Drahtwicklung.

Zweipolige Trommelanker. Die Reihenfolge, in welcher die Spulen aufgewickelt werden (vgl. Fig. 77), kann eine verschiedene sein.

In **Fig. 310** ist die Stirnansicht eines zweipoligen Ankers, von der Kollektorseite aus gesehen, dargestellt. Die Spulenzahl ist = 14 und die Zahl der Wicklungsfelder = 28 angenommen; entsprechend den Schemata Fig. 76 und 78 sind die Spulen auf den Stirnflächen längs einer Sehne geführt.

Wir beginnen mit der Wicklung bei *a*, führen den Draht zunächst auf der vordern Stirnfläche bis *b*, dann auf dem Trommelmantel bis zur hintern Stirnfläche, dort auf die andere Seite der Trommel und nun, rechtwinklig umbiegend, wieder nach vorn bis *c* u. s. f., bis die gewünschte Windungszahl erreicht ist. In der Figur besteht jede Spule aus nur zwei Windungen. Ersetzt man einen dicken Draht durch 2, 3, 4, 6 oder mehr dünnere Drähte, so können diese gemeinsam oder gruppenweise aufgewunden werden.

Ist die Spule *A* auf diese Weise hergestellt, so wickeln wir der Reihe nach, je ein Wicklungsfeld überspringend, die Spulen *B, C, D* ..... *O*; wenn die letzte Spule *O* fertiggestellt ist, sind sämmtliche Wicklungsfelder besetzt, und die Vereinigung der frei gebliebenen Drahtenden in der angegebenen Weise liefert die 14 Abzweigungen zum Kollektor.

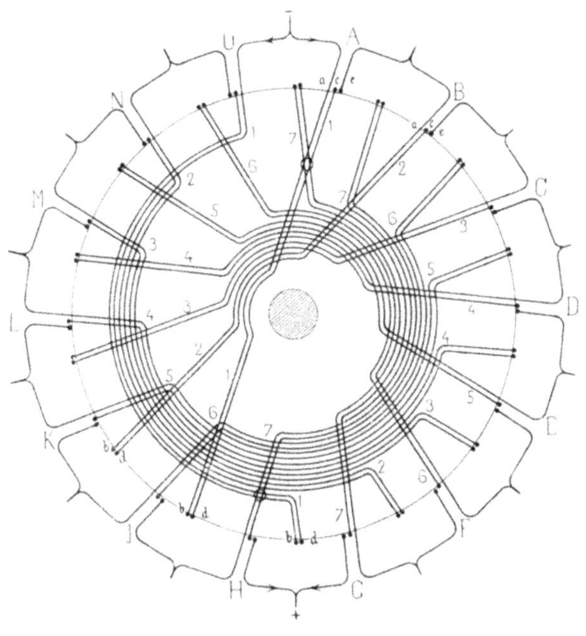

Fig. 310.
Wicklung der Spulen in der Reihenfolge A, B, C u. s. w.

Ist die Zahl der Wicklungsfelder gleich der Spulenzahl (Fig. 86), so wickeln wir, nur von Feld zu Feld fortschreitend, in derselben Weise je eine Spule. Nachdem die halbe Spulenzahl beendigt, sind sämmtliche Wicklungsfelder besetzt; die zweite Hälfte der Spulen wird nun über die erste hinweggewickelt. Je zwei benachbarte Drahtenden sind mit einem Kollektorsegmente zu verbinden.

Soll die Verbindung mit den Kollektorsegmenten einem der Schemata Fig. 79, 85, 86 und 87 entsprechen, so thut man besser, die beiden Enden *a* und *e* in Fig. 310 einer Spule nicht auf dieselbe Seite der Trommel zu führen, sondern mit der Wicklung gleich bei *b* zu beginnen. Die eine Hälfte der vorstehenden Drahtenden wird dann nach rechts, die andere nach links abgebogen und entsprechend den erwähnten Schemata mit dem Kollektor verbunden.

Vielfach wird auch derart verfahren, dafs man die Spulenanfänge *a* gleich beim Beginne der Wicklung einer Spule mit dem Kollektor verbindet bezw. vorläufig in die Nute der Lamelle einlegt, und den halben Wicklungsschritt (z. B. *a* — 1 Fig. 79) ausführt; die Enden werden bis zur Fertigstellung aller Spulen freigelassen und mit diesen dann die zweite Hälfte des Wicklungsschrittes (z. B. 1′ — *b* Fig. 79) ausgeführt. Die in einer Nute der Kollektorlamellen liegenden Drahtenden werden nun mit diesen verlöthet bezw. festgeschraubt.

Eine bessere Vertheilung der Drahtmassen auf den Stirnflächen des Ankers und ein besseres Aussehen der Wicklung wird erreicht, wenn wir nicht, wie in Fig. 310, die Windungen stets auf derselben Seite der Ankerwelle vorbeiführen, sondern wenn wir dieselben auf beide Seiten der Welle vertheilen. Ein Nachtheil dieser Wicklungsart besteht darin, dafs dieselbe an den Stirnflächen mehr Raum beansprucht. Bei dickdrähtigen Wicklungen macht sich dieser Uebelstand besonders bemerkbar, derselbe läfst sich aber durch Anwendung mehrerer dünner Drähte an Stelle eines dicken vermeiden.

Um hierzu ein Beispiel zu haben, nehmen wir an, es sollen auf eine Trommel, deren Umfang in 24 Wicklungsfelder getheilt ist, 24 Spulen gewickelt werden. Jede Spule soll aus zwei Windungen von vier Drähten, deren Durchmesser etwa 1,5 mm betragen mag, bestehen.

In **Fig. 311** ist die Lage der vier ersten Spulen angegeben. Dieselben werden in der Reihenfolge I, II, III, IV hergestellt. Man beginnt mit den vier Drähten gleichzeitig in *a*, wickelt zunächst die Lage 1, führt die Drähte auf der hintern Stirnfläche in das gegenüberliegende Wicklungsfeld nach 2, dann nach der vordern Stirnfläche und längs dieser nach 3, von hier wieder nach der hintern Stirnfläche, nunmehr an der andern Seite der Welle vorbei nach 4 und endlich nach vorn, so dafs die Lage 4 das Ende der Spule bildet. Nachdem 12 Spulen so hergestellt sind, werden die weiteren 12 über die ersten gewickelt.

Eine von diesen Spulen ist in der Figur angedeutet, 1′ und 4′ sollen die Enden derselben sein. Werden die Spulen längs einer Sehne gewickelt (Fig. 79), so wird die Kreuzung der Spulen I und II bezw. III und IV u. s. f. vermieden.

Hätte die Aufgabe vorgelegen, jede Spule soll aus zwei Windungen von acht Drähten bestehen und die Spulenzahl sei = 12, so hätten wir die Wicklung in genau derselben Weise ausführen können. In diesem Falle verbinden wir die Enden *a* und 4′, ferner 4 und 1′ direkt miteinander und mit demselben Kollektorsegment.

Eine symmetrische Lage der Drahtmassen und ein schönes Aussehen der Wicklung wird durch die in **Fig. 312** dargestellte zweipolige Wicklungsmethode erreicht. Die Spulen werden paarweise gewickelt, und zwei aufeinander folgende Spulenpaare bilden einen Winkel von 90° oder nahezu 90°. In der Figur ist angenommen, dafs die Enden *a* und *e* einer Spule, wie in Fig. 310, auf dieselbe Seite der Trommel gelegt werden.

Wir beginnen mit dem Spulenpaar I; hierbei ist darauf zu achten, dafs die Enden *a* und *e* der ersten Spule auf die eine und die Enden *a* und *e* der zweiten Spule auf die entgegengesetzte Seite der Trommel

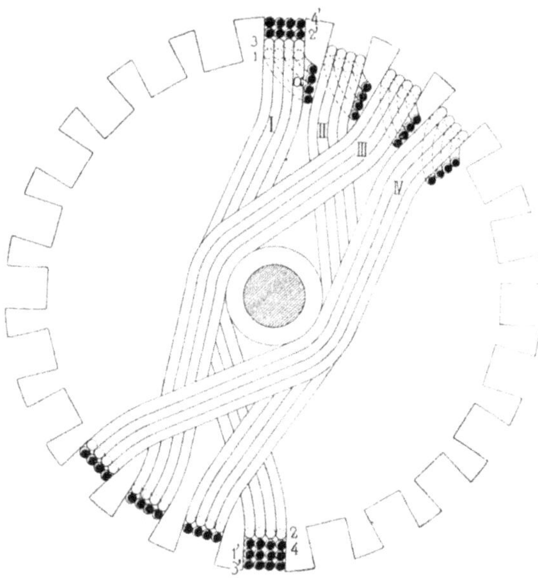

Fig. 311.
Vertheilung der Wicklung auf beide Seiten der Welle.

zu liegen kommen. Dann folgen die Spulenpaare II, III, IV . . . bis VII. Die Trommelachse liegt jedesmal zwischen den Spulen eines Paares.

Wäre bei ebenfalls 28 Wicklungsfeldern die Spulenzahl = 28, so müfste, nachdem die obigen sieben Paare gewickelt sind, über jedes Paar in derselben Reihenfolge ein zweites gewickelt werden, und zwar so, dafs z. B. die freien Enden des über I gewickelten Paares mit *bd*, *bd* zusammenfallen.

Wird dagegen beabsichtigt, wie vorher 14 Spulen, aber in zwei Wicklungslagen herzustellen, so werden die zu einem Paare gehörenden Spulen, bei derselben Lage der Drahtenden, einfach übereinander gewickelt.

Führen wir schliefslich Ende und Anfang benachbarter Spulen zu je einem Kollektorsegmente, so ergiebt sich die richtige Schaltung.

Dicke Drähte ersetzt man auch bei dieser Wicklung besser durch mehrere dünne.

Um zu veranschaulichen, wie die Spannung des Stromes in den Spulen von der negativen bis zur positiven Bürste zunimmt, sind in den Fig. 310 und 312 die Spulen von der negativen Stromabnahmestelle ausgehend von 1 bis 7 numerirt, so dafs die Zahlen einen ungefähren Mafsstab für die Höhe der Spannung darstellen. Die Differenz der

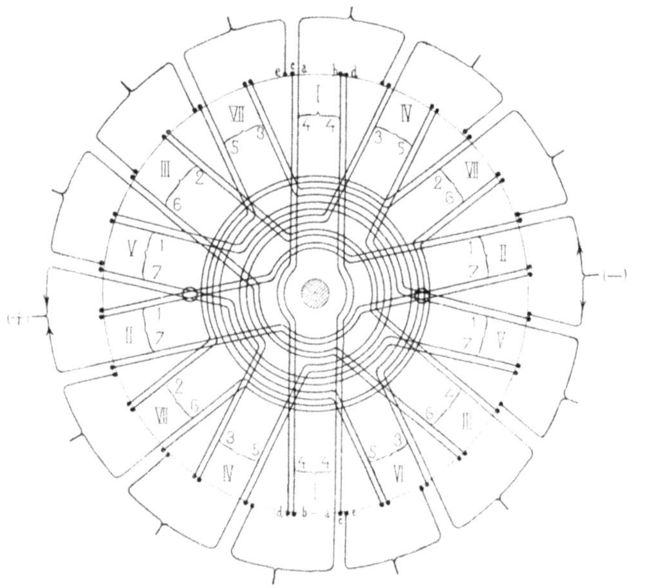

Fig. 312.
Symmetrische Vertheilung der Wicklung auf den Stirnflächen des Ankers.

Zahlenwerthe zweier sich berührenden Spulen wird somit der Spannungsdifferenz zwischen denselben ungefähr proportional sein. Je weniger Kreuzungspunkte bei hohen Spannungsdifferenzen eine Wicklung ergiebt, um so besser wird dieselbe sein.

Sowohl in Fig. 310 als 312 findet zwischen den Spulen gröfster Spannungsdifferenz, nämlich zwischen 1 und 7, eine Kreuzung statt, ebenso zwischen 7 und 2, 6 und 1 u. s. f., so dafs beide Wicklungen in dieser Hinsicht fast gleichwerthig sind. Die genaue Lage der Windungen und die Zahl der Berührungspunkte läfst sich freilich nicht von vornherein feststellen; bei sorgfältiger Arbeit werden beide Wicklungsarten gute Resultate ergeben.

In **Fig. 313** ist ein zweipoliger Anker abgebildet, dessen Drähte nach dem Schema Fig. 312 in Nuten gewickelt sind.

Eine Wicklungsart für zweipolige Anker, welche der fertigen Wicklung ebenfalls ein gutes Aussehen giebt, und die von der E. A.-G. vorm. Lahmeyer & Co. ausgeführt wird, ist in **Fig. 314** dargestellt.

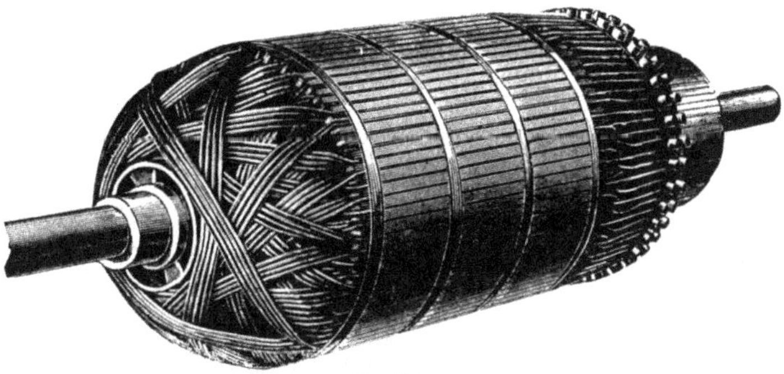

Fig. 313.
Ankerwicklung nach dem Schema Fig. 312.

Bei dieser Wicklungsart wird, wenn wir uns wieder auf Fig. 85 beziehen, der Anfang einer Spule beim Beginne der Wicklung in die Nuten des Kollektors eingelegt und der halbe Wicklungsschritt (a—1 Fig. 85) zurückgelegt; das Ende einer Spule wird zunächst nicht zur Kollektor-

Fig. 314.
Wicklung mit über den Anker zurückgelegten Endverbindungen.

seite geführt, sondern man leitet sämmtliche Spulenenden auf der hintern Seite bis zur Welle, indem man die Hälfte des Schrittes 1—8 zurücklegt und läfst dieselben dort in genügender Länge vorstehen. Auf die Welle wird auf der hintern Seite ein Holzring geschoben, an dessen Umfang die Drähte aufliegen. Dieser Ring wird, nachdem die Wicklung ganz beendet ist, wieder entfernt. Nachdem sämmtliche Spulen fertiggestellt sind, werden die auf der hinteren Stirnseite liegenden Drähte mit einer Lage aus Tuch oder Prefsspan bedeckt, und nunmehr die freien Drahtenden der Reihe nach aufgenommen und die zweite Hälfte des Wicklungsschrittes (1—8 Fig. 85) auf der hintern Seite ausgeführt und die Drähte werden längs den betreffenden Nuten auf die Kollektorseite und dort zum Kollektor geführt (z. B. längs der Nute 8 und in der Richtung 8 — *b*). Nun können die Drahtbänder aufgelegt und der Anker fertiggestellt werden.

Die Konstruktion von zweipoligen Ankern mit Drahtwicklung ist in den **Fig. 315** bis **318** dargestellt.

Zweipoliger Trommelanker einer 5 KW.-Maschine der E. A.-G. vorm. Lahmeyer & Co. in Frankfurt. Modell A II für 110 Volt, 45 Amp. bei 1400 Touren pro Minute. **Fig. 315** und **316.**

Ankerdurchm. . .	20 cm	Nutentiefe	2,2 cm
Eisenlänge	20 »	Nutenbreite	0,44 »
Tot. Eisenhöhe . .	7,5 »	Kollektordurchm. . .	15,0 »
Drahtzahl	288	Kollektorbreite . . .	8,0 »
Drahtdurchm. . . .	2,5 mm	Lamellenzahl . . .	38
Nutenzahl	38	Polbogen	18,0 »
		Feldbohrung . . .	20,6 »

Zweipoliger Trommelanker einer 4,5 KW.-Maschine der Maschinenfabrik Oerlikon für eine Leistung von 125 Volt, 36 Amp. bei 1200 Touren pro Minute. **Fig. 319** bis **321.**

Ankerdurchm. . . .	18,0 cm	Nutentiefe	1,4 cm
Eisenlänge	22,0 »	Nutenbreite . . .	0,65 »
Eisenhöhe	6,0 »	Nutenzahl	44
Drahtzahl	352	Polbogen	14 »
Drahtdurchm. . . .	2,3 mm	Feldbohrung . . .	18,8 »

Ein glatter Trommelanker mit zwei Drahtlagen und vier Treibstützen ist in den **Fig. 317** und **318** abgebildet. Die Blechscheiben reichen ebenfalls bis zur Welle, und die Endscheiben sind aus Messinggufs hergestellt.

Die Wicklung ist auf beiden Seiten des Ankers mit Tuch verkleidet; zum Festhalten des Tuches ist auf der hinteren Seite eine Messingscheibe an die Schraubenmutter festgenietet. Der Ankerkern ist seitlich durch Fiberscheiben abgeschlossen, welche an dieser Stelle, wo die Isolation der Wicklung am ehesten Beschädigungen ausgesetzt ist, von Nutzen sind.

Fig. 316. Fig. 316a. Fig. 318. Fig. 315. Fig. 317.

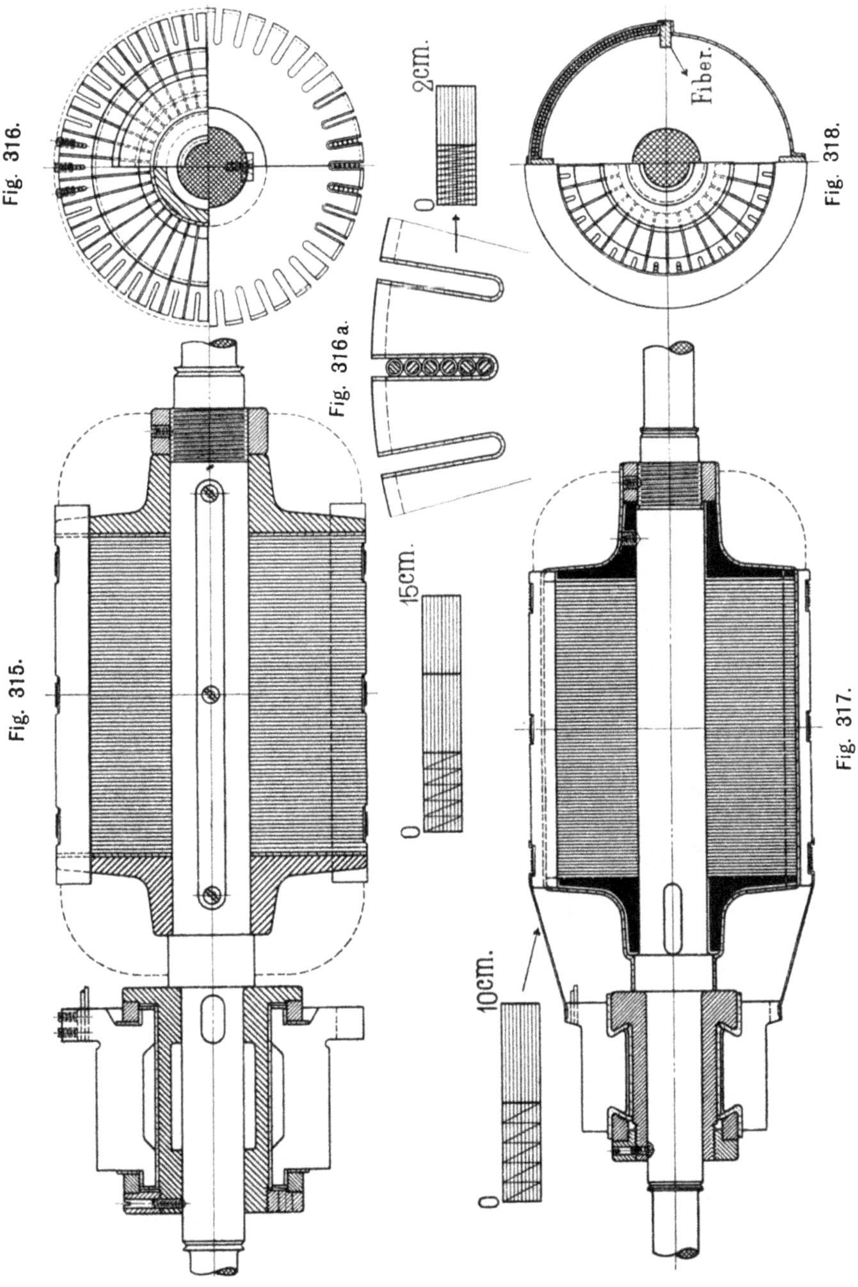

Fig. 315 bis 318.
Zweipolige Trommelanker.

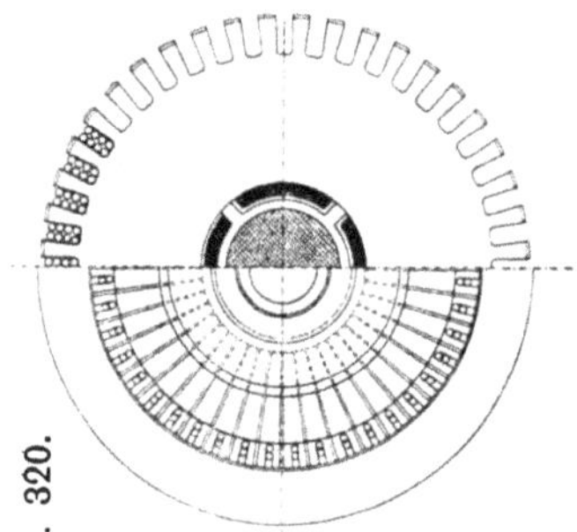

Fig. 320.

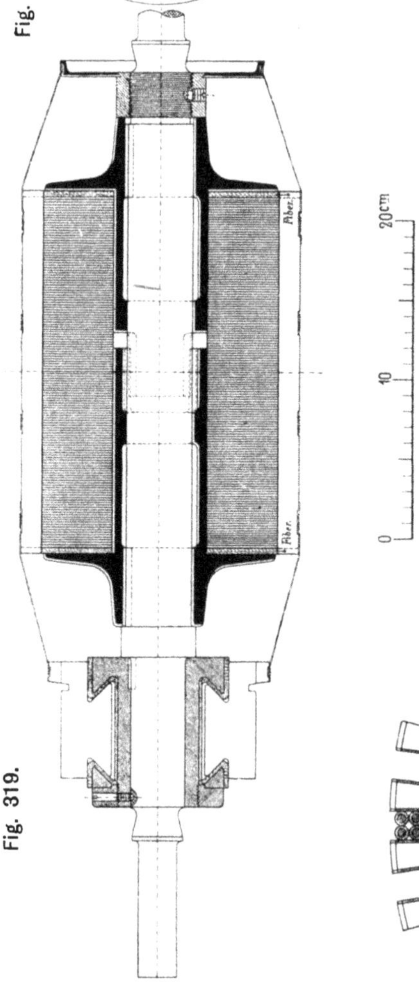

Fig. 319.

Fig. 321.

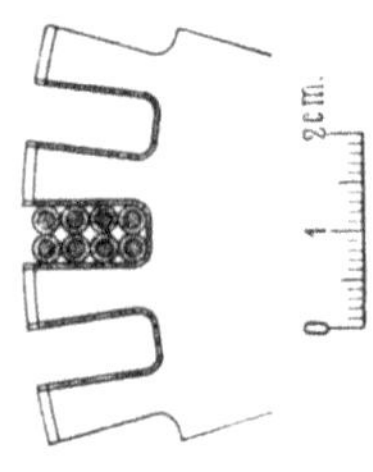

Fig. 319 bis 321.
Maschinenfabrik Oerlikon.
Zweipoliger Trommelanker. 125 Volt. 36 Amp. 1200 Touren.

Mehrpolige Trommelanker mit Drahtwicklung.

Dieselben Betrachtungen, die wir oben für zweipolige Wicklungen angestellt haben, lassen sich auf mehrpolige Wicklungen anwenden. Wir können die Spulen sowohl in der im Schema aufeinander folgenden Ordnung als auch kreuzweise wickeln. Eine vielfach gebräuchliche Wicklungsart ist folgende.

Um eine bessere und sichere Lage des Drahtes zu erhalten, werden eine Anzahl eiserner Stifte, die mit isolirendem Material überzogen sind, in die Stirnflächen des Ankers eingesetzt. Dieselben dienen den Spulen

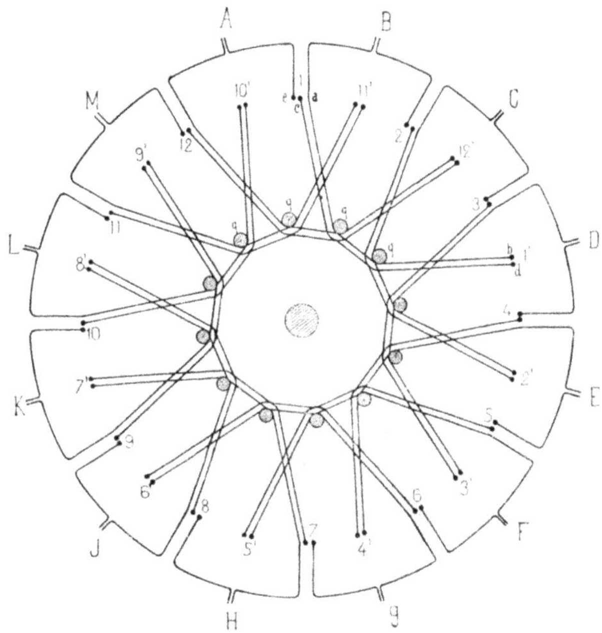

Fig. 322.
Vierpolige Drahtwicklung.

als Stützpunkte. In **Fig. 322** ist eine vierpolige Wicklung für zwölf Spulen dargestellt. Die Reihenfolge, in welcher die Spulen gewickelt sind, ist folgende:

1—1′, 4—4′, 7—7′, 10—10′,
3—3′, 6—6′, 9—9′, 12—12′,
2—2′, 5—5′, 8—8′, 11—11′;

es wird auf diese Weise eine ganz symmetrische Lage der Spulen, eine gute Vertheilung und ein gutes Aussehen der Drahtmassen auf den Stirnflächen des Ankers erzielt. Man beginnt mit der Wicklung bei a (s. Spule 1—1′), führt den Draht zunächst auf der vordern

Stirnfläche, zwei Stifte qq erfassend, bis b, dann auf dem Trommelumfange nach der hintern Stirnfläche, auf dieser entlang, wiederum durch zwei Stifte gestützt, zum zweiten Wicklungsfelde der Spule, dann auf dem Trommelumfang nach vorn bis c und fährt so fort, bis die gewünschte Windungszahl erreicht ist. Auf eine richtige Lage der Enden a und e der verschiedenen Spulen ist besonders zu achten.

Die Verbindung derselben nach der in der Figur angegebenen Weise liefert dann die Abzweigungen A, B, C . . . zum Kollektor.

Nachdem die Wicklung fertiggestellt ist, kann den Stiften q, q durch Auflegen einer Scheibe, in deren Löcher die Stifte passen, noch ein besserer Halt gegeben werden. Die Ansicht eines auf diese Art gewickelten vierpoligen Trommelankers einer 20 Kilowatt-Maschine der Maschinenfabrik Oerlikon giebt **Fig. 323.**

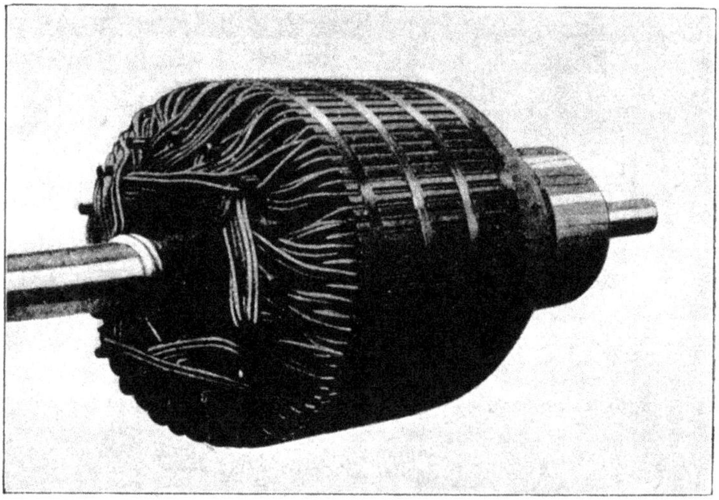

Fig. 323.
Ankerwicklung nach dem Schema Fig. 322.

Eine vollkommen symmetrische Wicklung läfst sich nach folgender Methode für mehrpolige Anker ausführen. Ich wähle als Beispiel einen Nutenanker, **Fig. 324,** bei welchem die Nutenzahl gleich der Spulenzahl ist, so dafs in einer Nut zwei Spulen übereinander zu liegen kommen. Die Nutenzahl sei 24 und die Wicklung 4polig. Wir beginnen die Wicklung mit der Nute 1. Der Schritt sei gekürzt, so dafs die zweite Spulenseite statt in Nut 19 in Nut 20 liegt. Die Nuten 20 bis 24 werden zur Hälfte mit Holzkeilen ausgefüllt und die Spulen 1—1′, 2—2′, 3—3′, 4—4′, 5—5′ gewickelt. Die Spulenseiten 1 bis 5 liegen in der unteren, die Seiten 1′ bis 5′ in der oberen Hälfte der Nuten. Die Seite 6′ kommt über 1 zu liegen. Man fährt nun mit der Wicklung am Umfange von Nute zu Nute weiter. Die 20ste Spule mufs über 15 und unter 1′ liegen, die 21ste über 16 und unter 2′ u. s. f., wir müssen daher, um die Seiten 20 bis 24 an die ihnen zukommende symmetrische Stelle wickeln zu können, die Spulenseiten 1′ bis 5′ wieder in der durch Pfeile angedeuteten Richtung aus den Nuten entfernen und zurückbiegen, was bei einiger Geschicklichkeit des Wicklers sehr gut geht und die eingelegten Holzleisten entfernen. Wenn nun die letzten Spulen fertiggestellt sind, werden die Spulen 1′ bis 5′ wieder in die frühere Lage zurückgeklappt. Bei dem Wickeln der ersten Spulen ist

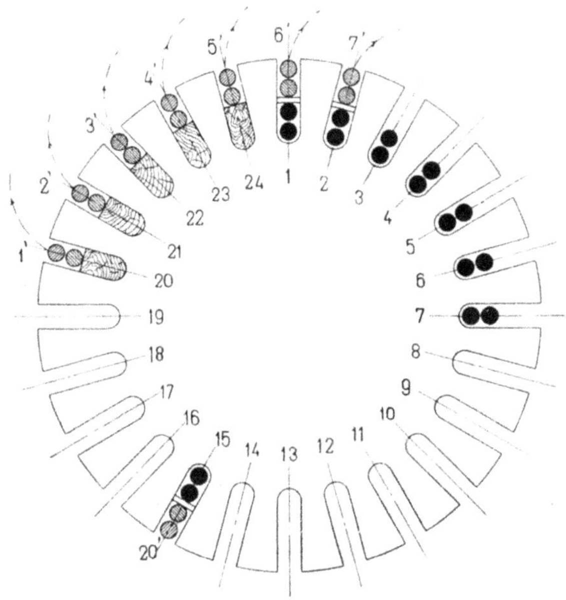

Fig. 324.
Symmetrische vierpolige Drahtwicklung.

natürlich darauf zu achten, dafs für die letzten auch an den Stirnflächen des Ankers Platz übrig bleibt.

Der Wicklung kann ein sehr schönes Aussehen gegeben werden, wenn man die Drahtenden der Spulen nach der für Fig. 314 beschriebenen Methode über den Anker zurücklegt.

Auf die hintere Seite des Ankers wird also, ebenso wie dort, ein Holzring befestigt. Die Enden sämmtlicher Spulen werden zunächst auf der hintern Seite des Ankers von genügender Länge freigelassen, dann mit einer Schnur festgebunden, wobei der Holzring als Stütze dient. Nun werden die Enden nach der durch Fig. 314 erläuterten Weise zurückgebogen und längs einer Nut zum Kollektor geführt. Der Wicklungsschritt wird so vertheilt, dafs die untere Drahtlage eine gleiche Biegung nach rechts macht, wie die obere Lage nach links.

Trommelanker mit Drahtwicklung von Gebr. Körting. Zwei nach der oben [beschriebenen Methode gewickelte Anker der genannten Firma sind in den **Fig. 325** und **326** dargestellt.

Dieselben sind für direkte Kupplung mit Gasmotoren bestimmt.

Fig. 325.
Anker mit Drahtwicklung von Gebr. Körting.

Trommelanker mit Drahtwicklung der E. A.-G. vorm. Lahmeyer & Co. Eine sehr schöne und einfach auszuführende Drahtwicklung führt obige Firma für vier- und mehrpolige Anker aus. In **Fig. 327** ist ein vierpoliger Anker einer normalen Gleichstrommaschine, Modell B VI, von 110 Volt, 135 Ampère Leistung bei 800 Touren pro Minute, im ungefähren Mafsstabe 1 : 11 abgebildet.

Die Wicklung dieses Ankers besteht aus vier Drahtlagen, in jeder Nut liegen somit vier Drähte übereinander, die gesammte Drahtzahl beträgt 256, die Nutenzahl 64 und die Kollektorlamellenzahl 128. —

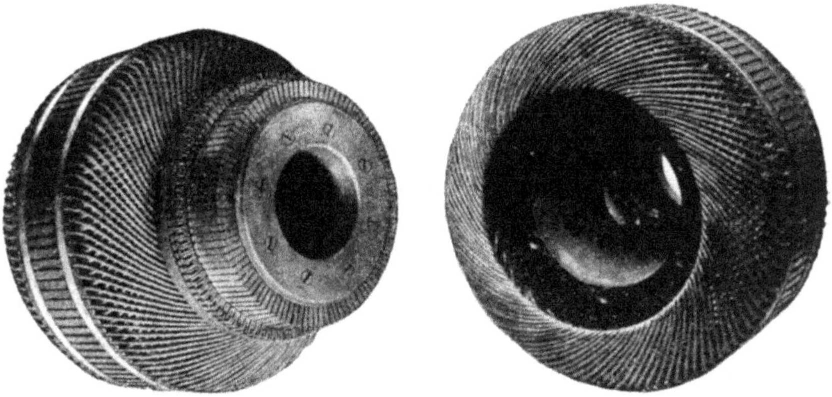

Fig. 326.
Anker mit Drahtwicklung von Gebr. Körting.

Jede der 128 Armaturspulen besteht aus einem Stück Draht, welches mittels einer einfachen Vorrichtung in die Form Fig. 328 geprefst wird. Diese Kröpfung läfst sich jedoch, wenn die Drahtstärke nicht zu grofs

Fig. 327.
Anker mit Drahtwicklung der E. A.-G. vorm. Lahmeyer & Co.

ist, auch direkt von Hand ausführen. — Denkt man sich nun die Spulen fortlaufend von 1 bis 128 numerirt, so werden zuerst die ungeraden Spulen 1, 3, 5 . . . in die Nuten eingelegt, diese bilden die innere Wicklungslage; dann folgen die Spulen mit geraden Nummern, diese bilden die äufsere Wicklungslage mit je zwei Drähten pro

Nut. Die einzelnen Lagen und Drähte können hierbei nach Wunsch isolirt werden.

Die Spulen werden so an den Kollektor angeschlossen, dafs abwechselnd gerade oder ungerade (oder äufsere und innere) Spulen aufeinander folgen; die einzelnen Armaturzweige haben dann stets gleiche Länge und gleichen Widerstand.

Aufser der leichteren Auswechselbarkeit und der leichteren Kontrolle der Spulen hat diese Wicklungsart den Vortheil, dafs die Spulen aufserhalb der Nuten des Ankers völlig frei liegen und daher sehr gut ventilirt sind.

Fig. 328.
Spule zum Anker Fig. 327.

Dieselbe Wicklung läfst sich auch an 64 Kollektorlamellen anschliefsen. In diesem Falle werden die Anfänge der ungeraden Spulen direkt mit den Enden der geraden Spulen verbunden, und die Anfänge der geraden und die Enden der ungeraden Spulen zum Kollektor geführt.

Anstatt eine Spule aus nur einer Windung herzustellen, können natürlich auf geeigneten Schablonen, wie bei der Eickemeyer-Wicklung, mehrere Windungen genommen werden.

Das Charakteristische dieser Drahtwicklung ist, dafs die Wicklung lediglich am Trommelumfange, d. h. ohne die Drähte nach der Achse zu abzukröpfen, ausgeführt wird.

Trommelanker mit Drahtwicklung in zwei Lagen. Eine Wicklung, welche von der Maschinenfabrik Oerlikon in früheren Jahren mehrfach für Trommelanker mit hoher Spannung ausgeführt wurde, veranschaulichen die Fig. 1 bis 3 auf Taf. III. In diesen Figuren ist die Konstruktion eines Ankers des sechspoligen Doppelmotors der bekannten Kraftübertragung der Spinnerei in Schaffhausen[1]) abgebildet. Die Ankerdimensionen entsprechen der Aufnahme einer Leistung von 250 Ampère, 600 Volt, bei ca. 300 Touren pro Minute.

[1]) Beschrieben in der Zeitschr. d. Vereins deutscher Ingenieure, Jahrg. 1893, Band XXXVII.

Die Wicklung ist als Reihenschaltung mit Kabeln, welche auf beiden Seiten der Trommel in zwei getrennten Ebenen liegen, ausgeführt. Zunächst werden die beiden Seiten der Trommel mit den Holzscheiben S_1 und S_2 (Fig. 1) und der Ankerumfang mit mehreren Papierlagen bedeckt, dann kann die erste Lage der Wicklung hergestellt werden. Man beginnt mit dem Kabel K_1 bei a (Fig. 2), biegt dasselbe mit Hilfe einer Holzschablone nach der Kreisevolvente $a\,b$ und geht auf die hintere Seite, dort wird das Kabel K_1 nach der Kreisevolvente $b\,c$ gebogen; weiter wird die Wicklung dieses Kabels vorläufig nicht geführt, sondern man läfst das Ende frei liegen. Auf diese Weise wird mit sämmtlichen Kabeln die erste Hälfte der Wicklung vollendet.

Am Armaturumfange ist erst die halbe Anzahl der Drähte vorhanden, und zwischen je zwei Drähten mufs Platz für einen Draht der zweiten Wicklungshälfte gelassen werden; vorläufig können die Zwischenräume durch Holzstäbchen ausgefüllt werden.

Nun werden die Holzscheiben R_1 und R_2 aufgelegt, und die hinten freistehenden Kabelenden K_2 werden der Reihe nach aufgenommen, hinten längs einer Kreisevolvente $c\,d$ oder $e\,f$ und vorn nach einer Kreisevolvente $f\,a$, entsprechend dem geforderten Wicklungsschritte, geführt. Auf den Seitenflächen sind nun die Kabel K_1 und K_2, zwischen denen die volle Klemmenspannung als Spannungsdifferenz vorhanden ist, durch die Holzscheiben R_1 und R_2 getrennt. Die Spannungsdifferenz zwischen zwei benachbarten Kabeln derselben Lage ist nur gering. Am äufseren Umfange werden die Kabel K_1 und K_2 (Fig. 3) durch die Zwischenlage von gummirtem Tuch oder einem anderen passenden Material ebenfalls sorgfältig isolirt.

Fig. 329 stellt einen in der Ausführung begriffenen Anker dar, mit der Ansicht von der dem Kollektor entgegengesetzten Seite. Die erste Wicklungshälfte ist ganz vollendet und die zweite zum gröfsten Theil; die Holzscheibe S_2 und mehrere freistehende Kabelenden sind noch sichtbar.

Die zwei Lagen K_1 und K_2 können anstatt wie hier nebeneinander am Ankerumfange auch übereinander gewickelt werden.

Dieselbe Wicklungsart wird von der Westinghouse Electric Co., Pittsburg, für Nutenanker angewendet.

Fig. 330 giebt das Bild des in Arbeit befindlichen Ankers eines Trambahngenerators dieser Firma. Die Armatur ist aus Blechen zusammengesetzt, welche mit halbgeschlossenen Nuten versehen sind. In den Zahnlücken, welche elliptischen Querschnitt haben, liegen übereinander je zwei aus Papier und Glimmer zusammengesetzte Röhren, welche zur Aufnahme der Kupferleiter bestimmt sind.

In Fig. 330 ist die unterste Wicklungslage soeben beendet worden. Die Drähte oder Kabel liegen in den unteren Röhren; die Drähte sind auf beiden Seiten um den halben Wicklungsschritt abgebogen und werden auf beiden Seiten durch einen Holzring gehalten; die Enden stehen frei vor. Durch das Zurücklegen der längeren Enden, welche durch die oberen Röhren der Zahnlücken geschoben werden, und auf jeder Seite die zweite Hälfte des Wicklungsschrittes ausführen, wird die zweite Wicklungslage beendet.

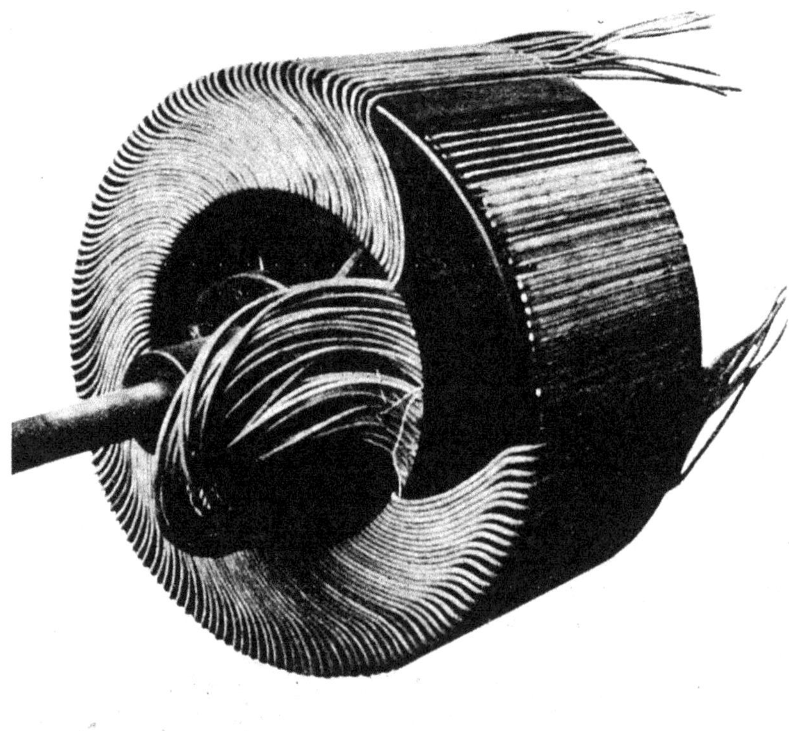

Fig. 329.
Anker mit Drahtwicklung in zwei Lagen der Maschinenfabrik Oerlikon.

Diese Wicklungen der Maschinenfabrik Oerlikon und der Westinghouse Electric Co. liefsen sich, und zwar in gewissen Fällen zweckmäfsiger, ohne seitliche Abkröpfung der Drähte ausführen, so dafs dieselben ebenso, wie in Fig. 327, ganz am äufseren Umfange der Trommel liegen.

Fig. 330.
Nutenanker mit Drahtwicklung in zwei Lagen der Westinghouse Electric Co., in der Ausführung begriffen.

Trommelanker mit Drahtwicklung nach Schablonen. Bei den Trommelankern mit Drahtwicklung ist die Isolation der Spulen unter sich an beiden Stirnflächen der Trommel mit grofser Sorgfalt auszuführen, da zwischen benachbarten Spulen die volle Klemmenspannung der Maschine als Spannungsdifferenz auftritt. Um bei den oben besprochenen Handwicklungen eine gute Isolation zu erhalten, wird Oelpapier, schellackirte Leinwand oder Baumwolle, Seide, Micanittuch, gummirtes Tuch u. s. f. zwischen die einzelnen Spulen eingewickelt.

Eine solche Wicklung ist für niedrige Spannungen etwa bis 300 Volt und bei ganz sorgfältiger Wicklung durch geübte Hand für Spannungen bis 600 Volt bei gröfseren Maschinen anwendbar. Ein sauberes Herstellen der Wicklung ist wegen des Verbrauches an Isolirmaterial und des Festhaltens desselben an der richtigen Stelle recht schwierig. Nur in besonderen Fällen, in denen die Gröfse und Drahtzahl des Ankers eine einfache Wicklung (wie in Fig. 329) ermöglicht, kann mit Handwicklung auch für höhere Spannungen eine gute Isolation erreicht werden. —

Mit dem Namen Schablonenwicklung belegt man eine solche Wicklung, deren Spulen vor dem Aufbringen auf die Armatur einzeln nach einer Schablone hergestellt werden und dabei eine Gestalt erhalten, welche unverändert auf dem Armaturkörper befestigt werden kann.

Jede Spule wird einzeln, und bevor man sie in die Nuten einlegt, hergestellt. Der Draht wird zu dem Zwecke auf einem Rahmen, entsprechend der Nutenform des Ankers, aufgewickelt, mit einem isolirenden Gewebe und Glimmereinlage sorgfältig bewickelt, mit einem isolirenden Anstrich versehen und getrocknet. Diese Schablonenwicklung hat zwei grofse Vortheile: erstens kann die Isolation der Spulen sehr sorgfältig ausgeführt werden, und zweitens ermöglicht sie eine billige und schnelle Herstellung der Wicklung bei Massenfabrikation. Für einzelne Anker wird die Wicklung durch die Kosten der Schablone vertheuert. —

Schablonenwicklung der E.-G. Alioth in Basel. Die ersten Trommelanker mit Schablonenwicklung sind von R. Alioth & Co. in Basel ausgeführt worden; im D. R. P. Nr. 34 783 vom 17. März 1885 ist diese Wicklung beschrieben.

Die Gestalt von drei aufeinander folgenden Spulen ist in **Fig. 331** gezeichnet. Dieselben werden auf hölzernen Schablonen von der in **Fig. 332** dargestellten Bauart gewickelt. Die Schablone besteht im wesentlichen aus vier Theilen, einer Bodenplatte *a* und drei aufgeschraubten Theilen *b*, *c* und *d*. In der Figur ist am Fufse der stehenden Schablone eine zweite auseinandergeschraubte Schablone a_1, b_1, c_1, d_1 dargestellt.

Die geschweiften Theile der Spule werden zwischen a, b, c und a, c, d freigelassen, während diejenigen Drähte, die an den Umfang

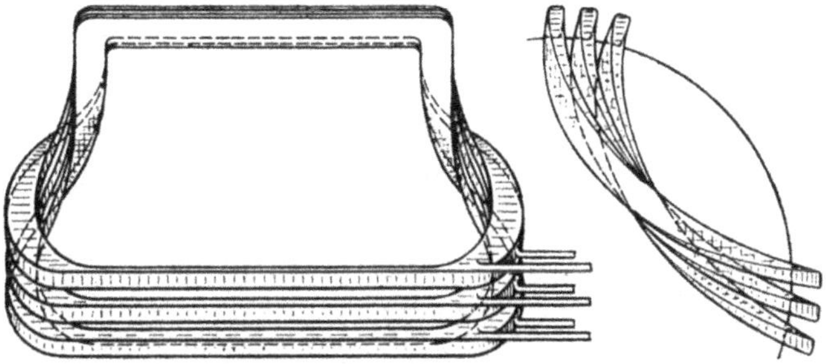

Fig. 331.
Spulen der Schablonenwicklung der E.-G. Alioth.

der Armatur zu liegen kommen, längs der geraden Seiten von c gewickelt werden. Um die Spule herausnehmen zu können, müssen die Theile b, c und d entfernt werden. Die Bestimmung der Spulenform und das Aufzeichnen der Schablone gehört in das Gebiet der darstellenden Geometrie, bietet aber bei einiger Uebung keine besondern Schwierigkeiten.

Die Spule beschreibt zu beiden Seiten der Trommel eine Art Schraubenlinie auf einem ringförmigen Rotationskörper. Damit die Drähte Platz finden, mufs die axiale Höhe des seitlichen Wulstes, von der Stirnfläche der Trommel an gerechnet mindestens $= \frac{y_1 + y_2}{2} \cdot d$ sein, wenn d den Drahtdurchmesser bedeutet, und am innern Umfange des Wulstes müssen sämmtliche Drähte noch Platz finden.

Die Alioth'sche Schablonenwicklung ist diejenige Wicklung, welche die kleinste Drahtlänge erfordert.

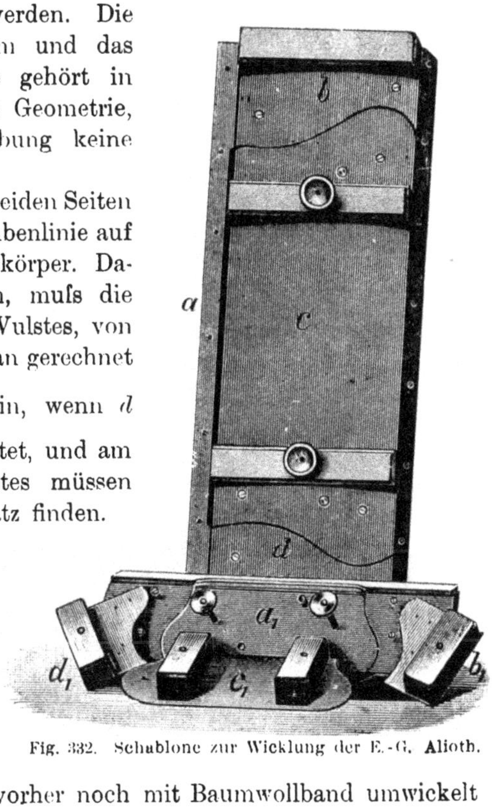

Fig. 332. Schablone zur Wicklung der E.-G. Alioth.

Die Spulen werden mit Schellack bestrichen und für hohe Spannungen vorher noch mit Baumwollband umwickelt und dann getrocknet.

In Fig. 333 ist veranschaulicht, wie die Spulen zu einer ganzen Wicklung zusammengesetzt werden; eine Spule hält der Wickler in der Hand. Die Figur stellt den Anker einer sechspoligen 300pferdigen Maschine für 180 Touren und 660 Volt Spannung dar. Die E.-G. Alioth hat diese Wicklung bis zu Spannungen von 1500 Volt ausgeführt.

Fig. 333.
Das Zusammensetzen einer Schablonenwicklung von der E.-G. Alioth.

Wie aus der Figur ersichtlich, bilden die Spulen auf beiden Seiten der Armatur starke Wülste, deren Hohlraum ungefähr kreisförmig ist. Als Treibstützen dienen 8 Reihen kleiner Eisenkeile, welche in ausgestanzte Nuten der Armaturbleche eingetrieben sind.

Ist die Wicklung soweit vollendet, dafs die letzten Spulen an die zuerst aufgebrachten anstofsen (in der Figur fehlen noch 3 Spulen, bis dieser Umstand eintritt), so müssen die ersten, wie durch Fig. 324 erläutert wurde, wieder abgehoben werden, damit die in diese Spulen eingreifenden Seiten der noch fehlenden Spulen eingeschoben werden können.

Die Schablonenwicklung von R. Eickemeyer, D. R. P. Nr. 54413 vom 14. Februar 1888, gehört zu den bekanntesten und vielfach angewandten Schablonenwicklungen.

Die Eickemeyer-Wicklung ist wohl dem Gedanken entsprungen, die Vorzüge der später zu besprechenden Stabwicklungen auf Drahtwicklungen zu übertragen. Die mittels Schablonen hergestellten Spulen nach Eickemeyer und die aus Stäben zusammengefügten Spulen haben übereinstimmende Form; in beiden Fällen sind die Querverbindungen der Spulen an den Stirnflächen der Trommel derart in zwei Ebenen untergebracht, dafs eine Berührung der sich kreuzenden Drähte vermieden wird.

In den Fig. 334 und 335 ist die Gestalt der Spule eines zweipoligen Trommelankers mit vier Windungen abgebildet. Die Seiten *a* und *b*

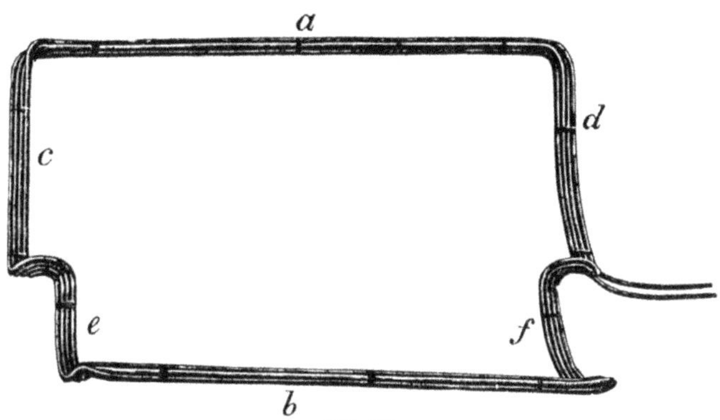

Fig. 334.
Spule einer Schablonenwicklung nach Eickemeyer.

liegen am Umfange und die Seiten *c*, *e* und *d*, *f* auf den Stirnseiten der Trommel. Die Seite *a* der Spule ist länger als die Seite *b*, so dafs, wenn die verschiedenen Spulen auf den Anker aufgesetzt werden, die Seite *b* jeder Spule zwischen den Seiten *c*, *d* der anderen Spule hindurchgeht. Die auf den Stirnflächen liegenden Seiten *c*, *e* und *d*, *f* sind nach Kreisevolventen gekrümmt; aus Fig. 335 ist das ersichtlich. In der Mitte ist der Draht abgekröpft, so dafs bei dem Zusammensetzen der Wicklung die Seiten *c*, *d* in die eine und die Seiten *e*, *f* in die andere Ebene zu liegen kommen, wodurch eine Berührung der sich kreuzenden Drähte vermieden wird.

Am Umfange der Trommel (Seiten *a* und *b*) liegen zwei Drähte übereinander und zwei nebeneinander, an den Seitenflächen müssen dagegen die vier Drähte übereinander gewickelt werden, damit hier sämmtliche Drahtspulen Platz finden.

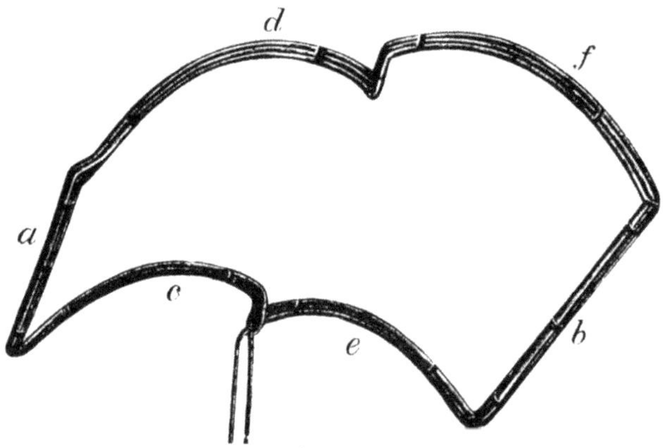

Fig. 335.
Spule einer Schablonenwicklung nach Eickemeyer.

Denkt man sich die Spule in die Papierebene flach gedrückt und die Drähte auch am äufsern Umfange übereinander gewickelt, so erhält

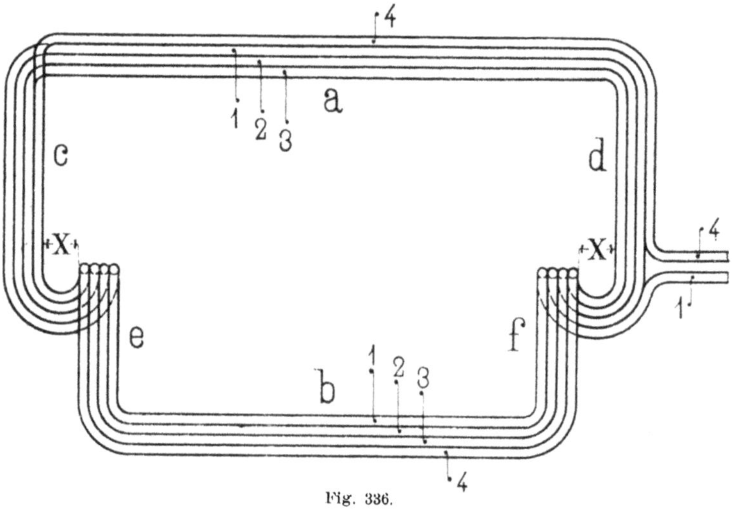

Fig. 336.

man **Fig. 336.** Um in der Spule selbst nur e i n e Kreuzung der Windungen zu erhalten, mufs in der angegebenen Weise gewickelt werden: auf der *b*-Seite folgen die Windungen 1, 2, 3 von innen nach aufsen und auf der a-Seite von aufsen nach innen aufeinander; die Windung 4 kreuzt dann zum Schlusse in der Ecke ac die Windungen 1, 2, 3. — In Fig. 334 liegen auf der Seite a die Windungen 1, 2 und 3, 4, und auf Seite b die Windungen 2, 1 und 3, 4 in radialer Richtung am Trommelumfange übereinander.

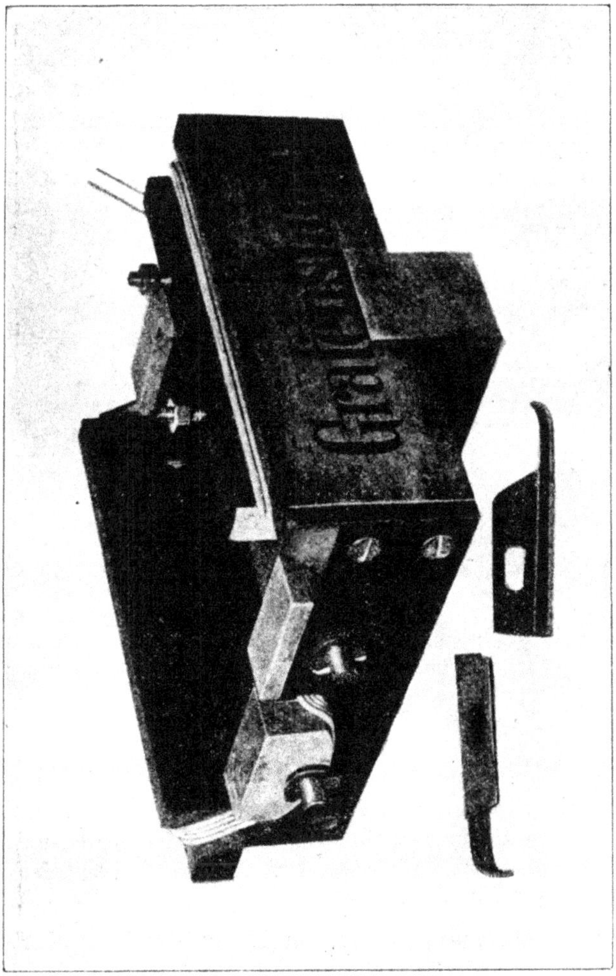

Fig. 337.
Schablone für eine Wicklung nach Eickemeyer.

Die Schablone, auf welcher die oben abgebildeten Spulen hergestellt wurden, ist in Fig. 337 dargestellt, und Fig. 338 giebt den zugehörigen Anker mit Kollektor, aber noch ohne Drahtbänder, ausgeführt in der Maschinenfabrik Oerlikon. Um die Windungen auf der Seite a (Fig. 336) in verkehrter Reihenfolge wickeln zu können, bedient man sich passender Einlagen. In Fig. 337 sind der Schablone solche aus Blech verfertigte Einlagen beigefügt.

Nach den oben gemachten Angaben habe ich in den **Fig. 339** und **340** einen Trommelanker mit Eickemeyer-Wicklung entworfen und in den **Fig. 341** bis **343** die dazu passende Schablone beigefügt.

Am Ankerumfange liegen 480 Drähte, welche in 40 Spulen von je 6 Windungen eingetheilt sind; der Kollektor erhält somit 40 Lamellen. Diese Drahtzahl mufs am Ankerumfange in drei Lagen angeordnet werden; an den Stirnflächen des Ankers ist, wie die Konstruktion der Fig. 339 ergiebt, dagegen für sämmtliche Drähte nur dann Platz, wenn hier 6 Drähte übereinander gewickelt werden.

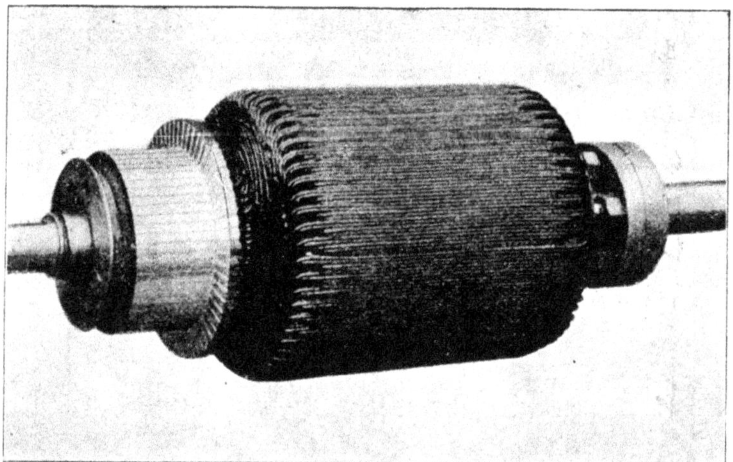

Fig. 338.
Anker mit Wicklung nach Eickemeyer.

Wenn die Spulenform auf diese Weise bestimmt ist, kann zur Konstruktion der Schablone geschritten werden, welche der ermittelten Spulenform genau anzupassen ist. In Fig. 341 ist der Grundrifs, in Fig. 342 die Ansicht von N aus gesehen und in Fig. 343 der Längsschnitt MN der Schablone aufgezeichnet.

Dieselbe besteht aus einem Rahmen, der durch die Holzstücke A, K, B und die Eisenbleche L, L_1 gebildet wird. An den Eisenblechen sind zwei äufsere Formstücke aus Blei oder Zinn C, D und zwei innere E, F mittels Bolzen und Keil befestigt. Die Stärke der Eisenbleche wird entsprechend dem Abstande der Spulen x (Fig. 340 und 336) gewählt, und die Formstücke werden nach der in Fig. 339 festgelegten Form der Kreisevolvente bearbeitet.

Fig. 340.

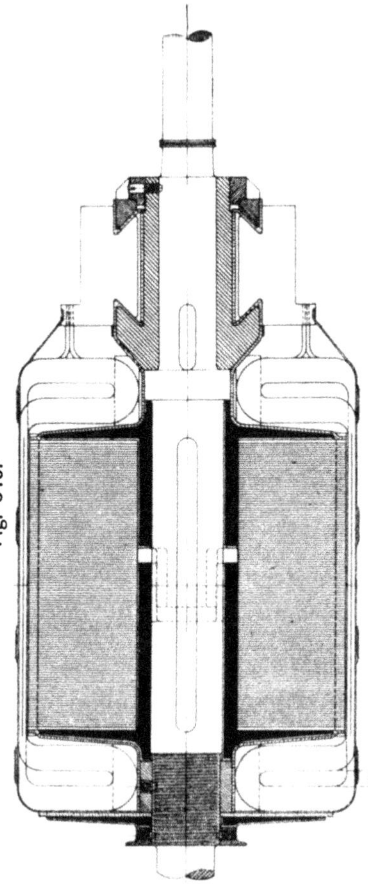

Fig. 339.

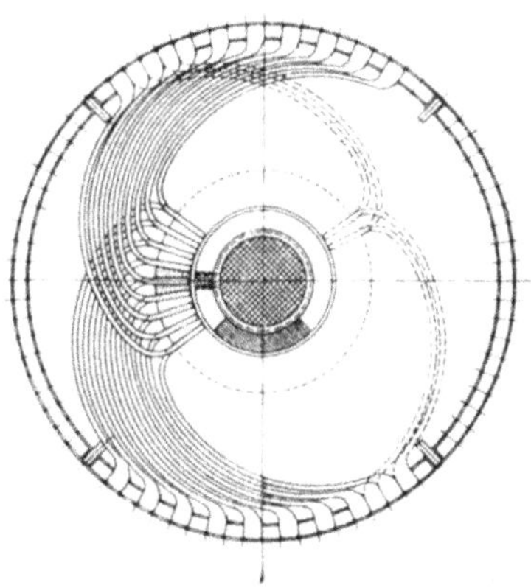

Fig. 343.

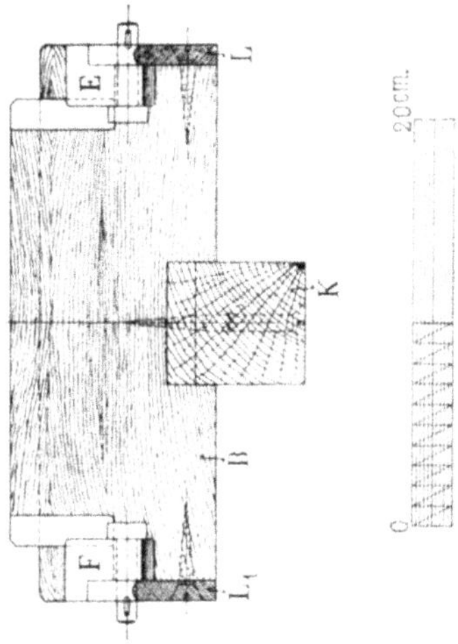

Fig. 341.

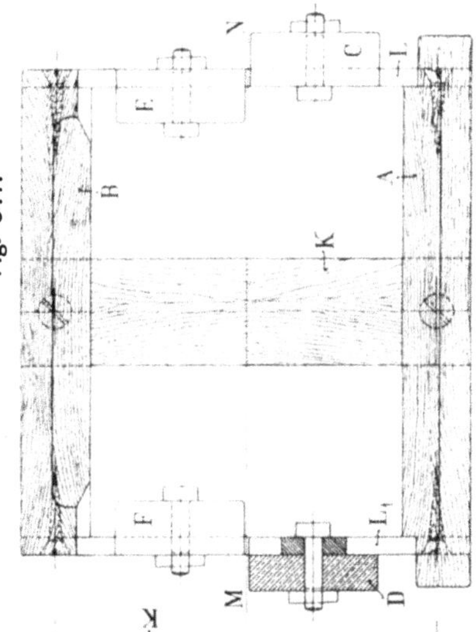

Fig. 342.

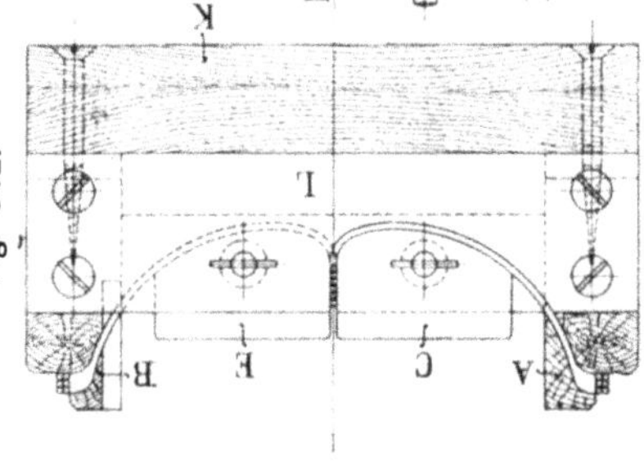

Fig. 339 – 343.
Anker mit Schablone einer Wicklung nach Eickemeyer.

Beginnt man mit der Wicklung der Spule bei M, so wird der Draht zunächst in den zwischen D und F freigelassenen Schlitz eingeklemmt und dann wie folgt geführt: Nach der Innenseite des Rahmens, um das Formstück F, längs der Seite B, um das Formstück E, nach der Aufsenseite des Rahmens, um das Formstück C, längs der Seite A, um das Formstück D, nach der Innenseite des Rahmens u. s. f. Man beginnt natürlich mit der Windung, welche an den Blechen L und L_1 anliegt. Die grofsen Buchstaben der Fig. 339 entsprechen der Lage nach den kleinen Buchstaben der Fig. 334.

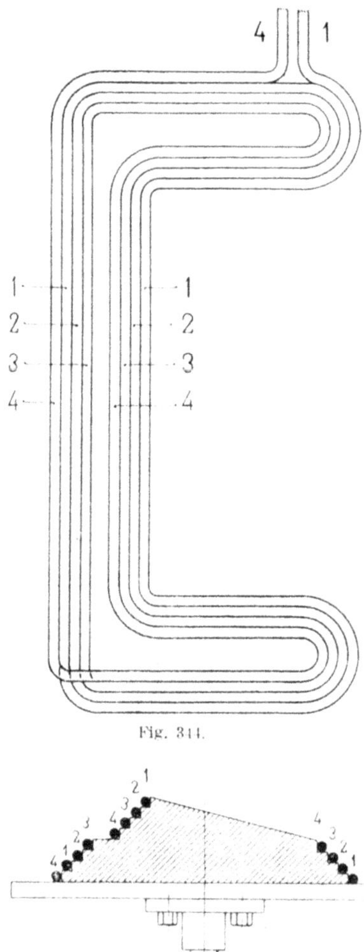

Fig. 344.

Um die Spule aus dem Rahmen entfernen zu können, müssen die Formstücke C, D, E und F entfernt werden; vorher versieht man die Spule mit kleinen Schnurbändern, welche die Drähte in der gegebenen Lage festhalten. Die Spulen werden nun mit Schellack oder einer Gummilösung bestrichen, getrocknet und dann auf dem isolirten Armaturkörper befestigt.

Schablonenwicklung von L. Loewe & Co. Denkt man sich die untere Hälfte der in Fig. 336 dargestellten Eickemeyerspule in die obere Hälfte hineingeklappt, so entsteht **Fig. 344.** Diese Spule kann nun auf einer Plattenschablone gewickelt werden. Diese Schablone, die in **Fig. 345** im Querschnitte dargestellt ist, besteht aus einer, auf einem Tisch um eine Axe drehbaren Messingplatte, welche für die Drahtführung entsprechende Erhöhungen besitzt, so dafs die Drähte in die geforderte Lage gewickelt werden können. Da die Schablone drehbar ist und der Wickler nur in einer Ebene zu wickeln braucht, so ist diese Einrichtung für Massenfabrikation besonders geeignet. Mittels einer Presse werden die Spulen nachträglich

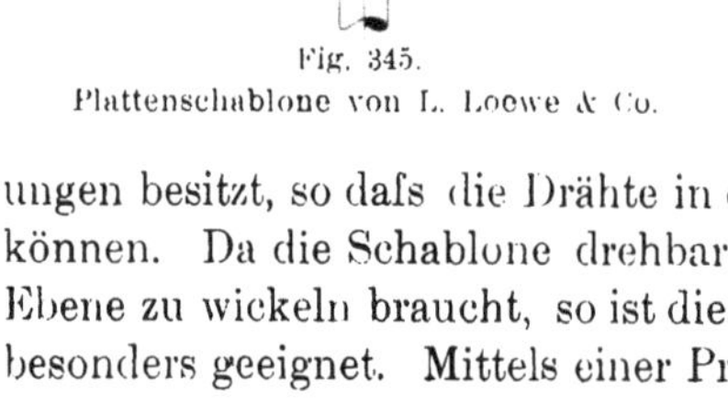
Fig. 345.
Plattenschablone von L. Loewe & Co.

in eine zweite hölzerne Schablone geprefst, welche denselben die endgültige Form giebt. Nach dieser Methode werden die Ankerspulen für die Trammotoren der **Union E. G.** fabricirt.

Anker eines Trambahnmotors der Union-Elektricitäts-Gesellschaft. Dieser Anker, dessen Ankerspulen auf die beschriebene Weise hergestellt sind, ist auf Tafel IV, **Fig.** 1—4 abgebildet. Die Hauptabmessungen sind folgende:

Ankerdurchmesser	40,64	cm	(16″)
Eisenlänge	32,04	»	(12″)
Totale Eisenhöhe	14,7	»	
Drahtzahl	840		
Drahtdurchmesser	2,8	mm	nackt
	3,3	»	isolirt
Nutenzahl	105		
Nutentiefe	3,5	cm	
Nutenbreite	0,59	»	
Kollektordurchmesser	23,0	»	
„ breite	13,5	»	
Polzahl	4		
Polbogen	20,0	»	
Feldbohrung	41,43	»	

Der Anker gehört zur Motortype G. E. 1200 Form C. Bei 44 Ampère 500 Volt äufsert der Motor eine Zugkraft von 550 kg = 1200 Pfund engl., und macht bei 83 Touren der Wagenaxe und 3,5 facher Uebersetzung normal 290 Umdrehungen pro Minute. Der Wirkungsgrad beträgt bei dieser Belastung 80 %.

Wie Fig. 4 zeigt, sind die Nuten durch Holzleisten oben abgeschlossen. Die Kollektorbüchse ist aus schmiedbarem Gusse, die Ankerbüchse und die hinten aufgeschraubte Kappe sind aus Gufseisen hergestellt.

Schablonen-Wicklung der Westinghouse Electric Co. In **Fig.** 346 ist

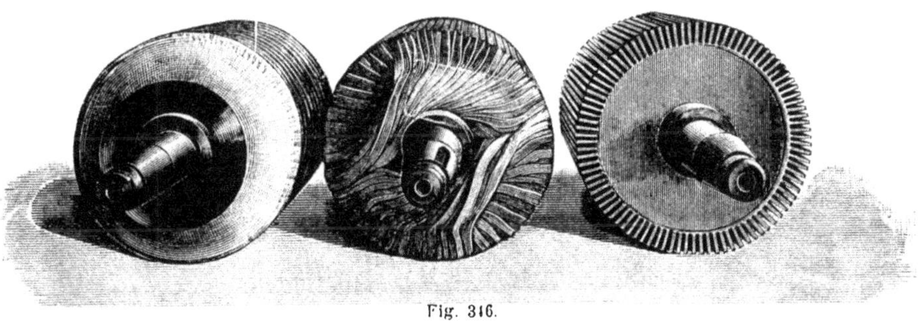

Fig. 346.
Anker eines Trambahnmotors der Westinghouse Electric Co.

links der ungefräste, rechts der gefräste aber unbewickelte und in der Mitte der fertig bewickelte Anker eines Trambahnmotors abgebildet:

— Die Spulen werden auf der in Fig. 347 und 348[1]) in Vorder- und Seitenansicht abgebildeten Schablone gewickelt.

Die Spule erhält auf dieser Schablone nicht die endgültige Form. Sie wird noch mit Band isolirt, die Seiten *a b* werden in die Nuten eingebracht und die Seiten *c d* auf den beiden Stirnflächen des Ankers in die, in Fig. 346 sichtbare, gewundene Form geprefst.

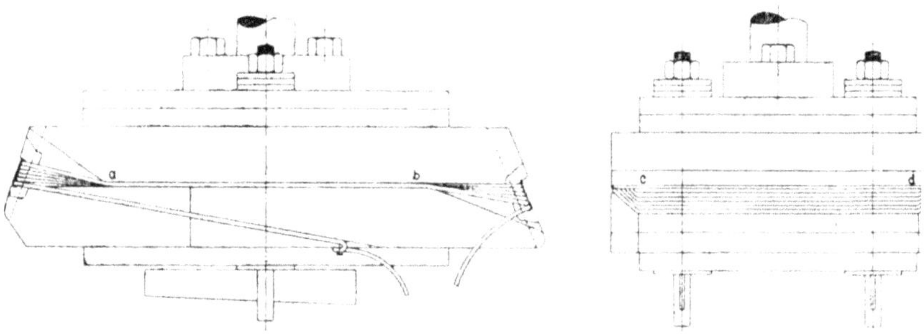

Fig. 347. Fig. 348.
Schablone zur Wicklung des Ankers Fig. 346.

Schablone für eine Wicklung mit Reihenschaltung. Fig. 349 bis 351. Diese Schablone ermöglicht nicht nur die Spule *a b c* selbst, sondern

Fig. 349 – 351.
Schablone für eine Wicklung mit Reihenschaltung.

[1]) Diese Schablonenform und die folgenden sind dem Buche Fischer-Hinnen, Wirkungsweise, Berechnung und Konstruktion elektrischer Gleichstrommaschinen, entnommen.

auch die zu den im Schema folgenden Spulen führenden Querverbindungen $a\,a_1$ und $c\,c_1$ nach der Schablone zu wickeln. In den meisten Fällen kann darauf verzichtet werden die Querverbindungen auf diese Weise zu formen, indem der Wickler, nachdem die Spule auf den Anker gebracht ist, die genaue Biegung dieser Verbindungen nach Augenmaafs oder nach einer besonderen Holzschablone ausführen kann.

Schablone eines zweipoligen Ankers mit Mantelwicklung. Die Schablone ist in den **Fig.** 352 bis 354 dargestellt, die Drahtführung folgt den Buchstaben $a\,b\,c\,d\,e\,f\,g\,g_1\,b_1\,c_1\,d_1\,e_1\,f_1\,h$ und ist deutlich gekennzeichnet. Die

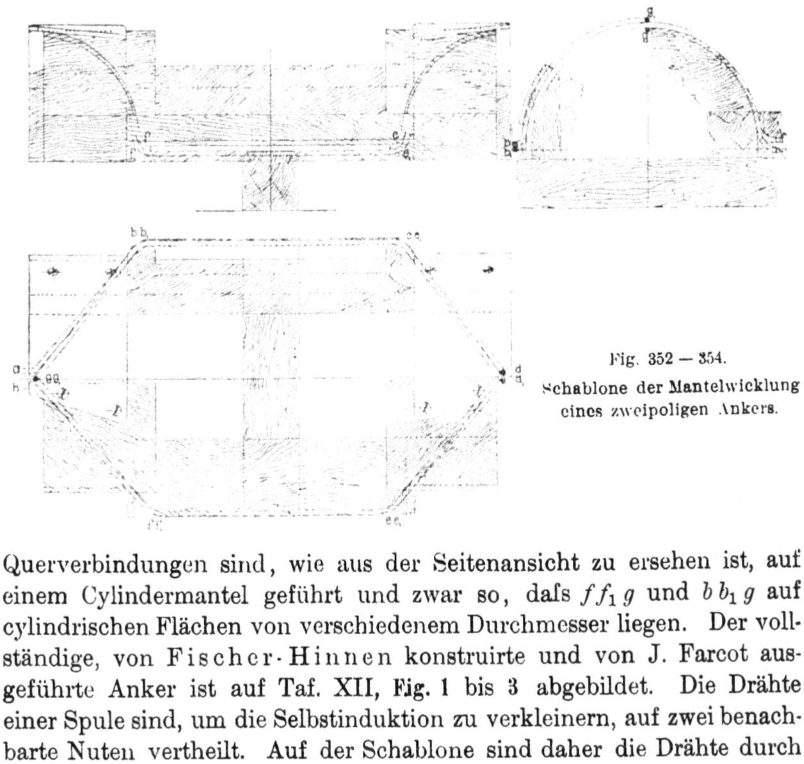

Fig. 352 — 354.
Schablone der Mantelwicklung eines zweipoligen Ankers.

Querverbindungen sind, wie aus der Seitenansicht zu ersehen ist, auf einem Cylindermantel geführt und zwar so, dafs $f\,f_1\,g$ und $b\,b_1\,g$ auf cylindrischen Flächen von verschiedenem Durchmesser liegen. Der vollständige, von Fischer-Hinnen konstruirte und von J. Farcot ausgeführte Anker ist auf Taf. XII, **Fig.** 1 bis 3 abgebildet. Die Drähte einer Spule sind, um die Selbstinduktion zu verkleinern, auf zwei benachbarte Nuten vertheilt. Auf der Schablone sind daher die Drähte durch eine Holzleiste $a\,e$, deren Breite der Zackenstärke entspricht, getrennt.

Der Anker ist für eine Maschine von 14 K.-W., 125 Volt, 900 Touren bestimmt. Die Abmessungen sind:

Ankerdurchmesser . .	30,0 cm	Nutentiefe	1,1 cm
Eisenlänge	26,0 »	Nutenbreite	0,65 »
Totale Eisenhöhe . .	9,2 »	Kollektorlamellen . .	90
Drahtzahl	180	Polbogen	34,0 »
Drahtdurchmesser . .	4,0 mm	Feldbohrung	30,8 »
Anzahl Nuten . . .	90.		

Trommelanker einer 18-KW.-Maschine mit Schablonenwicklung von der Gesellschaft für elektrische Industrie, Karlsruhe. Jede Spule dieses Ankers besteht aus zwei Windungen, welche in der Form, die **Fig. 355** darstellt, auf einer einfachen Holzschablone hergestellt werden. Der Anker ist

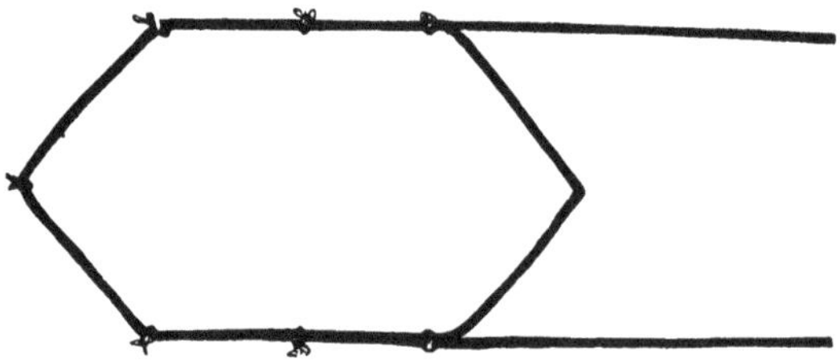

Fig. 355.

vierpolig und erhält für 220 Volt 87 Spulen à 2 Windungen; je zwei Spulenseiten liegen in einer Nut des Ankers übereinander. Um die letzten Spulenseiten unten in die Nut einlegen zu können, müssen, so

Fig. 356.
Zusammensetzen der Schablonenwicklung eines Ankers der Ges. f. elektr. Industrie, Karlsruhe.

wie durch Fig. 324 erläutert wurde, die betreffenden Seiten der zuerst eingelegten Spulen gehoben werden.

Dieser Zustand des Wicklungsvorganges ist in **Fig. 356** dargestellt.

Nachdem die letzte Spule eingelegt ist, können die abgehobenen Drähte in die betreffenden Nuten zurückgebogen werden.

Trommelanker mit Stabwicklung.

Die Drahtwicklungen sind nur so lange bequem auszuführen, als der Drahtquerschnitt gewisse Grenzen nicht überschreitet; diese Grenze hängt zum Theil auch von der Gröfse der Armatur ab. In den letzten Jahren haben sich die Stabwicklungen allgemein eingebürgert; dieselben ermöglichen nicht allein eine bequeme Herstellung der Wicklung für grofse Querschnitte, sondern zugleich eine Anordnung der Stäbe in getrennte Wicklungsebenen, daher eine vorzügliche Isolation und ein leichteres Auswechseln schadhaft gewordener Theile.

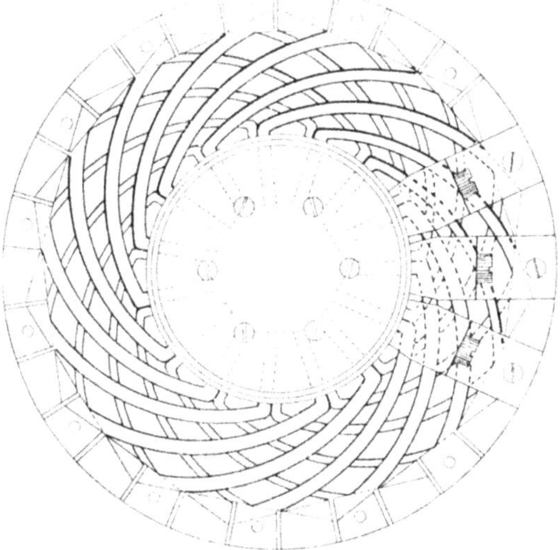

Fig. 357.
Zweipoliger Trommelanker mit Stabwicklung von Siemens & Halske, A.-G.

Die erste Wicklung dieser Art hat die Firma **Siemens & Halske**[1]) für Anker, die zur Lieferung sehr starker Ströme von niederer Spannung bestimmt waren, ausgeführt. Die Stirnansicht eines solchen Ankers ist in Fig. 357 abgebildet.

Die Wicklung besteht aus Kupferstäben von grofsem Querschnitte; dieselben sind nach Schema Fig. 79 mit dem Kollektor durch gebogene Kupferstreifen verbunden und zwar so, dafs dieselben in zwei zu einander parallelen Ebenen untergebracht sind, und zwischen den Stäben die Luft frei cirkuliren kann.

Trommelanker mit Stabwicklung der Maschinenfabrik Oerlikon. Die normalen Maschinen für 110 Volt Klemmenspannung der Maschinenfabrik Oerlikon haben von 30 Kilowatt Leistung an durchweg Stab-

[1]) Vergl. E. T. Z. 1881, Bd. II, S. 55.

wicklung. Der Anker einer solchen Maschine mit 4 Polen von 55 Kilowatt, 125 Volt, 440 Amp., 600 Touren ist auf Taf. V abgebildet. Die Hauptabmessungen sind:

Ankerdurchmesser .	52,0 cm	Nutenbreite	0,8 cm
Eisenlänge	36,0 »	Kollektordurchmesser	24,0 »
Totale Eisenhöhe .	10,0 »	» breite . .	16,0 »
Drahtzahl	200	Lamellenzahl . . .	100
Drahtquerschnitt	2,2 × 16 mm	Polbogen	26,0 »
Nutentiefe	2,4 cm	Feldbohrung . . .	53,2 »

Der Ankerstern ist bei dieser Maschine aus Broncegufs hergestellt, um denselben auch für Ringwicklung benützen zu können. (Vergl. Figur 1, Taf. I.) In jeder Nut liegen zwei flache Stäbe (Fig. 3) nebeneinander. Die Stäbe sind nach der Reihen-Parallelschaltung des Verfassers (Schema Fig. 123) miteinander verbunden. Der Wicklungsschritt ist

$$y_1 + y_2 = \frac{200 - 4}{2} = 98,$$

$$y_1 = 49, \quad y_2 = 49.$$

Der Stab 1 ist somit mit dem Stab 50 und Stab 50 mit Stab 99 u. s. f. zu verbinden.

In Fig. 5 u. 6 sind zwei zu einer Nut gehörige Stäbe in Grundrifs und Vorderansicht dargestellt. Wir haben einen langen Stab S_1, dessen Gabeln v_1 und h_1 vorn (v_1) um den halben Wicklungsschritt nach rechts und hinten (h_1) um den halben Wicklungsschritt nach links abgebogen sind; die Gabeln v_2 und h_2 des kürzern Stabes S_2 gehen nach entgegengesetzter Richtung.

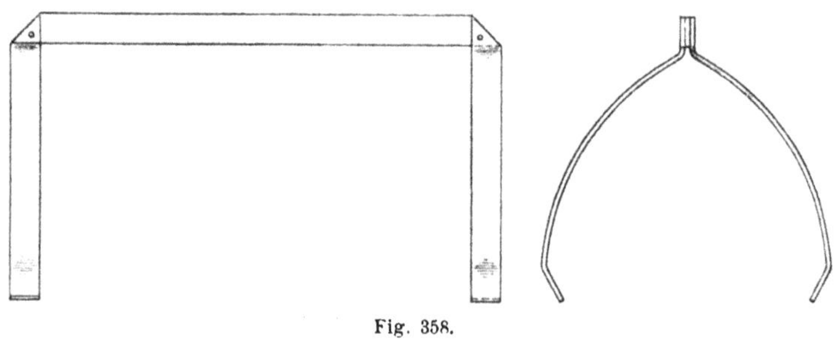

Fig. 358.

Zuerst werden alle kurzen Stäbe und dann alle langen Stäbe mit ihren Gabeln in die Nuten eingelegt, und dann die Enden der Gabeln durch gebogene Kupferbleche (Figur 7), die verlöthet werden, mit einander auf der hintern und vordern Seite des Ankers verbunden. In Figur 4 ist die entstehende Verbindung der Stäbe für einen

Umgang $a - b - c - d - e - f - g - h - i$ angegeben; die Verlöthung der Gabeln erfolgt an den Stellen c, e, g.

Auf der hintern Seite (**Figur 1**) werden die Gabeln sammt der zwischengelegten Isolation durch eine U förmige Metallhülse H und ein Schnurband B gehalten und auf der vordern Seite ebenfalls von einander isolirt und mit dem Kollektor verbunden.

Die Verbindung mit dem Kollektor erfolgt durch in die Metallhülse H und in die Lamellen eingelöthete Kupferstreifen (**Figur 7**). Bei allfälligem Schadhaftwerden der Wicklung oder des Kollektors brauchen nur diese Streifen losgelöthet zu werden, um den Kollektor abziehen zu können.

Die doppelt gekröpften Armaturstäbe können, wie **Fig. 358** zeigt, zweckmäfsig aus einem geraden Kupferstabe in die verlangte Form gefaltet und gebogen werden.

Das Bild des fertigen Stabankers giebt **Fig. 359.**

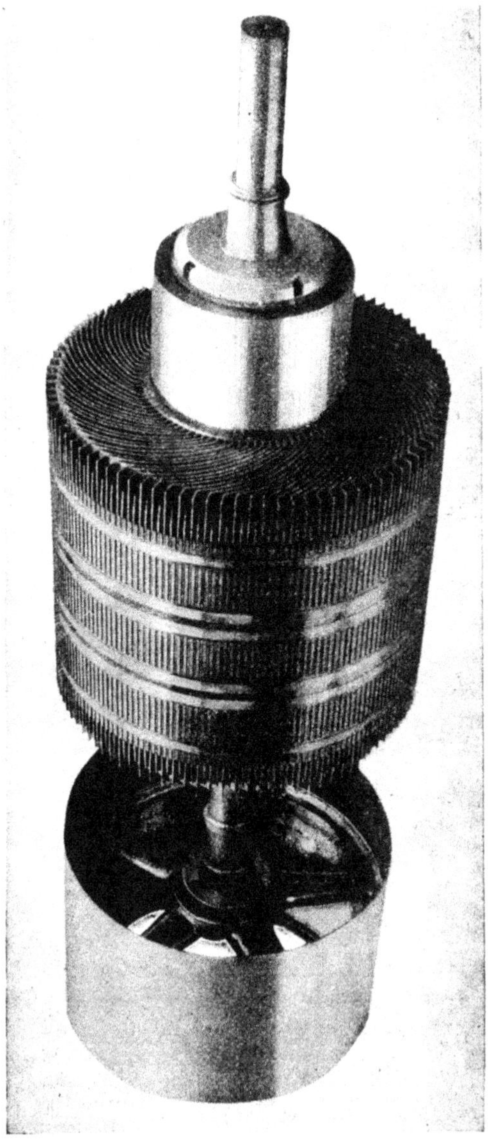

Fig. 359. Vierpoliger Trommelanker mit Stabwicklung der Maschinenfabrik Oerlikon.

Trommelanker einer 412 KW.-Maschine der Maschinenfabrik Oerlikon. Einige interessante Eigenthümlichkeiten haben die Ankerwicklungen der grofsen Dynamomaschinen des Aluminiumwerkes

Neuhausen. Die Ansicht eines solchen Ankers, der direkt mit der vertikalen Turbinenwelle gekuppelt wird, ist in **Fig. 360** abgebildet. Diese Maschinen mit 24 Polen, 55 Volt, 7500 Ampère Leistung bei 150 Touren haben folgende Abmessungen:

Eisendurchmesser des Ankers	237,0 cm
Eisenlänge	43,0 »
Eisenhöhe	10,5 »

Fig. 360.
Anker mit Mordeyschaltung einer 412 KW.-Maschine der Maschinenfabrik Oerlikon.

Drahtzahl	432
Drahtquerschnitt: Kabel von 19 Drähten zu 2,8 mm Durchm.	
Durchm. des Kabels, isolirt	15,7 mm
Kollektordurchmesser	170 cm
» breite	33 »
Lamellenzahl	216
Bürsten pro Stift	5

Bürstenbreite	5,0 cm
» dicke	1,0 »
Polbogen	20,0 »
Feldbohrung	241,8 »

Die Drähte liegen auf der glatten Trommel auf und sind mittels Kupfergabeln nach dem Schema Fig. 99 unter einander verbunden. Auf der hintern Seite des Ankers sind die Gabeln in einen sog. Hülfskollektor eingelöthet. Zum Festhalten und zur Führung der Drähte enthält der Ankerkern in gleichen Abständen 8 Scheiben aus 0,3 cm starkem Messingblech, in dessen Oeffnungen die Drähte eingeschoben werden (**Fig. 361**). Jeder einzelne Stab kann, wenn er ausgewechselt werden soll, leicht wieder losgelöst und entfernt werden.

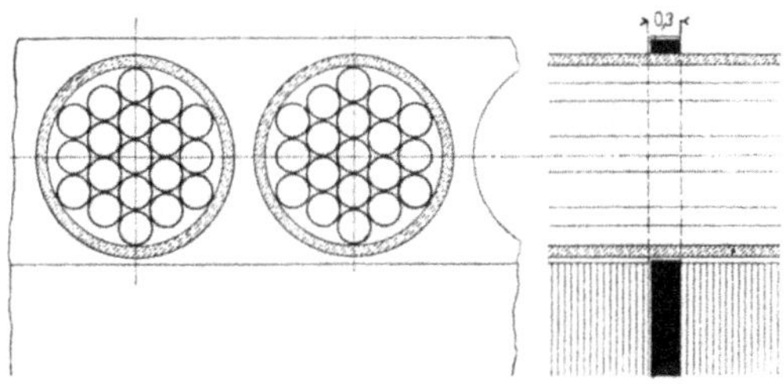

Fig. 361.

Trommelanker einer 560 KW.-Maschine der Maschinenfabrik Oerlikon. Dieser in **Fig. 362** abgebildete Anker gehört zu einer der grofsen Gleichstrommaschinen des Elektricitätswerkes Rheinfelden, welche elektrochemischen Zwecken dienen. Er ist ebenfalls für direkte Kuppelung mit einer vertikalen Turbinenwelle bestimmt und ist für eine Leistung von 7500 Amp., 75 Volt bei 55 Touren gebaut. Der Ankerdurchmesser beträgt 460 cm, die Eisenlänge des Ankers 40 cm. Die Drähte, 1088 an der Zahl, sind in Nuten von 1,4 cm Breite, je zwei übereinander eingebettet. Die Nutenzahl ist gleich der Kollektorlamellenzahl = 544. Die Wicklung entspricht der Mordeyschaltung nach Fig. 99. Die Polzahl ist 32, der Wicklungsschritt 17. Der Polbogen beträgt 30 cm. Die Feldbohrung 462,2 cm, der Kollektordurchmesser 300 cm, dessen nutzbare Breite 27,5 cm. —

Bemerkenswerth ist die Art und Weise, wie die Drähte in den offenen Nuten befestigt sind. Zu dem Zwecke sind in das Eisen des Ankers drei Scheiben aus Kupferblech eingelegt, deren Zacken K, wie **Fig. 363** zeigt, zunächst über die Zähne des Ankers vorstehen. Ueber die Zacken werden Fiberstücke mit entsprechenden Oeffnungen geschoben und die Zacken des Kupferbleches nun abwechselnd nach rechts (K_1) und nach links (K_2) abgebogen. —

Um den Anker transportfähig zu machen, ist derselbe, wie Fig. 362 erkennen läſst, zweitheilig ausgeführt; der Kollektor ist ebenfalls getheilt. Die Ankerhälften werden in den Werkstätten der Maschinen-

Fig. 362.
Trommelanker einer 560 KW.-Maschine der Maschinenfabrik Oerlikon.

fabrik vollkommen fertiggestellt und nur die Verbindungen, welche die Wicklung schlieſsen, werden an Ort und Stelle eingelöthet.

Die in allen konstruktiven Einzelheiten sehr vollkommenen Maschinen arbeiten ganz vorzüglich und ertragen eine bedeutende Ueberlastung.

Trommelanker mit Stabwicklung der E. A.-G. vormals Schuckert & Co. Die Konstruktion eines vierpoligen Stabankers dieser Firma ist in den **Fig. 364** bis **369** zusammengestellt. Derselbe entspricht einer Leistung von ca. 60 Kilowatt bei 110 Volt und 600 Touren pro Minute. Der Ankerkern ist mit seitlichen Bronceplatten versehen und mit isolirten Siliciumbroncestiften zusammengeschraubt. In 80 Nuten desselben liegen 160 quadratische Stäbe, je zwei übereinander, und zwar liegt unten in der Nut ein kurzer und oben ein langer, zu beiden Seiten vorstehender Stab. Die Stäbe sind an beiden Enden (**Fig. 367**) eingefräst und werden durch besondere Verbindungsgabeln (**Fig. 368** und **369**), welche aus Kupferblech ausgestanzt werden, miteinander verbunden.

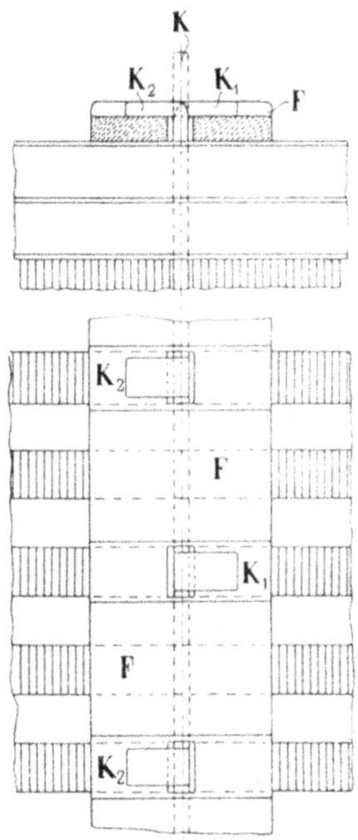

Fig. 363.

Da jeweilen ein kurzer Stab mit einem langen, oder ein innerer Stab mit einem äufsern verbunden wird, so ist ein Schenkel der Gabel kürzer als der andere. Die nach Fig. 369 ausgestanzten Gabeln werden auf Schablonen in die durch das Schema **Fig. 368** bestimmte und in **Fig. 366** nochmals dargestellte Form geprefst. Die Stäbe sind nach der gewöhnlichen Schleifen-Parallelschaltung mit einander verbunden, so z. B. der äufsere Stab *a* (Fig. 366) durch die Gabel *a b c* mit dem inneren Stabe *c*, und auf der Rückseite der Stab *c* durch die punktirt angedeutete Gabel *c d e* mit dem äufsern Stabe *e* u. s. f.

Auf der hintern Seite werden die Gabeln durch einen gezahnten Fiberring *F* (**Fig. 364**) und ein Schnurband *B* gehalten, vorn sind dieselben durch kurze Verbindungsdrähte aus schlechtleitendem Metalle mit den Kollektorlamellen verbunden.

Bei dieser Wicklung sind auch die Stäbe am äufsern Umfange der Trommel in zwei Ebenen angeordnet. Da zwischen den kurzen und langen Stäben die volle Klemmenspannung als Spannungsdifferenz auftritt, so gewährt diese Wicklungsart den Vorzug, dafs die Stäbe einer Nut (**Fig. 365 a**) durch Zwischenlage eines Fiberstreifens, Glimmerstreifens u. s. f. gut von einander isolirt werden können, ohne dafs die Nutenbreite, wie bei nebeneinander liegenden Stäben, dadurch beeinflufst wird.

Die photographische Aufnahme eines solchen Ankers ist in **Fig. 370** wiedergegeben, ebenso in **Fig. 371** das Bild eines gröfseren Ankers,

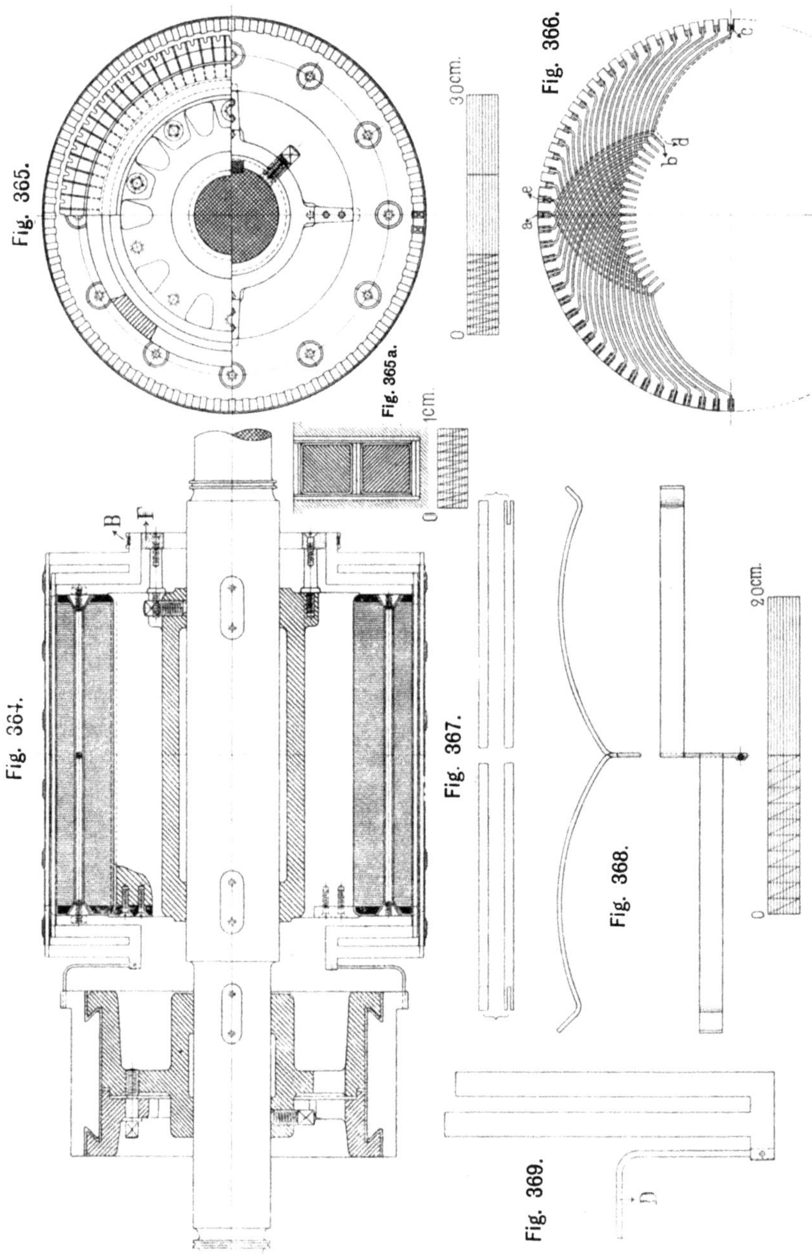

Fig. 364—369.
E. A.-G. vorm. Schuckert & Co. Trommelanker mit Stabwicklung für 550 Amp., 110 Volt, 600 Touren.

Modell AF 110. In letzterem Falle liegen die Armaturstäbe nicht in Nuten, sondern als kurze und lange Stäbe auf dem glatten Kerne abwechselnd nebeneinander.

Fig. 370. Trommelanker mit Stabwicklung der E. A.-G. vorm. Schuckert & Co.

Die Abmessungen eines gröfseren Trommelankers der E. A.-G. vorm. Schuckert & Co., Type AF. 500, 396 KW., 330 Volt, 1200 Ampère, 100 Umdreh., 12 Pole, sind folgende

Ankerdurchm. . . .	220 cm	Nutentiefe	2,6 cm
Eisenlänge	53 »	Nutenbreite	0,65 »
Tot. Eisenhöhe . . .	16,5 »	Abstand der schrägen	
Drahtzahl	1056	Polschuhe	6,0 »
Drahtquerschn. . .	3,5 × 11 mm	Pollänge	52,0 »
Verbindungsgabeln .	1,5 × 25 »	Polbogen	51,5 »
Kollektorlamellen . .	528	Feldbohrung	221,8 »
Nutenzahl	528		

Die Drähte sind nach dem gew. Parallelschaltungsschema verbunden. In einer Nut liegen zwei Drähte übereinander.

Fig. 371.
Trommelanker mit Stabwicklung der E. A.-G. vorm. Schuckert & Co.

Trommelanker einer 75 KW.-Maschine der Elektricitätsgesellschaft Alioth, Basel. Die Generatoren der elektrischen Trambahn in Basel sind von obiger Firma mit Armaturen nach **Fig. 372** bis **375** ausgeführt worden. Die Maschinen sind sechspolig gebaut und leisten bei 500 Touren pro Minute 140 Ampère 530 Volt. Es beträgt

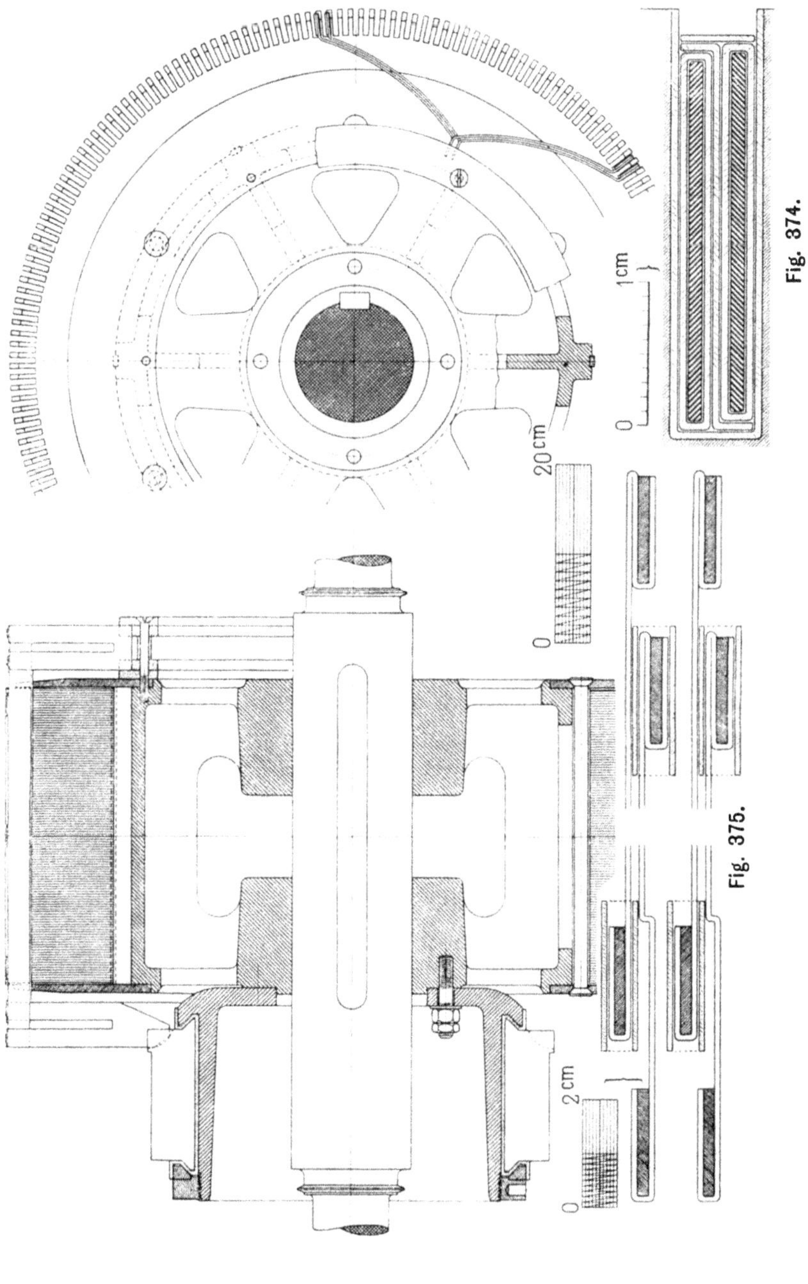

Fig. 374.

Fig. 375.

Fig. 372 — 375.
E.-G. Alioth. Sechspoliger Trommelanker für 140 Amp., 530 Volt, 500 Touren.

Ankerdurchm . . .	78,8 cm	Nutenbreite . . .	0,65 cm
Eisenlänge	35,0 »	Kollektordurchm . .	45,0 »
Tot. Eisenhöhe . .	12,4 »	Kollektorbreite . .	12,0 »
Drahtzahl	400	Lamellenzahl . . .	200
Drahtquerschn. .	1 × 25 mm	Polbogen	28,5 »
Nutenzahl	200	Feldbohrung . . .	80,0 »
Nutentiefe	3,0 cm	Polzahl	6.

Die Stäbe sind in Reihenschaltung verbunden, der Schritt ist

$$y_1' + y_2' = \frac{400 + 2}{3} = 134,$$

$$y_1 = 67, \quad y_2 = 67 \text{ Stäbe}$$

oder

$$y_1' = y_2' = \frac{67 + 1}{2} = 34 \text{ Nuten.}$$

d. h. vorn und hinten ist ein kurzer Stab der Nut x mit einem langen Stabe der Nut $x + 34$ zu verbinden. Die Stäbe sind an beiden Enden auf eigenthümliche, in **Fig. 375** gezeichnete Art gebogen und mit den Verbindungsgabeln verlöthet. Die Abbiegung der Stäbe zur Aufnahme dieser Gabeln ist so ausgeführt, dafs die Gabeln auf der hintern Seite (in der Fig. rechts) eingeschoben werden können. Die Isolation der Nuten und der Stäbe ist in **Fig. 374** in vergröfsertem Maafsstabe dargestellt.

Die Verbindungsgabeln sind auf der vordern Seite des Ankers direkt in den Kollektor eingelöthet, auf der hintern Seite werden dieselben durch 4 Ringe aus Fiber oder Stabilit, von denen die beiden innern gezahnt sind, gehalten. Die Centrifugalkraft wird von je zwei Drahtbändern, welche auf die freistehenden Enden der Stäbe gewickelt sind, aufgenommen.

Trommelanker einer 150 KW.-Maschine der Elektricitätsgesellschaft Alioth. Figur 1 bis 3. Tafel VI. Die neuen Generatoren der Trambahn Basel sind für eine Leistung von 150 bis 200 KW., 550 Volt bei 85 Umdrehungen pro Minute gebaut. Die Abmessung dieser Maschinen sind

Ankerdurchm.. . .	200,0 cm	Nutenbreite . . .	0,85 cm
Eisenlänge	45,0 »	Kollektordurchm. .	130,0 »
Tot. Eisenhöhe . .	13,0 »	Kollektorbreite . .	13,5 »
Drahtzahl	730	Kollektorlamellen .	365
Drahtquerschn. .	8 × 4,5 mm	Feldbohrung . . .	201,6 »
Nutenzahl	365	Polbogen	43,0 »
Nutentiefe	2,2 cm	Polzahl	12.

Der Anker besitzt einfache Serienwicklung. Eine Nachrechnung der Maschine ergiebt (siehe Tabelle Seite 377), dafs die Sättigung im

Luftzwischenraume verhältnifsmäfsig klein und die Ampèrewindungszahl per cm Umfang grofs gewählt wurde.

Ein Ring des Ankerbleches ist, wie Fig. 2 zeigt, aus 18 Theilen zusammengefügt; die Fugen von zwei aufeinanderfolgenden Ringen sind gegeneinander versetzt und zwar so, dafs die Fugen auf die radialen Rippen des Ankersternes zu liegen kommen. Die Bleche werden durch isolirte Bolzen aus Bronce, die seitlich vernietet sind, zusammengehalten und in radialer Richtung mittelst Schrauben festgezogen.

Zu letzterem Zwecke sind am Umfange 18 Broncestücke angeordnet, welche einerseits in die Ankerbleche schwalbenschwanzförmig eingreifen und anderseits mit je drei Schrauben radial angezogen werden können. Diese Konstruktion hat sich namentlich für Anker, die häufigen und plötzlichen Geschwindigkeitsänderungen unterworfen sind, gut bewährt.

Trommelanker einer 24 KW.-Maschine der Elektricitäts-Actien-Gesellschaft vorm. Kolben & Co. Diese in Fig. 376 bis 378 dargestellte Konstruktion ist dadurch bemerkenswerth, dafs die Ankerstäbe mit den seitlich abgekröpften Querverbindungen aus einem Stücke hergestellt sind (ebenso wie in Fig. 358, jedoch nicht gefaltet). Der Anker besitzt eine vierpolige Seriewicklung und ist für eine Leistung von 120 Volt, 200 Ampère bei 750 Touren gebaut. Die Hauptabmessungen sind folgende

Ankerdurchm. . . .	39,0 cm	Nutentiefe	2,0 cm
Eisenlänge	24,0 »	Nutenbreite	0,6 »
Tot. Eisenhöhe . .	7,5 »	Kollektordurchm. . .	20,5 »
Drahtzahl	170	Kollektorbreite . . .	8,6 »
Drahtquerschnitt . .	8 × 4 mm	Lamellenzahl . . .	85
isolirt	8,6 × 4,6 »	Polbogen	20 »
Nutenzahl	85	Feldbohrung	40,2 »

Um die Wirbelströme zu vermindern, ist der Ankerkörper seitlich gezahnt und die Endscheiben sind aus Messingblech hergestellt. Die Ankerbleche sind am äufsern Umfange nicht abgedreht; um auch das Eindrehen von Nuten für die Drahtbänder zu sparen, haben, wie Fig. 378 zeigt, die Bleche seitlich der Bänder einen etwas gröfseren Durchmesser erhalten.

Trommelanker einer 150 KW.-Maschine von J. Farcot, St. Ouen. Fig. 1 und 2, Tafel VII. Der Anker besitzt eine 6 polige Reihenparallelschaltung des Verfassers mit $a = 3$ und ist für 125 Volt, 1350 Ampère, 360 Touren gebaut. Die Hauptabmessungen sind

Ankerdurchm. . . .	116,0 cm	Nutentiefe	2,5 cm
Eisenlänge	37,5 »	Nutenbreite	0,8 »
Tot. Eisenhöhe . .	20,5 »	Kollektordurchm. .	49,0 »
Drahtzahl	216	Kollektorbreite . .	31,5 »
Drahtquerschn. .	5,2 × 20 mm	Lamellenzahl . . .	108
Nutenzahl	216	Feldbohrung . . .	117,2 »

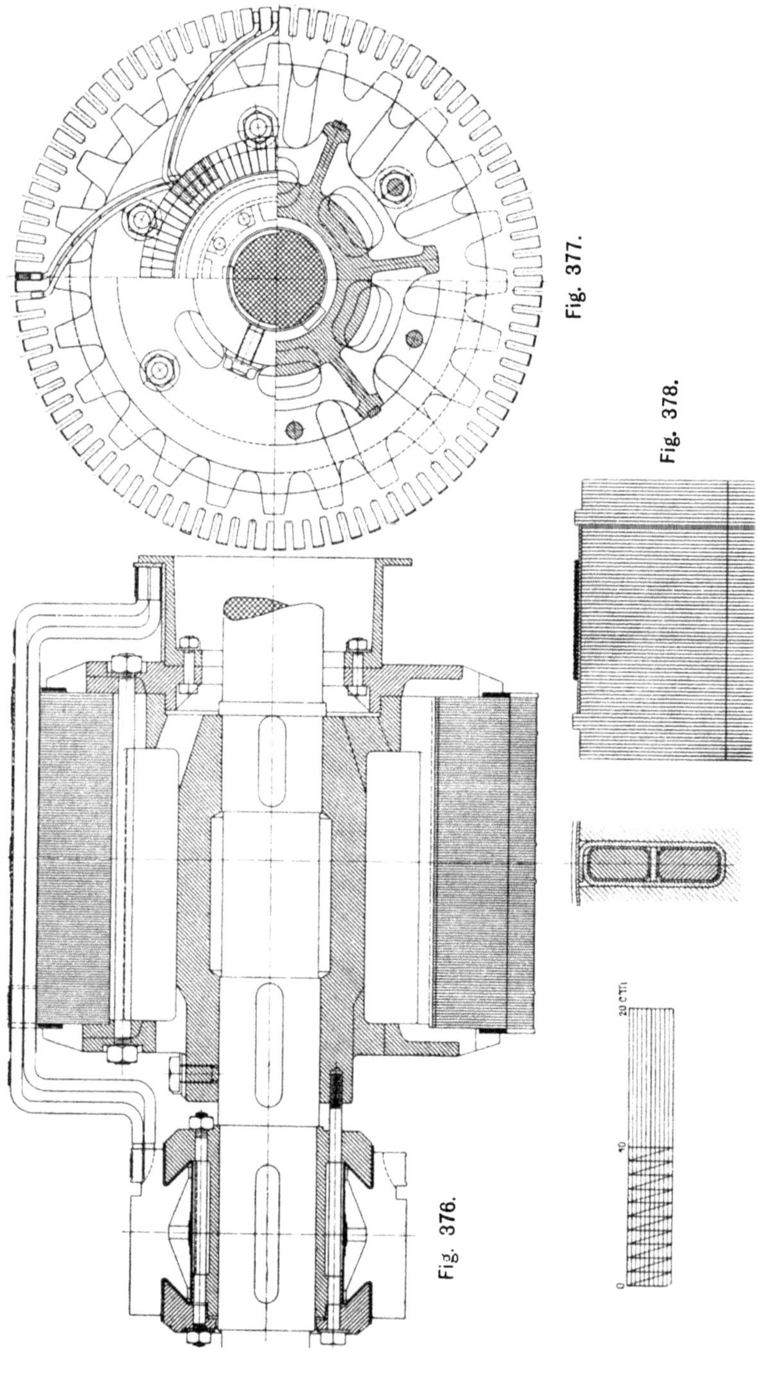

Fig. 376. Fig. 377. Fig. 378.

Fig. 376—378.
E. A.-G. vorm. Kolben & Co. Vierpoliger Trommelanker für 200 Amp., 120 Volt, 750 Touren.

Die Ankerbolzen sind nicht isolirt. Bemerkenswerth ist die Art, wie die Verbindungsgabeln durch am innern Umfange aufgenietete Kupferstreifen K Fig. 1 gegen centrifugale Kräfte gehalten werden.

J. Farcot führt die Stabwicklungen auch derart aus, dafs jeder einzelne Stab herausgenommen werden kann ohne dafs es nothwendig ist, benachbarte Stäbe zu entfernen. Diese Wicklungsart erläutern die **Fig. 379** und **380.**

a_1 a_2 bedeuten die aufsen liegenden, i_1 i_2 die innen liegenden Querverbindungen. Die Verbindung i_2 ist gerade und radial. Nachdem die Löthstellen gelöst sind, können die Stäbe in der Pfeilrichtung herausgezogen werden.

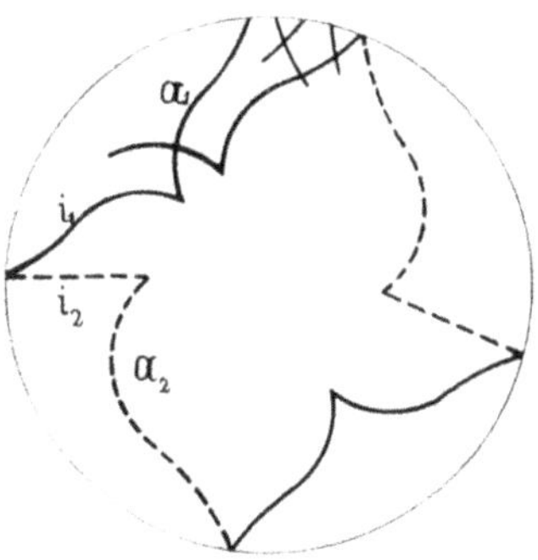

Fig. 379.

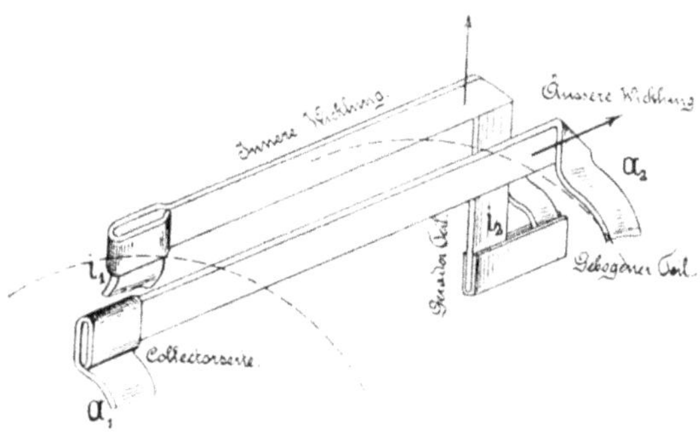

Fig. 380.

Trommelanker mit Stabwicklung von W. Fritsche. Bei den bisher besprochenen Stabankern sind die Stäbe seitlich abgekröpft. Es sollen nun einige Beispiele von Stabankern mit Mantelwicklung folgen. Zu den ersten Ausführungen dieser Art gehört die Konstruktion von W. Fritsche. Denkt man sich die Stäbe der Schemata Fig. 92 und 105 in zwei Ebenen angeordnet, so dafs z. B. in Fig. 105 die Stäbe 9′—3, 10′—4, 11′—5 u. s. f. in der einen und die Stäbe 1—1′, 2—2′, 3—3′, 4—4′ u. s. f. in der darüber liegenden Ebene sich befinden, und wickelt man die Stäbe in dieser Lage auf die Cylinderfläche der Trommel auf, so erhält man die Anordnung des Stabankers von W. Fritsche.

Fig. 381 giebt die Ansicht und den Querschnitt einer nach dem Schema Fig. 105 durchgeführten Wicklung. Die unter sich parallelen Stäbe 9′—3, 10′—4, 11′—5 u. s. f. sind auf dem Cylindermantel vom Durchmesser d und die parallelen Stäbe 1—1′, 2—2′, 3—3′ u. s. f., welche die vorhergehenden kreuzen, auf einem Mantel von gröfserem Durchmesser D untergebracht. Je zwei in verschiedenen Ebenen liegende Stabenden desselben Knotenpunktes sind leitend miteinander verbunden, von den angrenzenden Knotenpunkten aber durch isolirende

Schichten getrennt. Zwischen die Cylinder d und D wird ebenfalls eine isolirende Schicht eingelegt.

Ein von der Firma Fritsche & Pischon, Berlin, auf diese Weise ausgeführter Anker für eine Leistung von 120 Volt, 240 Ampère ist in **Fig. 382** abgebildet.

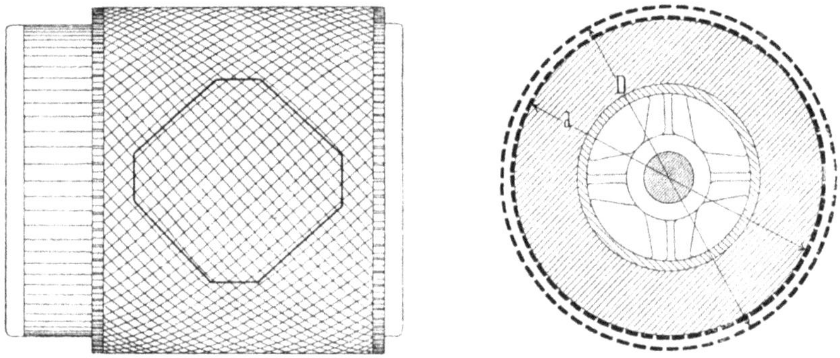

Fig. 381.
Trommelanker mit Stabwicklung nach W. Fritsche.

Diese Anordnung der Ankerstäbe ist nur für glatte Anker, aber nicht für Nutenanker ausführbar und hat daher keine praktische Bedeutung erlangt.

Fig. 382.
Trommelanker mit Stabwicklung von W. Fritsche.

Trommelanker mit Stabwicklung einer 50 KW.-Maschine der Elektricitäts-Aktiengesellschaft vorm. Lahmeyer & Co. Diese Firma führt die Stabanker ebenfalls so aus, dafs die seitliche Abkröpfung der Stäbe nach der Welle hin oder die seitlichen Verbindungsgabeln wegfallen.

Ein Stabanker Modell CX für eine Leistung von 50 Kilowatt, 110 Volt, 455 Ampère bei 475 Touren pro Minute ist durch die Fig. 383 bis 388 im Längsschnitte und in verschiedenen Querschnitten zur Anschauung gebracht.

Die Stäbe liegen in den Nuten übereinander und sind nach dem Schema Fig. 385 in der cylindrischen Ebene des Trommelumfanges abgebogen. Die Stäbe der untern Lage sind in Fig. 385 punktirt angedeutet und an ihren Enden mit den obern Stäben in eine Kupferhülse (Fig. 387) eingelöthet. Die Verbindung der Wicklung mit dem Kollektor ist aus der Fig. 383 und 386 ersichtlich; das kurze in den Kollektor eingeschraubte Verbindungsstück wird aus einem Material von geringer Leitungsfähigkeit hergestellt, um dadurch den Widerstand des Kurzschlufsstromkreises zu erhöhen.

Das Einschieben von besonderen Verbindungsdrähten zwischen Wicklung und Kollektor ist einer direkten Verbindung eines oder beider Ankerstäbe mit einer Lamelle entschieden vorzuziehen. Bei allfälligen Reparaturen ist ein Losnehmen des Kollektors dadurch sehr erleichtert und ebenso das Wiederherstellen der Verbindungen.

Der Anker hat folgende Abmessungen

Ankerdurchmesser	62,5 cm	
Eisenlänge	32,0 »	
Tot. Eisenhöhe	14,8 »	
Stabzahl	288	(Parallelschaltung)
Stabquerschnitt	2×20 mm	
Nutenzahl	144	
Nutentiefe	4,7 cm	
Nutenbreite	0,35 »	
Kollektordurchmesser	52,0 »	
Kollektorbreite	17,0 »	
Lamellenzahl	144	
Polzahl	6	
Polbogen	20,8 »	
Feldbohrung	63,7 »	

Trommelanker mit Plankollektor der E. A.-G. vorm. Lahmeyer & Co. Eine zweite Armatur derselben Firma und gleicher Wicklung, aber mit Plankollektor und anders konstruirtem Armaturkörper veranschaulicht Fig. 389. Der Anker ist fliegend auf dem Wellenende der Antriebsmaschine gelagert.

Trommelanker einer 175 KW. Maschine der E. A.-G. vorm. Lahmeyer & Co. Dieser auf Taf. VII Fig. 3 und 4 abgebildete Anker besitzt eine

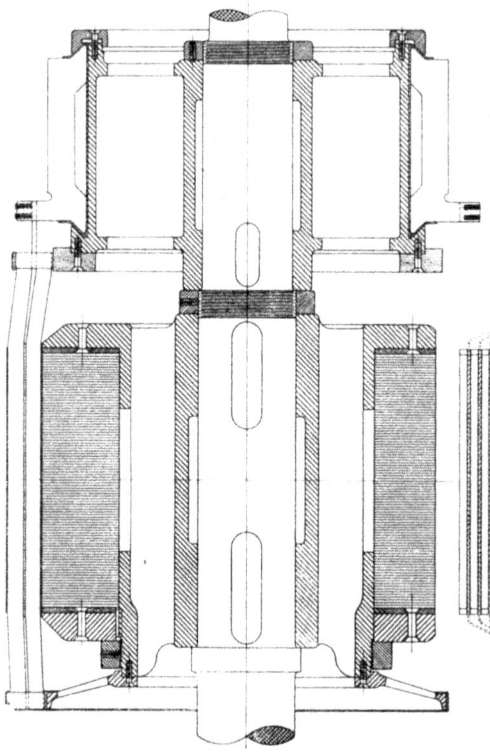

Fig. 383.

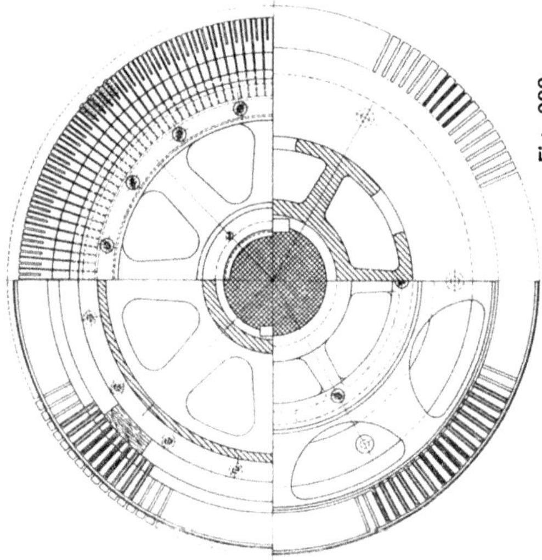

Fig. 384.

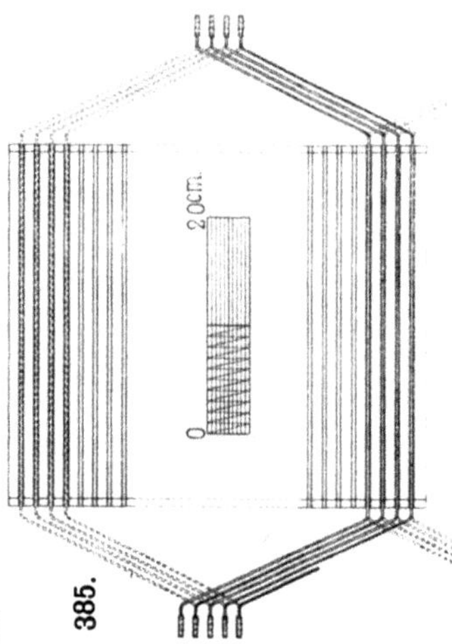

Fig. 385.

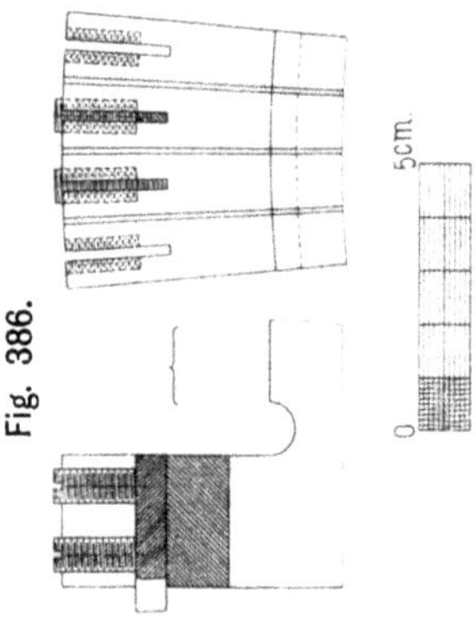

Fig. 386.

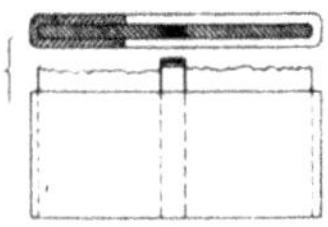

Fig. 387.

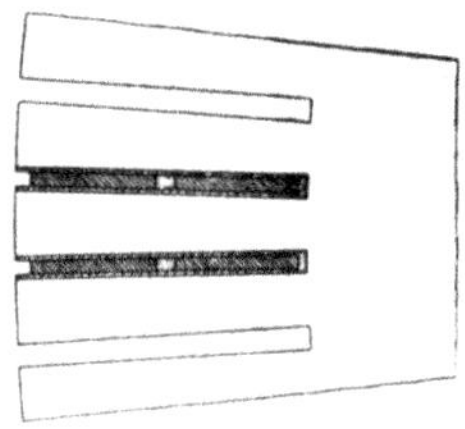

Fig. 388.

10polige Reihenparallel-Schaltung des Verfassers mit $a = 3$. Derselbe ist für 220 Volt, 800 Ampère, 150 Touren gebaut, ferner beträgt

Ankerdurchmesser . .	165,0 cm	Nutentiefe	5,2 cm
Eisenlänge	35,0 »	Nutenbreite	0,5 »
Totale Eisenhöhe . .	26,0 »	Kollektordurchm. .	115,0 »
Stabzahl	596	Kollektorbreite . .	17,0 »
Stabquerschn. . . .	3,5 × 22 mm	Polbogen	34,5 »
Nutenzahl	298	Feldbohrung . . .	166,1 »

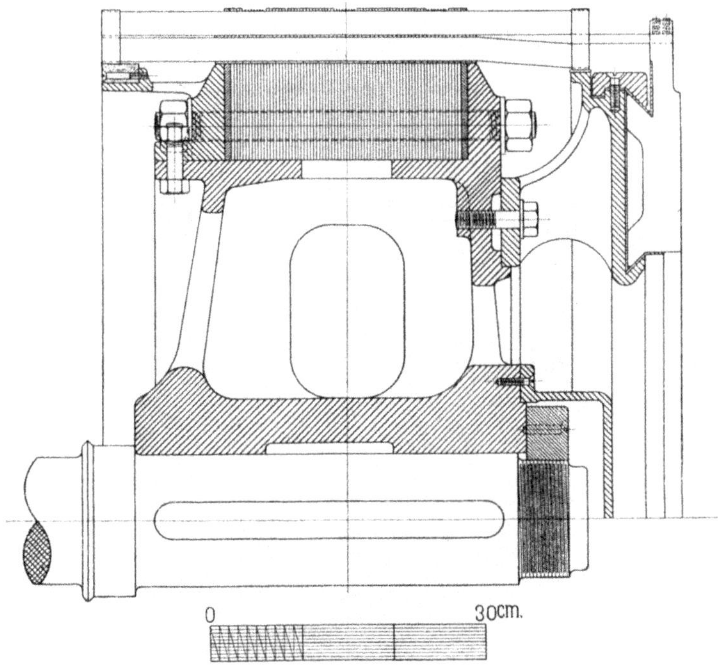

Fig. 389.
Trommelanker mit Plankollektor der E. A.-G. vorm. Lahmeyer & Co.

Die Ankerwelle ist schwach konisch und der Anker kann mittels zweier Schrauben, die einen zweitheiligen, in eine Eindrehung der Welle passenden schmiedeisernen Ring fassen, sowohl auf den Conus festgezogen als von dem Conus abgedrückt werden.

Die Verbindung der Wicklung mit dem Kollektor erfolgt hier ebenso wie in Fig. 383 durch einen besonderen Draht von grofsem specifischen Widerstande.

Das äufsere Bild eines Ankers ähnlicher Konstruktion einer 250 KW.-Maschine für 120 Umdrehungen ist in Fig. 390 gegeben.

Trommelanker einer Doppeldynamo von 2 × 185 KW. der E. A.-G. vorm. Lahmeyer & Co. In Taf. VIII ist eine für das Dortmunder Elektricitätswerk ausgeführte Maschine dargestellt. Jeder Anker ist für 260 bis 370 Volt und 710 bis 500 Amp., also für eine Leistung von 185 KW. bei 90 Umdrehungen gebaut. Die erhöhte Spannung ist zum Laden der Akkumulatoren bestimmt und die Maschine hat zwei Anker erhalten, um durch Serieschaltung beider Anker eine Spannung von 500 bis 600 Volt zum Betriebe von Trambahnen erzeugen zu können.

Fig. 390.
Anker einer 250 KW.-Maschine für 120 Touren der E. A.-G. vorm. Lahmeyer & Co.

Die Hauptabmessungen eines Ankers sind folgende:

Ankerdurchmesser . .	400 cm	Nutenbreite . . .	0,53 cm
Eisenlänge	12 »	Kollektordurchmesser	184 »
Totale Eisenhöhe . .	23,5 »	Kollektorlamellen .	792
Stabzahl	1584	Polzahl	30
Stabquerschnitt . .	3,5 × 16 mm	Polbogen	31,5 »
Nutenzahl	792	Feldbohrung . . .	402,2 »
Nutentiefe	4,0 »		

Eine einfache und mechanisch vollkommene Ausführung der Wicklung und ein gutes Funktioniren der Maschine konnte nur durch Anwendung der Reihenparallelschaltung des Verfassers erreicht werden. Die ausführende Firma hat diese Wicklungsart auch gewählt (mit $a = 3$) und sind die Dortmunder Maschinen die gröfsten gegenwärtigen Maschinen mit Reihenparallelschaltung. Diese Schaltung gewährt zugleich den Vortheil, dafs bei der grofsen Polzahl die Zahl der Bürsten kleiner als diese genommen werden darf, man kann also die schwer zugänglichen Bürsten weglassen.

Die Befestigung der Ankerstäbe in den offenen Nuten erfolgt durch Messingbänder, welche zu beiden Seiten der Armatur in einzelnen Segmenten aufgeschraubt werden. Die Entfernung der Stäbe läfst genügend Platz zum Durchführen von isolirten Befestigungsschrauben.

Trommelanker einer 66 KW.-Gasdynamo von Gebr. Körting. Taf. IX.

Spannung . . .	110 bis 130 Volt	Nutenzahl	258
Stromstärke . .	610 » 516 Amp.	Nutentiefe	4,4 cm
Tourenzahl	130	Nutenbreite	0,46 »
Ankerdurchmesser . .	130 cm	Kollektordurchmesser	100 »
Eisenlänge	30 »	Kollektorbreite . . .	12,5 »
Totale Eisenhöhe . . .	17,5 »	Lamellenzahl	258
Stabzahl	516	Polbogen	27,0 »
Stabquerschnitt	2,5 × 18 mm nackt	Feldbohrung	131,2 »
	3,0 × 18,5 » isolirt	Polzahl	10.

Die Ankerstäbe sind nach dem Reihenparallelschema des Verfassers verbunden. Es ist $a = 3$ und

$$y_1 + y_2 = \frac{516 - 2 \cdot 3}{5} = 102,$$

$$y_1 = y_2 = 51.$$

Der Ankerkörper sitzt ohne Keil auf einem gufseisernen Konus, von welchem er mittels Schrauben abgedrückt und auf demselben festgezogen werden kann; dadurch wird ein rasches und bequemes Lösen des Ankers von der Welle des Gasmotors ermöglicht.

Fig. 391.
Anker einer Gasdynamo von Gebr. Körting.

Das Bild eines ähnlichen Ankers giebt **Fig. 391**.

Trommelanker einer 625 KW.-Maschine der Allgemeinen Elektricitätsgesellschaft, Berlin. Taf. X. Der Anker gehört zu der Maschinentype F. 6000 der Berliner Elektricitätswerke, deren normale Leistung 240 Volt, 2600 Ampère bei 105 Umdrehungen beträgt, und hat folgende Abmessungen:

Ankerdurchmesser . . .	320,6 cm	Nutentiefe	2,3 cm
Eisenlänge	35,0 »	Nutenbreite	0,8 »
Totale Eisenhöhe . . .	18,5 »	Kollektordurchmesser .	220 »
Stabzahl	1440	Kollektorbreite . . .	23,0 »
Stabquerschnitt	4 × 7,2 mm nackt	Polzahl	18
	5 × 8 » isolirt	Polbogen	35,0
Nutenzahl	720	Feldbohrung	324,0 »

Der Anker besitzt eine einfach geschlossene Wellenwicklung mit Parallelschaltung nach dem Schema des Verfassers. Es ist

$$y_1 + y_2 = \frac{1440 - 2 \cdot 9}{9} = 158,$$

$$a = 9 \text{ und } y_1 = y_2 = 79.$$

Die Nabe des Ankerkörpers ist an zwei gegenüberliegenden Stellen aufgeschlitzt und wird durch zwei kräftige schmiedeiserne Schwindringe zusammengeprefst. Im übrigen besteht der Ankerkörper aus einem Stück, nur der Deckel D Fig. 1 ist besonders hergestellt, um die Ankerbleche einbauen zu können. Der Deckel und die gegenüberliegende Flansche des Ankerkörpers sind an mehreren Stellen durchlöchert, um eine gute Kühlung des Ankers zu erhalten; beide sind am äufsern Umfange gezackt, um die Verluste durch Wirbelströme zu vermindern.

Ein Blechring besteht aus 20 Segmenten; jeder Ring ist mit seinen Fugen gegen den benachbarten versetzt und jedes Segment wird durch sechs Schrauben aus Phosphorbronce gehalten. Die Bleche haben Wasserglasanstrich erhalten und aufserdem ist der Anker in Abständen von etwa 18 mm mit 1/4 mm starkem Papier durchlegt.

Die baumwollumsponnenen und lackirten Stäbe werden, wie Fig. 4 zeigt, ringsum durch Mikanit gut isolirt und durch keilförmige Stabilit- oder Holzstreifen gehalten.

An beiden Enden sind je zwei Stäbe in ein Segment eines sog. »falschen Kollektors« oder Hülfskollektors mit Zinnloth eingelöthet. Die Segmente selbst sind, wie Fig. 3 zeigt, durch eine 2 mm starke Glimmerschicht sorgfältig isolirt und werden durch einen mehrtheiligen, mit versenkten Schrauben angezogenen Prefsring gehalten.

Auf einem trommelförmigen Ansatz des Kollektorträgers sitzen noch zwei Schleifringe für den Spannungstheiler auf einer isolirten

Unterlage aus Stabilit. Die Konstruktion des Bürstenträgers ist ebenfalls aufgezeichnet.

Trommelanker mit Lüftung einer 100 KW.-Maschine der Union Elektricitäts-Gesellschaft. Taf. XI. Der Ankerkörper dieser in den Werkstätten von Ludw. Loewe & Co., Berlin, ausgeführten Maschine besitzt ein doppeltes Armsystem mit je sechs Armen von elliptischem Querschnitte. Zwei Deckel fassen mittels Nasen die sechs Arme und dienen als Träger für die Mantelwicklung. Die inneren, dem Bleche zugekehrten Seiten dieser Deckel besitzen radiale Kanäle *a a* Fig. 1, welche in Fig. 2 durch punktirte Linien angedeutet sind; sie dienen zur Lüftung des Ankers.

Aufserdem sind in den Eisenkern drei sog. »Luftscheiben« eingelegt. Eine solche Scheibe besteht zunächst, wie Fig. 3 zeigt, aus einer Blechscheibe, welche punktirt gezeichnet ist. Auf diese Blechscheibe werden Segmente *m* aus Messinggufs aufgenietet. Die Segmente tragen am äufsern Umfang dünne, aus Blech hergestellte Stege *s* (Fig. 4), welche in kleine Wulste der Segmente beim Giefsen der letzteren eingelegt werden. Diese Stege geben den Zähnen des Ankers einen Halt. Die Luft streicht zwischen den aufgenieteten Segmenten und den kleinen Wülsten der Stege durch den Ankerkörper nach aufsen; es wird so eine vorzügliche Lüftung des Ankers erreicht. — In solchen Fällen, wo die Erwärmung und nicht die Funkenbildung der Beanspruchung der Maschine eine Grenze setzt, ist die Lüftung des Ankers von Werth; sonst bedeutet dieselbe eine nutzlose Vertheuerung der Maschine.

Die Verbindung der Ankerstäbe mit dem Kollektor erläutert Fig. 5 und die Lage und Isolation der Drähte Fig. 6.

Bemerkenswerth ist noch, dafs die Deckel am Umfange (Fig. 1) Ausssparrungen *b* besitzen, welche bei der Ausbalancirung des Ankers zur Aufnahme von Blei bestimmt sind.

Die Hauptabmessungen des Ankers sind folgende:

Klemmenspannung .	250 Volt	Nutenzahl	167
Stromstärke	400 Amp.	Nutentiefe	3,3 cm
Umdrehungen . . .	180	Nutenbreite	1,12 »
Ankerdurchmesser . .	114,6 cm	Kollektordurchmesser	54,6 »
Eisenlänge	23,5 »	Kollektorbreite . . .	20,0 »
Totale Eisenhöhe . .	13,8 »	Kollektorlamellen . .	167
Stabzahl	334	Polzahl	8
(Reihenschaltung $a = 1$)		Polbogen	34,2 »
Stabquerschnitt . .	$6{,}5 \times 11$ mm	Feldbohrung	115,9 »

Trommelanker mit Stabwicklung von Brown, Boveri & Co. Auch bei dieser, in den **Fig. 417** bis **419** aufgezeichneten Konstruktion eines

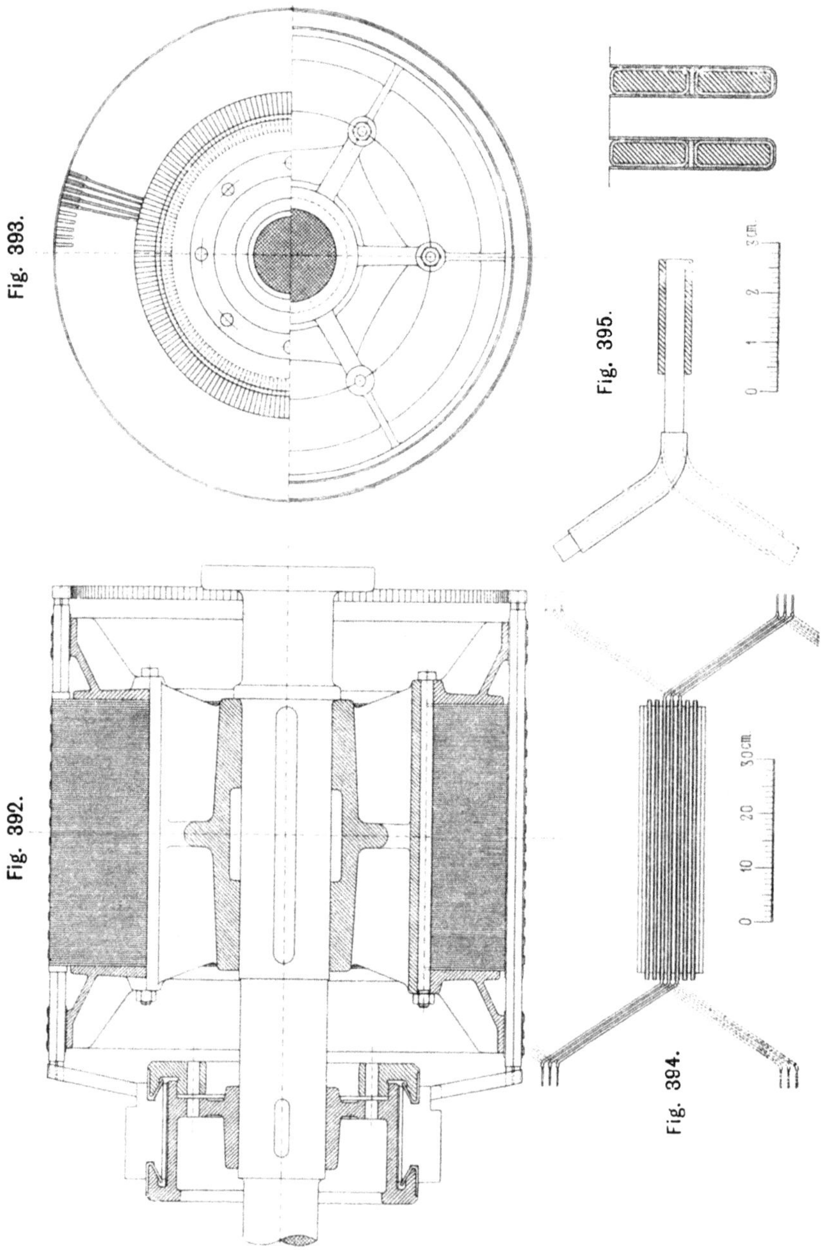

Fig. 392—395.
Anker mit Stabwicklung von Brown, Boveri & Co.

Ankers von 900 mm Durchmesser und 480 mm Eisenbreite sind die Stäbe am Trommelumfange auf zwei Cylindern angeordnet. In Fig. 394 ist angenommen, dafs die Stäbe in Reihenschaltung verbunden seien, die punktirt gezeichneten Stäbe liegen auf dem inneren Cylinder. Die Armaturbleche werden mittels sechs durchgehenden schmiedeisernen Bolzen, welche zur Hälfte in den Ankerstern und zur Hälfte in die Bleche eingreifen, zusammengeprefst. Die Ansichten des Ankers einer Erregermaschine der Centrale in Frankfurt a. M. ist in Fig. 396 wiedergegeben; dieselben lassen die Konstruktion der Wicklung deutlich erkennen.

Fig. 396.
Trommelanker mit Stabwicklung von Brown, Boveri & Co.

Trommelanker einer 22 KW.-Maschine der Gesellschaft für Elektrische Industrie in Karlsruhe. Taf. XII Fig. 4 bis 6. Dieser Anker ist für direkte Kupplung mit einem 35 PS.-Gasmotor bestimmt und die Spannung kann von 110 Volt zum Laden von Akkumulatoren bis 170 Volt gesteigert werden.

Die Ankerbleche werden durch zwei Deckel und acht durchgehende schmiedeiserne Bolzen gehalten, welche zur Hälfte in die acht Arme und zur Hälfte in die Bleche eingreifen.

Die Abmessungen sind:

Klemmenspannung	100 bis 170 Volt
Stromstärke	200 bez. 130 Ampère
Umdrehungen	190
Ankerdurchmesser	76,0 cm
Eisenlänge	19,5 »
Totale Eisenhöhe	12,0 »
Stabzahl	346 (Reihenschaltung $a = 1$)
Stabquerschnitt	3,5 × 12 mm nackt 4,5 × 13 » isolirt
Nutenzahl	173
Nutentiefe	2,9 cm
Nutenbreite	0,55 »
Kollektordurchmesser	43,0 »
Kollektorbreite	15,0 »
Polbogen	23,5 »
Polzahl	8
Feldbohrung	77,0 »

Beispiele für die Konstruktion von Scheibenankern.

Die Scheibenanker, welche in der Richtung der magnetischen Strömung nur einen geringen Raum beanspruchen, lassen sich ohne Eisenkern ausführen. Die Weglassung des Eisenkerns vermeidet die Verluste durch Hysteresis und Wirbelströme im Eisen, erschwert aber dem Konstrukteur nicht nur die Herstellung der Wicklung, sondern namentlich auch die Aufgabe, dem Anker die erforderliche mechanische Fertigkeit zu verleihen, ganz bedeutend. Diese Schwierigkeiten sind von E. Desroziers und W. Fritsche in geschickter Weise überwunden worden. Wir wenden uns zunächst zu dem

Scheibenanker von E. Desroziers. In den Fig. 139 bis 141 wurde gezeigt, dafs sich die Wicklung in zwei Theile zerlegen läfst. Der erste Theil (Fig. 140) enthält diejenigen Zickzacktheile der Wicklung, welche mit ungeraden Zahlen ($a\ b\ c\ d\ h\ t$), und der zweite Theil (Fig. 141) diejenigen Zickzacktheile, welche mit geraden Zahlen ($b\ c_1\ d_1\ h_1\ t_1$) beginnen.

Die Wicklung eines jeden Theiles wird getrennt hergestellt, und die Drähte müssen so geführt werden, dafs bei dem Zusammenlegen beider Theile die nach Kreisevolventen gebogenen und sich kreuzenden Drahtstücke ($b\,c$, $b_1 c_1$, $d\,h$, $d_1 h_1$) nicht in Berührung treten.

Zur Ausführung der Wicklung dienen, ebenso wie bei dem Scheibenanker von Fanta Fig. 143, zwei dünne Scheiben aus einem

Isolirmaterial von genügender Festigkeit (Karton, gepreſstem Asbest) A, B, C **Fig. 397** und A_1, B_1, C_1 **Fig. 398**. Jede dieser Scheiben besteht

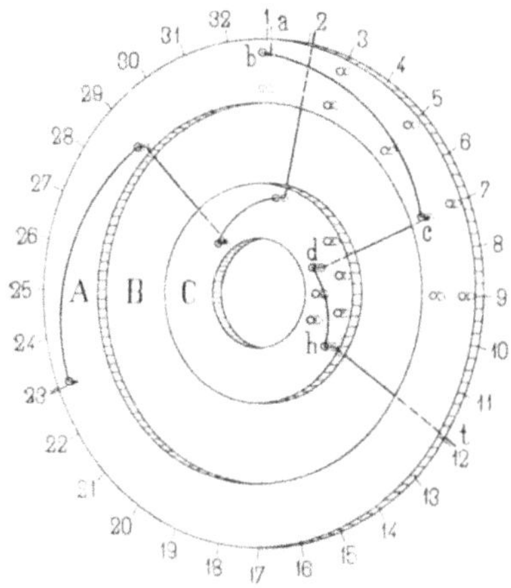

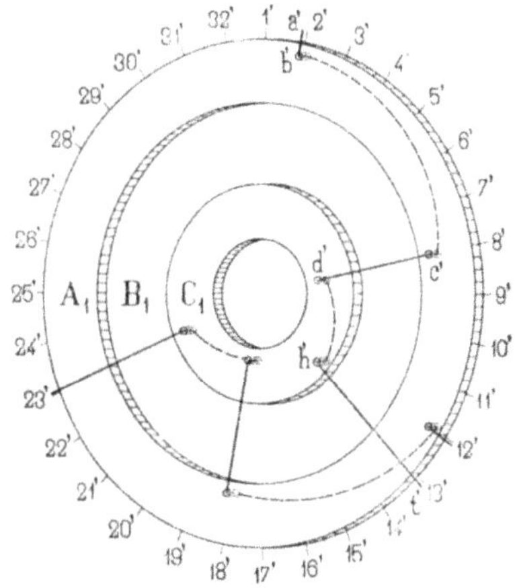

Fig. 397. Fig. 398.
Wicklungshälften des Scheibenankers von E. Desroziers.

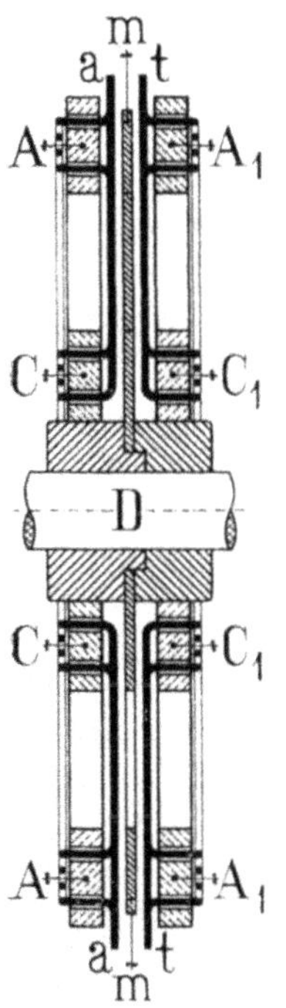

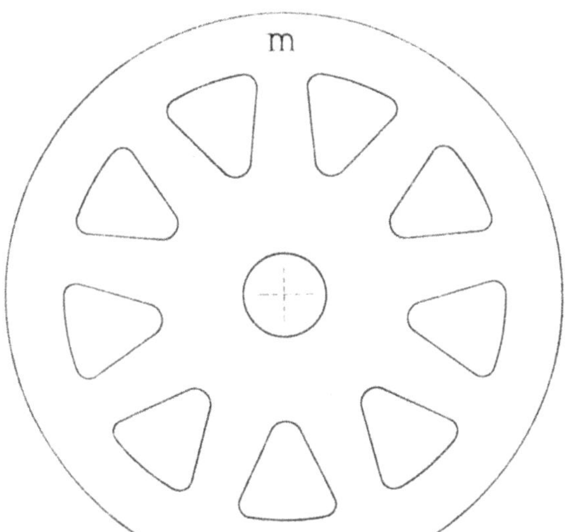

Fig. 399. Fig. 400.
Scheibenanker von E. Desroziers mit einfacher Wicklung.

aus drei Ringen, in den Figuren ist der mittlere Ring *B* fortgelassen. Wir denken uns den Ring *B* zunächst als vorhanden und auf der Scheibe Fig. 397 die ungeraden uud auf der Scheibe Fig. 398 die geraden Elemente der Wicklung, entsprechend dem Wicklungsschema, ausgeführt.

Wir nehmen einen Draht von der erforderlichen Stärke, führen denselben in Fig. 397 zunächst hinter der Scheibe radial von *a* nach *b*,

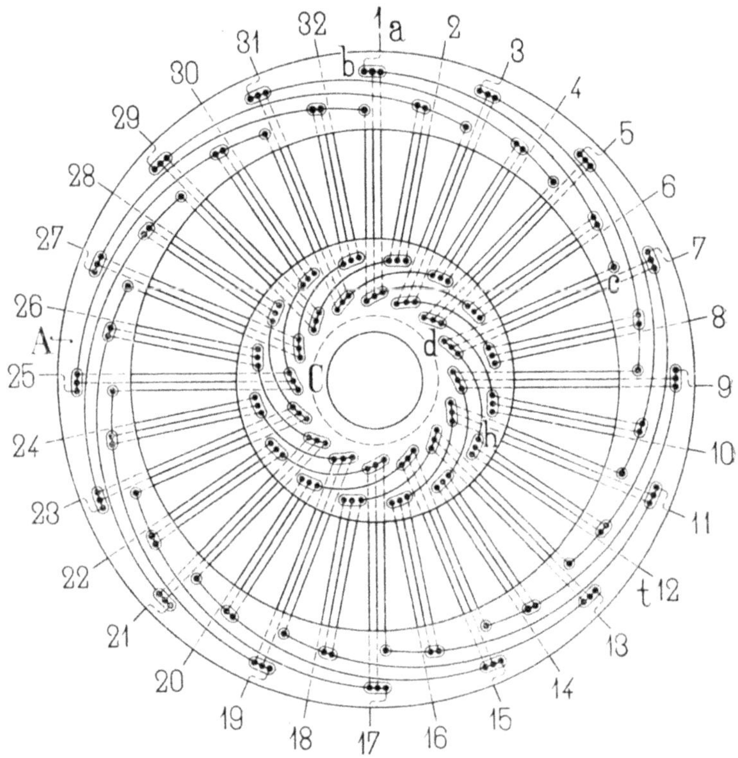

Fig. 401.
Ungerade Hälfte einer 6 poligen Schleifenwellenwicklung von E. Desroziers.

bei *b* durch ein Loch auf die vordere Seite des Ringes *A* und hier längs der Kreisevolvente *bc*. Bei *c* treten wir wieder durch die Scheibe und leiten den Draht hinter derselben radial von *c* nach *d*, bei *d* wird der Draht durch ein Loch wieder nach vorn gezogen, dann von *d* nach *h* und von *h* aus auf der hinteren Seite der Scheibe radial nach *t* geführt.

Auf dieselbe Weise wird die ganze Scheibe mit den geraden Zickzacktheilen der Wicklung bedeckt, und ebenso die Scheibe Fig. 398, mit den ungeraden Zickzacktheilen. Der Unterschied der beiden bewickelten Scheiben 397 und 398 besteht dann nur darin, dafs in Fig. 397 die radialen Theile sich auf der hintern und die gekrümmten Theile des Drahtes sich auf der vordern Seite der Scheibe befinden, während es in Fig. 398 umgekehrt ist.

Legen wir nun die beiden Scheiben so aufeinander (**Fig. 399**), dafs die mit gleichen Nummern versehenen Theilpunkte sich decken, d. h.

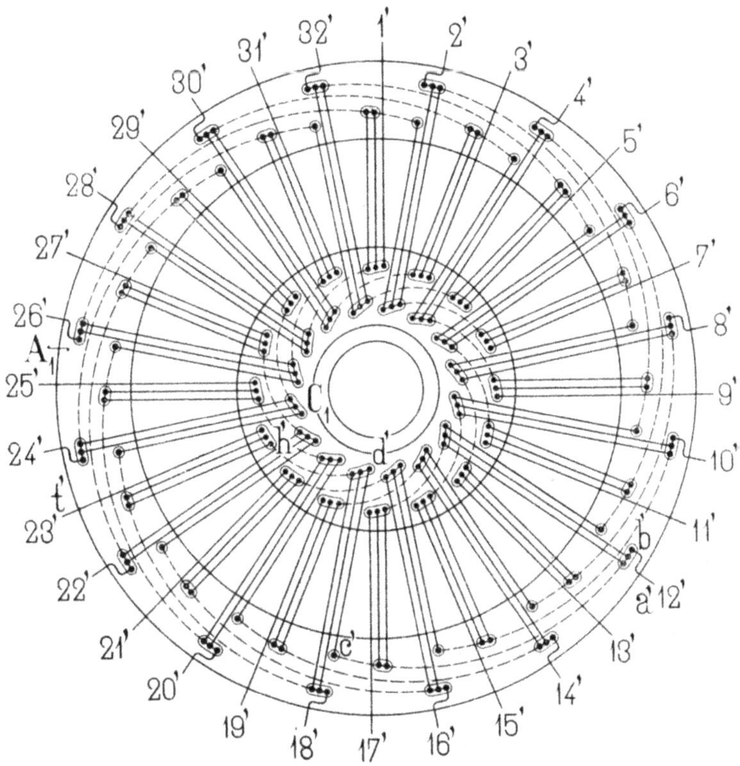

Fig. 402.
Gerade Hälfte einer 6poligen Schleifenwellenwicklung von E. Desroziers.

dafs die Punkte 1, 2, 3, 4 . . . der Fig. 397 auf 1′, 2′, 3′, 4′ . . . der Fig. 398 zu liegen kommen, so fallen die Enden a und t der geraden Zickzacktheile auf die Enden t' und a' der ungeraden Zickzacktheile. Werden diese Enden, d. h. a mit t und a' mit t', verbunden, so erhalten wir eine in sich geschlossene Wicklung.

Entfernen wir noch die mittleren Ringe B und B_1, so werden die radialen Theile der Wicklung sichtbar, dieselben bilden zwei Lagen von geringer Stärke.

Wie aus dem Querschnitte Fig. 399 ersichtlich ist, wird zwischen die beiden bewickelten Scheiben eine dünne Metallscheibe *m m*, welche aus schlecht leitendem Material (Neusilber, Nickelin) besteht, eingelegt, dieselbe hat den Zweck, der Armatur gröfsere mechanische Fertigkeit zu verleihen. Für gröfsere Maschinen erhält diese Scheibe mehrfache Ansschnitte, etwa wie **Fig. 400** veranschaulicht; dieselbe wird zwischen der zweitheiligen Nabe festgeklemmt. Die äufsern Ringe A, A_1 werden mittelst Bolzen (vergl. Fig. 408) an die Scheibe *m* und die inneren Ringe C_1 C_1 ebenfalls an die Scheibe *m* oder an die Nabe des Ankers festgeschraubt. Die mittleren Ringe B, B_1 werden erst entfernt, nachdem diese Verschraubungen vollzogen sind; die auf die Ringe vom Drahte ausgeübten Zugkräfte werden dann von der Stützscheibe *m* aufgenommen.

Die oben beschriebene Wicklung nennt Desroziers die einfache Zickzackwicklung. Aus derselben läfst sich eine zweite Wicklungsart, welche Desroziers die zusammengesetzte Zickzackwicklung nennt, ableiten.

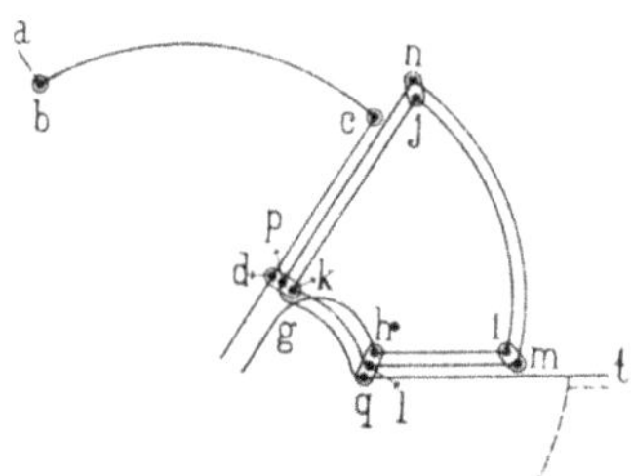

Fig. 403.

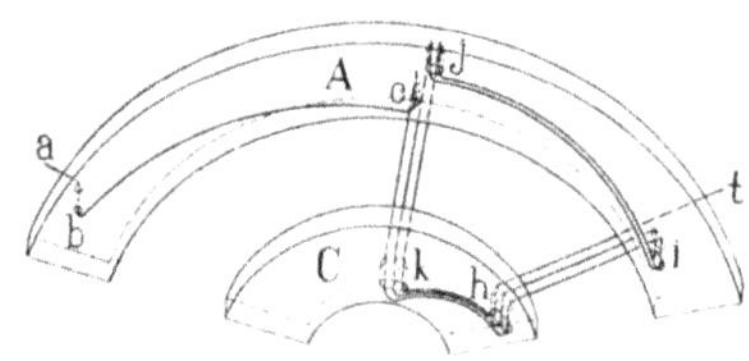

Fig. 404.

Spule eines Scheibenankers von E. Desroziers.

Nach unserer Benennung kann die erste als Wellenwicklung und die zweite als Wellen-Schleifenwicklung bezeichnet werden.

Die letztere Wicklung ist, ebenso wie die vorige für 6 Pole, in den **Fig. 401** bis **405** dargestellt. Die Fig. 403 und 404 veranschaulichen die Herstellung einer Spule, welche statt zwei nun sechs inducirte radiale Stäbe enthält. Der Linienzug *a b c d h t* der einfachen Zickzackwicklung wird hier durch einen Linienzug mit mehrfacher Schleife *a b c d g h i j k l m p q t* ersetzt. Wie diese Spule herzustellen ist, ist aus der Fig. 404 deutlich zu ersehen; die radialen Drähte sind auf der hintern und die Querverbindungen auf der vordern Seite der Ringe A und C gezeichnet.

Mit dieser mehrfachen Zickzackwicklung erhält die ungerade Hälfte das Aussehen der Fig. 401 und die gerade Hälfte das Aussehen der Fig. 402. Die Querverbindungen sind übereinander gewickelt, in der Vorderansicht ist daher nur eine Lage derselben sichtbar. Die radialen

Drähte befinden sich unterhalb der ungeraden nnd oberhalb der geraden Scheibe. Werden nun die bewickelten Scheiben aufeinandergelegt, so erhalten wir Fig. 405 und durch Verbindung der Enden *a* mit den Enden *t* entsteht eine geschlossene Wicklung. In den Fig. 401 und 402 sind die mittleren Ringe *B*, B_1, welche nur für die Herstellung der Wicklung nöthig sind, entfernt, und in Fig. 405 ist auf einer Seite der Armatur die Lage der Magnetpole *P* angedeutet.

Man kann von jeder Zickzacktheilung, wie Fig. 403 darstellt, eine Abzweigung (*d g*) zu einer Lamelle des Kollektors führen; für die angenommenen Verhältnisse würden wir somit 32 Kollektorlamellen erhalten, und es sind, wie aus den Fig. 140 und 141 zu ersehen, die Zickzacktheile der einen Scheibe an die geraden und die Zickzacktheile der andern Scheibe an die ungeraden Lamellen des Kollektors anzuschliefsen.

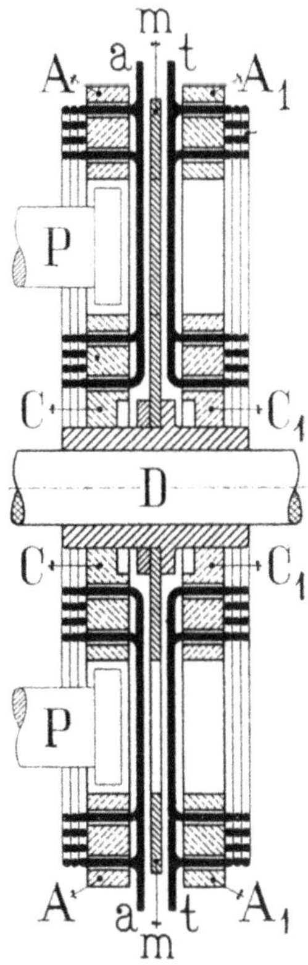

Fig. 405.
Scheibenanker von Desroziers mit zusammengesetzter Wicklung.

Die Desrozier'sche Wicklung wird aber zweckmäfsiger so ausgeführt, dafs nur von derjenigen Wicklungshälfte, welche auf der Seite des Kollektors liegt, Abzweigungen nach dem Kollektor gehen. Man vermeidet dadurch die Schwierigkeit, Verbindungen von der hintern Wicklungshälfte durch die Stützscheibe *m* hindurch nach dem Kollektor zu leiten. Auf diese Weise gehen von der Armatur 16 Abzweigungen aus, und wir würden zunächst nur 16 Kollektorlamellen erhalten.

Bei vielpoligen Maschinen und Serienschaltung der Armaturwindungen würde bei dieser Anordnung die Zahl der gleichzeitig von einer Bürste kurzgeschlossenen Windungen zu grofs werden, da jede Bürste nun gleichzeitig 2 *p* Spulen oder Zickzacktheile kurzschliefst. Desroziers vermehrt daher die Kollektorlamellenzahl in der früher (Seite 124) angegebenen Weise.

Für den oben gewählten Fall einer 6 poligen Anordnung ($p = 3$) kann z. B. die Kollektorlamellenzahl um das Dreifache vergröfsert werden, wir erhalten $3 \times 16 = 48$ Lamellen, und eine Bürste schliefst jetzt gleichzeitig nur zwei Spulen kurz. Wie **Fig. 406** zeigt, ist jeder Knotenpunkt der Wicklung bezw. die Verbindungsstelle von zwei Spulen (*a*) mit drei Kollektorlamellen zu verbinden, welche um einen Winkel von $\frac{360^0}{p} = 120^0$ auseinanderliegen. Die an *a* angeschlossene Spule gelangt nach je $^1/_3$ Umdrehung in die neutrale Zone, und dementsprechend stehen die Lamellen *c*, *c'* und *c''* nach je $^1/_3$ Umdrehung nacheinander unter der Bürste *B*.

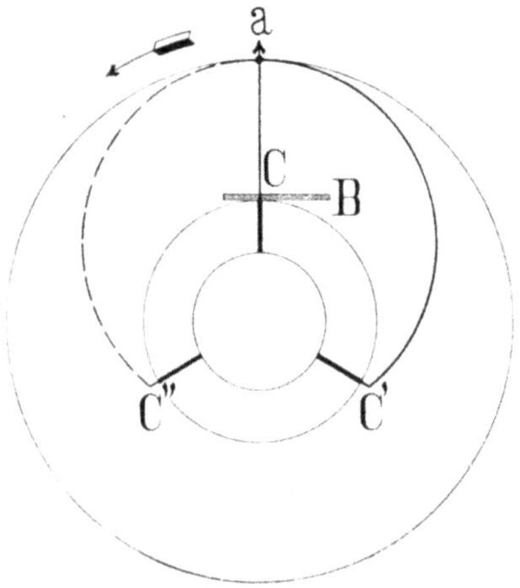

Fig. 406.
Verbindungen eines Knotenpunktes der Wicklung mit dem Kollektor.

Das vollständige Verbindungsschema der Spulen mit dem Kollektor ist in **Fig. 407** der Deutlichkeit wegen nur für acht Abzweigungen der Armatur aufgezeichnet. Diese Armatur würde somit 16 Zickzacktheile oder 16 Spulen haben, und von den acht Spulen der vorderen Wicklungshälfte führen acht Abzweigungen zu den Punkten 1 bis 8. Jeder dieser Punkte ist mit drei um 120^0 auseinanderliegenden Lamellen verbunden, deren Gesammtzahl somit 24 wird.

Diese Verbindungen der Knotenpunkte der Wicklung mit dem Kollektor bilden einen selbstständigen Konstruktionstheil der Armatur, welcher Verbinder oder Analyseur genannt wird. In Fig. 407 ist der Verbinder mit *A*

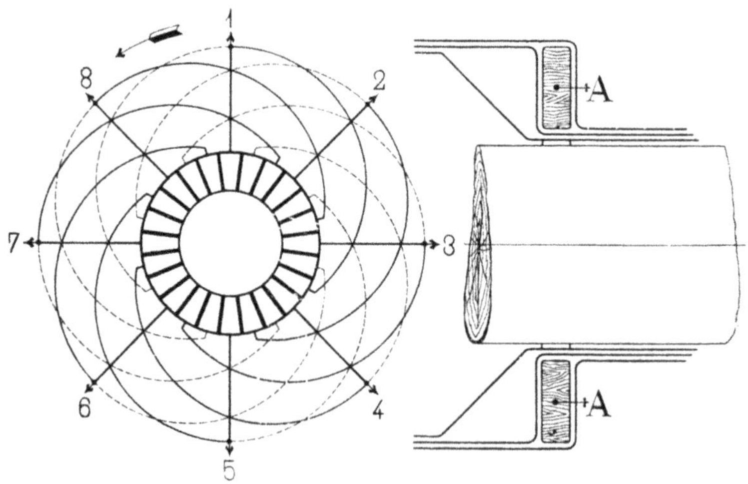

Fig. 407.
Verbindungen einer Wicklung mit 8 Knotenpunkten (Spulen) mit den 24 Lamellen des Kollektors.

bezeichnet. Derselbe besteht zunächst aus einer kreisrunden hölzernen Scheibe. Die Drähte, welche direkt von der Armatur zum Kollektor gehen, durchtreten einfach diese Scheibe; diejenigen Drähte, welche einen Schritt von 120° nach links auszuführen haben, werden auf der vordern Seite der Scheibe, und diejenigen, welche um 120° nach rechts gehen, auf der hinteren Seite der Scheibe längs Kreisevolventen gebogen. Auf diese Weise wird eine Kreuzung der Drähte vermieden.

Fig. 408.
Scheibenanker einer Desroziers-Maschine, ausgeführt vom Maison Breguet, Paris.

Die Armaturwicklung, der Verbinder und der Kollektor werden getrennt hergestellt und alsdann auf der Welle montirt und miteinander verlöthet.

In den **Fig. 408** und **409** ist die Vorder- und Rückansicht des Ankers einer Desroziers-Maschine, welche in der Fabrik des Maison Breguet, 19 Rue Didot, Paris, ausgeführt worden, dargestellt. Die Befestigung der beiden Wicklungshälften an der Stützscheibe mittels ringförmiger Flanschen und Schrauben ist aus den Figuren deutlich zu ersehen.

Bemerkenswerth für diese Armaturkonstruktion ist die geringe Selbstinduktion, die geringe Armaturrückwirkung und die gute Ventilation; infolgedessen ist die Leistung der Desroziers-Maschinen pro Gewichtseinheit eine hohe.

Die wesentlichsten Angaben über eine solche Maschine giebt nachfolgende Tabelle:[1])

Stromstärke	800 Ampère
Spannung	130 Volt
Touren pro Minute	160
Gewicht der Maschine im ganzen	9280 kg.

Fig. 409. Rückansicht von Fig. 408.

Armatur.

Mittlerer Durchmesser	1420 mm
Drahtdurchmesser, 4 Drähte parallel, von	5,7 mm
Zahl der Armaturwindungen (Serienschaltung)	112[2])
Zahl der Kollektorsegmente	140
Widerstand zwischen den Bürsten	0,0065 Ohm
Gewicht des Armaturdrahtes	235 kg
» des Verbinderdrahtes	55 kg.

[1]) El. Engineer 1893, p. 264.

[2]) Wahrscheinlich 28 Spulen (nach Fig. 320) von je 2 Windungen für jede Armaturhälfte. D. V.

Feldmagnete.

Gewicht des Drahtes	410 kg
Widerstand warm	5,2 Ohm
Anzahl der Pole	10
Elektrischer Wirkungsgrad	93,1 %
Wirthschaftlicher Wirkungsgrad	91,0 %.

Bei normaler Tourenzahl von 300 pro Minute leistet diese Maschine 210 Kilowatt bei einem Wirkungsgrade von nahezu 93,5 %.

Der Radanker von W. Fritsche. Während Desroziers die Scheibenanker mit Drahtwicklung erdacht und die Konstruktion derselben in sinnreicher Weise durchgeführt hat, gebührt W. Fritsche das Verdienst, einen Scheibenanker mit Stabwicklung von sehr einfacher Bauart, welcher von ihm als Radanker bezeichnet wird, ausgebildet zu haben.[1])

Die Konstruktionen von W. Fritsche zeigen durchweg das erfolgreiche Bestreben, die Anker nach maschinentechnischen Gesichtspunkten in solider und einfacher Weise aufzubauen. Der Radanker mit seiner originellen Konstruktion hat sich aus dem in Fig. 381 dargestellten Trommelanker und dem in Fig. 149 schematisch veranschaulichten Scheibenanker entwickelt.

Der Querschnitt einer Radankerdynamo ist in **Fig. 410** und die Seitenansicht des Ankers in **Fig. 411** gegeben. Der Anker ist in der Form eines Rades mit Nabe, Speichen, Felgen und ohne einen besonderen Eisenkern ausgeführt.

Die Nabe (N) besteht im wesentlichen aus zwei Theilen; einer derselben bildet den auf der Welle befestigten Körper und der andere den Flansch, welcher die Speichen in ihrer Lage festhält. Die Ankerwicklung wird aus einer Anzahl schmiedeiserner Stäbe S_1 S_2, welche für gröfsere Stromstärken, um den Ankerwiderstand zu verkleinern, mit einem Kupferbleche belegt werden, gebildet. Diese Stäbe sind mit einem isolirenden Anstrich versehen, und an ihrem innern Ende werden sie durch die beschriebene Nabe voneinander und gegen die Nabe isolirt festgehalten. An ihren äufseren Enden ist die halbe Zahl der Stäbe mit Kollektorsegmenten verbunden. Die Armaturstäbe, welche den Speichen eines Rades ähnlich sind, dienen somit gleichzeitig als Stromleiter und als Traggerüst, und ersetzen als magnetische Leiter den Ankerkern.

Die einzelnen Stäbe werden nach der Schaltungsregel (vergl. Fig. 150) durch gekrümmte Segmente, metallene Bänder oder Drähte miteinander verbunden, welche mit dem Namen »Verbinder« bezeichnet werden.

---

[1]) D. R. P. 57170 v. 16. April 1890.

Die Verbinder werden so angebracht, dafs sie zwei koncentrische Ringe an den innern und äufsern Enden der Stäbe bilden.

Die Armaturstäbe sind so geformt, dafs die Befestigung der Verbinder und der Kollektorsegmente, sowie das Festhalten derselben in der Nabe bequem erfolgen kann.

Der dargestellte Anker besitzt eine 8polige Wicklung mit

$$8 \cdot 14 + 1 = 113 \text{ Kollektorlamellen und}$$
$$2 \cdot 113 = 226 \text{ Armaturstäben.}$$

Es ist daher für Reihenschaltung

$$y_1 + y_2 = \frac{226 - 2}{4} = 56$$

$$y_1 = 29, \quad y_2 = 27.$$

In Fig. 411 sind sämmtliche Stäbe durch radiale Linien angedeutet. Für $1^1/_2$ Umgänge sind die Querverbindungen eingezeichnet und die betreffenden Ankerstäbe durch starke Linien hervorgehoben. Denken wir uns die Stäbe von 1 bis 226 fortlaufend numerirt und gehen wir von dem Kollektorsegmente a mit dem Stabe 1 aus, so ist

Stab	1	mit	$1 + 29 = 30$
»	30	»	$30 + 27 = 57$
»	57	»	$57 + 29 = 86$
»	86	»	$86 + 27 = 113$
»	113	»	$113 + 29 = 142$
»	142	»	$142 + 27 = 169$
»	169	»	$169 + 29 = 198$
»	198	»	$198 + 27 = 225$
»	225	»	$225 + 29 = 226 + 28$, d. h. mit 28

zu verbinden u. s. f.

Die ungeraden Stäbe werden mit einem Kollektorsegmente verbunden, wir erhalten somit 113 Segmente.

Die ungeraden und geraden Stäbe sind verschieden geformt. S_1 (Fig. 410) giebt die Form eines ungeraden, und S_2 die Form eines geraden Stabes. Der Stab S_1 trägt 4 Lappen $r, r,$ mit welchen die Verbinder vernietet und verlöthet werden, bei dem Stabe S_2 erfolgt dagegen diese Befestigung bei p, p am äufsern und innern Ende des Stabes. Die Befestigungsstellen p und r müssen radial um soviel gegeneinander versetzt sein, dafs die Verbinder im Zwischenraume von p bis r Platz finden.

Werden die Verbinder q nur auf einer Seite des Ankers angeordnet, so erhalten die Stäbe S_1 nur zwei Lappen r auf der betreffenden Seite.

Jedes Kollektorsegment besteht aus zwei Theilen, einem Messingstücke m (Fig. 412), welches mit dem Ende der Stäbe S_1 vernietet und

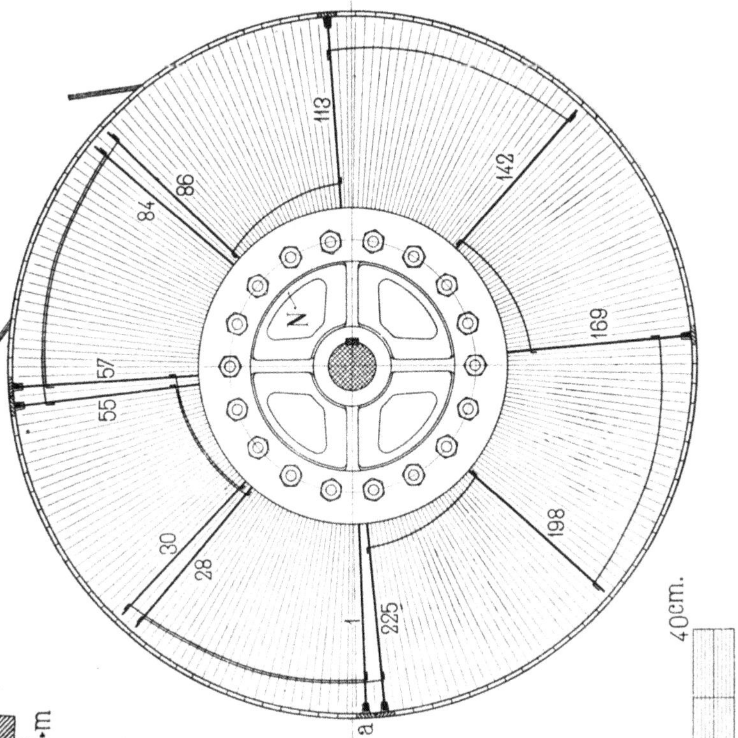

Fig. 411.

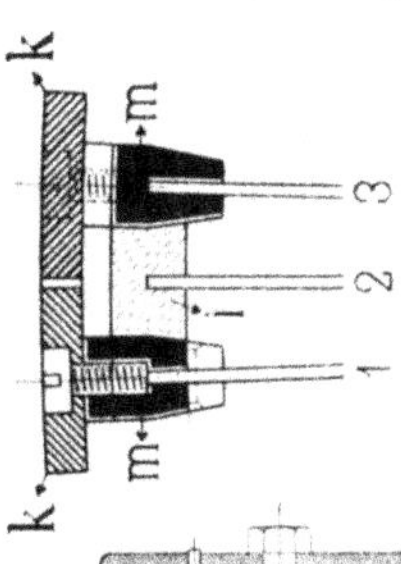

Fig. 412.

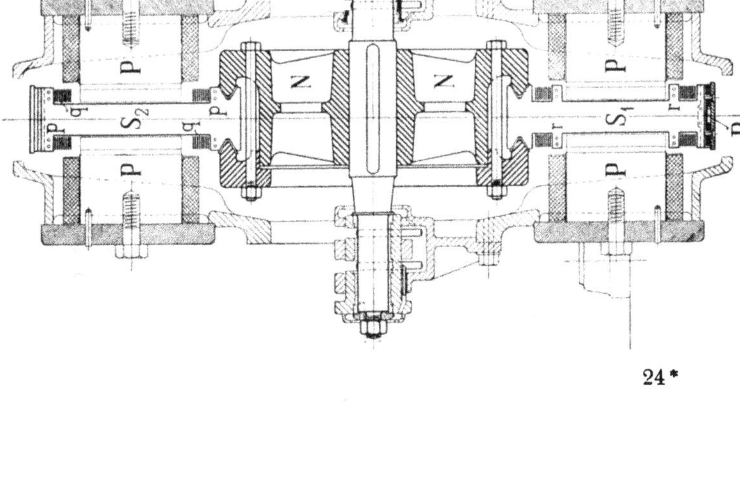

Fig. 410.

Fig. 410 — 412.
Radanker von W. Fritsche.

verlöthet ist, und einem Stücke k aus Hartkupfer, welches an m festgeschraubt ist; dadurch wird ein Auswechseln einzelner Lamellen oder das Aufsetzen eines neuen Kollektors wesentlich erleichtert.

Um die geraden Stäbe S_2, welche in kein Kollektorsegment auslaufen, am äufseren Ende festzuhalten, läfst man dieselben in Isolirstücke i (Fig. 412) eingreifen, welche zwischen die Messingleisten der benachbarten Stäbe eingeklemmt sind und aus zu Stein erhärtetem Kitt bestehen.

Damit der Anker gegen tangentiale und centrifugale Kräfte widerstandsfähiger wird, ist am Umfange in einer Nut B, zwischen den Messingleisten m und den Kollektorlamellen, ein Drahtband isolirt aufgewickelt. Es können auch zwei oder mehr Drahtbänder in derselben Weise nebeneinander angeordnet werden. Die Lage der Pole des Magnetfeldes ist in der Figur mit P bezeichnet.

Das Bild eines fertigen Ankers für eine 8polige Maschine von 120 Volt, 150 bis 180 Ampère Leistung, bei 180 Umdrehungen pro Minute giebt Fig. 413. Der Ankerdurchmesser beträgt 110 cm, die Zahl der Ankerstäbe 398 und die Zahl der Kollektorlamellen

$$8 \times 25 - 1 = 199.$$

Der Wicklungsschritt wird

$$y_1 = 49, \quad y_2 = 51.$$

Die Hauptabmessungen eines Radankers für eine Leistung

von 240 Volt 280 Ampère
oder 300 » 226 »

bei 200 Touren pro Minute sind nach den Angaben der Firma Fritsche & Pischon, Berlin, folgende:

Anzahl der Pole	10
Ankerdurchmesser (aufsen)	188 cm
Kollektorbreite	23 »
Zahl der Kollektorlamellen	261
Armaturstäbe (Eisen) Anzahl	522
» Breite	80 mm
» Dicke	2 × 1,5 »
Verbinder	60 × 0,8 »
Abstand von zwei gegenüberliegenden Polen	9,0 cm
Polhöhe (radial)	21 »
Durchmesser von Mitte bis Mitte Pol	135 »
Gewicht des Ankers	2330 kg
» » Gehäuses	1700 »
» der Magnete	2250 »
» » Magnetwicklung	390 »

Die Radankerkonstruktion von W. Fritsche eignet sich nur für gröfsere Stromstärken oder für Maschinen mit verhältnifsmäfsig geringen

Stabzahlen. Denn damit der Anker noch eine genügende Festigkeit und Steifigkeit erhält, darf der Querschnitt eines Stabes nicht unter ein gewisses, vom Durchmesser des Ankers abhängiges Minimum

Fig. 413.
Radanker von W. Fritsche.

gehen. Die Leistung der kleinsten Radankermaschine, welche noch gebaut wird, beträgt 3,6 KW. bei 120 Volt und 750 Touren pro Minute.

Der Glockenanker von W. Fritsche.[1]) Die Konstruktion des Glockenankers hat viel verwandtes mit derjenigen des Scheibenankers (Fig. 413). Der Ankerkern wird auch hier durch schmiedeiserne Stäbe oder Stege gebildet, welche selbst als ein Theil der Ankerwicklung und zur Ableitung der Ströme verwendet werden. Demgemäfs ist das magnetische Feld so angeordnet, dafs der ganze Verlauf der Kraftlinien im Anker senkrecht zur Bewegungsrichtung steht.

Es mufs also der Ankerkern derart zwischen dem Nord- und Südpol der Magnete liegen, dafs, ebenso wie bei den Scheibenankern, die gleichnamigen Pole immer auf einer Seite sich befinden und den ungleichnamigen unmittelbar gegenüber angeordnet sind.

Fig. 414 zeigt den Längsschnitt und **Fig. 415** den Querschnitt einer mit solchem Anker versehenen Dynamo. Der Anker A besitzt die Form einer Glocke und fafst mit seinem hohlcylindrischen, die Wicklung enthaltenden Theile zwischen die Polstücke NS, deren Anzahl in dem gewählten Beispiele vier ist.

Der Anker A wird aus den eisernen Stegen a gebildet, welche, wie der Querschnitt erkennen läfst, miteinander Zwischenräume bilden, die zur Aufnahme der parallel den Stegen und der Ankerwelle verlaufenden Wicklungsdrähte i dienen.

Die Stege besitzen die Form eines **Z**. Der eine Schenkel a_1 kann aufser als Ankerkern noch als Theil der Wicklung dienen, während der andere Schenkel a_2 dann an den Kollektor K angeschlossen ist und die Stromabgabe vermittelt. Die Wicklungsdrähte i treten an den beiden Enden der Schenkel a_1 aus den Zwischenräumen der Stege heraus, und die Querverbindungen der Drähte i unter sich liegen auf beiden Seiten c, c dieser Schenkel. Vor dem Einlegen in die Zwischenräume der Stege werden die Drähte, ähnlich wie bei der Wicklung von Eickemeyer, auf Schablonen zu Spulen mit zwei Abkröpfungen p_1 und p_2 gewickelt, so dafs die Querverbindungen in zwei getrennte Ebenen zu liegen kommen. **Fig. 416** giebt die Ansicht einer fertigen Spule. Die Lage der Seiten i_1 und i_2 einer Spule ist aus Fig. 415 ersichtlich, die Seite i_1 liegt am äufsern und die Seite i_2 am innern Umfange des Ankers, die Querverbindungen i_3 derselben sind ebenfalls angedeutet.

Das eine Ende der Spule ist mit dem benachbarten Stabe leitend verbunden, etwa so, wie bei V in Fig. 415 angegeben ist, mit dem andern Ende wird der geforderte Wicklungsschritt bis zu dem entsprechenden Kollektorsegmente ausgeführt.

In Fig. 417 ist ein Theil des abgewickelten Mantels des vierpoligen Ankers dargestellt. In diesem Schema sind die Ankerstege a durch starke Linien und die Drähte i mit den Querverbindungen durch dünne Linien angedeutet.

[1]) D. R. P. 78075 v. 20. Mai 1893

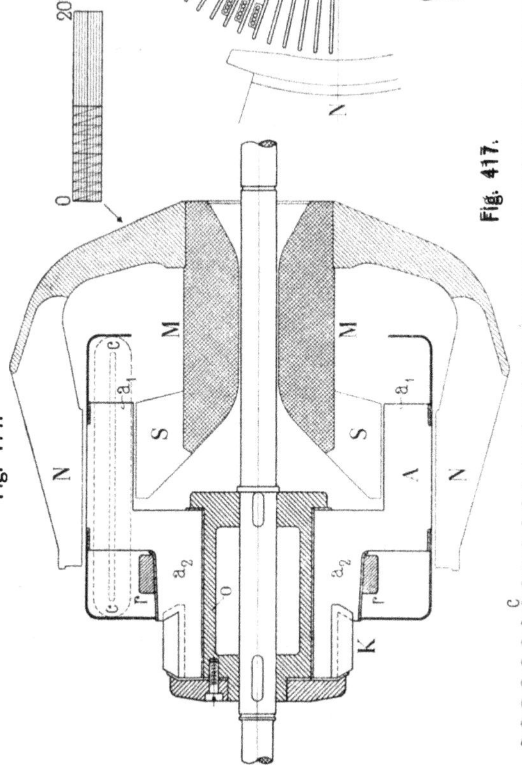

Fig. 414.

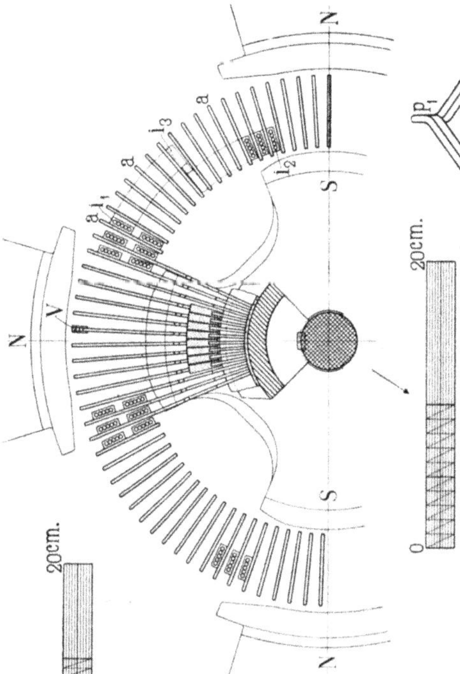

Fig. 415.

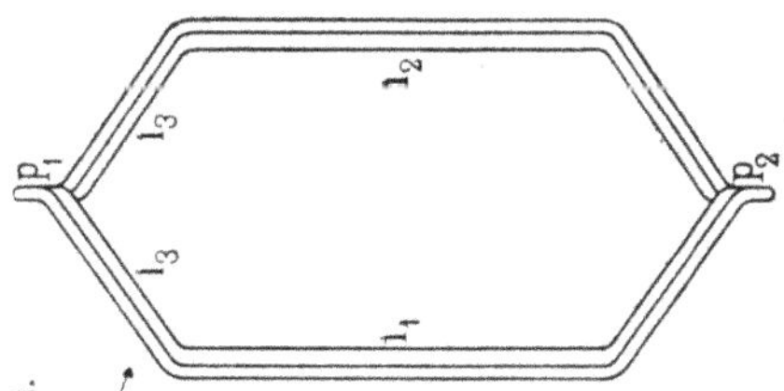

Fig. 416.

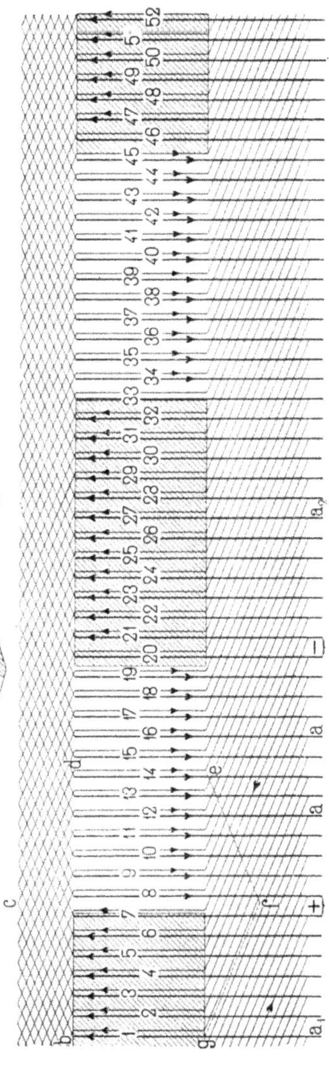

Fig. 417.

Fig. 414 – 417.
Glockenanker einer vierpoligen 4 KW.-Maschine von W. Fritsche.

Die Zahl der Ankerstege oder Eisenstäbe ist

$$= 8 \cdot 13 - 1 = 103$$

und gleich der Zahl der Kollektorlamellen; das Schema erstreckt sich nur auf 52 Stege. Die Zahl der inducirten Spulenseiten ist $= 2 \cdot 103 = 206$, und der Wicklungsschritt wird

$$y_1 + y_2 = \frac{206 + 2}{4} = 52$$

$$y_1 = 25, \quad y_2 = 27.$$

In der Figur sind je zwei Seiten (ein Ankersteg und ein Draht) mit derselben Nummer bezeichnet. Für diese Numerirung wird daher der Schritt

$$y_1 = 13 - \frac{1}{2}, \; y_2 = 13 + \frac{1}{2}.$$

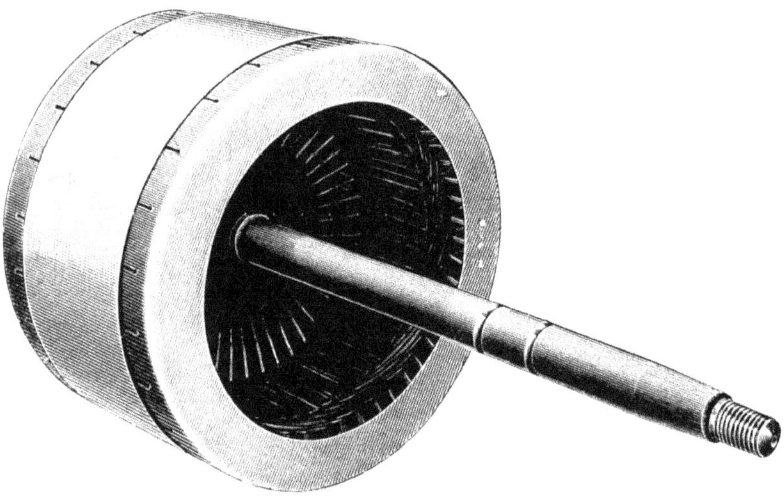

Fig. 418. Glockenanker von W. Fritsche.

Gehen wir z. B. von der Lamelle a_1 oder dem Stege $a_1\, b$ aus, so ist der Schritt $b\, c\, d = y_2$; der Draht ist bei b an den Steg $a_1\, b$ angelöthet. Man mufs sich nun so viele Windungen $b\, c\, d\, e\, f\, g\, b$ ausgeführt denken, als wir für die Spulen angenommen haben; mit dem Ende der Spule wird dann der Schritt $y_1 = e\, a_2$ ausgeführt. Auf diese Weise ist das Schema entworfen worden, nur sind die Querverbindungen $e\, f\, g$ nicht weiter berücksichtigt.

Die eisernen Ankerstege werden durch die Nabe o und einen aufgezogenen Ring r isolirt gegeneinander festgehalten.

In Fig. 418 ist die Ansicht eines Glockenankers abgebildet.

Die in den Fig. 414 bis 417 dargestellte Maschine ist für eine Leistung von 110 Volt 36 Ampère bei 1400 minutlichen Umdrehungen gebaut.

Tabelle der Dimensionen von ausgef

Touren pro Minute n	Ankerdurchm. D	Eisenlänge l	Totale Eisenhöhe	Drähte oder Stäbe Zahl N	Drähte oder Stäbe Dimension	Zahl der Nuten	Zahl der Kollektorlamellen	Nuten-tiefe	Nuten-breite	Kollektor-Durchm.	Kollektor-breite	Polbogen b
	cm	cm	cm					cm	cm	cm	cm	cm
1200	18,0	22,0	6,0	352	2,3 mm ϕ	14	44	1,40	0,65	12,5	5,5	14,0
1400	20,0	20,0	7,5	288	2,5	38	38	2,20	0,44	15,0	8,0	18,0
900	30,0	26,0	9,2	180	4,0	90	90	1,10	0,65	20,0	14,0	32,0
290	40,64	32,04	14,7	840	2,8	105	105	3,50	0,59	23,0	13,5	20,0
190	76,0	19,5	12,0	346	3,5 × 12 mm	173	173	2,90	0,55	43,0	15,0	23,5
750	39,0	24,0	7,5	170	4 × 8 mm	85	85	2,00	0,60	20,5	8,6	20,0
475	62,5	32,0	14,8	288	2 × 20	144	144	4,70	0,35	52,0	17,0	20,8
600	52,0	36,0	10,0	200	2,2 × 16	100	100	2,40	0,80	24,0	16,0	26,0
130	130,0	30,0	17,5	516	2,5 × 18	258	258	4,40	0,46	100,0	12,5	27,0
500	78,8	35,0	12,4	400	1 × 25	200	200	3,00	0,65	45,0	12,0	28,5
180	114,6	23,5	13,8	334	6,5 × 11	167	167	3,30	1,12	54,6	20,0	34,2
85	200,0	45,0	13,0	730	4,5 × 8	365	365	2,20	0,85	130,0	13,5	43,0
360	116,0	37,5	20,5	216	5 × 20	216	108	2,50	0,80	49,0	31,5	43,4
150	165,0	35,0	26,0	596	3,5 × 22	298	298	5,20	0,50	115,0	17,0	34,5
90	400,0	12,0	23,5	1584	3,5 × 16	792	792	4,00	0,53	184,0	17,0	31,5
100	220,0	53,0	16,5	1056	3,5 × 11	528	528	2,60	0,65	—		51.5
150	237,0	43,0	10,5	432	19 Dr. à 2,8 mm ϕ	glatt	216	—	—	170,0	33,0	20,0
55	460,0	40,0	—	1088	—	544	544	—	1,4	300,0	27,5	30,0
105	320,6	35,0	18,5	1440	4,2 × 7,2	720	720	2,30	0,80	220,0	23,0	35,0
700	50,4	36,0	9,2	960	2,6 mm ϕ	glatt	160	—	—	34,0	14,0	30,0
250	97,9	60,0	11,0	$2N = 60$	13,5 ϕ	120 Löcher	2 × 60	1,65 ϕ		50,0	44,0	30,0
230	150,0	54,0	14,0	531	3,5 × 4,5 2 Drähte parallel	glatt	351	—	—	93,0	25,0	35,0
275	83,8	26,0	14,0	636	aufsen 4,35 / 4,1 × 23 mm innen 2 × 15 mm		636	—	—	103,0	26,0	47,0
65	342,2	50,0	30,0	2262	aufsen 40 × 4,29 / 4,17 innen 30 × 9		2 262	—	—	381,0	50,0	65,0

ichnet: B_l die Induktion im Luftraume pro qcm. $B_l = \frac{60 \cdot 10^8 \cdot E \cdot a}{N \cdot n \cdot p \cdot b \cdot l}$

B_z die idielle Induktion im kleinsten Eisenquerschnitt (im Fufse) der Zähne pro qcm, berechnet unter der Voraussetzung, dafs alle Kraftlinien in die Zähne unter dem Polbogen eintreten.

B_a die Induktion im Ankereisen pro qcm.

$AS = \frac{\text{Ampère pro Stab} \times \text{Stabzahl}}{\pi D} = \frac{J \cdot N}{2a \cdot \pi D}$ = Ampèrestäbe pro cm Umfang.

…eichstromankern.

Pol-zahl	Halbe Anzahl der Anker-stromzweige a	B_l	B_z	B_a	Perioden-zahl $\frac{pn}{60}$	AS	$\frac{1,6 \cdot B_l \cdot \delta}{b \cdot AS}$	Wicklung	Nr.	Firma	
$2p =$											
2	1	5 800	19 200	9 800	20	112	2,36	Trommel	1	Maschinenfabrik Oerlikon . .	—
2	1	4 500	10 800	8 100	23,4	103	1,16		2	E. A.-G. vorm. Lahmeyer & Co.	—
2	1	5 600	20 900	12 100	15	105	1,06	»	3	J. Farcot, St. Ouen	Taf. XII
4	1	9 500	31 500	9 300	9,7	145	2,10		4	Union E.-G.	Taf. IV
8	1	5 500[1] 9 500[2]	11 800 18 300	7 800 12 100	12,6	145 94	1,29 3,07		5	G. f. elektr. Industrie, Karlsruhe	Taf. XII
4	1	5 900	13 800	11 900	25	139	2,04		6	v. Kolben & Co.	—
6	3	7400	14 100	8 300	23,8	111	3,07		7	E. A.-G. vorm. Lahmeyer & Co.	—
4	2	6 700	18 200	12 700	20	135	1,98		8	Maschinenfabrik Oerlikon . .	Taf. V
10	3	7 700	15 500	8 700	10,8	120	2,28 *)		9	Gebrüder Körting	Taf. IX
6	1	5 300	15 100	8 900	25	113	1,58	»	10	E.-G. Alioth	—
8	1	7 700	20 600	14 000	12	186	1,26		11	Union E.-G.	Taf. XI
12	1	4 600	11 000	10 100	8,5	157	0.87		12	E.-G. Alioth	Taf. VI
6	3	6 000	14 000	8 000	18	133	1,00		13	J. Farcot, St. Ouen	Taf. VII
10	3	7 300	12 900	6 800	12,5	154	1,21		14	E. A.-G. vorm. Lahmeyer & Co.	Taf. VII
30	3	5 800 8 200	10 200 14 500	5 200 7 400	22,5	149 105	2,08 3,98	»	15	E. A.-G. vorm. Lahmeyer & Co.	Taf. VIII
12	6	7 200	18 800	14 100	10	153	1,32	»	16	E. A.-G. vorm. Schuckert & Co.	—
24	12	5 900	—	6 300	30	181	6,25		17	Maschinenfabrik Oerlikon . .	—
32	16	6 300	—	—	14,7	176	2,10		18	Maschinenfabrik Oerlikon . .	—
18	9	7 800	21 500	9 300	15,8	206	2,94	»	19	Allgem. Elektr.-Gesellsch. . .	Taf. X
4	2	4 700	—	8 500	23,3	106	3,31	Ring	20	Maschinenfabrik Oerlikon . .	Taf. I
6	3	8 900	—	13 500	12,5	114	4,35	»	21	Maschinenfabrik Oerlikon . .	Taf. I
10	1	6 800	—	9 400	19,2	96	6,46		22	Maschinenfabrik Oerlikon . .	Taf. II
4	2	3 300	—	6 000	9,3	181	1,47	Innenpol	23	Siemens & Halske, A.-G. . . .	—
12	6	6 900**)		8 300	6,5	254	2,98**)		24	Siemens & Halske, A.-G. . . .	—

1) für 110 Volt, 2) » 170 » berechnet.

*) für 115 Volt, **) » 550 » berechnet.

Fig. 3.

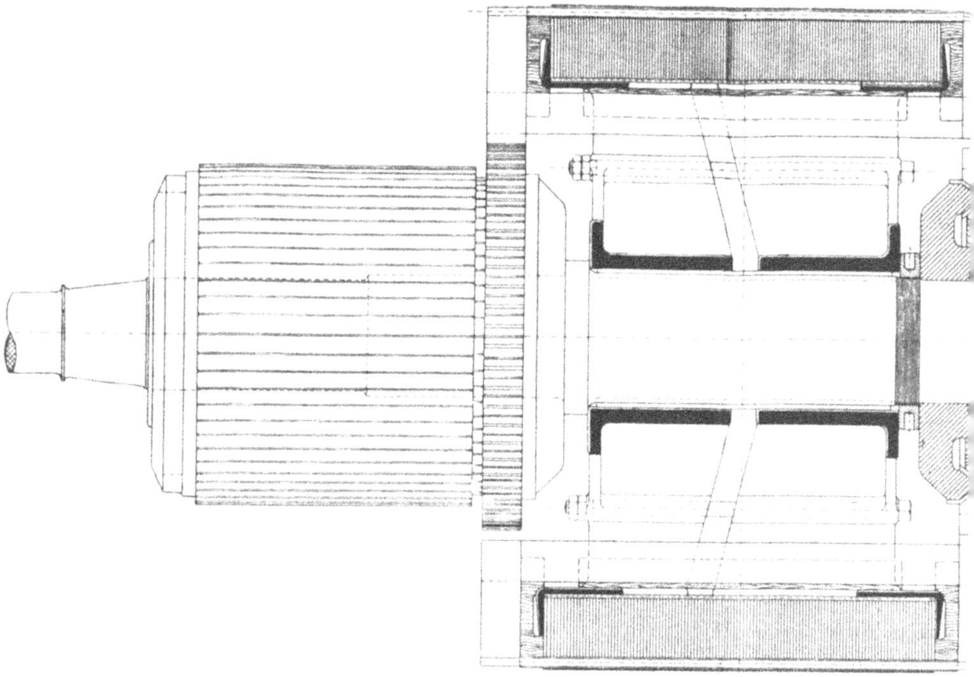

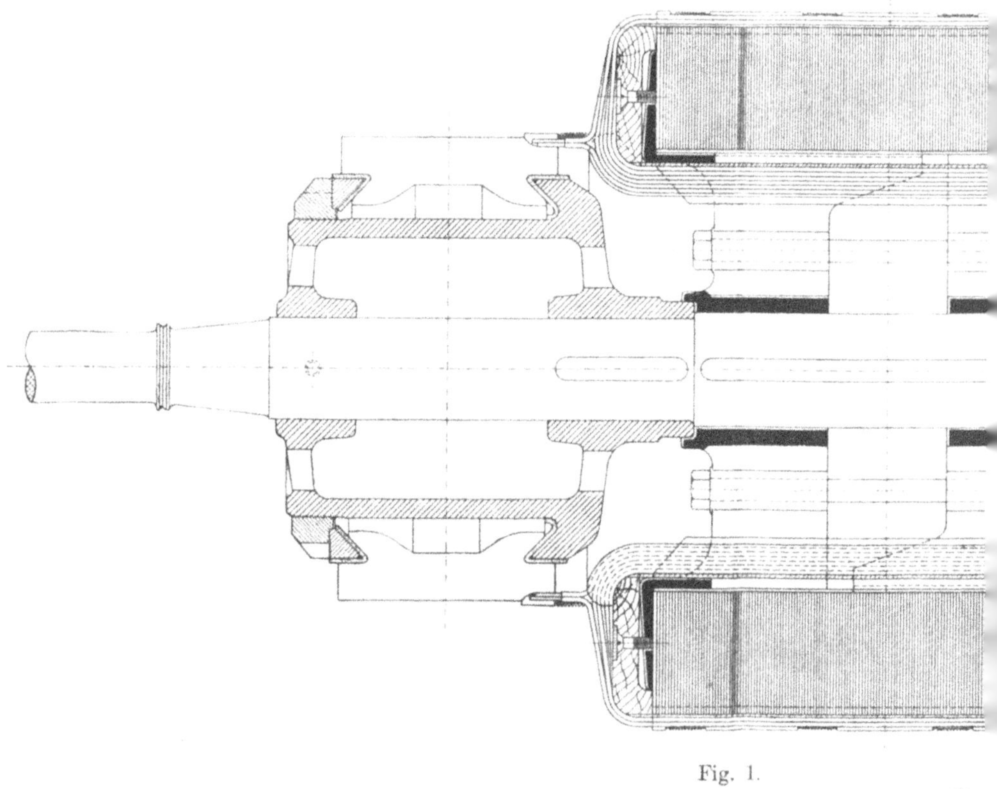

Fig. 1.

Mas

Fig. 1 und 2. Ringanker für 570 Volt, 40 Amp., 700 Touren.

(Beschr

Fig. 4.

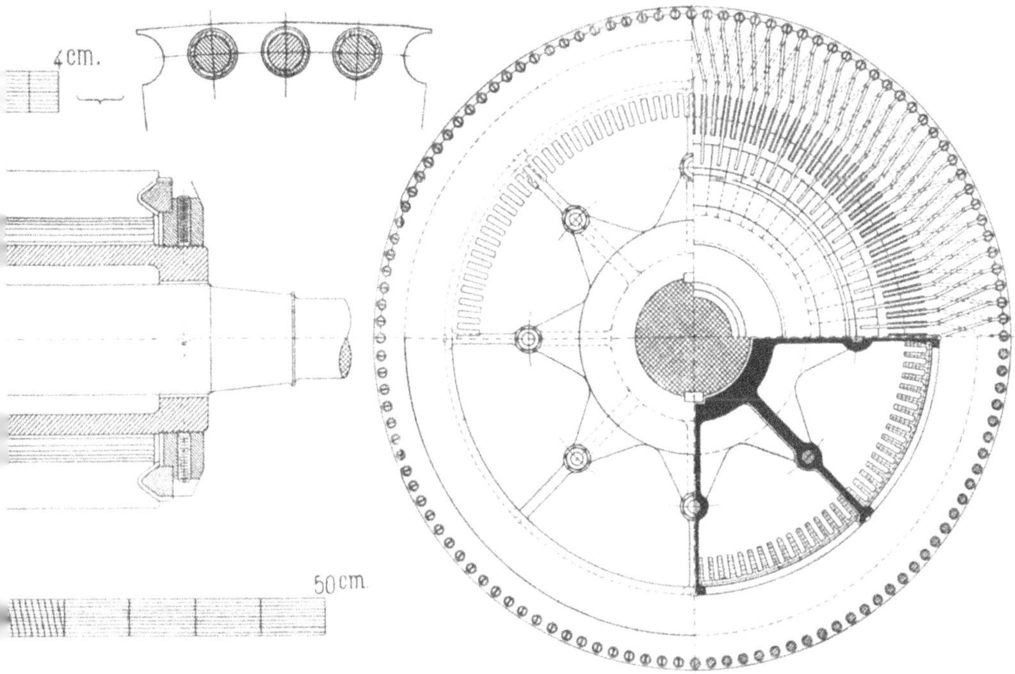

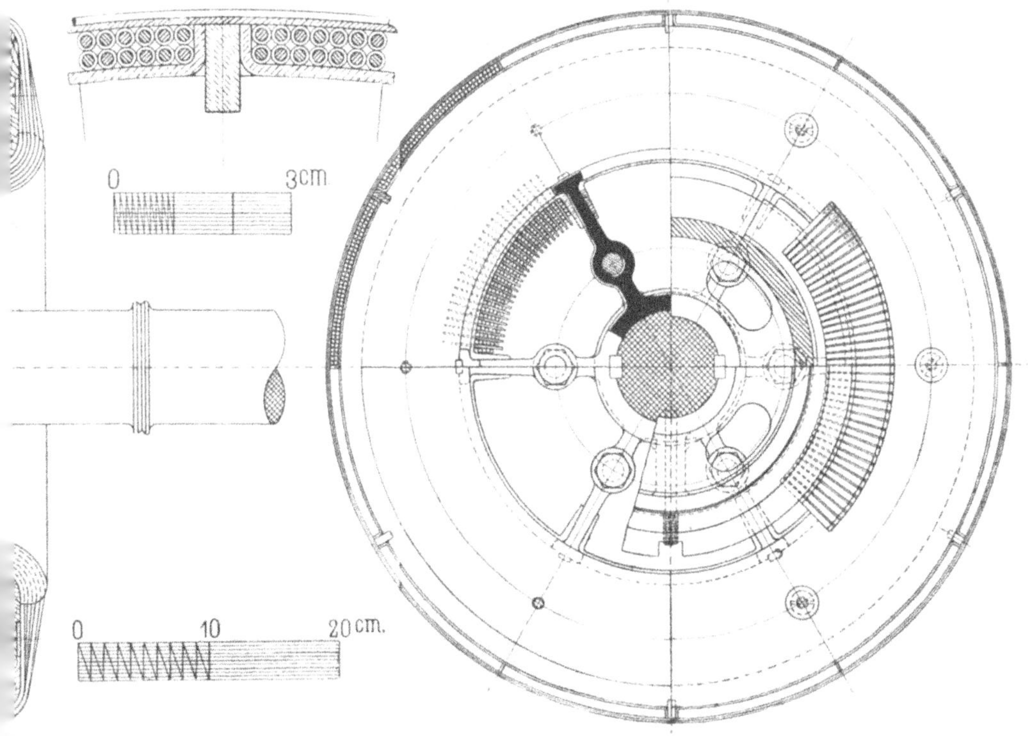

Fig. 2.

rlikon.

Ringanker mit zwei Kollektoren. 40 Volt, 3500 Amp., 250 Touren.

5 und 297.)

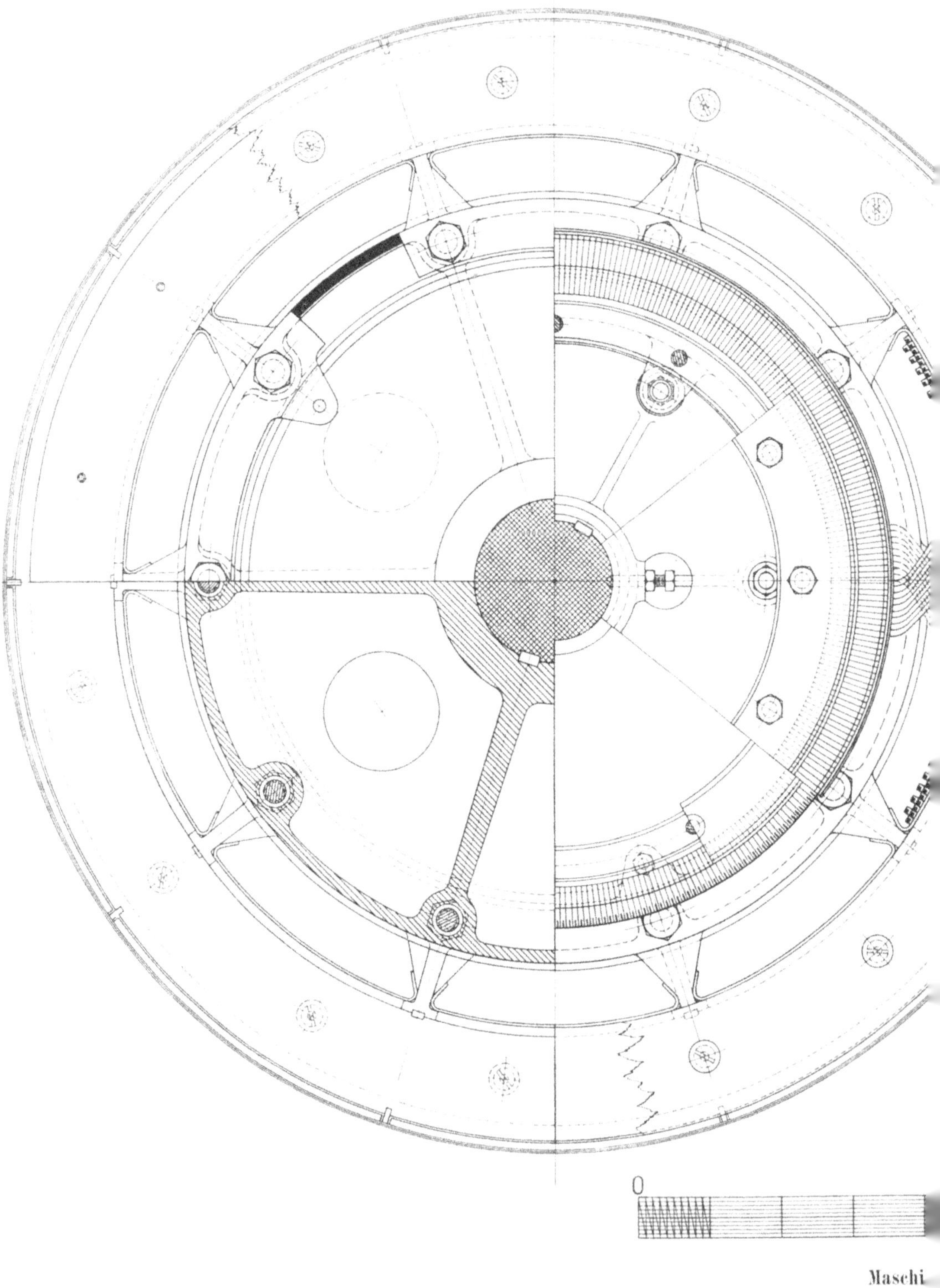

Maschi

Ringanker einer 220 KW.-Maschine

(Beschr

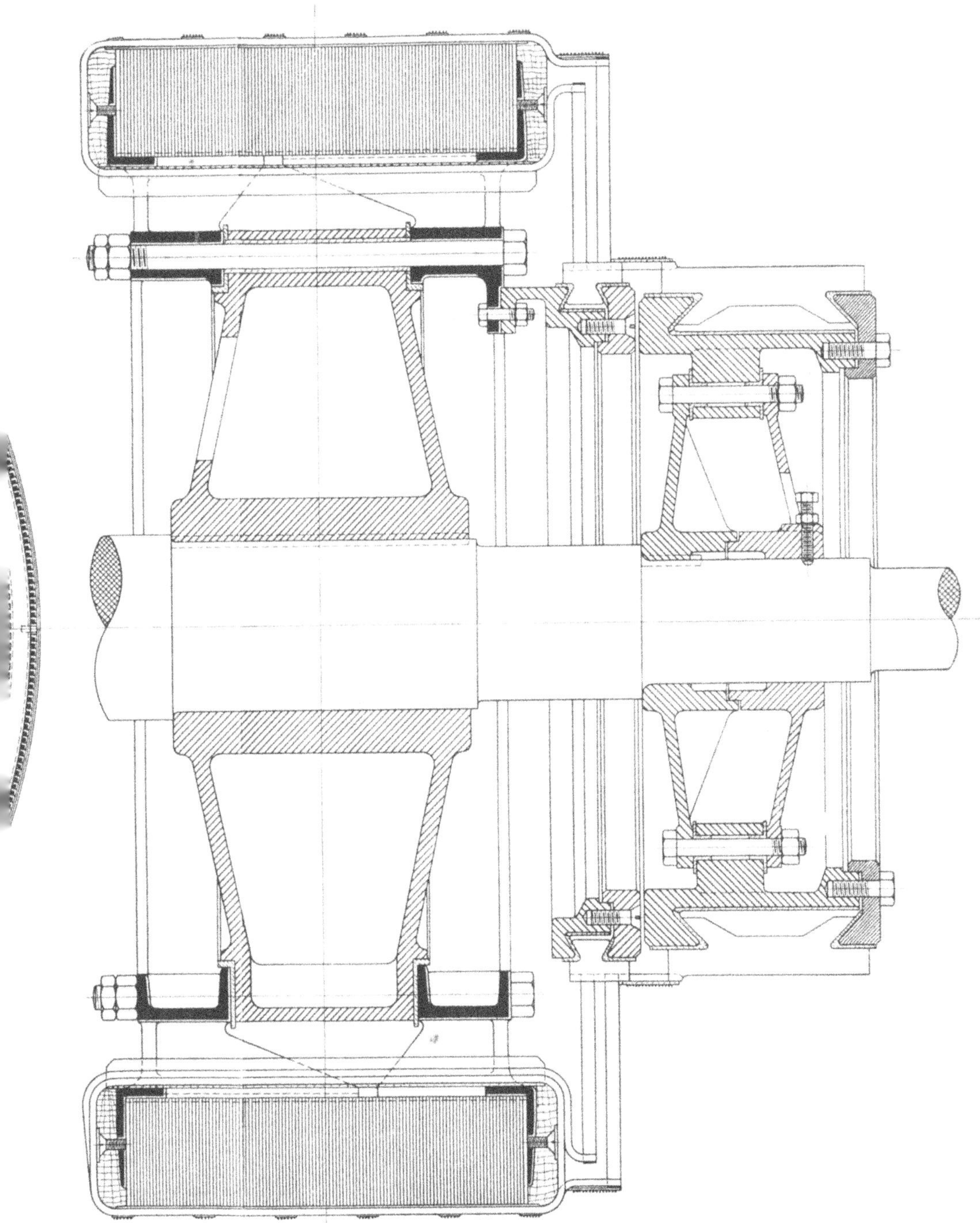

ɔcm.

on.

altung. 1300 Volt, 230 Touren.

3.)

Fig. 1.

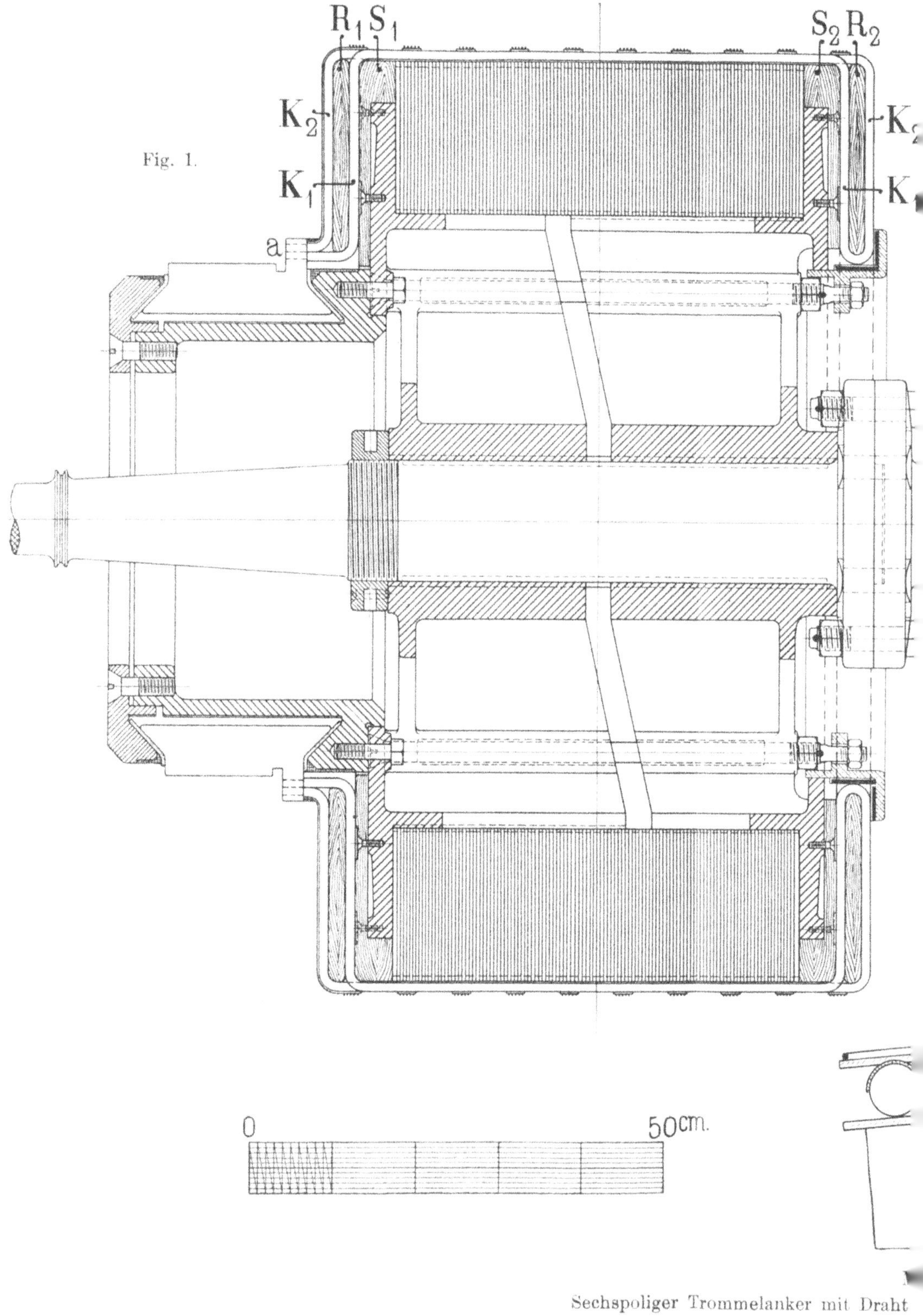

Sechspoliger Trommelanker mit Draht

Fig. 2.

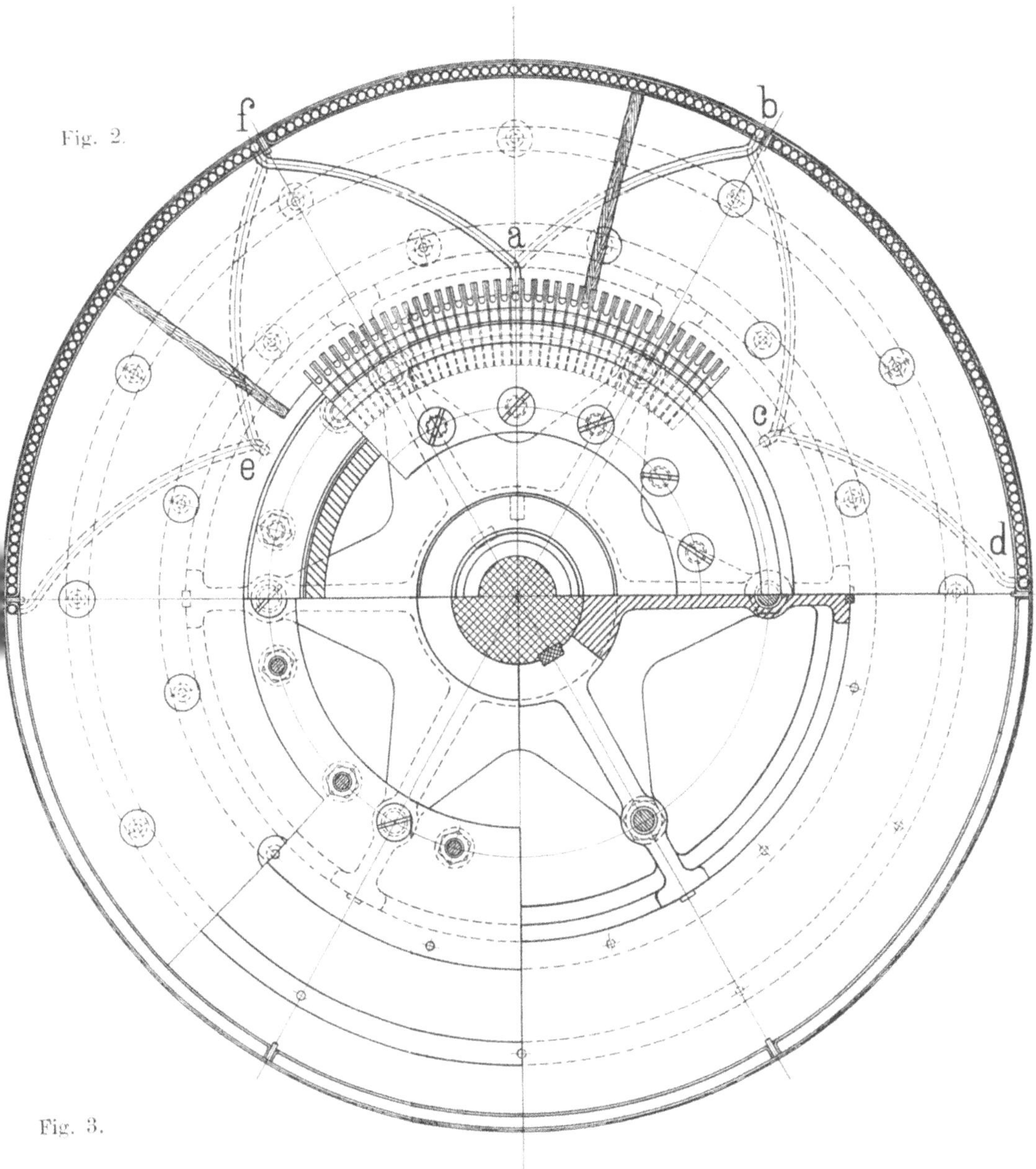

Fig. 3.

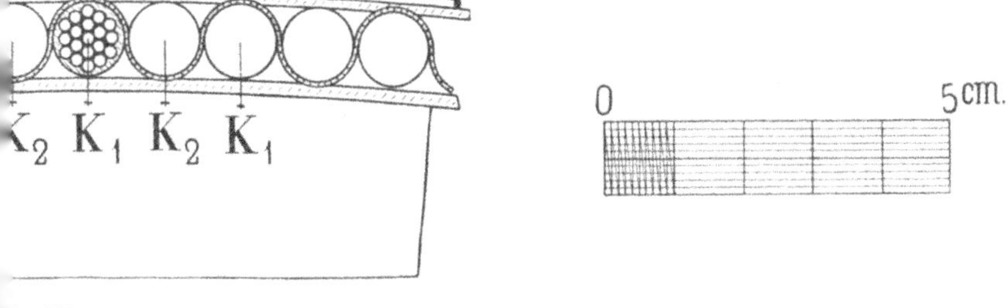

Oerlikon.
Lagen für 250 Amp., 500 Volt, 300 Touren.
Seite 318.)

Fig. 1.

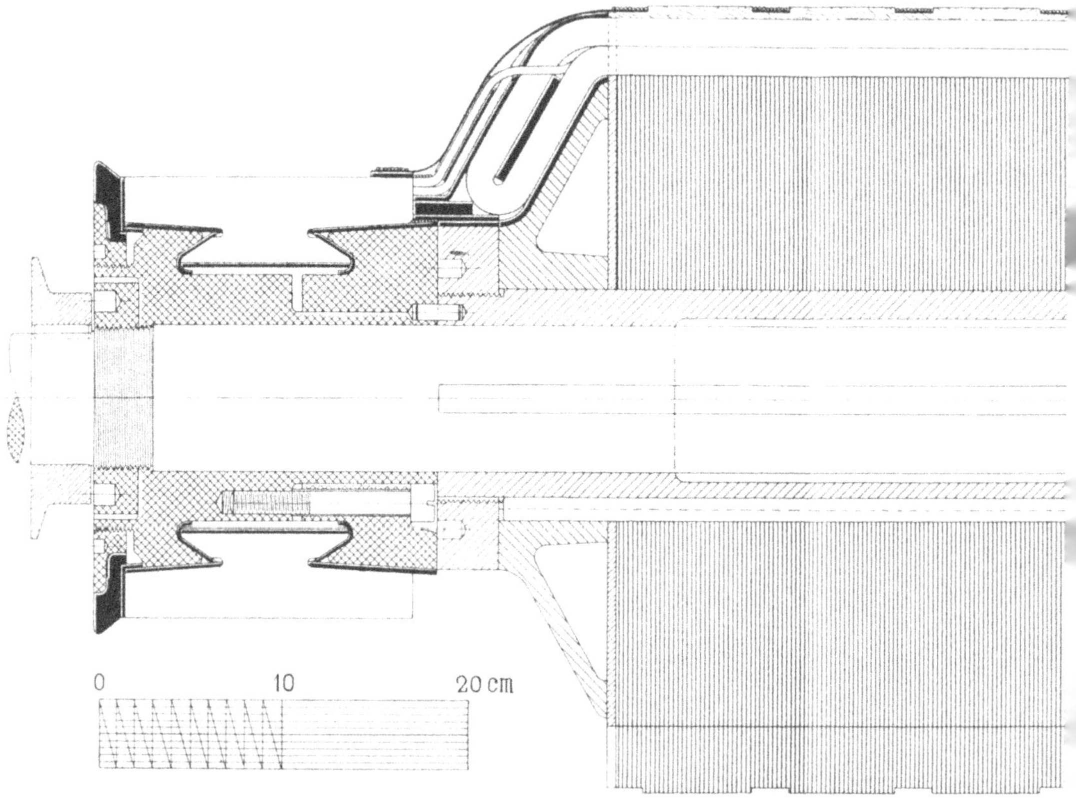

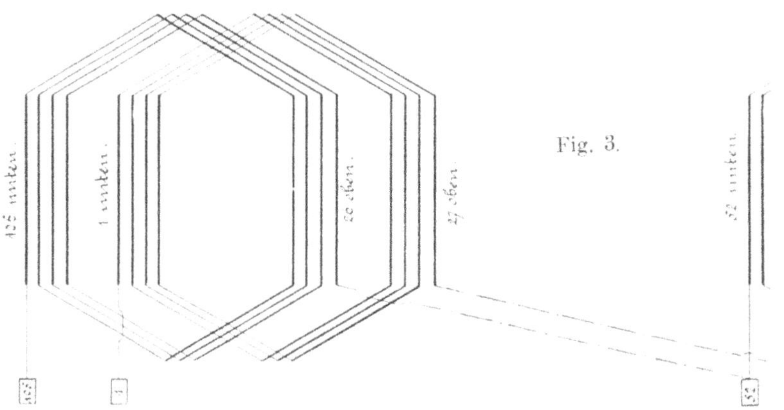

Fig. 3.

Elektricitä

Anker des Trambahnmotors, Ty

(Bes

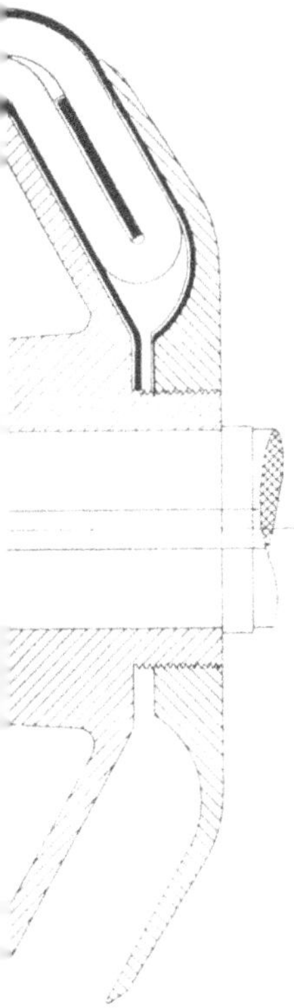

Fig. 2.

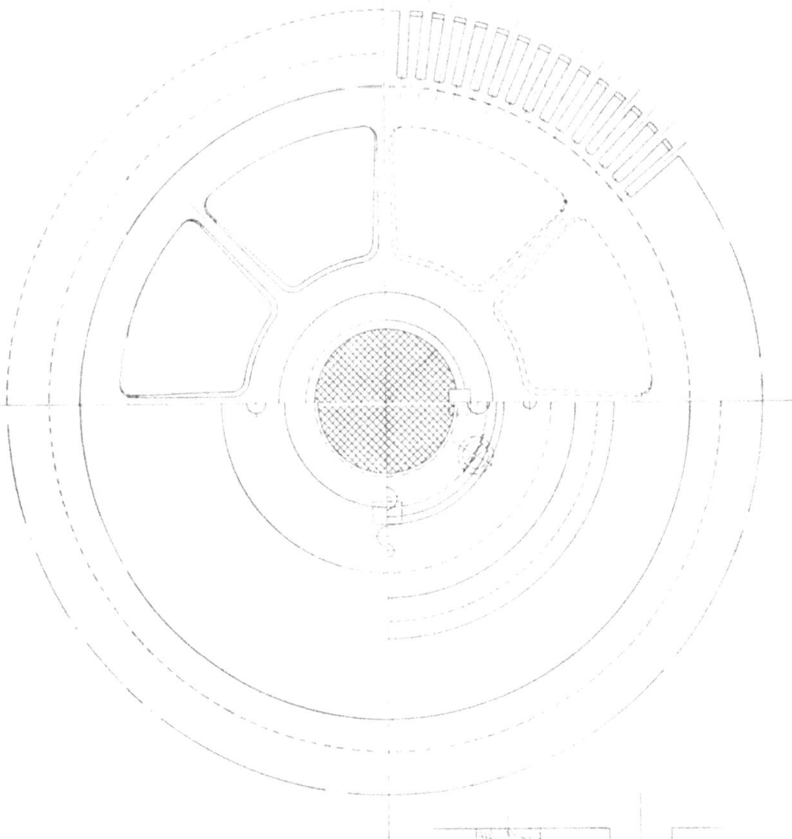

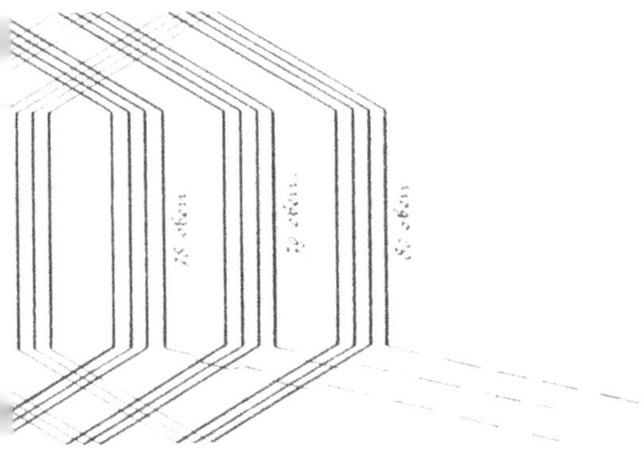

Fig. 4.

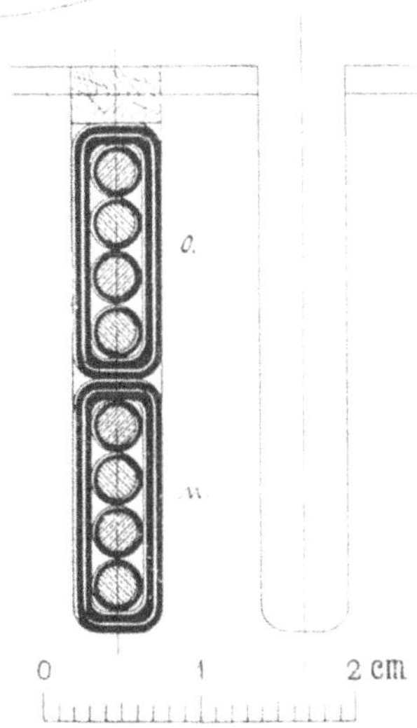

ion, Berlin.
4 Amp., 500 Volt, 290 Touren.
331.)

Fig. 1.

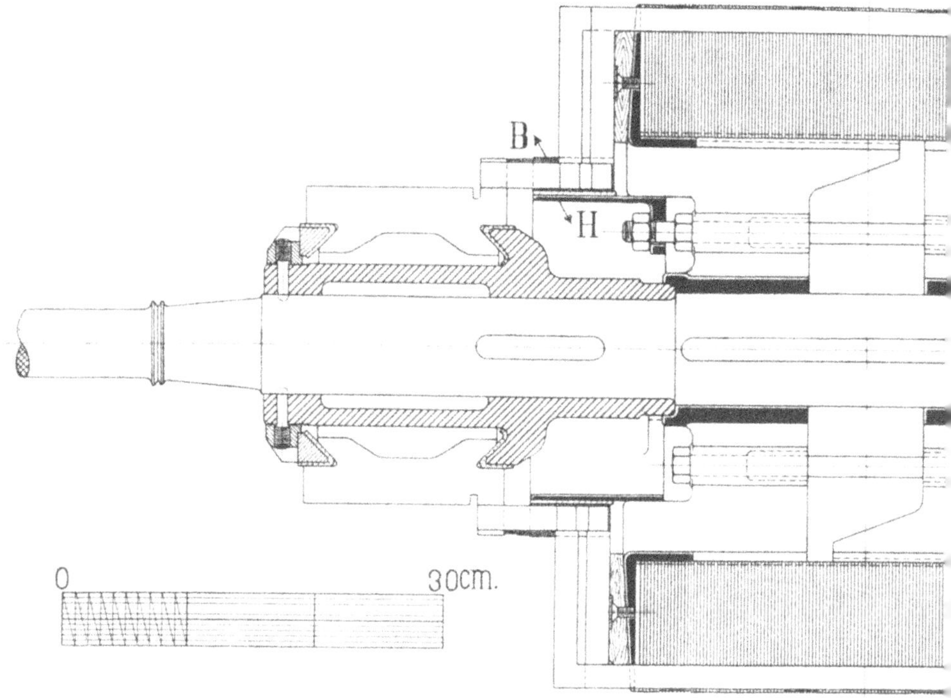

Fig. 7.

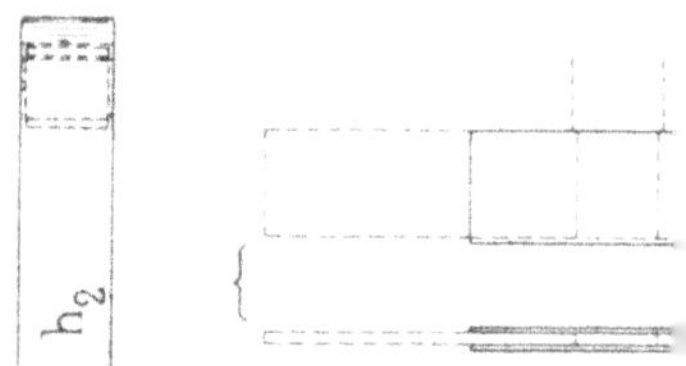

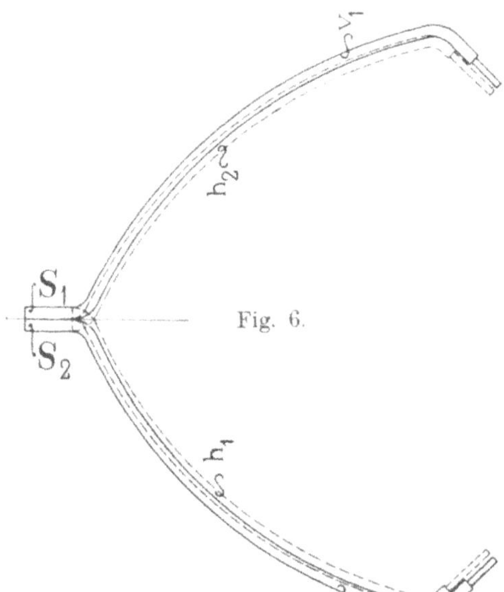

Fig. 6.

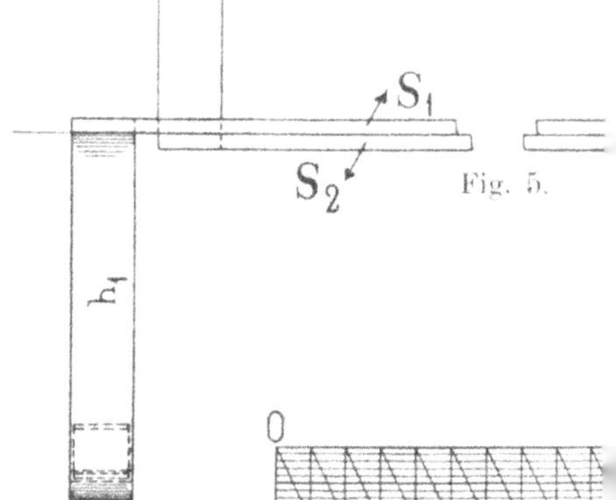

Fig. 5.

M.

Vierpoliger Trommelanker mit Stabwicklun

(

Tafel V.

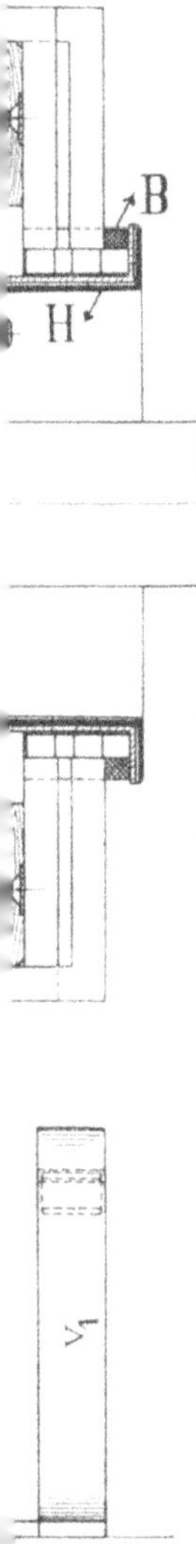

Fig. 2.

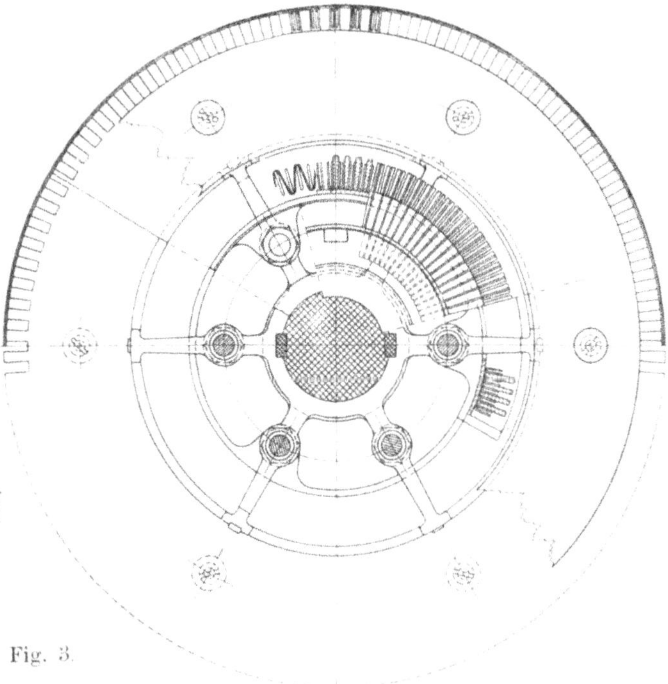

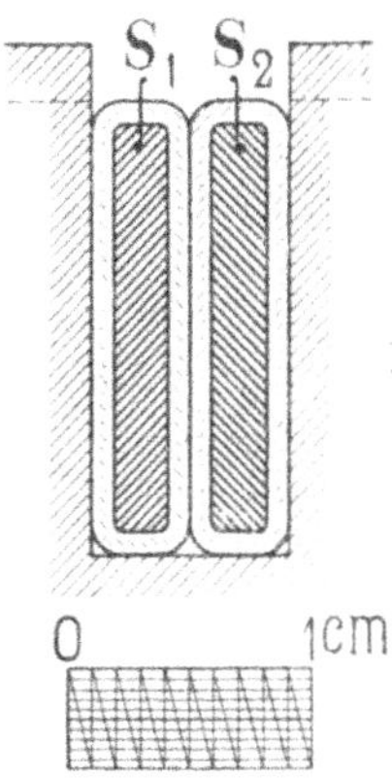

Fig. 3.

Fig. 4.

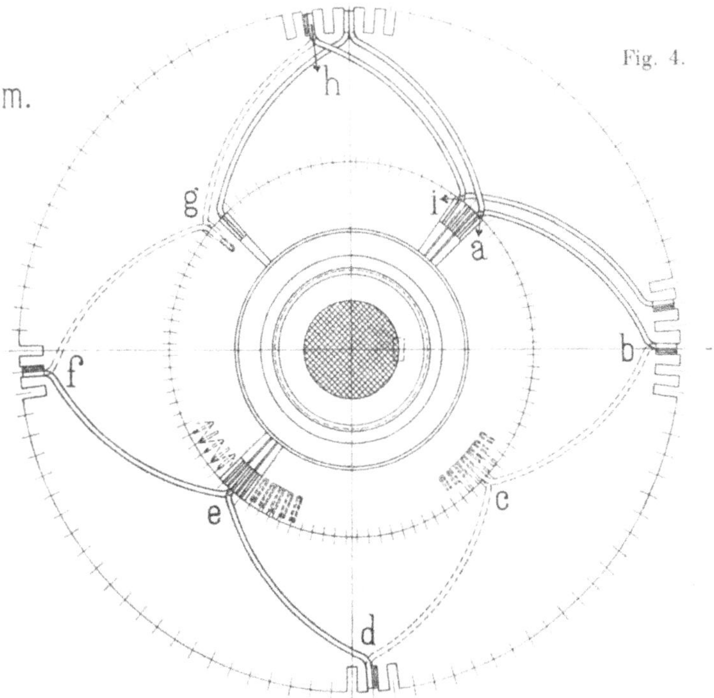

erlikon.

arallelschaltung für 440 Amp., 125 Volt, 600 Touren.

eite 335.)

Fig. 1.

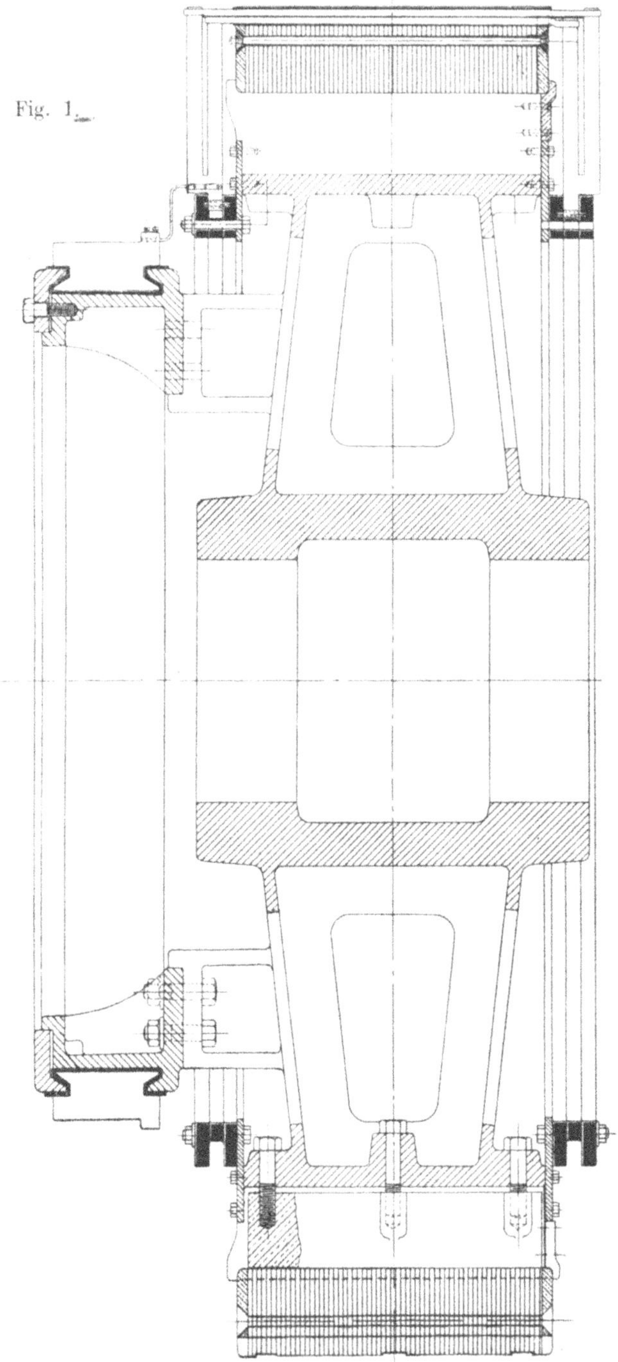

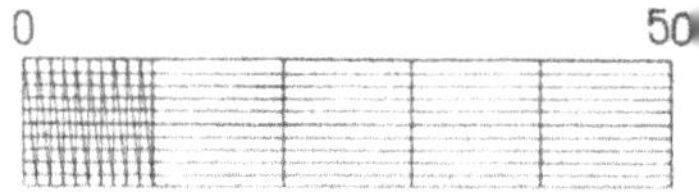

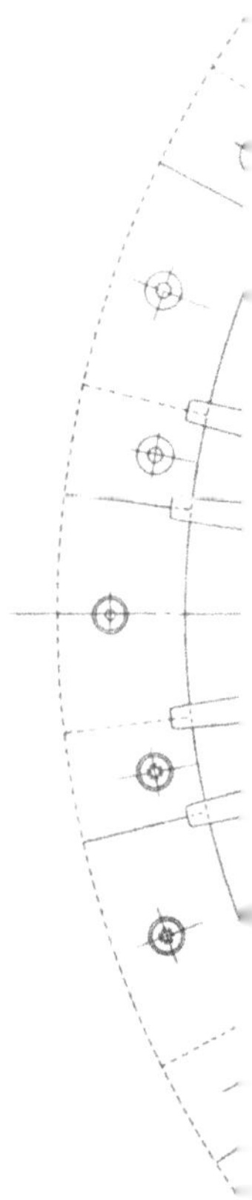

Fig. 3.

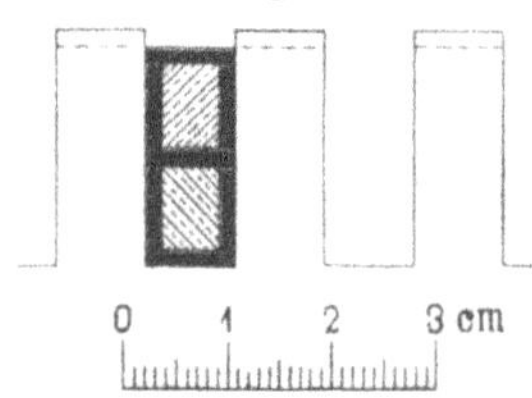

Elektri

Zwölfpoliger Tromme

Fig. 2.

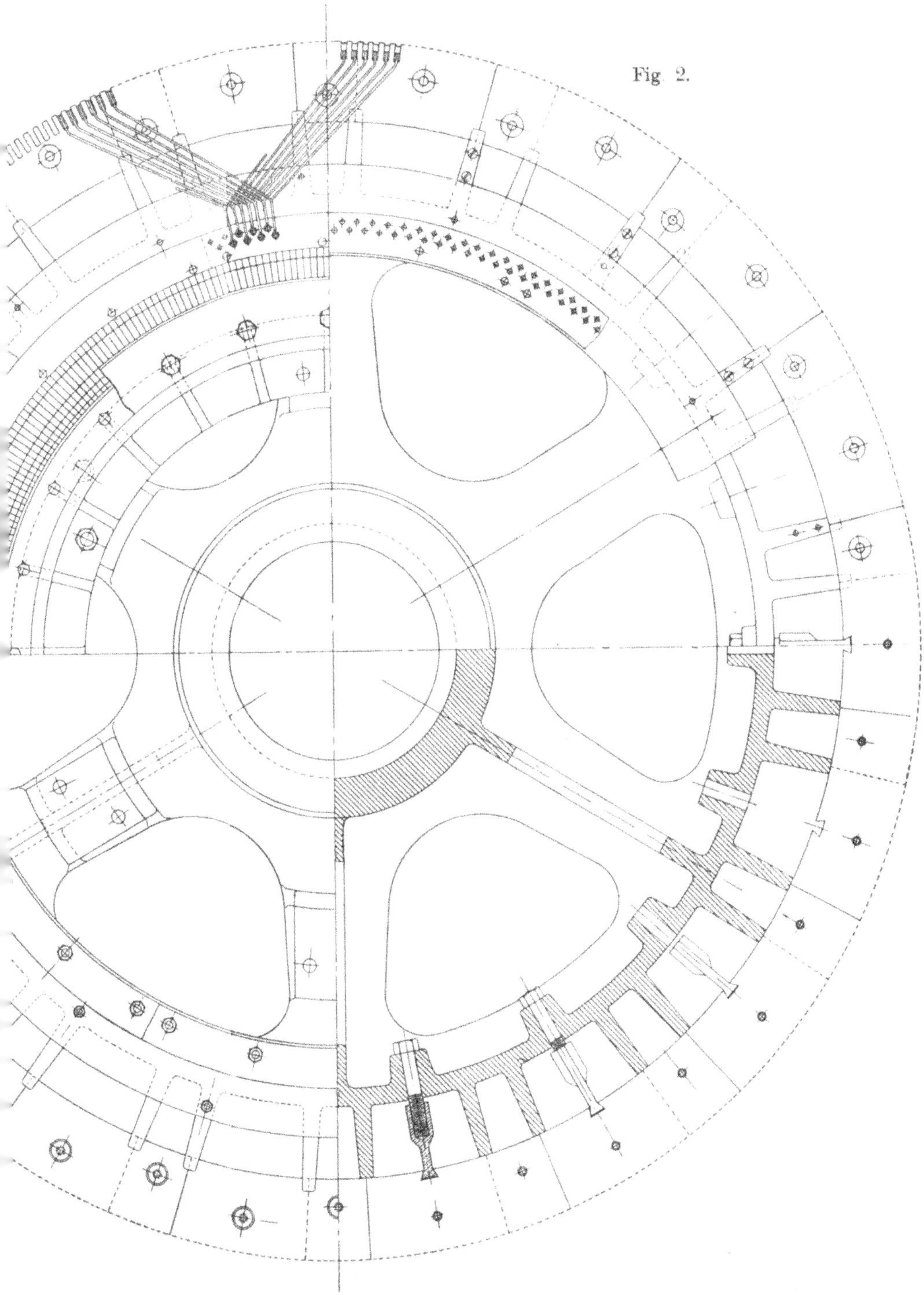

Alioth, Basel.

KW., 550 Volt, 85 Touren.

eite 346.)

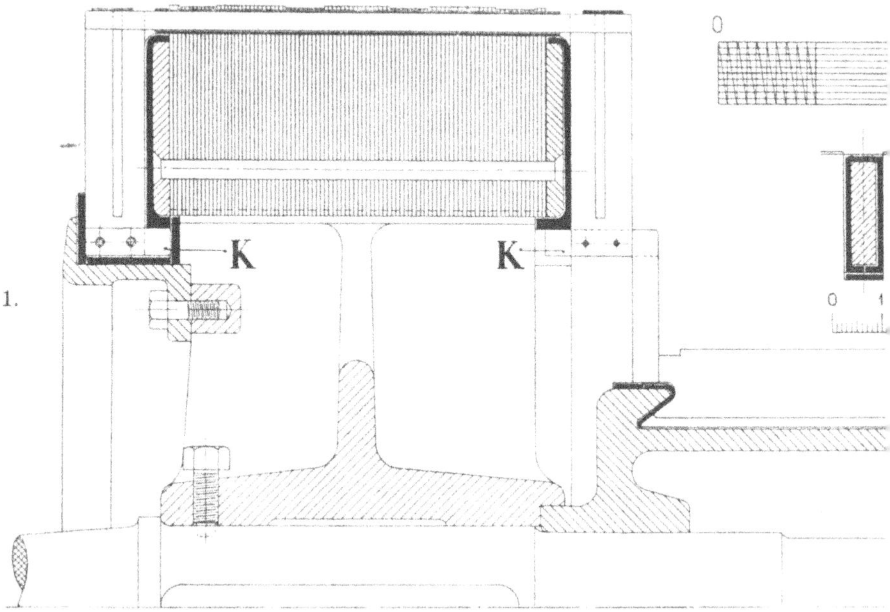

Fig. 1.

125 V
(

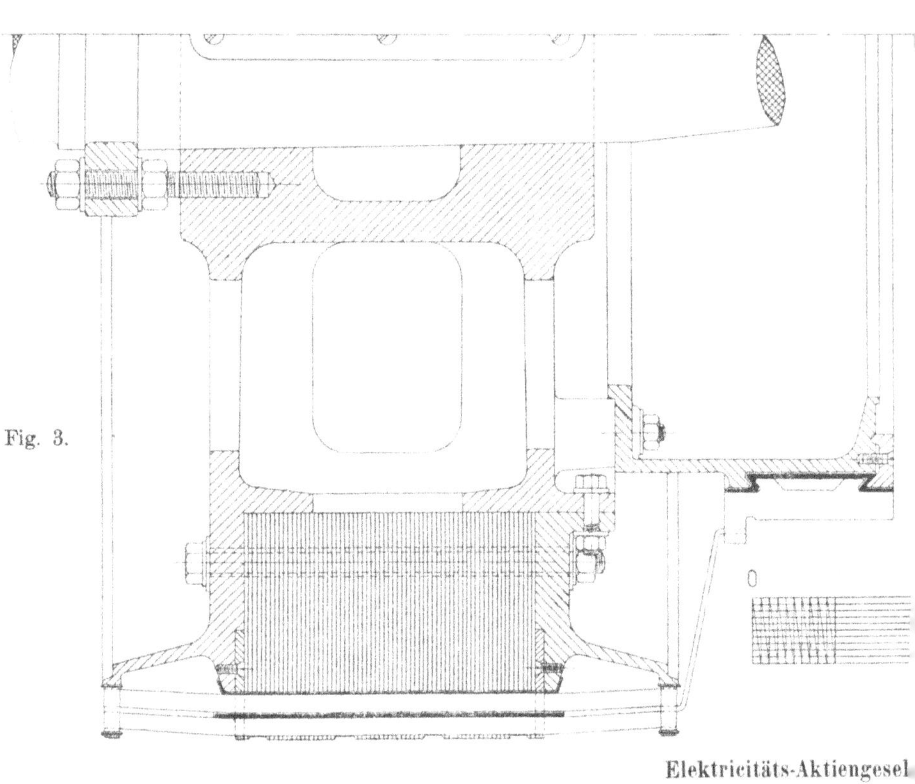

Fig. 3.

Elektricitäts-Aktiengesel
220
(

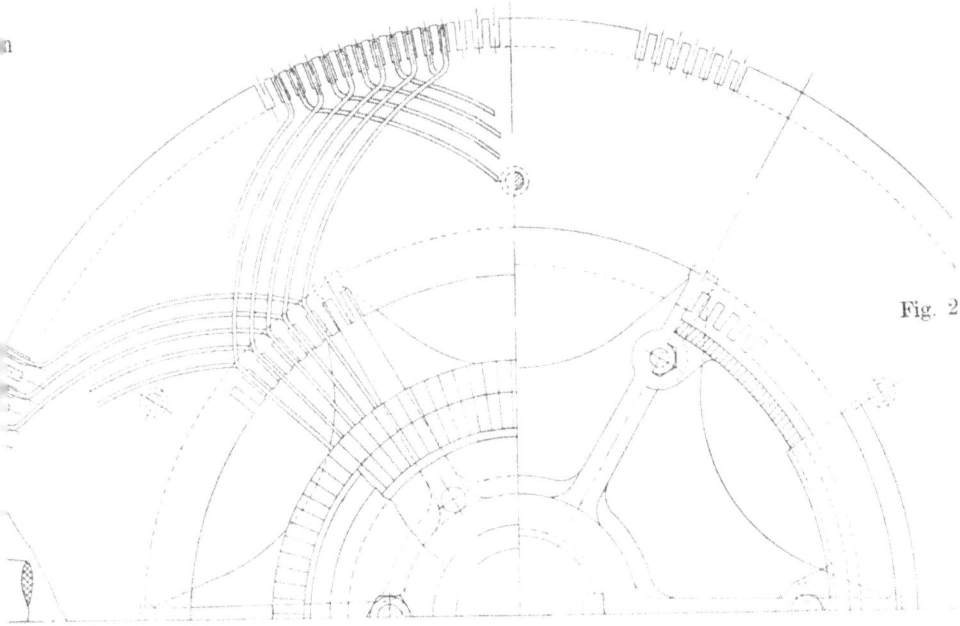

Fig. 2.

)uen.
360 Touren.
eite 347.)

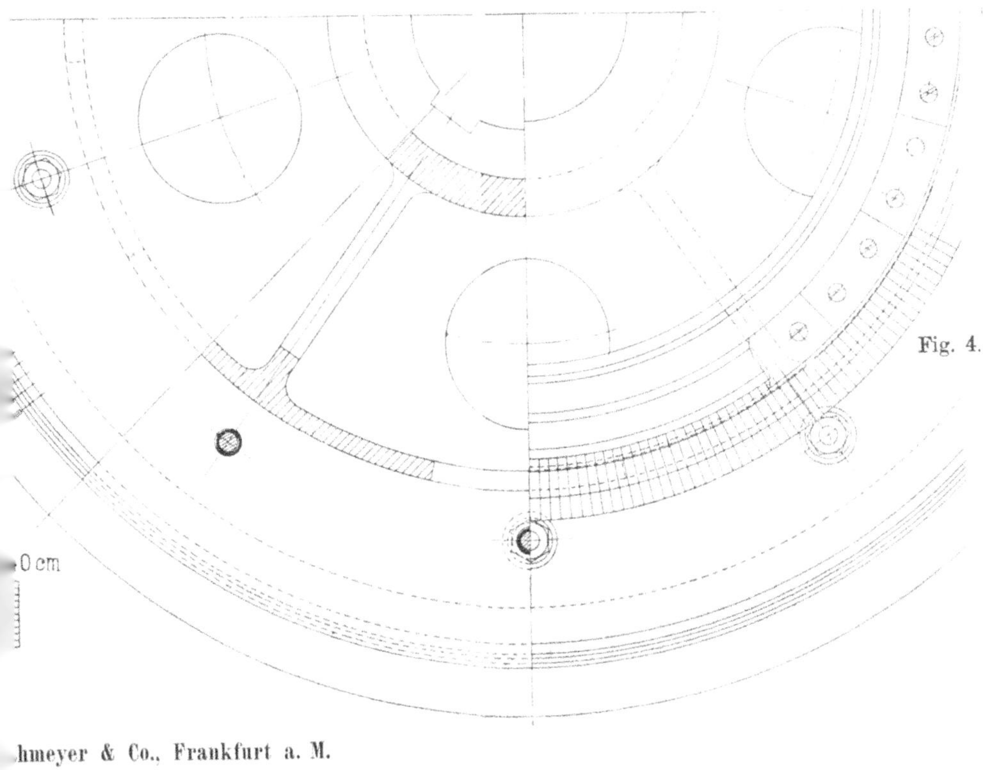

Fig. 4.

hmeyer & Co., Frankfurt a. M.
150 Touren.
eite 351.)

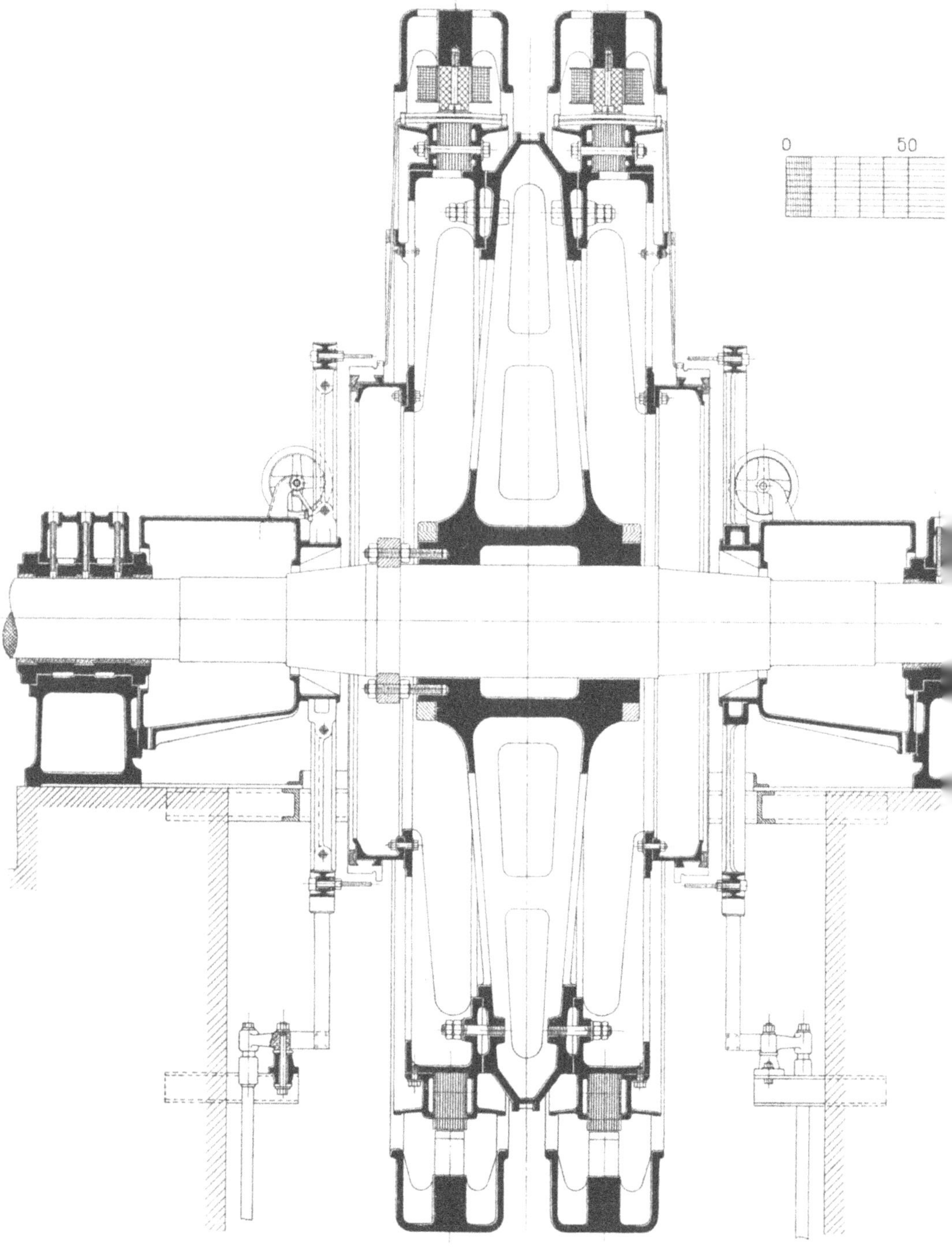

Elektricitäts-Aktiengesell
2 mal 185 KW., 2 mal 26
(

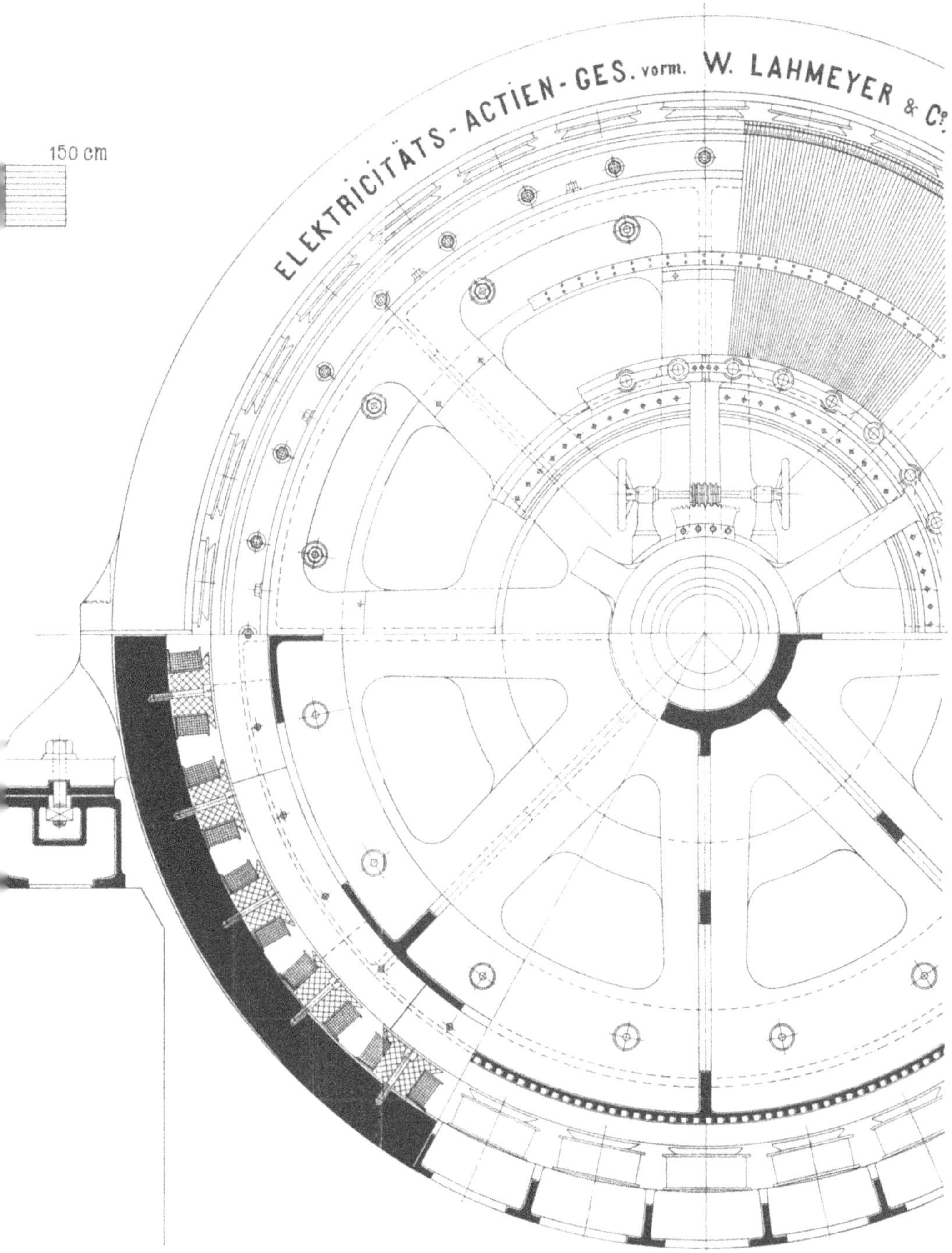

hmeyer & Co., Frankfurt a. M.
nal 710 — 500 Amp., 90 Touren.
ite 354.)

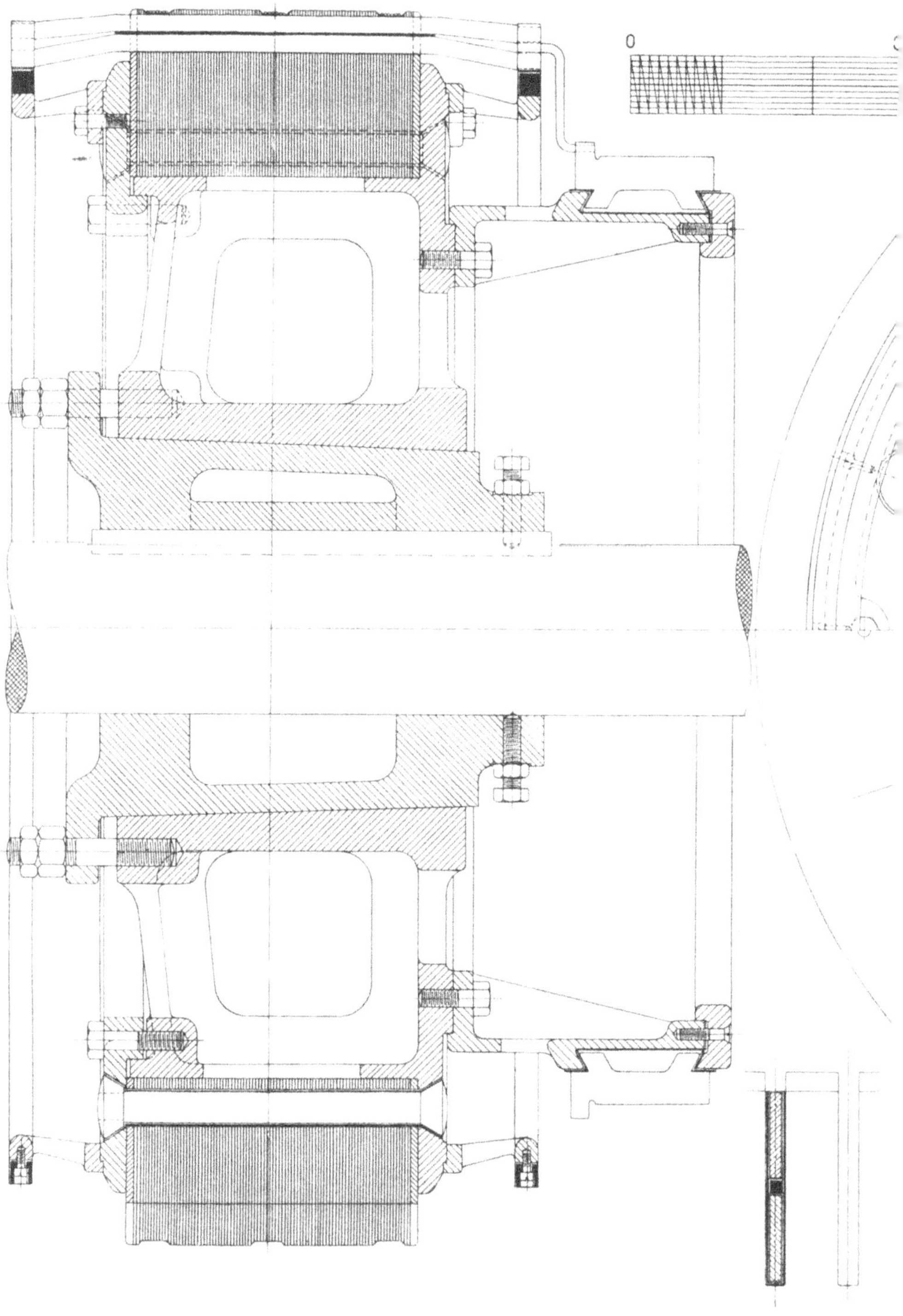

Anker einer 66 KW.-Gasdy

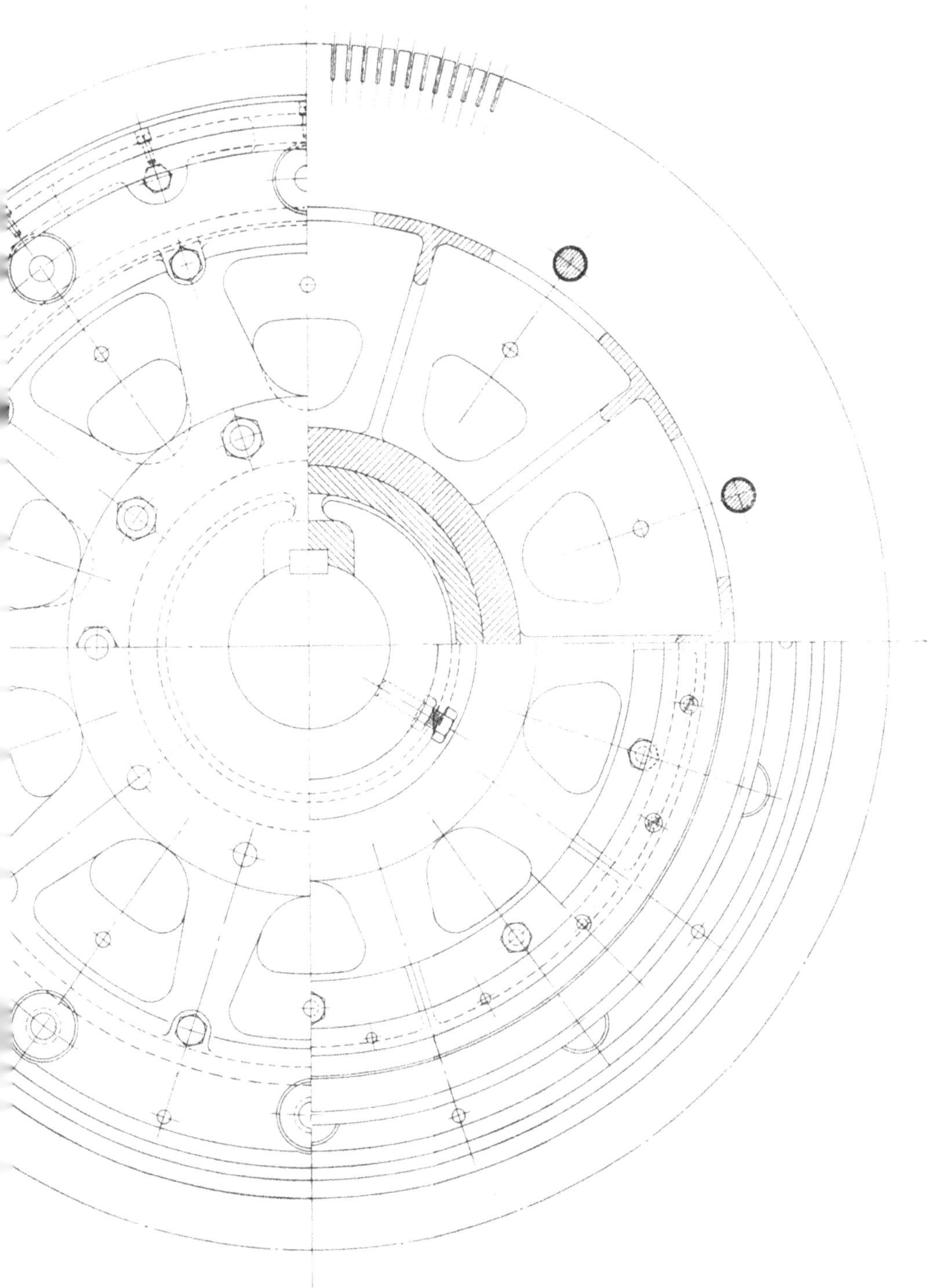

nnover.

Volt, 610—516 Amp., 130 Touren.

eite 355.)

Fig. 3

Fig. 1.

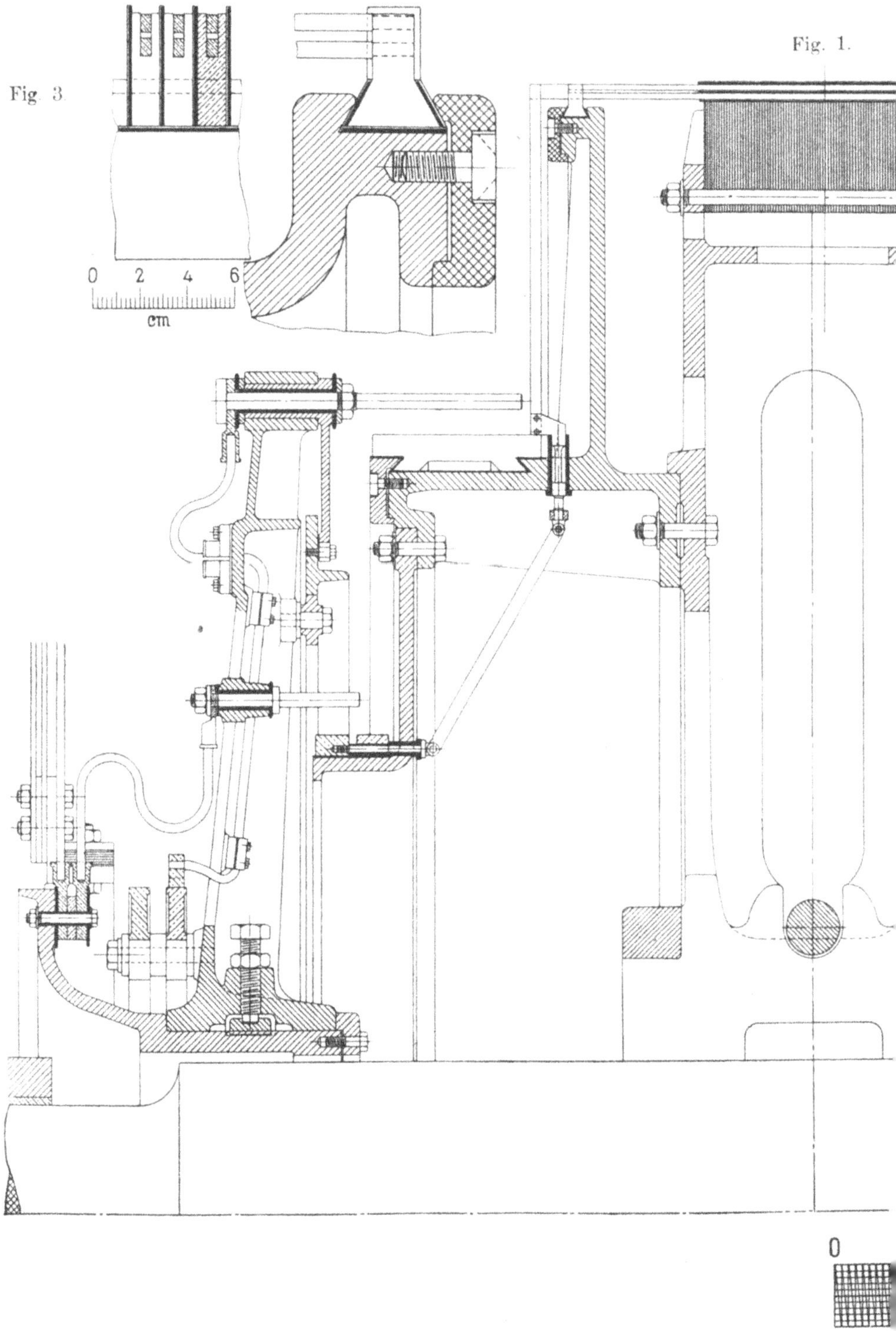

Allgemeine

Anker einer 625 KW.-M

(B

Tafel X.

Fig. 4.

Fig. 2.

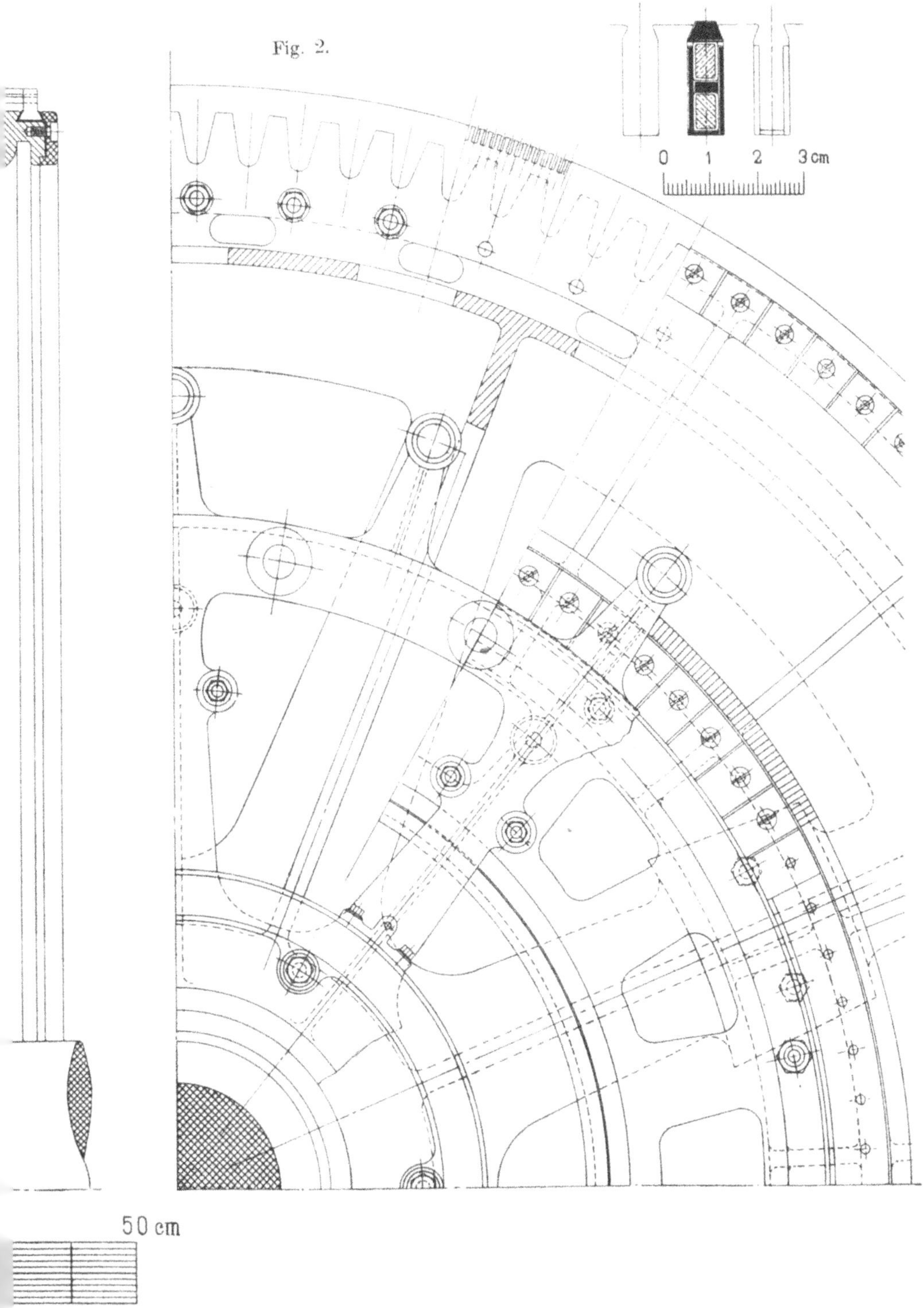

ellschaft, Berlin.

olt, 2600 Amp., 105 Touren.

te 356.)

Fig. 1.

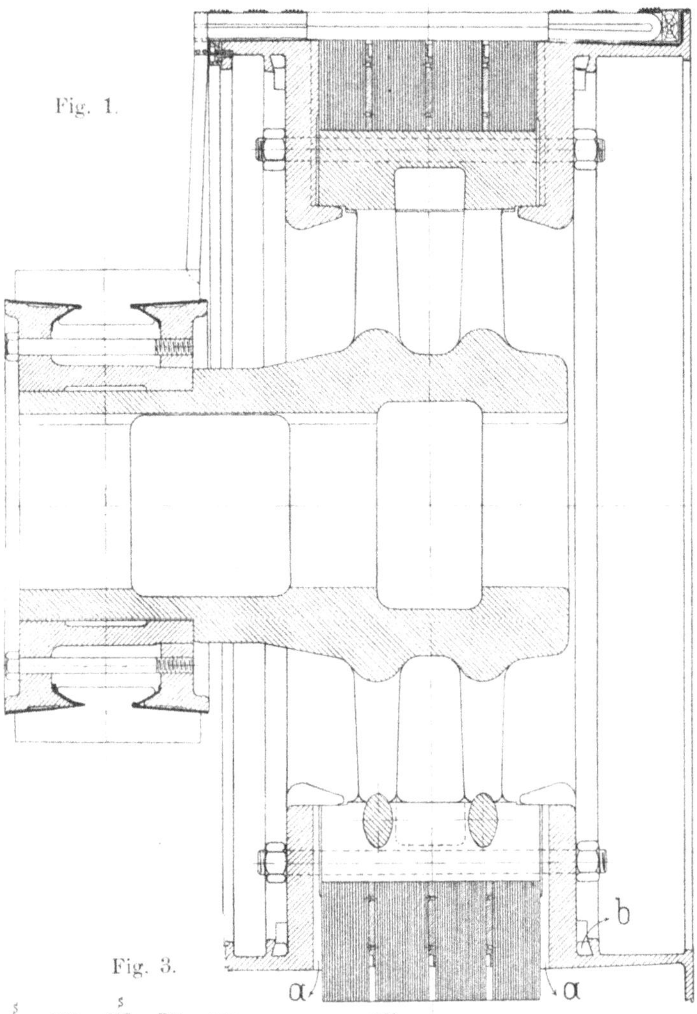

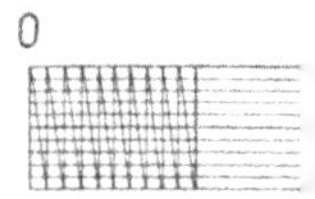

Fig. 3.

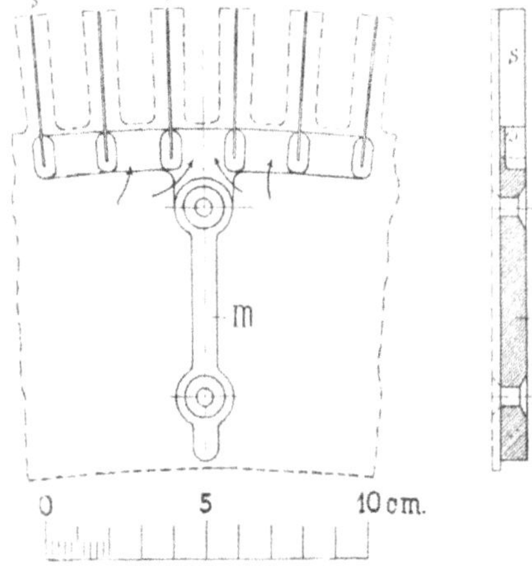

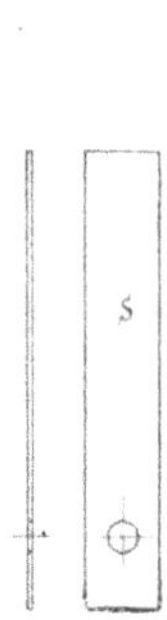

Fig. 4.

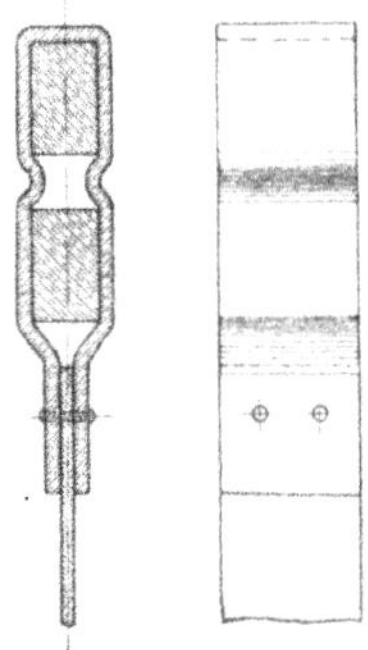

Fig. 5.

Elektricität

Anker mit Lüftung einer 100 F

(Be

Tafel XI.

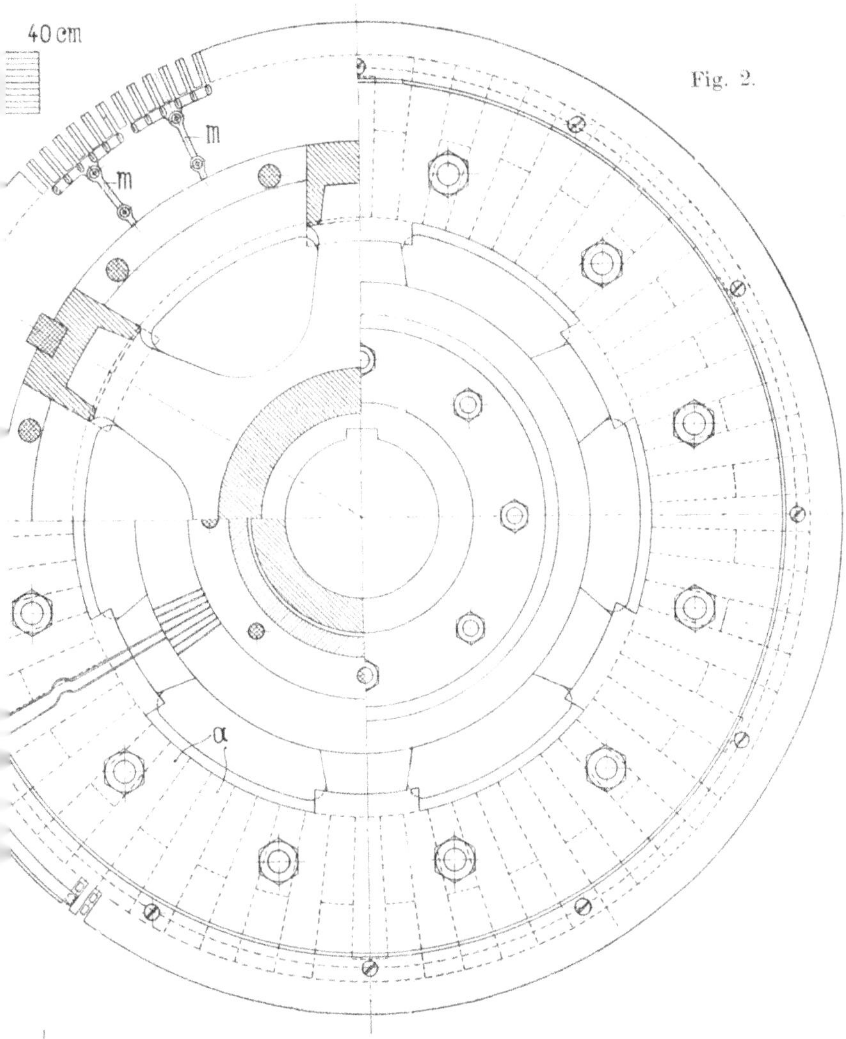

Fig. 2.

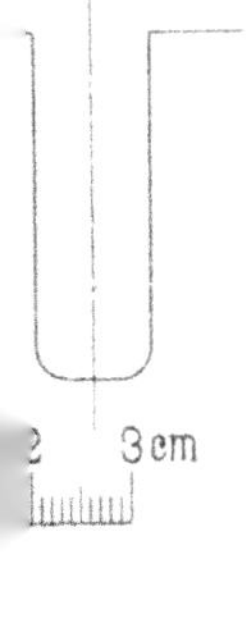

Fig. 6.

on, Berlin.

50 Volt, 400 Amp., 180 Touren.

e 357.)

J.
125 Vo
(Be

Fig. 1.

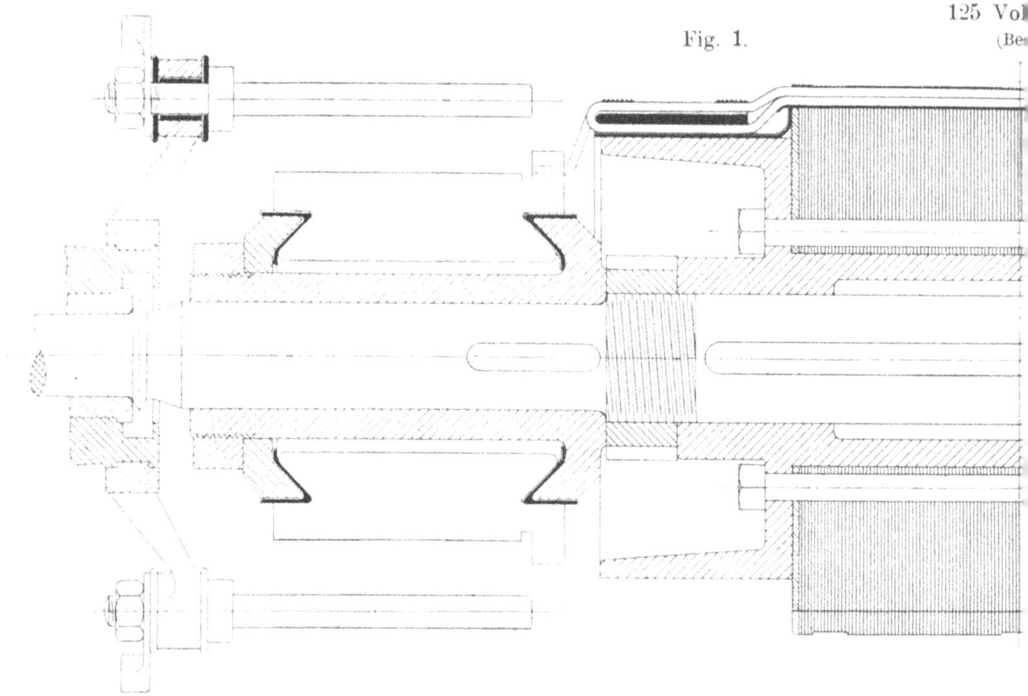

Fig. 4.

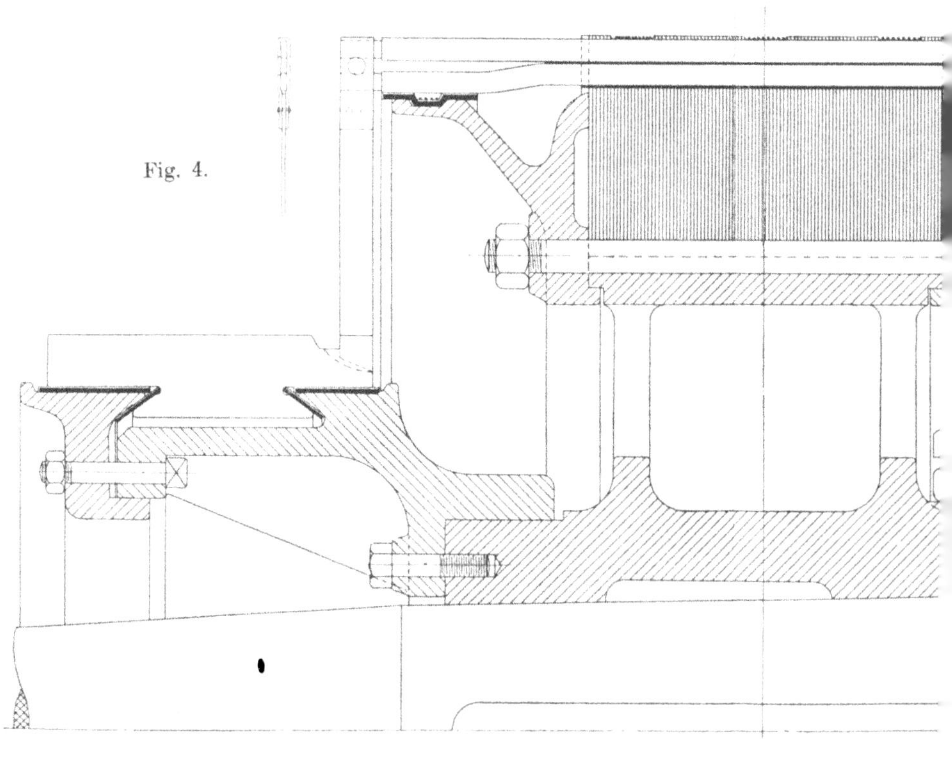

Gesellschaft für
100—170 Vo
(Be

…en.

…0 Touren.

…e 333.)

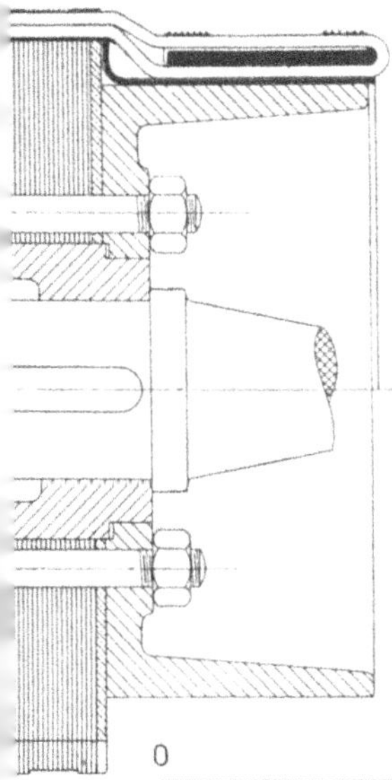

Fig. 2.

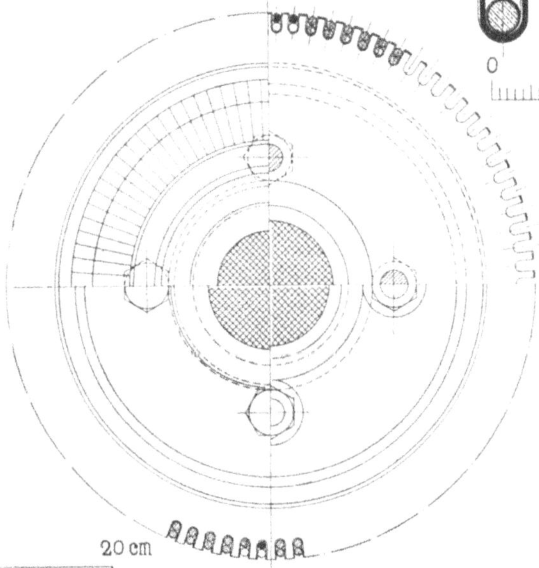

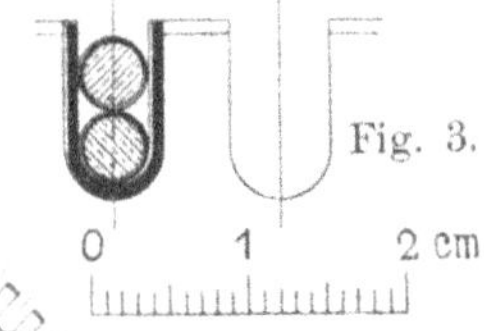

Fig. 3.

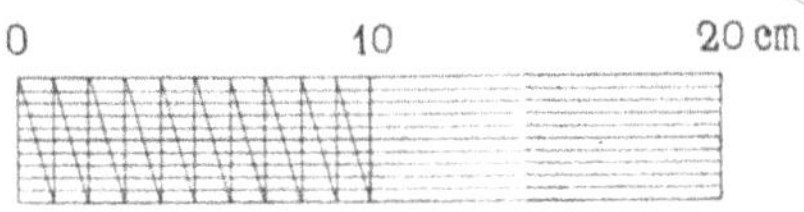

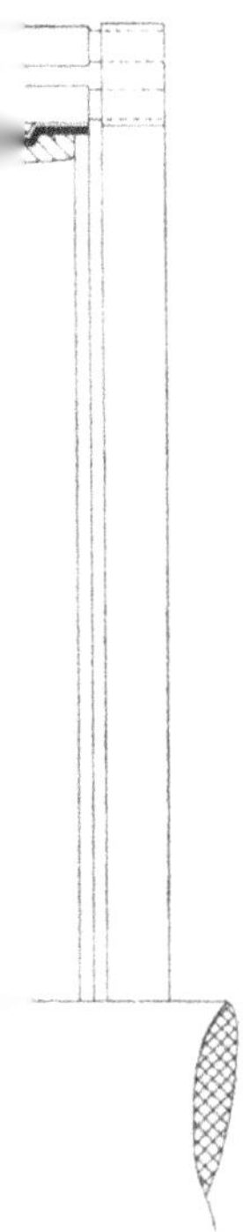

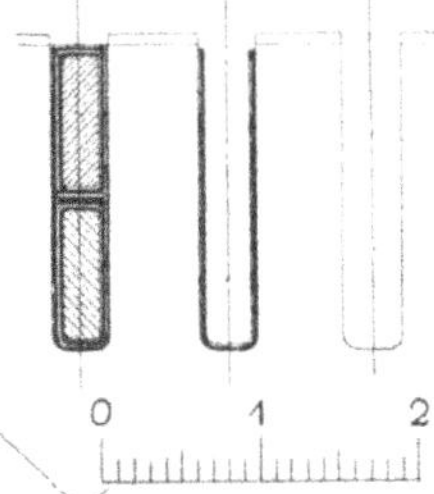

Fig. 6.

Fig. 5.

…ustrie, Karlsruhe.

…., 190 Touren.

… 359.)

www.ingramcontent.com/pod-product-compliance
Lightning Source LLC
LaVergne TN
LVHW081358011026
849161LV00013BA/2847
9783486731477